国家电网有限公司
STATE GRID
CORPORATION OF CHINA

国家电网有限公司
技能人员专业培训教材

农网运行及检修

国家电网有限公司　组编

U0261433

中国电力出版社
CHINA ELECTRIC POWER PRESS

图书在版编目（CIP）数据

农网运行及检修 / 国家电网有限公司组编. —北京：中国电力出版社，2020.5（2021.9重印）
国家电网有限公司技能人员专业培训教材
ISBN 978-7-5198-3692-4

Ⅰ．①农… Ⅱ．①国… Ⅲ．①农村配电–电气设备–运行–技术培训–教材②农村配电–电气设备–维修–技术培训–教材 Ⅳ．①TM

中国版本图书馆 CIP 数据核字（2019）第 204991 号

出版发行：中国电力出版社
地　　址：北京市东城区北京站西街 19 号（邮政编码 100005）
网　　址：http://www.cepp.sgcc.com.cn
责任编辑：黄晓华
责任校对：黄　蓓　朱丽芳
装帧设计：郝晓燕　赵姗姗
责任印制：石　雷

印　　刷：三河市百盛印装有限公司
版　　次：2020 年 5 月第一版
印　　次：2021 年 9 月北京第二次印刷
开　　本：710 毫米×980 毫米　16 开本
印　　张：37.5
字　　数：726 千字
印　　数：2001—4200 册
定　　价：115.00 元

本书编委会

主　　任　吕春泉

委　　员　董双武　张　龙　杨　勇　张凡华

　　　　　王晓希　孙晓雯　李振凯

编写人员　宋晓平　陈德宝　柳亚北　赵慧生

　　　　　陆建洪　黄炳文　曹爱民　战　杰

　　　　　林桂华　卞康麟

前　言

　　为贯彻落实国家终身职业技能培训要求，全面加强国家电网有限公司新时代高技能人才队伍建设工作，有效提升技能人员岗位能力培训工作的针对性、有效性和规范性，加快建设一支纪律严明、素质优良、技艺精湛的高技能人才队伍，为建设具有中国特色国际领先的能源互联网企业提供强有力人才支撑，国家电网有限公司人力资源部组织公司系统技术技能专家，在《国家电网公司生产技能人员职业能力培训专用教材》（2010 年版）基础上，结合新理论、新技术、新方法、新设备，采用模块化结构，修编完成覆盖输电、变电、配电、营销、调度等 50 余个专业的培训教材。

　　本套专业培训教材是以各岗位小类的岗位能力培训规范为指导，以国家、行业及公司发布的法律法规、规章制度、规程规范、技术标准等为依据，以岗位能力提升、贴近工作实际为目的，以模块化教材为特点，语言简练、通俗易懂，专业术语完整准确，适用于培训教学、员工自学、资源开发等，也可作为相关大专院校教学参考书。

　　本书为《农网运行及检修》分册，由宋晓平、陈德宝、柳亚北、赵慧生、陆建洪、黄炳文、曹爱民、战杰、林桂华、卞康麟编写。在出版过程中，参与编写和审定的专家们以高度的责任感和严谨的作风，几易其稿，多次修订才最终定稿。在本套培训教材即将出版之际，谨向所有参与和支持本书籍出版的专家表示衷心的感谢！

　　由于编写人员水平有限，书中难免有错误和不足之处，敬请广大读者批评指正。

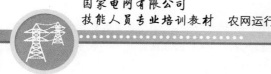

国家电网有限公司
技能人员专业培训教材　农网运行及检修

目　录

前言

第一部分　配电设备安装及运行维护

第一部分

配电设备安装及运行维护

第一章

低 压 开 关 电 器

▲ 模块1　低压开关电器安装（Z33E1001 Ⅰ）

【模块描述】 本模块包括低压开关电器安装作业前准备、危险点分析与控制措施，以及隔离开关、低压熔断器、低压接触器、低压断路器、剩余电流动作保护器等低压开关电器的操作步骤及质量标准等内容。通过概念描述、流程说明、要点归纳，掌握各种低压开关电器的安装方法。

【正文】

低压开关电器是指电压在 1200V 以下的交流及直流电力线路中起保护、控制或调整等作用的电气元件，主要包括低压开关、低压熔断器和低压断路器等。本部分主要讲述低压开关电器安装所需工器具和材料的选择、安装质量标准、安装的方法及安装注意事项等。

一、作业前准备

（1）低压开关电器安装所需工器具为常用电工工具。

（2）低压开关电器安装所需材料有螺栓穿钉、绝缘导线、线鼻子等。

（3）核对电器元件型号。

二、危险点分析与控制措施

（1）高处坠落：在设备台架上工作，对地距离超过 2m 时，检查登高工具应完好，安全带应系在牢固的构件上，安全带扣环应扣牢，工作中或转位时不得失去安全带保护；梯子登高时要有专人扶持，必须采取防滑、限高措施。

（2）物体打击、碰伤：在设备台架上工作传递工具、材料应使用绳索，严禁上下抛掷，防止坠物；所有工作人员必须正确佩戴安全帽、戴手套；根据作业环境，必要时装设安全围栏。

三、质量标准

1. 隔离开关的安装质量标准

（1）开关应垂直安装。当用于不切断电流、有灭弧装置或小电流电路等情况下，可水平安装。水平安装时，分闸后可动触头不得自行脱落，其灭弧装置应固定可靠。

（2）可动触头与固定触头的接触应良好；大电流的触头或刀片宜涂电力复合脂。

（3）双投隔离开关在分闸位置时，刀片应可靠固定，不得自行合闸。

（4）安装杠杆操动机构时，应调节杠杆长度，使操作到位且灵活；开关辅助触点指示应正确。

（5）开关的动触头与两侧连接片距离应调整均匀，合闸后接触面应压紧。刀片与静触头中心线应在同一平面，且刀片不应摆动。

（6）刀片与固定触头的接触良好，且操作灵活，大电流的触头或刀片可适量涂中性凡士林油脂。

（7）有弹簧消弧触头的隔离开关，各相的合闸动作应迅速、一致。

（8）双投隔离开关在合闸位置时，刀片应可靠地固定，不得使刀片有自行合闸的可能。

（9）隔离开关安装的高度一般以 1.5m 左右为宜，但最低不应小于 1.2m。在行人容易触及的地方，隔离开关应有防护外罩。

（10）其他种类隔离器安装应符合现行规程、规范要求。

（11）严禁隔离或断开 PE 线。

（12）在 TNC 及 TNCS 系统中，严禁单独断开 PEN 线。当保护电器的 PEN 极断开时，必须联动全部相线一起断开。

（13）在 TN、TT 系统中，无电源转换或虽有电源转换但零序电流分量很小的三相四线制配电线路，其隔离电器或隔离开关电器不宜断开 N 线。

（14）N 线上严禁安装可单独操作的单极开关电器。

（15）转换开关和倒顺开关安装后，其手柄位置指示应与相应的接触片位置相对应；定位机构应可靠；所有的触头在任何接通位置上应接触良好。

（16）带熔断器或灭弧装置的负荷开关接线完毕后，检查熔断器有无损伤，灭弧栅应完好，且固定可靠；电弧通道应畅通，灭弧触头各相分闸应一致。

2. 低压熔断器安装质量标准

（1）熔断器及熔体的容量应符合设计要求，并核对所保护电气设备的容量与熔体容量是否相匹配；对后备保护、限流、自复、半导体器件保护等有专用功能的熔断器，严禁替代。

（2）熔断器安装位置及相互间距离应便于更换熔体。

（3）有熔断指示器的熔断器，其指示器应装在便于观察的一侧。

（4）瓷质熔断器在金属底板上安装时，其底座应垫软封垫。

（5）安装具有几种规格的熔断器时应在底座旁标明规格。

（6）有触及带电部分危险的熔断器应配齐绝缘把手。

（7）带有接线标志的熔断器，电源线应按标志进行接线。

（8）螺旋式熔断器安装时底座严禁松动，电源应接在熔芯引出的端子上。

（9）熔断器应垂直安装，并应能防止电弧飞落在邻近带电部分。

（10）管形熔断器两端的铜帽与熔体压紧，接触应良好。

（11）插入式断路器固定触头的钳口应有足够的压力。

（12）二次回路用的管形熔断器，如固定触头的弹簧片突出底座侧面时，熔断器间应加绝缘片，防止两相邻熔断器的熔体熔断时造成短路。

3. 低压接触器安装质量标准

（1）衔铁表面应无锈斑、油垢；接触面应平整、清洁；可动部分应灵活、无卡阻；灭弧罩之间应有间隙；灭弧线圈绕向应正确。

（2）触点的接触应紧密，固定主触点的触点杆应固定可靠。

（3）当带有动断触点的接触器与磁力起动器闭合时，应先断开动断触点，后接通主触点；当断开时应先断开主触点，后接通动断触点，且三相主触点的动作应一致，其误差应符合产品技术文件的要求。

（4）电磁起动器热元件的规格应与电动机的保护特性相匹配；热继电器的电流调节指示位置应调整在电动机的额定电流值上，并应按设计要求进行定值校验。

（5）接线应正确，在主触点不带电的情况下，起动线圈间断通电时主触点应动作正常，衔铁吸合后应无异常响声。

（6）可逆起动器或接触器的电气联锁装置和机械联锁装置的动作均应正确、可靠。

4. 低压断路器安装质量标准

（1）低压断路器的安装应符合产品技术文件的规定；当无明确规定时，宜垂直安装，其倾斜度不应大于 5°。

（2）低压断路器与熔断器配合使用时，熔断器应安装在电源侧。

（3）低压断路器操动机构的安装应符合下列要求：

1）操作手柄或传动杠杆的开、合位置应正确；操作力不应大于产品的规定值。

2）电动操动机构接线应正确；合闸过程中，断路器不应跳跃；断路器合闸后，限制电动机或电磁铁通电时间的联锁装置应及时动作；电动机或电磁铁通电时间不应超过产品的规定值。

3）断路器辅助触点动作应正确可靠，接触应良好。

4）抽屉式断路器的工作、试验、隔离 3 个位置的定位应明显，并应符合产品技术文件的规定。

5）抽屉式断路器空载时抽、拉数次应无卡阻，机械联锁应可靠。

（4）断路器各部分接触应紧密，安装牢靠，无卡阻、损坏现象，尤其是触点系统、灭弧系统应完好。

（5）各种开关电器在开断负荷电流时都产生弧光，尤其在开断短路电流时弧光更大。为了防止弧光短路和弧光烧损设备，对断路器等开关设备应做到：

1）要将开关设备的灭弧罩（或绝缘隔板）安装完好。

2）断路器安装时，要按说明书要求保证其与其他元件间有足够的垂直距离。如：630A 以下的断路器与其上方隔离开关间的垂直距离不小于 250mm；630A 以上的断路器与其上方隔离开关间的垂直距离不小于 350mm，便于运行、维护、检修。

（6）配有半导体脱扣装置的低压断路器，其接线应符合相序要求，脱扣装置的动作应可靠。

5. 剩余电流动作保护器安装质量标准

（1）按保护器产品标志进行电源侧和负荷侧接线，禁止反接。使用的导线截面积应符合要求。

（2）安装带有短路保护功能的剩余电流动作保护器时，应确保有足够的灭弧距离。

（3）电流型剩余电流动作保护器安装后，除应检查接线无误外，还应通过试验按钮检查其动作性能，并应满足要求。

（4）安装组合式剩余电流动作保护器的空心式零序电流互感器时，主回路导线应并拢绞合在一起穿过互感器，并在两端保持大于 15cm 距离后分开，防止无故障条件下因磁通不平衡引起误动作。

（5）安装了剩余电流动作保护器装置的低压电网线路的保护接地电阻应符合要求。

（6）总保护采用电流型剩余电流动作保护器时，变压器的中性点必须直接接地。在保护区范围内，电网零线不得有重复接地。零线和相线保持相同的良好绝缘；保护器后的零线和相线在保护器间不得与其他回路共用。

（7）剩余电流动作保护器安装时，电源应朝上垂直于地面，安装场所应无腐蚀气体，无爆炸危险物，防潮、防尘、防振、防阳光直晒，周围空气温度上限不超过 40℃，下限不低于−25℃。

（8）剩余电流动作保护器安装后应进行如下检验：带负荷拉合 3 次，不得有误动作；用试验按钮试跳 3 次应正确动作。

【思考与练习】

1. 低压开关电器的安装高度在设计无规定时，应符合哪些要求？

2. 隔离开关的安装要求是什么？

3. 低压断路器操动机构在安装时应符合哪些要求？

4. 剩余电流动作保护器安装后是否进行检验？如何检验？

◢ 模块 2　低压电器选择（Z33E1002Ⅱ）

【模块描述】本模块包括常用设备的负荷计算、常用设备容量的确定、低压电器选择原则等内容。通过概念描述、术语说明、公式介绍、要点归纳，掌握低压电器的选择方法。

【正文】

一、常用设备的负荷计算

（一）负荷计算

负荷计算主要是确定"计算负荷"。计算负荷是按发热条件选择电气设备的一个假想的持续负荷，计算负荷产生的热效应和实际变动负荷产生的最大热效应相等。所以根据计算负荷选择导体及电器时，在实际运行中导体及电器的最高温升不会超过容许值。

计算负荷是确定供电系统、选择变压器容量、电气设备、导线截面和仪表量程的依据，也是整定继电保护的重要数据。计算负荷确定得是否正确合理，直接影响到电器和导线的选择是否经济合理。如计算负荷确定得过大，将使电器和导线截面选择过大，造成投资和有色金属的浪费；如计算负荷确定得过小，又将使电器和导线运行时增加电能损耗，并产生过热，引起绝缘过早老化，甚至烧毁，以致发生事故，同样造成损失。为此，正确进行负荷计算是供电设计的前提，也是实现供电系统安全、经济运行的必要手段。

目前负荷计算常用需用系数法（也称需要系数法）、二项式法和利用系数法。前两种方法在国内各设计单位的使用最为普遍。此外，还有一些尚未推广的方法，如单位产品耗电法、单位面积功率法、变值系数法、ABC 法等。

（二）常用设备容量的确定

用电设备的额定功率是指产品铭牌上的标称功率。由于各用电设备工作制的不同，额定功率不能直接相加，必须换算至统一规定的工作制下的额定功率，然后才能相加。经过换算至统一工作制下的额定功率称为设备容量 P_e，其换算标准如下：

1. 三相电动机

（1）长期工作制（连续运转时间在 2h 以上）的三相电动机的 P_e 等于其铭牌上的额定功率 P_N。

（2）短时工作制（连续运转时间在 10min～2h）的三相电动机的 P_e 等于其铭牌上的额定功率 P_N。如此类电动机通常不使用（事故或检修时用），支线上的负荷按额定功率 P_N 确定；干线上的负荷可不考虑。当其容量较大，使用时占总负荷的比例也大，影响配电设备选择时，应适当考虑并保证其供电的可靠性，如消防水泵电动机。

（3）反复短时工作制（运转时为反复周期地工作，每周期内的通电时间不超过 10min）的三相电动机如吊车电动机的 P_e 按其暂载率（又称负荷持续率）为 25% 时的额定功率确定，当电动机铭牌上的额定功率不是 25% 时的暂载率时，应按下式换算

$$P_e = P_N \sqrt{\frac{\varepsilon_N}{\varepsilon}} \qquad (1-2-1)$$

式中　P_e——换算至 25% 时电动机的设备容量，kW；

　　　P_N——换算前电动机铭牌的额定功率，kW；

　　　N——与铭牌的额定功率相对应的暂载率（计算中用数）；

　　　ε_N——换算的暂载率，即 25%。

2. 照明灯具

（1）白炽灯和碘钨灯对称接入三相电路的设备容量 P_e 等于全部灯泡上标出的额定功率。

（2）整流器的设备容量 P_e 指其额定直流功率。

（3）荧光灯因有镇流器损失，对称接入三相电路的荧光灯，其设备容量 P_e 为全部灯管额定功率的 1.2 倍。

（4）采用镇流器的高压水银荧光灯和金属卤化物灯等也要计及镇流器损失，对称接入三相电路时，其设备容量 P_e 为全部灯泡额定功率的 1.1 倍。

（三）负荷计算方法

目前电力负荷计算主要采用三种方法：需要系数法、二项式法、利用系数法。不过，这几种负荷计算方法都有一定的局限性，有待于进一步完善和改进。下面就需要系数法作简要介绍。

需要系数法方法简便，是目前确定一般生产厂矿企业和建筑负荷的主要方法。用电设备组的计算负荷公式为

有功功率　　　　　　　　　$P_j = K_x P_e$（kW）　　　　　　　　（1-2-2）

无功功率　　　　　　　　　$Q_j = P_j \tan\varphi$（kvar）　　　　　　（1-2-3）

视在功率　　　　　　　　　$S_j = \sqrt{P_j^2 + Q_j^2}$（kVA）　　　　　（1-2-4）

式中　P_e——用电设备组的设备功率，kW；

　　　K_x——需要系数。

二、正确合理选择低压电器

（一）低压电器选择一般原则

低压电器是用于额定电压交流 1200V 或直流 1500V 及以下，在由供电系统和用电设备等组成的电路中起保护、控制、调节、转换和通断作用的电器。

1. 按正常工作条件选择

（1）电器的额定电压 U_N 应和所在回路的标称电压相匹配。电器的额定频率应与回路的额定频率相适应。

（2）电器的额定电流 I_N 应不小于所在回路正常运行时的最大稳定负荷电流。电器设备的 I_N 一般是按环境温度 40℃时确定的。

（3）保护电器还应按保护特性选择。

（4）低压电器的工作制通常分为 8h、不间断、短时、反复短时及周期工作制等几种。

（5）某些电器还应按有关的专门要求选择，如互感器应符合准确等级的要求。

2. 按使用环境条件选择

应按安装地点、运行环境和使用要求选择用电设备的规格型号，所选用的电器符合国家现行的有关标准。

3. 按短路条件校验

根据系统最大运行方式、安装地点的最大短路电流校验设备的动、热稳定。

（1）动稳定校验，要求

$$I_{max} \geq I_{sh} \text{ 或 } i_{max} \geq i_{sh} \tag{1-2-5}$$

（2）热稳定校验，要求

$$I_t^2 t \geq I_\infty^2 t_{ima} \tag{1-2-6}$$

式中 I_{max}、i_{max}——设备允许通过最大电流的有效值、峰值，A；

$\quad\quad I_{sh}$、i_{sh}——短路冲击电流的有效值、峰值，A；

$\quad\quad I_t$——t 时间内的允许电流最大值，A；

$\quad\quad t$——与 I_t 对应的时间，s；

$\quad\quad t_{ima}$——假想短路时间，s；

$\quad\quad I_\infty$——最大的稳态短路电流，A。

用限流熔断器或额定电流为 60A 以下熔断器保护的电器设备或导线，可不校验热稳定。

根据不同变压器容量和高压侧短路容量计算出低压母线短路电流后，即可校验变电站内的主要低压电器。

（二）低压电器选择

1. 隔离开关

即主要起隔离作用的开关，可以按线路的额定电压、计算电流及遮断电流选择，按短路时的动热稳定校验。

（1）按额定电压选择。安装隔离开关的线路，其额定交流电压不应超过 500V，直流电压不应超过 440V。

（2）按计算电流选择应满足

$$I_N = I_j \qquad\qquad (1-2-7)$$

式中 I_N——隔离开关的额定电流，A；

   I_j——安装隔离开关的线路计算电流，A。

（3）按遮断电流选择。隔离开关遮断的负荷电流不应大于制造厂容许的遮断电流值。一般结构的隔离开关和刀形转换开关通常不允许直接切断电流回路。

（4）按短路时的动、热稳定校验。安装隔离开关的线路，其三相短路电流不应超过制造厂规定的动、热稳定值。

2. 熔断器选择

（1）熔断器熔体电流的确定，在正常运行情况。熔体额定电流 I_N 应不小于线路计算电流 I_j，即

$$I_N \geqslant I_j \qquad\qquad (1-2-8)$$

（2）起动情况。

1）单台电动机的计算公式为

$$I_N \geqslant I_q / K_L \qquad\qquad (1-2-9)$$

式中 I_q——电动机起动电流，A；

   K_L——动力回路熔体选择系数，见表 1-2-1。

表 1-2-1   动力回路熔体选择系数 K_L 值

熔断器型号	熔体材料	熔体电流（A）	K_L 值	
			电动机轻载起动	电动机重载起动
RT0	铜	50 及以下	2.5	2
		60～200	3.5	3
		200 以上	4	3
RM10	钵	60 及以下	2.5	2
		80～200	3	2.5
		200 以上	3.5	3

续表

熔断器型号	熔体材料	熔体电流（A）	K_L 值	
			电动机轻载起动	电动机重载起动
RL1	铜、银	60 及以下	2.5	2
		80～100	3	2.5
RC1A	铅、铜	10～200	3	2.5

注　1. 本表系根据熔断器特性曲线分析而得。

　　2. 轻载起动时间按 6～10s 考虑，重载起动时间考虑为 15～20s。

2）多台电动机回路的计算公式为

$$I_{N.r} \geqslant [I_{max} + I_{N.d(n-1)}]/K_L \qquad (1-2-10)$$

式中　I_{max}——最大一台电动机起动电流，A；

$I_{N.d(n-1)}$——除去起动电流最大的一台电动机外，其余正常运行电动机的额定电流之和，A。

3. 断路器选择

断路器又称自动空气开关。它具有良好的灭弧性能，既能在正常工作条件下切断负载电流，又能在短路故障时自动切断短路电流，靠热脱扣器能自动切断过载电流，被广泛用于低压配电装置。

断路器可分为框架、塑壳和微型断路器三种。目前生产的框架式断路器，其脱扣器可具备长延时、短延时、瞬时和接地四段的保护：长延时可作过载保护，短延时可作短路保护，也可作过载保护；瞬时可作短路保护；接地可作线路相线故障接地保护。

塑壳和微型断路器常见的只有两段保护，即瞬时和长延时保护。断路器应满足以下条件：

（1）额定电压应与工作电压相符。

（2）额定电流不小于计算电流。

（3）分断能力应符合短路计算的要求。

4. 接触器选择

接触器是一种通用性很强的产品，除了控制频繁起动的电动机外，还用于控制电容器、照明线路和其他自动控制装置。

接触器可分为直流和交流接触器两类，按其吸引线圈的额定电压等级可分为交流（50Hz）36、127、220、380V，直流 24、36、48、110、220V。

（1）按线路的额定电压选择，公式为

$$U_{N.j} \geqslant U_{N.x} \qquad (1-2-11)$$

式中　$U_{N.j}$——交、直流接触器的额定电压，V；

　　　$U_{N.x}$——线路的额定电压，V。

（2）按电动机的额定功率或计算电流选择接触器的等级，并应适当留有余量。

（3）按短路时的动、热稳定校验。线路的三相短路电流不应超过接触器允许的动、热稳定值。当使用接触器切断短路电流时，还应校验设备的分断能力。

（4）根据控制电流的要求选择吸引线圈的电压等级和电流种类。

（5）按联锁触点的数目和电流大小确定辅助触点。

（6）根据操作次数确定接触器所允许的动作频率。

5. 热继电器的选择

热继电器是一种由双金属片作为保护元件的电器，适合于长期工作或间断工作的一般交流电动机的过负荷保护，常与交流接触器配合组成磁力起动器。

（1）按额定电流选择热继电器的型号规格。热继电器的额定电流应等于或略大于电动机的额定电流，即

$$I_{N.r} = (0.95 \sim 1.05) I_{N.d} \qquad (1-2-12)$$

式中　$I_{N.r}$——热继电器的额定电流，A；

　　　$I_{N.d}$——电动机的额定电流，A。

（2）按需要的整定电流选择热元件的编号和额定电流。对于电动机回路，热继电器的整定电流应当等于电动机的额定电流，同时，整定电流应留有一定的上下限调整范围。

（3）根据热继电器特性曲线校验。电动机过负荷20%时，应可靠动作，且热继电器的动作时间必须大于电动机长期允许过负荷的时间及起动时间。

【思考与练习】

1. 常用负荷计算的方法有哪几种？

2. 什么叫低压电器？

3. 简述低压电器选择的一般原则。

▲ 模块 3　低压供电设备验收（Z33E1003Ⅲ）

【模块描述】本模块包括低压供电设备一次系统图的绘制要求、常用低压设备的技术参数、低压供电设备验收程序及要求等内容。通过概念描述、术语说明、要点归纳，掌握低压供电设备验收。

【正文】

一、低压供电设备一次系统图的绘制

（一）电气制图绘制标准

1. 图纸幅面尺寸

图纸幅面尺寸见表 1-3-1。

表 1-3-1　　　　　　　　　图 纸 幅 面 尺 寸

代　号	尺寸（mm×mm）	代　号	尺寸（mm×mm）
A0	841×1189	A3	297×420
A1	594×841	A4	210×297
A2	420×594		

如需要加长的图纸，应采用表 1-3-2 中所规定的幅面。

表 1-3-2　　　　　　　　加 长 图 纸 幅 面 尺 寸

代　号	尺寸（mm×mm）	代　号	尺寸（mm×mm）
A3×3	420×891	A4×4	297×841
A3×4	420×1189	A4×5	297×1051
A4×3	297×630		

2. 图纸的选择和使用

当图绘制在几张图纸上时，所用图纸的幅面一般应相同。所有的都应在标题栏内编注图号，一份多张图的每张图纸都应顺序编注张次号。

为了便于确定图上的内容、补充、更改和组成部分等位置，可以在各种幅面的图纸上分区。分区数应为偶数，每一分区的长度一般不小于 25mm 且不大于 75mm。每个分区内竖边方向用大写拉丁字母，横边方向用阿拉伯数字分别编号。编号的顺序应从标题栏相对的左上角开始。分区代号用该区域的字母和数字表示，如 B3、C5。

3. 图线

（1）图线形式。

1）实线"——"。表示基本线，是简图主要内容用线、可见轮廓线、导线。

2）虚线"------"。表示辅助线、机械连接线、不可见轮廓线、不可见导线、计划扩展内容用线。

3）点划线"—·—·—"。表示分界线、结构面框线分组、功能面框线。

4）双点划线"—··—··—"。表示辅助面框线。

（2）图线宽度。一般为 0.25，0.35，0.5，0.7，1.0，1.4mm。通常只选用两种宽度的图线，粗线的宽度为细线的两倍。平行线之间的最小间距应不小于粗线宽度的两倍，同时不小于 0.7mm。

（3）字体的最小高度。字体最小高度见表 1-3-3。

表 1-3-3　　　　　　　　　　　字 体 最 小 高 度

基本图纸幅面	A0	A1	A2	A3	A4
字体最小高度（mm）	5	3.5	2.5	2.5	2.5

（4）箭头和指引线。信号线和连接线上的箭头应是开口的。指引线上的箭头应是实心的。

（5）比例。位置图、平面及剖面图需按比例绘制，其比例系列为 1:10，1:20，1:50，1:100，1:200，1:500。

4. 图形符号

图中所用图形符号都应符合国家标准中的相关规定。当使用国标中未规定的图形符号时，必须加以说明。

5. 项目代号和端子代号

在图上用一个图形符号表示的基本件、部件、组件、功能单元、设备、系统，如电阻器、继电器、发电机、放大器、电源装置、开关设备等称为项目。用以识别图、图表、表格中和设备上的项目种类，并提供项目的层次关系、实际位置等信息的一种特定的代码称为项目代号。

项目代号由高层代码、位置代码、种类代号和端子代号组成。为使图纸清晰，图表中通常以简化方式表达。项目的种类代号用一个或几个字母组成。当符号用分开表示法表示时，项目代号应在项目每一部分的符号旁标出。

端子代号为同外电路进行电气连接的电器导电件的代号，通常用数字或大写字母表示，应标在其图形符号的轮廓线外面。对用于现场连接试验或故障查找的连接器件的每一连接点都应给一个代号。

6. 注释和标志、技术数据的表示方法

当含义不便于用图示方法表达时，可采用注释。有些注释应放在它们所要说明的对象附近或者在其附近加标记，而将注释置于图中其他部位。图中出现多个注释时，应把这些注释按顺序放在图纸边框附近。如果是多张图纸，一般性的注释可以注在第一张图上或注在适应的张次上，而其他注释应注在与它们有关的张次上。

技术数据（如元件数据）可以标在图形符号的旁边，也可以把数据标在像继电器线圈那样的矩形符号内。数据也可用表格形式给出。

（二）电气制图分类

电气图纸一般可分为系统图和框图、电路图、接线图和接线表等。现就常用的系统图和框图、电路图、接线图和接线表简述如下。

1. 系统图和框图

系统图和框图用于概略表示系统、分系统、成套装置或设备等的基本组成部分的主要特征及其功能关系。它为进一步编制详细的技术文件提供依据，并供操作和维修时参考。

系统图和框图原则上没有区别，在实际使用中，通常系统图用于系统或成套装置，框图用于分系统或设备。绘制系统图和框图时应按下述方法进行：

（1）采用符号或带有注释的框绘制。框内的注释可以采用符号、文字或同时采用符号与文字。

（2）系统图和框图均可在不同的层次上绘制，可参照绘图对象的逐级分解来划分层次。较高层次的系统图和框图可反映对象的概况，较低层次的系统图和框图可将对象表达得较为详细。

（3）系统图和框图中的各框可按规定的代号表标注项目代号。

（4）系统图和框图的布局应清晰，并利于识别过程和信息的流向。非电过程的电气控制系统或电气控制设备的系统图或框图可以根据非电过程的流程图绘制，图上控制信号流向应与过程流向垂直绘制。

（5）系统图和框图上可根据需要加注各种形式的注释和说明。

2. 电路图

电路图用于详细表示电路、设备或成套装置的全部基本组成部分和连接关系，为测试寻找故障提供信息，并作为编制接线图的依据。

3. 接线图和接线表

接线图和接线表主要用于安装接线、线路检查、线路维修和故障处理。在实际应用中接线图通常需要与电路图和位置图一起使用。

接线图和接线表一般示出项目的相对位置、项目代号、端子号、导线号、导线类型、导线截面、屏蔽和导线绞合等内容。

（三）低压供电系统

1. 低压动力供电系统设置原则

（1）低压供电系统应能满足生产和使用所需的供电可靠性和电能质量的要求，还要注意做到接线简单，操作方便、安全，具有一定的灵活性。配电系统的层次不宜超过两级。

（2）在工厂的车间或建筑物内，当大部分用电设备容量不大，无特殊要求时，宜采用树干式接线方式配电；在用电设备容量大或负荷性质重要，或有潮湿、腐蚀性的车间、建筑内，宜采用放射式接线方式配电。

（3）对距供电点较远且彼此相距较近的用电设备，可采用链式接线方式配电。但每一回路链所接设备不宜超过 5 台，总容量应不超过 10kW。

（4）对高层建筑，当向各楼层配电点供电时，宜用分区树干式接线方式配电；而对部分容量较大的集中负荷或重要负荷，应从低压配电室以放射式接线方式配电。

（5）对单相用电设备进行配电时，应力求做到三相平衡配置。在 TN 及 TT 系统的低压电网中，若选用 Yyn0 接线组别的三相变压器，其由单相负荷引起的三相不平衡中性线电流不得超过变压器低压绕组额定电流的 25%，且任一相的电流不得超过额定电流值。

（6）对冲击性负荷和容量较大的电焊设备，应设单独线路或专用变压器进行供电。

（7）配电系统的设计应便于运行和维修。对一个工厂可分车间进行配电，对住宅小区可分块进行配电。

（8）对用电单位内部的邻近变电站之间应设置低压联络线。

（9）电压选择。

1）一般电力用户及其他建筑物的配电电压大都采用 220V/380V。

2）对有特殊要求的场所或用电设备，可采用下列电压配电：100V 只用于电压互感器、继电器等控制系统的电压；127、133V 只限于矿井下、热工仪表和机床控制系统的电压。

2. 常用照明供电系统设置原则

（1）正常照明电源宜与电力负荷合用变压器，但不宜与较大冲击性电力负荷合用。

（2）特别重要的照明负荷，宜在负荷末级配电盘采用自动切换电源的方式，也可采用由两个专用回路各带约 50% 的照明灯具的配电方式。

（3）备用照明（供事故情况维持或暂时维持工作的照明）应由两路电源或两回线路供电。

（4）当备用照明作为正常照明的一部分并经常使用时，其配电线路及控制开关应分开装设。当备用照明仅在事故情况下使用时，则当正常照明电源因故障停电时，备用照明应自动投入工作。

（5）疏散照明最好由另一台变压器供电。只有一台变压器时，可在母线或建筑物进线处与正常照明分开，还可采用蓄电池的应急照明灯。

（6）照明系统中的每一单相回路的电流不宜超过 16A，灯具数量不宜超过 25 个。

对大型建筑安装的组合灯具每一单相回路电流不宜超过25A,光源数量不宜超过60个。当灯具与插座混用同一回路时,总数不宜超过 25 个,其中插座数量不宜超过 5 个(组)。

(7) 插座宜由单独的回路配电,数量不宜超过 10 个（组）。一个房间内的插座宜由同一回路配电。备用照明、疏散照明回路上不应设置插座。

(8) 对气体放电光源,应将其同一灯具或不同灯具的相邻灯管分接在不同相序的线路上。

(9) 机床和固定工作台的局部照明一般由电力线路供电;移动式照明可由电力或照明线路供电。

(10) 道路照明可以集中由一个变电站供电,也可分别由几个变电站供电,但要尽可能在一处集中控制。露天工作场地的照明可由道路照明线路供电,也可由附近有关建筑物供电。

(11) 电压选择。

1) 照明配电系统一般采用 220V/380V 三相四线制中性点直接接地系统,灯用电压一般为 220V。

2) 在正常环境下,手提行灯电压采用 36V。对于不便于工作的狭窄地点,或工作者接触有良好接地的大块金属面时,宜采用电压为 12V 的手提行灯。

3) 对特别潮湿、高温、有导电灰尘或导电地面的场所,当灯具安装高度距地面为 2.4m 及以下时,容易触及的固定式或移动式照明器的电压可选用 24V。

二、常用低压设备的技术参数

1. 隔离开关的技术参数

(1) 分断能力。指在一定电压下安全可靠地切断电流的能力。在交流 380V 时,带灭弧罩者可分断隔离开关的额定电流;不带灭弧罩者,可分断 0.3 倍的额定电流。在直流 220V 时,带灭弧罩者也可分断隔离开关的额定电流;不带灭弧罩者可分断 0.2 倍的额定电流。以上都是指用操动机构进行分合闸操作的隔离开关,而用中央手柄操作的,则只能在电路中无电流时才能开断电路。

(2) 在不带电状态下隔离开关的机械寿命。额定电流 400A 及以下者,开、断次数为 10 000 次;额定电流 600A 及以上者为 5000 次。

(3) 装有灭弧罩的隔离开关,在 60%额定电流及在 110%的额定电压下的电寿命(不少于):400A 及以下者为 1000 次;600A 及以上者为 500 次。

(4) 动稳定性及热稳定性。指在发生短路时隔离开关不致引起破坏的、可承受的短路电流(峰值)产生的电动力和可承受短路电流(有效值)产生的热效应的电流值。动稳定性:中央手柄式的隔离开关可承受 15~50kA;而杠杆操作式的隔离开关可承受 20~80kA。热稳定性:1s 内可承受 6~40kA。

2. 熔断器的特性和主要参数

GB 13539.1～13539.4《低压熔断器》规定熔断器的参数如下：

（1）额定电压 U_N。交流为 220（230，240），380（400，415，500），600（690），1140（1200）V；直流为 110（115），220（230，250），440（460），800，1000，1500V。

（2）额定电流 I_N。熔断器的额定电流分为熔断体的额定电流和熔断器支持件的额定电流两部分。标准规定熔断体的额定电流从 2～1250A，共 26 个级次；熔断器支持件的额定电流也应从上述数据系列中选取，则通常为与它一起使用的熔断体的最大值。

（3）额定频率 f。一般按 45～62Hz 设计。

（4）熔断特性参数。熔断器的熔断特性通常用对数坐标的时间—电流特性表示。

（5）约定时间和约定电流。这是两种描述熔断器保护特性的参数。

（6）限流作用和截断电流。在预期计算的短路电流很大时，熔断器将在短路电流达到其峰值 I_s 之前动作。在熔断器动作过程中，可以达到的最高瞬态电流值称为熔断器的截断电流 I_D。由于存在熔断器的截断电流，则呈现了限流效果，或称截断电流特性。这在选用大的熔断体时是应该考虑的。虽然我们考虑的短路电流中的直流分量条件下的峰值短路电流很大，但由于限流作用，线路中实际可能出现的最大短路电流只有预期短路电流峰值的百分之十几。

（7）I^2t 特性（或称焦耳积分特性）。熔断器的焦耳积分特性是在较高电流下确定熔断器选择性的决定性因素。

（8）额定分断能力。熔断器在很短时间内分断相当大短路电流的能力，是由于具有限流特性。有效的限流作用和相应的高分断能力是熔断器的基本特性。

3. 断路器的技术参数

（1）额定电压。与安装处电源电压相符的工作电压。低压系统为 380、220、660V 等。

（2）额定电流。它分为断路器额定电流 I_N 和断路器壳架等级额定电流 I_{Nm}。而 I_{Nm} 指同规格的框架或外壳中能装的最大脱扣器额定电流。

（3）额定工作制。规定为 8h 工作制和长期工作制两种。

（4）断路器的 5 个短路特性参数：

1）额定短路接通能力。指断路器在额定频率和给定功率因数的条件下，额定工作电压提高 5% 时能接通的短路电流。

2）额定短路分断能力。指断路器在工频恢复电压等于 105%额定电压，且在额定频率和规定功率因数的条件下能分断的短路电流。

3）额定极限短路分断能力 I_{cu}。指断路器在规定试验电压及其他规定试验条件下的极限短路分断电流值，可用预期短路电流表示（交流时为周期分量有效值）。

4）额定运行短路分断能力 I_{cs}。指断路器在规定试验电压及其他规定条件下的一种

比 I_{cu} 小的分断电流值。

5）额定短时耐受电流 I_{cw}。指断路器在规定试验条件下短时承受的电流值。

4. 剩余电流动作保护器的技术参数

（1）主要参数。

1）额定工作电压为 380、220V（AC）。

2）额定工作电流为 150、250A（DC）。

3）额定剩余动作电流为 6、10、15、30mA（单相）及 200mA（三相）。

4）额定脉冲动作电流为 30、50mA。

5）组合装置分断时间不大于 0.2～0.4s。

6）重合闸时间为 20～60s。

（2）额定剩余动作电流。

1）剩余电流总保护在躲开电力网正常剩余电流情况下剩余动作电流应尽量选小，以兼顾人身和设备的安全。剩余电流总保护的额定动作电流宜为可调挡次值，其最大值见表 1-3-4。

表 1-3-4　　　　　　　剩余电流总保护额定动作电流最大值　　　　　　　　mA

电网剩余电流情况	非阴雨季节	阴雨季节
剩余电流较小的电网	75	200
剩余电流较大的电网	100	300

实现完善的分组保护后，剩余电流总保护的动作电流是否在阴雨季节增至 500mA 可根据需要由供电部门决定。

2）剩余电流动作保护器的额定电流应为用户最大负荷电流的 1.4 倍为宜。

3）剩余电流动作末级保护器的剩余动作电流值，应小于上一级剩余保护的动作值，但应不大于：① 家用、固定安装电器，移动式电器，携带式电器以及临时用电设备 430mA。② 手持式电动器具为 10mA；特别潮湿的场所为 6mA。

4）剩余电流中级保护器的额定剩余动作电流应界于上、下级剩余动作电流值之间，具体取值可视电力网的分布情况而定。

5）上下级保护间的动作电流级差应按下列原则确定：① 分段保护上下级间级差为 1.5 倍；② 分级保护为 2 条支线，上下级间级差为 1.8 倍；③ 分级保护为 3 条支路，上下级间级差为 2 倍；④ 分级保护为 4 条支路，上级级间级差为 2.2 倍；⑤ 分级保护为 5 条支路以上，上下级间级差可为 2.5 倍。

但是，对于保护级差尚应在运行中加以总结，从而选用较为理想的级差。

6）三相保护器的零序互感器信号线应设断线闭锁装置。

7）选择触电保护（剩余电流保护）的三条参考原则：① 总保护的容量应按出线容量的 1.5 倍选，总保护的动作电流选在该级保护范围内的不平衡电流的 2～2.5 倍范围内为宜；② 总保护与用户的分级保护应合理配合，总保护的额定动作电流是用户分保护额定动作电流的 2 倍，动作时间以 0.2s 为宜；③ 每户尽量不选用带重合闸功能的保护器，若选用时，应拨向单延挡，封去多延挡，防止重复触电事故的发生。

5. 交流接触器的技术参数

（1）常用型号和技术特点。

1）CJ20 系列是在 CJ10 之后全国统一设计的产品，额定电流为 63～630A，结构形式为直动式，主体布置，铸铝底座，陶瓷灭弧罩。

2）CJZ 系列交流接触器适用于振动、冲击较大的场所。其吸引线圈为直流线圈，自带整流装置，因此吸引线圈消耗功率小、工作平稳、无噪声。

3）B 系列交流接触器和 K 系列辅助接触器是引进的新型接触器，具有辅助触点数量多、电寿命、机械寿命长、线圈消耗功率小、质量轻、外形美观，安装维护方便等特点。B 系列接触器分正装式和倒装式两种结构，吸引线圈分为交流和直流两种，安装方式分卡轨式与螺钉固定两种。B 系列接触器可选配辅助触点、机械联锁、延时继电器、自锁机构、连接件等多种附件。

（2）交流接触器的主要技术数据。

1）额定电压常用的有 380、220V。

2）最高工作电压为额定电压的 105%。

3）额定电流：5，10，20，40，60（63），（75），100，150（160）A。

三、低压供电设备验收

（一）低压电器安装工程交接验收要求

1. 工程交接验收要求

（1）电器的型号、规格符合设计要求。

（2）电器的外观检查完好，绝缘器件无裂纹，安装方式符合产品技术文件的要求。

（3）电器安装牢固、平正，符合设计及产品技术文件的要求。

（4）电器的接零、接地可靠。

（5）电器的连接线排列整齐、美观。

（6）绝缘电阻值符合要求。

（7）活动部件动作灵活、可靠，联锁传动装置动作正确。

（8）标志齐全完好、字迹清晰。

2. 通电检查要求

（1）操作时动作灵活、可靠。

（2）电磁器件无异常响声。

（3）线圈及接线端子的温度不超过规定。

（4）触头压力、接触电阻不超过规定。

3. 验收提交资料和文件要求

（1）变更设计的证明文件。

（2）制造厂提供的产品说明书、合格证件及竣工图纸等技术文件。

（3）安装技术记录。

（4）调整试验记录。

（5）根据合同提供的备品、备件清单。

（二）低压供电工程的交接验收

1. 低压配电线路安装交接验收检查要求

（1）采用器材的型号、规格。

（2）线路设备标志应齐全。

（3）电杆组立的各项误差。

（4）拉线的制作和安装。

（5）导线的弧垂、相间距离、对地距离、交叉跨越距离及对建筑物接近距离。

（6）电器设备外观应完整无缺损。

（7）相位正确，接地装置符合规定。

（8）沿线的障碍物、应砍伐的树及树枝等杂物应清除完毕。

（9）验收合格后应提交的资料和技术文件：

1）竣工图。

2）变更设计的证明文件（包括施工内容明细表）。

3）安装技术记录（包括隐蔽工程记录）。

4）交叉跨越距离记录及有关协议文件。

5）调整试验记录。

6）接地电阻实测值记录。

7）有关的批准文件。

2. 室内低压配线安装交接验收检查要求

（1）各种规定的距离。

（2）各种支持件的固定，工程交接验收。

（3）配管的弯曲半径，盒（箱）设置的位置。

（4）明配线路的允许偏差值。

（5）导线的连接和绝缘电阻。

（6）非带电金属部分的接地或接零。

（7）黑色金属附件防腐情况。

（8）施工中造成的孔、洞、沟、槽的修补情况。

（9）验收合格后应提交的资料和技术文件。

1）竣工图。

2）设计变更的证明文件。

3）安装技术记录（包括隐蔽工程记录）。

4）各种试验记录。

5）主要器材、设备的合格证。

3. 电器照明安装交接验收检查要求

（1）并列安装的相同型号的灯具、开关、插座及照明配电箱（板），检查其中心轴线、垂直偏差、距地面高度。

（2）暗装开关、插座的面板，盒（箱）周边的间隙，交流、直流及不同电压等级电源插座的安装。

（3）大型灯具的固定，吊扇、壁扇的防松、防振措施。

（4）照明配电箱（板）的安装和回路编号。

（5）回路绝缘电阻测试和灯具试亮及灯具控制性能。

（6）接地或接零。

（7）验收时应提交的技术资料和文件。

1）竣工图。

2）变更设计的证明文件。

3）产品的说明书、合格证等技术文件。

4）安装技术记录。

5）试验记录，包括灯具程序控制记录和大型、重型灯具的固定及悬吊装置的过载试验记录。

【思考与练习】

1. 常用照明供电系统设置原则有哪些？

2. 低压电器设备安装工程交接验收要求有哪些？

3. 室内低压配线工程交接验收检查项目有哪些？

4. 低压供电照明工程交接验收检查内容有哪些？

第二章

低压成套装置安装

◢ 模块 1　动力箱安装（Z33E2001 I ）

【模块描述】本模块包含动力箱、动力盘的一般概念、安装操作步骤、工艺要求及质量标准等内容。通过概念描述、术语说明、流程介绍、要点归纳，掌握动力箱、动力盘安装。

【正文】

一、动力配电箱

当用电负荷较大时，常采用配电箱进行供电。配电箱由开关厂制造，用户可根据几种设计方案进行选用。动力配电箱系列很多，这里只介绍 XL 型动力配电箱。XL 型动力配电箱用于一般用户，交流频率 50Hz、电压 380V 及以下三相电力系统，作动力配电及低压鼠笼型或绕线型电动机的控制之用。

XL 型动力配电箱系户内装置，有封闭式和防尘式两种。外壳用薄钢板弯制焊接而成，可单独使用，也可组合使用。箱的前部有向左开启的门，门上可装设电流表、电压表、按钮、信号灯等。箱内主要设备有低压断路器、隔离开关、磁力起动器、交流接触器、电流互感器等。

XL 型动力配电箱的电动机起动一次线路方案可为直接起动或频敏变阻器起动。电动机短路保护采用 DZ4 型和 DZ10 型低压断路器，过负荷保护采用有温度补偿的 JR15型热继电器，失压保护由接触器自身脱扣。

1. 工作内容

本部分主要讲述动力箱（盘）制作所需工器具和材料的选择、制作的工艺流程和质量标准、安装的方法、安装工艺流程的标准以及安全注意事项等。

2. 作业前准备

（1）动力箱（盘）制作和安装所需工器具见表 2-1-1。

表 2-1-1　　　　　　　　　　动力箱（盘）制作和安装所需工器具

序号	名　称	规　格	单位	数量	备　注
1	验电器	0.4kV	支	1	
2	接地线	0.4kV	组	2	
3	个人工具	常用	套	1	
4	绳索	专用	条	若干	
5	警告牌	专用	块	3	
6	压接钳	2.5～95mm^2	套	1	
7	喷枪（灯）	专用	套	1	

（2）动力箱（盘）制作和安装所需材料见表 2-1-2。

表 2-1-2　　　　　　　　　　动力箱（盘）制作和安装所需材料

序号	名　称	规　格	单位	数量	备　注
1	动力箱（盘）	标准	面	1	
2	动力箱（盘）支架	标准	套	1	
3	低压电缆	VV	m	若干	
4	铜接头	2.5～95mm^2	个	若干	
5	进出线管	PVC	根	若干	
6	母线排	5×35（40）	m	若干	
7	穿钉	标准	条	若干	
8	设备线夹	标准	个	若干	

3. 危险点分析与控制措施

（1）触电伤害。

1）核对设备的控制范围，防止错、漏停电源及反送电。停、送电按操作规程进行，明确操作人、监护人。

2）严格执行安全技术措施，保证工作人员必须在接地线保护范围内工作。停电、送电、登杆工作等必须根据命令进行，邻近带电作业应有专人监护。

3）验电、挂接地线。

4）工作完毕后，拆除全部接地线并核对接地线数量。

（2）动力箱（盘）倾倒坠落伤人。动力箱（盘）起吊、搬运有专人指挥，起吊前应用绳索在底端固定，以防起吊过程中配电箱摆动脱钩或伤人。

4. 安装操作及质量标准

（1）动力箱（盘）应牢固地安装在基础型钢上，型钢顶部应高出地面 10mm，箱（盘）内设备与各构件连接应牢固。

（2）动力箱（盘）内二次回路的配线应采用电压不低于 500V，电流回路截面不小于 2.5mm²，其他回路不小于 1.5mm² 的铜芯绝缘导线。配线应整齐、美观，绝缘良好，中间无接头。

（3）动力箱（盘）内安装的低压电器应排列整齐，相序一致。

（4）控制开关应垂直安装，上端接电源，下端接负荷。开关的操作手柄中心距地面一般为 1.2～1.5m；侧面操作的手柄距建筑物或其他设备不宜小于 200mm。

（5）做好箱（盘）接地，接地电阻值应小于 4Ω。

（6）按开关和负荷出线电流接好进出线电缆，并核对相序。

（7）电缆进出线若为地埋电缆的，电缆沟要封堵；若为架空电缆的，要有护套保护措施，距地高度要符合规程要求，做好防小动物入室措施。

二、农用配电箱

农用配电箱（JP柜）为户外型配电装置，具有投资省、安装工期短、节省土地资源、功能全、外形美观、安全性好、安装维修简便等优点。它主要取代低压计量屏、低压总屏及分屏，利用安装抱箍，可以安装在配电变压器的支架上。设有计量和出线两个间隔，其中计量部分的门设有铅封，可以有效防止窃电。采用不锈钢门锁，可以防止日晒雨淋造成门锁锈蚀。箱门采用橡皮嵌条，防止雨水进入而使电器设备受潮。配电箱使用环境条件为：海拔不超过 2000m；可安装在污染较重、有凝露的场所；户外允许最高温度不超过 50℃，最低温度不低于−20℃。

1. 工作内容

本部分主要讲述农用配电箱（JP柜）制作所需工器具和材料的选择、制作的工艺流程和质量标准、安装的方法、安装工艺流程的标准以及安全注意事项等。

2. 作业前准备

（1）农用配电箱（JP柜）制作和安装所需工器具见表 2-1-3。

表 2-1-3　　　　　农用配电箱（JP柜）制作和安装所需工器具

序号	名　称	规　格	单位	数量
1	绝缘操作棒	10kV	副	1
2	验电器	10kV	支	1
3	验电器	0.4kV	支	1
4	接地线	10kV	组	2

续表

序号	名　称	规　格	单位	数量
5	接地线	0.4kV	组	2
6	绝缘手套	10kV	副	2
7	脚扣	专用	副	2
8	安全带	专用	条	2
9	个人工具	专用	套	1
10	绳索	专用	条	若干
11	警告牌	专用	块	3
12	压接钳	2.5～95mm²	套	1
13	喷枪（灯）	专用	套	1

（2）农用配电箱（JP柜）制作和安装所需材料见表2-1-4。

表2-1-4　　　　农用配电箱（JP柜）制作和安装所需材料

序号	名　称	规　格	单位	数量
1	JP柜	JP	面	1
2	JP柜支架	标准	套	1
3	低压电缆	VV	m	若干
4	铜接头	2.5～95mm²	个	若干
5	进出线管	PVC	根	若干
6	卡管担	标准	条	若干
7	卡管箍	标准	条	若干
8	穿钉	标准	条	若干
9	电工胶布	专用	卷	若干

3. 危险点分析与控制措施

（1）触电伤害。

1）核对线路名称、杆号、变压器位号，核对设备的控制范围，防止错、漏停电源及反送电。停、送电按操作规程进行，明确操作人、监护人。

2）严格执行安全技术措施，保证工作人员必须在接地线保护范围内工作。停电、送电、登杆工作等必须根据命令进行，邻近带电作业应有专人监护。

3）验电、挂接地线。

4）工作完毕后，拆除全部接地线并核对接地线数量。

（2）高处坠落伤害。

1）登杆前，检查电杆、杆根、拉线，检查登杆工具完好，安全带应系在主杆或牢固的构件上，检查安全带扣应扣牢。杆上工作或转位时，不得失去安全带保护。梯子登高时要有专人扶持，必须采取防滑、限高措施。

2）杆上工作传递工具、材料应使用绳索，严禁上下抛掷，防止坠物。所有工作人员必须正确佩戴安全帽。根据作业环境，必要时装设安全围栏。

（3）配电箱倾倒、坠落伤人。

1）配电箱起吊有专人指挥，起吊前应用绳索在底端固定，以防起吊过程中配电箱摆动脱钩或伤人。

2）配电箱吊装在台架上固定后方可解除起重设备（倒链）的受力状态。

（4）交通事故。车辆行驶符合交通安全管理要求，杜绝人货混装。

（5）防火及烧伤。使用喷枪（灯）制作电缆头工作设专人负责。使用喷枪（灯）时，喷嘴不准对着人体及设备。

4. 操作步骤及质量标准

（1）工作人员登杆选好工作位置，将带上来的绳子在无妨碍工作的地方拴牢。

（2）安装托架装于变压器附杆上，应使 JP 柜下沿距地面垂直距离不小于 1.2m。

（3）将 JP 柜运至安装托架上，安装牢固。

（4）做好 JP 柜接地，配电变压器容量在 100kVA 以下的接地电阻应小于 10Ω；配电变压器容量在 100kVA 及以上的接地电阻应小于 4Ω。

（5）按开关和负荷出线电流接好进出线电缆，并核对相序。

（6）工作完后清理现场，检查无误后送电，检查表计运行是否正常。相序不正确或有其他缺陷时，应该按照有关规定处理。相序无误后安装表尾盖加装铅封。

（7）检查无功补偿装置投运情况无问题后，关好箱（柜）门加锁。

三、动力箱（盘、柜）安装注意事项

（1）配电变压器低压侧的动力箱，宜采用符合 GB 7251.1—2005《低压成套开关设备和控制设备 第 1 部分：型式试验和部分型式试验成套设备》规定的产品，有条件的也可自制，但应满足以下要求：

1）动力箱的外壳应采用 1.5～2.0mm 厚的铁板配制并进行防腐处理。

2）动力箱外壳的防护等级，应根据安装场所的环境确定。

3）动力箱的防触电保护类别应为 I 类或 E 类。

4）箱内安装的电器，均应为符合国家标准规定的定型产品。

5）箱内各电器件之间以及它们对外壳的距离，应能满足电气间隙、爬电距离以及

操作所需的间隔。

　　6）动力箱的进出引线，应采用具有绝缘护套的绝缘电线，穿越箱壳时加套管保护。

　　（2）室外动力箱应牢固地安装在支架或基础上，箱底距离地面高度为 1.0～1.2m。

　　（3）室内动力箱可落地安装，也可暗装或明装于墙壁上。落地安装的基础应高出地面 50～100mm。暗装于墙壁时，底部距地面 1.4m；明装于墙壁时，底部距地面 1.2m。

　　（4）动力箱（盘）进出引线可架空明敷或暗敷，暗敷设应采用农用直埋塑料绝缘导线，明敷设应采用耐气候型聚氯乙烯绝缘导线。敷设方式应满足下列要求：

　　1）采用农用直埋塑料绝缘护套线时应在冻土层以下且不小于 0.7m 处敷设，引上线在地面以上和地面以下 0.7m 的部位应套管保护。

　　2）架空明敷耐气候型绝缘电线时，其电线支架不应小于 40mm×40mm×4mm 角钢；穿墙时，绝缘电线应套保护管。出线的室外应做滴水弯，滴水弯最低点距离地面不应小于 2.5m。

　　（5）动力箱（盘）进出线的电线截面应按允许载流量选择。主进线回路按变压器低压侧额定电流的 1.3 倍计算，引出线按回路的计算负荷选择。

　　（6）动力箱（盘）的耐火等级不应低于二级。

　　（7）动力盘内应附有如下的图和表：

　　1）盘内左侧门板：本盘一次系统图，仪表接线图，控制回路二次接线图及相对应的端子编号图。

　　2）盘内右侧门板：本盘装设的电器元件表，表内应注明生产厂家、型号和规格。

　　（8）动力盘的各电器、仪表、端子排等均应标明编号、名称、用途及操作位置。

【思考与练习】

1. 简述动力箱（盘）操作步骤及质量标准。

2. 动力箱（盘）进出引线敷设方式应满足哪些要求？

3. 农用配电箱（JP 柜）安装时为防止触电伤害应采取哪些措施？

◢ 模块 2　低压成套设备安装（Z33E2002Ⅱ）

【模块描述】本模块包含低压成套装置安装操作步骤、工艺要求及质量标准等内容。通过概念描述、术语说明、流程介绍、要点归纳，掌握低压成套装置安装。

【正文】

一、作业内容

本部分主要讲述低压成套装置安装所需工器具和材料的选择、安装的工艺流程和质量标准、安装的方法及安全注意事项等。

二、危险点分析与控制措施

（1）防止触电伤害。

1）核对设备的控制范围，停、送电按操作规程进行，明确操作人、监护人。

2）严格执行安全技术措施，保证工作人员必须在接地线保护范围内工作。停电、送电工作等必须根据命令进行，邻近带电作业应有专人监护。

3）验电、挂接地线。

4）工作完毕后，拆除全部接地线并核对接地线数量。

（2）防止低压成套装置安装时盘柜倾倒伤人。盘柜起吊、搬运有专人指挥，起吊前应用绳索在底端固定，以防起吊过程中装置摆动脱钩或伤人。

三、作业前准备

低压成套装置安装所需工器具有常用电工工具、接地线、验电器、起重绳索、压接钳、喷枪（灯）等。安装所需材料有低压电缆铜接头、进出线管、母线排、穿钉螺栓、设备线夹等。

四、安装操作及质量标准

1. 框架式配电盘、柜安装要求

（1）盘、柜安装在振动场所时，应按设计要求采取防振措施。

（2）盘、柜及盘、柜内设备与各构件间连接应牢固。主控制盘、继电保护盘和自动装置盘等不宜与基础型钢焊死。基础型钢的安装要求如下：

1）不直度、水平度允许偏差每米小于 1mm，全长小于 5mm；位置误差及不平行度允许偏差全长小于 5mm。

2）基础型钢安装后，其顶部宜高出抹平地面 10mm。基础型钢应有明显的可靠接地。

（3）盘、柜单独或成列安装时，其垂直度、水平偏以及盘、柜面偏差和盘、柜间接缝的允许偏差应符合表 2-2-1 的规定。模拟母线应对齐，其误差不应超过视差范围，并应完整，安装牢固。

表 2-2-1　　　　　　　　盘、柜安装的允许偏差

项　　目		允许偏差（mm/m）
垂直度		<1.5
水平偏差	相邻两盘顶部	<2
	成列盘顶部	<5
盘面偏差	相邻两盘边	<1
	成列盘面	<5
盘间接缝		<2

（4）端子箱安装应牢固，封闭良好，并应能防潮、防尘。安装的位置应便于检查；成列安装好，应排列整齐。

（5）盘、柜、台、箱的接地应牢固良好。装有电器的可开启的门，应以裸铜软线与接地的金属构架可靠地连接。成套柜应装有供检修用的接地装置。

（6）机械闭锁、电气闭锁应动作准确、可靠。

（7）动触头与静触头的中心线应一致，触头接触紧密。

（8）柜（盘）内电器设备排列整齐，固定可靠，操作部分动作灵活、准确。信号装置回路的信号灯、电铃等应显示准确、可靠。

（9）二次接线排列整齐，绝缘良好，回路编号清晰、齐全，采用标准端子头编号，每个端子螺钉上接线不超过两根。二次回路辅助开关的切换触点应动作准确、接触可靠，柜内照明齐全。

（10）柜（盘）内设备的导电接触面与外部母线连接处必须接触紧密。要求用0.05mm×10mm 塞尺检查时：线接触的，塞不进去；面接触的，接触面宽 50mm 及以下时，塞入深度不大于 4mm；接触面宽 60mm 及以上时，塞入深度不大于 6mm。

（11）通电试验，各种开关在正常情况下应合、开到位。声光信号显示正确，接触器、继电器、辅助开关接触紧密，动作可靠，应无异常声音和较大振动，无异味、过热、漏电、放电等不良现象。

2. 抽屉式配电柜的安装要求

（1）抽屉推拉应灵活轻便，无卡阻、碰撞现象，抽屉应能互换。

（2）抽屉的机械连锁或电气连锁装置动作应正确可靠，断路器分闸后，隔离触头才能分开。

（3）抽屉与柜体间的二次回路连接插件应接触良好。

（4）抽屉与柜体间的接触及柜体、框架的接地应良好。

（5）盘、柜的漆层应完整，无损伤。固定电器的支架等应刷漆。安装于同一室内且经常监视的盘、柜，其盘面颜色宜和谐一致。盘、柜上模拟母线的标志颜色应符合表 2–2–2 所示。

表 2–2–2　　　　　　　　模拟母线的标志颜色

电压（kV）	颜色	备注
交流 0.23	深灰	（1）模拟母线的宽度宜 6～12mm。 （2）设备模拟的涂色应与相同电压等级的母线颜色一致
交流 0.40	黄褐	
交流 3	深绿	
交流 6	深蓝	
交流 10	络红	

【思考与练习】

1. 成套柜的安装应符合哪些要求？
2. 简述成套配电装置验收检查及要求。
3. 成套柜模拟母线的标志颜色如何辨别？
4. 成套柜基础型钢的安装要求是什么？

▲ 模块 3 无功补偿装置安装（Z33E2003Ⅲ）

【模块描述】本模块包含无功补偿装置安装操作步骤、工艺要求及质量标准，以及无功补偿装置的试验和调试方法等内容。通过概念描述、术语说明、流程介绍、图解示意、要点归纳，掌握无功补偿装置安装和调试。

【正文】

一、无功补偿成套装置安装

（一）10kV 及以下无功补偿装置、电容器安装工作内容

本部分主要讲述 10kV 及以下无功补偿装置、电容器安装所需工器具和材料的选择、质量标准、安装的方法以及安全注意事项等。

（二）10kV 及以下无功补偿装置、电容器安装作业前准备

（1）10kV 无功补偿装置、电容器安装所需工器具见表 2–3–1。

表 2–3–1 无功补偿装置、电容器安装所需工器具

序号	名　　称	规　　格	单位	数量
1	电工工具	专用	套	1
2	验电器	专用	支	1
3	高压接地线	专用	组	2
4	低压接地线	专用	组	2
5	断线钳		把	1
6	安全围栏	专用	套	1
7	标示牌	专用	块	3

（2）高压无功补偿装置、电容器安装所需材料见表 2–3–2。

表 2-3-2　　　　　　　　无功补偿装置、电容器安装所需材料

序号	名　　称	规　　格	单位	数量
1	电容器	BZMJ0.4-15-3	台	若干
2	绝缘导线	BV	m	若干
3	绝缘胶布	标准	盘	若干
4	接线端子	标准	个	若干
5	高压开关柜	GG-IA-04D（N）	台	1
6	户内穿墙套管	CLB-10/250～400	只	3
7	支柱绝缘子	ZA-10T	只	9
8	母线固定金具	JNP-101	套	15
9	铝母线	LMY-40×4	m	21
10	引出线支架	L50×50×5（L=2800mm）	根	1
11	支架（固定于墙上）	L50×50×5（L=2520mm）	根	1

（3）低压无功补偿装置（PGJI 型无功功率补偿屏）安装所需工器具主要设备、材料见表 2-3-3。

表 2-3-3　　　　　　　　PGJI 型无功补偿配电屏主要设备表

名　　称	元件型号	PGJI-1	PGJI-2	PGJI-3	PGJI-4
隔离开关	HD13-400/3	1	1	1	1
电流互感器	LM-300/5	3	3	3	3
熔断器	RT14-32A2	24	30	24	30
接触器	CJ10-40/3～220V	8	10	8	10
电抗器	XDI-14～16	24	30	24	30
热继电器	JR16-60/3 32A	8	10	8	10
电容器	BZMJ0.4-15-3	8	10	8	10
避雷器	YN1-0.5/3	3	3	3	3
电流表	42L6，300/5	3	3	3	
电压表	42L6，0～450V	1	1	1	1
熔断器	RT14-20/6	6	6	2	2
控制器	ZB-I				
指示灯	XD7～380V	16	20	16	20

（三）危险点分析与控制措施

（1）触电伤害。

1）严格执行安全技术措施，保证工作人员必须在接地线保护范围内工作。

2）作业前核对设备的控制范围，防止错、漏停电源及反送电。

3）停、送电按操作规程进行，明确操作人、监护人；停电、送电工作等必须根据命令进行。

4）验电，并挂好接地线。

5）安装电容器前要对电容器进行放电。

6）拆电容器时，接触电缆引线前必须充分逐项放电。

7）邻近带电作业应有专人监护。

8）接地线拆除后，应即认为设备带电，不准任何人再进行安装检修工作。

（2）高处落物及物体打击伤害。

1）进入现场的所有作业人员必须戴好安全帽。

2）高处作业人员使用的工器具、材料等要装在工具袋里，防止落物伤人。

3）高处工作时，传递工器具、材料必须使用绳索，严禁上下抛掷。

4）高处作业前，检查梯子（防滑垫）是否完好。

5）梯子登高要有专人扶持，必须采取防滑、限高措施。

6）作业区内禁止行人逗留，为了防止伤害行人，防止外界妨碍和干扰作业，在作业区域内，根据作业需要，装设安全围栏或警示牌。

（四）操作步骤及质量标准

1. 低压无功补偿装置安装步骤及要求

以 PGJI 型无功功率补偿屏为例，该补偿屏适用于工矿企业、车间及民用住宅三相交流电压 380V、频率 50Hz，容量为 100～1000kVA 变压器的配电系统中。补偿屏既可与 PGL 型低压屏配套使用，也可单独使用，并且可双面维护。屏内设有 B-1 型功率因数自动补偿控制器一台。控制器采用 8～10 步循环投切的方式进行工作，并根据电网负荷消耗的感性无功量的多少，以 3～30s 自动调节时间间隔控制并联电容器组的投切工作，使电网的无功消耗保持到最低状态，从而可提高电网电压质量，以减少输配电系统和变压器的损耗。

无功功率自动补偿屏的结构为开启式。其外形尺寸、屏间连接孔、主母线距地尺寸，架线方式相间距离与 PGU 型低压配电屏完全相同，屏的正面由薄钢板弯制而成，屏内有两层油盘作为电容器的支架，正面有活动的仪表门，固定的操作板，两扇活门。单独安装使用时，屏体两端可加装护板，电源通过电缆引入或架空线引入。

用户接到产品后，首先进行拆箱检验，检验元件是否有损坏断线、掉头，如不及时使用，应放置在干燥清洁处保存。

　　补偿屏安装定位后，应认真识读无功补偿柜一次方案原理接线图，如图 2-3-1 所示，要将屏内所有的螺钉再次紧固，保证接触良好，把并联电容器放在油盘上按 A、B、C（后、中、前）的相序接好。

　　一定要将屏内按用户要求提供的电流互感器 LMZ1-0.5 装在进线柜（或需要补偿部分前面）的 A 相上，作为控制器的电流信号取样，并用不小于 2.5mm² 的绝缘铜线从互感器上引出到补偿屏的主屏内的接线端子上。

　　在安装辅柜时，应将主屏与辅屏对应相同的线号端子用线连接好。如配有多台辅屏时，再将辅屏之间对应的端子接好。

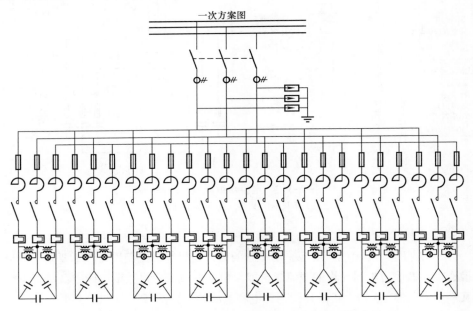

图 2-3-1　PGJ 型无功功率补偿柜一次方案原理接线图

　　二次接线完成之后，将主母线与主、辅屏母线牢固连接。同时将避雷器、接触器的零线与系统的零线连好。用大于 6mm² 导线将电容器外壳与屏体接地螺钉接牢，屏体的接地螺钉用不小于 50mm² 的铜导线应与大地接牢。最后进行全面检查，不得有错误之处。如果用户变压器的地线和零线不是接在一起的，则补偿屏内的零线与地线也应分别与系统相联。

　　2. 高压电容器的安装步骤及要求

　　在城乡配电网中，区域性的配电所一般将电容器安装在电容器室内。采用

11kV/3kV 电容器进行无功补偿，电容器采用 GG–1A–04D（改）型开关柜操作控制。开关柜装在 10kV 开关室内，电容器的接线一般分为单星形接线或双星形接线两种。其原理接线如图 2–3–2 所示。

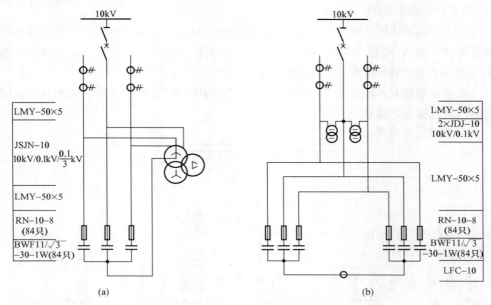

图 2–3–2　电容器组原理接线图
(a) 单星形接线图；(b) 双星形接线图

3. 质量标准

（1）电容器（组）的接线应采用单独的软线与每组母线相连接，不要采用硬母线直接连接，截面应根据允许的载流量选取，电线的载流量可按下述确定：单台电容器为其额定电流的 1.5 倍；集中补偿为总电容电流的 1.3 倍。

（2）电容器应安装在无潮湿等恶劣环境中。其环境温度必须满足制造厂规定的要求。

（3）室内安装的电容器（组），应有良好的通风条件。

（4）集中补偿的电容器组，宜安装在电容器柜内分层布置，下层电容器的底部对地面距离不应小于 300mm，上层电容器连线对柜顶不应小于 200mm，电容器外壳之间的净距不宜小于 100mm（成套电容器装置除外）。

（5）当采用中性点绝缘的星形联结组别时，相间电容器的电容差不应超过三相平均电容值的 5%。

（6）电容器安装时必须保持电气回路和接地部分的接触良好。电容器的额定电压与低压电力网的额定电压相同时，应将电容器的外壳和支架接地。当电容器的额定电压低于电力网的额定电压时，应将每相电容器的支架绝缘，且绝缘等级应和电力网的额定电压相匹配。

（7）电容器应有单独的控制开关，必须装设自动放电装置。

（8）低压移相电容器放电装置放电电阻的选择要适当，即不论电容器的额定电压是多少，断开电源经过30s放电后，其两端残留电压都应降至65V以下。电容器与放电装置应直接连接，中间不应装设熔断器。如采用自动控制装置时，则放电装置与电容器之间可串接交流接触器的动断辅助触点。作个别补偿的电容器直接与电动机绕组连接（不经可断开设备），当电动机停止运行后，电容器将通过电动机绕组自行放电，故不必另设放电装置。

（五）注意事项

（1）安装海拔不高于1000m。

（2）周围环境温度不超过+40℃，电容器投入时环境温度的下限为–5℃。

（3）相对湿度在40℃时不超过50%，较低温度时允许有较高的相对湿度，并考虑到由于温度变化而可能产生的凝露。

（4）安装的倾斜度不超过5°。

（5）安装地点无雨雪侵袭，无严重霉菌存在，无腐蚀气体存在。

二、无功补偿装置的试验和调试方法

无功补偿装置的试验包括型式试验、出厂试验和现场调试试验三部分，其中，型式试验是性能考核最全面和最严格的试验；出厂试验是保证产品批量生产的质量把关；现场调试是结合现场情况和参数进行系统配合的有关参数测量性试验。

（一）检验规则

1. 检验分类

装置的检验包括出厂试验和型式试验。

（1）出厂试验。出厂试验是用来检查装置在制造工艺上的缺陷和对某些需要调整的电器元件进行电器参数的整定。出厂试验应在每个装配完成后的装置上进行。

（2）型式试验。型式试验是对产品进行全面的性能和质量检验，以验证该产品是否符合要求。型式试验的产品必须是经过出厂试验合格后的产品。全部型式试验可在一台装置样品上或在按相同设计的装置的多个部件上进行。型式试验应包括所有出厂试验的项目。

2. 检验项目

装置的出厂试验、型式试验项目见表2–3–4。

表 2–3–4 各类产品试验项目表

试验分类	试验项目	集中补偿装置	分组补偿装置	末端补偿箱	带补偿的异步电动机起动装置
出厂试验	一般检查	√	√	√	√
	介电强度试验	√	√	√	√
	通电操作试验	√	√	—	√
	工频过电压保护试验	√	√	—	—
型式试验	温升试验	√	√	√	√
	介电强度试验	√	√	√	√
	放电试验	√	√	√	√
	涌流试验	√	√	—	—
	机械操作试验	√	√	—	√
	保护电路有效性试验	√	√	—	√
	防护等级试验	√	√	√	√
	短路强度试验	√	—	—	—

注　1. 以上试验项目只作为产品定型鉴定时考核项目，在不改变产品结构、母线尺寸及母线支撑件的情况下，按照已定型的产品图纸进行生产时不需要进行。

　　2. "√"表示应做的试验。

（二）试验方法

1．一般检查

（1）按照下面内容检查装置的结构：

1）装置应由能承受一定的机械、电气和热应力的材料构成，同时需经得起在正常使用条件下可能会遇到的潮湿影响。

2）装置的门应能在不小于 90°的角度内灵活启闭。同一组合的装置应装设能用同一钥匙打开的锁。

3）操作器件的运动方向应符合 GB/T 4205—2010《人机界面标志标识的基本和安全规则操作规则》的规定。

4）装置的壳体外表面一般应喷涂无眩目反光的覆盖层，表面不得有气泡、裂纹或流痕等缺陷。

5）装置内母线的相序排列从装置正面观察，应符合表 2–3–5 的规定。主电路接头间的相序和极性排列，推荐依照表 2–3–5 的规定。

表 2-3-5   主电路接头间的相序和极性排列

相 序	垂 直 排 列	水 平 排 列	前 后 排 列
L1 相	上	左	远
L2 相	中	中	中
L3 相	下	右	近
中性线	最下	最右	最近

（2）按元件的选择安装要求进行检查的具体内容如下：

1）装置中所选用的电器元件及辅件的额定电压、额定电流、使用寿命、接通和分断能力、短路强度及安装方式等方面应适合指定的用途及本身相关标准，并按照制造厂的说明书进行安装。

2）用于自动投切电容器组的控制器，可根据下列物理量选择：① 功率因数；② 无功电流；③ 无功功率；④ 无功电流控制，功率因数锁定。

3）装置中应采取措施，把由于切合操作所产生的涌流峰值限制在 $100I_N$ 以下（I_N 为电容器额定工作电流）。

4）所有电器元件及辅件应按照其制造厂的说明书（使用条件、需要的飞弧距离、拆卸灭弧栅需要的空间等）进行安装。

5）电器元件及辅件的安装应便于接线、维修和更换，需要在装置内部操作调整和复位的元件应易于操作。

6）与外部连线的接线座应安装在装置安装基准面上方至少 0.2m 高度处。仪表的安装高度一般不得高出装置安装基准面 2m。

7）操作器件（如手柄、按钮等）的高度一般不得高出装置安装基准面的 1.9m。紧急、操作器件应装在距装置安装基准面的 0.8～1.6m 范围内。

（3）按下列项目检查布线等项目：

1）装置中的连接导线应具有与额定工作电压相适应的绝缘，并采用铜芯多股绝缘软线，同时需配用冷压接端头。

2）主电路母线或导线的截面积应根据其允许载流量不小于可能通过该电路额定工作电流来选择。

3）辅助电路导线的截面积应根据要承载的额定工作电流来选择，但应不小于 1.0mm²（铜芯多股绝缘软线）。

4）电容器支路导线的截流量应不小于电容器额定工作电流的 1.5 倍。

（4）按下列项目检查装置的电气间隙和爬电距离：

1）装置内的电器元件应符合各自的有关规定，并在正常使用条件下，也应保持其电气间隙和爬电距离。

2）装置内不同极性的裸露带电体之间，以及它们与外壳之间的电气间隙和爬电距离应不小于表 2-3-6 的规定。

表 2-3-6　　　　　　　　　　不同电压的电气间隙和爬电距离

额定绝缘电压 U_N（V）	电气间隙（mm）	爬电距离（mm）	额定绝缘电压的 U_N（V）	电气间隙（mm）	爬电距离（mm）
$U_N \leqslant 60$	5	5	$600 < U_N \leqslant 800$	10	20
$60 < U_N \leqslant 300$	6	10	$800 < U_N \leqslant 1500$	14	28
$300 < U_N \leqslant 600$	8	14			

2. 通电操作试验

试验前需先检查装置的内部接线，当所有接线正确无误后，在辅助电路分别通以 85% 和 110% 额定电压的条件下，各操作 5 次，所有电器元件的动作显示均应符合电路图的要求，且各个电器元件动作灵活。

3. 工频过电压保护试验

做本项试验时，应将电容器拆除，然后给装置接上电源，并将电容器投切开关闭合，调整电源电压等于或略大于 1.1 倍额定电压值，在规定 1min 时间内，过电压保护设施应将电容器支路与电源断开。

4. 温升试验

温升试验时，应对电容器单元施加实际正弦波形的交流电压，在整个试验过程中，电压值应使电容器支路的电流不小于其额定电流，并保持恒定。装置应按照规定的防护等级进行试验。

试验时应有足够的时间使温度上升达稳定值，一般当温度变化不超过 1℃/h 时，即认为温度稳定，然后测取各部分温升。测量可用温度计或热电偶。

5. 介电强度试验

介电强度试验在相间、相对地（框架）、辅助电路对地（框架）、带电部件与绝缘材料制成或覆盖的外部操作手柄之间等部位进行。

主电路和与其直接连接的辅助电路应能耐受表 2-3-7 规定的试验电压。

表 2-3-7　　　　　主电路和与其直接连接的辅助电路的试验电压　　　　　　　V

额定绝缘电压 U_N	试验电压（有效值）	额定绝缘电压 U_N	试验电压（有效值）
$U_N \leqslant 60$	1000	$660 < U_N \leqslant 800$	3000
$60 < U_N \leqslant 300$	2000	$800 < U_N \leqslant 1000$	3500
$300 < U_N \leqslant 600$	2500	$1000 < U_N \leqslant 1500$	3500

不与主回路直接连接的辅助电路应能耐受表 2-3-8 规定的试验电压。

表 2-3-8　　　　　　　　　　不同电压等级电路的试验电压　　　　　　　　　　　V

额定绝缘电压 U_N	试验电压（有效值）	额定绝缘电压 U_N	试验电压（有效值）
$U_N \leq 12$	250	$U_N > 60$	$2U_N + 1000$，但不小于 1500
$12 < U_N \leq 60$	500		

（1）相间、相对地、辅助电路对地之间的试验电压为表 2-3-7 和表 2-3-8 规定的试验电压值。带电部件和绝缘材料制成或覆盖的外部操作手柄进行试验时，装置框架不接地，将手柄用金属箔缠绕，然后在金属箔与带电部件之间施加 1.5 倍的表 2-3-7 和表 2-3-8 规定的试验电压值。

（2）试验电压应为正弦波，频率为 45～65Hz，试验电源应有足够的容量，以维持试验电压不受泄漏电流的影响。

（3）试验时，应先按规定试验电压的 30%～50% 施加在各试验部位，然后在 10～30s 内平稳地将电压升到规定的试验电压值，并保持 1min，随后进行试验后的降压操作，直到零电压切除电源。试验前应将不宜承受试验电压的电器元件（如电容器等）拆除。在进行出厂试验时，用试验电压的规定值，在试品的规定部位保持 1s。

（4）试验结果如没有发生击穿或闪络现象，则本项试验通过。

6. 放电试验

放电试验可以在任何一组电容器上进行，用直流法将电容器充电至额定电压峰值 50V，然后接通放电装置，历时不大于 1min，则此项试验通过。

7. 涌流试验

涌流试验只验证投入最后一组电容器时电路中的涌流值，即先将其余电容器全部接上额定电压，待它们工作稳定后再投入最后一组电容器，将分流器串接在最后一组电容器的电路中，通过示波器观察涌流值。如果涌流值不大于设计值，则试验通过。

注意涌流试验用的示波器要有足够宽的频率响应，同时应尽量减小分流器和引出线电感对测量值的影响。

8. 机械操作试验

装置某些需手动操作的部件，如果已经按照有关规定进行过型式试验，在安装时对其机械动作又无损伤，可不做本项试验，否则应进行本项试验，试验的损伤次数应不少于 50 次。

9. 保护电路有效性试验

首先应检查保护电路各连接处的连接情况是否良好，然后测量主接地端子与保护电路任一点之间的电阻值。

10. 短路强度试验

短路强度试验只有在新设计的产品定型鉴定时进行，在不改变产品结构、母线尺寸及母线支撑件的情况下，按照已定型的产品图纸进行生产时不需要进行。

【思考与练习】

1. 简述 PGJI 型无功补偿配电屏安装程序。

2. 无功补偿装置的试验一般有哪几项？

3. 绘图题。

（1）绘出 10kV 无功补偿装置电容器的单星形接线原理图。

（2）绘出 10kV 无功补偿装置电容器的双星形接线原理图。

第三章

电动机控制回路安装

▲ 模块 1　导线的选择（Z33E3001 Ⅰ）

【模块描述】本模块包含按发热条件、机械强度、允许电压损失选择导线和经济电流密度选择导线等内容。通过概念描述、术语说明、公式介绍、列表示意，掌握导线的选择方法。

【正文】

低压配电网络中采用的电气设备，其工作环境、装置地点和运行要求各不相同，在设计和选择这些电气设备时应考虑以下因素：

（1）周围环境条件。选择电气设备时应考虑设备装置地点和工作环境。按其户内外型式可分为户内型、户外型，按工作环境可分为普通型、防爆型、温热型、高原型、防污型等。

（2）正常工作条件时电流、电压、频率等参数。电气设备是按一定的电流、电压范围进行设计和制造的，在选择时必需按照工作电流、电压值，根据产品样本选择合适的电气设备。

（3）保护要求。电气设备的额定电流应不小于所控制回路的预期工作电流，同时还应承载异常情况下可能流过的电流，保护装置应在其允许的持续时间内将电路切断。

配电网络导线和电缆的选择一般按照下列原则进行：

（1）按发热条件选择。在最大允许连续负荷电流下，导线发热不超过线芯所允许的温度，不会因为过热而引起导线绝缘损坏或加速老化。

（2）按机械强度条件选择。在正确的安装状态下，应有足够的机械强度，不因断线而影响安全运行。

（3）按允许电压损失选择。导线在正常运行时，其电压损失不应超过规范规定的最大允许值，以保证电压降为主要指标的供电质量。

（4）按经济电流密度选择。在保证最低的电能损耗下，尽量减少有色金属的消耗。

一、按发热条件选择导线

长期工作制负荷时，应满足

$$I_e = K \times I_x \geq I_j \qquad (3-1-1)$$

式中 I_x——导线、电缆按发热条件允许的长期工作电流，A；

         I_e——经校正后的导线、电缆允许载流量，A；

         K——考虑到空气温度、土壤热阻系数、并列敷设、穿管敷设等情况与标准状态不符时的相应校正系数；

         I_j——计算电流，A。

此外，导线、电缆多根并列或穿管敷设时，以及在空气中或在土壤中敷设时，由于散热条件与单根敷设时不同，其允许载流量也要用相应的校正系数进行校正；电缆埋地敷设时，由于土壤的热阻系数不同，影响电缆的散热条件也就不同，其允许载流量也要进行相应校正。

配电线路沿不同环境条件敷设时，电线、电缆的载流量应按最不利的环境条件确定。当该条件的线路段不超过 5m（穿过道路时可为 10m），才可按整条线路一般环境条件确定载流量。

二、按机械强度选择导线

导体最小截面积应满足机械强度要求，绝缘导线最小允许截面积不应小于表 3-1-1 的规定。

表 3-1-1   绝缘导线最小允许截面积   mm²

序号	用途及敷设方式	线芯的最小允许截面积		
		铜芯软线	铜线	铝线
1	照明用灯头线 （1）屋内； （2）屋外	0.4 1.0	1.0 1.0	2.5 2.5
2	移动式用设备 （1）生活用； （2）生产用	0.75 1.0		
3	架设在绝缘支持件上的绝缘导线其支持点间距 （1）2m 及以下，屋内； （2）2m 及以下，屋外； （3）6m 及以下； （4）15m 及以下； （5）25m 及以下		1.0 1.5 2.5 4 6	2.5 2.5 4 6 10

续表

序号	用途及敷设方式	线芯的最小允许截面积		
		铜芯软线	铜线	铝线
4	穿管敷设的绝缘导线	1.0	1.0	2.5
5	塑料护套线沿墙明敷设		1.0	2.5
6	板孔穿线敷设的导线		1.5	2.5

三、按允许电压损失选择导线

用电设备都是按照在额定电压下运行的条件而制造的，当端电压与额定值不同时，用电设备的运行就要恶化。正常运行情况下用电设备端子处电压偏差允许值（以额定电压的百分数表示）应符合下列要求：

（1）一般电动机：±5%。

（2）电梯电动机：±7%。

（3）照明：在一般工作场所为±5%；在视觉要求较高的屋内场所为+5%、−2.5%；对于远离变电站的小面积一般工作场所，难以满足上述要求时，可为+5%、−10%；应急照明、道路照明和警卫照明为+5%、−10%。

（4）其他用电设备：当无特殊规定时为±5%。

低压配电网络电压的损失可按公式计算，但较复杂。

四、按经济电流密度选择导线

按经济观点来选择导线的截面，需从降低电能损耗、减少投资和节约有色金属两方面来考虑。从降低电能损耗着眼，导线截面越大越有利；从减少投资和节约有色金属出发，导线截面积越小越有利。线路投资和电能损耗都影响年运行费。综合考虑各方面的因素而确定的符合总经济利益的导线截面积，称为经济截面。对应于经济截面的电流密度，称为经济电流密度。

我国现行的经济电流密度 j_n 值（A/mm²）见表 3−1−2。

对于全年平均负荷较大、距离较长的线路，应按经济电流密度选择截面，其公式为

$$S = \frac{I_g}{j_n} \tag{3−1−2}$$

式中　S——经济截面积，mm²；

　　　I_g——工作电流，A；

　　　j_n——经济电流密度，A/mm²。

表 3-1-2　　　　　　　我国现行的经济电流密度 j_n 值　　　　　　　A/mm²

导线材料	最大负荷年利用时间 T_{max}（h）		
	3000 以下	3000~5000	5000 以上
铜裸导线和母线	3.0	2.25	1.75
铝裸导线和母线	1.65	1.15	0.9
铜芯电缆	2.5	2.25	2.0
铝芯电缆	1.92	1.73	1.54

【例 3-1-1】2.5mm² 的硬铜线能否接 5.5kW、功率因数 0.8 的低压三相交流电动机（距离有 20m 远）？

解　（1）线电流

$$I_L=5.5\times10^3/\sqrt{3}\times380\times0.8=10.45（A）$$

（2）距离有 20m，不算远，将线电流乘以 1.3，即

$$10.45\times1.3=13.58（A）$$

（3）查《现代电工手册》（广东科技出版社出版）中常用电线的载流量：500V 及以下铜芯塑料绝缘线空气中敷设，工作温度 30℃，长期连续 100% 负载下的载流量为 2.5mm² 可载流 15A 电流，故 2.5mm² 的硬铜线能接 5.5kW 的电动机。

【思考与练习】

1. 导线选择的原则是什么？

2. 导线如何按经济电流密度选择？

3. 10kW 三相低压电动机，功率因数为 0.8，应选择多大截面的铜导线接入？

▲ 模块 2　电动机直接起动控制电路安装（Z33E3002 I）

【模块描述】本模块包含电动机起动、调试、控制电路安装的工作内容、危险点分析与控制措施、作业前准备、操作步骤和质量标准等内容。通过概念描述、流程介绍、图表示意、举例说明、要点归纳，掌握电动机直接起动控制电路的安装。

【正文】

按照电气原理图制作三相异步电动机控制线路，进行调试、试车和排除故障是低压安装维修电工必须具备的能力。以典型的三相异步电动机控制线路为例，讲述制作线路的基本步骤，以及调试、试车和检查、排除故障的方法是本模块讲述的重点。

电动机单向起动控制线路常用于只需要单方向运转的小功率电动机的控制，例如，小型通风机水泵以及皮带运输机等机械设备。线路的制作过程如下。

一、工作内容

在盘内或箱内按图安装电动机直接起动控制回路。

二、危险点分析与控制措施

（1）在试车过程中防止触电。

（2）在试车过程中防止短路。

（3）正确使用电工通用工具，防止人身伤害。

三、作业前准备

（1）工具：电通工用工具（一套）、便携式电钻（一把）。

（2）材料：所需材料见表 3-2-1。

表 3-2-1　　　　　　　　　　　材　料　表

序号	名　称	规　格	单位	数量
1	电动机	2.2kW（Y 系列）	台	1
2	三相隔离开关	20A	只	1
3	交流接触器	32A、380V	只	1
4	熔断器	15A	只	5
5	按钮	10A	个	1
6	热继电器	20A	个	1
7	端子	10A	组	1
8	导线	—	—	—
9	螺钉及扎带	—	—	—

（3）人员：工作监护人（一名）、操作安装人（一名）。

四、操作步骤、质量标准

（一）熟悉电气原理图

图 3-2-1 所示为电动机单向起动控制线路的电气原理图。

线路的控制动作为，合上隔离开关 QS 后：

（1）起动。

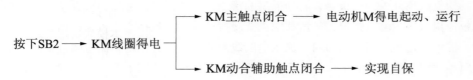

（2）停车。

（二）绘制安装接线图

　　根据接线原理图和板面布置要求绘制安装接线图，绘成后给所有接线端子标注编号。绘制好的接线图如图 3-2-2 所示。

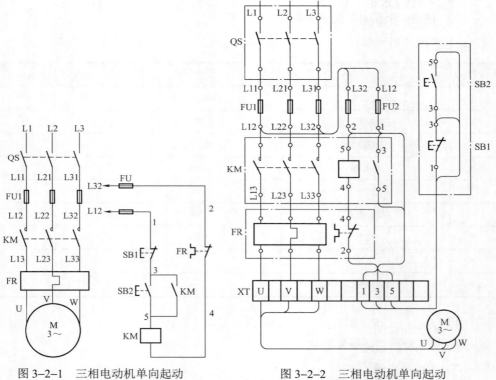

图 3-2-1　三相电动机单向起动
控制线路电气原理图

图 3-2-2　三相电动机单向起动
控制线路安装接线图

（三）检查电器元件

　　检查隔离开关的三极触刀与静插座的接触情况；拆下接触器的灭弧罩，检查相间隔板；检查各主触点情况；按压其触点架观察动触点（包括电磁机构的衔铁、复位弹簧）的动作是否灵活；用万用表测量电磁线圈的通断，并记下直流电阻值；测量电动机每相绕组的直流电阻值，并作记录。此外，还要检查热继电器。打开其盖板，检查热元件是否完好，用螺钉旋具轻轻拨动导板，观察动断触点的分断动作。检查中如发现异常，则进行检修或更换。

（四）固定电器元件

按照接线图规定的位置将电器元件摆放在安装底板上，以保证主电路走线美观规整。定位打孔后，将各电器元件固定牢靠。同时要注意将热继电器水平安装，并将盖板向上以利散热，保证其工作时保护特性符合要求。

（五）照图接线

从隔离开关 QS 的下接线端子开始，先做主电路，后做辅助电路的连接线。

主电路使用导线的横截面积应按电动机的工作电流适当选取。将导线先校直，剥好两端的绝缘皮后成型，套上写好的线号管接到端子上。走线时要注意水平走线尽量靠近底板；中间一相线路的各段导线成一直线，左右两相导线应对称。三相电源线直接接入隔离开关 QS 的上接线端子，电动机接线盒至安装底板上的接线端子之间应使用电缆连接。注意做好电动机外壳的接地保护线。

辅助电路（对中小容量电动机控制线路而言）一般可以使用截面积 1.5mm² 左右的导线连接。将同一走向的相邻导线并成一束。接入螺钉端子的导线先套好线号管，将芯线按顺时针方向弯成圆环，压接入端子，避免旋紧螺钉时将导线挤出，造成虚接。

（六）检查线路和试车

（1）对照原理图、接线图逐线核查。重点检查按钮盒内的接线和接触器的自保线，防止错接。

（2）检查各接线端子处接线情况，排除虚接故障。

（3）用万用表电阻挡（R×1）检查，断开 QS，摘下接触器灭弧罩。

1）按点动控制线路的步骤、方法检查主电路。

2）检查辅助电路接好 FU2，做以下几项检查。

a. 检查起动控制。将万用表笔跨接在隔离开关 QS 下端子 L11、L31 处，应测得断路；按下 SB2，应测得 KM 线圈的电阻值。

b. 检查自保线路。松开 SB2 后，按下 KM 触点架，使其动合辅助触点也闭合，应测得 KM 线圈的电阻值。

如操作 SB2 或按下 KM 触点架后，测得结果为断路，应检查按钮及 KM 自保触点是否正常，检查它们上、下端子连接线是否正确，有无虚接及脱落。必要时用移动表笔缩小故障范围的方法探查断路点。如上述测量中测得短路，则重点检查单号、双号导线是否错接到同一端子上了。例如：起动按钮 SB2 下端子引出的 5 号线应接到接触器 KM 线圈上端的 5 号端子，如果错接到 KM 线圈下端的 4 号端子上，则辅助电路的两相电源不经负载（KM 线圈）直接连通，只要按下 SB2 就会造成短路。再如：停止按钮 SB1 下接线端子引出的 3 号线如果错接到接触器 KM 自保触点下接线端子（5 号），则起动按钮 SB2 不起控制作用。此时只要合上隔离开关 QS（未按下 SB2），线路就会自行起动而造成危险。

c. 检查停车控制。在按下 SB2 或按下 KM 触头架测得 KM 线圈电阻值后，同时按下停车按钮 SB1，则应测出辅助电路由通而断。否则，应检查按钮盒内接线，并排除错接。

d. 检查过载保护环节。摘下热继电器盖板后，按下 SB2 测得 KM 线圈阻值，同时用小螺钉旋具缓慢向右拨动热元件自由端，在听到热继电器动断触点分断动作声音的同时，万用表应显示辅助电路由通而断。否则应检查热继电器的动作及连接线情况，并排除故障。

完成上述各项检查后，清理好工具和安装板检查三相电源。将热继电器电流整定值按电动机的需要调节好，在指导老师的监护下试车。

（1）空操作试验。合上 QS，按下 SB2 后松开，接触器 KM 应立即通电动作，并能保持吸合状态；按下停止按钮 SB1，KM 应立即释放。反复操作几次，以检查线路动作的可靠性。

（2）带负荷试车。切断电源后，接好电动机接线，合上 QS、按下 SB2，电动机 M 应立即得电起动后进入运行；按下 SB1 时电动机立即断电停车。

试车中常见的故障实例如下：

【例 3-2-1】合上隔离开关 QS（未按下 SB2）动断接触器 KM 立即得电动作；按下 SB1 则 KM 释放，松开 SB1 时 KM 又得电动作。

分析：故障现象说明 SB1（动断按钮）的停车控制功能正常，而 SB2（动合按钮）不起作用。SB2 上并联 KM 的自保触点，从原理图分析可知，故障是由于 SB1 下端连线直接接到 KM 线圈上端引起的。怀疑 3 号线和 5 号线有错接处。

检查：拆开按钮盒，核对接线未见错误，检查接触器辅助触点接线时，发现将按钮盒引出的 3 号线错接到 KM 自保触点下接线端子（5 号），而该端子是与 KM 线圈上端子（5 号）连接的，所以造成线路失控。

处理：将按钮盒引出的护套线中 3 号、5 号线对调位置接入接线端子板 XT，重新试车，故障排除。

【例 3-2-2】试车时合上 QS，接触器剧烈振动（振动频率低，为 10～20Hz），主触点严重起弧，电动机轴时转时停，按下 SB1 则 KM 立即释放。

分析：故障现象表明起动按钮 SB2 不起作用，而停止按钮 SB1 有停车控制作用，说明接线错误，而且与上例的错误相似。接触器剧烈振动且频率低，不像是电源电压低（噪声约 50Hz）和短路环损坏（噪声约 100Hz），怀疑是自保线接错。

检查：核对接线时发现将接触器的动断触点错当自保触点使用，造成线路失控。合上 QS 时，KM 动断触头将 SB2 短接，使 KM 线圈立即得电动作，当 KM 衔铁吸下时，带动其动断触点分断，使 KM 线圈失电；而衔铁复位时，其动断触点又随之复位而使线圈得电引起 KM 剧烈振动。因为衔铁基本是在全行程内往复运动，因而振动频率较低。

处理：将自保线改接在 KM 动合辅助触点端子，经检查核对后重新试车，故障排除。

【例 3–2–3】试车时按下 SB2 后 KM 不动作，检查接线无错接处；检查电源，三相电压均正常，线路无接触不良处。

分析：故障现象表明，问题出在电器元件上，怀疑按钮的触头、接触器线圈、热继电器触点有断路点。

检查：分别用万用表 R×1 挡测量上述元件。表笔跨接辅助电路 SB1 上端子和 SB2 下端子（1 号和 5 号端子），按下 SB2 时测得 R→0，证明按钮完好；测量 KM 线圈阻值正常；测量热继电器动断触点，测得结果为断路。说明在检查 FR 过载保护动作时，曾拨动 FR 热元件使其触点分断，切断了辅助电路，忘记使触点复位，因此 KM 不能起动。

处理：按下 FR 复位按钮，重新试车，"故障"排除。

【例 3–2–4】试车时，操作按钮 SB2 时 KM 不动作，而同时按下 SB1 时 KM 动作正常，松开 SB1 则 KM 释放。

分析：SB1 为停车按钮，不操作时触点应接通。起动时 SB1 应无控制作用。故障现象表明 SB1 似接成了"动合"型式。

检查：打开按钮盒核对接线，发现将 1 号、3 号线接到停止按钮动合触点接线端子上了。

处理：改正接线重新试车，故障排除。

【思考与练习】
1. 简述电动机控制线路安装步骤。
2. 画出单相直接起动的控制接线原理图。
3. 试车前的检查项目有哪些？

▲ 模块 3　电动机几种较复杂控制电路安装（Z33E3003Ⅱ）

【模块描述】本模块包含正反向起动控制线路（按钮联锁）、正反向起动控制线路（辅助触点联锁）、Y—△起动控制线路（按钮转换）、自动 Y—△起动控制线路（时间继电器转换）等几种控制线路的工作内容、危险点分析与控制措施、作业前准备、操作步骤和质量标准等内容。通过概念描述、流程介绍、图表示意、举例说明、要点归纳，掌握电动机几种较复杂控制电路的安装。

【正文】

一、正反向起动控制线路（按钮联锁）原理概述

电动机正反向起动控制线路常用于小型升降机等机械设备的电气控制。线路中要使用两只交流接触器来改变电动机的电源相序。显然，两只接触器不能同时得电动作，否则将造成电源短路。因而必须设置联锁电路。本线路使用复式按钮联锁，防止电源短路，电气原理如图 3-3-1 所示。

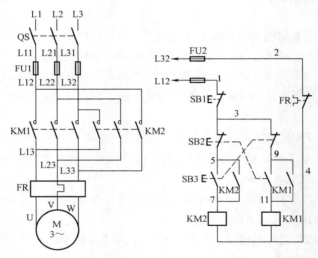

图 3-3-1　电动机正反起动控制线路（按钮联锁）电气原理图

正反向起动控制线路中的主电路使用两只交流接触器 KM1 和 KM2 分别接通电动机的正序、反序电源。其中，KM2 得电时，将电源的 A、C 两相对调后送入电动机，实现反转控制，主电路的其他元件的作用与单向起动线路相同。

辅助电路中，正反向起动按钮 SB2 和 SB3 都是有动合、动断两对触点的复式按钮。每只按钮的动断触点都串联在控制相反转向的接触器线圈通路里。当操作任意一只起动按钮时，其动断触点先分断，使相反转向的接触器断电释放，因而防止两只接触器同时得电动作。每只按钮上起这种作用的触点称为"联锁触点"，其两端的接线称为"联锁线"。其他元件的作用与单向起动线路相同。

线路的控制动作为合上隔离开关 QS 后：

（1）正向起动。

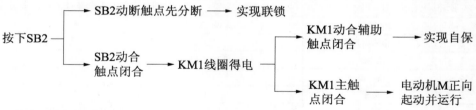

（2）反向起动。

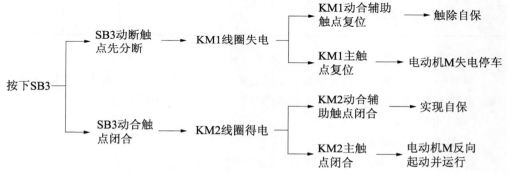

（3）停车。与单向起动线路动作相同。

按钮联锁正反向控制线路中，当一台接触器由于某种故障（衔铁卡阻、主触点熔焊等）而不能释放，再进行相反转向操作时，另一台接触器将得电动作而造成电源短路。所以，按钮联锁的正反向起动控制线路不能在实际生产中单独应用，必须和辅助触点联锁结合使用，组成双联锁正、反向控制电路（安装过程略）。

二、正反向起动控制线路（辅助触点联锁）安装及调试

（一）工作内容

在盘内或箱内按图安装电动机正反向起动控制线路（辅助触点联锁）控制回路。

（二）危险点分析与控制措施

（1）在试车过程中防止触电。

（2）在试车过程中防止短路。

（3）正确使用电工通用工具，防止人身伤害。

（三）作业前准备

（1）工具：电工通用工具（一套）、便携式电钻（一把）。

（2）材料：所需材料见表3-3-1。

表 3-3-1　　　　　　　　　　　　　材 料 表

序号	名　称	规　格	单位	数量
1	电动机	2.2kW（Y 系列）	台	1
2	三相隔离开关	20A	只	1
3	交流接触器	32A、380V	只	2
4	熔断器	15A	只	5
5	按钮	10A	个	1
6	热继电器	20A	个	1
7	端子	10A	组	1
8	导线	—	—	—
9	螺钉及扎带	—	—	—

（3）人员：工作监护人（一名）、操作安装人（一名）。

辅助触点联锁的正反向起动控制电路是单联锁控制电路，可以防止由于接触器故障（衔铁卡阻、主触点熔焊等）而造成的电源短路事故，应用较为广泛。

（四）操作步骤、质量标准

1. 熟悉电气原理图

图 3-3-2 所示是辅助触点联锁正反向控制线路的电气原理图。主电路与按钮联

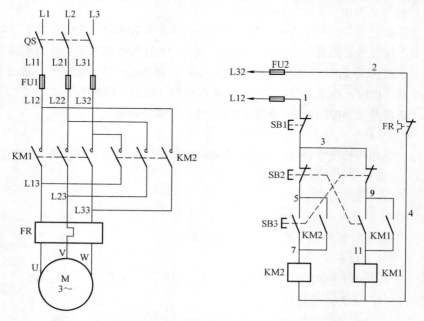

图 3-3-2　电动机正反起动控制线路（按钮联锁）电气原理图

锁线路完全相同。辅助电路中的 SB2 和 SB3 只使用动合触点进行起动控制。每只接触器除使用一副动合触点进行自保外，还将一副动断触点串联在相反转向的接触器线圈通路中，以进行联锁，防止电源短路。

线路控制动作为合上隔离开关 QS 后：

（1）正向起动。

（2）反向起动。

按规定标好原理图上的线号（见图 3-3-2），注意辅助电路双号线号的标注方法。

2. 绘制安装接线图

电器元件的排布方式与按钮联锁线路完全相同。辅助电路中，将每只接触器的联锁触点并排画在自保触点旁边。认真对照原理图的线号标好端子号（见图 3-3-3）。

3. 检查电器元件

检查两只交流接触器的主触点、辅助触点的接触情况，按下触点架检查各极触点的分合动作，必要时用万用表检查触点动作后的通断，以保证自保和联锁线路正常工作。检查其他电器、动作情况和进行必要的测量、记录，排除发现的电器故障。

4. 固定电器元件

按照接线图规定的位置在底板上定位打孔和固定电器元件。

5. 照图接线

接线的顺序、要求与单向起动线路基本相同，并应注意以下几个问题：

（1）从 QS 到接线端子板 XT 之间的走线方式与单向起动线路完全相同。两只接触器主触点端子之间的连线可以直接在主触点高度的平面内走线，不必向下贴近安装底板，以减少导线的弯折。

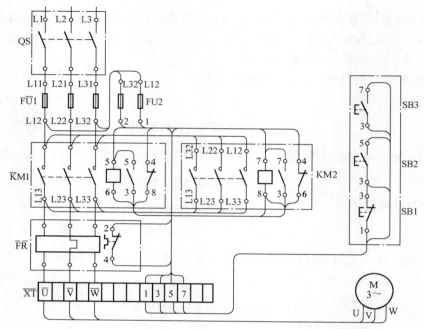

图 3-3-3 电动机正反向控制线路（辅助触点联锁）安装接线图

（2）做辅助电路接线时，可先接好两只接触器的自保线路，核查无误后再做联锁线路。自保线为单号，联锁线为双号，前者做在接触器线圈的前端，后者做在接触器线圈后端，这两部分电路没有公共接点，应反复核对，不可接错。

6. 检查线路和试车

（1）对照原理图、接线图逐线核查。重点检查主电路两只接触器之间的换相线及辅助电路的自保、联锁线路，防止错接、漏接。

（2）检查各端子处接线情况，排除虚接故障。

（3）用万用表检查。断开 QS，摘下 KM1、KM2 的灭弧罩，用万用表 R×1 挡测量检查以下各项。

1）检查主电路。断开 FU2 以切除辅助电路。

a. 检查各相通路。两支表笔分别接 L11～L21、L21～L31 和 L11～L31 端子，测量相间电阻值，未操作前应测得断路；分别按下 KM1、KM2 的触点架，均应测得电动机一相绕组的直流电阻值。

b. 检查电源换相通路。两支表笔分别接 L11 端子和接线端子板上的 U 端子，按下 KM1 的触点架时应测得 R→0；松开 KM1 而按下 KM2 触点架时，应测得电动机一相绕组的电阻值。用同样的方法测量 L31～W 之间通路。

2）检查辅助电路。拆下电动机接线，接通 FU2 将万用表表笔接于 QS 下端 L11、L31 端子，做以下几项检查：

a. 检查正反车起动及停车控制。操作按钮前应测得断路；分别按下 SB2 和 SB3 时，应分别测得 KM1 和 KM2 的线圈电阻值；如同时再按下 SB1，则万用表应显示线路由通而断。

b. 检查自保线路。分别按下 KM1 及 KM2 触点架，应分别测得 KM1、KM2 的线圈电阻值。

c. 检查联锁线路。按下 SB2（或 KM1 触点架），测得 KM1 线圈电阻值后，再同时轻轻按下 KM2 触点架使其动断触点分断，万用表应显示线路由通而断；用同样方法检查 KM1 对 KM2 的联锁作用。

d. 按前面所述的方法检查 FR 的过载保护作用，然后使 FR 触点复位。

（4）试车。上述检查一切正常后，检查三相电源，做好准备工作，在指导老师监护下试车。

1）空操作实验。合上隔离开关 QS，做以下几项实验。

a. 正、反向起动、停车。按下 SB2，KM1 应立即动作并能保持吸合状态；按 SB1 使 KM1 释放；按下 SB3，则 KM2 应立即动作并保持吸合状态；再按 SB1，KM2 应释放。

b. 联锁作用试验。按下 SB2 使 KM1 得电动作；再按下 SB3，KM1 不释放且 KM2 不动作；按 SB1 使 KM1 释放，再按下 SB3 使 KM2 得电吸合，按下 SB2 则 KM2 不释放且 KM1 不动作。反复操作几次检查联锁线路的可靠性。

c. 用绝缘棒按下 KM1 的触点架，KM1 应得电并保持吸合状态；再用绝缘棒缓慢地按下 KM1 触点架，KM1 应释放，随后 KM2 得电吸合；再按下 KM1 触点架，则 KM2 释放而 KM1 吸合。

做此项试验时应注意：为保证安全，一定要用绝缘棒操作接触器的触点架。

2）带负荷试车。切断电源后接好电动机接线，装好接触器灭弧罩，合上隔离开关后试车。

试验正、反向起动、停车：操作 SB2 使电动机正向起动；操作 SB1 停车后，再操作 SB3 使电动机反向起动。注意观察电动机起动时的转向和运行声音，如有异常则立即停车检查。试车中常见的故障实例如下。

【例 3-3-1】按下 SB2 或 SB3 时，KM1、KM2 均能正常动作，但松开按钮时接触器释放。

分析：故障是由于两只接触器自保线路失效引起的，怀疑 KM1、KM2 自保线路接线错误。

检查： 核对接线，发现将 KM1 的自保线错接到 KM2 动合辅助触点上，KM2 的自保线错接到 KM1 动合辅助触点上，使两只接触器均不能自保。

处理： 改正接线重新试车，故障排除。

【例 3-3-2】 按下 SB2 接触器 KM1 剧烈振动，主触点严重起弧，电动机时转时停，松开 SB2 则 KM1 释放。按下 SB3 时 KM3 的现象与 KM1 相同。

分析： 由于 SB2、SB3 分别可以控制 KM1 及 KM2，而且 KM1、KM2 都可以起动电动机，表明主电路正常，故障是辅助电路引起的。从接触器振动现象看，怀疑是自保、联锁线路有问题。

检查： 核对接线，按钮接线及两只接触器自保线均正确。查到联锁线时，发现将 KM1 线圈下端子引出的 6 号线错接到 KM1 联锁触点 8 号端子，而将 KM2 线圈下端子引出的 8 号线错接到 KM2 联锁触点的 6 号端子。当操作任一只按钮时，接触器得电动作后，联锁触点分断，则切断自身线圈通路，造成线圈失电而触点复位，又使线圈得电而动作接触器将振动。

处理： 将接触器联锁触点上端子引线改接到相反转向的接触器线圈下端子，检查后重新通电试车，接触器动作正常且有自保作用，故障排除。

三、丫—△起动控制线路（按钮转换）原理概述

丫—△起动线路常用于轻载或无载起动的电动机的降压起动控制。由于采用按钮操作、用接触器接通电源和改换电动机绕组的接法，因而使用更方便，还可以对电动机进行失压保护。

熟悉电气原理图：图 3-3-4 所示是按钮转换的丫—△起动控制线路电气原理图。KM1 是电源接触器，它得电时主触点将三相电源接到电动机的 U1、V1 和 W1 端子。KM2 是丫接触器，它的主触点上端子分别接电动机 U2、V2 和 W2 端子，而下端子用导线短接起来，起动时形成电动机三相绕组的"星连接"。KM3 是△接触器，它的主触点闭合时将电动机绕组接成△形。显然 KM2 和 KM3 不允许同时得电，否则它们的主触点同时动作会造成电源短路事故。

辅助电路中使用三只按钮，SB1、SB2、SB3 分别为停止、丫起动、△运行按钮，同时通过按钮联锁，保证 KM2 和 KM3 不能同时得电。为进一步防止电源短路，在 KM2 和 KM3 之间还设有辅助触点联锁。辅助电路的形式还可以防止人员误操作引起电动机起动顺序错误，如未操作 SB2 进行丫接起动而直接按下 SB3，由于 KM1 未动作，自保触点未闭合，线路将不能工作。

线路控制动作如下：台上隔离开关 QS，丫—△起动控制线路（按钮转换）。

（1）Y接起动。

按下SB2 → KM1线圈得电 → KM1动合辅助触点闭合 → 实现自保
　　　　　　　　　　　　→ KM1主触点闭合 ┐
　　　　　 → KM2线圈得电 → KM2主触点闭合 ┴→ 电动机绕组Y接起动
　　　　　　　　　　　　→ KM2动断辅助触点分断 → 实现联锁

（2）△接运行。

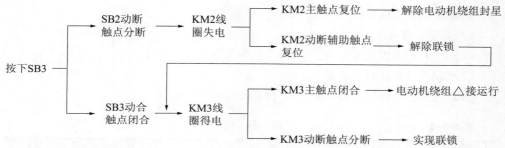

按下SB3 → SB2动断触点分断 → KM2线圈失电 → KM2主触点复位 → 解除电动机绕组封星
　　　　　　　　　　　　　　　　　　　　　→ KM2动断辅助触点复位 → 解除联锁
　　　　→ SB3动合触点闭合 → KM3线圈得电 → KM3主触点闭合 → 电动机绕组△接运行
　　　　　　　　　　　　　　　　　　　　　→ KM3动断触点分断 → 实现联锁

（3）停车。

按下 SB1→辅助电路断电→各接触器释放→电动机停车（Y—△按钮转换起动控制线路安装、检查、起动、调试过程略）。

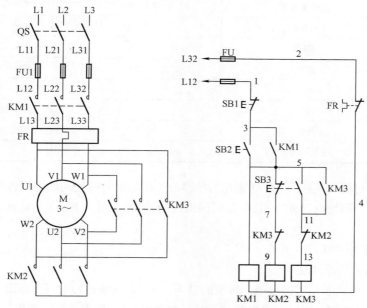

图 3-3-4　Y—△降压起动控制线路（按钮转换）电气原理图

四、自动丫—△起动控制线路（时间继电器转换）安装及调试

（一）工作内容

在盘内或箱内按图安装电动机自动丫—△起动控制线路（时间继电器转换）控制回路。

（二）危险点分析与控制措施

（1）在试车过程中防止触电。

（2）在试车过程中防止短路。

（3）正确使用电工通用工具，防止人身伤害。

（三）作业前准备

（1）工具：电工通用工具（一套）、便携式电钻（一把）。

（2）材料：所需材料见表3-3-2。

（3）人员：工作监护人（一名）、操作安装人（一名）。

表 3-3-2　　　　　　　　　　　**材　料　表**

序号	名　称	规　格	单位	数量
1	电动机	2.2kW（Y系列）	台	1
2	三相隔离开关	20A	只	1
3	交流接触器	32A、380V	只	3
4	时间继电器	JS72	只	1
5	熔断器	15A	只	5
6	按钮	10A	个	1
7	热继电器	20A	个	1
8	端子	10A	组	1
9	导线	—		
10	螺钉及扎带	—		

时间继电器转换的丫—△降压起动线路的工作原理与前述的线路原理基本相同，仅增设一只时间继电器进行丫接起动时间的控制。线路自动从丫接起动转换成△接运行状态。

（四）操作步骤、质量标准

1. 熟悉电气原理图

图3-3-5所示是时间继电器转换的自动丫—△起动线路的电气原理图。主电路与前述线路完全相同。辅助电路中增加了时间继电器KT，用来控制电动机绕组丫接起动

的时间和向△接运行状态的转换。因而取消了运行控制按钮 SB3，线路在接触器的动作顺序上采取了措施：由丫接触器 KM2 的动合辅助触点接通电源接触器 KM1 的线圈通路，保证 KM2 主触点的"封星"线先短接后，再使 KM1 接通三相电源，因而 KM2 主触点不操作起动电流，其容量可以适当降低；在 KM2 与 KM3 之间设有辅助触点联锁，防止它们同时动作造成短路；此外，线路转入△接运行后，KM3 的动断触点分断，切除时间继电器 KT，避免 KT 线圈长时间运行而空耗电能，并延长其寿命。标好的线号如图 3-3-5 所示。

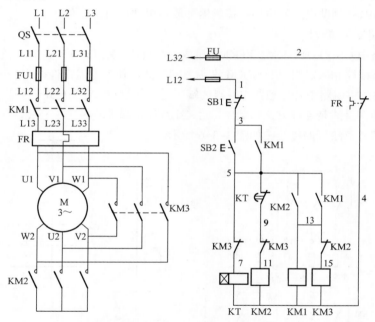

图 3-3-5　时间继电器转换的自动丫—△起动线路的电气原理图

自动丫—△降压起动控制线路（时间继电器转换）电气原理图线路控制动作为合上隔离开关 QS。

（1）起动。

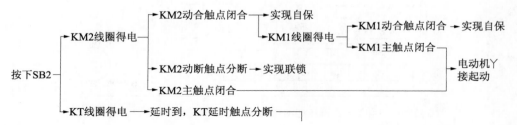

（2）停车。

按下 **SB1**→辅助电路断电→各接触器释放→电动机断电停车

2. 绘制安装接线图

主电路中 QS、FU1、KM1 和 KM3 排成一纵直线，KM2 与 KM3 并列放置，以上布局与前述线路相同。将 KT 与 KM 在纵方向对齐，使各电器元件排列整齐，走线美观方便。注意主电路中各接触器主触点的端子号不得标错，辅助电路的并联支路较多，应对照原理图看清楚连线方位和顺序。尤其注意连接端子较多的 5 号线，应认真核对，防止漏标编号。绘好的接线图如图 3-3-6 所示。

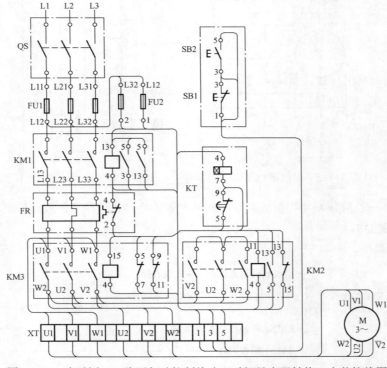

图 3-3-6 自动Y—△降压起动控制线路（时间继电器转换）安装接线图

3. 检查电器元件

按前所述的要求检查各电器元件。线路中一般使用 JS7-1A 型气囊式时间继电器。首先检查延时类型，如不符合要求，应将电磁机构拆下，倒转方向后装回。用手压合衔铁，观察延时器的动作是否灵活，将延时时间调整到 5s（调节延时器上端的针阀）左右。

4. 固定电器元件

除按常规固定各电器元件以外，还要注意 JS7-1A 时间继电器的安装方位。如果设备运行时安装底板垂直于地面，则时间继电器的衔铁释放方向必须指向下方，否则违反安装要求。

5. 照图接线

主电路中所使用的导线截面积较大，注意将各接线端子压紧，保证接触良好和防止振动引起松脱。辅助电路中 5 号线所连接的端子多，其中 KM2 动断触点上端子到 KT 延时触点上端子之间的连线容易漏接；13 号线中 KM1 线圈上端子到 KM2 动断触点上端子之间的一段连线也容易漏接，应注意检查。

6. 检查线路和试车

按常规要求进行检查。

（1）用万用表检查。断开 QS，摘下接触器灭弧罩，万用表拨到 R×1 挡，做以下各项检查。

1）按前述的步骤、方法检查主电路。

2）检查辅助电路，拆下电动机接线，万用表笔接 L11、L31 端子，做如下几项测量：

a. 检查起动控制。按下 SB2，应测得 KT 与 KM2 两只线圈的并联电阻值；同时按下 SB2 和 KM2 触点架，应测得 KT、KM2 及 KM1 三只线圈的并联电阻值；同时按下 KM1 与 KM2 的触点架，也应测得上述三只线圈的并联电阻值。

b. 检查联锁线路。按下 KM1 触点架，应测得线路中 4 个电器线圈的并联电阻值；再轻按 KM2 触点架使其动断触点分断（不要放开 KM1 触点架），切除了 KM3 线圈，测量的电阻值应增大；如果在按下 SB2 的同时轻按 KM3 触点架，使其动断触点分断，则应测得线路由通而断。

c. 检查 KT 的控制作用。按下 SB2 测得 KT 与 KM2 两只线圈的并联电阻值，再按住 KT 电磁机构的衔铁不放，约 5s 后，KT 的延时触点分断切除 KM2 的线圈，测得电阻值应增大。

（2）试车。装好接触器的灭弧罩，检查三相电源，在监护下通电试车。

1）空操作试验。合上 QS，按下 SB2，KT、KM2 和 KM1 应立即得电动作，约经

5s 后，KT 和 KM2 断电释放，同时 KM3 得电动作。按下 SB1，则 KM1 和 KM3 释放。反复操作几次，检查线路动作的可靠性。调节 KT 的针阀，使其延时更准确。

2）带负荷试车。断开 QS，接好电动机接线，仔细检查主电路各熔断器的接触情况，检查各端子的接线情况，做好立即停车的准备。

合 QS，按下 SB2，电动机应得电起动转速上升，此时应注意电动机运转的声音；约 5s 后线路转换，电动机转速再次上升进入全压运行。常见故障实例如下：

【例 3-3-3】线路经万用表检测动作无误，进行空操作试车时，操作 SB2 后 KT 及 KM2、KM1 得电动作，但延时至 5s 而线路无转换动作。

分析： 故障是因时间继电器的延时触点未动作引起的。由于按 SB2 时 KT 已得电动作，所以怀疑 KT 电磁铁位置不正确，造成延时器工作不正常。

检查： 用手按压 KT 的衔铁，约经过 5s，延时器的顶杆已放松，顶住了衔铁，而未听到延时触点切换的声音。因电磁机构与延时器距离太近，使气囊动作不到位。

处理： 调整电磁机构位置，使衔铁动作后，气囊顶杆可以完全复位。重新试车，故障排除。线路常见故障与前述的实例相似，可参照进行分析处理。

【例 3-3-4】空操作试车时线路工作正常，带负荷试车时，丫接起动过程正常，按下 SB3 时 KM2 释放而 KM3 得电动作，但电动机发出异响，转速急剧下降。

分析： 空操作试车线路工作正常，表明辅助电路接线正确，问题出在主电路。从故障现象看，怀疑主电路中各接触器主触点之间连线有误，使线路由丫接转换成△接时，送入电动机的电源相序改变，电动机被反序电源制动，造成声音异常和转速骤降。

检查： 核查主电路接线，发现 KM2 主触点下方的 U2 及 V2 端子处接线位置颠倒，虽不影响丫接起动状态，但换成△接运行时电动机进入反接制动状态，强大的制动电流造成电动机发出异响，转速急剧下降。

处理： 改正 KM2 主触点接线重新试车，故障排除。

【例 3-3-5】试车时丫接起动正常，按下 SB3 时，KM2 释放且 KM3 动作，电动机全压工作，但松开 SB3 时，KM3 又释放而 KM2 动作，电动机退回丫接状态。

分析： 线路已做过空操作试验，工作正常。带负荷试车时的状态基本正常，故障现象是由于辅助电路中 KM3 无自保作用引起的，怀疑 KM3 自保线路有断点。

检查： 查辅助电路接线，发现 KM3 动合辅助触点上端子（5 号）接线掉头，是由于端子螺钉未紧牢靠，KM3 动作几次后因振动而松脱掉落。如未发现线路的这种故障，投入运行后，将使电动机长期欠电压运行而过载。

处理： 接好 KM3 自保线，重新试车，故障排除。

【例 3-3-6】线路空操作试验工作正常。带负荷试车，按下 SB2 时，KM1 及 KM2 均得电动作，但电动机发出异响，转子向正、反两个方向颤动；立即按下 SB1 停车，

KM1 及 KM2 释放时，灭弧罩内有较强的电弧。

分析：空操作试验时线路工作正常，说明辅助电路接线正确。带负荷试车时，电动机的故障现象是缺相起动引起的。怀疑 FU1 各极熔断器、KM1 和 KM2 主触点及其连线处有断路点。

检查：查主电路各熔断器及 KM1、KM2 主触点未见异常，检查连接线时，发现 KM2 主触点的"封星"短接线接触不实，使电动机 C 相绕组末端引线未接入电路，电动机形成单相起动，大电流造成强电弧。由于缺相，绕组内不能形成旋转磁场，使电动机转轴的转向不定。

处理：接好"封星"短接线，紧固好各端子，重新通电试车，故障排除。

【思考与练习】

1. 画出正反转控制接线原理图并写出其动作过程。
2. 画出丫—△转换起动控制接线原理图并写出其动作过程。

▲ 模块4 异步电动机的故障及处理方法（Z33E3004Ⅲ）

【模块描述】本模块介绍了异步电动机的常见故障及处理方法。通过对常见故障产生原因的分析，掌握异步电动机的各种常见故障及其处理方法。

【正文】

电动机的故障大体归纳为电磁原因和机械原因两个方面。常见故障分析、诊断与处理如下：

一、电动机不能起动

（1）电动机不转且没有声音。电源或者绕组有两相或两相以上断路，首先检查电源是否有电压，如果三相电压平衡，那么故障在电动机本身，可检测电动机三相绕组的电阻，寻找出断线的绕组。

（2）电动机不转但有嗡嗡声。测量电动机接线柱，若三相电压平衡且为额定电压值，可判断是严重过载。检查的步骤：先去掉负载，这时电动机的转速与声音正常，可以判定过载或者负载机械部分有故障，若仍然不转动，可用手转动一下电动机轴，如果很紧或转不动，再测三相电流，若三相电流平衡，但比额定值大，则说明电动机的机械部分被卡住，可能是电动机缺油，轴承锈死或损坏严重，端盖或者油盖装得太斜，转子和内腔相碰（扫膛）当用手转动电动机轴到某一角度时感到比较吃力或听到周期性的嚓嚓声，可判断为扫膛。

（3）电动机转速慢且有嗡嗡声。这种故障表现为转轴振动，若测得一相电流为零，而另两相电流大大超过额定电流，则说明是两相运转，其原因是：电路或者电源一相断路，或电动机绕组一相断路。小容量的电动机可以用万用表直接测量是否通断。中等容量的电动机由于绕组多采用多根导线并绕多支路并联，其中若断掉若干根或断开一条并联支路时检查起来就比较麻烦，这样的情况通常采用相电流平衡法或者电阻法。电阻法用电桥测量三相绕组的电阻，如三相电阻相差5%以上，则电阻较大的一相为断路相。

二、电动机起动时熔断器熔断或者热继电器断开

（1）故障检查步骤：检查熔丝是否合适，检查电路中是否有短路，检查电机是否短路或者接地。

（2）接地故障的检测方法：用绝缘电阻表检测电机绕组对地的绝缘电阻，当绝缘电阻低于0.2MΩ时，说明电机严重受潮。用万用表电阻挡或校验灯逐步检查，如果电阻较小或者校验灯较暗说明该项绕组严重受潮，需要烘干处理，如果电阻为零或者校验灯接近正常亮度，那么该项已近接地了。绕组接地一般发生在电动机出线孔，电源线的进线孔或绕组伸出槽口处对于后一种情况，若发现接地并不严重，可将竹片或绝缘纸插入定子铁芯与绕组之间，如经检查已不接地，可包扎并涂绝缘漆后继续使用。

（3）绕组短路故障的检测方法：绕组短路情况有匝间短路，相间短路。

1）利用绝缘电阻表或者万用表检查任意两相间的绝缘电阻，如发现在0.2MΩ以下或为零则说明是相间短路（检查时应将电动机引线的所有连线拆开）。

2）分别测量三相绕组的电流，电流大的为短路相。

3）用短路探测器检查绕组间短路。

4）用电桥测量三相绕组电阻，电阻小的为短路相。

三、电动机起动后转速低于额定转速

若几部电动机同时出现这样的问题，则一般会是因为供电电网电压过低。

若一台电动机起动有嗡嗡声并有些振动，要检查是否定子绕组一相断电，可测量三相电流是否平衡，有嗡嗡声但不振动，检查三相电压是否太低，当空载后电动机转速正常，而加载后转速降低。

检查步骤：首先将电动机空载起动，如转速正常，可将电动机加上轻载；如转速低下来，则说明负载机械部分有卡住现象；若机械部分没有故障，电动机转速不见降低，可使电动机在额定负载范围内运转；若电动机转速下降，给人一种带不动的感觉，那就证明电动机有故障，造成这种故障的原因是误将三角形接法的电动机接成星形，鼠笼转子断条，若是刚绕的电动机，则可能是某一极相组接反。

四、电动机振动

电动机通过传动机构与机械相连，电动机振动可导致机械振动，机械振动也会使电机振动，将电机和机械传动部分脱开再起动电机，若振动消除说明是机械故障，否

则是电动机振动，振动的原因有：电机机座不牢，电动机与被驱动的机械部分的转轴不同心，电动机的转子不平衡，电动机轴弯曲，皮带轮轴偏心，鼠笼多处断条，轴承损坏，电磁系统不平衡，电动机扫膛。

五、电动机运转时有噪声

故障分电动机的机械部分和电磁部分，区分方法是：先使电动机通电运行，仔细听运转的声音，然后停电，让电动机借惯性继续运行，若这时不正常的声音消失，则说明是电动机电磁方面的故障，否则是电动机机械方面的故障。

机械噪声：

（1）轴承发出的噪声，可能是轴承钢珠破损，润滑油太少，这时，将一螺丝刀头部顶在轴承油盖的外面，柄部附耳旁，可听到咕噜咕噜的声音。

（2）空气摩擦产生的噪声。这种声音很均匀，不是很强烈，可判断为正常。

（3）电动机扫膛引起的噪声，这种噪声的特点是有"嚓嚓"的声音，对于刚修过的电动机，运行时若发现有噪声，可检查电流是否平衡，转动是否灵活，转速是否达到额定转速，如无以上问题，则可能是定子槽内绝缘纸或竹屑突出于槽口外，致使转子与其相摩擦，这时声音的特点是既尖又高。

电磁噪声：

（1）转子和定子长度配合不好，转子长度指一个轴承到另一个轴承的距离，定子长度指从一个轴承室到另一个轴承室的距离，正常情况下，定子长度比转子长度略长一点，如相差太多，可能出现一种低沉的"嗡嗡"声。

（2）转子轴向移位，这种移位也可能发生电磁噪声，而且造成空载电流增大，电动机的电池性能降低。

（3）定子，转子槽数配合不当，装配过程中错装了另外的转子。

（4）定子转子间气息不均匀，定子转子失圆，也可能是轴有轻微的弯曲等。

此外，电动机绕组缺相、匝间短路、相间短路、过载运行等均能引起电磁噪声。

六、电动机温升过高或绕组烧毁

正反转的次数过于频繁，使电动机经常工作在起动状态下，往往引起温升过高，甚至烧毁绕组。常见的原因有：被驱动的机械卡住，周围环境温度过高，皮带过紧，电磁部分的故障，电源电压过高、过低，电动机端部线圈间的间隙及铁芯通风孔堵住，风扇叶损坏等。

七、三相异步电动机绕组故障分析和处理

绕组是电动机的组成部分，老化、受潮、受热、受侵蚀、异物侵入、外力的冲击都会造成对绕组的伤害，电机过载、欠电压、过电压，缺相运行也能引起绕组故障。绕组故障一般分为绕组接地、短路、开路、接线错误。现分别说明故障现象、产生的

原因及检查方法。

1. 绕组接地

指绕组与铁芯或与机壳绝缘破坏而造成的接地。

（1）故障现象：机壳带电、控制线路失控、绕组短路发热，致使电动机无法正常运行。

（2）产生原因：绕组受潮使绝缘电阻下降；电动机长期过载运行；有害气体腐蚀；金属异物侵入绕组内部损坏绝缘；重绕定子绕组时绝缘损坏碰铁芯；绕组端部碰端盖机座；定子、转子摩擦引起绝缘灼伤；引出线绝缘损坏与壳体相碰；过电压（如雷击）使绝缘击穿。

（3）检查方法：

1）观察法。通过目测绕组端部及线槽内绝缘物观察有无损伤和焦黑的痕迹，如有就是接地点。

2）万用表检查法。用万用表低阻挡检查，读数很小，则为接地。

3）绝缘电阻表法。根据不同的等级选用不同的绝缘电阻表测量每组电阻的绝缘电阻，若读数为零，则表示该项绕组接地，但对电机绝缘受潮或因事故而击穿，需依据经验判定，一般说来指针在"0"处摇摆不定时，可认为其具有一定的电阻值。

4）试灯法。如果试灯亮，则说明绕组接地；若发现某处伴有火花或冒烟，则该处为绕组接地故障点。若灯微亮则绝缘有接地击穿。若灯不亮，但测试棒接地时也出现火花，则说明绕组尚未击穿，只是严重受潮。也可用硬木在外壳的止口边缘轻敲，敲到某一处灯一灭一亮时，说明电流时通时断，则该处就是接地点。

5）电流穿烧法。用一台调压变压器，接上电源后，接地点很快发热，绝缘物冒烟处即为接地点。应特别注意小型电机不得超过额定电流的两倍，时间不超过半分钟；大电机为额定电流的 20%～50%或逐步增大电流，到接地点刚冒烟时立即断电。

6）分组淘汰法。对于接地点在铁芯里面且烧灼比较厉害，烧损的铜线与铁芯熔在一起。采用的方法是把接地的一相绕组分成两半，依此类推，最后找出接地点。

（4）处理方法：

1）绕组受潮引起接地的应先进行烘干，当冷却到 60～70℃时，浇上绝缘漆后再烘干。

2）绕组端部绝缘损坏时，在接地处重新进行绝缘处理，涂漆，再烘干。

3）绕组接地点在槽内时，应重绕绕组或更换部分绕组元件。

最后应用不同的绝缘电阻表进行测量，满足技术要求即可。

2. 绕组短路

由于电动机电流过大、电源电压变动过大、单相运行、机械碰伤、制造不良等造成绝缘损坏所至，分绕组匝间短路、绕组间短路、绕组极间短路和绕组相间短路。

（1）故障现象：磁场分布不均，三相电流不平衡而使电动机运行时振动和噪声加剧，严重时电动机不能起动，而在短路线圈中产生很大的短路电流，导致线圈迅速发热而烧毁。

（2）产生原因：电动机长期过载，使绝缘老化失去绝缘作用；嵌线时造成绝缘损坏；绕组受潮使绝缘电阻下降造成绝缘击穿；端部和层间绝缘材料没垫好或整形时损坏；端部连接线绝缘损坏；过电压或遭雷击使绝缘击穿；转子与定子绕组端部相互摩擦造成绝缘损坏；金属异物落入电动机内部和油污过多。

（3）检查方法：

1）外部观察法。观察接线盒、绕组端部有无烧焦，绕组过热后留下深褐色，并有臭味。

2）探温检查法。空载运行 20min（发现异常时应马上停止），用手背摸绕组各部分是否超过正常温度。

3）通电实验法。用电流表测量，若某相电流过大，则说明该相有短路处。

4）电桥检查。测量各绕组直流电阻，一般相差不应超过 5%以上，如超过，则电阻小的一相有短路故障。

5）短路侦察器法。被测绕组有短路，则钢片就会产生振动。

6）万用表或绝缘电阻表法。测任意两相绕组相间的绝缘电阻，若读数极小或为零，则说明该二相绕组相间有短路。

7）电压降法。把三绕组串联后通入低压安全交流电，测得读数小的一组有短路故障。

8）电流法。电机空载运行，先测量三相电流，再调换两相测量并对比，若不随电源调换而改变，较大电流的一相绕组有短路。

（4）短路处理方法：

1）短路点在端部。可用绝缘材料将短路点隔开，也可重包绝缘线，再上漆重烘干。

2）短路在线槽内。将其软化后，找出短路点修复，重新放入线槽后，再上漆烘干。

3）对短路线匝少于 1/12 的每相绕组，串联匝数时切断全部短路线，将导通部分连接，形成闭合回路，供应急使用。

4）绕组短路点匝数超过 1/12 时，要全部拆除重绕。

3. 绕组断路

由于焊接不良或使用腐蚀性焊剂，焊接后又未清除干净，就可能造成壶焊或松脱；受机械应力或碰撞时线圈短路、短路与接地故障也可使导线烧毁，在并烧的几根导线中有一根或几根导线短路时，另几根导线由于电流的增加而温度上升，引起绕组发热而断路。一般分为一相绕组端部断线、匝间短路、并联支路处断路、多根导线并烧中一根断路、转子断笼。

（1）故障现象：

电动机不能起动，三相电流不平衡，有异常噪声或振动大，温升超过允许值或冒烟。

（2）产生原因：

1）在检修和维护保养时碰断或有制造质量问题。

2）绕组各元件、极（相）组和绕组与引接线等接线头焊接不良，长期运行过热脱焊。

3）受机械力和电磁场力使绕组损伤或拉断。

4）匝间或相间短路及接地造成绕组严重烧焦或熔断等。

（3）检查方法：

1）观察法。断点大多数发生在绕组端部，看有无碰折、接头处有无脱焊。

2）万用表法。利用电阻档，对"丫"型接法的将一根表棒接在"丫"形的中心点上，另一根依次接在三相绕组的首端，无穷大的一相为断点；"△"型接法的断开连接后，分别测每组绕组，无穷大的则为断路点。

3）试灯法。方法同前，灯不亮的一相为断路。

4）绝缘电阻表法。阻值趋向无穷大（即不为零值）的一相为断路点。

5）电流表法。电机在运行时，用电流表测三相电流，若三相电流不平衡又无短路现象，则电流较小的一相绕组有部分断路故障。

6）电桥法。当电机某一相电阻比其他两相电阻大时，说明该相绕组有部分断路故障。

7）电流平衡法。对于"丫"型接法的，可将三相绕组并联后，通入低电压大电流的交流电，如果三相绕组中的电流相差大于 10%，则电流小的一端为断路；对于"△"型接法的，先将定子绕组的一个接点拆开，再逐相通入低压大电流，其中电流小的一相为断路。

8）断笼侦察器检查法。检查时，如果转子断笼，则毫伏表的读数应减小。

（4）断路处理方法：

1）断路在端部时，连接好后焊牢，包上绝缘材料，套上绝缘管，绑扎好，再烘干。

2）绕组由于匝间、相间短路和接地等原因而造成绕组严重烧焦的一般应更换新绕组。

3）对断路点在槽内的，属少量断点的做应急处理，采用分组淘汰法找出断点，并在绕组断部将其连接好并绝缘合格后使用。

4）对笼形转子断笼的可采用焊接法、冷接法或换条法修复。

4. 绕组接错

绕组接错造成不完整的旋转磁场，导致起动困难、三相电流不平衡、噪声大等症状，严重时若不及时处理会烧坏绕组。主要有下列几种情况：某极相中一只或几只线圈嵌反或头尾接错；极（相）组接反；某相绕组接反；多路并联绕组支路接错；"△""丫"接法错误。

（1）故障现象：电动机不能起动、空载电流过大或不平衡过大，温升太快或有剧烈振动并有很大的噪声、烧断熔丝等现象。

（2）产生原因：

误将"△"型接成"丫"型；维修保养时三相绕组有一相首尾接反；减压起动是抽头位置选择不合适或内部接线错误；新电机在下线时，绕组连接错误；旧电机出头判断不对。

（3）检修方法：

1）滚珠法。如滚珠沿定子内圆周表面旋转滚动，则说明正确，否则绕组有接错现象。

2）指南针法。如果绕组没有接错，则在一相绕组中，指南针经过相邻的极（相）组时，所指的极性应相反，在三相绕组中相邻的不同相的极（相）组也相反；如极性方向不变，则说明有一极（相）组反接；若指向不定，则相组内有反接的线圈。

3）万用表电压法。按接线图，如果两次测量电压表均无指示，或一次有读数、一次没有读数，则说明绕组有接反处。

4）常见的还有干电池法、毫安表剩磁法、电动机转向法等。

（4）处理方法：

1）一个线圈或线圈组接反，则空载电流有较大的不平衡，应进厂返修。

2）引出线错误的应正确判断首尾后重新连接。

3）减压起动接错的应对照接线图或原理图，认真校对重新接线。

4）新电机下线或重接新绕组后接线错误的，应送厂返修。

5）定子绕组一相接反时，接反的一相电流特别大，可根据这个特点查找故障并进行维修。

6）把"丫"型接成"△"型或匝数不够，则空载电流大，应及时更正。

八、三相异步电动机缺相运行故障

1. 缺相运行的现象

三相异步电动机缺相运行，是指三相供电电源缺相缺少一相或电动机三相绕组中有一相断路而造成电动机异常的运行状态也叫断相运行。

三相异步电动机绕组烧毁大多数是由于电动机缺相运行造成的，当电动机处于过载状态时，负载功率相同的情况下，缺相运行电流比正常运行电流要高一倍左右。此时，如果不及时处理，电动机绕组就将会烧毁。如果电动机在起动前就有一相断路，有可能接通电源后只发出噪声并不能起动，此时必须立即切断电源，否则，也会烧毁绕组。

2. 缺相运行原因

（1）丫形接法断一相电源。当电动机正在运行时，由于某种原因，有一相断路，则 W 相绕组中就无电流，U、V 两相绕组成为串联关系，接在线电压上，这时两个绕组中流过同一电流，这就是缺相运行。此时电动机仍可继续运转，但工作的两相绕组中，每相两端电压只有 190V（正常工作时相电压 220V）。由于相电压降低，旋转磁通也相应降低。但是负载不变，电动机的输出转矩也不变，因此定子电流将增大。此外，从功率角度来分析，电动机正常工作时，三相绕组平均负担的功率必然增大，绕组电流也必然增加。总之，一相绕组断电后，其余两相绕组的负担明显增加。此时绕组内电流值比电动机过载的电流大，但比短路电流小。

（2）△形接法断一相电源。如果一相电源断开，则整个绕组便接在两条相接之间，这也是缺相运行。此时虽然三相绕组都在工作，但它们已不是对称绕组，而是 W 相绕组与 V 相绕组串联，然后与 U 相绕组并联。在这种情况下，绕组中的电流、功率不仅与正常功率工作时的电流、功率不同，两支路电流也不均衡。理论和实践都证明，绕组为△形接线时，一旦断一相，在电动机绕组内部会形成巨大的环流，很短时间就会烧坏电机绕组，其危害比丫形接法的电动机缺相运行更严重。

（3）△形接法的绕组内部一相断路。此时电动机的两相绕组形成 V 形接法，这种接法，起动转矩过小。原来禁止的电动机难以起动；正在运行中的电动机，其断路相电流为 0，不再做功，其余两相绕组负载加重，电流增大，绕组温升增高。

【思考与练习】

1. 三相异步电动机不能起动的常见故障有哪些？

2. 三相异步电动机绕组故障常见的有哪些？

3. 三相异步电动机绕组故障检查方法有哪些？

◢ 模块 5　电动机无功补偿及补偿容量计算（Z33E3005Ⅲ）

【模块描述】本模块包含电动机无功补偿原理和从提高功率因数、降低线损、提高运行电压需要来确定补偿容量等内容。通过概念描述、术语说明、公式介绍、图表示意、计算举例，掌握电动机补偿容量的计算方法。

【正文】

补偿容量的大小决定于电力负荷的大小，以及补偿前、后电力负荷的功率因数值。下面给出确定补偿容量的一般方法。

一、根据提高功率因数需要确定补偿容量

如果电力网最大负荷月的平均有功功率为 P_{av}，补偿前的功率因数为 $\cos\varphi_1$，补偿后的功率因数 $\cos\varphi_2$，则补偿容量可用下述公式计算为

$$Q_C = P_{av}(\tan\varphi_1 - \tan\varphi_2) = P_{av}\left(1 - \frac{\tan\varphi_2}{\tan\varphi_1}\right) \tag{3-5-1}$$

或

$$Q_C = P_{av}\left(\sqrt{\frac{1}{\cos^2\varphi_1} - 1} - \sqrt{\frac{1}{\cos^2\varphi_2} - 1}\right) \tag{3-5-2}$$

有时需要将 $\cos\varphi$ 提高到大于 $\cos\varphi_2$，小于 $\cos\varphi_3$，则补偿容量应满足

$$P_{av}\left(\sqrt{\frac{1}{\cos^2\varphi_1} - 1} - \sqrt{\frac{1}{\cos^2\varphi_2} - 1}\right) \leqslant Q_C \leqslant P_{av}\left(\sqrt{\frac{1}{\cos^2\varphi_1} - 1} - \sqrt{\frac{1}{\cos^2\varphi_3} - 1}\right) \tag{3-5-3}$$

式中　Q_C——所需补偿容量，kvar；

　　　P_{av}——最大负荷日平均有功功率，kW。

$\cos\varphi_1$ 应采用最大负荷日平均功率因数，$\cos\varphi_2$ 确定平均适当。通常，将功率因数从 0.9 提高到 1 所需的补偿容量，与将功率因数从 0.72 提高到 0.9 所需的补偿容量相当。因此，在提高功率因数下进行补偿其效益明显下降。这是因为在高功率因数下，cos 曲线的上升率变小，因此提高功率因数所需的补偿容量将要相应地增加。

二、根据提高运行电压需要来确定补偿容量

在配电线路的末端，运行电压较低，特别是重负荷、细导线的线路。加装补偿电容以后，可以提高运行电压，这就产生了按提高电压的要求选择补偿多大的电容才合理的问题。此外，在网络正常的线路中，装设补偿电容时网络电压的压升不能越限，为了满足这一约束条件，也必须求出补偿容量 Q_C 和网络电压增量之间的关系。

在装设补偿电容以前，网络电压可用下述表达式计算为

$$U_1 = U_2 + \frac{PR + QX}{U_2}$$

装设补偿电容后，电源电压 U_1 不变，变电站母线电压 U_2 升到 U_2' 且

$$U_1 = U_2' + \frac{PR + (Q - Q_C)X}{U_2'}$$

$$\Delta U = U_2' - U_2 = \frac{Q_C X}{U_2^1} \tag{3-5-4}$$

$$Q_C = \frac{U_2' \Delta U}{X}$$

式中　U_2' ——投入电容后母线电压值，kV；

　　　ΔU ——投入电容后电压增量，kV；

　　　X ——线路容抗。

三相所需总容量为

$$\sum Q_C = 3 Q_C = 3 \times \frac{U_{2L}'}{\sqrt{3}} \times \frac{\Delta U_L}{\sqrt{3}} \times \frac{1}{x} = \frac{\Delta U_L U_{2L}'}{x} \tag{3-5-5}$$

可见，三相补偿容量的计算式与单相补偿容量的计算式是一样的，不过所包含的电压和电压的增量分别是线电压和相电压的而已。

三、计算举例

一台容量为 5.5kW 的三相交流异步电动机，额定电压 380V，频率 50Hz，功率因数 0.8，若使功率因数提高 0.9，试确定其补偿容量。

解　根据式（3-5-2），补偿容量为

$$Q_C = P_{av} \left(\sqrt{\frac{1}{\cos^2 \varphi_1} - 1} - \sqrt{\frac{1}{\cos^2 \varphi_1} - 1} \right) = 5.5 \times \left(\sqrt{\frac{1}{0.8 \times 0.8} - 1} - \sqrt{\frac{1}{0.9 \times 0.9} - 1} \right)$$

$$= 5.5 \times 0.266$$

$$= 1.463 \text{（kvar）}$$

【思考与练习】

1. 电动机无功补偿的方法有哪些？

2. 一台容量为 10kW 的三相异步电动机，功率因数为 0.8，频率为 50Hz，欲使其功率因数提高至 0.9，计算其补偿容量。

第四章

接地装置与剩余电流动作保护装置的安装

▲ 模块 1 接地装置安装（Z33E4001Ⅰ）

【模块描述】本模块包含接地装置安装操作步骤、工艺要求及质量标准等内容。通过概念描述、术语说明、流程介绍、图解示意、要点归纳，掌握接地装置安装。

【正文】

一、工作内容

按设计施工图纸安装接地装置，接地体的选用材料均应采用镀锌钢材，并应充分考虑材料的机械强度和耐腐蚀性能。

二、危险点分析与控制措施

（1）安装接地体时，防止榔头伤人。

（2）焊接接地线时，防止触电及电弧灼伤眼睛。

（3）使用切割机切割接地体时，应做好防护措施，防止对人身的危害。

三、作业前准备

1. 作业条件

应在良好的天气下进行，如遇雷、雨、雪、雾则不得进行作业，风力过大也不易操作。

2. 人员组成

工作监护人（一名）、主要操作人（一名）和辅助操作人（一名）。

3. 作业工具、材料配备

（1）所需工器具见表 4-1-1。

表 4-1-1　　　　　　　　　　所需工器具

序号	名　　称	规　　格	单位	数量	备　注
1	电焊机		台	1	
2	切割机		台	1	

续表

序号	名 称	规 格	单位	数量	备 注
3	榔头		把	1	
4	管钳		把	1	
5	活扳手		把	1	
6	个人防护用具		套	3	

（2）所需材料见表 4-1-2。

表 4-1-2 所 需 材 料

序号	名 称	规 格	单位	数量	备 注
1	角钢	20mm×20mm×3mm 50mm×50mm×5mm	m	2.5	
2	钢管	20～50mm	m	2.5	
3	扁钢	25mm×4mm、40mm×4mm	m	2.5	
4	铜线	25mm	m	若干	
5	铝线	35mm	m	若干	
6	螺栓、螺杆			若干	

四、操作步骤、质量标准

（一）垂直接地体

垂直接地体的布置形式如图 4-1-1 所示，其每根接地极的垂直间距应不小于 5m。

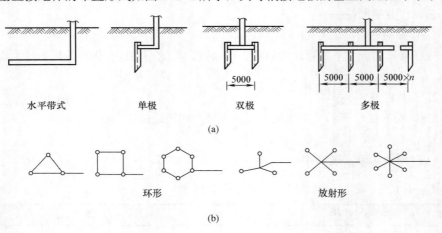

图 4-1-1 垂直接地体的布置形式

（a）剖面；（b）平面

1. 垂直接地体的制作

垂直安装人工接地体，一般采用镀锌角钢、钢管或圆钢制作。

（1）垂直接地体的规格。如采用角钢，其边厚不应小于 4mm；如采用钢管，其管壁厚度不应小于 3.5mm；角钢或钢管的有效截面积不应小于 48mm²；如采用圆钢，其直径不应小于 10mm。角钢边宽和钢管管径均应不小于 50mm；长度一般为 2.5～3m（不允许小于 2m）。

（2）垂直接地体的制作。垂直接地体所用的材料不应有严重锈蚀。如遇有弯曲不平的材料，必须矫直后方可使用。用角钢制作时，其下端应加工成尖形，尖端应在角钢的角脊上，并且两个斜边应对称，如图 4-1-2（a）所示；用钢管制作时，应单边斜削，保持一个尖端，如图 4-1-2（b）所示。

2. 垂直接地体的安装

安装垂直接地体时一般要先挖地沟，再采用打桩法将接地体打入地沟以下。接地体的有效深度不应小于 2m，其埋设示意如图 4-1-3 所示。

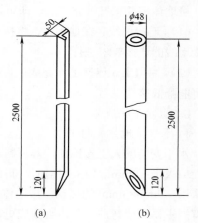

图 4-1-2　垂直接地体的制作
（a）角钢；（b）钢管

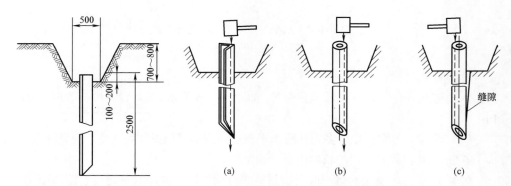

图 4-1-3　垂直接地体的埋设　　　　图 4-1-4　接地体打桩方法
（a）角钢打桩；（b）钢管打桩；（c）接地体偏斜

（1）开挖地沟。地沟的深度一般为 0.8～1m，沟底应留出一定的空间以便于打桩操作。

（2）打桩。接地体为角钢时，应用锤子敲打角钢的角脊线处，如图 4-1-4（a）所示。如为钢管时，则锤击力应集中在尖端的顶点位置，如图4-1-4（b）所示。否则不但打入困难，且不易打直，从而使接地体与土壤产生缝隙［见图4-1-4（c）］，增加接地电阻。

3. 连接引线和回填土

接地体按要求打桩完毕后，即可进行接地体的连接与回填土。

（1）连接引线。在地沟内，将接地体与接地引线采用电焊连接牢固，具体做法应按接地线的连接要求进行。

（2）回填土。连接工作完成后，应采用新土填入接地体四周和地沟内并夯实，以尽可能降低接地电阻。

（二）水平接地体

1. 水平接地体的制作

水平安装的人工接地体，其材料一般采用镀锌圆钢或扁钢制作。如采用圆钢，其直径应大于10mm；如采用扁钢，其截面积应大于100mm²，厚度不应小于4mm，现多采用40mm×4mm的扁钢。接地体长度一般由设计确定。水平接地体所用的材料不应有严重锈蚀或弯曲不平，否则应更换或校直。

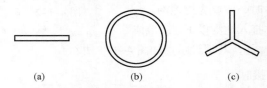

图4-1-5 水平接地体常见的几种形式
（a）带型；（b）环型；（c）放射型

2. 水平接地体的安装

水平接地体有带型、环型、放射型等，如图4-1-5所示。其埋设深度一般应为0.6～1m。

（1）带型。带型接地体多为几根水平布置的圆钢或扁钢并联而成，埋设深度不应小于0.6m，其根数和每根的长度由设计确定。

（2）环型。环型接地体一般采用圆钢或扁钢焊接而成，水平埋设于距地面0.7m以下，其环型直径和材料的规格大小由设计确定。

（3）放射型。放射型接地体的放射根数多为3根或4根，埋设深度不应小于0.7m，每根的放射长度由设计确定。

（三）人工接地线的安装

人工接地线一般包括接地引线、接地干线和接地支线等。

1. 人工接地线的材料

为了使接地连接可靠并有一定的机械强度，人工接地线一般均采用镀锌扁钢或圆钢制作。移动式电气设备或钢制导线连接困难时，可采用有色金属作为人工接地线，但严禁使用裸铝导线作接地线。

（1）工作接地线。配电变压器低压侧中性点的接地线：一般应采用截面积为 35mm² 以上的裸铜导线；变压器容量在 100kVA 以下时，可采用截面积为 25mm² 的裸铜导线。

（2）接地干线。接地干线通常选用截面积不小于 12mm×4mm 的镀锌扁钢或直径不小于 6mm 的镀锌圆钢。

（3）移动电器。移动电器的接地支线必须采用铜芯绝缘软型导线。

（4）中性点不接地系统。在中性点非直接接地的低压配电系统中，电气设备接地线的截面应根据相应电源相线的截面确定和选用：接地干线一般为相线的 1/2，接地支线一般为相线的 1/3。

2. 人工接地线的安装方法

（1）接地干线与接地体的连接。接地干线与接地体的角钢或钢管连接时，一般采用焊接连接并要求牢固可靠。

1）焊接要求。接地网各接地体间的连接干线应采用宽面垂直安装，连接处应采用电焊连接并加装镶块以增大焊接面积，如图 4-1-6 所示。焊接后应涂刷沥青或其他防腐涂料。如无条件焊接时可采用螺栓压接（不常使用），并应在接地体上装设接地干线连接板。

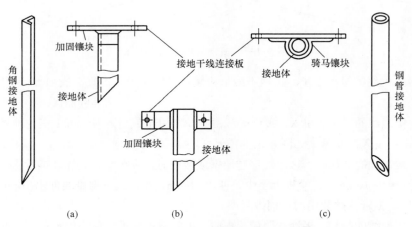

（a）　　　　　　　（b）　　　　　　　（c）

图 4-1-6　垂直接地体焊接接地干线连接板

（a）角钢顶端装连接板；（b）角钢垂直面装连接板；（c）钢管垂直面装连接板

2）提供接地引线。如需另外提供接地引线时，可将接地干线安装敷设在地沟内。或采用焊接备用接地线引到地面下 300mm 左右的隐蔽处，再用土覆盖以备使用。

3）不提供接地线。如不需另外提供接地引线，接地干线则应埋入至地面 300mm 以下，在与接地体的连接区域可与接地体的埋设深度相同。地面以下的连接点应采用焊接，并在地面标明接地干线的走向和连接点的位置，以便于检修。

（2）接地干线的安装。安装接地干线，一般应按下述方法进行：

1）接地线的敷设。接地干线应水平和垂直敷设（也允许与建筑物的结构线条平行），在直线段不应有弯曲现象。安装的位置应便于维修，并且不妨碍电气设备的拆卸与检修。

2）接地线的间距。接地干线与建筑物或墙壁间应留有 15～20mm 的间隙。水平安装时离地面的距离一般为 200～600mm，具体数据由设计决定。

3）支点间距及安装。接地线支持卡子之间的距离：水平部分为 1～1.5m；垂直部分为 1.5～2m；转弯部分为 0.3～0.5m。图 4-1-7 是室内接地干线安装示意图。接地干线支持卡子应预埋在墙上，其大小应与接地干线截面配合。

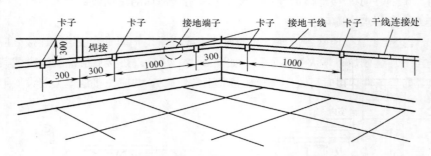

图 4-1-7　室内接地干线安装图

4）接地线的接线端子。接地干线上应装设接线端子（位置一般由设计确定），以便连接支线。

5）接地线的引出、引入。接地干线由建筑物引出或引入时，可由室内地坪下或地坪上引出或引入，其做法如图 4-1-8 所示。

6）接地线的穿越。当接地线穿越墙壁或楼板时，应在穿越处加套钢管保护。钢管伸出墙壁至少 10mm，在楼板上至少要伸出 30mm，在楼板下至少要伸出 10mm。接地线穿过后，钢管两端要用沥青棉纱封严。

7）接地线的跨越。接地线跨越门框时，可将接地线埋入门口的地面下，或让接地线从门框上方通过，其安装做法如图 4-1-9 所示。

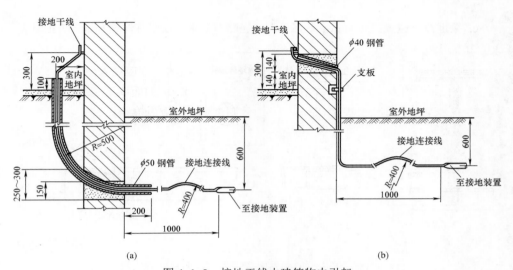

图 4-1-8 接地干线由建筑物内引起

（a）接地线由室内地坪下引出；（b）接地线由室内地坪上引出

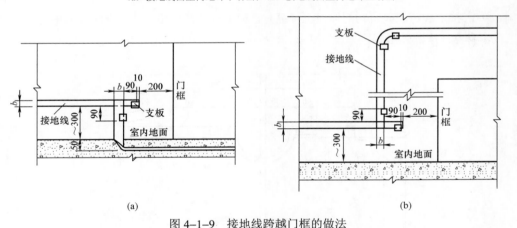

图 4-1-9 接地线跨越门框的做法

（a）接地线埋入门下地中；（b）接地线从门框上方跨越

8）接地线的连接。当接地线需连接时，必须采用焊接连接。圆钢与角钢或扁钢搭接时，焊缝长度至少为圆钢直径的 6 倍，如图 4-1-10（a）、（b）、（c）所示；两扁钢搭接时，焊缝长度为扁钢宽度的 2 倍，如图 4-1-10（d）所示；采用多股绞线连接时，应使用接线端子进行连接，如图 4-1-10（e）所示。

9）接地干线的其他安装要求。接地干线除按上述方法安装外，还应符合以下要求：

a. 接地线与电缆或其他电线交叉时，其间隔距离至少为 25mm。

b. 接地线与管道、铁路等交叉时，为防止受机械损伤，均应加装保护钢管。

c. 接地线跨越或经过有振动的场所时, 应略有弯曲, 以便有伸缩余地, 防止断裂。

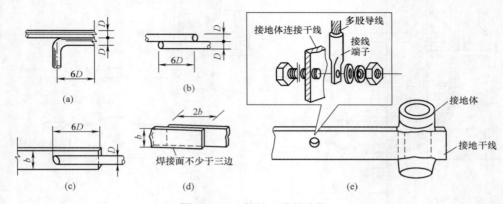

图 4-1-10 接地干线的连接

（a）圆钢直角搭接；（b）圆钢与圆钢搭接；（c）圆钢与扁钢搭接；

（d）扁钢直接搭接；（e）扁钢与多股导线的连接

d. 接地线跨越建筑物的伸缩沉降缝时, 应采取补偿措施。补偿方法可采用将接地线本身弯曲成圆弧形状, 如图 4-1-11 所示。

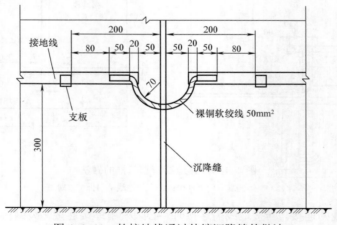

图 4-1-11 软接地线通过伸缩沉降缝的做法

（3）接地支线的安装。安装接地支线一般应按下述方法进行:

1）接地支线与干线的连接。多个电气设备均与接地线相连时, 每个设备的接地点必须用一根接地支线与接地干线相连接。不允许用一根接地支线把几个设备接地点串联后再与接地干线相连, 也不允许几根接地支线并接在接地干线的一个连接点上。接地支线与干线并联连接的做法如图 4-1-12 所示。

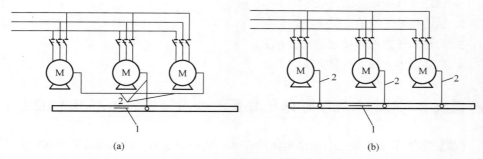

(a)   (b)

图 4-1-12 多个电气设备的接地连接示意图
(a) 错误；(b) 正确
1—接地干线；2—接地支线

2）接地支线与金属构架的连接。接地支线与电气设备的金属外壳及其他金属构架连接时（如软型接地线，应在两端装设接线端子），应采用螺钉或螺栓进行压接。

3）接地支线与变压器中性点的连接。接地支线与变压器中性点及外壳的连接方法如图 4-1-13 所示。接地支线与接地干线用并沟夹连接，其材料在户外一般采用多股绞线，户内多采用多股绝缘铜导线。

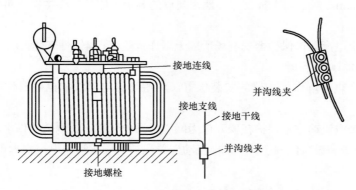

图 4-1-13 变压器中性点及外壳的接地线连接

4）接地支线的穿越。明装敷设的接地支线，在穿越墙壁或楼板时，应穿入管内加以保护。

5）接地支线的连接。如当接地支线需要加长，在固定敷设时，必须连接牢固；用于移动电器的接地支线，不允许有中间接头。接地支线的每一个连接处，都应置于明显处，以便于维护和检修。

【思考与练习】

1. 试述垂直接地体的安装方法。
2. 试述接地干线的安装方法。
3. 简述水平接地体接地的安装方法。
4. 简述接地支线的安装方法。

◢ 模块 2　剩余电流动作保护装置的选用、安装（Z33E4002Ⅰ）

【模块描述】 本模块包含剩余电流动作保护装置的选用、剩余电流动作保护方式、剩余电流动作保护装置安装操作步骤、工艺要求及质量标准等内容。通过概念描述、术语说明、流程介绍、要点归纳，掌握剩余电流动作保护装置的选用和安装。

【正文】

一、剩余电流动作保护器的选用

（1）剩余电流动作保护器必须选用符合 GB/Z 6829—2008《剩余电流动作保护电器的一般要求》规定，并经原国家经贸委、国家电网有限公司指定的低压电器检测站检验合格公布的产品。

（2）剩余电流动作保护器安装场所的周围空气温度最高为+40℃，最低为 5℃，海拔不超过 2000m，对于高海拔及寒冷地区装设的剩余电流动作保护器，可与制造厂协商定制。

（3）剩余电流动作保护器安装场所应无爆炸危险、无腐蚀性气体，并应注意防潮、防尘、防振动和避免日晒。

（4）剩余电流动作保护器的安装位置，应避开强电流线和电磁器件，避免磁场干扰。

（5）剩余电流动作总保护在躲开电力网正常漏电情况下，剩余动作电流应尽量选小，以兼顾人身和设备的安全。剩余电流动作总保护的额定动作电流宜为可调挡次值，其最大值见表 4–2–1。

表 4–2–1　　　　　剩余电流动作总保护额定动作电流　　　　　　mA

电网剩余电流情况	非阴雨季节	阴雨季节
剩余电流较小的电网	75	200
剩余电流较大的电网	100	300

实现完善的分组保护后，剩余电流动作总保护的动作电流是否在阴雨季节增至

500mA 由省级供电部门决定。

（6）剩余电流动作保护器的额定电流应以用户最大负荷电流的 1.4 倍为宜。

（7）剩余电流动作末级保护器的漏电动作电流值，应小于上一级剩余电流动作保护的动作值，但应不大于：

1）家用、固定安装电器，移动式电器，携带式电器以及临时用电设备不大于 30mA。

2）手持电动器具为 10mA，特别潮湿的场所为 6mA。

（8）剩余电流动作中级保护器，其额定剩余电流动作电流应介于上、下级剩余电流动作电流值之间。具体取值可视电力网的分布情况而定。

（9）上下级保护间的动作电流级差应按下列原则确定：

1）分段保护上下级间级差为 1.5 倍。

2）分级保护为两条支线，上下级间级差为 1.8 倍。

3）分级保护为三条支线，上下级间级差为 2 倍。

4）分级保护为四条支线，上下级间级差为 2.2 倍。

5）分级保护为五条支路以上，上下级间级差为 2.5 倍，但是对于保护级差尚应在运行中加以总结，从而选用较为理想的级差。

（10）三相保护器的零序互感器信号线应设断线闭锁装置。

（11）选择触电、剩余电流动作保护的三条参考原则：

1）总保护的容量应按出线容量的 1.5 倍选择。总保护的动作电流选在该级保护范围内的不平衡电流的 2～2.5 倍范围内为宜。

2）总保护与用户的分级保护应合理配合。总保护的额定动作电流是用户分保护额定动作电流的 2 倍，动作时间 0.2s 为宜。

3）每户尽量不选用带重合闸功能的保护器，若选用时，应拨向单延挡，封去多延挡，防止重复触电事故的发生。

二、剩余电流动作保护方式

剩余电流动作保护方式应根据电网接地方式、电网结构情况确定。

（1）采用 IT 系统的低压电力网，应装设剩余电流动作总保护和剩余电流动作末级保护。对于供电范围较大或有重要用户的低压电力网，可酌情增设剩余电流动作中级保护。

（2）剩余电流动作总保护应选用如下任一方式：

1）安装在电源中性点接地线上。

2）安装在电源进线回路上。

3）安装在各出线回路上。

（3）剩余电流动作中级保护可根据网络分布情况装设在分支配电箱的电源线上。

（4）剩余电流动作末级保护可装在接户箱或动力配电箱，或装在用户室内的进户线上。

（5）TT 系统中的移动式电器、携带式电器、临时用电设备、手持电动器具，应装设剩余电流动作末级保护，Ⅱ类和Ⅲ类电器除外。

（6）采用 TN–C 系统的低压电力网，不宜装设剩余电流动作总保护及剩余电流动作中级保护，但可装设剩余电流动作末级保护。末级保护的受电设备的外露可导电部分仍需用保护线与保护中性线相连接，不得直接接地改变 TN–C 系统的运行方式。

（7）采用 IT 系统的低压电力网不宜装设电流型剩余电流动作保护器。

（8）剩余电流动作保护器动作后应自动断开电源，对开断电源会造成事故或重大经济损失的用户，应由用户申请经县供电部门批准，可采用剩余电流动作报警信号方式及时处理缺陷。

（9）农村低压电力网的剩余电流动作保护方式，由县级供电部门选定，运行中需要改变剩余电流动作保护方式时也需经县级供电部门批准，当涉及改变低压电力网系统运行方式时，必须经省级供电部门批准。

三、工作内容

按剩余电流动作保护器产品说明书的要求安装、接线。

四、危险点分析与控制措施

（1）安装剩余电流动作保护器的过程中防止人身触电。

（2）剩余电流动作保护器安装前的检查。

（3）按图正确接线。

（4）正确使用常用电工工具。

五、作业前准备

（1）工具：电工通用工具（两套）、个人防护工具（两套）。

（2）材料：剩余电流动作保护器（一只）、铜导线（若干）。

（3）人员：工作监护人（一名）、操作安装人（一名）。

六、操作步骤、质量标准

1. 剩余电流动作保护器安装前的测试

安装剩余电流动作保护器前，必须了解低压电网的绝缘水平。规程对低压电网绝缘水平的规定值为 0.5MΩ以上。为了保障保护器的正常运行，必须达到所要求的绝缘水平。因此，要进行绝缘电阻测试。测试时，多数用直接测量法，使用 500V 绝缘电阻表。测量前，要将配电变压器停电，并消除对被测低压电网产生感应电压的各种可能性，在无电的情况下进行测试。

（1）测试前，拆除配电变压器二次接地线、电网中所有设备的接地线，包括零线的重复接地、三孔插座的接地线，使整个低压电网处于与地隔离绝缘状态。

（2）测量单相绝缘电阻时，把未测相与中性线的连线打开，使测得的值为单相绝缘电阻值。测量时，被测相与绝缘电阻表 L 端相接，地与绝缘电阻表 E 相接，观察绝缘电阻表所测数值，即为被测相的绝缘电阻。

（3）测量三相绝缘电阻时，不必把未测相与中性线的连线打开，测得任一相的绝缘电阻都能反映出三相的绝缘水平。如果低压电网中无三相负荷，可将三根相线与一根中性线捏在一起，与绝缘电阻表 L 端相接，大地与绝缘电阻表 E 端相接，所测值为低压电网绝缘电阻。

（4）上述是带着配电变压器二次绕组所测得的绝缘电阻，但是，剩余电流动作保护器检测的是低压负荷设备的漏电情况。这样则把配电变压器二次总开关和每一相的负荷开关拉开，分别进行测量为宜。

采用间接法测绝缘电阻的方法有两种：一是电流表法，设一个直流电源，测得相、地回路中的电流数值 I，用 $R=E/I$ 计算绝缘电阻；二是用电压表法，设一电压源，加装保护电阻（约 1），测量零线对地间电压，用 $I=U/R$，则 $R'=(E-U)/I$ 计算。

2. 剩余电流动作保护器的安装

剩余电流动作保护器的接线要按产品说明书的要求接线，使用的导线截面积应符合要求。

（1）剩余电流动作保护器标有"电源侧"和"负荷侧"时，电源侧接电源，负荷侧接负荷，不能反接。

（2）安装组合式剩余电流动作保护器的空心式零序电流互感器时，主回路导线应并拢绞合在一起穿过互感器，并在两端保持大于 15cm 距离后分开，防止无故障条件下因磁通不平衡引起误动作。

（3）安装了剩余电流动作保护器装置的低压电网线路的保护接地电阻应符合要求。

（4）总保护采用电流型剩余电流动作保护器时变压器的中性点必须直接接地。在保护区范围内，电网零线不得有重复接地。零线和相线保持相同的良好绝缘，保护器后的零线和相线在保护器间不得与其他回路共用。

（5）剩余电流动作保护器安装时，电源应朝上垂直于地面，安装场所应无腐蚀气体，无爆炸危险物，防潮防尘防振，防阳光直晒，周围空气温度上限不超过 40℃，下限不低于−25℃。

（6）剩余电流动作保护器安装后应进行如下检验：

1）带负荷拉合三次，不得有误动作。

2）用试验按钮试跳三次应正确动作。

3）分相用试验电阻接地试验各一次，应正确动作（试验电阻整机上自带在电路中），此电阻在电路中称为模拟电阻。

3. 剩余电流动作保护器的正确接线

检测触（漏）电电流信号元件时，或零序电流互感器安装时，应注意：

（1）不许只穿零线。

（2）不许穿在重复接地线上。

（3）不许漏穿相线或零线。

（4）不许有任何一相多绕圈穿过零序电流互感器，或零线在多回线的两相电流互感器中公用。

（5）动力照明分计时，应照明动力共用一套两相电流互感器或照明，动力分别用两套两相电流互感器。

（6）不许在三相四线制中把照明的相线接在保护之后，而零线接在保护之前，整个回路失去剩余电流动作保护。

（7）不许在各回路间形成公用相电压回路。

（8）不许接地保护、接零保护混用。

（9）不许在两相电流互感器保护区内有重复接地。

（10）同级保护器间应单独设零线回路，不许设"公用零线"。

（11）剩余电流动作保护装置中用电设备的保护零线不应穿过零序电流互感器，应把保护零线接到剩余电流动作保护装置前面，但工作零线必须穿过零序电流互感器。

（12）剩余电流动作保护器的工作零线不许用开关、隔离开关断开，或装设熔丝。

（13）不同低压系统不允许共用同一根工作零线。

（14）各户单相三孔插座外安装的剩余电流动作保护器，要切实注意不要漏接相线。

（15）剩余电流动作保护系统应实现三级保护为宜，整定值合理，不越级跳闸。

（16）加强线路绝缘：

1）在灶房内宜采用双层保护绝缘线和抗老化的新型聚氯乙烯绝缘线。橡皮线和普通塑料线不得贴墙布设，容易凝露或烟重的地方不应装设开关、插座。

2）导线接头的黑胶布不得贴墙，不得夹在瓷夹板中。

3）普通塑料线和橡皮线不得直接埋入土中或墙内，也不得挂在钉上或绑在树上，应当使用穿墙套管、瓷柱等绝缘物加以固定。

七、案例分析

剩余电流动作保护器对接地故障电流有很高的灵敏度，能在数十毫秒的时间内切断以毫安计的故障电流，即使接触电压高达 220V，高灵敏度的剩余电流动作保护器也能快速切断使人免遭电击的危险，这是众所周知的。但剩余电流动作保护器只能对其保护范围内的接地故障起作用，而不能防止从别处传导来的故障电压引起的电击事故，如图 4-2-1 所示。

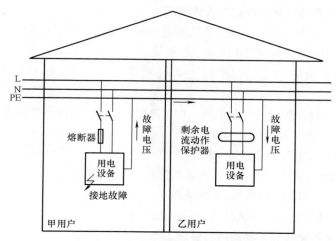

图 4-2-1　剩余电流动作保护拒动图

图 4-2-1 中，乙用户安装了剩余电流动作保护器，而相邻的甲用户却是安装了熔断器来作为保护，在使用过程中，若甲户随意将熔丝截面加大，并且使用电器不注意而导致电气设备绝缘损坏，由于故障电流不能使熔丝及时熔断而切断故障，此时故障电压通过 PE 线传导至乙用户的用电设备上，由于剩余电流动作保护器不动作，致使乙用户存在了引起电击事故的安全隐患。这种例子在当前的城市用电设计规范的前提下是不存在的。

【思考与练习】

1. 简述选择（触电）剩余电流动作保护器的参考原则。
2. 剩余电流动作保护器安装前的测试项目有哪些？
3. 剩余电流动作保护器的安装要求有哪些？
4. 简述剩余电流动作保护器安装后应进行的检验项目。
5. 如何选定末级剩余电流动作保护器的动作电流值？

◢ 模块 3　剩余电流动作保护器的运行和维护及调试（Z33E4003Ⅱ）

【模块描述】本模块包含剩余电流动作保护器安装后的调试、剩余电流动作保护器的运行管理工作、农网内剩余电流动作保护器的维护管理要点等内容。通过概念描述、要点归纳，掌握剩余电流动作保护器的运行维护和调试。

【正文】

一、剩余电流动作保护器安装后的调试

（1）安装剩余电流动作总保护的低压电力网，其剩余电流应不大于保护器额定剩余动作电流的 50%，达不到要求时应进行整修。

（2）装设剩余电流动作保护的电动机及其他电气设备的绝缘电阻应不小于 0.5MΩ。

（3）装设在进户线上的剩余电流动作断路器，其室内配线的绝缘电阻：晴天不宜小于 0.5MΩ，雨季不宜小于 0.08MΩ。

（4）保护器安装后应进行如下检测：

1）带负荷分、合开关 3 次，不得误动作。

2）用试验按钮试验 3 次，应正确动作。

3）各相用试验电阻接地试验 3 次，应正确动作。

二、剩余电流动作保护器的运行管理工作

为能使剩余电流动作保护器正常工作，始终保持良好状态，从而起到应有的保护作用，必须做好下列各项运行管理工作：

（1）剩余电流动作保护器投入运行后，使用单位或部门应建立运行记录和相应的管理制度。

（2）剩余电流动作保护器投入运行后，每月需在通电状态下按动试验按钮，以检查剩余电流动作保护器动作是否可靠。在雷雨季节，应当增加试验次数。由于雷击或其他不明原因使剩余电流动作保护器动作后，应做仔细检查。

（3）为检验剩余电流动作保护器在运行中的动作特性及其变化，应定期进行动作特性试验。其试验项目为：测试动作电流值；测试不动作电流值；测试分断时间。剩余电流动作保护器的动作特性由制造厂整定，按产品说明书使用，使用中不得随意变动。

（4）凡已退出运行的剩余电流动作保护器在再次使用之前，应按（3）中规定的项目进行动作特性试验；试验时应使用经国家有关部门检测合格的专用测试仪器，严禁利用相线直接触碰接地装置的试验方法。

（5）剩余电流动作保护器动作后，经查验未发现故障原因时，允许试送一次；如果再次动作，应查明原因找出故障，必要时对其进行动作特性试验而不得连续强送；除经检查确认为剩余电流动作保护器本身发生故障外，严禁私自撤除剩余电流动作保护器强行送电。

（6）定期分析剩余电流动作保护器的运行情况，及时更换有故障的剩余电流动作保护器；剩余电流动作保护器的维修应由专业人员进行，运行中遇有异常现象应找电工处理，以免扩大事故范围。

（7）在剩余电流动作保护器的保护范围内发生电击伤亡事故，应检查剩余电流动作保护器的动作情况，并分析未能起到保护作用的原因。在未进行调查前应保护好现场，不得拆动剩余电流动作保护器。

（8）除了对使用中的剩余电流动作保护器必须进行定期试验外，对断路器部分亦应按低压电器的有关要求进行定期检查与维护。

三、剩余电流动作保护器误动、拒动分析

1. 误动作原因分析

（1）低压电路开闭过电压引起的误动作。由于操作引起的过电压，通过负载侧的对地电容形成对地电流。在零序电流互感器的感应脉冲电压并引起误动作。此外，过电压也可以从电源侧对保护器施加影响（如触发晶闸管的控制极）而导致误动作。

（2）当分断空载变压器时，高压侧产生过电压，这种过电压也可导致保护器误动作。

解决办法是：

1）选用冲击电压不动作型保护器。

2）用正反向阻断电压较高的（正反向阻断电压均大于 1000V 以上）晶闸管取代较低的晶闸管。

（3）雷电过电压引起的误动作。雷电过电压通过导线、电缆和电器设备的对地电容，会造成保护器误动作。

解决的办法是：

1）使用冲击过电压不动作型保护器。

2）选用延时型保护器。

（4）保护器使用不当或负载侧中性线重复接地引起误动作。三极剩余电流动作断路器用于三相四线电路中，由于中性线中的正常工作电流不经过零序电流互感器，因此，只要一起动单相负载，保护器就会动作。此外，剩余电流动作断路器负载侧的中性线重复接地，也会使正常的工作电流经接地点分流入地，造成保护器误动作。

避免上述误动作的办法是：

1）三相四线电路要使用四极保护器，或使用三相动力线路和单相分开，分别单独使用三极和两极的保护器。

2）增强中性线与地的绝缘。

3）排除零序电流互感器下口中性线重复接地点。

2. 拒动作原因分析

（1）自身的质量问题。若保护器投入使用不久或运行一段时间以后发生拒动，其原因大概有：

1）电子线路板某点虚焊。

2）零序电流互感器二次侧绕组断线。

3）线路板上某个电子元件损坏。

4）脱扣线圈烧毁或断线。

5）脱扣机构卡死。

解决的办法是：及时修理或更换新保护器。

（2）安装接线错误。安装接线错误多半发生在用户自行安装的分装式剩余电流动作断路器上，最常见的有：

1）用户把三相剩余电流动作断路器用于单相电路。

2）把四极剩余电流动作断路器用于三相电路中时，将设备的接地保护线（PE 线）也作为一相接入剩余电流动作断路器中。

3）变压器中性点接地不实或断线。

解决办法是：纠正错误接线。

四、农网内剩余电流动作保护器的维护管理要点

（1）农村电网中，每年春季乡供电所应对保护系统进行一次普查，重点检查项目是：

1）测试保护器的动作电流值是否符合规定。

2）检查变压器和电动机的接地装置，有否松动或接触不良现象。

3）测量低压电网和电器设备的绝缘电阻。

4）测量中性点剩余电流，消除电网中的各种剩余电流隐患。

5）检查剩余电流动作保护器运行记录。

（2）农电工每月至少要对保护器试验 1 次，每当雷击或其他原因使保护器动作后，也应做一次试验；农业用电高峰及雷雨季节要增加试验次数以确认其完好；对停用的剩余电流动作保护器，在使用前都应试验一次。注意：在进行动作试验时，严禁用相线直接触碰接地装置。平时应加强日常维护、清扫与检查。

（3）剩余电流动作保护器动作后应立即进行检查。若检查后未发现事故点，则允许试送一次。若再次动作，便要查明原因找出故障。使用中严禁私自撤除剩余电流动作保护器而强行送电。

（4）建立剩余电流动作保护器运行记录，内容包括安装、试验及动作情况等。要及时填写并定期查看分析，提出意见并签字。全年要统计辖区内剩余电流动作保护器的安装率、投运率、有效动作次数及拒动次数（指发生事故后保护器不动作的次数）。

（5）在保护范围内发生电击伤亡事故后，应检查剩余电流动作保护器的动作情况，分析未能起到保护作用的原因并保护好现场。此外应注意：不得改动剩余电流动作保护器；运行中若发现剩余电流动作保护器有异常现象时，应拉下进户开关找电工修理，防止扩大停电范围；不准有意使剩余电流动作保护器误动或拒动，更不准擅自将剩余电流动作保护器退出运行。

【思考与练习】

1. 剩余电流动作保护安装后的调试要求是什么？
2. 剩余电流动作保护器运行管理要求是什么？
3. 剩余电流动作保护器的维护要求是什么？

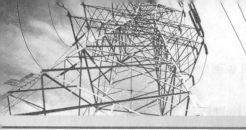

第五章

低压设备运行维护及事故处理

▲ 模块 1　低压设备运行、维护（Z33E5001 Ⅰ）

【模块描述】本模块包含低压设备运行要求、维护要求、危险点预控及安全注意事项等内容。通过概念描述、要点归纳，掌握低压设备运行、维护。

【正文】

一、低压设备运行标准

（一）低压开关类控制设备

1. 常用低压开关类控制设备种类

（1）低压隔离开关。

（2）低压熔断器组合电器。

（3）开关熔断器组。

（4）组合开关，也称转换开关。

2. 低压开关类控制设备的运行要求

（1）低压开关类控制设备应选用国家有关部门认定的定型产品，严禁使用明文规定的淘汰产品。

（2）低压开关类控制设备的各项技术参数须满足运行要求。其所控制的负荷必须分路，避免多路负荷共用一个开关设备。

（3）各设备应有相应标识，并统一编号。

（4）各种仪表、信号灯应齐全完好。

（5）动触头与固定触头的接触应良好。

（6）低压开关是控制设备应定期进行清扫。

（7）操作通道、维护通道均应铺设绝缘垫，通道上不准堆放杂物。

（二）低压保护设备

1. 低压保护设备的种类

（1）低压保护设备。

（2）剩余电流动作保护器。

（3）交流接触器。

（4）起动器。

（5）热继电器。

（6）控制继电器。

2. 低压保护设备的运行要求

（1）低压保护设备应选用国家有关部门认定的定型产品，严禁使用明文规定的淘汰产品。

（2）低压保护设备各项技术参数须满足运行要求。

（3）低压保护设备的选择和整定，均应符合动作选择性的要求。

（4）低压保护设备应定期进行传动试验，校验其动作的可靠性。

（5）低压保护设备应定期进行清扫。

（6）操作通道、维护通道均应铺设绝缘垫，通道上不准堆放杂物。

二、低压设备的维护要求

（一）人员要求

（1）低压设备维护人员应持证上岗。

（2）低压设备维护人员应由有工作经验的人员担任。

（3）低压设备维护人员维护过程中严格执行规程标准、规定。

（二）周期要求

（1）低压配电设备巡视周期宜每月进行一次，最多不超过两个月进行一次。根据天气和负荷情况，可适当增加巡视次数。

（2）低压设备维护工作可根据巡视情况确定。

（三）巡视要求

（1）巡视工作应由有电力线路工作经验的人担任。新工作人员不得单独巡线，暑天、夏天必要时由两个人进行。

（2）单人巡线时不得攀登电杆和铁塔。

（3）巡线人员发现导线断落地面或悬吊空中，应设法防止行人靠近断线地点 4m 以内，并迅速报告，等候处理。

（4）巡线发现缺陷应及时记录，确定缺陷类别，及时上报管理部门。

三、危险点预控及安全注意事项

危险点预控及安全注意事项见表 5-1-1。

表 5–1–1   危险点预控及安全注意事项

危 险 点	控 制 措 施
误入带电设备	维护设备与相邻运行设备必须用围栏明显隔离，并悬挂"止步，高压危险"标示牌，标示牌应面对检修设备
	中断维护工作，每次重新开始工作前，应认清工作地点、设备名称和编号，严禁无监护时单人工作
高处作业	正确使用安全带，戴好安全帽
零部件跌落打击	应使用传递绳和工具袋传递零部件，严禁抛掷
	不准在开关等设备构架上存放物件或工器具

四、低压线路的运行及维护

为了确保低压线路的安全运行，应经常对低压线路进行巡视、检查。

（1）电杆的位置是否合适，有无被车撞的可能，保护桩是否完好，标志是否清楚。

（2）横担有无锈蚀、歪斜、扭曲变形。

（3）导线间间隔和对地、对建筑物等交叉跨越间隔是否符合规定。

（4）导线绝缘层是否老化、损坏。

（5）导线接头连接是否良好，有无电化学腐蚀现象。

（6）绝缘子有无歪斜、破损，绑线有无松脱现象。

（7）进户线支持物是否牢固，有无腐朽、锈蚀、损坏等现象。

（8）导线的弛度是否合适，有无混线、碰线、烧伤等现象。

对于在巡视检查中发现的缺陷和故障，应及时地安排处理和维修，以确保低压线路能始终在正常的状况下运行。

【思考与练习】

1. 低压设备的运行标准是什么？

2. 低压设备的巡视应注意什么？

3. 低压线路的巡视、检查有哪些内容？

▲ 模块 2 低压设备检修、更换（Z33E5002Ⅰ）

【模块描述】本模块包含低压设备检修前的准备、检修前的检查项目和检查标准、检修操作步骤及工艺要求、低压设备更换程序、危险点预控及安全注意事项等内容。通过概念描述、要点归纳，了解低压设备检修及设备更换。

【正文】

一、低压设备结构

低压设备由低压电路内起通断、监视、保护、控制或调节作用的设备组合而成。

二、检修前的准备

1. 检修技术资料的准备

（1）检修设备说明书。

（2）低压设备安装竣工图。

（3）低压设备台账。

（4）低压设备验收记录。

2. 工具、机具、材料、备品配件、试验仪器和仪表的准备

（1）工具、机具应使用专用工具，保证齐全、好用。

（2）材料、备品配件应选用合格产品，保证数量充足。

（3）各种试验仪器和仪表应选用合适型号，并在使用前进行测量试验，保证各种试验仪器和仪表合格、好用。

三、检修前的检查

1. 检查项目

（1）外观检查。

（2）手动试验。

2. 检查标准

（1）各种设备外壳无破损、无裂纹。

（2）各种仪表表面无破损，指针指示正确、无摆动。

（3）各种设备触头的接触平面应平整；开合顺序、动静触头分合闸距离应符合设计要求或产品技术文件的规定。

（4）各种设备触头闭合、断开过程中可动部分与其他位置不应有卡阻现象。

（5）各种开关设备应进行操作试验，保证其正常工作。

（6）断路器受潮的灭弧室安装前应烘干。

（7）禁止使用淘汰型产品。

四、检修操作步骤及工艺要求

1. 检修操作步骤

（1）检修人员将检修所需工具、材料、备品、备件、仪器、仪表等带到检修现场。

（2）检修人员核对检修设备及作业危险点，做好控制措施。

（3）检修操作前做好保证检修安全的各种措施。

（4）由专人监护，检修人员对检修设备进行检修。

（5）检修结束拆除各种安全措施，自行验收，确认更换设备质量良好，申请验收。

（6）验收结束后，对检修设备投入运行。

2. 检修工艺要求

（1）检修后的设备外表良好，无损伤。

（2）检修后的设备功能齐全、完好。

（3）检修后的设备布线应横平竖直，达到检修前标准。

五、低压设备更换

（1）更换设备前，检修人员将所需工具、材料、备品、备件、仪器、仪表等带到更换现场。

（2）更换人员核对本次更换设备及作业危险点，做好控制措施。

（3）更换前记录原始接线并复核，做好保证安全的各种措施。

（4）由专人监护，工作人员更换设备。

（5）更换结束拆除各种安全措施，自行验收，确认更换质量良好，申请验收。

（6）验收结束，对检修设备投入运行。

六、危险点预控及安全注意事项

危险点预控及安全注意事项见表 5-2-1。

表 5-2-1 危险点预控及安全注意事项

危　险　点	控　制　措　施
拆接低压电源	应由两人进行，一人操作，一人监护
	检修电源应有剩余电流动作保护器，移动电具金属外壳均应可靠接地
	检修前应断开交流操作电源，严禁带电拆接操作回路电源接头
感应触电	在强电场下进行部分停电工作应使用个人保安线
	若有试验电源，检修人员必须在断开试验电源并放电完毕后才能工作
误入带电设备	检修设备与相邻运行设备必须用围栏明显隔离，并悬挂"止步，高压危险"标示牌，标示牌应面对检修设备
	中断检修，每次重新开始工作前，应认清工作地点、设备名称和编号，严禁无监护人时单独工作
高处作业	应戴好安全帽，正确使用安全带
零部件跌落打击	应使用传递绳和工具袋传递零部件，严禁抛掷
	不准在构架上存放物件或工器具

【思考与练习】

1. 低压设备的检修分哪几个步骤？

2. 低压设备的更换分哪几个步骤？

3. 低压设备检修前要做哪些准备？

▲ 模块 3　低压设备常见故障处理（Z33E5003Ⅱ）

【模块描述】本模块包含使用仪器仪表判断低压设备故障、低压设备故障的处理步骤、危险点预控及安全注意事项等内容。通过概念描述、要点归纳、案例分析，提高低压设备故障处理的能力。

【正文】

一、使用仪器仪表判断低压设备故障、故障处理步骤及要求

1. 低压设备接地故障的判断、故障的处理步骤及要求

（1）低压设备接地故障的判断。使用 500V 绝缘电阻表判断低压设备接地故障现象。

（2）低压设备接地故障的处理步骤及要求：

1）断开低压设备电源。

2）任意测量设备不同相对地绝缘电阻值，分别做好记录并比较。

3）所测得设备某相对地绝缘电阻值很小或为零，说明该设备该相存在接地现象。

4）测量时应使用缩小范围法，先测量主干路，再测量不同分支路。

5）每次测量后，应立即对设备放电。

2. 低压设备短路故障的判断、故障的处理步骤及要求

（1）低压设备短路故障的判断。使用万用表判断低压设备短路故障现象。

（2）低压设备短路故障的处理步骤及要求：

1）断开低压设备电源。

2）测量设备相间电阻值，分别做好记录并比较。

3）所测得设备某相电阻值很小或为零，说明该设备该相存在短路现象。

4）测量时应使用缩小范围法，先测量主干路设备，再测量不同分支路设备。

3. 低压设备断相故障的判断、故障的处理步骤及要求

（1）低压设备断相故障的判断。使用万用表判断低压设备断相故障现象。

（2）低压设备断相故障的处理步骤及要求：

方法一：电阻测量法。

1）断开低压设备电源。

2）测量设备相间电阻值，分别做好记录并比较。

3）所测得断相设备某相电阻值指针不动，说明该设备该相存在断相现象。

4）测量时应使用缩小范围法，先测量主干路，再测量不同分支路。

方法二：电压测量法。

1）使用万用表选择合适的电压量程。

2）测量设备相间电压值，分别做好记录并比较。

3）所测得断相设备某相电压值为零值，说明该设备该相存在断相现象。

4）测量时应使用缩小范围法，先测量主干路，再测量不同分支路。

4. 低压设备过载故障的判断、故障的处理步骤及要求

（1）低压设备过载故障的判断。使用卡流表判断低压设备过载故障现象。

（2）低压设备过载故障的处理步骤及要求：

1）使用卡流表测量每相电流值，分别做好记录并比较。

2）所测得设备过载相电流值过高或较说明书数值大很多，说明该设备该相存在过载现象。

3）测量时应使用扩大范围法，先测量不同分支路，再测量主干路。

5. 低压设备绝缘击穿故障的判断、故障的处理步骤及要求

（1）低压设备绝缘击穿故障的判断。使用绝缘电阻表判断低压设备绝缘击穿故障现象。

（2）低压设备绝缘击穿故障的处理步骤及要求：

1）断开低压设备电源。

2）任意测量不同相设备绝缘电阻值或测量每相对地绝缘电阻值，分别做好记录并比较。

3）所测得接地相设备某相对地绝缘电阻值很小或为零，说明该设备存在绝缘击穿现象。

4）测量时应使用缩小范围法，先测量主干路，再测量不同分支路。

二、案例分析

1. 分析题目

使用 500V 绝缘电阻表判断低压设备接地故障现象。

2. 分析简图

（1）测量 A 相绝缘电阻（见图 5-3-1）。

（2）测量 B 相绝缘电阻（见图 5-3-2）。

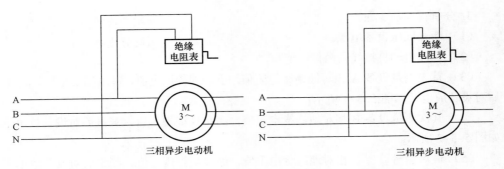

图 5-3-1　测量 A 相绝缘电阻　　　　　图 5-3-2　测量 B 相绝缘电阻

（3）测量 C 相绝缘电阻（见图 5-3-3）。

（4）测量 AB 相绝缘电阻（见图 5-3-4）。

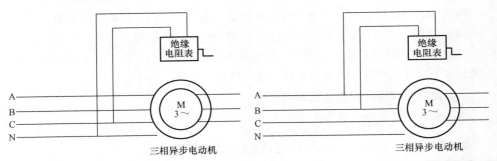

图 5-3-3　测量 C 相绝缘电阻　　　　　图 5-3-4　测量 AB 相绝缘电阻

（5）测量 BC 相绝缘电阻（见图 5-3-5）。

（6）测量 AC 相绝缘电阻（见图 5-3-6）。

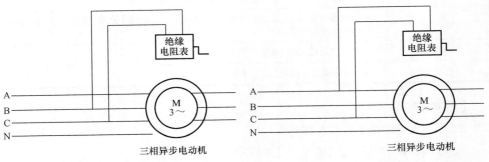

图 5-3-5　测量 BC 相绝缘电阻　　　　　图 5-3-6　测量 AC 相绝缘电阻

3. 分析内容及步骤

（1）断开低压设备电源。

（2）打开电动机接线盒内接线连片。

（3）首先测量设备 A 相对地绝缘电阻值，小于规程规定值，基本等于零值，测量后对设备放电，如图 5-3-1 所示。

（4）其次测量设备 B 相对地绝缘电阻值，满足规程规定值，测量后对设备放电，如图 5-3-2 所示。

（5）最后测量设备 C 相对地绝缘电阻值，满足规程规定值，测量后对设备放电，如图 5-3-3 所示。

（6）对测量结果进行分析，所测得设备 A 相对地绝缘电阻值很小或为零，小于规程规定值，说明该设备 A 相存在接地现象。

（7）如图 5-3-4 所示，测量设备 AB 相绝缘电阻值，测量后对设备放电。

（8）如图 5-3-5 所示，测量设备 BC 相绝缘电阻值，测量后对设备放电。

（9）如图 5-3-6 所示，测量设备 AC 相绝缘电阻值，测量后对设备放电。

（10）测量时应使用缩小范围法，先停掉分支路，测量主干路，主干路无问题时再按照测量不同分支路的方法进行测量，逐一排查，直至查出接地设备。

三、危险点预控及安全注意事项

危险点预控及安全注意事项见表 5-3-1。

表 5-3-1 危险点预控及安全注意事项

危 险 点	控 制 措 施
高低压感电	应由两人进行，一人操作，一人监护，夜间作业时，必须有足够的照明
	测量人员应了解测试仪表性能、测试方法及正确接线
	测量工作不得穿越虽停电但未经装设地线的导线
误入带电设备	检修设备与相邻运行设备必须用围栏明显隔离，并悬挂"止步，高压危险"标示牌，标示牌应面对检修设备
高处作业	应戴好安全帽，正确使用安全带
零部件跌落打击	不准在测量设备构架上存放物件或工器具

【思考与练习】

1. 低压设备的常见故障有哪些？

2. 低压设备的常见故障通过哪几步排除？

3. 危险点预控及安全注意事项有哪些？

第六章

10kV 配电设备的安装

▶ 模块 1　10kV 配电变压器及台架安装（Z33E6001Ⅰ）

【模块描述】本模块包含配电变压器台的结构，配电变压器台架安装时的危险点控制及安全注意事项，配电变压器台架、配电变压器、跌落式熔断器和避雷器安装前的检查，户外柱上配电变压器的安装，户外柱上变压器投运等内容。通过概念描述、流程介绍、图表示意、要点归纳，掌握 10kV 配电变压器及台架安装。

【正文】

10kV 配电变压器的安装有多种，但概括起来可以分为两大类：一类安装在室内；另一类安装在室外。室外安装根据其容量的大小，装设地区如市区、农村、郊区的不同以及吊运是否方便等，一般分为杆塔式、台墩式和落地式三种。本部分内容主要介绍杆塔式的安装方法。

一、杆塔式安装分类

杆塔式安装是将配电变压器安装在户外杆上的台架上，最常用的两种方法为单杆式和双杆式。

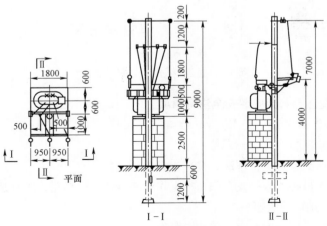

图 6-1-1　单杆式配电变压器台

（1）单杆式配电变压器台，又叫"丁字台"。这种配电变压器台是将配电变压器、高压跌落式熔断器、高压避雷器和低压负荷开关装在一根水泥杆上，杆身应向组装配电变压器的反方向倾斜 13°～15°。这种配电变压器台的优点是结构简单，安装方便，用料和占地面积都比较少，对比双杆配电变压器台能节省造价约 33%，如图 6-1-1 所示。

（2）双杆式配电变压器台，又叫"H台"。

当配电变压器容量在 50～315kVA 时一般应采用双杆式配电变压器台。配电变压器台由一根主水泥杆和另一根副水泥杆组成，主杆上装有高压跌落式熔断器、避雷器及高压引下电缆，副杆上有二次反引电缆及低压负荷开关。双杆配电变压器台比单杆配电变压器坚固，如图 6-1-2 所示。

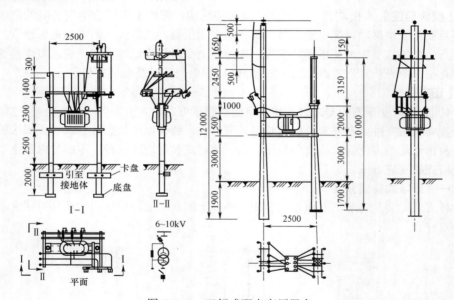

图 6-1-2 双杆式配电变压器台

二、配电变压器台架安装安全注意事项

（一）杆上作业

1. 高空坠落、物体打击伤人

（1）上杆前应检查电杆埋深、登杆工具是否完好。

（2）作业人员必须戴好安全帽，杆上作业必须使用安全带，工具袋、工具、材料使用绳索传递，地面应设围栏。

（3）使用扳手应合适好用，防止滑脱伤人。

2. 触电伤人

（1）安装作业前，必须在工作点的两端做好安全技术措施。

（2）对线路上一经操作即可送电的分断开关、联络开关，应设专人看守。

（3）高压带电、低压停电的杆塔作业，与高压带电部分应保持 0.7m 的安全距离并设专人监护。扶正电杆和调拉线时要防止导线晃动。

（二）吊装变压器

（1）吊车臂或吊件碰触带电部位，用钢绞线捆箍变压器时碰触带电部位。

1）吊放变压器工作应设专人指挥和监护，吊臂和变压器及控制绳距带电部位要保证 2m 以上安全距离。

2）在捆绑固定变压器时，捆箍钢绞线应在地面按捆绑周长尺寸将两端头做好，在同一侧面用绳索将两端头分别传递给杆上人员，两端对接，用花篮螺丝进行松紧调节，传递捆绑时要保证安全距离，10kV 不小于 0.7m。

（2）变压器脱落或移动变压器时挤压伤人。

1）吊放变压器前，应对钢丝绳套进行外观检查，无断股、烧伤、挤压伤等明显缺陷，其强度满足超重设备荷重要求（安全系数为 10 倍）。

2）吊放变压器前，应对各受力点进行检查，检查变压器箱体吊钩部位完好无裂纹，检查钢丝绳套在变压器箱体吊钩部位是否确已挂好。

3）吊放变压器及吊车转位时，吊臂下严禁有人逗留。

4）负责吊装工作应由有起重工作经验的人员担任，明确信号，统一指挥，对邻近带电设备附近的吊装，必须设专人监护。

三、配电变压器台架的安装

1. 杆上安装配电变压器台架的要求

（1）杆上配电变压器台架安装应在高压线路不停电的情况下进行，检修、更换变压器时有足够的安全距离。

（2）配电变压器台架的倾斜：变压器储油柜一侧可稍高一些，倾斜坡度一般为 1%～1.5%。变压器在台架上应安全平稳，牢固可靠。

（3）变压器台架各部分之间距离应符合表 6-1-1 要求。

表 6-1-1　　　　　　　　　变压器台架各部分之间距离

项　目	距离（mm）
变压器台架底部至地面	≥2500
跌落式熔断器至地面	≥4700

项　　目	距离（mm）
高压引线对横担、电杆	≥200
高压相间固定处	≥300
高压引线相间	≥500
高压跌落式熔断器之间	≥600
低压负荷开关至地面	≥4500
低压熔断器之间	≥350
低压相间及对地（外壳、横担等）	≥150

（4）变压器高低压侧均应装设熔断器，100kVA 及以上变压器低压侧应装设负荷隔离开关。

（5）变压器承重横担应有足够的强度，根据变压器的重量确定，一般采用 10～12 号槽钢。

（6）变压器台架铁件应接地。

2. 配电变压器台架安装所需的材料

安装前应根据台架安装设计图纸，对材料进行核实查对，并对配电变压器、跌落式熔断器、避雷器做安装前的检查。

（1）检查高低压瓷套管有无破裂、掉瓷等缺陷，各处有无渗油现象，油位是否正常。

（2）表面不得有锈蚀，油漆完整。

（3）外壳不应有机械损伤，箱盖螺栓应完整无缺，密封衬垫要求严密良好，无渗油现象，整体外观完好，防腐层无损坏、脱落现象。

（4）规格型号与要求相符。

（5）瓷件良好，光洁，无裂纹、无损坏、无污垢。

（6）操动机构动作灵活，分、合闸位置指示正确可靠。

（7）刀刃合闸时接触紧密，合闸深度应符合要求，且三相同期。

3. 杆上配电变压器台架安装

（1）铁件安装。在立好的电杆上，由下而上安装变压器支持抱箍、横梁槽钢、角铁横担、支持铁件等。铁件连接螺栓穿入方向，水平的顺线路者，由送电侧穿入；横线路位于两侧者向内穿入；中间的由左向右（面向受电侧）穿；垂直的由下向上穿。螺栓均应加垫片，螺栓坚固后露出 3～5 扣，不能过长或过短，所有横担等铁件安装应平整。但变压器支持槽钢一端可稍高些（有储油柜的一端），其坡度约为 1%～1.5%。

（2）瓷件安装。配电变压器台架瓷件包括针式绝缘子、避雷器、跌落式熔断器。安装前应做表面检查，应无掉瓷破裂等缺陷，并按交接试验项目试验合格，方可安装。

跌落式熔断器安装角度应一致,不得歪斜,熔管轴线与地面的垂直线夹角为 15°～30°, 以保证熔断时能迅速跌落。

(3) 配电变压器台架母线及引线安装。高低压母线、引线一律用绝缘导线,高压母线、引线导线截面积不小于 25mm²,低压引线按变压器低压侧电流选用,导线与设备线夹连接时应作接线端子。铜铝连接时应使用铜铝过渡设备线夹。

四、户外柱上配电变压器的安装

(一)变压器的起吊

户外柱上配电变压器的吊装一般采用机械(吊车)和人工吊装等方法。

1. 用吊车起吊

一般在吊车可以到达的地方,均可以采用吊车来安装。在吊装时,用一根达到足够强度的钢丝绳套,应斜对角套在变压器外壳的吊环内,并将吊钩置于钢丝绳套中心,如用两根钢丝绳套,应套在变压器外壳高低压的吊环内,钢丝套长度要一致,使吊钩置于变压器重心中心。起吊应有专人统一指挥缓慢转动调整吊车臂,待变压器已置于支架或平台中心时,徐徐放下钢丝绳,使变压器处于平稳状态后固定在变压器台横梁上,固定完后才可拆放吊钩和钢丝套。

2. 人工起吊

人工起吊的工具为两个静滑轮与两个动滑轮穿上绳子组成一滑轮组,此方法一般在吊车不能到达的地方,或无吊车时,均可以采用此方法来安装。在吊装时,用一根达到足够强度的钢丝强套,应斜对角套在变压器外壳的吊环内,并将吊钩置于钢丝绳套中心;如用两根钢丝绳套,应套在变压器外壳高低压侧的吊环内,钢丝套长度要一致,使吊钩置于变压器重心中心。起吊应有专人统一指挥,缓慢拉动绳子,并在变压器上绑两根绳子来转动调整变压器的方向,待变压器已置于支架或平台中心时,徐徐收回绳子,使变压器处于平稳状态后固定在变压器台横梁,固定完后才可拆放吊钩和钢丝套。

3. 配电变压器的固定

配电变压器吊到变压器台横梁上后的固定有两种:

(1) 用 4 根小角铁将配电变压器底座与变压器台横梁夹住,并根据其长度用螺栓上下固定。

(2) 用专门固定配电变压器的小金具,但不准用铁线将配电变压器固定在变压器台横梁上。

(二)跌落式熔断器、避雷器的安装

依据设计图纸,距水泥杆杆头 2500mm 的位置用 U 形螺栓将跌落式熔断器的横担组装上,同时安装上避雷器的小托铁,组装完后将跌落式熔断器、避雷器再安装在相应的位置上。

变压器的高、低压侧应分别装设熔断器。高压侧熔断器的横担标准线对地面的垂直高度不低于 4700mm，各相熔断器的水平距离不应小于 500mm，为了便于操作和熔丝熔断后熔丝管能顺利地跌落下来，跌落式熔断器的轴线应与垂直线成 15°～30° 倾角。低压侧熔断器的底部对地面的垂直距离不低于 4500mm，各相熔断器的水平距离不少于 350mm。

变压器高低压熔丝的选择原则：100kVA 以下配电变压器其一次侧熔丝可按额定电流的 2～3 倍选用，考虑到熔丝的机械强度，一般不小于 10A；100kVA 及以上的配电变压器高压侧熔丝按其额定电流的 1.5～2 倍选用。低压侧按额定电流选择，例如 100kVA、10/0.4kV 的配电变压器，高压侧额定电流为 5.78A，选用 15A 的熔丝，低压侧额定电流为 144A，选用 150A 的熔丝。

（三）跌落式熔断器及避雷器的接引

跌落式熔断器及避雷器的接引线端时一般都用相应的设备线夹，这样做一是会使绝缘线与设备的接触良好，二是做完后外观美观。避雷器与金具连接处也应用绝缘线将其串联上，并与接地体连接。避雷器的接地端、变压器的外壳及低压侧中性点用截面积不小于 25mm² 的多股铜芯塑料线连接在一起，再与接地装置引上线相连接。接地装置的接地电阻必须符合规程规定值。对配电变压器容量在 100kVA 及以上，其接地电阻不应大于 4Ω。接地装置施工完毕应进行接地电阻测试，合格后方可回填土。同时，变压器外壳必须良好接地，外壳接地应用螺栓拧紧，不可直接焊牢，以便检修。

五、户外柱上配电变压器的投运

安装完后，投入运行前，必须对配电变压器再进行全面检查，看是否符合运行条件。如不符合，应立即处理。检查内容如下：

（1）阀门应打开，再次排放空气。

（2）接地良好。

（3）套管瓷件完整清洁，油位正常，各地无渗油。

（4）引出线连接良好，相位、相序符合要求。

（5）变压器上没有遗留工具、破布及其他物件。

上述检查无误后，方可对配电变压器进行第一次受电，各项正常后，可带一定负荷运行 24h，没问题后便可投运。

【思考与练习】

1. 双杆配电变压器台架所需要的材料有哪些？

2. 10kV 配电变压器、跌落式熔断器、避雷器安装前应检查哪些方面？

3. 高压侧熔断器的轴线应与垂直线成多大的倾角？

4. 容量为 100kVA 的变压器，其接地电阻不应大于多少？

模块 2　10kV 配电设备安装（Z33E6002Ⅰ）

【模块描述】本模块包含 10kV 杆上避雷器、10kV 杆上配电 SF₆ 断路器、10kV 杆上真空断路器、10kV 杆上跌落式熔断器、10kV 杆上户外隔离开关等 10kV 配电设备的安装程序和注意事项以及 10kV 配电设备接地安装及技术要求等内容。通过概念描述、流程介绍、图表示意、要点归纳，掌握 10kV 配电设备安装。

【正文】

10kV 常用的配电装置有断路器、隔离开关、跌落开关、熔断器和避雷器等各种设备。10kV 配电设备在配网中起控制或保护等作用。正确安装 10kV 配电设备对电网的安全可靠运行极其重要。

一、10kV 杆上避雷器的安装

（一）安装时危险点控制及安全注意事项

1. 危险点控制

（1）高空摔跌物体打击。

（2）上杆前应先检查杆根和登杆工具及脚钉是否牢固。

（3）工作人员必须使用安全带，戴好安全帽。安全带应系在电杆及牢固的构件上，防止被锋利物割伤。

（4）使用材料、工具袋、工具应用绳索传递，杆上人员要防止掉东西，地面应设围栏。

（5）用脚扣上下杆时要防止滑脱。

（6）使用扳手应合适好用，防止滑脱伤人。

（7）作业前必须重点强调邻近带电设备及作业线路名称、起止杆塔号。

（8）邻近、交叉、跨越、平行带电线路必须交待清楚，并设专人监护。

（9）登杆检查工作必须两人进行，一人作业，一人监护。登杆前必须判明停电线路名称、杆号，监护人只有在作业人员确无危险前提下方可参加作业，但作业人员不能离开监护人视线。

（10）登杆检查工作，所穿越的低压线、路灯线必须经验电并装设个人保安接地线。

2. 安全注意事项

安装完后，检测接地电阻，如不合格，则应采取降阻措施。

（二）安装前的准备

1. 人员组织

工作负责人 1 名，线路作业人员 1～2 名。

2. 所需主要工器具及材料

（1）传递绳。

（2）避雷器。

（3）导线。

（4）设备线夹。

（5）铜绞线（或铝绞线）。

3. 安装前的检查

避雷器瓷套无裂纹及放电痕迹，无破损现象，外观清洁（合成式避雷器检查合成绝缘套有无龟裂和破损现象）。

（三）安装操作程序

（1）核对避雷器规格、型号是否与设计一致，资料是否齐全。

（2）安装横担、避雷器。

1）避雷器与被保护设备间的电气距离一般不宜大于 5m；

2）避雷器必须垂直安装，对周围物体应保持一定距离；带电部分与相邻导线或金属架构的距离不应小于 0.35m。

（3）连接避雷器上下引线。

1）避雷器的上下引线不应过紧或过松，引线截面积不得小于 25mm²。

2）引线连接必须牢固，用设备线夹时要拧紧。如用螺栓连接时，应使用 2 只垫片将引线夹在中间压紧。与母线连接时，接头长度不应小于 10mm。

3）接地引线就与设备外壳连接，不能迂回盘绕，应短而直。

（4）检查避雷器接地电阻。

（四）避雷器安装注意事项

（1）避雷器的安装，应便于巡视检查，应垂直安装，不得倾斜，引线要连接牢固，避雷器上接线端子不得受力。

（2）避雷器的瓷套应无龟裂，密封良好，经预防性试验合格。

（3）避雷器安装位置距被保护设备的距离应尽量靠近。

（4）不要在雷雨天时安装避雷器。

（5）避雷器应尽量靠近被保护设备，接线距离不得大于 15m，如大于 15m，则应考虑另外加装避雷器。

二、10kV 杆上配电 SF₆ 断路器的安装

（一）安装时危险点的控制和安全注意事项

1. 危险点控制

（1）高空摔跌物打击。

（2）上杆前应先检查杆根和登杆工具及脚钉是否牢固。

（3）工作人员必须使用安全带，戴好安全帽，安全带应系在电杆及牢固的构件上，防止被锋利物割伤。

（4）使用材料、工具袋、工具应用绳索传递，杆上人员要防止掉东西，地面应设围栏。

（5）用脚扣上下杆时要防止滑脱。

（6）使用扳手应合适好用，防止滑脱伤人。

（7）断路器在吊放过程中挤伤及坠落伤人。

（8）吊放开关工作应设专人指挥，作业人员要做到信号明确。

（9）不得使用单滑轮车吊放断路器，使用滑车前应检查滑轮及绳索有无破股、损伤，绳索应满足起重要求。

（10）杆上滑轮应挂在横担主材上，其吊挂用的绳套必须满足荷重要求。

（11）吊放前应检查滑轮门是否扣好，绳套是否挂牢，滑轮门应用铁丝封死。

（12）吊车吊臂及重物下严禁有人逗留。

（13）作业前必须重点强调邻近带电设备及作业线路名称、起止杆塔号。

（14）邻近、交叉、跨越、平行带电线路必须交待清楚，并设专人监护。

（15）登杆检查工作必须两人进行，一人作业，一人监护。登杆前必须判明停电线路名称、杆号，监护人只有在作业人员确无危险前提下方可参加作业，但作业人员不能离开监护人视线。

（16）登杆检查工作，所穿越的低压线、路灯线必须经验电并装设个人保安接地线。

2. 安全注意事项

（1）停电安装作业，应在良好天气时进行，如遇雷电、雨雪、大风等天气不得进行作业。

（2）接点应涂润滑油以保证操作灵活。

（3）应将设备线夹孔洞打磨平整，以免接触不良。

（二）安装前的准备

1. 人员组织

工作负责人 1 名，作业人员 3~4 名。

2. 主要工器具及材料

（1）吊车或滑轮组。

（2）铁锤。

（3）钢丝绳。

（4）传递绳。

（5）SF$_6$ 断路器。

（6）避雷器。

（7）横担。

（8）SF$_6$ 断路器支架。

（9）设备线夹。

（10）导线。

（11）铜绞线（或铝绞线）。

（12）其他附属件。

3. 安装前的检查

瓷套表面应光滑无裂纹、缺损，外观检查有疑问时应做探伤检验。操动机构的型号与断路器设计型号一致，产品合格证与订货相符，装箱单与实物对应。设备完整，设备名称、型号、制造厂名称、出厂时间等资料齐全，并附有制造厂的使用说明书。瓷套与法兰的接合面粘合应牢固，法兰结合面应平整，无外伤和铸造砂眼。传动机构零件齐全良好；组装用的螺栓、密封垫、密封脂、清洁剂和润滑脂等必须符合产品技术规定。SF$_6$ 气体压力和液压机构油位、压力、机构储能指示均应正常，位置指示器应指示正确。检查断路器所有螺栓有无松动及变形。

（三）安装操作程序

（1）核对设备规格、型号是否与设计一致，资料是否齐全。

（2）检查 SF$_6$ 断路器的外观、压力、机构，分合指针位置应正确。

（3）安装 SF$_6$ 断路器支架、横担。

（4）安装 SF$_6$ 断路器、隔离开关、避雷器等。

（5）连接高压引线及避雷器上下引线。

（6）检查所有节点并加绝缘罩或缠绕绝缘胶带。

（四）SF$_6$ 断路器安装注意事项

（1）SF$_6$ 断路器的密封是否良好，断路器应无漏气，压力正常。

（2）搬运时一定要注意，不能抬断路器的瓷套管，防止套管断折、裂纹，以致影响内部动静触头的同心度，使产品不能使用。

（3）安装位置应便于观察表压，便于维护和操作。

（4）安装前必须认真检查待装断路器的规格、型号、性能等是否符合设计要求，若不符合应予以更换。

（5）安装前应观察表压是否正常，对弹簧储能机构，应分合闸 5～10 次，看其操作性能是否正常。

（6）安装好后，外壳应可靠接地。

（7）接线端子在接线时不允许乱拉动，正常运行时不受外力作用；接线时要分清哪侧为进线侧，哪侧为出线侧。

（8）调试时必须注意，靠箱体外侧的是合闸拉环，靠箱体里侧的是分闸拉环，手动操作时切勿拉错。手动分闸时，如拉不动分闸环，则不要用劲拉；拉不动合闸环时，也不要用劲拉，此时，应观察指针位置后，再进行分合闸操作。

三、10kV 杆上真空断路器的安装

（一）安装时危险点控制及安全注意事项

1. 危险点控制

（1）防止高空摔跌物体打击。

（2）上杆前应检查杆根和登杆工具及脚钉是否牢固。

（3）工作人员必须使用安全带，戴好安全帽，安全带应系在电杆及牢固的构件上，防止被锋利物割伤。

（4）使用材料、工具袋、工具应用绳索传递，杆上人员要防止掉东西，地面应设围栏。

（5）用脚扣上下杆时要防止滑脱。

（6）使用的扳手应合适好用，防止滑脱伤人。

（7）防止开关在吊放过程中挤伤及坠落伤人。

（8）吊放开关工作应设专人指挥，作业人员要做到信号明确。

（9）不得使用单轮滑车吊放开关，使用滑车前应检查滑轮及绳索有无破股、损伤，绳索应满足起重要求。

（10）杆上滑轮应挂在横担主材上，其吊挂用的绳套必须满足荷重要求。

（11）吊放前应检查滑轮门是否扣好，绳套是否挂牢，滑轮门钩应用铁丝封死。

（12）吊车吊臂及重物下严禁有人逗留。

（13）作业前必须重点强调邻近带电设备及作业线路名称、起止杆号。

（14）邻近、交叉、跨越、平行带电线路必须交待清楚，并设专人监护。

（15）登杆检查工作必须两人进行，一人作业，一人监护。登杆前必须判明停电线路名称、杆号，监护人只有在作业人员确无危险前提下方可参加作业，单个作业人员不能离开监护人视线。

（16）登杆检查工作，所穿越的低压线、路灯线必须经验电并装设个人保安接地线。

2. 安全注意事项

（1）停电安装作业，应在良好天气下进行，如遇雷电、雨雪、大风等天气不得进行作业。

（2）接点应涂润滑油以保证操作灵活。

（3）应将设备线夹孔洞打磨平整，以免接触不良。

（二）安装前的准备

1. 人员组织

工作负责人 1 名，作业人员 3～4 名。

2. 主要工器具及材料

（1）吊车或滑轮组。

（2）铁锤。

（3）钢丝绳。

（4）传递绳。

（5）真空断路器。

（6）避雷器。

（7）横担。

（8）真空断路器支架。

（9）设备线夹。

（10）导线。

（11）铜绞线（或铝绞线）。

（12）其他附属件。

3. 安装前的检查

真空灭弧室有无漏气、破裂，灭弧室内部有无氧化现象。操动机构的型号与断路器设计型号是否一致，产品合格证与订货是否相符，装箱单与实物是否对应。设备完整，设备名称、型号、制造厂名称、出厂时间等资料齐全，并附有制造厂的使用说明书。位置指示器应指示正确。瓷套、外壳及真空泡外观应完好。检查真空断路器各可动部位的紧固螺栓有无松动。检查真空断路器有无裂纹、破碎痕迹。检查拉杆、真空灭弧室动静触头两端的绝缘支撑杆有无裂纹、断裂现象，支撑绝缘子表面有无裂痕。油缓冲器在真空断路器合闸位置是否返回，检查油缓冲器有无压力，检查真空断路器所有螺栓有无松动及变形。

（三）安装操作程序

（1）核对设备规格、型号是否与设计一致，资料是否齐全，记录相应的数据。

（2）看真空断路器的外观、压力、机构检查，分合指针位置应正确。

（3）安装真空断路器支架、横担（依据设计要求）。

（4）安装真空断路器、隔离开关、避雷器等。

（5）连接高压引线及避雷器上下引线。

（6）检查所有接点并加绝缘罩或缠绕绝缘胶带。

（四）10kV 杆上真空断路器安装注意事项

（1）断路器安装应牢固可靠，外观清洁完整，动作性能符合规范。

（2）电气连接可靠，接触良好，机构及辅助开关动作可靠、指示正确。

（3）保护装置整定值符合规定，传动合格。

（4）表计正常可靠，电气回路传动正确可靠。

（5）油漆完整，相色标志正确，接地良好。

（6）图纸、资料齐全，记录完整。

四、10kV 杆上跌落式熔断器的安装

（一）安装时危险点控制及安全注意事项

1. 危险点控制

（1）防止高空摔跌物体打击。

（2）上杆前应先检查杆根和登杆工具及脚钉是否牢固。

（3）工作人员必须使用安全带，戴好安全帽，安全带应系在电杆及牢固的构件上，防止被锋利物割伤。

（4）使用材料、工具袋、工具应用绳索传递，杆上人员要防止掉东西，地面应设围栏。

（5）用脚扣上下杆时要防止滑脱。

（6）使用的扳手应合适好用，防止滑脱伤人。

（7）作业前必须重点强调邻近带电设备及作业线路名称、起止杆塔号。

（8）邻近、交叉、跨越、平行带电线路必须交待清楚，设专人监护。

（9）登杆检查工作必须两人进行，一人作业，一人监护。登杆前必须判明停电线路名称杆号，监护人只有在作业人员确无危险的前提下方可参加作业，但作业人员不能离开监护人视线。

（10）登杆检查工作，所穿越的低压线、路灯线必须经验电并装设个人保安接地线。

2. 安全注意事项

（1）停电安装作业，应在良好天气下进行，如遇雷电、雨雪、大风等天气不得进行作业。

（2）安装完成后，应对熔丝管做拉合试验，保证熔丝管接触良好。

（3）铜铝接点应采取铜铝过渡措施。

（4）检查选配熔丝与保护设备容量是否匹配。

（5）严禁使用铜、铝丝代替高压熔丝。

（二）安装前的准备

1. 人员组织

工作负责人 1 名，线路作业人员 1～2 名。

2. 所需主要工器具及材料

（1）传递绳。

（2）跌落式熔断器。

（3）跌落式熔断器横担。

（4）导线。

（5）铜铝接线端子。

（6）铜绞线（或铝绞线）。

3. 安装前的检查

（1）应检查熔断器规格型号是否合适，有无生产厂家和出厂合格证。

（2）熔断器各部件是否齐全、完好，瓷件有无裂痕、损伤。

（3）转轴光滑灵活，铸件有无裂纹、砂眼锈蚀。

（4）熔丝管是否有吸潮膨胀或弯曲现象。

（5）动静触头接触是否良好，接触头弹性是否适中。

（三）安装操作程序

（1）核对跌落式熔断器规格、型号是否与设计一致，资料是否齐全。

（2）装配调整跌落式熔断器、熔丝管、上下引线与跌落式连接处用的设备线夹。

（3）安装横担及其他金具，依据设计要求将横担安装在相应的位置。

（4）安装跌落式熔断器。

1）安装时应将熔体拉紧，否则容易引起触头发热。

2）熔断器安装在横担（架构）上应牢固可靠，不能有任何晃动或摇晃现象。

3）熔丝管轴线与地面的垂直夹角应为 15°～30°，以利熔体熔断时熔管能依靠自身重量迅速跌落。

4）熔断器应安装在离地面垂直距离不小于 4.7m 的横担（构架）上，若安装在配电变压器上方，应与配电变压器的最外轮廓边界保持 0.5m 以上的水平距离，以防万一熔管掉落引发其他事故。

5）熔管的长度应调整适中，要求合闸后鸭嘴舌头能扣住触头长度的 2/3 以上，以免在运行中发生自行跌落的误动作，熔管亦不可顶死鸭嘴，以防止熔体熔断后熔管不能及时跌落。

6）10kV 跌落式熔断器安装在户外，要求相间距离大于 0.5m。

（5）连接跌落式熔断器上下引线；上、下引线要压紧，与线路导线的连接要紧密可靠。

（四）10kV 杆上跌落式熔断器安装注意事项

（1）跌落式熔断器的相间距离要符合规程要求。

（2）跌落式熔断器的上下引线要连接可靠，接触良好。

（3）当铜与铝连接时，要使用铜铝过渡线夹。

五、10kV 杆上户外隔离开关的安装

（一）安装时危险点控制及安全注意事项

1. 危险点控制

（1）高空摔跌物体打击。

（2）上杆前应先检查杆根和登杆工具及脚钉是否牢固。

（3）工作人员必须使用安全带和戴好安全帽，安全带应系在电杆及牢固的构件上，防止被锋利物割伤。

（4）使用材料、工具袋、工具应用绳索传递，杆上人员要防止掉东西，地面应设围栏。

（5）用脚扣上下杆时要防止滑脱。

（6）使用扳手应合适好用，防止滑脱伤人。

（7）作业前必须重点强调邻近带电设备及作业线路名称、起止杆塔号。

（8）邻近、交叉、跨越、平行带电线路必须交待清楚，并设专人监护。

（9）登杆检查工作必须两人进行，一人作业，一人监护。登杆前必须判明停电线路名称、杆号，监护人只有在作业人员确无危险前提下方可参加作业，但作业人员不能离开监护人视线。

（10）登杆检查工作，所穿越的低压线、路灯线必须经验电并装设个人保安接地线。

2. 安全注意事项

（1）停电安装作业应在良好天气下进行，如遇雷电、雨雪、大风等天气不得进行作业。

（2）安装完成后，应将隔离开关做拉合试验，保证隔离开关接触良好。

（3）铜铝接点应采取铜铝过渡措施。

（4）检查选配户外隔离开关是否与现场的电压等级匹配。

（二）安装前的准备

1. 人员组织

工作负责人 1 名，线路作业人员 1～2 名。

2. 所需主要工器具及材料

（1）传递绳。

（2）户外隔离开关。

（3）户外隔离开关横担。

（4）导线。

（5）铜铝接线端子。

（6）铜绞线（或铝绞线）。

3. 安装前的检查

（1）应检查隔离开关规格型号是否合适，有无生产厂家和出厂合格证。

（2）隔离开关部件是否齐全、完好，瓷件有无裂痕、损伤。

（3）转轴光滑灵活，铸件有无裂纹、砂眼锈蚀。

（4）隔离开关不应有吸潮膨胀或弯曲现象。

（5）动静触头接触是否良好，接触头弹性是否适中。

（三）安装操作程序

（1）核对户外隔离开关规格、型号是否与设计一致，资料是否齐全。

（2）装配调整户外隔离开关的闸刀，上下引线与户外隔离开关连接处用的设备线夹。

（3）安装横担及其他金具。依据设计要求将横担安装在相应的位置。

（4）安装户外隔离开关。

（5）连接户外隔离开关的上下引线。上、下引线要压紧，与线路导线的连接要紧密可靠。

（四）10kV 杆上户外隔离开关的安装注意事项

（1）合闸时要迅速而果断，但在合闸终了时不能用力过猛，使合闸终了时不发生冲击。

（2）操作完毕后应检查是否已合上，合好后应使闸刀完全进入固定触头，并检查接触的严密性。

（3）拉闸时开始要慢而谨慎，当刀片刚离开固定触头时应迅速。特别是切断变压器的空载电流、架空线路及电缆的充电电流、架空线路的小负荷电流以及切断环路电流时，拉闸刀更应迅速果断，以便能迅速消弧，拉闸操作完毕后应检查闸刀每相确认已在断开位置，并应使刀片尽量拉到头。

（4）要先断开隔离开关负荷侧的所有负荷开关，而后再拉隔离开关。

六、10kV 配电设备接地安装及技术要求

（一）安装时危险点控制及安全注意事项

1. 危险点控制

（1）防止砸伤。

（2）打入接地时，防止铁锤伤人。

2. 安全注意事项

（1）停电安装作业应在良好天气下进行，如遇雷电、雨雪、大风等天气不得进行作业。

（2）工作前应了解地下管线情况，以免伤及地下其他设施。

（二）安装前的准备

1. 人员组织

线路作业人员 2～3 名。

2. 主要工器具及材料

（1）接地绝缘电阻表。

（2）接地棒。

（3）铁锤。

（4）接地极。

（5）铜绞线（或铝绞线）。

（6）镀锌扁铁（或镀锌圆钢筋）。

（三）安装操作程序

（1）了解土质情况，确定接地体数量及位置。

（2）将接地体埋入或砸入地下。接地装置的地下部分由水平接地体和垂直接地体组成，水平接地体一般采用 4 根长度为 5m 的 40mm×4mm 的扁钢，垂直接地体采用 5 根长度为 2.5m 的 50mm×50mm×5mm 的角钢，分别与水平接地每隔 5m 焊接一处。

水平接地体在土壤中埋设深为 0.6～0.8m，垂直接地体则是在水平接地体基础上打入地里的。接地引上线采用 40mm×4mm 的扁钢，为了检测方便和用电安全，用于柱上式安装的变压器，引上线连接点应设在变压器底下的钢槽位置。

接地装置的连接必须严密可靠，地下部分连接必须焊接，焊前应清洁焊口，其焊接长度圆钢为直径的 6 倍并周围施焊，扁钢为宽度的 2 倍并四面施焊。地下部分和地上部分的连接可用药包焊或钢并沟线夹、元宝线夹连接。

（3）接地引线与接地体连接。

（4）用接地绝缘电阻表测出实际接地电阻，乘以当时当地的季节系数，最后算出接地电阻数。根据设计要求，如不合格，则应采取降阻措施。

（四）10kV 配电设备接地安装注意事项

（1）接地体顶面埋没深度不应小于 0.6m，角钢及钢管接地体应垂直配置。除接地体外，接地体的引出线应作防腐处理；使用镀锌扁钢时，引出线的螺栓连接部分应补刷防腐漆。

（2）接地线应防止发生机械损伤和化学腐蚀，接地线在穿过墙壁时应通过明孔、穿钢管或其他坚固的保护套。

（3）电气装置的每个接地部分应以单独的接地线与接地干线连接，不得在一个接地线中串接几个需要接地部分。

（4）敷设完接地体的土沟回填土不应夹有石块、建筑材料或垃圾等。

（5）敷设位置不应妨碍设备的拆卸与检修。

（6）接地线的连接应采用焊接，焊接必须牢固无虚焊。接至电气设备的接地线应用螺栓连接；有色金属接地线不能采用焊接时，可用螺栓连接。螺栓连接的接触面应按要求，做表面处理。

（7）扁、圆钢（或角钢）焊接时，为了连接可靠，除应在其接触部位两侧进行焊接外，并应焊以由钢带弯成的弧形（或直角形）卡子，或直接由钢带本身变成弧形（或直角形）与钢管（或角钢）焊接。

【思考与练习】

1. 10kV 配电设备安装的危险点有哪些？

2. 10kV 跌落式熔断器如何进行安装？

3. 10kV 杆上跌落式熔断器安装时的危险点控制及安全注意事项有哪些？

▲ 模块 3 10kV 配电设备常规电气试验项目及方法（Z33E6003Ⅱ）

【模块描述】本模块包含电气绝缘试验、直流电阻试验、接地电阻试验、绝缘子试验等配电设备常规试验项目的周期、要求、方法等内容。通过概念描述、术语说明、公式介绍、列表示意、要点归纳，掌握配电设备常规试验电气项目及方法。

【正文】

一、电气设备试验

电气设备试验按试验目的可分为绝缘性能试验、电气设备特性试验、电气设备性能试验以及继电保护特性试验。在电力系统中，上述诸多试验是由专业试验部门去做。但因工作需要，供电企业的工作人员对各种试验的技术、知识要有所了解和掌握，对一些试验项目能够会做，并且对试验结果做出正确分析，得出正确结论。

1. 电气绝缘试验

绝缘性能试验是设备运行部门比较侧重的试验项目，因为良好的绝缘状态才能保证电气设备正常运行。绝缘水平是保障电气设备正常工作的决定性因素，对设备绝缘必须心中有数，才能防患于未然。绝缘性能试验包括绝缘电阻和吸收比试验、介质损耗角正切值测试、直流耐压和泄漏电流以及交流耐压试验等。

进行绝缘电阻和吸收比试验，是用绝缘电阻表产生的直流电压加在被试验设备的绝缘材料上，在直流电压的作用下，要产生充电电容电流、夹层极化吸收电流和离子形成的泄漏电流。其中，电容电流、吸收电流随着直流电压逐渐趋于稳定，都趋向于零。这时由介质正负离子向两极移动形成的泄漏电流则成为一个恒定电流。加载被试材料上的直流电压与流过被试材料的泄漏电流之比，为绝缘电阻，即

$$R=U/i_3 \qquad\qquad (6\text{–}3\text{–}1)$$

式中　U——加载被试材料两端的电压，V；

$\quad\ \ i_3$——对应于电压 U，被试材料中的泄漏电流，μA；

$\quad\ \ R$——被试材料的绝缘电阻，Ω。

绝缘材料的吸收比，为其 60s 的绝缘电阻与 15s 的绝缘电阻之比 K，成为绝缘测量吸收比

$$K=R_{60s}/R_{15s}=i_{15s}/i_{60s}=(U/i_{60s})/(U/i_{15s}) \qquad\qquad (6\text{–}3\text{–}2)$$

当被试材料吸收比较小，接近于 1.0 时，说明材料受潮较严重。K 值越小，受潮越严重，则泄漏电流因受潮程度增大而增大。

实践证明，对高电压大容量电气设备进行吸收比较试验时，往往发生误判，即上述类型的设备吸收比的大小，不能说明其绝缘电阻值的高低。

为了克服这种测量吸收比可能发生的误判断，常采用对吸收比小于 1.3 的被试材料，测量其 10min 与 1min 的绝缘电阻之比，即用测量极化指数 p 的方法来判断绝缘优劣。

《高压电气设备试验规程》规定：电力变压器极化指数不低于 1.5，沥青胶及烘卷云母绝缘吸收比应不小于 1.3 或极化指数应不小于 1.5；环氧粉云母绝缘吸收比不应小于 1.6 或极化指数应不小于 2.0。通常在温度为 10～30℃时，吸收比 $R_{60s}/R_{15s} \geqslant 1.3$，即认为绝缘良好，接近于 2.0 时，较为理想。影响绝缘电阻的因素如下：

（1）一般情况下，绝缘电阻随温度升高而降低。

（2）不同绝缘体介质的绝缘电阻随温度变化也不一样。由于设备陈旧程度、干燥程度、测温方法等因素的影响，所谓"温度换算系统"很难得到一个准确值。因此，在实际测量绝缘电阻时，必须记录试验温度（环境温度及设备本体温度），并且尽可能

使历次测试时的温度都在一个相近的温度内进行，避免换算的误差。

（3）被测设备环境温度相对增大时，绝缘电阻降低。

（4）被测设备表面脏污会使其绝缘电阻显著下降。

（5）被测设备停电后，放电的残余电荷或试验后放电的残余电荷，造成试验或再次试验的绝缘偏大或偏小。因未放尽的残余电荷与绝缘电阻表发出的电荷，测试前应充分接地放电。大容量设备停电后，对地放电至少 5min。

（6）由于电容耦合，带电设备将使被测的设备带上一定的感应电压。当感应强烈时，可能使绝缘电阻表指针摇动不稳，得不到真实测值，甚至损坏绝缘电阻表。因此，应采用电场屏蔽、连接表的屏蔽极等措施，克服感应电压的影响。

2. 直流耐压与直流泄漏电流试验

为了更容易发现绝缘材料整体的贯通性绝缘缺陷，如绝缘子裂纹、绝缘油劣化、绝缘面炭化等，采用直流耐压和直流泄漏电流试验方法是比较有效的。

此种试验方法与绝缘电阻测量相比，有如下特点：

（1）试验电压较高，且可随意调节。根据被测设备的电压等级来对应的直流试验电压，把交流电源通过高压器输入整流器，整流后得到的是预期确定的直流电压。

（2）直流耐压与直流泄漏电流同步进行，原理相同。用微安表监测泄漏电流灵敏度高，可多次重复比较，得到理想的真实值。

（3）用直流耐压的电压值与泄漏电流值可以换算出绝缘电阻值。

（4）正常良好的绝缘，泄漏电流与一定范围内的外加电压成线性关系。即在规定的试验电压下，泄漏电流与所加电压的关系为一直线。因此通过试验可以做出泄漏电流与加压时间的关系曲线，通过这些曲线可以判断绝缘情况。

3. 影响测量泄漏电流的因素

（1）高压引线的影响。由于高压引线及高压输出端均暴露在空气中，会产生如下种种杂散电流或泄漏电流：

1）高压硅堆及硅堆至微安表高压引线对地杂散电流 I_1。

2）屏蔽线对地杂散电流 I_2。

3）高压引线及高压端通过空气对地杂散电流 I_3。

4）高压引线输出端及加压端对邻近设备的杂散电流 I_4。

5）被试设备高压端通过外壳表面对地的泄漏电流 I_5。

如果上述种种杂散电流、泄漏电流都流经微安表，它们必定都为微安表的负荷，则必然影响测量的精确度。这样，在选择微安表安装位置，尤其确定其接线时，应使上述杂散电流、泄漏电流不经微安表，要把微安表串接在被测设备后边的电路中，只使被试内部的体积泄漏电流 I_0 流经微安表，增加屏蔽，增加对地距离等，使上述 $I_1\sim$

I_5 不流经微安表。

（2）温度的影响。被试设备绝缘材料不同，结构不同，温度对其泄漏电流的影响不同。一般地，温度升高，绝缘电阻下降，泄漏电流增大。经验证明，B 级绝缘材料温度每升高 10℃，泄漏电流增加 0.6 倍。

（3）电源电压波形的影响，如果系统中有冲击负荷存在，电源中存在非正弦波，如方波、平顶波、尖峰波，使输入整流器的综合波最大值小于或大于基波的最大值，影响整流后输出的直流电压偏大或偏下，造成泄漏电流的测量结果也偏大或偏小，因此应选择综合波为正弦波的电源为宜。

（4）加压速度对泄漏电流测量结果的影响。由于设备的泄漏电流存在吸收过程，尤其对容量较大设备试验时，1min 时的泄漏电流不一定是其真实的泄漏电流。但是，《高压电气设备试验规程》规定，泄漏电流是指加压 1min 时的泄漏电流值，因此加压速度对试验结果肯定有影响。

为得到较为准确的试验数据，应采取逐级加压方式并规定相应的升压速度和电压稳定时间。比如，《高压电气设备试验规程》中对电缆直流耐压及泄漏电流测量规定的稳定时间为 5min。

（5）残余电荷的影响。当被试设备电荷对地没有放尽时，残余电荷影响泄漏电流的测量结果。当残余电荷极性与直流输出电压电荷相同时，泄漏电流产生偏小误差；极性相反时，产生偏大误差。因此，实验前或重复实验前，应使被试设备充放电。

（6）直流输出电压极性对泄漏电流的影响。测量时，一般采用负极性输出。例如测量电缆受潮，电缆芯线加正极性试验电压，绝缘中水分带正电，二者相斥，水分被排斥移向铅包，造成泄漏电流减小；当加负极性试验电压时，二者相吸，水分集中在电缆中缺陷处，泄漏电流增大。因此，加负极性能更严格地判断受潮程度，并易于发现缺陷。

4. 介质损耗与介质损耗角正切值的测定

可以用介质损耗正切值来表示介质损耗的大小，通过测量 $\tan\varphi$ 可以发现绝缘受潮、绝缘老化、绝缘气隙放电等一系列缺陷，是判定绝缘好坏的一项重要数据。QS1 型交流电桥是测量 $\tan\varphi$ 的专用仪器，适用于变压器、电机、电缆等高压设备 $\tan\varphi$ 的测量。

（1）QS1 型交流电桥是采用"平衡比较"原理，当被试设备接入测试电路后，调整输入和输出桥臂的电压、电流乃至阻抗达到平衡，使电桥中检流计 G 的电流 $I_g=0$。这时，可调电容 C4 的值就等于被试设备的 $\tan\varphi$ 值（其电流值是以对应的 $\tan\varphi$ 值标要标度尺上）。

QS1 型交流电桥在使用时有 4 种接线方法：正接线、反接线、侧接线和低压接线。其中，正接线是使被试设备两端对地绝缘；反接线是使被试设备一端接地。正接线时，电桥处于低电位，试验电压不受电桥绝缘水平限制，易于排除高压端对地杂散电流对实际测量结果的影响，抗干扰性强。而反接线时，测量时电桥处于高电位，试验电压受电桥绝缘水平限制，高压端对地杂散电流不易消除，抗干扰性差。反接线时应当注意电桥外壳必须妥善接地，桥体引出 Cx、Cn 及 E 线均处于高电位，必须保证绝缘，要与体外壳保持至少 100～150mm 的距离。

对比之下，正接线的试验电压直接加到被测设备和标准电容上，加在电桥上的电压很低，容易屏蔽，试验电压范围广，则被广泛使用。

（2）QS1 型电桥的测量操作。$\tan\varphi$ 测量时一相高压作业，加压时间长，操作比较复杂。但各种接线方式的操作步骤相同，步骤如下：

1）根据现场试验条件、试品类型选择试验接线，合理安排试验设备、仪器仪表及操作人员位置和安全措施。接好线后，应认真检查其正确性。标准电容 Cn 和试验变压器 QS1 电桥距离应不小于 0.5m。

2）将桥臂电阻 R3、桥臂电容 C4 及灵敏度等各旋钮均置于零位，极性开关置于"断开"位置，根据被试设备容量大小，按表 6-3-1 确定分流位置。

表 6-3-1 QS1 分 流 位 置

分流位置	0.01	0.25	0.06	0.15	1.25
分流电阻（Ω）	100+R3	60	25	10	4
可测最大电容值（pF）	3000	8000	19 400	48 000	40 000

3）增加检流计灵敏度，旋转调谐旋钮，找到谐振点，使光带展至最大宽度，再调节 R3 使光带缩窄。

4）增加灵敏度按 R3、C4、ρ 顺序反复调节，使光带缩至最窄（一般不超过 4mm），这时电桥达到平衡。

5）将灵敏度退回零，记下试验电压、R3、C4、ρ 值及分流位置。

6）记录数据后，再将极性开关旋至 $\tan\varphi$ "接通 II"位置，增加灵敏度至最高，调节 R3、C4、ρ 使光带至最窄。随手退回灵敏度旋钮置零位，极性转换开关至"断开"位置，把试验电压降零后，再切断电源、高压引线及临时接地。

7）如上述两次测得的结果基本一致，试验可告结束，否则，应检查是否有外部电磁干扰等因素影响。

5. 影响 R3、C4、ρ 的因素。

（1）磁场干扰。当试验现场有运行的高压电器设备，尤其有漏磁通较大的电抗器、阻波器，测试将受到它们形成的磁场干扰。当 QS1 型电桥检流器的极性转换开关放在

"断开"位置时，显示光带自行展宽。试验证明：磁场干扰将造成 $\tan\varphi$ 值增大或减小。

（2）电场干扰。电桥接线完成后，未合试验电源前，先投入检流计，逐渐增加灵敏度，如果检流计光带明显扩宽，则说明存在电场干扰，光带越宽说明干扰越强。电场干扰造成 $\tan\varphi$ 偏大或偏小，严重时造成"$-\tan\varphi$"测量结果。

（3）温度影响。温度对 $\tan\varphi$ 测量结果影响很大。绝大多数情况下，对同一被试设备，其 $\tan\varphi$ 随温度的升高而增高。

温度之所以影响 $\tan\varphi$ 的测量，是由被测设备绝缘结构和绝缘状况决定的。因为试验得知，对不同的绝缘结构和绝缘状态，都有对应的绝缘状况系数，温度不同时，该系数也不同。尤其当试验温度小于 0℃或天气潮湿（相对湿度大于 85%）条件下测得的 $\tan\varphi$ 值，更不能反映设备的实际绝缘状况。对容易测得的变压器油上层温度只能作为参考测试温度为宜。综合上述，得知：

1）测量时，设备温度不同，所测得的 $\tan\varphi$ 值不同。如果按某一常数进行 $\tan\varphi$ 温度换算是不准确的，不能用一个典型的温度换算系数进行 $\tan\varphi$ 的温度换算。

2）一般不能用低温下的 $\tan\varphi$ 值来估算实际绝缘状况。

3）对设备不同部位的组合部件要按其实测温度，并按以下经验公式确定

$$\tan\varphi = \tan\varphi_0\, d(t-t_0) \tag{6-3-3}$$

式中　$\tan\varphi$——温度为 t 时的节制损失角正切值：

　　　$\tan\varphi_0$——温度为 t_0 时的介质损失角正切值（一般取 t_0=20℃）；

　　　　d——取决于绝缘结构的绝缘状况系数（实验可得）。

4）为了分析绝缘状况，应尽量选择与历次试验相近温度条件下进行绝缘 $\tan\varphi$ 试验。

5）对高压电力设备的绝缘在不同温度下的 $\tan\varphi$ 测量表明，在温度 10～30℃时进行换算才比较准确。

（4）电压的影响。正常良好的绝缘，在一定的试验电压范围内，流过介质中电流的有功分量 I_r 和无功分量 I_c 随着电压的增加成比例增加。在其工作电压下无局部放电。当电压高于工作电压 U_w 后，介质才产生游离。加压后，$\tan\varphi$ 一般不变或略有变化（上升或下降）。

如果绝缘有缺陷时，如绝缘中有少量气泡、大量气泡、绝缘严重老化、有较大气隙或严重受潮，在工作电压范围内 $\tan\varphi$ 就明显增加，在 $\tan\varphi=f(U)$ 关系曲线上，$\tan\varphi$ 变化异常缺陷的不同，呈现出不同形状的曲线。

（5）频率的影响。在一频率范围内，随频率的增加，$\tan\varphi$ 值增加。当超过某一频率 f_0 时，$\tan\varphi$ 值随频率的增加而下降。这是由介质内极化分子"转向"能否跟上频率变化所决定的。

（6）局部缺陷的影响。局部缺陷对整体 $\tan\varphi$ 测量结果有影响。这种影响既与局部缺陷占整体体积的大小有关，又与局部缺陷本身绝缘状况有关。当局部缺陷部分的体积很小时，整体的 $\tan\varphi$ 随局部缺陷部分的 $\tan\varphi_1$ 的增加而增加，到试验后期，整体 $\tan\varphi_1$ 对 $\tan\varphi$ 的影响就不那么灵敏。因此，在现场，一般对被试设备采取分解试验。

（7）排除干扰和影响的措施。在 $\tan\varphi$ 测量过程中，容易受到电场、磁场的干扰，以及产生"$-\tan\varphi$"现象，应采取一定的技术措施，加以排除。

1）现场采用排除电场干扰的方法有以下几种：

a. 提高试验电压。试验电压提高，通过被试设备的电容电流增大，信噪比提高，干扰电流对 φ 角的影响相对减小。对消除弱干扰信号较为适用，表面泄漏电流增大。

b. 尽量采取正接线，其抗干扰能力较强。

c. 在被试设备上加装屏蔽罩，使干扰电流经屏蔽罩流走，不经过电桥桥臂。

d. 采用"选相""倒相"法，排除干扰源对电源相位的干扰。现在已有专门的抗干扰的西林电桥，其内部装有"移相电路"。

2）现场采用排除磁场干扰的方法。

a. 把电桥移到磁场以外去测量。

b. 使检流计极性转换开关处于两种不同位置时，调节电桥平衡，求得每次平衡时的 $\tan\varphi$ 值和电容值，取两次的平均值为 $\tan\varphi$ 值。

3）"$-\tan\varphi$"值。

a. QS1 型电桥多采用 BR-16 型标准电容，内部为 CKB50/13 型的真空电容器，由于内装的吸潮硅胶失效，使真容电容器壳内空气潮湿，表面泄漏电流增大，其 $\tan\varphi_n$ 值大于被试设备的 $\tan\varphi_n$ 值。这时，标准电容电流 I_n 滞后于被测设备中流经的介质损耗电流，故出现$-\tan\varphi$测量结果，则需经常更换标准电容器中的硅胶，保证期壳内空气干燥。

b. 强电场干扰，当干扰信号 I_g^- 叠加于测量信号 I_x 时，造成叠加信号，即流过电桥第三臂 R3 的电流 I_x 相位超前于 I_n，早场$-\tan\varphi$，则需把切换开关置于"$-\tan\varphi$"时，电桥切换后，电容 C4 改为与 R3 并联，电桥才能平衡。

c. 测量有抽取电压装置的电容式套管时，套管表面脏污造成电流 I_r，使得 I_x 超前于 I_n，造成$-\tan\varphi$测量结果，则需在测试前将脏污表面擦净，再进行测量。

d. 测量中接线错误也会出现$-\tan\varphi$测量结果，一般情况下，当转换开关在"$+\tan\varphi$"位置，电桥不能平衡时，可切换于"$-\tan\varphi$"位置测量，$-\tan\varphi$是没有物理意义的一个量，仅仅是一个测量结果，出现$-\tan\varphi$时，只说明流过电桥 R3 的电流 I_x 超前于流过电桥 Z4 臂的电流 I_n。

6. 交流耐压试验

（1）作用与方法。

前述的绝缘电阻与吸收比试验、直流耐压与泄漏电流试验、介质损耗与 $\tan\varphi$ 值试验，能够检查试验出设备的一部分缺陷。但由于这些试验手段的试验电压较低，对某些局部缺陷检查不出来，而给运行留下严重隐患。

为了检查出某些隐患，对设备进行交流耐压试验则是最有效的手段。但交流耐压试验可能会使原来存在的绝缘缺陷进一步发展。即使不击穿，也在设备绝缘内部形成积累效应和创伤效应，应避免这种情况。因此，只有上述几种试验合格的前提下，才能进行交流耐压试验。同时，对交流耐压试验要依照 GB 311.2～311.6—1983《高电压试验技术》和 GB 311.1—1983《高压输变电设备的绝缘配电压试验技术》和 GB 311.1—1983《高压输变电设备的绝缘配合》的规定，根据各种设备的绝缘材料和可能遭受的过电压倍数，确定相应的试验电压标准，即确保设备安全运行的绝缘的击穿电压的临界值。

实验证明：绝缘的击穿电压值不单与试验电压的幅值有关，还与加压持续作用的时间有关，击穿电压随加压时间的增加而逐渐下降，GB 311 规定，工频耐压时间为 1min。交流耐压一般有以下几种方法。

1）工频耐压试验。对不同电压等级的被试验设备，按其额定电压的不同倍数升压，用升压后的工频电压来考验设备的绝缘承受能力，从而鉴定被试设备主绝缘强度。

2）感应耐压试验。对变压器一类的电磁感应设备，在其二次侧加压，在一次侧得到预期的感应高压，来考验设备的主绝缘的绝缘强度。感应耐压试验方法有两种：工频感应耐压试验；中频（100～400Hz）感应耐压试验。感应耐压试验一般采用倍频耐压试验方法。

3）冲击电压试验。冲击电压试验又分为操作波冲击电压和雷电冲击电压试验。主要是考验被试设备在操作过电压和雷电过电压的作用下，其绝缘的承受能力。

交流耐压试验对鉴定设备绝缘承受能力十分重要，但试验是在高电压条件下进行的，技术性很强，要求很严，一旦出错，会造成设备损坏等事故，一般由专业人士进行。

（2）交流耐压试验的主要要求。

1）试验前，应了解被试验设备的试验电压（规程中定的），同时了解被试设备的其他试验项目（绝缘电阻、直流电压、$\tan\varphi$ 值等）的试验结果，以及历次试验情况。其他试验项目试验结果不合格不能进行交流耐压试验。被试设备存在的缺陷或异常未消除，不能进行交流耐压试验。

2）试验现场应设好安全围栏或围绳，挂好标示牌，派专人监护。被试设备与其他设备的连线应断开，并保持足够的安全距离，距离不够时应加设绝缘挡板等防护措施。

3）试验前，被试设备表面应擦拭干净，将被试设备外壳和非被试绕组可靠地接地。新充油设备，应按规定的时间静止后，才可试验。110kV 及以下设备充满油后，停放不少于 24h。

4）接好试验线路后，应由有经验的人员检查核对，确认无误后，才可准备升压。

5）调整保护球隙，使其放电电压为试验电压的 110%～120%，连续试验三次，应无明显差别，并检查过电流保护动作的可靠性。过电流保护的电流值一般整定为被试设备电容电流的 1.3～1.5 倍。

6）加压前，首先检查调压器是否在零位。调压器在零位才可升压，升压时间应互相呼唱。

7）升压过程中，要监视电压表、电流表的变化。升压时，要均匀升压，不能太快。升至规定试验电压时，开始计算时间，时间到后，缓慢均匀降下电压。不允许不降压就先切断电源开关。因不降压就跳开电源开关，相当于给被试验设备做了一次操作波试验，极有可能损坏设备绝缘。

8）试验中若没发现表针摆动或被试设备有异常声响、冒烟、冒火等，应立即降下电压，拉开电源，在高压侧挂上接地线，查明原因。

（3）试验中异常现象分析。交流耐压试验时，应严密监视仪表的指示，同时注意声音的变化及异常，以便根据仪表指示，放电声音及被试设备的绝缘结构等，并根据实践经验来综合分析判断被试设备是否合格。

1）仪表指示异常的分析。

a. 若给调压器上电源，电压表就有指示，可能有时调压器不在零位。若此时电流表出现异常读数，调压器输出侧可能有短路或类似短路情况，如接地装置未拆除等。

b. 调节调压器，电压表指示，可能是自耦调压器电刷接触不良，或电压表回路不通，或变压器的一次绕组、测量绕组有断线的地方。

c. 如果试验变压器或调压器容量不够时，若往上调节调压器，会出现电压基本不变或有下降趋势，但电流增大。

d. 试验和计算证明，当被试设备的容抗与实验变压器的感抗之比小于 2 时，电流表指示下降；当二者的容抗与感抗之比大于 2 时，电流上升。试验过程中，电流表的指示突然上升或下降都是被试验设备击穿的迹象；当容抗等于感抗时，会产生串联谐振，合闸时电流很大，将在被试设备上引起严重的过电压。

2）放电或击穿时声音的分析。

a. 在升压或耐压阶段，发生很像金属碰撞的清脆响亮的"啮啮"的放电声音，而在重复试验中，放电电压下降又不明显，说明间隙距离不够或电流发生畸变，造成间隙一类绝缘结构击穿，如变压器引出线没有进到套管均压球里去，圈弧的半径太小等。

b. 放电声音也是清脆的"啺啺"声，但比前一种小，仪表摆动不大，在重复试验时放电现象消失，是绝缘油中有气泡。

c. 如果是"咻——""吱——喽"，或是很沉闷的响声，电流表的指示立即超过最大偏转指示，往往是由于固体绝缘的爬电引起的。

d. 加压过程中，被试设备内有如炒豆般的响声，电流表指示却很稳定，这是悬浮金属件对地放电。如果没有通过金属片与夹件连接，悬浮在电磁场中的铁芯在静电感应和一定电压的作用下，对接地的夹件放电。

e. 由于空气湿度或被试设备表面脏污，引起其表面放电，应进行清擦和烘干处理后，再进行试验，判断其是否合格。

二、直流电阻试验

在配电装置的日常维护中，进行直流电阻试验，可以检查和发现配电变压器分接开关三相是否同期、配电变压器三相绕组是否因少量匝间短路而导致三相直流电阻不平衡等缺陷。采用电桥等专门测量直流电阻的仪器：被测电阻在 10Ω 以上时，用单臂电桥；被测电阻在 10Ω 以下时，采用双臂电桥。单臂电桥用 4.5V 及以上的干电池作为电源，直接测量绕组的直流电阻。但是，用干电池电源，测量容量较大设备时，充电时间很长。现在，均采用全压恒流电源作测量电源，用电桥测量变压器绕组电阻时：

（1）需等充电电流稳定后，再合上检流计开关。

（2）测取读数后，先断开检流计，后拉开电源开关。

（3）测取读数，三相对比是否平衡，可以检查变压器绕组内部导线、分接开关引线及三相动静触头的接触及焊接情况是否良好。发现接头松动、接触不良、挡位错误等缺陷，并及时检修，对变压器安全运行十分重要。

测试时注意事项如下：

（1）测量仪表精确度不低于 0.5 级。

（2）仪表和被测绕组端子连接导线必须连接良好。用单臂电桥测量时，要减去导线电阻；用双臂电桥测量时，其 4 根引线：C1、C2 引线应接在被测绕组外侧，P1、P2 应接在被测绕组内测，以避免将 C1、C2 与绕组连接处的接触电阻测量在内。

（3）精确记录被试绕组的温度，按规程规定的方法和要求及换算计算方法确定其在被测时的温度下的电阻值。

（4）测量大型高压变压器绕组直流电阻时，被测绕组、非被测绕组均应与其他设备断开，且不能接地以防产生较高的感应电压和较大的测量误差。

三、接地电阻试验

在配电装置的日常维护中，进行接地电阻测量试验，可以判定在三相四线制系统中由于接触不良或接地电阻过高，使得三相电压不平衡等缺陷。

降低接地电阻，保证设备安装处以及电网的接地电阻值在规定的范围内，实施保护接地、工作接地、防雷接地并起到预期技术效果的有力措施。接地电阻，指电通过接地装置流向大地受到的阻碍作用。所谓接地电阻就是电气设备的接地体对接地体无穷远处的电压与接地电流之比，即

$$R_e = U_i / I_e \qquad (6\text{-}3\text{-}4)$$

式中　R_e——接地电阻，Ω；

　　　U_i——接地体对接地体无穷远处的电压，V；

　　　I_e——接地电流，A。

影响接地电阻的主要因素有土壤电阻率、接地体的尺寸形状及埋入深度、接地线与接地体的连接等。电阻率与土壤本身的性质、含水量、化学成分、季节等有关。一般来讲，我国南方地区的土壤潮湿，土壤电阻率低一点，而北方地区尤其是土壤干燥地区的土壤电阻率高一些。表 6-3-2 列出了 1kV 以上电气设备接地电阻允许值。

测量接地电阻是接地装置试验的主要内容，现场运行部门一般采用电压、电流表法或专用接地绝缘电阻表进行测量。

表 6-3-2　　　　　　　　1kV 以上电气设备接地电阻允许值

序号	设 备 名 称		接地电阻允许值（Ω）
1	大接地短路电流系统的电力设备		$R \leqslant 1/2000$ $I > 4000A$，$R \leqslant 0.5$
2	小接地短路电流系统的电力设备		$R \leqslant 1/250$
3	小接地短路电流系统中无避雷线路杆塔		30
4	有避雷线的线路杆塔	$\rho \leqslant 100\Omega \cdot m$	10
		$\rho = 100 \sim 500\Omega \cdot m$	15
		$\rho = 500 \sim 1000\Omega \cdot m$	20
		$\rho = 1000 \sim 2000\Omega \cdot m$	25
		$\rho \geqslant 2000\Omega \cdot m$	30
5	配电变压器	100kVA 及以上	4
		100kVA 及以下	10
6	阀型避雷器		10
7	独立避雷针		10
8	装于线路交叉点、绝缘弱点的管形避雷器		10~20
9	装于线路上的火花间隙		10~20

续表

序号	设 备 名 称		接地电阻允许值（Ω）
10	人身安全接地设备		4
11	接户线的第一根杆塔		30
12	带电作业的临时接地装置		5～10
13	高土壤电阻率地区	小接地短路电流系统	15
		大接地短路电流系统	5

测量接地电阻一般采用直接法，用接地绝缘电阻表测试，如用间接的电压、电流法测试，其接地电阻为

$$R_0 = U/I \qquad\qquad (6-3-5)$$

式中　R_0——接地电阻，Ω；

　　　U——电压表测得被测接地电极与电压辅助电极间电压，V；

　　　I——流过被测接地电极的电流，A。

一般低压 220V 由一相线构成，若没有隔离变压器，则相线端接到被测接地装置上，可能造成近似于调压器短路，被测试验电流很大。

接地绝缘电阻表的使用方法和原理类似于双臂电桥，使用时，C 端接电流极 C 引线，P 端接电压极 P 引线，E 端接被测接地体 E。当接地绝缘电阻表离被测接地体较远时，为排除引线电阻影响，同双臂电桥测量一样，将 E 端子端接片打开，用两根线 C2、P2 分别接被测接地体。

四、绝缘子试验

在配电装置的日常维护中，由于高压 10kV 配电线路绝缘子的绝缘能力降低，导致线路泄漏电流增大，呈现高阻抗接地状态，且随天气温度变化而变化，阴雨潮湿时呈现接地状态；晴朗干燥天气时，接地不明显，近于消失状态。这种接地造成线路损耗增大，并且十分难以确定故障点，这就涉及绝缘子和避雷器瓷体的绝缘测试。

绝缘子的试验项目有绝缘电阻、交流耐压试验、带电测试零值绝缘子。测量绝缘子电阻可以发现绝缘子裂纹或受潮等缺陷，良好的绝缘子的绝缘电阻一般很高，劣化绝缘子的绝缘电阻明显下降，仅为数十兆欧，也有数百兆欧，可用绝缘电阻表测试。

《高压电气试验技术规程》规定：用 2500V 绝缘电阻表测量绝缘子，其绝缘电阻不得低于 300MΩ。

用绝缘电阻表测量线路绝缘子工作量太大，唯有带电测试绝缘子零值，简便快捷，不影响正常供电，但是，在带电情况下试验人员须登杆高空作业，要求试验人员必须具有高空带电作业的身体素质和熟练的操作技能，且必须有人监护，至少两人进行。

【思考与练习】

1. 配电设备的一般性电气试验项目有哪些？
2. 接地电阻的测量对线路维护有什么意义？
3. 绝缘子的绝缘电阻测量有何意义？

▲ 模块 4 编制配电设备安装、验收方案（Z33E6004Ⅲ）

【模块描述】本模块包含 10kV 配电设备安装施工方案、10kV 配电设备安装验收方案等内容。通过概念描述、术语说明、流程介绍、列表示意、要点归纳，掌握 10kV 配电设备安装方案和验收方案编制方法。

【正文】

一、10kV 配电设备的安装方案

10kV 配电设备安装包括施工前准备、施工程序等。下面以更换一台 S9–50kVA 的变压器为例，介绍设备安装施工方案，主要分三部分：施工前准备、施工程序、注意事项。

（一）施工前准备

施工前的准备主要是施工方案的编写，主要内容如下：接受工作任务、工作班组成员及分工、查阅图纸现场勘测、准备材料及设备、通知用户、填写并签发工作票、施工中的危险点分析及制定控制措施、班前会、出发前检查。

1. 接受工作任务

根据运行单位的检修计划，由生产调度专工安排本班组的工作任务——更换变压器。

2. 工作班组成员及分工

作业人员 6 人，工作负责人（监护人）1 人，其余 5 名人员为工作班成员（4 人登杆工作并两人一组，第 5 人在杆下准备材料）。工作负责人对整个作业过程的安全、工作质量进行监督，同时对整个工作过程进行指导并负责。工作班成员负责更换构架及配电变压器的实际操作。工作负责人、工作班人员必须经培训并考试合格，持证上岗。

工作班组成员职责：① 工作负责（监护）人组织并合理分配工作，进行安全教育，督促、监护工作人员遵守安全规程，检查安全措施是否正确完备、安全措施是否符合现场实际条件。一般情况下，工作前对工作人员交待安全事项，对整个工程的安全、技术等负责，工作结束后总结经验与不足之处，工作负责（监护）人不得兼做其他工作。② 工作班成员应该努力学习施工方案，严格遵守、执行安全规程，互相关心施工安全。

3. 查阅图纸、现场勘测

接到任务后，进行现场勘测或查阅图纸，熟悉现场情况，了解配电变压器所带负荷，并根据变压器周围负荷的发展情况，确定新换变压器的型号容量，制定出具体施工方案，安全措施布置。填写表 6-4-1 更换 10kV 柱上配电变压器工具统计表、6-4-2 更换 10kV 配电变压器设备及材料统计表。

表 6-4-1　　　　　　　更换 10kV 柱上配电变压器工具统计表　　　年　月　日

序号	名　　称	单位	准备数量	实际回收数量	备　注
1	10kV 绝缘棒	副	1		
2	10kV 验电器	只	1		
3	0.4kV 验电器	只	1		
4	高压接地线	组	2		按实际定
5	低压接地线	组	4		按实际定
6	安全带	副	4		
7	脚扣	副	4		
8	绝缘手套	双	1		
9	绝缘靴	双	1		
10	安全遮栏	组	1		按实际定
11	警告牌	块	1		
12	标志牌	块	1		
13	相位牌	块	2		
14	钢丝绳	条	2		
15	大剪刀	把	1		
16	传递绳	条	2		
17	手拉葫芦	台	1		
18	滑轮组	组	1		
19	绝缘电阻表 2500V	块	1		
20	绝缘电阻表 500V	块	1		

工作条件：室外无雨，风力小于 6 级。

4. 准备材料及设备

按更换 10kV 柱上配电变压器工具统计表、更换 10kV 柱上配电变压器设备及材料统计表准备设备及材料，材料，工具准备充分，型号正确。

表 6-4-2　　　　　　　更换 10kV 柱上配电变压器设备及材料统计表

序号	名　称	单位	准备数量	实际回收数量	拆下旧料数量	备注
1	变压器	台	1			
2	二次隔离开关	组	1			
3	高压避雷器	组	1			
4	低压避雷器	组	1			
5	设备线夹	个	18			
6	变压器一次设备线夹	个	3			
7	变压器二次设备线夹	个	4			
8	跌落式熔断器	组	1			
9	隔离开关	组	1			
10	凡士林油	瓶	1			
11	橡胶线	m	40			
12	一次熔丝	条	3			
13	二次熔丝	片	3			
14	块片	块	5			
15	铁线	m	30			

对设备进行检查：

（1）二次隔离开关必须经试验所试验合格或选用的生产厂家为入网合格的。

（2）避雷器必须经试验所试验合格。10kV 避雷器绝缘电阻测量应使用 2500V 绝缘电阻表，测试前先将避雷器清扫干净，其绝缘电阻值应不小于 2000MΩ。低压避雷器应使用 500V 绝缘电阻表测试，其绝缘电阻值应不小于 500MΩ。

（3）变压器必须经试验所试验合格或使用工区备用变压器。备用变压器绝缘电阻应使用 2500V 绝缘电阻表，在气温 5℃ 以上的干燥天气（湿度不超过 75%）进行试验，其值应符合表 6-4-3 规定。

表 6-4-3　　　　　　　10kV 及以下变压器绝缘电阻允许值　　　　　　　　　　MΩ

项　目 ＼ 温度（℃）	10	20	30	40	50	60	70	80
一次对二次及地	450	300	200	130	90	60	40	25
二次对地	40	20	10	5	3	2	1	1

新变压器投入运行前的绝缘电阻值应不低于制造厂所测值的 70%（换算到同一温度）；运行中变压器的绝缘电阻值（换算到同一温度时）应不低于初始值的 50%，换算系数见表 6–4–4。

表 6–4–4　　　　　　　　　　　　绝缘电阻值换算系数

温度差（℃）	5	10	15	20	25	30	35	40	50
换算系数	1.2	1.5	1.8	2.3	2.8	3.4	4.1	5.25	7.6

5. 通知用户

制定方案后，作业前 7 天由生产调度或指派专人通知重要用户。

6. 填写并签发工作票

班组技术员在工作前一天按工作内容填写配电变压器台（台区）作业工作票，交给工作负责人审阅签字，然后交工作票签发人审核签发，并与调度会签。

（1）工作票要用钢笔或圆珠笔填写，一式两份，应正确清楚，不得任意涂改，如有个别错、漏字需要修改时，应字迹清楚。

（2）填写工作票必须用工作术语，不得用"同上""同下"等容易混淆的词语。

（3）两份工作票中的一份必须存放在工作地点，由工作负责人保管，另一份由值班员保管，工作票应填写完整。

（4）一个工作负责人只能办理一张工作票，开工前工作票内的全部安全措施应一次做完。

（5）未办理工作票或工作票未办理完，严禁进行现场施工。

7. 施工中的危险点分析及制定控制措施

（1）工具、材料准备不足，降低工作效率，不能满足施工工艺要求。措施：由有经验的人员担当此工作，为合理快速施工提供保证。

（2）不按规定填写工作票，签发人未认真审核签发；使用不合格的工作票、"三措"计划书。措施：工作负责人按有关规定正确填写工作票及"三措"计划书，签发人认真审核后签发；工作票填写项目要与工作内容及现场实际相符。

（3）有雷电时，进行高压跌落式熔断器的拉、合操作。措施：严禁在雷电时进行高压跌落式熔断器的拉、合操作。

（4）不履行许可手续或不认真履行许可手续。措施：严格按照规定办理许可手续，并认真执行许可手续。

（5）使用断股、抽丝、麻芯损坏珠吊绳，导致伤人。措施：吊车司机应熟悉本车辆的性能，正确操作车辆。起重吊绳的安全系数为 5~6 倍，如遇断股、抽丝、麻芯损坏的吊绳，严禁使用。

（6）违章行驶导致交通事故。措施：提高司机自觉遵守交通规则意识，不酒后驾车。

（7）安全工器具没有按周期试验，导致安全事故发生。措施：个人安全器具，配套工具应在做好试验后方可使用，不得超期限使用。

（8）工作负责人不向工作班成员交待工作任务，安全措施不清楚。措施：交待内容应清晰，注意有无带电设备及相邻带电线路，交待完后要提问工作班成员。

（9）对杆塔埋深不进行检查，导致事故发生。措施：登杆前应认真检查杆根及埋深，不攀登有疑问的电杆。

（10）高、低压感应电伤人，高空摔跌物体伤人。措施：作业前，杆塔上排高、低压电源必须全部停电。在作业杆塔两侧高、低压线路验电后（包括路灯线），需装设接地线。上杆前应检查杆根和登杆工具及脚爬，工作人员必须使用合格的安全带并戴好安全帽。安全带应系在电杆及牢固的物体上，防止被锋利物割伤，严禁在杆上抛丢物体。

（11）低压返送电伤人；接地线安装不牢固，接地线脱落。措施：开工前，工作负责人应组织全班人员学习安全施工措施，交待清楚在高压侧挂接地线，低压侧应有明显断开点，并使用个人保安线，防止低压返送电，接地线安装应牢固可靠，禁止缠绕连接。

（12）高空坠物、高空坠落伤人；人身触电伤人。措施：工作班成员进入工作现场应戴安全帽，有必要的登高作业时，事前应准备安全带，按规定着装。使用脚扣上下杆时要采取防滑措施。杆上工作使用的材料、工具应用绳索传递，严禁抛丢。杆上作业应防止掉东西，拆下的金具禁止抛扔；在工作过程中，严格控制人身活动范围始终在预定区域内，即在接地线的包围中。

（13）变压器脱落和移动变压器时挤压伤人。措施：吊放变压器前，应对钢丝绳套进行外观检查，无断股、烧伤、挤压伤等明显缺陷，其强度满足设备荷重要求；应对各受力点进行检查，检查变压器是否确已挂好，检查变压器吊环有无裂纹；吊臂下严禁有人逗留，防止配电变压器在吊放过程中挤伤及坠落伤人。配电变压器在吊放时，应注意平衡，不可倾斜。监护人不得兼做其他工作。

（14）吊车臂或吊件碰触带电部位。措施：吊放变压器工作应设专人统一指挥和监护，吊臂和变压器距跌落熔断器及以上带电部位保持 2m 以上安全距离。

（15）变压器分接开关不到位，造成配电变压器烧毁。措施：施工完成后应仔细检查，确保分接开关到位正确。

（16）跌落式熔断器熔管脱落伤人。措施：操作人员在摘挂熔管时，禁止跌落式熔断器下方有人，必须戴好安全帽。

8. 班前会

由班长召开班前会，工作人员向全班作业人员说明作业内容、停电设备、带电部位和危险点及防范措施、施工方法及工艺标准等。

9. 出发前检查

作业人员装车出发前，工作负责人应检查作业人员的着装、精神状况是否正常且符合安全要求，准备安全工器具如绝缘手套、验电器、脚扣、安全带、绝缘杆、传递绳、围栏、接地线等，并检查安全工具是否完好合格，所带工器具、材料是否齐全合格，施工人员的施工工具是否齐全合格等。

（1）绝缘杆检查。必须使用经试验合格的绝缘杆，检查表面有无受潮、发霉，是否超周期使用。

（2）验电器检查。必须使用经试验合格的相应电压等级的专用验电器，使用前应做音响试验，未超期使用。

（3）接地线检查，接地线应有编号，连接要可靠，不允许缠绕，各部接点接触牢固，无断股方可使用，绝缘棒未超周期使用。

（4）绝缘手套检查。绝缘手套表面无破损，卷曲挤压看是否漏气，应有编号、试验合格，未超周期使用。

（5）如用吊车则应经检验合格，核对变压器铭牌质量，严禁超载使用。钢丝绳无断股、压扁、变形、起毛刺现象。

（6）如用人力装卸设备则手拉葫芦应经试验合格，核对铭牌，严禁超载使用。滑轮组应经检验合格，穿滑轮组的绳索要无断股。钢丝绳无断股、压扁、变形、起毛刺现象。变压器装车后捆绑牢固，运输时要注意交通安全。

（二）施工程序

施工程序主要包括以下内容：工作许可、现场交底、停电布置现场安全措施、更换配电变压器、自检验收及资料归档、召开班后会、资料存档。

1. 工作许可

到达现场后，工作负责人当面或打电话到调度室向值班员办理许可手续，并经工作许可人许可后开始宣读工作票。

2. 现场交底

完成工作许可后，工作班成员列队，由工作负责人向全体作业人员宣读配电变压器台（台区）工作票，交待作业内容、停电范围、带电部位、危险点和防范措施及注意事项，并向工作人员讲解工作任务分配。工作班成员应认真听取工作票作业内容，注意安全措施、技术措施是否完备，如有建议、不同意见或不明白不清楚的地方应及时提出。工作负责人应现场提问1～2名作业人员，待全部清楚后，逐个在工作票上签字。工作班人员各自检查安全帽中近电报警器已开启并测试完好后，戴好安全帽，进入工作现场。

3. 停电布置现场安全措施

（1）到达现场后，工作负责人核对变压器台名称及杆号无误后，严格执行变压器停电、送电操作票程序，每操作完成一项在前面打"√"，在登杆、变压器台作业时，作业人员必须全程系好安全带，而且安全带必须系在牢固的电杆上，调整位置时，不得失去安全带的保护。操作过程中严格执行监护复诵制。

（2）先拉开低压空气断路器，再拉开低压二次隔离开关（应先拉中相，后拉两边相）。

（3）拉开高压跌落式熔断器开关：应先拉开中间相，再拉下风相，最后拉上风相。操作时，操作人员应选择适当的位置，低压隔离开关的位置全部在断开位置。对工作配电变压器进行验电，先验低压侧，后验高压侧；验电笔在检测合格期内，低压验电笔使用前先在确知有电设备上检测校验。

（4）低压装设接地线。先装接地端，后挂导线端。人体不得接触接地线。

（5）高压验电。戴好绝缘手套，在一次母线破口处逐相验电，确定无电压。

（6）高压装设接地线。先装接地端，后挂导线端。人体不得接触接地线。严禁使用其他导线作接地线，接地棒埋深不小于0.6m。

（7）在变压器台副杆位置悬挂"由此上下"标志牌。

（8）人员密集场所装设安全遮栏，在公路边要设施工标识。

4. 更换配电变压器

开工前，工作负责人应严格检查安全措施的实施情况。变压器台停电后，由工作负责人向变压器台作业人员下达作业命令。

（1）在更换变压器前，必须检查变压器台架是否牢固，构架是否腐蚀严重，作业中人员、工具与带电部位必须保持在0.7m的安全距离，保证不了0.7m时，应采取绝缘挡板等安全措施，所操作角度一般为25°左右，力度适当。

（2）低压验电。在变压器二次隔离开关上端逐相验电，确定无电压。

验电人员应全面检查核对现场设备名称、线路杆塔编号，确认高压跌落式熔断器和使用工具、材料一律用绳索传递；使用手拉葫芦应选择好适当位置，派专人指挥，使用吊车时受力钢丝绳周围严禁有人逗留，并应统一指挥、统一信号，分工明确，做好防范措施。

（3）进行拆、装变压器。工作人员应先将与配电变压器连接的设备脱离开，然后用钢丝绳将配电变压器两侧对角处连接牢固，听从工作负责人的统一指挥或用吊车将旧配电变压器吊下台架，并注意防止高空坠落。吊新变压器与拆除变压器程序相反。

5. 自检、验收及资料归档

（1）工作负责人应随时检查施工的质量标准，发现问题及时纠正，避免返工。作业结束后，工作负责人（监护人）对作业施工质量进行验收。

安装完后看配电变压器分接开关位置是否正确，变压器绝缘试验合格，变压器引线对地和相间距离是否合格，各部位接触是否良好，变压器上有无遗留物。

（2）办理工作终结手续。工作负责人认真检查工具、材料等是否遗留在设备上，对照工作票上的工作是否全部完成，设备的状况是否正常等，无问题后，方可宣布作业结束。

（3）拆除安全措施恢复供电。工作负责人检查工作班全体人员是否下杆、是否撤离施工现场并全部完成工作任务，工作负责人命令拆除安全措施和围栏、警告牌，按变压器停电、送电操作票进行送电操作。送电后，听变压器声音有无异音，测量低压侧电压是否合格，检查用户用电正常后，撤离现场。向工作许可人办理工作终结手续。

6. 召开班后会

作业结束后，工作负责人组织作业人员召开班后会，总结工作中的经验及存在的问题，并制定出今后的整改措施。

7. 资料存档

班组技术员将当天检修设备情况填写设备变动记录，交运行班归档。

（三）注意事项

（1）检查变压器铭牌，看是否符合运行的基本条件。

（2）检查变压器高、低压侧接线是否正确。

（3）检查变压器调压分接开关是否在设计挡位，安装时必须置于设计挡位。

（4）在装、拆配电变压器引出线时，严格按照检修工艺操作，避免引出线内部断裂。合理选择导线的接线方式。如采用铜铝过渡线夹或线板等。在接触面上涂导电膏，增大接触面积和导电能力，减少氧化发热。

二、10kV 配电设备安装验收方案

配电设备安装验收方案包括以下内容：工作组成员及分工、作业人员职责、危险点分析及控制措施、验收前的准备、变压器台架验收、变压器本体验收、高压跌落式熔断器验收、避雷器验收、低压隔离开关验收、外部环境验收、验收总结。

1. 工作组成员及分工

验收作业人员两个以上，验收负责人一个。验收负责人负责验收的组织领导，验收成员负责具体验收项目实施。

2. 作业人员职责

（1）验收负责人。正确安全地组织验收工作，向验收人员布置验收任务，汇总验收结果，提出验收意见，根据验收标准严把质量关，对验收的正确性负责。根据《电业安全工作规程》要求，在验收工作中作好安全监护，对验收成员的安全负责。

（2）验收成员。按照验收负责人布置的验收任务，严格按照验收标准进行验收，并及时将验收结果汇报验收负责人，对验收项目的正确性负责，对验收工作中的安全负责。

3. 危险点分析及控制措施

（1）验收前不认真准备，不能保证验收质量和验收人员安全。措施：验收前做好准备，保证验收质量，确保验收人在验收过程中的安全。

（2）拆除安全措施后登杆验收设备。措施：安全措施拆除后，严禁再登杆验收设备。

（3）登杆验收不戴安全帽，不系安全带，可能造成人员伤害。措施：上杆验收，必须戴好安全帽，系好安全带。

（4）在没有专人监护的情况下登杆验收设备。措施：登杆验收设备必须有专人监护。

（5）跌落式熔断器熔管脱落伤人。措施：验收人员在摘熔管时，禁止跌落式熔断器下方有人，验收人员要戴安全帽。

（6）低压隔离开关刀片脱落伤人。措施：验收人员在摘挂刀片时，禁止低压隔离开关下方有人，验收人员要戴安全帽。

（7）验收中发现的问题提交，整改不全，产生质量隐患。措施：验收中发现的问题要及时汇总，及时上报，及时处理。

4. 验收前的准备

（1）验收人员与安装人员共同到达设备现场。

（2）安装施工人员准备好各开关、设备等的试验报告、出厂合格证及安装施工图纸等资料。

（3）验收负责人检查安装人员提供的资料完备齐全。

（4）验收负责人向验收成员交待验收任务、分工和注意事项。

（5）验收负责人向验收成员讲明验收中的安全注意事项。

（6）验收成员准备好验收用的各种工器具。

5. 变压器台架验收

（1）变压器台架应与线路在一条直线上，台架杆埋深不小于杆高的 1/10 加上 0.7m。

（2）台架根开 2.5~3m，台架下沿距地面高度不小于 2.5m。

（3）台架安装牢固，水平倾斜量不大于台架长度的 1/100。

（4）高压跌落式熔断器横担距地面高度为不低于 4.7m。避雷器横担与低压引线横担保持水平，且距台架梁上沿高度为 1.8~2.0m。

6. 变压器本体验收

（1）变压器中表面光洁，无破损、裂纹现象。

（2）盖板、套管、油位计、排油阀等处是否密封良好，有无渗油现象；油枕上的油位计是否完好，油位是否清晰且在与环境温度相符的油位线上。

（3）呼吸器内干燥剂正常，无受潮变色现象。

（4）变压器中性点与外壳连接后和避雷器接地线一起可靠接地，接地电阻符合要求。

（5）变压器固定应采用经过防锈处理的固定金具固定。

（6）变压器高低压引线与变压器接线桩头连接紧密可靠，引线为铝绝缘线时，应有可靠的铜铝过渡措施。

（7）引线连接好后，排列整齐，松紧适中，不应使变压器接线桩头受力。

（8）防爆管（安全气道）的防爆膜是否完好，呼吸器的吸潮剂是否失效。

（9）变压器一、二次出线套管及与导线的连接是否良好，相色是否正确。

7. 高压跌落式熔断器验收

（1）各部分零件完整，安装牢固。固定跌落式熔断器的螺栓应加装垫片和弹簧垫。

（2）转轴光滑灵活，铸件不应有裂纹、砂眼。

（3）绝缘件良好，熔丝管不应有吸潮膨胀或弯曲现象。

（4）熔管轴线与地面垂线的夹角在 15°~30° 之间，两熔断器之间的距离不小于 500mm。

（5）动作灵活可靠，接触紧密，合闸时上触点应有一定的压缩行程。

（6）熔断器上下引线连接可靠，排列整齐，长短适中，不应使熔断器承力。

8. 避雷器验收

（1）安装牢固，排列整齐，高低一致，相间距离不小于 350mm。

（2）引下线应短而直，连接紧密，上引线应使用不小于 25mm² 的铜绝缘线，下引线应使用不小于 25mm² 的铜绝缘线。

（3）电气部分的连接不应使避雷器受力。

9. 低压隔离开关验收

（1）安装牢固，排列整齐，高低一致，相间距离不小于 350mm。

（2）低压隔离开关与引线通过双孔铜铝过渡设备线夹可靠连接，铜铝设备线夹型号必须与导线型号相匹配。

（3）电气连接部分不应使低压隔离开关受力。

（4）低压隔离开关操作方便可靠。

10. 外部环境验收

（1）验收负责人将验收结果按要求填写到验收报告中。

（2）验收负责人将验收中发现的问题以书面形式一次性提交安装单位整改。

（3）待整改完毕，验收合格后，验收负责人接收图纸资料，并在验收报告上签字。

11. 验收总结

验收结束，汇报送电。验收负责人应将验收中发现的问题以书面形式一次性提交安装单位整改，整改后再认真验收。

【思考与练习】

1. 高压跌落式熔断器验收内容有哪些？

2. 配电变压器安装验收方案的危险点分析及控制措施内容有哪些？

3. 验收前的准备有哪些内容？

第七章

10kV 配电设备运行维护及事故处理

模块 1　10kV 配电设备巡视检查项目及技术要求(Z33E7001 I)

【模块描述】本模块包含 10kV 配电设备巡视的一般规定、设备巡视的流程、巡视检查项目及要求、危险点分析等内容。通过概念描述、术语说明、列表示意、要点归纳，掌握 10kV 配电设备巡视检查项目及技术要求。

【正文】

做好配电设备运行、维护工作，及时发现和消除设备缺陷，对预防事故发生，提高配电网的供电可靠性，降低线损和运行维护费用起着重要的作用。

一、设备巡视的一般规定

（一）设备巡视的目的

对配电设备巡视的目的是为了掌握设备的运行情况及周围环境的变化；及时发现和消除设备缺陷，预防事故发生，确保配电设备健康、安全运行。

（二）设备巡视的基本方法和要求

1. 巡视的基本方法

配电设备巡视可以使用智能巡检系统、巡视卡或巡视记录。巡视、维护人员在巡视、维护中一般可通过看、听、摸、嗅、测的方法对设备进行检查。

看：主要用于对配电设备外观、位置、压力、颜色、信号、指示等肉眼可以看得见的检查项目的分析判断，例如充油设备的油位、油色的变化，油的渗漏，设备绝缘的破损裂纹、污秽等。

听：主要通过声音判断设备运行是否正常，例如变压器正常运行时其声音是均匀的嗡嗡声，内部放电时会有噼啪声。

摸：通过以手触试不带电的设备外壳，判断设备的温度、振动等是否存在异常，例如触摸变压器外壳，检查温度是否正常，但是必须分清可触摸的界限和部位。

嗅：通过气味判断配电设备有无过热、放电等异常，例如通过嗅觉判断配电室有无绝缘焦糊味等异常气味。

测：通过工具检查配电设备运行情况是否发生变化，例如用红外线测温仪测试配电设备接点温度是否有异常。

2. 设备巡视注意事项和要求

（1）设备巡视时，必须严格遵守执行《电业安全工作规程》关于设备巡视的有关规定，确保巡视人员安全。

（2）巡视工作应由有电力线路工作经验的人员担任。单独巡线人员应考试合格并经工区（公司、所）主管生产领导批准。

（3）巡视人员应熟悉设备运行情况、相关技术参数和周围自然情况及风土人情。

（4）巡视人员应能对发现的缺陷进行准确分类。

（5）单人巡视时，禁止攀登电杆及铁塔。

（6）故障巡视应始终认为线路带电，即使明知线路已停电，也应认为线路随时有恢复送电的可能。

（7）夜间巡视应沿线路外侧进行，大风天气应沿线路上风侧进行，以免万一触及断落的导线。

（8）巡视工作应由有电力线路工作经验的人担任，新人员不得单独进行巡视。偏僻山区和夜间巡视应由两人进行。暑天、大雪天必要时由两人进行。

（9）巡视人员如果发现危及安全的紧急情况，应立即采取防止行人触电的安全措施，并报告相关部门及领导组织处理。

（10）对于发现的缺陷，应及时记录在巡视手册上，记录要详细、准确、字迹工整。

（11）巡视结束后，应及时把发现的缺陷统计分类，传递给检修班组编排检修计划。

（12）巡线时应持棒，防止被狗及动物伤害。

（13）根据不同地域、天气情况，穿着合适的服装、鞋。

（三）设备巡视周期

（1）市区一般每月一次。

（2）郊区及农村每季至少一次。

（3）特殊巡视、夜间巡视、故障性巡视应根据实际情况进行。

（四）设备巡视的分类

配电设备巡视一般分为定期巡视、特殊性巡视、夜间巡视、故障性巡视和监察性巡视等。

（1）定期巡视。由专职巡线员进行，掌握线路的运行状况。沿线环境变化情况，并做好护线宣传工作。

（2）特殊性巡视。在气候恶劣（如台风、暴雨、复冰等）、河水泛滥、火灾和其他特殊情况下，对线路的全部或部分进行巡视或检查。

（3）夜间巡视。在线路高峰负荷或阴雾天气时进行，检查导线接点有无发热打火现象，绝缘表面有无闪络，检查木横担有无燃烧现象等。

（4）故障性巡视。查明线路发生故障的地点和原因。

（5）监察性巡视。由管理人员或线路专责技术人员进行，目的是了解线路及设备状况，并检查、指导巡线员的工作。

二、设备巡视的流程

配电设备巡视的流程包括安排巡视任务、巡视准备、设备检查、巡视总结、上报巡视结果等部分内容。

1. 安排巡视任务

设备管理人员对巡视人员安排巡视任务、安排时必须明确本次巡视任务的性质（定期巡视、特殊性巡视、夜间巡视、故障性巡视），并根据现场情况提出安全注意事项。特殊巡视还应明确巡视的重点及对象。

2. 巡视准备

准备好巡视工器具和必备用品。

（1）巡视前检查望远镜等工器具是否好用。

（2）巡视前应带好巡视手册和记录笔。

（3）夜间巡视应带好照明设施。

（4）根据实际需要，携带必要的食品及饮用水。

3. 设备检查

巡视人员应对所分配巡视任务内的设备不遗漏地进行巡视，对于发现的设备缺陷应及时做好记录，如巡视中发现紧急缺陷时，应立即终止其他设备巡视，在做好防止行人触电的安全措施后应立即上报相关部门进行处理。

4. 巡视总结

巡视结束后，对巡视中发现的异常情况进行分类整理、汇总，如有设备变动应及时通知相关部门修改图纸。

5. 上报巡视结果

巡视人员将巡视结果总结后上报相关设备管理人员，设备管理人员填写缺陷记录，编排检修计划。

三、巡视检查项目

（1）配电变压器的巡视检查；

（2）跌落式熔断器的巡视检查；

（3）柱上开关、断路器的巡视检查；

（4）电容器巡视检查；

(5) 避雷器的巡视检查；

(6) 接地装置巡视检查。

四、配电设备最易发生故障的部位

(1) 导线与设备连接点；

(2) 开关动、静触点；

(3) 绝缘支座；

(4) 设备箱体；

(5) 底座；

(6) 支架；

(7) 接地装置等。

五、危险点分析

危险点分析见表 7-1-1。

表 7-1-1 危 险 点 分 析

序号	危险点	控 制 措 施
1	狗、蛇咬伤	巡线时应持棒，防止被狗及动物伤害
2	摔伤	应穿工作鞋，路滑、上过沟崖和墙时防止摔伤
3	车辆伤人	应乘坐安全的交通工具，穿行公路时应注意交通安全
4	误触断落带电导线	夜间巡视应沿线路外侧进行，大风天气应沿线路上风侧进行
5	迷失方向	偏僻山区和夜间巡视应由两人进行，并熟悉现场设备状况及周边环境
6	冻伤及中暑	暑天、大雪天必要时由两人进行

【思考与练习】

1. 配电设备的巡视检查项目有哪些？

2. 配电设备最易发生故障的是哪些部位？

3. 配电设备的巡视种类有哪些？

▲ 模块 2 10kV 配电设备运行维护及检修（Z33E7002Ⅱ）

【模块描述】 本模块包含配电变压器、跌落式熔断器、柱上开关、避雷器、电容器、接地装置等配电设备的运行维护和检修。通过概念描述、流程介绍、要点归纳，掌握配电设备运行维护与检修。

【正文】

配电设备的巡视检查，是配电运行维护人员的基础性工作之一。通过巡视检修，能够及时发现设备缺陷，并进行计划停电检修。这对预防事故的发生，确保设备安全运行起着重要的作用。

一、配电变压器的运行维护及检修

变压器是用来变换电压的电气设备，配电线路中装设的变压器称为配电变压器。配电变压器主要由铁芯、绕组、油箱、冷却装置、绝缘套管、调压装置及防爆管等构成。

（一）配电变压器的运行维护

（1）正常巡视周期及内容。装于室内的和市区的配电变压器一般每月至少巡视一次，户外（包括郊区及农村的）一般每季至少巡视一次。巡视内容如下：

1）套管是否清洁，有无裂纹、损伤、放电痕迹。

2）油温、油色、油面是否正常，有无异声、异味。

3）呼吸器中是否正常，有无堵塞现象。

4）各个电气连接点有无锈蚀、过热和烧损现象。

5）分接开关指示位置是否正确，换接是否良好。

6）外壳有无脱漆、锈蚀；焊口有无裂纹、渗油；接地是否良好。

7）各部密封垫有无老化、开裂、缝隙、有无渗漏油现象。

8）各部螺栓是否完好，有无松动。

9）铭牌及其他标志是否完好。

10）一、二次熔断器是否齐备，熔丝大小是否合适。

11）一、二次引线是否松弛，绝缘是否良好，相间或对构件的距离是否符合规定，对工作人员上下电杆有无触电危险。

12）变压器台架高度是否符合规定，有无锈蚀、倾斜、下沉；木构件有无腐朽；砖，石结构台架有无裂缝和倒塌的可能；地面安装的变压器、围栏是否完好。

13）变压器台上的其他设备（如表箱、开关等）是否完好。

14）台架周围有无杂草丛生，杂物堆积，有无生长较高的农作物、树、竹、藤蔓类植物接近带电体。

（2）在下列情况下应对变压器增加巡视检查次数：

1）新设备或经过检修，改成的变压器在投运 72h 内。

2）有严重缺陷时。

3）气象突变（如大风、大雾、大雪、冰雹、寒潮等）时。

4）雷雨季节特别是雷电后。

5）高温季节，高峰负载期间。

（3）变压器的投运和停运。

1）新的或大修后的变压器投运前，除外观检查合格外，应有出厂试验合格证和供电企业试验部门的试验合格证，试验项目应有以下几项：

a. 变压器性能参数：额定电压、额定电流、空载损耗、空载电流及阻抗电压。

b. 工频耐压。

c. 绝缘电阻和吸收比测定。

d. 直流电阻测量。

e. 绝缘油简化试验。

2）停运满 1 个月者，在恢复送电前应测量绝缘电阻，合格后方可投运。

3）搁置或停运 6 个月以上变压器，投运前应做绝缘电阻和绝缘油耐压试验。

4）干燥、寒冷地区的排灌专用变压器，停运期可适当延长，但不宜超过 8 个月。

（4）变压器分接开关的运行维护。

1）无励磁调压变压器在变换分接时，应做多次转动，以便消除触头上的氧化膜和油污。在确认变换分接正确并锁紧后，测量绕组的直流电阻。分接变换情况应做记录。

2）变压器有载分接开关的操作，应遵守如下规定：

a. 应逐级调压，同时监视分接位置及电压、电流的变化。

b. 有载调压变压器并联运行时，其调压操作应轮流逐级或同步进行。

c. 有载调压变压器与无励磁调压变压器并联运行时，其分接电压应尽量靠近无励磁调压变压器的分接位置。

（二）配电变压器的检修

1. 检修周期

（1）大修：一般 5～10 年 1 次。

（2）小修：一般每年 1 次。

2. 检修项目

（1）大修项目：

1）吊开钟罩检修器身，或吊出器身检修。

2）绕组、引线的检修。

3）铁芯、铁芯紧固件、压钉、连接片及接地片的检修。

4）油箱及附件的检修，包括套管、吸湿器等。

5）无励磁分接开关、有载分接开关的检修。

6）全部密封胶垫的更换和组件试漏。

7）必要时对器身绝缘进行干燥处理。

8）变压器油的处理或换油。

9）安全保护装置的检修。

（2）小修项目：

1）处理已发现的缺陷。

2）调整油位。

3）检查安全保护装置、压力释放阀（安全气道）。

4）检查调压装置。

5）检查接地系统。

6）检查全部密封状态，处理渗漏油。

7）清扫油箱和附件，必要时进行补漆。

8）清扫外绝缘和检查导电接头。

9）按有关规程规定进行测量和试验。

3. 作业危险点及控制措施

（1）吊车在高压设备区行走时误触带电体，吊车在起吊作业中误触带电体；器体起吊和放置过程中砸伤作业人员。措施：吊车在进入工作区间内时，应设专人指挥及监护。

（2）使用电动施工工器具时人身触电。措施：作业前对施工中使用的电动工器具进行检查，无问题后方可使用。

（3）拆装引线时碰伤作业人员高空坠落摔伤。措施：作业人员应戴安全帽，处于高空作业位置时不应失去安全带的保护。

（4）检修前后的绝缘试验中，人员误触试验设备造成触电或被设备试验后的残余电荷电伤，引发其他伤害。措施：试验场地应设围栏，非高压试验人员不得入内，试验结束后充分放电。

（5）起重工器具安全载荷选择不当或吊装过程中失灵，被吊件悬挂不牢靠使被吊件脱落，碰、砸伤作业人员。措施：使用检验合格的起重工器，吊件在起吊过程中悬挂牢固，并由专人统一指挥。

（6）火灾。措施：工作现场应配备灭火设备，并禁止吸烟；油罐等应有明显的防火标志。

二、跌落式熔断器的运行维护及检修

跌落式熔断器主要由绝缘子、静触头、支架、熔丝管等部件组成。运行中熔丝两端的动触头依靠熔丝（熔体）系紧，将上动触头推入"鸭嘴"凸出部分后，磷铜片等制成的上静触头顶着上动触头，故而熔丝管牢固地卡在"鸭嘴"里。当短路电流通过熔丝熔断时，产生电弧，熔丝管内衬的钢纸管在电弧作用下产生大量的气体，因熔丝管上端被封死，气体向下端喷出，吹灭电弧。由于熔丝熔断，熔丝管的上下动触头失去熔丝的系紧力，在熔丝管自身重力和上、下静触头弹簧片的作用下，熔丝管迅速跌落，使电路断开，切除故障段线路或者故障设备。

（一）跌落式熔断器的运行维护

1. 正常巡视周期及内容

装于市区的跌落式熔断器一般每月至少巡视一次，郊区农村的一般每季至少巡视一次。巡视内容如下：

（1）瓷件有无裂纹、闪络、破损及脏污。

（2）熔丝管有无起层、炭化、弯曲、变形。

（3）触头间接触是否良好，有无过热、烧损、熔化现象。

（4）各部件的组装是否良好，有无松动、脱落。

（5）引线接点连接是否良好与各部件间距是否良好，与各部件间距是否合适。

（6）安装是否牢固，相间距离、倾斜角是否符合规定。

（7）操动机构是否灵活，有无锈蚀现象。

检查发现以下缺陷时，应及时处理：

（1）熔断器的消弧管内径扩大或受潮膨胀而失效。

（2）触头接触不良，有麻点、过热、烧损现象。

（3）触头弹簧片的弹力不足，有退火、断裂等情况。

（4）机构操作不灵活。

（5）熔断器熔丝管易跌落，上下触头不在一条直线上。

（6）熔丝容量不合适。

（7）相间距离不足 0.5mm，跌落熔断器安装倾斜角超出 150°～300° 范围。

2. 跌落式熔断器的运行维护

（1）熔断器具额定电流与熔体及负荷电流值是否匹配合适，若配合不当必须进行调整。

（2）熔断器的操作须仔细认真，特别是合闸操作，用力应适当，并使动、静触头接触良好。

（3）熔管内必须使用标准熔体，禁止用铜丝铝丝代替熔体，更不准用铜丝、铝丝等将触头绑扎住使用。

（4）对新安装或更换的熔断器，必须满足规程质量要求，熔管安装角度在 15°～30° 范围内。

（5）熔体熔断后应更换新的同规格熔体，不可将熔断后的熔体连接起来再装入熔管继续使用。

（6）对熔断器进行巡视时，如发现放电声，要尽早安排处理。

（二）跌落式熔断器的检修

跌落式熔断器发现缺陷时，一般整支或整组进行更换。

作业危险点及控制措施：

（1）拆装时作业人员高空坠落摔伤。措施：作业人员应戴安全帽，处于高空作业位置时不应失去安全带的保护。

（2）重物砸伤作业人员。措施：物件传递应使用传递绳，禁止抛扔；物件在传递过程中悬挂应牢固。

三、柱上断路器的运行维护及检修

柱上断路器可以在正常情况下切断或接通线路，并在线路发生短路故障时，能够将故障线路手动或自动切断，即它是一种担负控制与保护双重任务的开关设备。主要用于架空配电线路，在较大容量配电网中大多用于开断线路；在较小容量配电网中用于开断线路和保护使用。按灭弧介质分类，柱上可分为油断路器、真空断路器、SF_6断路器。

（一）柱上断路器的运行维护

1. 正常巡视周期

装于市区的一般每月至少巡视一次，郊区及农村的一般每季至少巡视一次。

2. 柱上断路器的巡视内容

（1）外壳有无渗、漏油和锈蚀现象。

（2）套管有无破损、裂纹、严重脏污和闪络放电的痕迹。

（3）断路器的固定是否牢固；引线接点和接地是否良好；线间和对地距离是否足够。

（4）油位是否正常。

（5）断路器分、合位置指示是否正确、清晰。

（二）柱上开关的检修

以真空断路器为例进行简介。

1. 真空断路器检修项目

（1）断路器操作检测。手动进行断路操作数次，断合状态正确，动合良好，指示正确。

（2）主触头。确认弹簧状态，清除灰尘、旧油脂，然后以新油脂薄薄均匀地涂抹。

（3）外部总体。各紧固件紧固，清扫压制的绝缘材料和绝缘体。

（4）操动机构及控制部件。控制电路导线的连接是否紧固，螺栓及螺母的连接是否松脱，检查轴和锁之间的连接是否变干，若油变干，则加少量的机油。

（5）检查可见的辅助开关的动作及接触情况是否良好，若出现异常则查出原因，修理或更换。

（6）绝缘电阻的测量。使用 1000V 绝缘电阻表测量，主接触部位对地的绝缘电阻参考值为 500MΩ 以上。

2. 作业危险点及控制措施

（1）拆装时作业人员高空坠落摔伤。措施：作业人员应戴安全帽，处于高空作业位置时不应失去安全带的保护。

（2）重物砸伤作业人员。措施：物件传递应使用传递绳，禁止抛扔；物件在传递过程中悬挂牢固；起重设备应选用检验合格的设备，作业前应确认无问题后方可使用。

四、避雷器的运行维护及检修

避雷器是用于限制过电压幅值的保护电器，它与被保护设备并联，当过电压值达到避雷器的动作电压时，避雷器自动导通，将电流通过接地装置泄入大地，过电压过后，又自动关闭不导通，从而保护了与其并联的电气设备。避雷器常见的是阀式避雷器、磁吹阀式避雷器、金属氧化物避雷器，现在配电线路普遍采用的是金属氧化物避雷器，它由氧化锌电阻片、绝缘外套及附件组成。

（一）避雷器的运行维护

1. 避雷器的正常使用条件

（1）适合于户内外运行。

（2）环境温度为 -40～+40℃。

（3）可经受阳光的辐射。

（4）海拔不超过其设计高度。

（5）电源的频率不小于 48Hz 且不超过 62Hz。

（6）长期施加于避雷器的工频电压不超过避雷器持续运行电压的允许值。

（7）地震烈度 7 度及以下地区。

2. 避雷器维护检查项目

在运行中应与被保护的配电装置同时进行巡视检查。

（1）检查瓷质部分是否有破损、裂纹及放电现象。

（2）接地引线有无烧伤痕迹和断股现象。

（3）10kV 避雷器上帽引线处密封是否严密，有无进水现象。

（4）瓷套表面有无严重污秽。

（5）检查放电记录器是否动作。

（6）检查引线接头是否牢固。

（7）检查避雷器内部是否有异常音响。

（8）检查避雷器是否齐全，有无漏投。

（9）避雷器安装前的检查。

1）避雷器额定电压与线路电压是否相同。

2）瓷件表面是否有裂纹、破损和闪络痕迹及掉釉现象。如有破损，其破损面应在 0.5cm² 以下，在不超过 3 处时可继续使用。

3）将避雷器向不同方向轻轻摇动，内部应无松动的响声。

4）检查瓷套与法兰连接处的胶合和密封情况是否良好。

（二）避雷器的检修

1. 避雷器常见问题

（1）瓷件表面有裂纹、破损和闪络痕迹及掉釉现象。

（2）避雷器内部受潮。

（3）避雷器运行中爆炸。

（4）表面严重脏污。

2. 避雷器的检修

（1）瓷件表面有裂纹、破损和闪络痕迹及掉釉现象的处理方法。其破损面应在 0.5cm² 以下，在不超过 3 处时可继续使用，如超过则进行更换。

（2）避雷器内部受潮的处理方法。对避雷器进行轻微烘烤，若天晴可晾晒，而后对避雷器做考核试验，同时检查避雷器上帽是否出现严重松动现象，瓷套是否有裂纹。

（3）避雷器运行中爆炸的处理方法：立即更换合格的避雷器。

（4）表面严重脏污的处理方法：因为当瓷套表面受到严重污染时，将使电压分布很不均匀，必须及时清扫。

避雷器部件出现下列情况时应更换：

（1）严重烧伤的电极。

（2）严重受潮、膨胀分层的去母垫片。

（3）击穿、局部击穿或闪络的阀片。

（4）严重受潮的阀片。

（5）非线性并联电阻严重老化，泄漏电流超过运行规程规定的范围者。

（6）严重老化龟裂或严重变形、失去弹性的橡胶密封件。

（7）绝缘外套破损。

3. 作业危险点及控制措施

（1）拆装时作业人员高空坠落摔伤。措施：作业人员应戴安全帽，处于高空作业位置时，不应失去安全带的保护。

（2）重物砸伤作业人员。措施：物件传递应使用传递绳，禁止抛扔；物件在传递过程中悬挂牢固。

五、电容器的运行维护及检修

电力电容器是一种静止的无功补偿设备。它的主要作用是向电力系统提供无功功率，提高功率因数。把电容器串联在线路上，可以减少线路电压损失，提高线路末端电压水平，减少电网的功率损失和电能损失，提高输电能力；把电容器并联在线路上，减少了线路能量损耗，可改善电压质量，提高功率因数，提高系统供电能力。电力电容器串联或并联在电力线路中，都能改善电力系统的电压质量和提高输电线路的输电能力，是电力系统的重要设备。

（一）电容器的运行维护

1. 电容器运行时的巡视检查

（1）正常巡视周期。装于室内的和市区的电容器一般每月至少巡视一次，户外（包括郊区及农村的）一般每季至少巡视一次。

（2）电容器正常巡视检查的内容。

1）瓷件有无闪络、裂纹、破损和严重脏污。

2）有无渗、漏油。

3）外壳有无鼓肚、锈蚀。

4）接地是否良好。

5）放电回路及各引线接点是否良好。

6）带电导体与各部的间距是否合适。

7）开关、熔断器是否正常、完好。

8）并联电容器的单台熔丝是否熔断。

9）串联补偿电容器的保护间隙有无变形、异常和放电痕迹。

10）装置有无异常的振动、声响和放电声。

11）环境温度不应超过 40℃。运行中电容器芯子最热点温度不超过 60℃，电容器外壳温度不得超过 55℃。

12）自动投切装置动作正确。

2. 电容器的操作

（1）在正常情况下的操作。电容器组在正常情况下的投入或退出运行，应根据系统无功负荷潮流和负荷功率因数以及电压情况来确定。正常情况下，配电室停电操作时，应先拉开电容器开关，后拉开各路出线开关。正常情况下，配电室恢复送电时，应先合各路出线开关，后合电容器组的开关。

（2）在异常情况下的操作。

1）发生下列情况之一时，应立即拉开电容器组开关，使其退出运行：

a. 当长期运行的电容器母线电压超过电容器额定的 1.1 倍，或者电流超过额定电流的 1.3 倍以及电容器箱外壳最热点温度电容器室的环境温度超过 40℃时。

b. 装有功率因数自动控制器的电容器，当自动装置发生故障时，应立即退出运行，并应将电容器组的自动投切改为手动，避免电容器组因自动装置故障频繁投切。

c. 电容器连接线接点严重过热或熔化。

d. 电容器内部或放电装置有严重异常响声。

e. 电容器外壳有较明显异形膨胀时。

f. 电容器瓷套管发生严重放电闪络。

g. 电容器喷油起火或油箱爆炸时。

2）发生下列情况之一时，不查明原因不得将电容器组合闸送电：

a. 当配电室事故跳闸，必须将电容器组的开关拉开。

b. 当电容器组开关跳闸后不准强送电。

c. 熔断器熔丝熔断后，不查明原因，不准更换熔丝送电。

（二）电容器的检修

1. 检修周期

经过检查与试验并结合运行情况，如判定电容器存在内部故障或本体严重渗漏油时，或制造厂对检修周期有明确要求时，应进行检修。

2. 检修方案

（1）准备工作。

1）人员组织及分工，并负责以下任务：安全、技术、试验、工具保管、质量检验等。

2）检查项目及质量标准。

3）试验项目及标准。

4）确保施工安全、质量的技术措施和现场防火措施。

5）主要施工工具、设备明细表，主要材料明细表。

（2）作业危险点及控制措施。

1）人身感电。措施：电容器退出运行时，内部会有剩余电荷放不掉，检修作业前应逐个逐相进行放电。

2）高空坠落。措施：检查人员在登高作业过程中戴安全帽，并不得失去安全带的保护。

3）重物打击。检修人员在检修过程中戴安全帽，物件上下传递应使用传递绳。

六、接地装置的运行维护及检修

（一）接地装置的运行维护

接地是确保电气设备正常工作和安全防护的重要措施，电气设备接地是通过接地装置实施接地的。接地装置是接地体和接地线的总称。接地装置运行中，接地线和接地体会因外力破坏或腐蚀而损伤或断裂，接地电阻也会随土壤变化而发生变化，因此，必须对接地装置定期进行检查和试验。

1. 检查周期

（1）变（配）电站的接地装置。

（2）根据车间或建筑物的具体情况，对接地线的运行情况一般每年检查1～2次。

（3）各种防雷装置的接地装置每年在雷雨季前检查一次。

（4）对有腐蚀性土壤的接地装置，应根据运行情况一般每 3～5 年对地面下接地体检查一次。

（5）手持式、移动式电气设备的接地线应在每次使用前进行检查。

（6）接地装置的接地电阻一般 1～3 年测量一次。

2. 检查项目

（1）接地引线有无破损及腐蚀现象。

（2）接地体与接地引线连接线夹或螺栓是否完好、紧固。

（3）接地保护管是否完整。

（4）接地体的接地圆钢、扁钢有无露出、被盗、浅埋等现象。

（5）在土壤电阻率最大时测量接地装置的接地电阻，并对测量结果进行分析比较。

（6）电气设备检修后，应检查接地连接情况是否牢固可靠。

（二）接地装置的检修

1. 接地装置常见缺陷

（1）接地体锈蚀。

（2）外力破坏，如撞击、被盗等。

（3）假焊、地网外露。

（4）接地电阻超过规定值。

2. 接地装置检修

（1）接地体锈蚀的处理方法。当接地体锈蚀时，接地体上下引线连接点连接不牢，增大接触电阻，达不到原设计的要求，失去接地保护的作用，应及时进行处理。用钢丝刷将所有外露接地体的锈蚀部分擦拭除锈，再用干棉纱布揩净尘锈，然后涂上红丹或黄油。对埋设的部分接地体，应锄头挖去表层泥土，视锈蚀情况，可进行除锈或驳焊钢筋，再覆土整平并做好记录。对于锈蚀严重的接地体，应及时进行更换。

（2）外力破坏、假焊和地网外露的处理方法。

1）轻度外力破坏变形，可进行矫形复位，必要时可设置警示标志。

2）发现接地网有假焊缺陷，应进行补焊，同时重新测量接地电阻，并做好记录。

3）由于水土流失或人为取土，造成接地体外露，应及时进行覆土工作，必要时可设置保护电力设施的警示标志。

（3）降低接地电阻的方法。

1）应尽量利用杆塔金属基础、钢筋水泥基础、水泥杆的底盘、卡盘、拉线盘等自然接地。

2）应尽量利用杆塔基础坑埋设人工接地体，这样既减少土方，又可深埋，还能避免地表干湿的影响。

3）利用化学处理的方法增加地网抗阻功能，即用土壤质量左右的食盐，加木炭与土壤混合，或使用化学降阻剂。

3. 作业危险点及控制措施

（1）人身感电。拆装接地装置引下线与接地体连接螺栓时，应戴绝缘手套。

（2）高空坠落。检查人员在登高作业过程中戴安全帽，并不得失去安全带的保护。

（3）重物打击。检查人员在检修过程中应戴安全帽，物件上下传递应使用传递绳。

【思考与练习】

1. 配电变压器的大修项目有哪些？

2. 电容器的巡视检查项目有哪些？

3. 接地装置常见缺陷有哪些？

▲ 模块 3　10kV 配电设备常见故障及处理（Z33E7003Ⅱ）

【模块描述】本模块包含配电变压器、跌落式熔断器、真空断路器、避雷器、电容器、接地装置等配电设备常见故障类型及处理方法。通过概念描述、流程介绍、案例分析、要点归纳，掌握配电设备常见故障现象及处理方法。

【正文】

运行中的配电设备常见故障有设备绝缘故障、设备内部相间短路、设备接地等，本部分就配网中一些典型设备的常见故障及处理方法进行论述。

一、配电变压器

变压器是电力系统中十分重要的供电元件，它的故障将对供电可靠性和系统的正常运行带来严重的影响。运行中常见变压器故障主要有绕组故障、调压分接开关故障、绝缘套管故障等。

（一）变压器故障分析

1. 从变压器的声音判断故障

（1）缺相时的响声。

当变压器发生缺相时，若第二相不通，送上第二相仍无声，送上第三相时才有响声；如果第三相不通，响声不发生变化，和两相时一样。发生缺相的原因大致有三方面：① 电源缺一相电；② 变压器高压熔丝熔断一相；③ 变压器由于运输不慎，加上高压引线较细，造成振动断线（但未接壳）。

（2）调压分接开关不到位或接触不良。

当变压器投入运行时，若分接开关不到位，将发出较大的"啾啾"响声，严重时造成高压熔丝熔断。如果分接开关接触不良，就会产生轻微的"吱吱"火花放电声，一旦负荷加大，就有可能烧坏分接开关的触头。遇到这种情况，要及时停电修理。

（3）掉入异物和穿心螺杆松动。

当变压器夹紧铁芯的穿心螺杆松动，铁芯上遗留有螺帽零件或变压器中掉入小金属物件时，变压器将发出"叮叮当当"的敲击声或"呼…呼…"的吹风声以及"吱啦吱啦"的像磁铁吸动小垫片的响声，而变压器的电压、电流和温度却正常。这类情况一般不影响变压器的正常运行，可等到停电时进行处理。

（4）变压器高压套管脏污和裂损。

当变压器的高压套管脏污，表面釉质脱落或裂损时，会发生表面闪络，听到"嘶嘶"或"哧哧"的响声，晚上可以看到火花。

（5）变压器的铁芯接地断线。

当变压器的铁芯接地断线时，变压器将产生"哔剥哔剥"的轻微放电声。

（6）内部放电。

送电时听到"噼啪噼啦"的清脆击铁声，则是导电引线通过空气对变压器外壳的放电声；如果听到通过液体沉闷的"噼啪"声，则是导体通过变压器油面对外壳的放电声。如属绝缘距离不够，则应停电吊芯检查，加强绝缘或增设绝缘隔板。

（7）外部线路断线或短路。

当线路在导线的连接处或 T 接处发生断线，在刮风时时接时断，接触时发生弧光或火花，这时变压器就发出像青蛙的"唧哇唧哇"的叫声；当低压线路发生接地或出现短路事故时，变压器就发出"轰轰"的声音；如果短路点较近，则变压器将发出像老虎的吼叫声。

（8）变压器过负荷。

当变压器过负荷严重时，就发出低沉的如重载飞机的"嗡嗡"声。

（9）电压过高。

当电源电压过高时，会使变压器过励磁，响声增大且尖锐。

（10）绕组发生短路。

当变压器绕组发生层间或匝间短路而烧坏时，变压器会发出"咕嘟咕嘟"的开水沸腾声。

变压器发生的异常响声因素很多，故障部位也不尽相同，只有不断地积累经验，才能作出准确判断。

2. 配电变压器典型故障分析

（1）配电变压器缺相运行：

1）配电线路电源缺相；

2）变压器跌落式熔断器其中一相熔丝熔断未跌落，处于假合状态；

3）熔断器上下连接点断开假接；

4）变压器高压桩头连线断开假接；

5）变压器内部高、低压绕组与引出线桩头连接松动或脱焊等。

（2）配电变压器高压熔丝两相熔断：

1）熔断器至变压器连接线相间短路；

2）避雷器引线短路及避雷器故障；

3）低压配电网短路；

4）变压器内部绝缘故障；

5）变压器内部短路故障等。

（3）配电变压器二次侧出口电压波动、不稳定，内有"吱吱"声：

1）变压器内部高压绕组与引出线连接松动；

2）高压分接开关连接点接触不良；

3）低压绕组与引出线连接松动；

4）低压绕组中性点连接不牢固、脱焊；

5）高、低压绕组相间、层间、匝间绝缘不良，内有相间、层间、匝间或对铁芯、外壳有放电现象。

（4）绕组故障。

绕组故障主要有匝间短路、相间短路、绕组接地、短线等故障，因为油箱内故障时产生的电弧，将引起绝缘物质的剧烈气化，从而可能引起爆炸。当出现绕组故障时，一般都会出现变压器过热、油温升高、音响中夹有爆炸声或"咕嘟咕嘟"的冒泡声等故障现象。其原因主要是：制造或检修时，局部绝缘受到损害、散热不良或长期过载引起绝缘老化、绝缘油受潮或油面过低使部分绕组暴露在空气中未能及时处理、绕组压制不紧，在负荷网络短路电流冲击下绕组发生变形，使绝缘损坏等。

（二）变压器故障处理

当出现故障时，应根据故障现象、负荷情况及变压器检修情况等对故障类型做出准确判断，并及时停电进行检修。

1. 绝缘套管故障

常见的是炸毁、闪络、漏油、套管间放电等现象，其原因主要是：密封不良、绝缘受潮裂化、外力损伤、变压器箱盖上落异物等。对在大雾或小雨时造成的污闪，应清理套管表面的脏污，再涂上硅油或硅脂等涂料；变压器套管有裂纹引起的闪络接地时，应清理套管表面或更换套管；变压器套管间放电，应检查并清扫套管间的杂物。

2. 分接开关故障

常见的是表面融化与灼伤、相间触头放电或各接头放电。其原因主要是：连接螺丝松动、分接头绝缘板绝缘不良、接头接触不良、弹簧压力不足等，当出现这种情况时需停电进行维修。

3. 变压器着火

变压器着火或变压器发生爆炸。其原因主要是套管破损或闪络变压器油流出并在变压器顶部燃烧、变压器内部故障使外壳或散热器破损，燃烧着的变压器油溢出。发生这类故障时，应先将变压器两侧电源断开，然后再进行灭火。变压器灭火应选用绝缘性能好的气体灭火器或干粉灭火器，必要时可使用沙子灭火。

4. 喷油爆炸

变压器喷油爆炸，其原因主要是变压器内部发生线间短路产生电弧、变压器内部发生相间短路或与铁芯、外壳发生短路产生电弧等。发生这类故障时，应先将变压器退出运行，再进行检修。

5. 用单、双臂电桥对配电变压器线圈直流电阻测试的方法和要求

（1）方法：将配电变压器退出运行，做好安全措施，拆除变压器高、低压两侧引线并做好记号，使用单臂或双臂电桥对其高压绕组 AB、BC、CA，调节电压分接开关分别对 I、II、III 挡和低压绕组 ao、bo、co 进行直流电阻测试，并记录每个数据，进行计算分析。

（2）要求：各线间测得的相互差值应小于平均值的 2%（高压侧）；

各相间测得的相互差值应小于平均值的 4%（低压侧）；

$$不平衡率=（最大值-最小值）/平均值×100\%$$

6. 配电变压器绝缘测试的方法和要求

（1）方法：

高压绝缘电阻的测试：高压桩头短接；低压桩头短接并接地。

低压绝缘电阻的测试：低压桩头短接；高压桩头短接并接地。

测量吸收比和测量绝缘电阻的方法大致相同，所不同的是要记录通电时间，一般采用 60s 和 15s 的绝缘电阻的比值，即为所测得的吸收比。

（2）要求：

1）所测绝缘阻值换算在测试温度为 20℃ 左右时，绕组的绝缘电阻必须不小于 300MΩ。

2）在同一配电变压器中，高低压绕组的绝缘电阻标准相同。

3）在相同温度下绝缘电阻应不低于出厂值的 70%。$R_2=R_1\times1.5(T_1-T_2)/10$

4）吸收比应大于 1.3。吸收比=R_{60s}/R_{15s}。

二、跌落式熔断器

跌落式熔断器是高压配电线路上最常用的防止过负荷及短路的保护设备。跌落式熔断器出现故障时，会丧失保护作用，甚至引起故障扩大化，引起上一级保护动作。跌落式熔断器常见故障有烧熔丝管、熔丝管误跌落故障、熔丝误断等。

（一）烧熔丝管

1. 现象

熔丝管烧损。

2. 原因

（1）由于熔丝熔断后，熔丝管不能自动跌落，电弧在管子内未被切断，形成了连续的电弧而将管子烧毁。

（2）熔丝管常因上下转动轴安装不正，被杂物阻塞，以及转轴部分粗糙，因而阻力过大、不灵活等原因，以致当熔丝熔断时，熔丝管仍短时保持原状态不能很快跌落，灭弧时间延长而造成烧管。

3. 故障处理

跌落式熔断器由于价格较低，再出现本体故障时，一般整只或整组进行更换。

（二）熔丝管误跌落

1. 现象

熔丝管不正常跌落。

2. 原因

（1）有些开关熔丝管尺寸与上下静触头接触部分尺寸匹配不合适，极易松动，一旦遇到大风就会被吹落。

（2）上静触头的弹簧压力过小，且在鸭嘴内的直角凸起处被烧伤或磨损，不能卡住熔丝管子也是造成熔丝管误跌落的原因。

3. 故障处理

调整熔丝管尺寸与上下静触头部分接触部分尺寸，或调整上静触头的弹簧压力，或整只或整组进行更换。

（三）熔丝误断

1. 现象

熔丝管熔丝熔断。

2. 原因

（1）熔断器额定断开容量小，其下限值小于被保护系统的三相短路容量，熔丝误熔断。

（2）熔丝质量不良，其焊接处受到温度及机械力的作用后脱落，也会发生误断。

3. 故障处理

将熔断器熔丝与被保护设备的参数容量进行核对，如果发现熔丝选用不当或质量不合格，及时更换熔丝。

三、真空熔断器

真空熔断器主要故障有真空灭弧室真空度降低、操动机构故障。

（一）真空灭弧室真空度降低

1. 现象

真空熔断器开断过电流的能力下降，断路器的使用寿命急剧下降，严重时引发断路器爆炸。

2. 原因

（1）真空熔断器出厂后，经过多次运输颠簸、安装振动、意外碰撞等，可能产生玻璃或陶瓷封接的渗漏。

（2）真空灭弧室材质或制作工艺存在问题，多次操作后存在漏点。

3. 故障处理

更换真空熔断器，并做好行程、同期、弹跳等特性试验。

（二）真空断路器操动机构故障

1. 现象

断路器拒动，即给断路器发出操作信号而不合闸或分闸；合不上闸或合上后即分断；事故时继电保护动作，断路器分不开，烧坏合闸线圈等现象。

2. 原因

（1）断路器拒动，可能是操作电源失电压或欠电压；操作回路断开；合闸线圈或分闸线圈断线；机构上的辅助开关触点接触不良。

（2）合不上闸或合上后即分断，可能是操作电源欠电压；断路器动触杆接触行程过大；辅助开关连锁触电断开；操动机构的半轴与掣子扣接量太小（对 CD17 型机构或弹簧结构），或对 CD10 操动机构的一字板未调整好等。

（3）事故时继电保护动作，断路器分不下来，可能是分闸铁芯内有异物使铁芯受阻动作不灵；分闸脱扣半轴转动不灵活；分闸的铜撬板太靠近铁芯的撞头，使铁芯分闸时无加速力；半轴与掣子扣接量太大；分闸顶杆变形严重，分闸时卡死，分闸操作回路断线。

（4）烧坏合闸线圈，可能是合闸后直流接触器不能断开；直流接触器合闸后分不了闸或分闸延缓；辅助开关在合闸后没有联动转至分闸位置；辅助开关松动，合闸后控制接触器的点触电没有断开。

3. 故障处理

真空断路器出现机动机构故障时，应及时将开关退出运行，由检修部门进行检修处理。

四、避雷器

避雷器是电力系统所有电力设备绝缘配合的基础设施。合理的绝缘配合是电力系统安全、可靠运行的基本保证。

由于避雷器是全密封元件，一般不可以拆卸，同时，使用中一旦出现损坏，基本没有修复的可能。避雷器常见的故障有：

（一）复合绝缘氧化物避雷器

1. 现象

避雷器损坏。

2. 原因

雷击。

3. 故障处理

将避雷器退出运行，更换合格的避雷器。

（二）阀型避雷器

1. 现象

避雷器瓷套有裂纹，避雷器内部异常或套管炸裂，避雷器在运行中突然爆炸，避雷器动作指示器内部烧黑或烧毁。

2. 原因

老化、雷击、外力破坏。

3. 故障处理

将避雷器退出运行，更换合格的避雷器。

五、电容器

1. 现象

渗漏油、外壳膨胀、温度过高、套管闪络、异常声响。

2. 原因

（1）主要是由于产品质量不良，运行维护不当，以及长期运行缺乏维修导致外皮生锈腐蚀而造成的。

（2）外壳膨胀。由于电场作用，使得电容器内部的绝缘物游离，分散出气体或部分元件击穿，电极对外壳则放电，使得密封外壳的内部压力增大，导致外壳膨胀变形。

（3）温度过高。主要原因是电容器过电流和通风条件差，电容器长期在超过规定温度的情况下运行，将严重影响其使用寿命，并会导致绝缘击穿等事故使电容器损坏。

（4）套管闪络。套管表面因污秽可能引起闪络放电，造成电容器损坏。

（5）异常声响。电容器在运行过程中不应该发出特殊响声。如果在运行中发有"滋滋"声或"咕咕"声，则说明外部或内部有局部放电现象。

3. 故障处理

当发现电容器有外壳膨胀、漏油、套管破裂、内部声音异常、外壳和接头发热、熔断器熔断时，应立即切断电源。当发现电容器开关跳闸时，应检查送回电路和电容器本身有无故障。若由于外部原因造成，可处理后进行试投，否则，应对电容器进行逐台检查试验，未查明原因前，不得投运；处理电容器故障时，引线将有关开关和隔离开关断开，并将电容器充分放电。

六、接地装置

1. 现象

设备无法正常运行，相电压不平衡。

2. 原因

（1）接地体与接地引线连接线夹或螺栓丢失。

（2）接地保护管遭外力破坏，如撞击等。

（3）接地体的接地圆钢、扁钢等被盗。

3. 故障处理

因立即进行补修，修复后重新测量接地，并做好记录。

七、案例分析

在对配电变压器巡视过程中，发现运行中的某配电变压器发出异常声响，用合格绝缘杆或干木棍一头抵在变压器外壳上，一头放于耳边，仔细倾听，发现变压器发出连续的"嗡嗡"声比平常大。经测试，变压器二次电压和油温正常，并且负荷没有突变现象。综合这些现象，初步断定变压器内部铁芯可能松动。因为运行中的变压器出现故障，通常都伴有异常声响。当音响中夹有爆炸声，可能是变压器内部有绝缘击穿现象，当音响中夹有放电声，可能是套管发生闪络放电；只有变压器内部铁芯松动，才会出现连续的"嗡嗡"声比平常加大，并且电压和油温正常。所以停止变压器的运行，进行测试、检修。

【思考与练习】

1. 变压器的常见故障有哪些？怎么处理？
2. 接地装置常见故障现象有哪些？
3. 跌落式熔断器的常见故障有哪些？
4. 真空熔断器的常见故障有哪些?

▲ 模块 4　10kV 开关站运行维护（Z33E7004Ⅲ）

【模块描述】本模块包括 10kV 开关站运行维护管理制度、巡视和检查规定、缺陷管理和危险点分析等内容。通过概念描述、流程介绍、要点归纳，掌握 10kV 开关站的运行维护和巡视检查。

【正文】

一、运行维护管理制度

开关站的运行应建立完善的值班制度、交接班制度、设备巡回检查制度、闭锁装置防误管理制度、运行岗位责任制、设备验收制度、培训制度等，并应严格遵守制度。

1. 值班制度

开关站因为数量多，设备又规范、单一，所以一般不对每座开关站都单独配备专门的值班人员值班，而是对某些、某片区域的开关站配备足够的专业人员进行运行值班。

值班人员应严格遵守值班制度、值班期间应穿工作服，佩戴值班标志。在当职期间，要服从指挥，恪尽职守，及时完成各项运行、维护、倒闸操作等工作。值班期间进行的工作，都要填写到记录中，每次操作联系、处理事故等联系，均进行录音。

2. 交接班制度

值班人员进行交接班时，应遵守现场交接班制度进行交接，未办交接手续之前，不得早退。在处理事故或倒闸操作时，不得进行交接班。交接班时发生事故，应停止交接班，由交班人员处理，接班人员在交班正值指挥下协助工作。

交班的主要内容：当班所进行的操作情况未完的操作任务；使用中的和已收到的工作票；使用中的接地线号数及装设地点；发现的运行设备缺陷和异常运行情况；继

电保护、自动装置动作和投撤变更情况；事故异常处理情况及有关交待；上级命令、指示内容和执行情况；一、二次设备检修试验情况。接班人员将检查结果互相汇报，认为可以接班时，方可签名接班。接班后根据天气、运行方式、工作情况、设备情况等，安排本班工作，做好事故预想。

3. 设备巡回检查制度

设备巡回检查制度是一项及时发现设备缺陷、掌握设备技术状况、确保安全运行的重要制度。巡回检查应严格规定的路线和现场运行规程的规定逐项进行检查。

4. 闭锁装置防误管理制度

为贯彻"安全第一、预防为主"的安全生产方针及"保人身、保电网、保设备"的原则，防止电气误操作事故的发生，运行人员应严格执行防误闭锁装置管理制度，使防止电气误操作的措施贯穿于开关站管理的全过程。

5. 运行岗位责任制

值班人员在当值内，必须思想集中，坚守岗位，进行事故预想，随时准备处理各种事故和异常运行情况，切实做好值班工作，确保安全运行，认真执行"两票三制"（"两票"指"工作票、操作票"，"三制"指"交接班制度、巡回检查制度、设备定期试验轮换制度"），精心操作，做好交接班工作。在 10kV 开关站现场处理事故或异常情况时，值班员必须沉着、果断、迅速、正确地分析判断和处理，尽量缩小事故范围，避免设备损坏和人员伤亡，尽快恢复对用户的供电，减少停电时间。服从分配，听从指挥，积极完成上级下达的任务。努力学习技术业务，严格遵守劳动纪律，上班前不酗酒，上班不迟到早退，不擅自离开工作岗位，不打瞌睡，着装规范，不做与工作无关的事。

6. 设备验收制度

设备验收制度是保证电气设备检修后做到修必修好，保证检修周期，避免返工重修和减少临修的一项重要制度。运行人员的验收工作应根据验收项目表及检修工作负责人交底、检修记录逐条逐项进行，将验收情况详细记入相应的栏目中。对检修质量不合格的设备，运行人员应提出返工及处理要求，并报告设备主管部门。

7. 培训制度

运行人员必须经过上岗考试和审批手续，方可担任正式值班工作。因工作调动或其他原因离岗 3 个月以上者，必须经过培训并履行考试和审批手续后方可上岗正式担任值班工作。运行单位应根据上级规定的培训和年度培训计划要求，按期完成培训计划。其培训标准如下：

（1）熟练掌握设备结构、原理、性能、技术参数和设备布置情况，以及设备的运行、维护、倒闸操作方法和注意事项。掌握一、二次设备的接线和相应的运行方式，能审核设备检修、试验、检测记录，并能根据设备运行情况和巡视结果，分析设备健康状况，掌握设备缺陷和运行薄弱环节。

（2）正确掌握调度、运行、安全规程和运行管理制度的有关规定，以及检修、试验、继电保护规程的有关内容，正确执行各种规章制度，熟练掌握现场运行规程。遇有扩建工程或设备变更时，能及时修改和补充现场运行规程，保证倒闸操作、事故处理正确。熟练掌握倒闸操作技术，能正确执行操作程序，迅速、正确地完成各项倒闸操作任务。掌握各种设备的操作要领和一、二次设备相应的操作程序，熟知每一项操作的目的。

二、巡视和检查

巡视和检查一般应由两人一起进行。运行人员在巡视设备时应兼顾安全保卫设施的巡视。运行人员应根据本地区的气候特点和设备实际，制定相应的设备防高温和防寒措施。雨季来临前对可能积水的地下室、电缆沟、电缆隧道等积水情况，并及时排水，室内潮气过大时做好通风工作。每年用电高峰来临前应对柜内电气连接部分进行一次红外测温检查，以便及时处理过热缺陷。

对各种值班方式下的巡视时间、次数、内容，各运行单位应做出明确规定，值班人员应按规定认真巡视检查设备，提高巡视质量，及时发现异常和缺陷，及时汇报给上级和调度，杜绝事故发生。一般来说，每月应至少进行全面巡视一次，内容主要是对设备全面的外部检查，对缺陷有无发展做出鉴定，检查设备的薄弱环节，检查防火、防小动物，防误闭锁装置等有无漏洞，检查接地网是否完好。每季进行夜间巡视一次，内容是检查设备有无电晕、放电，接头有无过热现象，并做好记录。

1. 应做特巡检查的情况

（1）10kV 开关站设备新投入运行、设备经过检修或改造、长期停运后重新投入系统运行。

（2）遇台风、暴雨、大雪等特殊天气。

（3）与 10kV 开关站相关的线路跳闸后的故障巡视。

（4）10kV 开关站设备变动后的巡视。

（5）异常情况下的巡视，主要是指设备发热、跳闸、有接地故障情况等，应加强巡视。

2. 10kV 开关站一般检查项目及标准

（1）设备表面应清洁，无裂纹及缺损，无放电现象和放电痕迹，无异声、异味，设备运行正常。

（2）各电气连接部分无松动发热。

（3）各连接螺栓无松动脱落现象。

（4）电气设备的相色应醒目。

（5）防护设备完好，带电显示装备，配置齐全，功能完善。

（6）照明电源及开关操作电源供电正常。

（7）表计指示正常，信号灯指示正确，设备无超限额值。

（8）开关柜误锈蚀，电缆进出孔封堵完好。

3. 除上述检查项目外 10kV 开关站还应进行如下分项检查

（1）10kV 开关：

1）真空泡表面无裂纹，SR 开关气压指示正常。

2）分、合闸位置正确，控制开关与指示灯位置对应。

3）操动机构已储能、外罩及间隔门关闭良好。

4）端子排接线无松动。

（2）隔离开关：

1）隔离开关的触头接触良好，合闸到位，无发热现象。

2）操作把手到位，轴、销位置正常。

3）隔离开关的辅助开关接触良好。

（3）避雷器：

1）避雷器外壳无损。

2）避雷器接地可靠。

（4）互感器：

1）互感器整体无发热现象。

2）表面无裂纹。

3）无异常电磁声。

4）电流回路无开路，电压回路无短路。

5）高低压熔丝基础良好，无跳火现象。

（5）母线：

1）母线无严重积尘，无弯曲变形，无悬挂物。

2）支持绝缘子无裂缝。

3）各金具牢固。

4）绝缘子法兰无锈蚀。

（6）电力电缆：

1）终端头三叉口处无裂缝。

2）电缆固定抱箍坚固，电缆头无受力情况。

3）电缆接地牢固，接地线无断股。

（7）土建、环境及其他：

1）10kV 开关站门窗完好无损，门锁完好。

2）I0kV 开关站主体建筑完好，地基无下沉，墙面整洁、无剥落。

3）防鼠挡板安置密封，无缝隙，电缆层、门窗铁丝网完好。

4）户内、外电缆盖板完好，无断裂、缺少。电缆孔洞防火处理完好，电缆沟内无积水，进出洞孔封堵牢固，排水、排风装置工作正常。

5）接地无锈蚀，隐蔽部分无外露。

6）室内、柜内照明系统正常。

三、缺陷管理

缺陷管理的目的是掌握运行设备存在的问题，以便按轻、重、缓、急消除缺陷，提高设备的健康水平，保障设备的安全运行，为大修、更新、改造设备提供依据。"设备缺陷"是指运行中供电设备任何部件的损坏、绝缘不良或处于不正常的运行状况。设备缺陷应按一定的原则进行分类，按分类安排消除缺陷工作，并实行闭环管理。

（1）缺陷按下列原则分类。

1）一般缺陷。指对近期安全运行影响不大的缺陷，可以列入年、季度检修计划或在日常维护工作予以消除。

2）重大缺陷。指缺陷比较严重，但设备仍可短期继续安全运行，该缺陷在一周内消除，消除前应加强重视。

3）紧急缺陷。指严重程度已使设备不能继续安全运行，随时可能导致发生事故危及人身安全的缺陷，必须在 24h 内消除或采取必要的安全技术措施进行临时处理。

（2）缺陷闭环处理流程。缺陷处理的一般流程：发现缺陷→登记缺陷记录→填写缺陷单→审核并上报→缺陷汇总→列入工作计划→检修（运行人员处理）→消缺反馈→资料保存。

（3）设备管理部门要督促各单位贯彻执行本要求，并检查执行情况。接到设备缺陷处理申请后，应立即开列生产工作联系单到检修部门，并督促其实施。

（4）运行部门要及时掌握主要设备危急和严重缺陷。每年对设备缺陷进行综合分析，根据缺陷产生的规律，提出年度反事故措施，报上级主管部门。在运行班组的定期巡检或在施工检修中发现 10kV 开关站的设备缺陷，由运行班组认真填写 10kV 开关站的设备缺陷，运行班组能处理的应立即处理消缺，运行班组不能处理的缺陷，由运行班组填报设备缺陷处理申请书至生技部门。缺陷处理完毕，由运行部门（或专业技术人员）负责验收，恢复供电，并及时填写设备消缺记录。

四、危险点分析

设备有发生接地故障的可能时，进行巡线应防止触电伤害，具体控制措施如下：

（1）事故巡线应始终认为线路带电。即使明知该线路已停电，也应认为线路有随时恢复送电的可能。

（2）高压设备发生接地时应注意室内不得接近故障点 4m 以内，室外不得接近故障点 8m 以内。进入上述范围的人员应穿绝缘靴，接触设备的外壳和构架时，应戴绝缘手套。

五、案例

2012 年 6 月 24 日××供电公司 10kV××线变电站显示接地故障，调度指示配电班人员进行巡视，配电班工作人员李××由于未采取相应的防护措施在巡视××开关站时发生 10kV 触电，经抢救无效死亡。

分析原因：开关站属于高压设备，发生接地时，不得接近故障点 8m 以内。李××由于距离故障点太近并且未穿戴绝缘靴、绝缘手套，所以产生跨步电压，发生人身事故。

防范措施：高压设备发生接地时应注意室内不得接近故障点 4m 以内，室外不得接近故障点 8m 以内，并应穿戴绝缘靴、绝缘手套进行巡视。

解决办法：巡视应由两人一起进行，并应由熟悉该线路的工作人员进行，应穿戴绝缘靴、绝缘手套进行巡视，应使用接地故障指示仪、接地点测试仪或验电笔等工具在保证安全距离的情况下进行接地故障点查找。

【思考与练习】

1. 开关站运行中应建立什么制度？
2. 什么情况下应对开关进行特巡？
3. 开关站的运行维护有哪些管理制度？

模块5 10kV 箱式变电站运行维护（Z33E7005Ⅲ）

【模块描述】 本模块包含 10kV 箱式变电器运行维护管理制度、巡视、检查和维护规定、缺陷管理和危险点分析等内容。通过概念描述、流程介绍、要点归纳，掌握 10kV 箱式变电站的运行维护和巡视检查。

【正文】

一、运行维护管理制度

箱式变电站的运行维护管理，首先应建立完善的运行值班制度、交接班制度、设备巡回检查制度、闭锁装置防误管理制度、运行岗位责任制、设备验收制度、培训制度等，并应严格遵守制度。

1. 值班制度

箱式变电站因为数量多，设备规范、单一，所以一般不对箱式变电站单独配备专门的值班人员值班，而是对某些、某片区域的变电站配备足够的专业人员进行运行值班的。

值班人员应严格遵守值班制度，值班期间应穿工作服，佩戴值班标志。在当值期间，要服从指挥，恪尽职守，及时完成各项运行、维护、倒闸操作等工作。值班期间进行的操作，都要填写到记录中。每次操作联系、处理事故等联系，均应进行录音。

2. 交接班制度

值班人员进行交接班时，应遵照现场交接班制度进行交接，未办完交接手续之前，不得早退。在处理事故或倒闸操作时，不得进行交接班。交接班时发生事故，应停止交接班，由交班人员处理，接班人员在交班正值指挥下协助工作。

交接班的主要内容：当班所进行的操作情况及未完的操作任务；使用中的和已收到的工作票；使用中的接地线号数及装设地点；发现的运行设备缺陷和异常运行情况；继电保护、自动装置动作和投撤变更情况；事故异常处理情况及有关交代；上级命令、指示内容和执行情况；一、二次设备检修试验情况。接班人员将检查结果互相汇报，认为可以接班时，方可签名接班。接班后根据天气、运行方式、工作情况、设备情况等，安排本班工作，做好事故预想。

3. 设备巡回检查制度

设备巡回检查制度是一项及时发现设备缺陷、掌握设备技术状况、确保安全运行的重要制度。巡回检查应严格按规定的路线和现场运行规程的规定逐项进行检查。

4. 闭锁装置防误管理制度

为贯彻"安全第一、预防为主"的安全生产方针及"保人身、保电网、保设备"的原则，防止电气误操作事故的发生，运行人员应严格执行防误闭锁装置管理制度，使防止电气误操作的措施贯穿于开关站管理的全过程。

5. 运行岗位责任制

值班人员在当值内，必须思想集中，坚守岗位，进行事故预想，随时准备处理各种事故和异常情况，切实做好值班工作，确保安全运行，认真执行"两票三制"（"两票"指"工作票、操作票"，"三制"指"交接班制度、巡回检查制度、设备定期试验轮换制度"），精心操作，做好交接班工作。在 10kV 箱式变电站现场处理事故或异常情况时，值班员必须沉着、果断、迅速、正确地分析判断和处理，尽量缩小事故范围，避免设备损坏和人员伤亡，尽快恢复对用户的供电，减少停电时间。服从分配，听从指挥，积极完成上级下达的任务，努力学习业务技术，严格遵守劳动纪律，班前不酗酒，上班不迟到早退，不擅自离开工作岗位，不打瞌睡，着装规范，不做与工作无关的事。

6. 设备验收制度

设备验收制度是保证电气设备检修后做到修必修好，保证检修周期，避免返工重修和减少临修的一项重要制度。运行人员的验收工作应根据验收项目表及检修工作负责人交底、检修记录逐条逐项进行，对验收情况详细记入相应的栏目中。对检修质量不合格的设备，运行人员应提出返工及处理要求，并报告设备主管部门。

7. 培训制度

运行人员必须经过上岗考试和审批手续，方可担任正式值班工作。因工作调动或其他原因离岗 3 个月以上者，必须经过培训并履行考试和审批手续后方可上岗正式担任值班工作。运行单位应根据上级规定的培训制度和年度培训计划要求，按期完成培训计划。其培训标准如下：

（1）熟练掌握设备结构、原理、性能、技术参数和设备布置情况，以及设备的运行、维护、倒闸操作方法和注意事项。掌握一、二次设备的接线和相应的运行方式，能审核设备检修、试验、检测记录，并能根据设备运行情况和巡视结果，分析设备健康状况，掌握设备缺陷和运行薄弱环节。

（2）正确掌握调度、运行、安全规程和运行管理制度的有关规定，以及检修、试验、继电保护规程的有关内容，正确执行各种规程制度，熟练掌握现场运行规程。遇有扩建工程或设备变更时，能及时修改和补充现场运行规程，保证倒闸操作、事故处理正确。熟练掌握倒闸操作技术，能正确执行操作程序，迅速、正确地完成各项倒闸操作任务。掌握各种设备的操作要领和一、二次设备相应的操作程序，熟知每一项操作的目的。

二、巡视、检查

1. 箱式变电站的巡视、检查、试验周期（见表 7-5-1）

表 7-5-1　　　　　　　　箱式变电站的巡视、检查、试验周期

序号	项目	周期	备注
1	巡视检查	每月一次	
2	电流电压测量	半年至少一次	
3	开关检查小修理	每年一次	
4	开关整定实验	2 年一次	重要箱式变电站适当增加巡视次数
5	设备及各部件清扫检查	每年至少一次	
6	变压器绝缘电阻测量	4 年一次	
7	接地装置测试	2 年一次	
8	保护装置、仪表测试	2 年一次	

（1）箱式变电站的巡视检查内容：

1）箱式变电站的外壳是否有锈蚀和破损现象。

2）箱式变电站的围栏是否完好。

3）各种仪表、信号装置指示是否正常。

4）各种设备有无异常情况，各部接点有无过热现象，空气断路器、互感器有无异音，有无灼焦气味等。

5）各种充油设备的油色、油温是否正常，有无渗、漏油现象。

6）各种设备的瓷件是否清洁，有无裂纹、损坏、放电痕迹等异常现象。

7）断路器的分、合位置是否正确。

8）箱体有无渗、漏水现象，基础有无下沉。

9）各种标志是否齐全、清晰。

10）低压母线的绝缘护套是否良好，有无过热现象。

11）箱式变电站内是否有正确的低压网络图。

12）周围有无威胁安全、影响工作和阻塞检修车辆通行的堆积物。

13）防小动物设施是否完好。

14）接地装置是否可靠，防雷装置是否完好。

（2）箱式变电站的特殊巡视规定：

1）特殊巡视。有对箱式变电站产生破坏性的自然现象和气候（如大风、雷雨、地震等）及其他异常情况（如电缆线路有可能被施工、运输、爆破等原因破坏）时进行的巡视。

2）夜间巡视。高峰负荷时间，检查设备各部接点发热情况，有雾和小雨加雪天气检查电缆终端头、绝缘子、避雷器等放电情况，应由箱式变电站负责人根据具体情况确定巡视次数。

3）故障巡视。为巡查事故情况进行的巡视，巡视时应视设备是否带电，与其保持足够的安全距离。

4）监察性巡视。运行单位的领导、专责技术人员为了了解设备运行情况和检查维护人员工作，每半年至少进行一次巡视。

（3）箱式变电站巡视时的安全注意事项：

1）雷雨天气需要巡视时，应穿绝缘靴。

2）巡视时不得进行其他工作，要严格遵守安全工作规程的有关规定。

2. 变压器的维护

（1）套管是否清洁，有无裂纹、损伤、放电痕迹。

（2）油温、油色、油面是否正常，有无异音、异味。

（3）呼吸器是否正常，有无堵塞现象。

（4）各个电气连接点有无锈蚀、过热和烧损现象。

（5）分接开关位置是否正确、换接是否良好。

（6）外壳有无脱漆、锈蚀；焊口有无裂纹、渗油，接地是否良好。

（7）各部密封垫有无老化、开裂，缝隙有无渗漏油现象。

（8）各部分螺栓是否完整，有无松动。

（9）铭牌及其他标志是否完好。

（10）一、二次引线是否松弛，绝缘是否良好，相间或对构件的距离是否符合规定，对工作人员有无触电危险。

3. 高压负荷开关、隔离开关、熔断器和自动空气断路器的维护

（1）运行中的高压负荷开关设备经规定次数开断后，应检查触头接触情况和灭弧装置的消耗程度，发现有异常变化应及时检修或调换。高压负荷开关进线电缆有接在开关上口和下口的，应具体标明，在检修和维护过程中要特别注意。

（2）隔离开关、熔断器的维护。瓷件无裂纹、闪络破损及脏污；熔断管无弯曲、变形；触头间接触良好，无过热、烧损、熔化现象；引线接点连接牢固可靠，各部件间距合适；操动机构灵活、无锈蚀现象。

（3）DW 型空气断路器的维护。断路器在使用过程中各个转动部分应定期或定次数注入润滑油；定期维护、洁扫灰尘，以保持断路器的绝缘水平；当断路器遇到短路电流后，除必须检查触头外，还要清理灭弧罩两壁烟痕，如灭弧栅片烧损严重或灭弧罩碎裂，不允许再使用，必须更换灭弧罩。

（4）DZ 型断路器的维护。断路器断开短路电流后，应立即打开盖子进行检查。触头接触是否良好，螺钉、螺母是否松动。清除断路器内灭弧罩栅片上的金属粒子。检查操动机构是否正常。触头磨损 1/2 厚度的应更换新开关。

4. 高、低压盘的维护

（1）盘面应平整，不应有明显的凹凸不平现象。

（2）表面均应涂漆，并应有良好的附着力，不应有明显的不均匀、透出底漆。

（3）构架应有足够的机械强度，操作一次设备不应使二次设备误动作，构架应有接地装置。

（4）底脚平稳，不应有显著的前后倾斜、左右偏歪及晃动等现象，多面屏排列应整齐，屏间不应有明显的缝隙。

（5）焊接应牢固，无焊穿、裂缝等缺陷。

（6）金属零件的镀层应牢固，无变质、脱落及生锈现象。

（7）操作机械把手应灵活可靠，分、合指示正确。

5. 母线的维护

母线应连接严密，有绝缘护套，接触良好，配置整齐美观，用黄、绿、红三色标示出相位关系，不同金属连接时，应采取防电化腐蚀的措施。母线在允许载流量下，长期运行时允许发热温度为 70℃短时最高温升为：铜母线排 250℃；铝母线排 150℃。

6. 箱式变电站的防雷设备与接地装置

（1）防雷装置应在雷雨季之前投入运行。

（2）防雷装置的巡视周期与箱式变电站的巡视周期相同。

（3）防雷装置检查、试验周期为一年一次，避雷器绝缘电阻试验一年一次，避雷器工频放电试验三年一次。

（4）箱式变电站所辖的电气设备的接地电阻测量每两年一次，测量接地电阻应在干燥天气进行。

（5）箱式变电站的接地装置的接地电阻不应大于 4Ω。

（6）箱式变电站内各部件接地应良好，引下线各接头应良好，接线卡子和引线连接处不应有锈蚀。

三、缺陷管理

（1）缺陷管理的目的是为了掌握运行设备存在的问题，以便按轻、重、缓、急消除缺陷，提高设备的健康水平，保证设备的安全运行。另外，以缺陷进行全面分析总结变化规律，为大修、更新改造设备提供依据。

（2）缺陷按下列原则分类：

1）一般缺陷。指对近期安全运行影响不大的缺陷，可列入年、季检修计划或日常维护工作中去消除。

2）重大缺陷。指缺陷比较严重，但设备仍可短期继续安全运行的缺陷，该缺陷应在短期内消除，消除前应加强监视。

3）紧急缺陷。指严重程度已使设备不能继续安全运行，随时可能导致发生事故或危及人身安全的缺陷，必须尽快消除或采取必要的安全技术措施进行临时处理。

运行人员应将发现的缺陷详细记入缺陷记录内，并提出处理意见，紧急缺陷应立即向领导汇报，及时处理。

四、危险点分析

设备有发生接地故障的可能时，进行巡线应防止触电伤害，具体控制措施如下：

（1）事故巡线应始终认为线路带电。即使明知该线路已停电，也应认为线路有随时恢复送电的可能。

（2）高压设备发生接地时应注意室内不得接近故障点 4m 以内，室外不得接近故障点 8m 以内。进入上述范围人员应穿绝缘靴，接触设备的外壳和构架时，应戴绝缘手套。

五、案例

2002 年 6 月 4 日××供电公司 10kV××线变电站显示接地故障，调度指示配电班人员进行巡视，配电班工作人员赵××由于未采取相应的防护措施在巡视××箱式变电站时发生 10kV 触电，经抢救无效死亡。

分析原因：箱式变电站属于高压设备，发生接地时，不得接近故障点 8m 以内。赵××由于接近故障点距离太近，并且未穿戴绝缘靴、绝缘手套，所以产生跨步电压，发生人身事故。

防范措施：高压设备发生接地时应注意室内不得接近故障点 4m 以内，室外不得接近故障点 8m 以内，并应穿戴绝缘靴、绝缘手套进行巡视。

解决办法：巡视应由两人一起进行，并应由熟悉该线路的工作人员进行，应穿戴绝缘靴、绝缘手套进行巡视。应使用接地故障指示仪、接地点测试仪或验电笔等工具在保证安全距离的情况下进行接地故障点查找。

【思考与练习】

1. 箱式变电站的缺陷管理是指什么？
2. 箱式变电站的巡视周期是如何规定的？
3. 简述缺陷的原则分类。

▲ 模块 6　农网配电设备预防性试验标准及试验方法
（Z33E7006 Ⅲ）

【模块描述】本模块包含配电变压器、有机物绝缘拉杆、断路器、隔离开关、负荷开关及高压熔断器、互感器、套管、悬式绝缘子和支柱绝缘子、电力电缆、电容器、绝缘油、避雷器、接地装置、二次回路、1kV 以下配电线路和装置、1kV 以上架空电力线路、低压电器等农网配电设备的预防性实验项目的、周期、要求及方法。通过概念描述、术语说明、条文解释、列表示意、要点归纳，掌握农网配电设备预防性试验项目、标准和方法。

【正文】

配电设备的预防性试验，是配电运行维护人员的基础性工作之一。通过预防性试验，能够及时发现设备缺陷，并进行检修，这对预防事故的发生，确保设备安全运行起着重要的作用。

一、配电变压器预防性试验项目、周期、要求、方法

（1）测量直流电阻。测量时，连同绕组和套管一起，应在所有分接头位置进行。

要求在 1~3 年或大修后或必要时进行。

1）1600kVA 及以下三相变压器，各相测得值的相互差值应小于平均值的 4%，线间测得值的相互差值应小于平均值的 2%；1600kVA 以上三相变压器，各相测得值的相互差值应小于平均值的 2%，线间测得值的相互差值应小于平均值的 1%。

2）变压器的直流电阻，与同温度下产品出厂实测数值比较，相应变化不大于 2%。

（2）检查所有分接头的变压化，与制造厂铭牌数据相比应无明显差别，其变压比的允许误差在额定分接头位置时为±0.5%。要求在分接开关引线拆装后或更换绕组后或必要时进行。

（3）检查三相变压器的联结组别和单相变压器引出线的极性，必须与设计要求及铭牌上的标记和外壳上的符号相符。要求在更换绕组后进行。

（4）测量绕组连同套管的绝缘电阻、吸收比或极比指数，要求在 1~3 年或大修后或必要时进行。应符合下列规定：

1）绝缘电阻值应不低于产品出厂试验值的 70%。油浸式电力变压器绝缘电阻的温度换算系数见表 7-6-1。

当测量温度与产品出厂试验时的温度不一样时，可按表 7-6-1 换算到同一温度时的数值进行比较。

表 7-6-1 油浸式电力变压器绝缘电阻的温度换算系数

温度差 K	5	10	15	20	25	30	35	40	45	50	55	60
换算系数 A	1.2	1.5	1.8	2.3	2.3	3.4	4.1	5.1	6.2	7.5	9.2	11.2

注 表中 K 为实测温度减去 20℃的绝对值。

当测量绝缘电阻的温度差不是表 ZY3300304006-1 中所列数值时，其换算系数 A 可用线性插入法确定，也可按式（7-6-1）计算

$$A=1.5K/10 \tag{7-6-1}$$

校正到 20℃时的绝缘电阻值可用式（7-6-2）、式（7-6-3）计算：

当实测温度为 20℃以上时

$$R_{20}=AR_t \tag{7-6-2}$$

当实测温度为 20℃以下时

$$R_{20}=R_t/A \tag{7-6-3}$$

式中 R_{20}——校正到 20℃时的绝缘电阻值，$M\Omega$；

R_t——在测量温度下的绝缘电阻值，$M\Omega$。

2）测量与铁芯绝缘的各紧固件及铁芯接地线引出套管对外壳的绝缘电阻，应符合下列规定：

a. 进行器身检查的变压器，应测量可接触到的穿芯螺栓、扼铁增夹件及绑扎钢带对铁扼、铁芯、油箱及绕组压环的绝缘电阻。

b. 采用 2500V 绝缘电阻表测量，持续时间为 1min，应无闪络及击穿现象。

c. 当扼铁梁及穿芯螺栓一端与铁芯连接时，应将连片断开后进行试验。

d. 铁芯必须为一点接地；对变压器上有专用的铁芯接地线引出套管时，应在注油前测量其对外壳的绝缘电阻。

（5）冲击合闸试验，在新装或大修后，应对配电变压器进行冲击合闸试验。

1）在额定电压下对变压器的冲击合闸试验，应进行 5 次，每次间隔时间宜为 5min，无异常现象；冲击合闸宜在变压器高压侧进行；对中性点接地的电力系统，试验时变压器中性点必须接地。

2）检查变压器的相位必须与电网相位一致。

变压器的试验要求在 1~5 年或大修后或必要时进行。

二、有机物绝缘拉杆预防性试验项目、周期、要求、方法

10kV 配电的有机物绝缘拉杆的绝缘电阻不低于 1200MΩ，要求每半年进行一次试验。

三、断路器预防性试验项目、周期、要求、方法

（1）每相回路电阻值及测试方法应符合产品技术条件的规定。

（2）主触头的三相或同相各断口分、合闸的同期性在组装或检修时，应符合产品技术条件的规定。

（3）分、合闸线圈及合闸接触器线圈的绝缘电阻应不低于 10MΩ，直流电阻值与产品出厂试验值相比无明显差别。

（4）操动机构的试验，应符合下列规定：

1）合闸操作。当操动电压、液压在表 7-6-2 和表 7-6-3 范围内时，操动机构应可靠动作。

表 7-6-2　　　　　　　　　　　　操动机构的操动实验

操动类别	操动线圈端钮电压与额定电源电压的比值（%）	操动液压	操动次数
合、分	110	产品规定的最高操动压力	3
合、分	100	额定操动压力	3
合	85（80）	产品规定的最高操动压力	3

续表

操动类别	操动线圈端钮电压与额定 电源电压的比值（%）	操动液压	操动次数
合	65	产品规定的最高操动压力	3
合	100	产品规定的最高操动压力	3

注 1. 括号内数字适用于装有自动重合闸装置的断路器。

    2. 模拟操动试验应在液压的自动控制回路能准确、可靠动作的状态下进行。

    3. 操动时，液压的压降允许值应符合产品技术条件的规定。

表 7-6-3   **断路器操动机构合闸操作试验电压、液压范围**

电 压		液 压
直 流	交 流	
（85%～110%）U_N	（85%～110%）U_N	按产品规定的最低及最高值

注 1. 对电磁机构，当断路器关合电流峰值小于 50kA 时，直流操作电压范围为（85%～110%）U_N，U_N 为
      额定电压。

    2. 弹簧、液压操动机构的合闸线圈以及电磁操动机构的合闸接触器的动作要求，均应符合表 7-6-2 的
      规定。

2）脱扣操作。直流或交流的分闸电磁铁，在其线圈端钮处的电压大于额定值的 65% 时，应可靠地分闸；当此电压小于额定值的 30% 时，不应分闸。附装失电压脱扣器的动作特性应符合表 7-6-4 的规定。

附装过电流脱扣器的，其额定电流规定不小于 2.5A，脱扣器试验应符合表 7-6-5 的规定。

（5）断路器耐压试验，应按《高压电气设备绝缘、工频耐压试验电压标准》的要求进行。其中，真空断路器灭弧室断口间在试验中不应发生贯穿性放电；SF_6 断路器应在额定气体压力下，取出厂试验值的 80%。

（6）测量断路器内 SF_6 气体的微量水含量，应符合下列规定：

1）与灭弧相通的气室，应小于 $150×10^{-6}$（体积比）。

2）不与灭弧室相通的气室，应小于 $500×10^{-6}$（体积比）。

3）微量水的测定应在断路器充气 24h 后进行。

表 7-6-4   **附装失电压脱扣器的脱扣试验**

电源电压与额定电源电压的比值	>35%	>65%～>85%	>85%
失电压脱扣器的工作状态	铁芯应可靠地释放	铁芯不得释放	铁芯应可靠地吸合

表 7-6-5   附装过电流脱扣器的脱扣试验

过电流脱扣器的各类参数	延时动作时间	瞬时动作时间
脱扣电流等级范围（A）	2.5～10	2.5～15
每一级脱扣电流的精确度	±10%	
同一脱扣器各级脱扣电流精确度	±5%	

（7）密封性试验可采用下列方法进行：

1）采用灵敏度不低于 $1×10^{-6}$（体积比）的检漏仪对断路器各密封部位、管道接头等处进行检测时，检漏仪不应报警。

2）采用收集法进行气体泄漏测量时，以 24h 的漏气量换算，年漏气率应不大于 1%。

3）泄漏值的测量应在断路器充气 24h 后进行。

（8）气体密度继电器及压力动作阀的动作值，应符合产品技术条件的规定。压力表指示值的误差及其变差，均应在产品相应电压等级的允许误差范围内。

断路器的试验要求在 1～3 年或大修后或必要时进行。

四、隔离开关、负荷开关及高压熔断器预防性试验项目、周期、要求、方法

（1）测量高压限流熔丝管熔丝的直流电阻值，与同型号产品相比不应有明显差别。

（2）测量负荷开关导电回路的电阻值及测试方法，应符合产品技术条件的规定。

（3）交流耐压试验应符合下述规定：三相同一箱体的负荷开关，应按相间及相对地进行耐压试验，其余均按相对地或外壳进行。试验电压符合技术标准对断路器的规定。对负荷开关还应按产品技术条件规定进行每个断口的交流耐压试验。

（4）检查操动机构线圈的最低动作电压，应符合制造厂的规定。

（5）操动机构的试验应符合下列规定：动力式操动机构的分、合闸操作，当其电压或气压在下列范围时，应保证隔离开关的主闸刀或接地闸刀可靠地分闸和合闸。

1）电动机操动机构，当电动机接线端子的电压在其额定电压的 80%～110%范围内时。

2）压缩空气操动机构，当气压在其额定气压的 80%～110%范围内时。

3）二次控制线圈和电磁闭锁装置，当其线圈接线端子的电压在其额定电压的 80%～110%时。

隔离开关、负荷开关的机械或电气闭锁装置应准确可靠。

隔离开关、负荷开关及高压熔断器的试验要求在 1～3 年或大修后或必要时进行。

五、互感器的预防性试验项目、周期、要求、方法

（1）测量一次绕组对二次绕组及外壳、各二次绕组间及对外壳的绝缘电阻。

（2）测量 1000V 以上电压互感器的空载电流和励磁特性，应符合下列规定：

1）应在互感器的铭牌额定电压下测量空载电流。空载电流与同批产品的测量值或出厂数值比较，应无明显差别。

2）电容式电压互感器的中间电压变压器与分压电容器在内部连接时，可不进行此项试验。

（3）检查互感器的三相绕组联合组和单相互感器引出线的极性，必须符合设计要求，并应与铭牌上的标记和外壳上的符号相符。

（4）检查互感器变比，应与制造厂铭牌值相符，对多触头的互感器，可只检查分接头的变化。

（5）测量铁芯夹紧螺栓的绝缘电阻，应符合下列规定：

1）在做器身检查时，应对外露的或可接触到的铁芯夹紧螺栓进行测量。

2）采用 2500V 绝缘电阻表测量，试验时间为 1min，应无闪络及击穿现象。

3）穿芯螺栓一端与铁芯连接者，测量时应将连接片断开，不能断开的可不进行测量。

（6）对绝缘性能可疑的油浸式互感器，绝缘油电气强度试验应符合相关规定。

（7）测量电压互感器一次绕组的直流电阻值，与产品出厂值或同批相同型号产品的测量值相比，应无明显差别。

（8）当断电保护对电流互感器的励磁有要求时，应进行励磁特性曲线试验。当电流互感器为多抽头时，可对使用的抽头或最大抽头进行测量。同型式电流互感器特性相互比较，应无明显差别。

互感器的试验要求在 1～3 年或大修后或必要时进行。

六、套管的预防性试验项目、周期、要求、方法

（1）测量套管主绝缘的绝缘电阻不低于规定值。

（2）交流耐压试验应符合下列规定：

1）试验电压应符合技术标准的规定。

2）纯瓷穿墙套管、多油断路器套管、变压器套管、电抗器及消弧绕圈套管，均可随母线或设备一起进行交流耐压试验。

（3）绝缘油的试验，套管中的绝缘油可不进行试验，但当有下列情况之一者，应取油样进行试验：

1）套管的介质损耗角正切值超过表 7-6-6 中的规定值。

2）套管密封损坏，抽压或测量小套管的绝缘电阻不符合要求。

3）套管由于渗漏等原因需要重新补油时。

表 7–6–6   套管的介质损耗角正切值标准

套管形式	额定电压（kV）	63 及以下	110 及以上	20～500
电容式	油浸纸			0.9
	胶黏纸	1.5	1.0	
	浇注绝缘			1.0
	气体			1.0
非电容式	浇注绝缘			2.0

（4）套管绝缘油的取样、补充或更换时进行的试验应符合下列规定：

1）更换或取样时，应按表 7–6–15 中第 10、11 项规定进行。

2）补充绝缘油时，除按上述规定外，还应按表 7–6–17 的规定进行。

3）充油电缆的套管须进行油的试验时，可按表 7–6–14 的规定进行。

套管的试验要求在 1～3 年或大修后必要时进行。

七、悬式绝缘子和支柱绝缘子的预防性试验项目、周期、要求、方法

（1）绝缘电阻值应符合下列规定

1）每片悬式绝缘子的绝缘电阻值，应不低于 300MΩ。

2）35kV 及以下的支柱绝缘子的绝缘电阻值，应不低于 500MΩ。

3）采用 2500V 绝缘电阻表测量绝缘子绝缘电阻值，可按同批产品数量的 10% 抽查。

（2）交流耐压试验，应符合下列规定：

1）35kV 及以下的支柱绝缘子，可在母线安装完毕后一起进行，试验电压应符合相关规定。

2）悬式绝缘子的交流耐压试验电压应符合表 7–6–7 的规定。

悬式绝缘子和支柱绝缘子的试验要求在必要时进行。

表 7–6–7   悬式绝缘子的交流耐压试验电压标准

型 号	XP2–70	KP–70　XP1–160 LXP1–70　LXP1–160 XP1–70　XP2–160 XP–100　LXP2–160 LXP–100　XP–160 XP–120　LXP–160 LXP–120	XP1–210 LXP1–210 XP–300 LXP–300
试验电压（kV）	45	55	60

八、电力电缆的预防性试验项目、周期、要求、方法

（1）测量各电缆线芯对地或对金属屏蔽层间和各线芯间的绝缘电阻。

（2）直流耐压试验及泄漏电流测量，应符合下列规定：

1）黏性油浸纸绝缘电缆直流耐压试验电压应符合表 7-6-8 的规定。

表 7-6-8　黏性油浸纸绝缘电缆直流耐压试验电压标准

电缆额定电压（kV）	0.1/1	6/6	8.7/10	21/35
直流试验电压（kV）	6U	6U	6U	5U
试验时间（min）	10	10	10	10

2）不滴流油浸纸绝缘电缆直流耐压试验电压应符合表 7-6-9 的规定。

表 7-6-9　不滴流油浸纸绝缘电缆直流耐压试验电压标准

电缆额定电压（kV）	0.6/1	6/6	8.7/10	21/35
直流试验电压（kV）	6.7	—	37	—
试验时间（min）	5	5	5	5

3）塑料绝缘电缆直流耐压试验电压应符合表 7-6-10 的规定。

表 7-6-10　塑料绝缘电缆直流耐压试验电压标准

电缆额定电压（kV）	0.6	1.8	3.6	6	8.7	12	18	21	26
直流试验电压（kV）	2.4	7.2	15	24	35	48	72	84	104
试验时间（min）	15	15	15	15	15	15	15	15	15

4）橡胶绝缘电力电缆直流耐压试验电压应符合表 7-6-11 的规定。

表 7-6-11　橡胶绝缘电力电缆直流耐压试验电压标准

电缆额定电压（kV）	6
直流试验电压（kV）	15
试验时间（min）	5

5）充油绝缘电缆直流耐压试验电压应符合表 7-6-12 的规定。

表 7-6-12 充油绝缘电缆直流耐压试验电压标准

电缆额定电压 （kV）	66	110	220	330
直流试验电压 （kV）	2.6U	2.6U	2.3U	2U
试验时间 （min）	15	15	15	15

注 1. 表 7-6-8～表 7-6-12 中的 U 为电缆额定线电压。

2. 黏性油浸纸绝缘电力电缆的产品型号有 ZQ、ZLQ、ZL、ZLL 等，不滴流油浸绝缘电力电缆的产品有 ZQD、ZLQD 等。塑料绝缘电缆包括聚氯乙烯绝缘电缆、聚乙烯绝缘电缆及交联聚乙烯绝缘电缆。聚氯乙烯绝缘电缆的产品型号有 VV、VLV 等，聚乙烯绝缘电缆及交联聚乙烯绝缘电缆的产品型号有 YJV 及 YJLV 等。橡胶绝缘电缆的产品型号有 XQ、XLQ、XV 等。充油电缆的产品型号有 ZQY 等。

3. 交流单芯电缆的保护层绝缘试验标准，可按产品技术条件的规定进行。

4. 试验时，试验电压 4～6 阶段均匀升压，每阶段停留 1min，并读取泄漏电流值。测量时应消除杂散电流的影响。

5. 黏性油纸绝缘及不滴流油纸绝缘电缆泄漏电流的三相不平衡系数应不大于 2；当 10kV 及以上电缆的泄漏电流小于 20μA 和 6kV 及以下电缆泄漏电流小于 10μA 时，其不平衡系数不做规定。

6. 电缆的泄漏电流具有下列情况之一者，电缆绝缘可能有缺陷，应找出缺陷部位，并予以处理：泄漏电流随试验电压的升高急剧上升；泄漏电流随试验时间延长有上升现象。

（3）检查电缆线路的两端相位应一致并与电网相位相符合。

（4）充油电缆使用的绝缘油试验应符合表 7-6-13 的规定。
电力电缆的试验要求在大修后或必要时进行。

表 7-6-13 充油电缆使用的绝缘油试验项目和标准

项　　目	标　　准
介质损耗正切值（%）	当温度为（100±2）℃时，对于 110～220kV 的应不大于 0.5； 对于 330kV 的应不大于 0.4

九、电容器的预防性试验项目、周期、要求、方法

（1）并联电容器的交流耐压试验应符合下列规定：

1）并联电容器电极对外壳交流耐压试验电压值应符合表 7-6-14 的规定。

2）当产品出厂试验电压值不符合表 7-6-14 的规定时，交接试验应按产品出厂试验电压值的 75% 进行。

表 7-6-14　　　　　　　　并联电容器电极对外壳交流耐压试验电压标准

额定电压（kV）	>1	1	3	6	20	15	20	35
出厂试验电压（kV）	3	5	18	25	35	45	55	85
交接试验电压（kV）	2.2	3.8	14	19	26	34	41	63

（2）在电网额定电压下，对电力电容器组的冲击合闸应进行 3 次，熔断器应不熔断；电容器组各相电流相互间的差值不宜超过 5%。

电容器的试验要求在投运后 1 年内或 1～5 年内进行。

十、绝缘油的预防性试验项目、周期、要求、方法

（1）绝缘油的试验项目及标准应符合表 7-6-15 的规定。

表 7-6-15　　　　　　　　　　绝缘油的试验项目及标准

序号	项目		标　准	说　明
1	外观		透明，无沉淀及悬浮物	5℃的透明度
2	氢氧化钠抽出		应不大于 2 级	按 SY2651-77
3	安定性	氧化后酸值	应不大于 0.2mg KOH/g 油	按 YS-27-84
		氧化后沉淀物	应不大于 0.05%	
4	凝点（℃）		（1）DB-10，应不高于-10℃； （2）DB-25，应不高于-25℃； （3）DB-45，应不高于-45℃	（1）按 YS-184； （2）户外断路器、油浸电容式套管、互感器用油：气温不低于-5℃的地区，凝点不应高于-10℃；气温不低于-20℃的地区，凝点不应高于-25℃；气温不低于-20℃的地区，凝点不应高于-45℃； （3）变压器用油：气温不低于-10℃的地区，凝点不应高于-10℃；气温低于-10℃的地区，凝点不应高于-25℃或-45℃
5	界面张力		应不小于 35×10⁻³N/m	（1）按 GB/T 6541—1987《石油产品油对水界面张力测定法（圆环法）》或 YS-6-1-84。 （2）测试时温度为 25℃
6	酸值		应不小于 0.03KOH/g 油	按 GB/T 7599—1987《运行中变压器油、汽轮机油酸值测定法（BTB 法）》
7	水溶性酸（pH 值）		应不小于 5.4	按 GB/T 7598—2008《运行中变压器油水溶性酸性测定法》

续表

序号	项 目	标 准				说 明
8	机械杂质	无				按 GB/T 511—1988《石油产品和添加剂机械杂质测定法（重量法）》
9	闪点	不低于（℃）	DB-10 140	DB-25 140	DB-45 135	按 GB/T 7599—1987 中闭口法
10	电气强度试验	（1）使用于 15kV 及以下者，应不低于 25kV。 （2）使用于 20～35kV 者，应不低于 35kV。 （3）使用于 60～220kV 者，应不低于 40kV。 （4）使用于 330kV 者，应不低于 50kV。 （5）使用于 500kV 者，应不低于 60kV。				（1）按 GB/T 507—2002《绝缘油地击穿电压测定法》。 （2）油样应取自被试设备。 （3）试验油杯采用平板电极。 （4）注入设备的新油均不应低于本标准
11	介质损耗正切值（%）	90℃时不应大于 0.5				按 YS-30-1-1984

注　第 11 项为新油标准，注入电气设备后的介质损耗角正切值（%）标准为，90℃时不应大于 0.75。

（2）新油验收及充油电气设备的绝缘油试验分类，应符合表 7-6-16 的规定。

表 7-6-16　　　　　　　　　　绝 缘 油 试 验 分 类

试 验 类 别	适 用 范 围
电气强度试验	（1）6kV 以上电气设备内的绝缘油或新注入上述设备前、后的绝缘油。 （2）对下列情况之一者，可不进行电气强度试验。 1）35kV 以下互感器，其主绝缘试验已合格的。 2）15kV 以下油断路器，其注入新油的电气强度已在 35kV 及以上的。 3）按有关规定不需取油的
简化分析	（1）准备注入变压器、电抗器、互感器、套管的新油，应按表 7-6-5 中的第 5～11 项规定进行。 （2）准备注入油断路器的新油，应按表 7-6-5 中全部项目进行
全分析	对油的性能有怀疑时，应按表 7-6-5 中全部项目进行

（3）当绝缘油需要进行混合时，在混合前，应按混油的实际使用比例选取混合油样进行分析，其结果应符合表 7-6-15 中第 3、4、10 项的规定。混合油后还应按表 7-6-16 中的规定进行绝缘油的试验。

绝缘油的试验要求在 1～5 年或大修后或必要时进行。

十一、避雷器的预防性试验项目、周期、要求、方法

（1）测量绝缘电阻。

1）阀型避雷器如 FZ 型、磁吹避雷器如 FCZ 及 FCD 型和金属氧化物避雷器的绝缘电阻值，与出厂试验值比较应无明显差别。

2）FS 型避雷器的绝缘电阻值应不小于 2500MΩ。

（2）测量电导或泄漏电流试验标准，并应检查组合元件的非线性系数，应符合表 7-6-17～表 7-6-19 的规定。

表 7-6-17　　　　　　　　　FZ 型避雷器的电导电流值

额定电压（kV）	3	6	10
试验电压（kV）	4	6	10
电导电流（μA）	400～650	400～600	400～600

表 7-6-18　　　　　　　　　FZ 型避雷器的电导电流值

额定电压（kV）	3	6	10
试验电压（kV）	4	7	11
电导电流（μA）	不应大于 10		

表 7-6-19　　　　　　　　　FCD 型避雷器的电导电流值

额定电压（kV）	3	4	6	10	13.2	15
试验电压（kV）	3	4	6	10	13.2	15
电导电流（μA）	FCD1、FCD3 应不大于 10；FCD 型为 50～110；FCD2 型为 5～20					

（3）FS 型避雷器的绝缘电阻值不小于 2500MΩ 时，可不进行电导电流测量。

（4）测量金属氧化物避雷器在运行电压下的持续电流，其阻性电流或总电流值应符合产品技术条件的规定。

（5）测量金属氧化物避雷器的工频参考电压或直流参考电压，应符合下列规定：

1）金属氧化物避雷器对应于工频参考电流下的工频参考电压，整支或分节进行的测试值，应符合产品技术条件的规定。

2）金属氧化物避雷器对应于直流参考电压、整支或分节进行的测试值应符合产品技术条件的规定。

（6）FS 型阀式避雷器的工频放电电压试验，应符合下列规定：

1）FS 型阀式避雷器的工频放电电压，应符合表 7-6-20 的规定。

表 7-6-20　　　　　　　　FS 型阀式避雷器的工频放电电压范围

额定电压（kV）	3	6	10
放电电压的有效值（kV）	9～11	16～19	26～31

2）并有电阻的阀型避雷器可不进行此项试验。

（7）检查电计数器的动作应可靠，避雷器的基座应绝缘良好。

避雷器的试验要求在 1～5 年或大修后或必要时进行。

十二、接地装置的预防性试验项目、周期、要求、方法

接地装置的试验项目、周期和要求、方法见表 7-6-21。

表 7-6-21　　　　　　　　接地装置的试验项目、周期和要求、方法

序号	项目	周期	要　求	方　法
1	有效接地系统的电力设备的接地电阻	（1）不超过 6 年。 （2）可以根据该接地网挖开检查的结果斟酌延长或缩短周期	$R \leqslant 200/I$ 或 $R \leqslant 0.5\Omega$ （当 $I>4000$A 时） 式中　I——经接地网流入地中的短路电流，A； R——考虑到季节变化的最大接地电阻，Ω	（1）测量接地电阻时，如在必须的最小分布极范围内土壤的电阻率基本均匀，可采用各种补偿法，否则，应采用远离法。 （2）在高土壤电阻率地区，接地电阻如按规定值要求，在技术经济上极不合理时，允许有较大的数值，但必须采取措施以保证发生接地适中时，在该接地网上： 　1）接触电压和跨步电压均小超过允许的数值； 　2）不发生高电位引外和低电位引内； 　3）3～10kV 阀式避雷器不动作。 （3）在预防性试验前或每 3 年以及必要时验算一次 I 值，并校验设备接地引下线的热稳定
2	非有效接地系统的电力设备的接地电阻	（1）不超过 6 年。 （2）可以根据该接地网挖开检查的结果斟酌延长或缩短周期	（1）当接地网与 1kV 及以下设备共用接地时，接地电阻 $R \leqslant 120/I$ （2）当接地网仅用于 1kV 以上设备时，接地电阻 $R \leqslant 250/I$ 式中　I——经接地网流入地中的短路电流，A； R——考虑到季节变化的最大接地电阻，Ω。 （3）在上述任一情况下，接地电阻一般不得大于 10Ω	
3	利用大地作导体的电力设备的接地电阻	1 年	（1）长久利用时，接地电阻为 $R \leqslant 50/I$ （2）临时利用时，接地电阻为 $R \leqslant 100/I$ 式中　I——接地装置流入地中的电流，A； R——考虑到季节变化的最大接地电阻，Ω	

续表

序号	项目	周期	要　　求	方　　法
4	1kV 以下电力设备的接地电阻	不超过 6 年	使用同一接地装置的所有这类电力设备当总容量达到或超过 100kVA 时,其接地电阻不宜大于 4Ω。如总容量小于 100kVA 时,则接地电阻允许大于 4Ω,但不得超过 10Ω	对于在电源处接地的低压电力网(包括孤立运行的低压电力网)中的用电设备,只进行接零,不作接地。所用零线的接地电阻,其要求按序号 2 确定,但不得大于相同容量的低压设备的接地电阻
5	独立微波站的接地电阻	不超过 6 年	不宜大于 5Ω	
6	有架空地线的线路杆塔的接地电阻	(1) 发电厂或变电站进出线 1~2km 内的杆塔 1~2 年 (2) 其他线路杆塔不超过 5 年	当杆塔高度在 40m 以下时,按下列要求,如杆塔高度达到或超过 40m 时,则取下表值的 50%,但当土壤电阻率大于 2000Ω·m 时,接地电阻难以达到 15Ω 时可增加至 20Ω 土壤电阻率(Ω·m) / 接地电阻(Ω) 100 及以下 / 10 100~500 / 15 500~1000 / 20 1000~2000 / 25 2000 以上 / 30	对于高度在 40m 以下的杆塔,如土壤电阻率很高,接地电阻难以降到 30Ω 时,可采用 6~8 根总长不超过 500m 的放射形接地体或连续伸长接地体,其接地电阻可不受限制。但对于高度达到或超过 40m 的杆塔,其接地电阻也不宜超过 20Ω
7	无架空地线的线路杆塔的接地电阻	(1) 发电厂或变电站进出线 1~2km 内的杆塔 1~2 年 (2) 其他线路杆塔不超过 5 年	种类 / 接地电阻(Ω) 非有效接地系统的钢筋混凝土杆、金属杆 / 30 中性点不接地的低压电力网的线路钢筋混凝土杆、金属杆 / 50 低压进户线绝缘子铁脚 / 30	

十三、二次回路的预防性试验项目、周期、要求、方法

(1) 测量绝缘电阻,应符合下列规定:

1) 小母线在断开所有其他并联支路时,应不小于 10MΩ。

2) 二次回路的每一支路和断路器、隔离开关的操动机构的电源回路等,均不应小

于 1MΩ。在比较潮湿的地方，可不小于 0.5MΩ。

（2）交流耐压试验应符合下列规定：

1）试验电压为 1000V。当回路绝缘电阻值在 10MΩ 以上时，可采用 2500V 绝缘电阻表代替，试验持续时间为 1min。

高压电气设备绝缘、工频耐压试验电压标准见表 7-6-22。

表 7-6-22　　　　　　高压电气设备绝缘、工频耐压试验电压标准

额定电压	最高工作电压	1min 工频耐压试验电压（kV，有效）																
		油浸电力变压器		并联电容器		电力互感器		断路器、电流互感器		干式电抗器		穿墙套管				支柱绝缘子、隔离开关		干式电力变压器	
												纯瓷和纯瓷充油绝缘		固体有机绝缘					
（kV）	（kV）	出厂	交接	出厂	交接	出厂	交接	出厂	交接	出厂	交接	出厂	交接	出厂	交接	出厂	交接	出厂	交接
3	3.5	18	15	18	15	18	16	18	16	18	18	18	18	18	16	25	25	10	8.5
6	6.9	25	21	25	21	25	21	23	21	23	23	23	23	23	21	32	32	20	17.0
10	11.5	35	30	35	30	35	27	30	27	30	30	30	30	30	27	42	42	28	24

注　1. 本表中除干式变压器外，其余电气设备出厂试验电压是根据 GB 311—1997《高压输变电设备的绝缘配合》进行。

　　2. 干式变压器出厂试验电压是根据 GB/T 10288—2008《干式电力变压器技术参数和要求》进行。

　　3. 额定电压为 1kV 及以下的油浸电力变压器交接试验电压为 4kV，干式电力变压器的为 2.6kV。

　　4. 油浸电抗器和消弧线圈采用油浸电力变压器试验标准。

2）48V 及以下回路可不做交流耐压试验。

3）回路中有电子元器件设备的，试验时应将插件拔出或将其两端短接。一、二次回路的试验要求在大修后或必要时进行。

十四、1kV 以下配电线路和装置预防性试验项目、周期、要求、方法

（1）测量绝缘电阻，应符合下列规定：

1）配电装置及馈电线路和绝缘电阻值应不小于 0.5MΩ。

2）测量馈电线路绝缘电阻时，应将断路器、用电设备、电器和仪表等断开。

（2）动力配电装置的交流耐压试验应符合下述规定：试验电压为 1000V。当回路绝缘电阻值在 10MΩ 以上时，可采用 2500V 绝缘电阻表代替，试验持续时间为 1min。

（3）检查配电装置内不同电源的馈线间两侧的相位应一致。

（4）定期检查低压配电网络三相负荷是否平衡，发现严重不平衡应及时进行调整。

（5）定期检查试验漏电保护装置运行情况，发现隐患及时消除。

配电线路和装置的试验要求在 1～3 年或大修后或必要时进行。

十五、1kV 以上架空电力线路的预防性试验项目、周期、要求、方法

（1）测量绝缘子和线路的绝缘电阻，应符合下列规定：

1）绝缘子的实验应该按 GB 50150—2006《电气装置安装工程　电气设备交接实验标准》的规定进行；

2）测量并记录线路的绝缘电阻值。

（2）检查各相两侧的相位应一致。

（3）在额定电压下对空载线路的冲击合闸试验应进行 3 次，合闸过程中线路绝缘不应有损坏。

（4）测量杆塔的接地电阻值，应符合设计的规定。

1kV 以上架空电力线路的试验要求在 1～3 年或大修后或必要时进行。

十六、低压电器的预防性试验项目、周期、要求、方法

（1）低压电器包括电压为 60～1200V 的隔离开关、熔断器、接触器、控制器、主令电器、起动器、电阻器、变阻器及电磁铁等。

1）电压线圈动作值校验；

2）低压电器动作情况检查；

3）低压电器采用的脱扣器的整定。

（2）测量低压电器连同所连电缆及二次回路的绝缘电阻值，应不小于 $1M\Omega$；在比较潮湿的地方，应不小于 $0.5M\Omega$。

（3）电压线圈动作值的校验，应符合下述规定：线圈的吸合电压应不大于额定电压的 85%，释放电压应不小于额定电压的 5%；短时工作的合闸线圈应在额定电压的 85%～110% 范围内，分励线圈应在额定电压 75%～110% 的范围内均能可靠地工作。

（4）低压电器动作情况的检查，应符合下述规定：对采用电动机或液压、气压传动方式操作的电器，除产品另有规定外，当电压、液压或气压在额定值 85%～110% 范围内时，电器应可靠工作。

（5）低压电器采用的脱扣器的整定，应符合下述规定：各类过电流脱扣器、失压分励脱扣器、延时装置等，应按使用要求进行整定，其整定值误差不得超过产品技术条件的规定。

（6）测量电阻器和变阻器的直流电阻值，其差值应分别符合产品技术条件的规定。

（7）低压电器连同所连接电缆及二次回路的交流耐压试验，应符合下述规定：试验电压为 1000V；当回路的绝缘电阻值在 $10M\Omega$ 以上时，可采用 2500V 绝缘电阻表代替，试验持续时间为 1min。

低压电器的试验要求在大修后或必要时进行。

【**思考与练习**】

1. 变压器的预防性试验项目有哪些?

2. 避雷器的预防性试验项目有哪些?

3. 电力电缆的预防性试验项目有哪些?

第二部分

配电线路施工与运行维护

第八章

低压配电线路安装

▲ 模块1　室内照明、动力线路安装（Z33F1001Ⅰ）

【模块描述】本模块包含室内配线的组成、配线方式及工序、导线连接的方法、管配线、线槽配线等内容。通过概念描述、图表示意、要点归纳，掌握室内照明线路和动力线路安装方法和工艺标准。

【正文】

低压配线是将额定电压为380V或220V的电能传送给用电装置的线路。按其配线地点不同，可分为室内配线和室外配线两种。室内配线专指敷设在建筑物内的明线、暗线、电缆、电气器具的连接线，固定导线用的支持物和专用配件等总称为室内配线工程。

一、室内配线的组成

室内配线主要是进行电路与墙体或建筑构件的固定，电路的接续，电路的转弯及分支，电路与电气设备、开关、插座的连接，电路与其他设施的交叉跨越等。

室内是人们经常活动的场所，由于室内空间狭窄，与人接触线路机会多，电路若采用裸电线配线，则安全距离难以解决，故室内配线应采用符合国际规定的绝缘电线。室内配线分为照明线路和动力线路两种类型。

1. 照明线路的组成

一般室内照明线路主要由电源、用电设备、导线和开关控制设备组成，如图8-1-1所示。线路首先进入配电箱（或配电盘），然后由分支线接到各个电灯或插座上。接线时要注意把熔体和开关接在相线上，这样开关断开后，开关以下的导线、插座和灯头等部件均不带电。

2. 动力线路的组成

室内动力线路与照明线路一样，也是由电源、用电设备、导线和开关控制设备组成的，如图8-1-2所示。室内是人们经常活动的场所，为了保证用电安全，在配线时必须考虑到保护接地或保护接零。

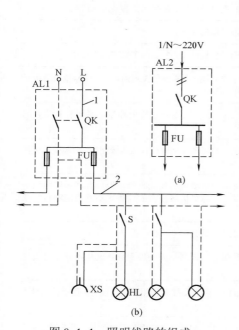

图 8-1-1　照明线路的组成

（a）单线图；（b）电路组成示意图

L、N—电源；AL—配电箱；

QK—总开关（隔离开关）；

FU—支路熔断器；S—电灯开关；HL—电灯；

XS—插座；1—引入线；2—支路线

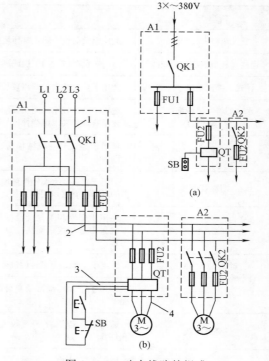

图 8-1-2　动力线路的组成

（a）单线图；（b）电路组成示意图

L1、L2、L3—电源；A1—配电盘；QK1—总开关（隔离开关）；

FU1—分支熔断器；A2—电动机电源控制盘；QK2—电动机开关；

FU2—电动机熔断器；QT—磁力起动器；M—电动机；SB—控制

按钮；1—引入线；2—分支线；3—控制线；4—电动机支线

二、配线方式及工序

（一）室内常用配线方式

1. 配线方式

室内配电线路敷设方式可分为以下几种：① 护套线配线；② 瓷（塑料）夹配线；③ 瓷柱（鼓型绝缘子）、针式、蝶式绝缘子配线；④ 槽板配线；⑤ 金属管（厚壁钢管、薄壁钢管、金属软管、可挠金属管）、金属线槽配线；⑥ 塑料管（硬塑料管、半硬塑料管、可挠管）、塑料线槽配线。

2. 配线方式适用范围

各种方式适用范围见表 8-1-1。

表 8-1-1   各种配线方式适用范围

配线方式	适 用 范 围
瓷（塑料夹板配线）	适用于负荷较小的正常环境的室内场所和房屋挑檐下的室外场所
瓷柱（鼓型绝缘子）配线	适用于负荷较大的干燥或潮湿环境的场所
针式、蝶式绝缘子配线	适用于负荷较大、线路较长而且受机械拉力较大的干燥或潮湿场所
木（塑料）槽板配线、护套线配线	适用于负荷较小照明工程的干燥环境，要求整洁美观的场所；塑料槽板适用于防化学腐蚀和要求绝缘性能好的场所
金属管配线	适用于导线易受机械损伤、易发生火灾及易爆炸的环境，有明管和暗管配线两种
塑料管配线	适用于潮湿或有腐蚀性环境的室内场所作明管配线或暗管配线，但易受机械损伤的场所不宜采用明敷
线槽配线	适用于干燥和不易受机械损伤的环境内明敷或暗敷，但对有严重腐蚀场所不宜采用金属线槽配线；对高温、易受机械损伤的场所内不宜采用塑料线槽明敷
封闭式母线配线	适用于干燥、无腐蚀性气体的室内场所
电缆配线	适用于干燥、潮湿及户外配线（应根据不同的使用环境选用不同型号的电缆）
竖井配线	适用于层架较高、跨度较大的大型厂房，多数应用在照明线上，用于固定导线和灯具
钢索配线	适用于层架较高、跨度较大的大型厂房，多数应用在照明线上，用于固定导线和灯具
裸导体配线	适用于工业企业厂房，不得用于低压配电室

3. 线路敷设方式的选择

线路敷设方式可分为明敷和暗敷两种。明敷是用导线直接或者在管子、线槽等保护体内敷设于墙壁、顶棚的表面及桁架、支架等处；暗敷是用导线在管子、线槽等保护体内敷设于墙壁、顶棚、地坪及楼板等内部，或者在混凝土板孔内敷线等。

线路敷设方式应根据建筑物的性质、要求、用电设备的分布及环境特征等因素确定，并应避免因外部热源、灰尘聚集及腐蚀或污染物存在对配线系统带来的影响，并应防止在敷设及使用过程中因受冲击、振动和建筑物的伸缩、沉降等各种外界应力作用带来的损害。

（二）室内配线工序

为了使室内配线工作有条不紊地进行，应按下列程序进行配线。

（1）首先熟悉设计图纸，确定灯具、插座、开关、配电箱及起动设备等的预留孔、预埋件位置，应符合设计要求。预留、预埋工作，主要包括电源引入方式的预留、预埋位置，电源引入配电箱、盘的路径，垂直引上、引下以及水平穿越梁、柱、墙楼板预埋保护导管等。凡是埋入建筑物、构筑物内的保护管、支架、螺栓等预埋件，应在建筑工程施工时预埋，预埋件应埋设牢固。

（2）确定导线沿建筑物敷设的路径。

（3）在土建抹灰前，将配线所有的固定点打好眼孔，将预埋件埋齐并检查有无遗漏和错位。如未做预埋件，也可直接埋设膨胀螺栓以固定配线。

（4）装设绝缘支持物、线夹或管子。

（5）敷设导线。

（6）导线连接、分支和封端，并将导线的出线端与灯具、开关、配电箱等设备或电器元件连接。

（7）配线工程施工结束后，应将施工中造成的建筑物、构筑物的孔、洞、沟、槽等修补完整。

三、导线连接的方法

（一）导线在接线盒内的连接

1. 单股绝缘导线在接线盒内的连接

（1）两根铜导线连接时，将连接线端相并合，在距绝缘层 15mm 处将线芯捻绞 2圈，留适当长度余线剪断折回压紧，防止线端部插破所包扎的绝缘层，如图 8-1-3（a）所示。3 根及以上单芯铜导线，可采用单芯线并接方法进行连接，将连接线端相并合，在距绝缘层 15mm 处用其中一根线芯在其连接线端缠绕 5 圈剪断。把余线头折回压在缠绕线上，如图 8-1-3（b）所示，并应包扎绝缘层。

（2）对不同直径铜导线接头，如软导线与单股相线连接，应先进行挂锡处理，并将软线端部在单股粗线上距离绝缘层 15mm 处交叉，向粗线端缠 7～8 圈，再将粗线端头折回，压在软线上，如图 8-1-3（c）所示。

（3）两根铝导线剥削绝缘层一般为 30mm，将导线表面清理干净，根据导线截面和连接根数，选用合适的端头压接管，把线芯插入适合线径的铝管内，用端头压接钳将铝管线芯压实两处，如图 8-1-3（d）所示。

2. 多股绝缘绞线在接线盒内的连接

（1）铜绞线并接时，将绞线破开顺直并合拢，用多芯导线分支连接缠卷法弯制绑线，在合拢线上缠卷。其缠卷长度（A 尺寸）应为双根导线直径的 5 倍，如图 8-1-4（a）所示。

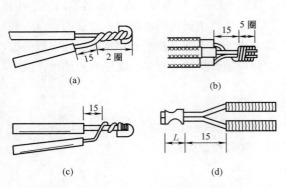

图 8-1-3 单芯线并接头

（a）单芯两根铜导线并接头；（b）单芯 3 根及以上铜导线并接头；（c）单芯不同线径铜导线并接头；（d）单股铝导线并头管压接

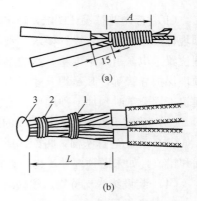

图 8-1-4 多股绞线的并接头

（a）多股铜绞线并接头；（b）多股铝绞线气焊接头；1—石棉绳；2—绑线；3—气焊；L—长度（由导线截面确定）

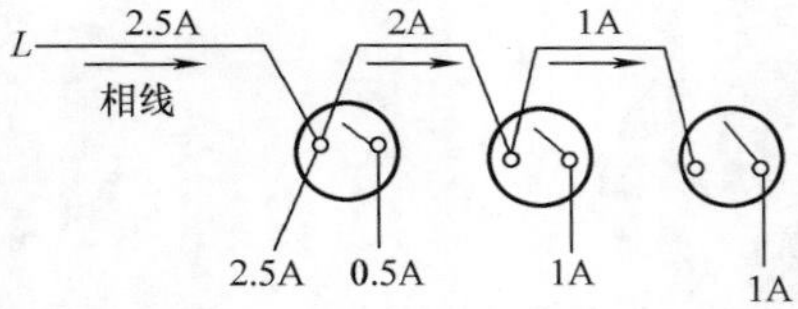

图 8-1-5 导线桩头分支示意图

（2）盒内分支电线的连接。在接线过程中，导线需要分支时，应在器具中、盒内连接，其方法可利用盒内导线分支或开关和吊线盒及其他电气器具中的接线桩头分支，如图 8-1-5 所示。导线利用接线桩头分支，其导线分支不宜过多，导线直径也不宜太大，且分支（路）电流应与总电流相匹配（导体载流量）。

（二）多股导线与接线端子连接

1. 多股铝芯线与接线端子连接

可根据其导线截面选用相应规格的 DL 系列铝接线端子，如图 8-1-6（a）所示，采用压接方法进行连接。剥削导线端头绝缘长度为接线端子内孔的深度加上 5mm，除去接线端子内壁和导线表面的氧化膜，涂以中性凡士林油膏，将线芯插入接线端子内进行压接。开始在 L1 处靠近导线绝缘压接一个坑，后压另一个坑，压接深度以上、下膜接触为宜，如图 8-1-6（c）所示。

多股铝导线与铜导体连接，常采用 DTL 系列铜铝接线端子，如图 8-1-6（b）所示，铝芯导线与铜铝接线端子采用冷压法进行连接。

2. 2.5mm² 以上的多股铜芯线与端子连接

可根据导线截面选用相应规格的 DT 系列铜接线端子，外形结构如图 8-1-6（a）所示。将铜导线端头和铜接线端子内表面涂上焊锡膏，放入熔化好的焊锡锅内挂满焊锡，将导线插入端子孔内，冷却即可。而对截面较大的多股铜芯线与接线端子相连中，可采用压接的方法进行连接。对一般用电场所，可在 L1 处压两个坑。其压接顺序为先在端子的导线侧压一个坑，再在端子侧压一个坑。

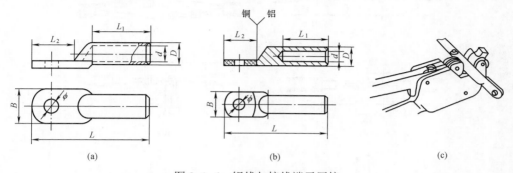

图 8-1-6 铝线与接线端子压接

（a）DL 系列铝接线端子；（b）DTL 系列铜铝接线端子；（c）用压接钳压坑

（三）铜导线的直线和分线连接

铜导线的连接可采用绞接、焊接或压接等方式。单芯铜芯线常用绞接、缠卷法进行连接的；多芯铜芯线常用单卷、缠卷及复卷方法进行连接。铜芯线也有采用压接方法进行连接的，但铜导线压接时应在铜连接管内壁搪锡，以加大导线接触面积。此外铜线连接还可采用绞接绑接。

1. 绞接法

小截面（4mm² 及以下）单芯直线连接和分支连接，常采用绞接法连接。单芯线直线绞接时，将两线互相交叉，同时把两线芯互绞 2 圈后，再扳直与连接线成 90°，将每个线芯在另一线芯上各缠绕 5 圈，如图 8-1-7（a）所示。

双线芯直线绞接如图 8-1-7（b）所示，不过接头处要错开绞接，其目的是：① 防止接头处绝缘包扎不好或在外力作用下容易形成短路；② 防止重叠处局部突出，外观质量太差，也不便敷设。

单芯丁字分线绞连，将导线的芯线与干线上交叉，先粗卷 1~2 圈或先打结以防松脱，然后再密绕 5 圈，如图 8-1-7（c）、（d）所示。单芯线十字分线绞接方法如图 8-1-7（e）、（f）所示。

2. 缠绕绑接

对于较大截面（6mm² 及以上）的单芯采用直线连接和分支连接。单芯直线缠绕是将两线相互并合，加辅助线后，如图 8-1-8（a）所示。用绑线在并合部位中间向两端缠卷（即公卷），长度为导线直径的 10 倍，然后将两线芯端头折回，在此向外再单卷 5 回与辅助线捻绞 2 回，如图 8-1-8（b）所示。

单线丁字分线缠绕是将分支导线折成 90° 紧靠干线，其公卷长度为导线直径 10 倍，再单卷 5 圈，如图 8-1-8（c）所示。

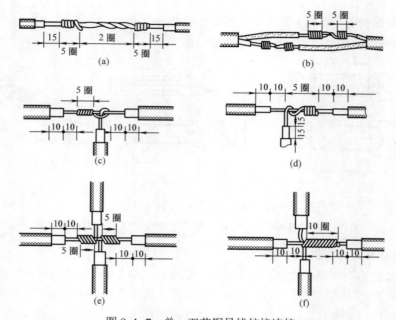

图 8-1-7 单、双芯铜导线绞接连接

（a）直线中间连接；（b）双线芯直接连接；（c）丁字打结分线连接；（d）丁字不结分线连接；

（e）二式十字分线连接；（f）一式十字分线连接

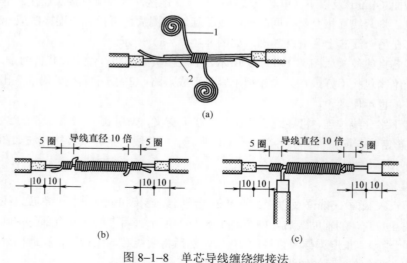

图 8-1-8 单芯导线缠绕绑接法

（a）加辅助线示意图；（b）大截面直线连接；（c）大截面分线连接

1—绑线（裸铜线）；2—辅助线（填一根同径线）

（四）导线接头包缠绝缘

（1）导线连接（包括分支）处，为了恢复绝缘，应包缠绝缘带，需要恢复的绝缘强度不应低于原有绝缘层。有黄、绿、红等多种颜色，亦可作为相色带用。

（2）用绝缘带包缠恢复导线接头绝缘层时，缠绕时绝缘带与导线保持约55°的倾斜角，每周包缠压叠带宽的1/2。绝缘带应从完好的绝缘层上包起，先裹入1~2个绝缘带的带幅宽度，开始包扎。在包扎过程中应尽可能收紧绝缘带，直线路接头时，最后在绝缘层上缠包1~2圈，再进行回缠。绝缘带的起始端不能露在外部，终了端应再反向包扎2~3回，防止松散。连接线中部应多包扎1~2层，使包扎完的形状呈枣核形。

采用黏性塑料绝缘胶布时，应半叠半包缠不少于2层。当用黑胶布包扎时，要衔接好，应用黑胶布的黏性使之紧密地封住两端口，防止连接处线芯氧化。为使接头处增加防水防潮性能，应使用自黏性塑料带包缠。

并接头绝缘包扎时，包缠到端部时应再缠1~2圈，然后将此处折回，反缠压在里面，应紧密封住端部。包缠完毕要绑扎牢固，平整美观。

（3）连接用电设备上的导线端头和铜接头的导线端，应以橡胶带先缠绕2层，然后用黑胶布缠绕2层。

四、管配线

将绝缘导线穿在管内配线称为线管配线，管内穿线应在建筑物的抹灰及地面工程结束后进行。

（一）扫管穿线

（1）在穿线前应将管内的积水及杂物清理干净。对于弯头较多或管路较长的钢管，为减少导线与管壁摩擦，可向管内吹入滑石粉，以便穿线。这样有利于管内清洁、干燥，并便于维修和更换导线。

（2）为避免钢管的锋利管口磨损导线绝缘层及防止杂物进入管内，导线穿入钢管前，管口处应装设护圈保护导线；在不进入接线盒（箱）的垂直管口，穿入导线后应将管口密封。导线穿入硬塑料管前，应先清理管口毛刺刃口，防止穿线时损坏导线绝缘层。

（3）导线穿入线管前，如导线数量较多或截面较大，为了防止导线端头在管内被卡住，要把导线端部剥出线芯，并斜错排好，采用1.2~2.0mm的钢丝做引线，然后按图8-1-9（a）所示与电线缠绕，用钢丝的一端逐渐送入管中，直到在管的另一端露出为止，从此将导线拉出，如图8-1-9（b）所示。当导线根数较少时，可将带绝缘导线端头直接与引线钢丝缠绕后，用钢丝穿管拉线。

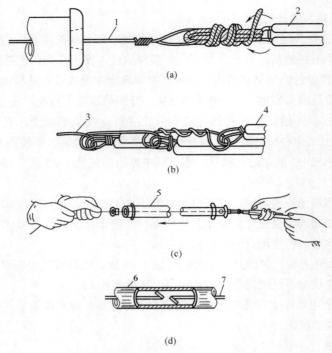

图 8-1-9 用钢丝穿引导线的方法
1、3、7—钢丝；2、4—导线；5、6—线管

（4） 当管路较长、弯头较多时，可一人在一端将所有的电线紧捏成一束送入管内，另一人在另一端拉引线钢丝，将导线拉出管外，注意不使导线与管口处摩擦损坏绝缘层。而管路较短、弯头较少时，可把绝缘导线直接穿入管内。当导线穿至中途需要增加根数时，可把导线端头剥去绝缘层或直接缠绕在其他电线上，随其继续向管内拉线即可，但此时管径应满足导线增加的要求。

（二）管内线路敷设要求

（1） 根据设计图纸线管敷设场所和管内径截面积，选择所穿导线的型号、规格。但穿管敷设的绝缘导线最小截面，其铜线和铜芯软线不得低于 1.0mm²、铝线不低于 2.5mm²。为方便穿线，核算导线允许截流量而考虑 3 根及以上绝缘导线穿于同一根管时，其总截面积（包括外护层）不应超过管内截面积的 40%。两根绝缘导线穿于同一根管时，管内径不应小于两根导线外径之和的 1.35 倍（立管可取 1.25 倍）。

（2） 为提高管内配线的可靠性，防止因穿线而磨损绝缘，低压线路穿管均应使用额定电压不低于 500V 的绝缘导线。

（3） 配管内所穿电线作用各不相同时，应使用各种颜色的塑料绝缘线，以便于识别，方便与电气器具接线。

（4）若导线接头设置在管内时，既造成穿线难度大，且线路发生故障时又不利于检查和修理。因此导线在管内不应有接头和扭结，接头应设在接线盒（箱）内。为此，放线时为使导线不扭结、不出背扣，最好使用放线架。无放线架时，应把线盘平放在地上，从里圈抽出线头，并把导线放得长一些。

（5）为防止短路故障发生和抗干扰的技术性要求，不同回路、不同电压等级和交流与直流的导线，不得穿在同一根管内，但下列几种情况或设计有特殊规定的除外：

1）电压为50V及以下的回路。

2）同一台设备的电机回路和无抗干扰要求的控制回路。

3）照明花灯的所有回路。

4）同类照明的几个回路可穿入同一根管内，但管内导线总数不应多于8根。

（6）为满足保持三相线路阻抗平衡、减少磁滞损耗的技术要求，在同一交流回路的导线应穿于同一钢管内。除直流回路导线和接地线外，不得在钢管内穿单根导线。

（7）为保证安全、便于检修，敷设于垂直线路中的导线，当导线的截面、长度和管路弯曲超过规定时，应采用拉线盒中加以固定，如图8-1-10所示。

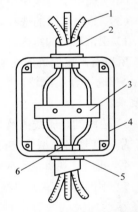

（8）绝缘电线不宜穿金属管在室外直接埋地敷设，必要时对次要用电负荷且线路较短（15m以下）的，可穿金属管埋地敷设，但应采取可靠的防水、防腐措施。

（9）导线穿好后，应适当留出余量，一般在出盒口留线长度不应小于0.15m，箱内留线长度为箱的半周长；出户线处导线预留长度为1.5m，以便于日后接线。在分支处可不剪公用直通导线，在接线盒内留出一定余量，可省去接线中的不必要接头。

图8-1-10 垂直配线用拉线盒的固定方法
1—导线；2—导线保护管；3—线夹；
4—拉线盒；5—锁紧螺母；6—护口

（10）为了确保管内配线质量，还应注意以下几点：

1）用绝缘电阻表测定线路的绝缘电阻，其阻值应符合要求，还应防止有人触及正在测定中的线路和设备。雷电气候条件下，禁止测定线路绝缘。

2）选购导线时要购买合格产品，防止导线质量差，其表现为塑料绝缘导线的绝缘层与线芯脱壳、绝缘层厚薄不均、表面粗糙、线芯线径不足等。

3）由于在穿线时长度不足而产生管内导线出现接头，此种现象在检查时不易被发现，操作者应及时换线重穿，否则将引起后患。

4）管内穿线困难应查找原因，不得用力强行穿线，否则会损伤导线绝缘层或线芯。

五、线槽配线

在建筑工程中，特别是现代化大型建筑物内，线槽配线已获得广泛应用。线槽按材质可分为塑料线槽和金属线槽两大类；按敷设方式可分为明配或暗配（包括地面内暗装金属线槽配线）两种。线槽的规格，应根据设计图纸的规定选取定型产品或加工制作。

（一）线槽选择

（1）正常环境的室内场所和有酸碱腐蚀介质的场所，一般选择塑料线槽配线，但高温和易受机械损伤的场所不宜采用。

（2）必须选用经阻燃处理的塑料线槽，外壁应有间距不大于 1m 的连续阻燃标记和制造厂标，其氧指数应在 27 以上。若塑料线槽采用高压聚乙烯及聚丙烯制品，其氧指数在 26 以下为可燃型材料，在工程中禁止使用。

（3）弱电线路可采用难燃型带盖塑料线槽在建筑顶棚内敷设。

（4）选用塑料线槽型号应考虑到槽内导线填充率及允许载流导线数量。

（5）金属线槽的选择。

1）正常环境的室内场所明敷一般选用金属线槽配线。由于金属线槽多由薄钢板制成，所以有严重腐蚀的场所不应采用金属线槽配线。

2）选择金属线槽时，应考虑到导线的填充率及允许敷设载流导线根数的规定等要求。

3）选用的金属线槽及其附件，其表面应是经过镀锌或静电喷漆等防腐处理过的定型产品，其规格、型号应符合设计要求并有产品合格证。

4）线槽外观质量上应达到内外光滑、平整，无毛刺、扭曲和变形等现象。

5）地面内暗装金属线槽配线，适用于正常环境下大空间且隔断变化多、用电设备移动性大或敷有多种功能线路的场所，将电线或电缆穿入封闭式的矩形金属线槽内。

地面内暗装线槽应根据强、弱电线路配线情况选择单槽型或双槽分离型两种结构形式。

（二）线槽敷设

1. 线槽敷设一般要求

（1）线槽应敷设在干燥和不易受机械损伤的场所。

（2）线槽的连接应无间断；每节线槽的固定点不应少于两个；在转角、分支处和端部均应有固定点，并应紧贴墙面固定。

（3）线槽接口应平直、严密，槽盖应齐全、平整、无翘角。

（4）固定或连接线槽的螺钉或其他紧固件，紧固后其端部应与线槽内表面光滑相接。

（5）线槽的出线口应位置正确、光滑、无毛刺。

（6）线槽敷设应平直整齐；水平或垂直允许偏差为其长度的 2‰，且全长允许偏差为 20mm；并列安装时，槽盖应便于开启。

（7）建筑物的表面如有坡度时，线槽应随坡度变化。

（8）明配金属线槽及其金属构架、铁件均应做防腐处理。其方法，除设计另有说明外，均刷樟丹油一道、灰油漆两道；深入底层地面为混凝土的金属线槽应刷沥青油一道；埋入对金属线槽有腐蚀性的垫层（焦渣层）时，应用水泥砂浆做全面保护。

（9）明配金属线槽，应使用明装式金属附件；暗配金属线槽，应用暗装式附件。

（10）线槽全部敷设完毕后，应进行调整检查。

2. 金属线槽敷设

（1）暗配金属线槽。地面内暗装金属线槽，将其暗敷于现浇混凝土地面、楼板或楼板垫层内，在施工中应根据不同的结构形式和建筑布局，合理确定线槽走向。

1）当暗装线槽敷设在现浇混凝土楼板内时，楼板厚度不应小于 200mm；当敷设在楼板垫层内时，垫层的厚度不应小于 70mm，并避免与其他管路相互交叉。

2）地面内暗配金属线槽应根据单线槽或双线槽结构形式不同，选择单压板或双压板与线槽组装并配装卧脚螺栓，如图 8-1-11（a）、（b）所示。地面内线槽的支架安装距离，一般情况下应设置于直线段不大于 3m 或在线槽接头处、线槽进入分线盒 200mm 处。线槽出线口和分线盒不得突出地面，且应做好防水密封处理，图 8-1-11（c）为线槽出线口的安装示意图。自线槽出线口沿线路走向放置线槽，然后进行线槽连接。

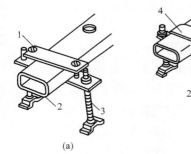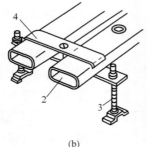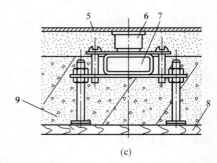

图 8-1-11　线槽支架安装示意图

（a）单线槽；（b）双线槽；（c）单线槽地面混凝土内安装剖面

1—单压板；2、7—线槽；3—卧脚螺栓；4—双压板；5—地面；6—出线口；8—模板；9—钢筋混凝土

3）地面内线槽端部与配管连接时，应使用管过渡接头，如图 8-1-12（a）所示；线槽间连接时，应采用线槽连接头进行连接，如图 8-1-12（b）所示，线槽的对口处应在线槽连接头中间位置上；当金属线槽的末端无连接时，就用封端堵头堵严，如图 8-1-12（c）所示。

4）分线盒与线槽、管连接。

① 地面内暗装金属线槽时不能进行弯曲加工，当遇有线路交叉、分支或弯曲转向时，应安装分线盒，图 8-1-13 所示为分线盒与线槽管连接。当线槽的直线长度超过6m 时，为方便施工穿线与维护，也宜加装分线盒。双线槽分线盒安装时，应在盒内安装便于分开的交叉隔板。

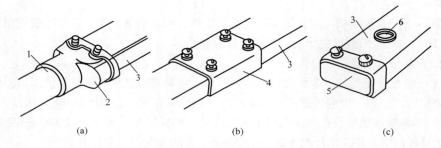

(a)　　　　　　　　　　　(b)　　　　　　　　　　　(c)

图 8-1-12　线槽连接安装示意图
1—钢管；2—管过渡接头；3—线槽；4—连接头；5—封接堵头；6—出线孔

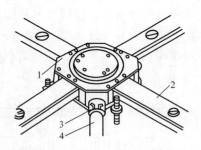

图 8-1-13　分线盒与线槽、管连接示意图
1—分线盒；2—线槽；3—引出管接头；4—钢管

② 由配电箱、电话分线箱及接线端子箱等设备引至线槽的线路，宜采用金属管暗敷设方式引入分线管。图 8-1-13 中钢管从分线盒窄面引出，或以终端连接器引入线槽。

5）暗装金属线槽应作可靠的保护接地或保护接零措施。

（2）明配金属线槽。

1）金属线槽敷设时，应根据设计图确定电源及盒（箱）等电气设备、器具的安装位置，从始端至终端找好线槽中心的水平或垂直线，并根据线槽固定点的要求，分匀挡距，标出线槽支架、吊架的固定位置。线槽的吊点及支持点的距离应根据工程具体条件确定，一般应按下列部位设置吊架或支架：① 一般在直线固定间距不应大于 3m 或线槽接头处；② 在距线槽的首端、终端、分支、转角及进出接线盒处应不大于 0.5m。

2）金属线槽在通过墙体或楼板处，应配合土建预留孔洞。金属线槽不得在穿过墙壁或楼板处进行连接，也不应将此处的线槽与墙或楼板上的孔洞加以固定。

3）吊装线槽进行连接转角、分支及终端处，应使用相应的附件。线槽分支连接应采用转角、三通、四通等接线盒进行变通连接，如图 8-1-14（a）~（c）所示；转角部分应采用立上转角、立下转角或水平转角，如图 8-1-14（d）~（f）所示；线槽末端应装上封堵进行封闭，如图 8-1-14（g）所示；金属线槽间的连接应采用连接头，如图 8-1-14（h）所示。

金属线槽组装的直线段连接应采用连接板，连接处间隙应严密平齐。在线槽中的两个固定点之间，金属线槽组装的直线段连接点只允许有一个。

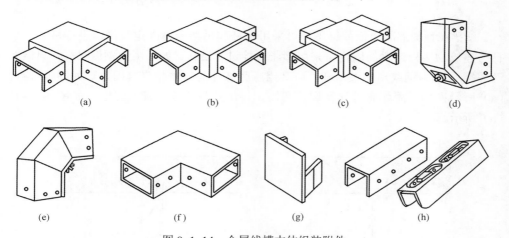

图 8-1-14　金属线槽本体组装附件
（a）转角接线盒；（b）三通接线盒；（c）四通接线盒；（d）立上转角；（e）立下转角；
（f）水平转角；（g）封堵；（h）连接头

4）金属线槽引出的管线。金属线槽出线口应利用出线口盒进行连接，如图 8-1-15（a）所示，引出金属线槽的线路，可采用金属管、硬塑料管、半硬塑料管、金属软管或电缆等配线方式。电线、电缆在引出部分不得遭受损伤。盒（箱）的进出线处应采用抱脚进行连接，如图 8-1-15（b）所示。

5）吊装金属线槽可使用吊装器，如图 8-1-16（a）所示。先组装干线线槽，后组装支线线槽，将线槽用吊装器与吊杆固定在一起，把线槽组装成型。当线槽吊杆与角钢、槽钢、工字钢等钢结构进行固定时，可用万能吊具［见图 8-1-16（b）］进行安装；吊装金属线槽在吊顶下吊装时，吊杆应固定在吊顶的主龙骨上。在线槽上当需要吊装照明灯具时，可用蝶型夹卡［见图 8-1-16（c）］将灯具卡装在线槽上。

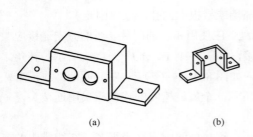

图 8-1-15 金属线槽与盒、管连接附件

（a）出线口盒；（b）抱脚

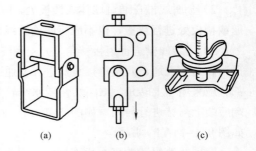

图 8-1-16 金属线槽吊装器件

（a）吊装器；（b）万能吊具；（c）蝶型夹卡

　　线槽在预制混凝土板或梁下，可采用吊杆和吊架卡箍固定线槽，进行吊装。吊杆与建筑物楼板或梁的固定可采用膨胀螺栓进行连接，如采用圆钢做吊杆，圆钢上部焊接 ⌐ 形扁钢或扁钢做吊杆，将其用膨胀螺栓与建筑物直接固定，如图 8-1-17（a）所示；如采用膨胀螺栓及螺栓套筒，将吊杆与建筑物进行固定，如图 8-1-17（b）所示。

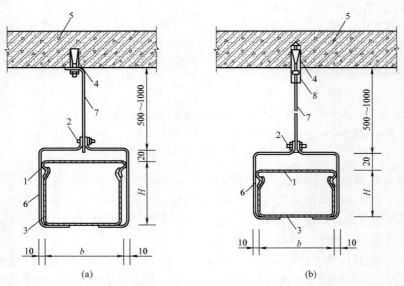

图 8-1-17 金属线槽在吊架上的安装

（a）扁钢吊架；（b）圆钢吊架

1—盖板；2—螺栓；3—线槽；4—膨胀螺栓；5—预制混凝土板或梁；

6—吊架卡箍；7—吊杆；8—螺栓套筒

6）根据 GB 50303—2002《建筑电气工程施工质量验收规范》要求，归配线槽应紧贴墙面固定安装。金属线槽紧贴墙面安装时，当线槽的宽度较小时，可采用一个塑料胀管将线槽固定；当线槽宽度较长时，可采用两个塑料胀管固定线槽。用一个塑料胀管，一般固定在线槽宽度的中间位置；用两个塑料胀管，其固定间距一般为槽宽的 1/2，螺柱距槽边为槽宽的 1/4，图 8-1-18 所示为金属线槽贴墙安装示意图（图中虚线为双螺钉固定位置）。金属线槽贴墙安装时，需将线槽侧向安装，槽盖板设置在侧面。固定线槽用半圆头木螺钉，其端部应与线槽内表面光滑相接，以确保不损伤电线或电缆绝缘。

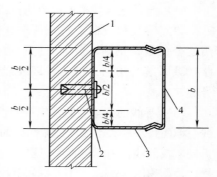

图 8-1-18　金属线槽贴墙安装

1—墙；2—半圆头木螺钉；3—线槽；4—盖板

7）金属线槽在穿过建筑物变形缝处应有补偿装置，可将线槽本身断开，在线槽内用内连接板搭接，但不应固定死，以便金属线槽能自由活动。

8）为了保证用电安全，防止发生事故，金属线槽的所有非导电部分的铁件均应相互连接，使线槽本身有良好的电气连续性。线槽在变形缝的补偿装置处应用导线搭接，使之成为连续导体，做好整体接地。金属线槽应有可靠的保护接地或保护接零。

3. 塑料线槽敷设

塑料线槽配线施工与金属线槽施工基本相同，而施工中的一些注意事项，又与硬塑料管敷设完全一致，所以仅对塑料线槽施工中槽底板固定点的最大间距及附件要求做些说明。塑料线槽敷设时，槽底固定点间距应根据线槽规格而定，一般不应大于表 8-1-2 中数值。塑料线槽布线，在线路连接、转角、分支及终端处应采用相应的塑料附件。

表 8-1-2　　　　　　　　　塑料线槽明敷时固定点最大间距

固定点形式	线槽宽度（mm）		
	20~40	60	80~120
	固定点最大间距 L（m）		
⊕ ⊕	0.8	—	—
⊕ ⊕	—	1.0	—
⊕ ⊕ / ⊕ ⊕	—	—	0.8

（1）导线敷入线槽前，应清扫线槽内残余的杂物，使线槽保持清洁。

（2）导线敷设前应检查所选择的是否符合设计要求，绝缘是否良好，导线按用途分色是否正确。放线时应边放边整理，理顺平直，不得混乱，并将导线按回路（或系统）用尼龙绑扎带或线绳绑扎成捆，分层排放在线槽内并做好永久性编号标志。

（3）导线的规格和数量应符合设计规定。当设计无规定时，包括绝缘层在内的导线总截面积不应大于线槽内截面积的60%，电线、电缆在线槽内不宜有接头，但在可拆卸盖板的线槽内，包括绝缘层在内的导线接头处所有导线截面积之和，不应大于线槽内截面积的75%。在不易拆卸盖板或暗配的线槽内，导线的接头应置于线槽的分线盒内或线槽出线盒内，但暗配金属线槽的电线、电缆的总截面积（包括外护层），不宜大于槽内截面积的40%。

（4）强电、弱电线路应分槽敷设，消防线路（火灾和应急呼叫信号）应单独使用专用线槽敷设，其两种线路交叉处应设置有屏蔽分线板的分线盒。

（5）金属线槽交流线路，所有相线和中性线（如有中性线时）应敷设在同线槽内。

（6）同一路径无防干扰要求的线路，可敷设于同一金属线槽内，但同一线槽内的绝缘电线和电缆都应具有与最高标称电压回路绝缘相同的绝缘等级。

（7）在金属线槽垂直或倾斜敷设时，应采用防止电线或电缆在线槽内移动的措施，确保导线绝缘不受损坏，避免拉断导线或拉脱拉线盒（箱）内导线。

（8）引出金属线槽的配管管口处应有护口，防止电线或电缆在引出部分遭受损伤。

【思考与练习】

1. 室内配线的一般要求有哪些？

2. 室内配线有哪些基本方式？

3. 室内电缆敷设的适用范围是什么？

▲ 模块 2　照明器具的选用和安装（Z33F1002Ⅰ）

【模块描述】本模块包含照明器具的选用和照明器具的安装等内容。通过概念描述、图表示意、要点归纳，掌握照明设备的选用原则、安装方法和质量标准。

【正文】

一、照明器具的选用

（1）一般情况下根据使用场所的环境条件和光源的特征进行综合选用。在选用光源和灯具时，应符合下列要求：

1）民用建筑照明中无特殊要求的场所，宜采用光效高的光源和效率高的灯具。

2）开关频繁、要求瞬时起动和连续调光等场所，宜采用白炽灯和卤钨灯光源。

3）高大空间场所的照明，应采用高光强气体放电灯。

4）大型仓库应采用防燃灯具，其光源应选用高光强气体放电灯。

5）应急照明必须选用能瞬时起动的光源。当应急照明作为正常照明的一部分，并且应急照明和正常照明不出现同时断电时，应急照明可选用其他光源。

（2）根据配光特性选择灯具。

1）在一般民用建筑和公共建筑内，多采用半直射型、漫射型和荧光灯具，使顶棚和墙壁均有一定的光照，使整个室内的空间照度分布均匀。

2）生产厂房多采用直射型灯具，使光通量全部投射到工作面上，高大工厂房可采用探照型灯具。

3）室外照明多采用漫射型灯具。

（3）根据环境条件选择灯具。

1）一般干燥房间采用开启式灯具。

2）在潮湿场所，应采用瓷质灯头的开启式灯具；在湿度较大的场所，宜采用防水防潮式灯具。

3）在含有大量尘埃的场所，应采用防尘密闭式灯具。

4）在易燃易爆等危险场所，应采用防爆式灯具。

5）在有机械碰撞的场所，应采用带有防护罩的保护式灯具。

二、照明附件的选用

照明常用的开关、灯座、挂线盒及插座称为照明附件。

1. 灯座

灯座的作用是固定灯泡（或灯管）并供给电源。按其结构形式分为螺口和卡口（插口）灯座；按其安装方式分为吊式灯座（俗称灯头）、平灯座和管式灯座；按其外壳材料分为胶木、瓷质和金属灯座；按其用途还可分为普通灯座、防水灯座、安全灯座和多用灯座等。常用灯座的规格外形和用途见表8-2-1。

2. 开关

开关的作用是接通或断开照明电源，一般称为灯开关。开关按安装形式分为明装式和暗装式。明装式有拉线开关、扳把开关（又称平开关）等；暗装式多采用跷板开关和扳把开关。按结构分为单极开关、双极开关、三级开关、单控开关、双控开关、多控开关、旋转开关等。

表 8-2-1   常用灯座的规格、外形和用途

名　称	种　类	规　格	外　形	外形尺寸（mm）	备　注
普通插口灯座	胶木 铜质	250V，4A，C22 50V，1A，C15		34×48 25×50	一般使用
平装式插口灯座	胶木 铜质	250V，4A，C22 50V，1A，C15		57×41 40×35	装在天花板上、墙壁上、行灯内等
插口安全灯座	胶木	250V，4A，C22		43×75 43×65	可防触电，还有带开关式
普通螺口灯座	胶木 铜质	250V，4A，E27		40×56	安装螺口灯泡
平装式螺口灯座	胶木 铜质 瓷质	250V，4A，E27		57×50 57×55	同插口
螺口安全灯座	胶木 铜质 瓷质	250V，4A，E27		47×75 47×65	同插口

续表

名　称	种　类	规　格	外　形	外形尺寸（mm）	备　注
悬挂式防雨灯座	胶木 瓷质	250V，4A，E27		40×53	装设于屋外防雨
M10管接式 螺口、 卡口灯座	胶木 瓷质 铁质	E27 250V，4A，E40 C22		40×77 40×61 40×56	用于管式安装， 还有带开关式
安全荧光灯座	胶木	250V，2.5A		29.5 45×32.5	荧光灯管专用灯座
荧光灯启辉器座	胶木	250V，2.5A		40×30×12 50×32×12	荧光灯启辉器 专用灯座

3．插座

插座的作用是为移动式照明电器、家用电器或其他用电设备提供电源的器件。它连接方便、灵活多用，也有明装和暗装之分。按其结构可分为单相双极双孔、单相三极三孔（有一极为保护接零或接地）、三相四极四孔和组合式多孔多用插座等。

4．挂线盒

挂线盒（或称吊线盒）的作用是用来悬挂吊线灯或连接线路的，一般有塑料和瓷质两种。

常用开关、插座、挂线盒的规格参数见表8-2-2。

表 8-2-2   常用灯开关、插座、挂线盒的规格参数

名　称	规　格	外　形	外形尺寸（mm）	备　注
拉线开关	250V，4A		72×30	胶木，还有吊线盒式拉线开关
防雨拉线开关	250V，4A		72×87	瓷质
平装明扳把开关	250V，5A		52×40	有单控、双控
跷板式明开关	250V，4A		55×40×30	还有带指示灯式
跷板式一位暗开关 二位暗开关 三位暗开关 四位暗开关	250V，6A，10A 86 系列		86×86 146×86	有单控、双控，单控和双控并有带指示灯式
跷板式一位暗开关 二位暗开关 三位暗开关 四位暗开关	250V，4A 75 系列		75×75 75×100 75×100 75×125	有单控、双控，单控和双控并有带指示灯式
单相二极暗插座 单相二极扁圆两用暗插座 单相三极暗插座 三相四极暗插座	250V，10A 250V，10A 250V，10A 250V，15A 380V，15A 380V，25A		75×75 86×86 75×75 86×86	还有带指示灯式和带开关式

续表

名　称	规　格	外　形	外形尺寸（mm）	备　注
单相二极明插座	250V，10A		42×26	有圆形、方形及扁圆两用插座
单相三极明插座	250V，6A 250V，10A 250V，15A		54×31	有圆形、方形
三相四极明插座	380V，15A 380V，25A		73×60×36 90×72×45	
挂线盒	250V，5A 250V，10A		57×32	胶木，瓷质

三、照明器具的安装

（一）一般要求

（1）灯具的安装高度：室内一般不低于 2.5m，室外一般不低于 3.0m。如遇特殊情况难以达到上述要求时，可采取相应的保护措施或改用 36V 的安全电压供电。

（2）根据不同的安装场所和用途，照明灯具使用的导线线芯最小截面应符合表 8-2-3 的规定。

表 8-2-3　　　　　　　　　灯 具 线 芯 最 小 截 面

灯具的安装场所及用途		线芯最小截面（mm²）		
		铜芯软线	铜　线	铝　线
灯头线	民用建筑室内	0.4	0.5	2.5
	工业建筑室内	0.5	0.8	2.5
	室外	1.0	1.0	2.5
移动用电设备的导线	生活用	0.2	—	—
	生产用	1.0	—	—

（3）室内照明开关一般安装在门边便于操作的位置上。拉线开关安装的高度一般离地 2～3m（或距顶 300～500mm），其拉线出口应垂直向下。跷板开关一般距地面高度宜为 1.3m，距门框的间距一般为 150～200mm，如图 8-2-1 所示。

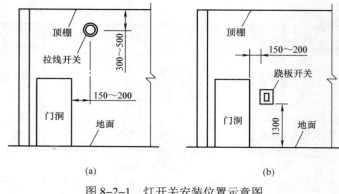

图 8-2-1　灯开关安装位置示意图

(a) 拉线开关；(b) 跷板开关

（4）明插座的安装高度不宜小于 1.3m，在幼儿园、小学校及民用住宅，明插座的高度不宜小于 1.8m，暗插座一般离地 0.3m，同一场所安装的电源插座高度应一致。

（5）固定灯具需用接线盒及木台等配件。安装木台前应预埋木台固定件或采用膨胀螺栓。安装时，应先按照器具安装位置钻孔，并锯好线槽（明配线时）；然后将导线从木台出线孔穿出后，再固定木台；最后挂线盒或灯具。

（6）当采用螺口灯座或灯头时，应将相线（即开关控制的火线）接入螺口内的中心弹簧片上的接线端子，零线接入螺旋部分，如图 8-2-2（a）所示。采用双芯棉织绝缘线时（俗称花线），其中有色花线应接相线，无花单色导线接零线。

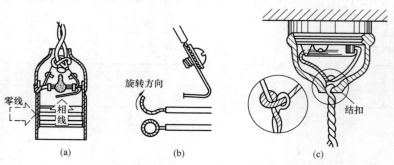

图 8-2-2　灯头接线、导线连接和结扣做法

（a）灯头接线；（b）导线接线；（c）导线结扣做法

（7）吊灯灯具超过 3kg 时，应预埋吊钩或用螺栓固定，其一般做法如图 8-2-3 和图 8-2-4 所示。接线吊灯的质量限于 1kg 以下，超过时应增设吊链。灯具承载件（膨胀螺栓）的埋设，可参照表 8-2-4 进行选择。

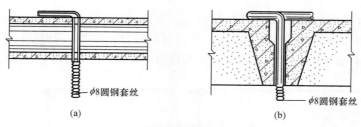

图 8-2-3　预制楼板埋设吊挂螺栓做法
（a）空心楼板吊挂螺栓；（b）沿预制板缝吊挂螺栓

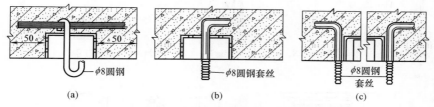

图 8-2-4　现浇楼板预埋吊钩和螺栓做法
（a）吊钩；（b）单螺栓；（c）双螺栓

（8）吸顶灯具安装采用木制底台时，应在灯具与底台之间铺垫石板或石棉布。荧光灯暗装时，其附件位置应便于维护检修，其镇流器应做好防水隔热处理和防止绝缘油溢流措施。

（9）照明装置的接线必须牢固，接触良好。需要接零或接地的灯具、插座盒、开关盒等的金属外壳，应由接地螺栓连接牢固，不得用导线缠绕。

表 8-2-4　　　　　　　　膨胀螺栓固定承装荷载表

胀管类别	规格（mm）						承装荷载容许拉力（×10N）	承装荷载容许剪力（×10N）
	胀　管		螺钉或沉头螺栓		钻　孔			
	外径	长度	直径	长度	直径	深度		
塑料胀管	6	30	3.5	按需要选择	7	35	11	7
	7	40	3.5		8	45	13	8
	8	45	4.0		9	50	15	10
	9	50	4.0		10	55	18	12
	10	60	5.0		11	65	20	14
沉头式胀管（膨胀螺栓）	10	35	6	按需要选择	10.5	40	240	160
	12	45	8		12.5	50	440	300
	14	55	10		14.5	60	700	470
	18	65	12		19.0	70	1030	690
	20	90	16		23.0	100	1940	1300

（二）灯具的安装

照明灯具的安装有室内室外之分。室内灯具的安装方式，应根据设计施工的要求确定，通常有悬吊式（悬挂式）、嵌顶式和壁装式等，如图 8-2-5 所示。

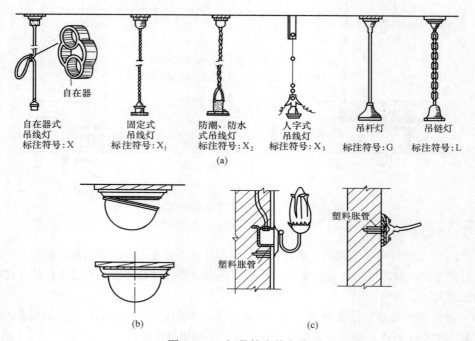

图 8-2-5　灯具的安装方式
（a）悬吊灯安装（X，G，L）；（b）吸顶灯安装（D）；（c）壁灯安装（B）

1. 悬吊式灯具的安装

此方式可分为吊线式（软线吊灯）、吊链式（链条吊灯）吊管式（钢管吊灯）。

（1）吊线式（X）。直接由软线承重，但由于挂线盒内接线螺钉承重较小，因此安装时需在吊线内打好线结，使线结卡在盒盖的线孔处［见图 8-2-2（c）］。有时还在导线上采用自在器［见图 8-2-5（a）］，以便调整灯的悬挂高度。软线吊灯多采用普通白炽灯作为照明光源。

（2）吊链式（L）。其安装方法与软线吊灯相似，但悬挂质量由吊链承担。下端固定在灯具上，上端固定在吊线盒内或挂钩上。

（3）吊杆式（G）。当灯具自重较大时，可采用钢管来悬挂灯具。用暗配线安装吊管灯具时，其固定方法如图 8-2-6 所示。

2. 嵌顶式灯具的安装

其安装方式分为吸顶式和嵌入式。

（1）吸顶式（D）。吸顶式是通过木台将灯具吸顶安装在屋面上。在空心楼板上安装木台时，可采用弓形板固定，其做法如图8-2-7所示。弓形板适用于护套线直接穿楼板孔的敷设方式。

（2）嵌入式（R）。嵌入式适用于室内有吊顶的场所。其方法是在吊顶制作时，根据灯具的嵌入尺寸预留孔洞，再将灯具嵌装在吊顶上，其安装如图8-2-8所示。

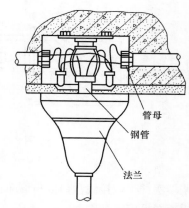

图 8-2-6　暗管配线吊管灯具的固定方法

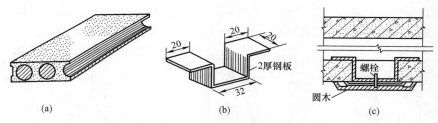

(a) (b) (c)

图 8-2-7　弓形板在空心楼板上的安装

（a）弓形板位置示意；（b）弓形板示意；（c）安装方法

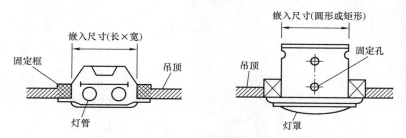

图 8-2-8　灯具的嵌入安装

3. 壁式灯具的安装（B）

壁式灯具一般称为壁灯，通常装设在墙壁或柱上。安装前应埋设固定件，如预埋木砖、焊接铁件或安装膨胀螺栓等。预埋件的做法如图8-2-9所示。

（三）开关和插座的安装

明装时，应先在定位处预埋木楔或膨胀螺栓（多采用塑料胀管）以固定木台，然后在木台上安装开关和插座。暗装时，设有专用接线盒，一般是先行预埋，再用水泥

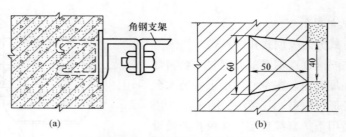

图 8-2-9 壁灯固定件的埋设

（a）预埋铁件焊接角钢；（b）预埋木砖

砂浆填实抹平，接线盒口应与墙面粉刷层平齐，等穿线完毕后再安装开关和插座，其盖板或面板应紧贴墙面。

1. 开关的安装

安装开关的一般做法如图 8-2-10 所示。所有开关均应接在原相线上，其扳把接通或断开的上下位置在同一工程中应一致。

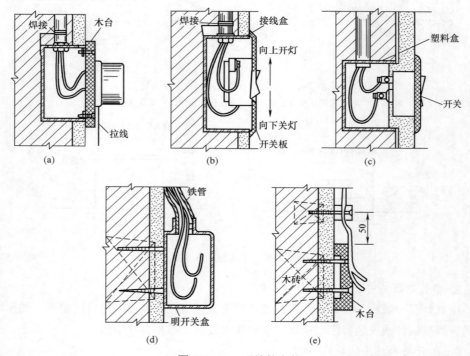

图 8-2-10 开关的安装

（a）拉线开关；（b）暗扳把开关；（c）活装跷板开关；（d）明管开关或插座；（e）明线开关或插座

2. 插座的安装

安装插座的方法与安装开关相似，其插孔的极性连接应按图 8-2-11 的要求进行，切勿乱接。当交流、直流或不同电压的插座安装在同一场所时，应有明显区别，并且插头和插座均不能相互插入。

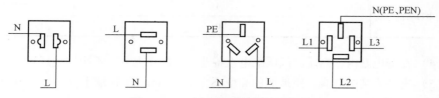

图 8-2-11　插座插孔的极性连接法

【思考与练习】

1. 照明器具的安装要求有哪些？

2. 灯具如何进行选择？

3. 简述灯具的安装方法。

模块 3　照明、动力回路验收技术规范（Z33F1003Ⅱ）

【模块描述】本模块包含照明回路和动力回路的验收技术规范。通过概念描述、流程介绍、列表说明、要点归纳，掌握照明、动力回路验收项目、流程和技术规范。

【正文】

一、照明回路验收的技术规范

（一）灯具

（1）灯具及其配件应齐全，并应无机械损伤、变形、油漆剥落和灯罩破裂等缺陷。

（2）根据灯具的安装场所及用途，引向每个灯具的导线线芯最小截面积应符合表 8-3-1 的规定。

（3）灯具不得直接安装在可燃构件上。当灯具表面高温部位靠近可燃物时，应采取隔热、散热措施。

表 8-3-1　　　　　　　　　　导线线芯最小截面积

灯具的安装场所及用途		线芯最小截面积（mm²）		
		铜芯软线	铜　线	铝　线
灯头线	民用建筑室内	0.4	0.5	2.5
	工业建筑室内	0.5	0.8	2.5

续表

灯具的安装场所及用途		线芯最小截面积（mm²）		
		铜芯软线	铜　线	铝　线
灯头线	室外	1.0	1.0	2.5
移动用电设备的导线	生活用	0.4	—	—
	生产用	1.0	—	—

（4）在变电站内，高压、低压配电设备及母线的正上方，不应安装灯具。

（5）室外安装的灯具，距地面的高度不宜小于 3m；当在墙上安装时，距地面的高度不应小于 2.5m。

（6）螺口灯头的接线应符合下列要求：

1）相线应接在中心触头的端子上，零线应接在螺纹的端子上。

2）灯头的绝缘外壳不应有破损和漏电。

3）对带开关的灯头，开关手柄不应有裸露的金属部分。

（7）对装有白炽灯泡的吸顶灯具，灯泡不应紧贴灯罩；当灯泡与绝缘台之间的距离小于 5mm 时，灯泡与绝缘台之间应采取隔热措施。

（8）灯具的安装应符合下列要求：

1）采用钢管作灯具的吊杆时，钢管内径不应小于 10mm；钢管壁厚度不应小于 1.5mm。

2）吊链灯具的灯线不应受拉力，灯线应与吊链编叉在一起。

3）软线吊灯的软线两端应作保护扣；两端芯线应搪锡。

4）同一室内或场所成排安装的灯具，其中心线偏差不应大于 5mm。

5）日光灯和高压汞灯及其附件应配套使用，安装位置应便于检查和维修。

6）灯具固定应牢固可靠。每个灯具固定用的螺钉或螺栓不应少于 2 个；当绝缘台直径为 75mm 及以下时，可采用 1 个螺钉或螺栓固定。

（9）公共场所用的应急照明灯和疏散指示灯，应有明显的标志。无专人管理的公共场所照明宜装设自动节能开关。

（10）每套路灯应在相线上装设熔断器。由架空线引入路灯的导线，在灯具入口处应做防水弯。

（11）36V 及以下照明变压器的安装应符合下列要求：

1）电源侧应有短路保护，其熔丝的额定电流不应大于变压器的额定电流。

2）外壳、铁芯和低压侧的任意一端或中性点，均应接地或接零。

（12）固定在移动结构上的灯具，其导线宜敷设在移动构架的内侧；在移动构架活动时，导线不应受拉力和磨损。

（13）当吊灯灯具质量大于 3kg 时，应采用预埋吊钩或螺栓固定；当软线吊灯灯具质量大于 1kg 时，应增设吊链。

（14）投光灯的底座及支架应固定牢固，枢轴应沿需要的光轴方向拧紧固定。

（15）金属卤化物灯的安装应符合下列要求：

1）灯具安装高度宜大于 5m，导线应经接线柱与灯具连接，且不得靠近灯具表面。

2）灯管必须与触发器和限流器配套使用。

3）落地安装的反光照明灯具，应采取保护措施。

（16）嵌入顶棚内的装饰灯具的安装应符合下列要求：

1）灯具应固定在专设的框架上，导线不应贴近灯具外壳，且在灯盒内应留有余量，灯具的边框应紧贴在顶棚面上。

2）矩形灯具的边框宜与顶棚面的装饰直线平行，其偏差不应大于 5mm。

3）日光灯管组合的开启式灯具，灯管排列应整齐，其金属或塑料的间隔片不应扭曲等缺陷。

（17）固定花灯的吊钩，其圆钢直径不应小于灯具吊挂销、钩的直径，且不得小于 6mm。对大型花灯、吊装花灯的固定及悬吊装置，应按灯具质量的 1.25 倍做过载试验。

（18）安装在重要场所的大型灯具的玻璃罩，应按设计要求采取防止碎裂后向下溅落的措施。

（二）插座、开关、吊扇、壁扇

1. 插座

（1）插座的安装高度应符合设计的规定，当设计无规定时，应符合下列要求：

1）距地面高度不宜小于 1.3m；托儿所、幼儿园及小学校中距地面高度不宜小于 1.8m；同一场所安装的插座高度应一致。

2）车间及试验室的插座安装高度距地面不宜小于 0.3m；特殊场所安装的插座不应小于 0.15m；同一室内安装的插座高度差不宜大于 5mm；并列安装的相同型号的插座高度差不宜大于 1mm。

3）落地插座应具有牢固可靠的保护盖板。

（2）插座的接线应符合下列要求：

1）单相两孔插座，面对插座的右孔或上孔与相线相接，左孔或下孔与零线相接；单相三孔插座，面对插座的右孔与相线相接，左孔与零线相接。

2）单相三孔、三相四孔及三相五孔插座的接地线或接零线均应接在上孔。插座的接地端子不应与零线端子直接连接。

3）当交流、直流或不同电压等级的插座安装在同一场所时，应有明显的区别，且必须选择不同结构、不同规格和不能互换的插座；其配套的插头，应按交流、直流或不同电压等级区别使用。

4）同一场所的三相插座，其接线的相位必须一致。

（3）暗装的插座应采用专用盒。专用盒的四周不应有空隙，且盖板应端正，并紧贴墙面。

（4）在潮湿场所，应采用密封良好的防水防溅插座。

2. 开关

（1）安装在同一建筑物、构筑物内的开关，宜采用同一系列的产品，开关的通断位置应一致，且操作灵活、接触可靠。

（2）开关安装的位置应便于操作，开关边缘距门框的距离宜为 0.15～0.2m；开关距地面高度宜为 1.3m；拉线开关距地面高度宜为 2～3m，且拉线出口应垂直向下。

（3）并列安装的相同型号开关距地面高度应一致，高度差不应大于 1mm；同一室内安装的开关高度差不应大于 5mm；并列安装的拉线开关的相邻间距不宜小于 20mm。

（4）相线应经开关控制；民用住宅严禁装设床头开关。

（5）暗装的开关应采用专用盒；专用盒的四周不应有空隙，且盖板应端正，并紧贴墙面。

（三）照明配电箱（板）

（1）照明配电箱（板）内的交流、直流或不同电压等级的电源，应具有明显的标志。

（2）照明配电箱（板）不应采用可燃材料制作；在干燥无尘的场所，采用的木制配电箱（板）应经阻燃处理。

（3）导线引出面板时，面板线孔应光滑无毛刺，金属面板应装设绝缘保护套。

（4）照明配电箱（板）应安装牢固，其垂直偏差不应大于 3mm；暗装时，照明配电箱（板）四周应无空隙，其面板四周边缘应紧贴墙面，箱体与建筑物、构筑物接触部分应涂防腐漆。

（5）照明配电箱底边距地面高度宜为 1.5m；照明配电板底边距地面高度不宜小于 1.8m。

（6）照明配电箱（板）内，应分别设置零线和保护地线（PE 线）汇流排，零线和保护线应在汇流排上连接，不得绞接，并应有编号。

（7）照明配电箱（板）内装设的螺旋熔断器，其电源线应接在中间触点的端子上，负荷线应接在螺纹的端子上。

（8）照明配电箱（板）上应标明用电回路名称。

二、动力回路的验收规范

（一）盘柜的安装

（1）基础型钢安装后其顶部宜高出抹平地面 10mm。手车式成套柜按产品技术要求执行，基础型钢应有明显的可靠接地。

（2）盘柜安装在振动场所应按设计要求采取防振措施。

（3）盘柜及盘柜内设备与各构件间连接应牢固。主控制盘继电保护盘和自动装置盘等不宜与基础型钢焊死。

（4）盘子箱安装应牢固、封闭良好并应能防潮防尘；安装的位置应便于检查，成列安装时应排列整齐。

（5）盘柜台箱的接地应牢固良好。装有电器的可开启的门应以裸铜软线与接地的金属构架可靠地连接。成套柜应装有供检修用的接地装置。

（6）成套柜的安装应符合下列要求：

1）机械闭锁电气闭锁应动作准确可靠。

2）动触头与静触头的中心线应一致，触头接触紧密。

3）二次回路辅助开关的切换接点应动作准确、接触可靠。

4）柜内照明齐全。

（7）抽屉式配电柜的安装应符合下列要求：

1）抽屉推拉应灵活轻便，无卡阻、碰撞现象，抽屉应能互换。

2）抽屉的机械联锁或电气联锁装置应动作正确可靠，断路器分闸后隔离触头才能分开。

3）抽屉与柜体间的二次回路连接插件应接触良好。

4）抽屉与柜体间的接触及柜体框架的接地应良好。

（8）手车式柜的安装应符合下列要求：

1）检查防止电气误操作的"五防"装置应齐全并动作灵活可靠。

2）手车推拉应灵活轻便，无卡阻、碰撞现象，相同型号的手车应能互换。

3）手车推入工作位置后动触头顶部与静触头底部的间隙应符合产品要求。

4）手车和柜体间的二次回路连接插件应接触良好。

5）安全隔离板应开启灵活，随手车的进出而相应动作。

6）柜内控制电缆的位置不应妨碍手车的进出并应牢固。

7）手车与柜间的接地触头应接触紧密，当手车推入柜内时其接地触头应比主触头先接触，拉出时接地触头比主触头后断开。

（9）盘柜的漆层应完整无损伤，固定电器的支架等应刷漆安装于同一室内，且经常监视的盘柜其盘面颜色宜和谐一致。

（二）盘柜上的电器安装

（1）电器的安装应符合下列要求：

1）电器元件质量良好，型号规格应符合设计要求，外观应完好且附件齐全、排列整齐、固定牢固、密封良好。

2）各电器应能单独拆装更换而不影响其他电器及导线束的固定。

3）发热元件宜安装在散热良好的地方。两个发热元件之间的连线应采用耐热导线或裸铜线套瓷管。

4）熔断器的熔体规格、自动开关的整定值应符合设计要求。

5）切换压板应接触良好，相邻压板间应有足够安全距离，切换时不应碰及相邻的压板。对于一端带电的切换压板，应使在压板断开情况下活动端不带电。

6）信号回路的信号灯、光字牌、电铃、电笛、事故电钟等应显示准确、工作可靠。

7）盘上装有装置性设备或其他有接地要求的电器，其外壳应可靠接地。

8）带有照明的封闭式盘柜应保证照明完好。

（2）端子排的安装应符合下列要求：

1）端子排应无损坏，固定牢固，绝缘良好。

2）端子应有序号，端子排应便于更换且接线方便，离地高度宜大于 350mm。

3）回路电压超过 400V 者，端子板应有足够的绝缘并涂以红色标志。

4）强弱电端子宜分开布置，当有困难时应有明显标志并设空端子隔开或设加强绝缘的隔板。

5）正负电源之间以及经常带电的正电源与合闸或跳闸回路之间宜以一个空端子隔开。

6）电流回路应经过试验端子，其他需断开的回路宜经特殊端子或试验端子。试验端子应接触良好。

7）潮湿环境宜采用防潮端子。

8）接线端子应与导线截面匹配，不应使用小端子配大截面导线。

（3）二次回路的连接件均应采用铜质制品，绝缘件应采用自熄性阻燃材料。

（4）盘柜的正面及背面各电气端子牌等应标明编号名称用途及操作位置，其标明的字迹应清晰工整且不易脱色。

（5）盘柜上的小母线应采用直径不小于 6mm 的铜棒或铜管。小母线两侧应有标明其代号或名称的绝缘标志牌，字迹应清晰工整且不易脱色。

（6）屏顶上小母线不同相或不同极的裸露载流部分之间、裸露载流部分与未经绝缘的金属体之间电气间隙不得小于 12mm，爬电距离不得小于 20mm。

（三）二次回路接线

（1）二次回路接线应符合下列要求：

1）按图施工，接线正确。

2）导线与电器元件间采用螺栓连接、插接焊接或压接等，均应牢固可靠。

3）盘柜内的导线不应有接头，导线芯线应无损伤。

4）电缆芯线和所配导线的端部均应标明其回路编号，编号应正确、字迹清晰且不易脱色。

5）配线应整齐、清晰、美观。导线绝缘应良好，无损伤。

6）每个接线端子的每侧接线宜为 1 根，不得超过 2 根。对于插接式端子不同截面的两根导线，不得接在同一端子上。对于螺栓连接端子，当接两根导线时中间应加平垫片。

7）二次回路接地应设专用螺栓。

（2）盘柜内的配线电流回路应采用电压不低于 500V 的铜芯绝缘导线，其截面积不应小于 2.5mm²，其他回路截面积不应小于 1.5mm²。对电子元件回路弱电回路采用锡焊连接时，在满足载流量和电压降及有足够机械强度的情况下可采用不小于 0.5mm² 截面积的绝缘导线。

（3）用于连接门上的电器、控制台板等可动部位的导线尚应符合下列要求：

1）应采用多股软导线，敷设长度应有适当裕度。

2）线束应有外套塑料管等加强绝缘层。

3）与电器连接时端部应绞紧并应加终端附件或搪锡，不得松散断股。

4）在可动部位两端应用卡子固定。

（4）引入盘柜内的电缆及其芯线应符合下列要求：

1）引入盘柜的电缆应排列整齐、编号清晰，避免交叉并应固定，使端子排不受到机械应力。

2）铠装电缆在进入盘柜后应将钢带切断，切断处的端部应扎紧并应将钢带接地。

3）使用于静态保护控制等逻辑回路的控制电缆应采用屏蔽电缆，其屏蔽层应按设计要求的接地方式接地。

4）橡胶绝缘的芯线应外套绝缘管保护。

5）盘柜内的电缆芯线应按垂直或水平有规律地配置，不得任意歪斜交叉连接，备用芯长度应留有适当余量。

6）强弱电回路不应使用同一根电缆并应分别成束、分开排列。

（5）直流回路中具有水银接点的电器、电源正极应接到水银侧接点的一端。

（6）在油污环境中应采用耐油的绝缘导线；在日光直射环境中，橡胶或塑料绝缘导线应采取防护措施。

【思考与练习】

1. 灯具的验收规范有哪些？

2. 照明电路中开关及插座的验收规范有哪些？

3. 动力回路中盘柜的验收规范有哪些？

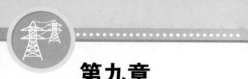

第九章

杆塔基础及杆塔组立

▲ 模块 1 电杆基坑开挖要求（Z33F2001 I）

【模块描述】 本模块包含一般电杆基础洞坑及底盘、拉盘基础坑的开挖等内容。通过概念描述、流程介绍、图解说明、要点归纳，掌握基础开挖的基本技术要求和开挖过程中的安全注意事项。

【正文】

一、工作内容

低压架空配电线路电杆基础的施工主要是基础坑的挖掘作业，基础坑的挖掘包括主杆洞坑和拉线坑的挖掘，其中，主杆洞坑分无底盘洞坑和有底盘洞坑两种形式。

二、危险点分析与控制措施

1. 危险点

进行电杆基坑开挖的主要危险点是坑口塌方或坑壁塌方伤人。

2. 控制措施

（1）进行基础开挖前应根据实际地形及土质的具体情况确定开口的大小。

（2）挖坑时应随时注意坑内土壤的变化，当坑内有积水时应注意排水。

（3）进入坑口内进行挖掘时，应严格控制四周坑壁的安全坡度，防止因坡度太陡而导致塌方事故的发生。

三、作业前准备

1. 人员安排

进行电杆基础开挖作业应设现场施工负责人 1 人，现场技术负责人 1 人，其他施工人员若干。其中：

（1）现场施工负责人。全面负责本次现场施工作业，并兼现场安全管理。

（2）现场技术负责人。负责电杆基坑中心定位及坑深的测量。

（3）其他施工人员。负责基坑土石方的开挖工作。

2. 主要工器具

进行电杆基础开挖工作的主要工器具包括挖掘工具（或机械）、基坑定位的测量工具等。

3. 基础坑中心的定位

当配电线路路径确定后，就可以以测量确定杆位了。现场杆位基坑中心定位时，根据线路的路径图，并在路径上找到两个以上的线路方向或定位桩，然后根据设计给定的档距，如图 9-1-1 所示，利用测量的方法进行定位；具体定位的测量方法参考模块配电线路测量中的应用 Z33F5002Ⅱ。

图 9-1-1 基础中心定位测量示意图

四、操作步骤、质量标准

1. 无底盘电杆主杆坑的开挖

（1）确定电杆坑洞口开口大小。电杆主杆基坑的开挖前，应根据电杆梢径的大小并结合现场实际地形及土质确定开口的大小。一般土质较好的情况下，电杆基坑洞口开口应略大于电杆的梢径。同时，为保证电杆起立的顺利，还应考虑电杆起立的需要，开设一定大小的马道（也叫马槽），如图 9-1-2（a）所示。

（2）电杆坑的挖掘。挖坑时应逐层依次向下挖掘，为避免因土壤堆积而影响基坑的挖掘和立杆工作的正常进行，应将挖出的土壤适当地放在距离坑口一定距离且又不影响施工的地方。

坑口的挖掘方式应适当加大开口尺寸，以逐层减小的形式向下挖掘，如图 9-1-2（b）所示，挖掘的过程中随时注意坑口内的土壤变化，避免出现塌方。

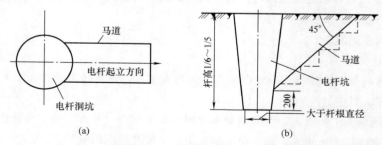

图 9-1-2 无底盘电杆基础洞坑挖掘平、断面示意图
（a）杆坑挖掘平面图；（b）杆坑挖掘断面图

若地下土壤出现渗水或在地下水源充足的地方，挖掘过程中应随时注意排水，避免不必要的工程量损失。

（3）马道的挖掘。当电杆采用人力的方式进行起立时，可根据立杆的要求进行马道的开设。马道的挖掘应在主杆基坑挖到一定深度时开始，马道应挖成斜坡或阶梯形式，如图9-1-2所示。

马道的挖掘宽度应结合电杆根直径的大小确定，以保证杆根能够顺利进入的同时，也能够保持基坑的稳定为宜，马道的方向应与电杆起立的方向一致。

2. 带底盘电杆基础坑的开挖

（1）确定基础坑的开口大小。带底盘的电杆基础的开口如图9-1-3所示。设土壤的安息角（土壤能保证稳定不塌方的最小堆积倾角）为β，基础底盘的边长为a，底盘安装时的活动余度为200mm，如设基础坑的开口为D，当基础的埋深为h时，基础坑的开口D可按经验公式进行计算，即

$$D=a+2b+0.4=a+2h\tan\beta+0.4 \text{（m）} \tag{9-1-1}$$

（2）主杆基础坑的挖掘。主杆坑的开挖与无底盘洞坑的开挖过程基本相似，仍然是逐层向下且保持一定坡度进行挖掘，若洞坑的截面较大（底盘大）且基坑较深时，通常需要工作人员下坑进行挖掘。坑中挖掘时，应由四周顺序向中心自上而下逐层进行挖掘；若出现地下渗水时，应在每层挖掘前选一坑角，先挖一积水坑，并利用抽水设备由坑口向外排水，以确保坑内的工作正常。

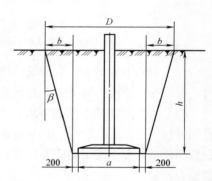

图9-1-3 带底盘电杆基础断面示意图

3. 拉线坑的开挖

（1）拉线坑中心的定位。如图9-1-4（a）所示，设拉线的挂点高度为H，拉线盘的埋深为h。根据低压架空配电线路拉线设置的规定，拉线对地夹角一般情况下不宜大于45°，设拉线对地夹角为45°，则有

$$L=L_1+L_0-d \tag{9-1-2}$$

式中 L——拉线坑中心与电杆中心的水平距离，m；

L_1——拉线出土点与电杆中心的水平距离，$L_1=H$，m；

L_0——拉线坑中心与拉线出土点间的水平距离，$L_0=h$，m；

d——拉线盘的厚度，m。

于是有

$$L=H+h-d \qquad (9-1-3)$$

因此，当电杆拉线为普通拉线时，可直接根据式（9-1-3）计算出拉线的坑口中心，然后按图 9-1-4（b）所示的平面坑口示意图，用测量的方法完成坑口的定位。

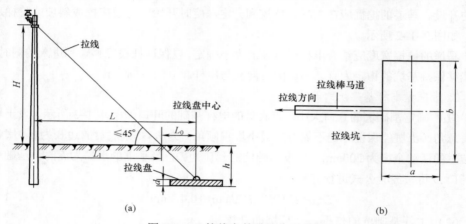

图 9-1-4 接线盘基础坑位示意图
（a）普通拉线断面结构示意图；（b）拉线坑平面结构示意图

（2）拉线坑的挖掘。拉线坑的挖掘仍然按上述挖掘的方法逐层自上而下进行，同时，保证每层挖掘的深度应不大于 200mm，且由四周向中间顺序挖掘。

（3）拉线坑马道的挖掘要求。一般情况下，拉线坑马道的挖掘应在拉线方向上电杆侧进行挖掘，从距拉线坑中心 L_0 距离处向坑中心方向以 45°夹角向下挖掘。为保证挖掘的质量，要求采用钢钎进行挖掘，以保证拉线棒周围土质的稳定，从而确保拉线盘受力可靠。

五、注意事项

进行基础坑的开挖时既要保证基坑的质量达到设计的要求，同时还应方便工程施工，电杆基础挖掘的主要工艺要求如下：

（1）坑中心位置顺线路方向的位移应不超过设计挡距的 5%，横线路方向的位移应小于 50mm。

（2）基础坑深应满足电杆埋深的要求。当设计规定埋深时，其坑深的允许误差为 +100、-50mm。

（3）坑口的开口大小应满足立杆的需要，同时还应保证挖掘工作的正常进行。

（4）由于带底盘的主杆基础坑和拉线基础坑相对较大，且洞深，在挖掘时，如果不能及时进行主杆底盘及拉线的埋设作业，为防止下雨后受到雨水的浸泡，保证基础坑底地基结构的稳定可靠，则应保留约 200mm 的洞深，待具体埋设施工开始前完成。

（5）在土质松软处挖坑，应有防止塌方措施，如加挡板、撑木等。不得站在挡板、撑木上传递土石或放置传土工具。禁止由下部掏挖土层。

【思考与练习】

1. 电杆基础挖掘的基本要求有哪些？

2. 如何确定普通拉线坑口的中心位置？

3. 为确保施工质量和施工安全，在进行电杆基坑挖掘时的注意事项主要有哪些？

◢ 模块2 电杆组装工艺要求（Z33F2002 I）

【模块描述】 本模块包含单横担、双横担及多横担电杆的组装等内容。通过概念描述、流程介绍、图解说明、要点归纳，掌握电杆组装的基本工艺要求和组装过程中的安全注意事项。

【正文】

一、工作内容

电杆的组装实际上主要是横担的组装；架空配电线路，特别是农村低压架空配电线路中，电杆的横担通常有单横担和双横担，其组装的方式有地面组装和杆上组装两种。当完成电杆起立固定稳固后，在杆上进行横担组装的工艺流程如图9-2-1所示。

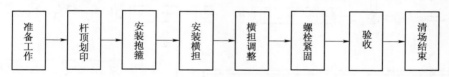

图 9-2-1　电杆横担的杆上组装工艺流程

二、危险点分析与控制措施

1. 电杆组装的危险点

进行杆上横担组装过程中的主要危险点有高空落物及高空坠落伤人。

2. 控制措施

（1）安装作业人员应按规定着装，进入施工现场的工作人员均应戴安全帽。

（2）杆上操作人员应选择合适的工作点位置，站稳、系好安全带。安全带必须挂在牢固的构件上，不允许挂在杆顶，只许高挂低用，不许低挂高用。

（3）在杆上作业，任何工具、材料要用绳索传递，防止高空落物，严禁高空抛物。

（4）为保证施工现场的安全和作业秩序，在过往人员较多或相对人员集中的地方立杆时应设安全围栏，防止行人误入作业区。

（5）加强现场作业的监护。

（6）组装操作的全过程必须严格按照高空作业的规程、规范执行。

三、作业前准备

1. 人员分工安排

（1）现场工作负责人 1 人，全面负责现场指挥及人员协调。

（2）现场安全监护人 1 人（可由工作负责人兼），负责现场作业过程的安全监护。

（3）杆上安装作业人员 1～2 人，负责杆上全部安装作业。

（4）地面辅助工作人员若干，负责地面工作及与杆上作业人员的配合工作。

（5）根据安全操作规程的规定，杆上作业人员应为经过登高及杆上高处作业专业训练、考核并取得操作合格证的专业人员。

2. 工器具材料准备

（1）主要材料。如图 9–2–2 所示，进行横担安装的材料主要有横担抱箍、衬铁抱箍、横担（单横担 1 条，双横担 2 条）、衬铁（单横担一根，双横担两根）、横担垫铁、连接螺栓及用于横担与导线连接的针式绝缘子和蝶式绝缘子等。

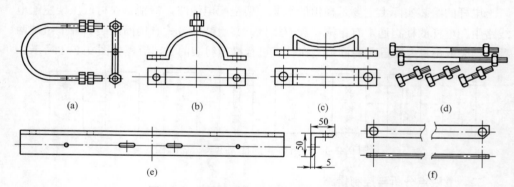

图 9–2–2 低压配电线路横担组装常用部件

(a) U 形抱箍；(b) 二合抱箍；(c) 横担垫铁；(d) 螺栓；(e) 横担；(f) 衬铁

（2）主要工器具。

1）登杆工具。主要有登高板（也称踩板）、脚扣（也称爬钩）。

2）活络扳手。25cm 和 30cm 各一把。

3）传递绳。白棕绳或尼龙绳。

4）安全带、安全帽等。

3. 工具材料开工前的检查

进行杆上横担组装作业前，应严格按照操作规程的规定办理相应的工作手续，进入现场后应按规定进行电杆杆根及电杆、登杆工具的外观质量检查，并按施工方案和设计的要求，清点相应的工具、材料。如果是新装电杆，则必须在完成电杆定位且杆基回填土并夯实后，才可以进行杆上作业。具体准备工作内容及要求如下：

（1）电杆外观质量的检查。

1）钢筋混凝土电杆的表面应光洁平整，壁厚均匀，无偏心、露筋、跑浆、蜂窝等现象。

2）预应力混凝土电杆及构件不得有纵向、横向裂缝。

3）普通钢筋混凝土电杆及细长预制构件不得有纵向裂缝，横向裂缝宽度不应超过0.1mm（允许宽度在出厂时为0.05mm，运至现场时不得超过0.1mm，运行中为0.2mm），长度不超过1/3周长。

4）杆身弯曲不超过1‰。

（2）现场材料清点。进行电杆组装前，应按照设计图纸的要求进行材料的清点，其中，横担、撑铁的规格、数量，抱箍的规格等，应符合设计的要求。现场材料的清点应由施工班组的材料负责人直接负责进行。

四、操作步骤、质量标准

1. 直线电杆单横担的组装

直线杆又称中间杆，用于架空线路直线的中间部分，是低压架空线路使用最多一种杆型，如图9-2-3（a）所示，具体组装过程如下：

（1）上杆划印。安装人员登杆至杆顶，系好安全带站稳后，如图9-2-3（a）所示，用钢卷尺由杆顶向下量取横担抱箍的安装尺寸，并用记号笔划印，标记出横担的安装位置。

电杆横担的安装位置通常以电杆的杆顶为基准确定，而电杆的结构、形式均有所不同，因此，确定横担的安装位置，应以设计的要求为依据。

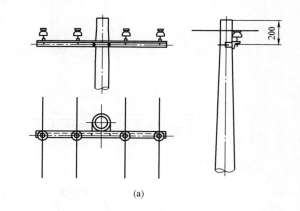

(a)

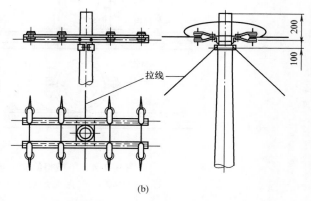

(b)

图9-2-3 直线、耐张电杆结构示意图

（a）直线杆；（b）耐张杆

（2）安装横担。当采用 U 形抱箍安装横担时，如图 9-2-4（a）所示，安装人员在地面工作人员的配合下起吊横担、抱箍，将 U 形抱箍由送电侧穿入，M 形垫铁及横担安装在受电侧（如果电杆为转角或耐张杆，则应安装在拉线侧），在抱箍螺杆上加入垫片，拧上螺帽。

当采用羊角抱箍安装横担时，应先在电杆上安装横担抱箍、撑铁抱箍后，再安装横担及撑铁；抱箍的连接螺栓应由送电侧穿入，受电侧穿出，撑铁装在横担侧，撑铁螺栓应由横担角铁内侧向外穿出。

单横担的安装结果如图 9-2-4（b）所示。完成横担安装后，按设计的要求在横担上指定的位置进行绝缘子的安装。

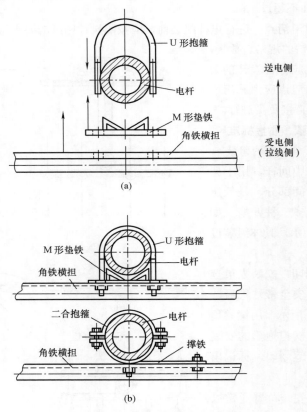

图 9-2-4 单横担的安装示意图

（a）U 形抱箍横担的安装方法；（b）单横担的安装

（3）调整固定。连接安装完成后，应根据线路方向调整横担的安装方向和横担水平，并完成所有连接螺栓的紧固后，结束安装。

（4）下杆结束操作。检查杆上横担、绝缘子的安装质量，确认符合设计的技术要求无误后，清理杆上作业工具，下杆，结束全部操作。

2. 双横担耐张电杆的组装

一般情况下，双横担的耐张杆又叫承力杆或锚杆，其基本结构如图 9-2-5 所示。双横担耐张杆的结构相对较直线杆单横担复杂，同时双横担耐张杆通常设计有拉线，安装的工作量大，技术质量要求高，因此，安装前应做好充分的准备工作。

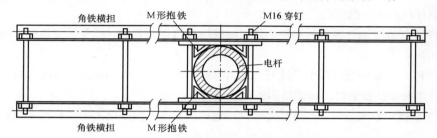

图 9-2-5　钢筋混凝土杆横担的常见安装方法

双横担耐张杆组装的具体安装过程如下：

（1）上杆划印。安装人员（有条件的情况下，可安排两人上杆安装）登杆至杆顶，系好安全带站稳后，用钢卷尺由杆顶向下量取横担及拉线抱箍的安装位置，并用记号笔在杆身上进行标记。

（2）安装横担。安装人员在地面工作人员的配合下起吊横担、抱箍，并进行安装。安装时，应先将所有穿钉（也称穿心螺栓或加长螺栓）穿入后，加上垫片、螺帽，然后逐一进行紧固。

（3）调整横担。连接安装完成后，调整横担的安装方向与线路方向垂直，调整横担的水平达到规定的要求，并将所有连接螺栓的紧固后，按设计的要求完成绝缘子的安装。

（4）安装拉线。

1）安装拉线抱箍。在横担的下方完成拉线抱箍的安装，调整好拉线的方向，并在抱箍上连接安装拉线的楔形线夹。

2）检查杆上所有安装作业符合设计的技术要求，确认无误后，清理杆上作业工具，下杆。

3）在地面完成拉线下把 UT 线夹的安装，并通过拉线将电杆预偏值调整到设计的要求，拧紧 UT 线夹双螺母。

（5）作业结束。现场工作负责人对照设计和施工方案的要求，进行双横担安装的竣工验收，确认合格后，指挥现场人员清理现场，安装作业结束。

五、注意事项

1. 横担组装的基本要求

（1）单横担的组装位置，直线杆应装于受电侧；分支杆、转角杆及终端杆应装于拉线侧。

（2）横担组装应平整，端部上下和左右斜扭不得大于 20mm。

2. 螺栓穿向的规定

电杆横担连接螺栓的安装规定如下：

（1）螺栓应通过各部件的中心线，螺杆应与构件面垂直，螺头平面与构件间不应有间隙。

（2）螺母紧好后，露出的螺杆长度，单螺母不应少于两个螺距；双螺母可与螺母相平。当必须加垫圈时，每端垫圈不应超过两个。

（3）螺栓穿入方向为：顺线路方向由送电侧穿入；横线路方向的螺栓，面向受电侧，由左向右穿入；垂直地面的螺栓由下向上穿入。

【思考与练习】

1. 进行杆上横担安装作业应注意事项主要有哪些？

2. 单横担的组装质量主要有哪几项内容？

3. 杆上作业的安全规定主要有哪些？

▲ 模块 3　起立电杆工器具的选用（Z33F2003Ⅱ）

【模块描述】 本模块包含绳索、滑轮、抱杆、地锚、牵引设备等电杆起立常用工器具的选择和使用。通过概念描述、公式解析、图表说明、计算举例、要点归纳，掌握电杆起立常用工器具选择原则和使用规定。

【正文】

用于低压配电线路电杆起立的常用工具主要有绳索、滑轮、抱杆、地锚、牵引设备等。在架空电力线路电杆的起立施工中，常因起吊工具的选择、使用不当或保管不善，时而发生绳索磨损、腐蚀及拉断，甚至出现抱杆变形、地锚拔出等故障，从而危及人身和设备的安全。因此，选择合格的起立工具，并掌握其正确的使用方法，对保证线路安全施工具有重要意义。

一、绳索的选择和安全使用

绳索包括白棕绳和钢丝绳，绳索是线路施工中使用最为广泛的工具之一。在进行电杆起立的施工中，为保证其使用的安全、可靠，在使用前必须根据起立电杆的大小和起立过程中可能出现的最大使用拉力选择绳索的规格，而且在施工过程中要正确使用。

（一）白棕绳

白棕绳（简称麻绳）是用龙舌兰麻（又称剑麻）捻制而成的。这种麻纤维的抗拉力和抗扭力强，滤水快，抗海水侵蚀性好，耐磨而富有弹性，受到冲击拉力不易折断。配电线路施工中，常用白棕绳绑扎构件、起吊质量较小的构件、杆塔控制、作调整的临时拉线等。

1. 白棕绳的规格

配电线路施工和运行维护中所使用的部分国产白棕绳的规格及物理特性见表 9-3-1、表 9-3-2。

表 9-3-1 国产铁锚牌白棕绳规格及有效破断拉力

直径（mm）	每捆长度（m）	每捆质量（kg）	有效破断拉力（kN）
10	218	15	8.6
13	218	27	13.6
16	218	40	18.8
19	218	54	23.9
22	218	76	30.7
24	218	90	37.5
25	218	100	40.9

表 9-3-2 国产起重白棕绳规格及有效破断拉力（SC-1）

绳直径（mm）	质量（kg/m）	有效破断拉力（kN）		
		I 级	II 级	III 级
6	0.03	3.969	2.626	1.725
8	0.06	6.527	4.312	2.842
10	0.08	9.016	5.978	3.842
12	0.11	11.427	7.595	4.988
14	0.14	15.974	10.682	7.075
16	0.18	19.208	13.132	8.536
18	0.23	24.108	16.268	10.78
20	0.28	30.576	20.678	13.622
22	0.34	36.848	24.892	16.464
24	0.40	42.924	29.008	19.208

注 1. SC 为水产部标准。

2. I 级、II 级、III 级为白棕绳等级。

2. 白棕绳容许拉力

白棕绳使用时的容许使用拉力可按式（9-3-1）进行计算，即

$$F = \frac{F_b}{K \times K_1 \times K_2}$$ （9-3-1）

式中　F——白棕绳的容许拉力，N 或 kN；

　　　F_b——白棕绳的有效破断拉力，N 或 kN；

　　　K_1——动荷系数；

　　　K_2——不平衡系数；

　　　K——安全系数。

其中，K_1、K_2、K 的取值应根据实际工作中的使用情况，参照表 9-3-3 选用。

【例 9-3-1】某直径为 24mm 的国产Ⅰ级白棕绳，若实际工作时：K_1=1.0、K_2=1.1、K=5.5。求该白棕绳的安全承载力为多大？

解　由表 9-3-2 可知：直径为 24mm 的Ⅰ级白棕绳的有效破坏拉力为 42.924kN，其安全承载力由式（9-3-1）计算如下

$$F = \frac{42.924}{1.0 \times 1.1 \times 5.5} = 7.095 （kN）$$

表 9-3-3　　　　　　　　白棕绳的各种系数（K、K_1、K_2 和 K_Σ）

序号	工作性质及条件	K	K_1	K_2
1	通过滑轮组整立杆塔或紧线时的牵引绳	5.5	1.0	1.1
2	起立杆塔时的吊点固定绳（单杆/双杆）	6	1/1.2	1.2
3	起立杆塔时的根部制动绳（单杆/双杆）	5.5	1/1.2	1.2
4	起立杆塔时的临时拉线	4	1.1	1.2
5	作其他起吊及牵引用的牵引绳及吊点固定绳	5.5	1.0	1.2

注　(1) 对旧的起吊白棕绳，在计入安全系数 K 时，应按表中所列数值加大 40%～100%。

　　(2) 对受潮的不浸油白棕绳（素白棕绳），安全系数 K 应按表中所列数值加大 1.0 倍。

3. 白棕绳的基本使用要求

（1）使用前应检查该绳有无破损、受潮、腐烂等缺陷。一般情况下，白棕绳仅能作为一般辅助绳索使用，作为捆绑或在潮湿状态下使用时，其允许拉力应减半。

（2）使用时应将棕绳抖直，受力较大时不得打扣，同时不得在石头等粗糙物体上拉磨，以免断股降低拉断强度。

（3）捆绑带棱的构件时，应衬垫木板、麻袋片或草袋等，避免棱角割断绳纤维。另外白棕绳穿过滑轮或卷筒时，滑车的轮槽底直径或卷筒直径应不小于绳直径的 10 倍，以免绳承受过大的附加弯曲应力。带有连接头的绳，其连接头不得通过滑车，以免受挤降低抗拉强度。

（4）白棕绳不得与油漆、酸、碱等化学物品接触，同时应保存在通风干燥的地方，防止受潮、腐蚀。

（二）钢丝绳

钢丝绳简称钢绳，钢丝绳是在线路施工中最常用的绳索。进行电杆起立时，常作为固定、牵引、制动系统中的主要受力绳索。

1. 钢丝绳的结构和性能

常用普通钢丝绳的规格主要有 6×19（钢丝 6 股×19 根+绳纤维芯）和 6×37（钢丝 6 股×37 根+绳纤维芯）两种，其基本物理特性见表 9-3-4 和表 9-3-5。

表 9-3-4　　　　　　　　　（6×19）普通结构钢丝绳基本物理特性

直径（mm）		钢丝总断面积（mm²）	参考质量（kg/100m）	钢丝绳公称抗拉强度（N/mm）				
				1400	1550	1700	1850	2000
钢丝绳	钢丝			钢丝绳破坏拉力（kN，不小于）				
6.2	0.4	14.32	13.53	17	19	24	22	24
7.7	0.5	22.37	21.14	25	29	38	35	38
9.3	0.6	32.22	30.45	38	42	55	51	55
11.0	0.7	43.85	41.44	52	53	74	68	74
12.5	0.8	57.27	54.12	68	75	97	90	97
14.0	0.9	72.49	68.50	86	95	123	114	123
15.5	1.0	89.49	84.57	106	118	152	141	152
17.0	1.1	108.28	102.3	129	142	184	170	184
18.5	1.2	128.87	121.8	1530	170	219	202	219
20.0	1.3	151.24	142.9	1798	199	257	238	
21.5	1.4	175.40	165.8	208	231	298	275	
23.0	1.5	201.35	190.3	239	265	342	316	
24.5	1.6	229.09	216.5	272	302	339	360	
26.0	1.7	258.63	244.4	308	340	439	403	

表 9-3-5 （6×37）普通结构钢丝绳基本物理特性

直径（mm）		钢丝总断面积（mm²）	参考质量（kg/100m）	钢丝绳公称抗拉强度（N/mm）				
钢丝绳	钢丝			1400	1550	1700	1850	2000
				钢丝绳破坏拉力（kN，不小于）				
8.7	0.4	27.88	36.21	32.0	35.0	39.0	42.0	46.0
11.0	0.5	43.57	40.69	50.0	55.0	61.0	66.0	71.0
13.0	0.6	62.74	58.98	72.0	80.0	87.0	95.0	102.5
15.0	0.7	85.39	80.27	98.0	108.0	119.0	129.0	140.0
17.5	0.8	111.53	104.8	128.0	141.0	105.0	169.0	182.5
10.5	0.9	141.16	132.7	162.0	179.0	196.5	214.0	231.5
21.5	1.0	174.27	163.8	200.0	221.0	242.5	204.0	285.5
24.0	1.1	210.87	198.2	242.0	268.0	293.5	320.0	346.0
26.0	1.2	250.95	235.9	288.0	318.0	340.5	380.0	416.0

2. 选用钢丝绳的基本要求

钢丝绳在使用过程中，其钢丝受拉伸、弯曲、挤压和扭转等多种应力的作用，其中主要是拉伸应力和弯曲应力。因此，进行钢丝绳的选择时，首先应按拉伸的影响来计算钢丝绳的允许拉力，并利用钢丝绳的有效拉断力来进行验算；考虑弯曲应力影响及因反复弯曲引起的耐久性（疲劳）问题，需通过钢丝绳直径与滑轮直径配合进行补偿。

（1）钢丝绳的允许拉力。钢丝绳的允许拉力 F 可按式（9-3-2）求得

$$F = \frac{K_3 F_b}{K K_1 K_2} = \frac{K_3 F_b}{K_\Sigma} \quad (kN) \tag{9-3-2}$$

式中　　　　F_b——钢丝绳的有效拉断力，kN；

K、K_1、K_2、K_Σ——分别为钢丝绳的使用安全系数、动荷系数、不平衡系数和综合安全系数，详见表 9-3-6；

K_3——钢丝绳缺陷降低系数，已使用过的钢丝绳，其强度将因各种缺陷有所降低，见表 9-3-7。

表 9-3-6 钢丝绳的系数 K、K_1、K_2、K_Σ 值

工作性质	工作条件	K	K_1	K_2	K_Σ
起立杆塔或收紧导线的牵引绳，作其他起吊、牵引用牵引绳	通过滑轮组用人力绞磨	4	1.1	1	4.5
	直接用人力绞磨	4	1.2	1	5
	通过滑轮组用机动绞车、电动绞车	4.5	1.2	1	5.5
	直接用电动绞车、机动绞车、拖拉机或汽车	4.5	1.3	1	6

续表

工作性质	工作条件		K	K_1	K_2	K_Σ
起吊杆塔时的固定绳	单杆		4.5	1.2	1	5.5
	双杆				1.2	6.5
制动绳	通过滑轮组用制动器制动	单杆	4	1.2	1	4.8
		双杆			1.2	5.75
	直接用制动器制动	单杆	4	1.2	1	5
		双杆			1.2	6
临时固定用拉线	用手扳葫芦或人力绞车		3	1.0	1	3

表 9-3-7　　　　　　　　　　钢丝绳缺陷降低系数

钢丝绳缺陷情况	K_3	适用场所
新钢丝绳；曾使用过的钢丝绳，但各股钢丝位置未动，磨损轻微，并无绳股凸起现象	1.0	重要场所
各股钢丝已有变位、压扁或凸出现象，但尚未露出绳芯；钢丝绳个别部位有轻微腐蚀；钢丝绳表面上的个别钢丝有尖刺、断头现象，每米长度内尖刺数目不多于钢丝总数的3%	0.75	重要场所
钢丝绳表面上的个别钢丝有尖刺现象，每米长度内尖刺数目不多于钢丝总数的10%；个别部分有明显的锈痕；绳股凸出不太危险，绳芯未露出	0.5	次要场所
钢丝绳股有明显扭曲。绳股和钢丝有部分变位，有明显凸出现象；钢丝绳全部均有锈痕，将锈痕刮去后，钢丝绳留有凹痕；钢丝绳表面上的个别钢丝有尖刺现象，每米长度内尖刺数目不多于钢丝总数的25%	0.4	作辅助工作

（2）钢丝绳的有效拉断力

钢丝绳的有效拉断力 F_b 可由式（9-3-3）求得

$$F_b = A\sigma_b\lambda \text{（kN）} \tag{9-3-3}$$

式中　A——钢丝绳的总面积，mm^2；

σ_b——钢丝的公称抗拉极限强度见表 9-3-4 和表 9-3-5，kN/mm^2；

λ——有效拉断力换算系数，常用普通钢丝绳的有效拉断力换算系数见表 9-3-8。

表 9-3-8　　　　　　　　常用钢丝绳的有效拉断力换算系数 λ

钢丝绳结构（股×每股钢丝数）	6×7	6×19	6×37
换算系数 λ	0.88	0.85	0.82

【例 9-3-2】用人力绞磨通过滑轮组起吊 10kV 电杆时，已知最大使用拉力为 16kN，试选择钢丝绳的规格。

解 由表 9–3–6 查得 $K_\Sigma=4.5$，采用新钢丝绳，取 $K_3=1.0$，则钢丝绳所受总拉力
$$F_b=K_\Sigma F/K_3=4.5\times16/1.0=72（kN）$$

因此，对照表 9–3–4 选用抗拉强度为 1400N/mm²，直径为 14.0mm 的（6×19）普通钢丝绳，其最大破坏拉力为 86kN，大于 72kN，故满足使用要求。

（3）钢丝绳直径与滑轮直径配合。起重钢丝绳在载荷作用下绕过滑轮和卷筒时，要受到拉伸、弯曲、挤压和扭转的综合应力，可能会加速钢丝绳的疲劳而损坏。为了得到耐久性使用，在所选钢丝绳强度满足要求的前提下，实际使用时还应校验钢丝绳直径和滑轮或卷筒的直径比，并根据实际工作情况，合理选择钢丝绳型式和直径。滑轮直径及轮槽直径如图 9–3–1（a）所示，其中 D 为滑轮直径，D_0 为轮槽直径。

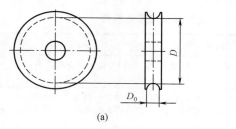

(a)   (b)

图 9–3–1 滑轮及绞磨直径示意图
(a) 滑轮；(b) 绞磨芯

钢丝绳直径与滑轮槽直径的配合可参考表 9–3–9 进行选择。

表 9–3–9 钢丝绳直径与滑轮槽直径的配合

钢丝绳直径 d（mm）	滑轮槽最小直径（mm）	滑轮槽最大直径（mm）
6～8	$D_0=d+0.4$	$D_0=d+0.8$
8.5～19	$D_0=d+0.8$	$D_0=d+1.6$
20～28.5	$D_0=d+1.2$	$D_0=d+2.4$

（4）钢丝绳直径和滑轮或卷筒直径的配合。起重钢丝绳在载荷作用下绕过滑轮和卷筒时，要受到拉伸、弯曲、挤压和扭转的综合应力，会加速钢丝绳的疲劳而使之损坏。为了得到耐久性使用，应校验钢丝绳直径和滑轮或卷筒的直径比，滑轮或卷筒的直径如图 9–3–1 所示，校验按式（9–3–4）进行

$$D=(e-1)d \qquad\qquad（9–3–4）$$

式中 D——滑轮或卷筒直径，mm；

      d——钢丝绳直径，mm；

      e——比例系数，对起重滑车，$e=11\sim12$，对绞磨卷筒，$e=10\sim11$。

【例9-3-3】在［例9-3-2］中，若滑轮底槽直径为135mm，校验其能否满足要求。

解 因为 $D=(e-1)d=(10-1)\times14=129$（mm²）$<135$（mm²）

故钢丝绳和滑轮的使用配合满足要求。

3. 选择钢丝绳的注意事项

（1）根据具体的使用方式而选择不同的安全系数。

（2）使用前必须严格地检查其外观质量以确保安全。

（3）根据实际使用中的受力合理地选择其直径的大小。

（4）实际使用中可以"以大代小"，不允许"以小充大"。

（5）实行严格的报废制度，杜绝不安全因素。

二、滑轮的应用选择

滑轮在专业中也称滑车，是线路施工中起立电杆的常用工具，主要用于起吊和牵引重物，以改变牵引方向和减少牵引设备牵引力的大小。

1. 滑轮的分类

滑轮在实际使用时分为定滑轮和动滑轮两类，如图9-3-2（a）所示；定滑轮可以改变作用力的方向，作导向滑轮，如图9-3-2（c）所示。动滑轮可以做平衡滑车，平衡滑轮两侧钢绳受力，因此，动滑轮可以省力。

一定数量的定滑轮和动滑轮组成滑轮组，既可按工作需要改变作用力的方向，又可组成省力滑轮组，如图9-3-2（b）所示。

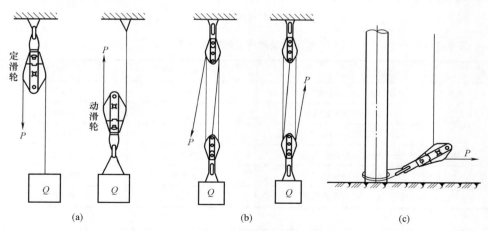

图9-3-2 滑轮不同形式的应用

（a）单滑轮；（b）滑轮组；（c）转向滑轮

2. 滑轮的使用选择

（1）滑轮选择的基本要求。

1）选用滑轮是先根据起吊重量和需要的滑轮数，通过查表得滑轮槽底的直径和配合使用的钢丝绳直径，核查所选用的钢丝绳是否符合规定。

2）为保证钢丝绳或白棕绳耐久性，使用钢丝绳的滑轮，滑轮槽底直径和配合使用的钢丝绳直径之比，应符合钢丝绳选用的规定。如果所选用的滑轮与钢丝绳的配合不符合规定，则应选用大一号的滑轮。

3）为延长钢丝绳的使用寿命，滑轮槽直径应符合表 9–3–9 的规定。

4）确定起吊重量和滑轮数后，根据所需吊钩型式、滑轮是否开口等选用相应的型号。

（2）滑轮提升重物时的拉力计算。

1）定滑轮的拉力 P 计算。如图 9–3–2（a）中所示的定滑轮提升重物为 Q，由于滑轮的轴承有摩擦阻力，所以拉力 P 必须克服重力和摩擦阻力的联合作用，所以 P 必须大于 Q，通常将比值

$$\eta = Q/P \text{ 或 } P = Q/\eta \qquad (9\text{–}3\text{–}5)$$

称为定滑轮的效率，见表 9–3–10。

2）动滑轮的拉力 P 计算。如图 9–3–2（a）中所示的动滑轮，其吊起重物为 Q，由于绳索一端固定，故重量 Q 将由两绳索分别负担各半，因此，在理论上 $P=Q/2$，考虑到滑轮的效率，则有

$$P = Q/2\eta \qquad (9\text{–}3\text{–}6)$$

表 9–3–10 <td></td> **定滑轮及动滑轮的效率 η 值**

使 用 情 况		定 滑 轮	动 滑 轮
钢丝绳	滑动轴承两端绳索平行	0.95	0.977
	滑动轴承两端绳索成 90°	0.96	0.981
	滚动轴承两端绳索平行	0.98	0.990
	滚动轴承两端绳索成 90°	0.985	0.992
麻绳	绳径 $\phi16mm$ 两端绳索平行	0.92～0.94	0.959～0.972
	绳径 $\phi26mm$ 两端绳索平行	0.88～0.91	0.943～0.955

3）常用滑轮组的主要性能。表 9–3–11 中分别列出了不同组合滑轮组的综合效率 η_Σ、单滑轮效率 η 以及提升重物 Q 和所需拉力的对应关系，可供实际应用选择时参考。

【例 9–3–4】已知滑轮数 $n=3$，单滑轮效率 $\eta=0.95$，重物 $Q=3000kg$，试求牵引端分

别从定滑轮和动滑轮绕出时的牵引拉力 P 为多少。

　　解　（1）当滑轮从定滑轮绕出时，由表 9-3-11 查得 η =0.95 时，η_Σ=0.90，于是

$$P=0.37Q=0.37\times3000=1110（kg）$$

或

$$P=Q/(\eta_\Sigma n)=1110（kg）$$

（2）当滑轮从动滑轮绕出时，由表 9-3-11 查得 η =0.95 时，η_Σ=0.925，于是

$$P=0.27Q=0.27\times3000=810（kg）$$

或

$$P=Q/[\eta_\Sigma(n+1)]=3000/(0.925\times4)=810（kg）$$

表 9-3-11　　　　　　　　　　　　滑 轮 组 主 要 性 能

滑轮组的滚轮数 n	牵引端从定滑轮引出			牵引端从动滑轮引出		
	2	3	4	2	3	4
滑轮组的连接方式						
滑轮组每单滑轮的效率 η	0.94	0.94	0.94	0.94	0.94	0.94
滑轮组的综合效率 η_Σ	0.916	0.883	0.86	0.94	0.912	0.887
提升荷载 Q 所需的牵引力 P	0.54Q	0.378Q	0.29Q	0.355Q	0.274Q	0.226Q
滑轮组每单滑轮的效率 η	0.95	0.95	0.95	0.95	0.95	0.95
滑轮组的综合效率 η_Σ	0.93	0.90	0.88	0.954	0.925	0.904
提升荷载 Q 所需的牵引力 P	0.538Q	0.37Q	0.284Q	0.35Q	0.27Q	0.22Q
滑轮组每单滑轮的效率 η	0.97	0.97	0.97	0.97	0.97	0.97
滑轮组的综合效率 η_Σ	0.95	0.944	0.927	0.968	0.96	0.94
提升荷载 Q 所需的牵引力 P	0.526Q	0.354Q	0.27Q	0.344Q	0.26Q	0.21Q
滑轮组每单滑轮的效率 η	0.98	0.98	0.98	0.98	0.98	0.98
滑轮组的综合效率 η_Σ	0.975	0.967	0.95	0.983	0.976	0.96
提升荷载 Q 所需的牵引力 P	0.51Q	0.344Q	0.26Q	0.34Q	0.256Q	0.208Q
滑轮组拉力 P 的计算公式	$P=Q/(n\eta_\Sigma)$			$P=Q/[(n+1)\eta_\Sigma]$		

　　注　Q 为提升荷载；n 为滑轮数或工作绳数；η_Σ 为滑轮组的综合效率。

3. 滑轮的基本使用注意事项

（1）起重滑轮应根据提升荷载、所需的滑轮数和钢丝绳直径等选用起重滑轮的规格。

（2）使用前应检查滑轮的轮槽、轮轴、夹板和吊环（或吊钩）等各部分是否良好。

（3）检查滑轮边缘有无裂纹、轴承有无变形、轴瓦有无磨损等缺陷，滑轮转动应灵活。

（4）使用前应查明允许荷载。开门滑轮的钩环必须完好，钩鼻不准有伤痕。

（5）滑轮组的绳索在受力之前要检查是否有扭绞、卡绳、磨绳现象。滑轮收紧后，相互距离不宜小于下列要求：

1）牵引力 30kN 以下的滑轮组为 0.5m；

2）牵引力 100kN 以下的滑轮组为 0.7m；

3）牵引力 250kN 以下的滑轮组为 0.8m。

三、抱杆的应用选择

线路施工中用于起立杆塔的抱杆有木抱杆和金属抱杆两种。木抱杆以径缩率（从梢径向下即称直径递增率）较小的圆木刨制而成，基本不需维护，使用方便；由于木材的抗压强度较低，抱杆的承载能力受限制，一般 15m 及以下电杆施工大都利用木抱杆。金属抱杆使用较广的有钢管抱杆、变截面的薄壁钢板抱杆、角钢及圆钢抱杆、铝合金抱杆等。

1. 木抱杆的选择

木抱杆一般选用梢径 10～20cm、径缩率 0.8%～1.0%、长 5～15m 的杉木或松木制成。木抱杆使用历史长，简单方便，无棱角，弹性大。目前在配电线路电杆起立施工和外拉线小抱杆组立铁塔时仍得到使用。

抱杆受力主要是承受轴向压力的作用，但由于抱杆是细长构件，当压力增大以后，其中部可能发生弯曲而影响其载荷，杆件越长，影响越大。因此，在进行木抱杆的选择时，除了进行外观质量检查外，必要时还应对抱杆的强度进行适当地验算。

2. 钢管抱杆选择的基本要求

钢管抱杆具有操作灵活，起重量大，拆、装、运输方便，经久耐用等优点，进行钢抱杆使用选择时，应结合实际工程的需要进行钢抱杆结构的选择，并根据起重量的大小及现场的场地条件、支承方式选择相应的抱杆组合方式及长短、大小。

3. 抱杆使用的基本注意事项

（1）木抱杆宜用圆松木或杉木制作。圆木应平直，单向弯曲度不得大于抱杆长度的 2%，且不允许有多面弯曲。

（2）木抱杆不得有裂缝、烂心、虫蛀（不包括抱杆表面的虫沟和小虫眼）和腐朽等缺陷。

（3）木抱杆树节的大小，不得大于梢径的 1/3。纤维螺旋程度（非直线的）在每米长度上不得大于梢径的 2/3，且不大于 12cm。

（4）钢抱杆的连接焊缝，不得有裂缝、夹渣、气孔、咬肉和未焊满等缺陷。

（5）钢抱杆应用热镀锌或防锈漆防腐。钢抱杆的中心弯曲不宜超过抱杆全长的 3‰。

（6）厂家制造的抱杆必须有出厂合格证。使用过的抱杆每年作一次荷载试验，其加荷值为允许荷载的 2.0 倍，持续 10min，合格后方可使用。

（7）抱杆的装卸运输，不得使抱杆产生变形或局部弯曲。

四、地锚的使用选择

线路施工中，固定牵引绞磨、牵引滑轮、转向滑轮、临时拉线、制动杆根等均要使用临时锚固工具，要求其承重可靠、施工方便、便于拔出、能重复使用。配电线路施工中常用的锚固工具主要有深埋式地锚、桩锚等。

1. 深埋式地锚

深埋式地锚是送电线路野外施工最常用、最经济的锚固工具。使用时将地锚埋入一定深度的地锚坑内，固定在地锚上的钢绞线或连接在地锚上的钢丝绳套同地面成一定角度从马道引出，填土夯实。

临时地锚应用较多的是圆木深埋地锚，如图 9-3-3 所示，其次是钢板地锚。

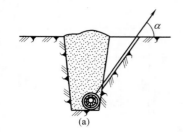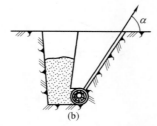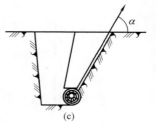

图 9-3-3　深埋式地锚的型式

（a）普通埋土地锚；（b）半嵌入式局部埋土地锚；（c）全嵌入式不埋土地锚

深埋式地锚所能承担的抗拉力是以埋入地下的圆木直径、长度、埋深、土壤性质以及拉力方向和地平面的夹角来决定的。在一般情况下，圆木本身自重的作用较小，可略去不计。同时，也可不考虑地下水影响。

地锚的埋深和圆木直径及长度，视土壤种类和受力的大小而不同。施工时可根据土壤种类和牵引力的大小，由表 9-3-12 直接查得地锚的埋深和横木的长度及其直径。表中容许拉力是按受力方向对地夹角 45°，地锚的安全系数 $K=2$ 求得的。

表 9-3-12 埋入硬塑的黏土或亚黏土中圆木地锚的容许拉力 kN

圆木直径 （cm）	15		18			20			22			25		2×15
圆木长度 （cm）	100	100	120	150	100	120	150	120	150	180	120	150	180	100
埋深 100	12.0	12.5	14	16	12.8	14.2	16.4	14.8	17.0	19.2	15.2	17.5	19.8	14.4
120	18.4	19.0	20.9	23.7	19.3	21.3	24.2	22.0	25.3	28.2	22.7	25.9	29	21.5
150	32	32.2	35.2	—	32.8	35.7	40	37.0	41.6	46	37.4	42	46.5	36
180	—	52			52.3	56.6		57.3	63.7		58.3	64.8	71.3	55.7
200	—	—	—	—	68.3			74			75.5	83.3	—	—

2. 桩锚

桩锚是以角钢、圆钢、钢管或圆木以垂直或斜向（向受力反方向倾斜）打入土中，依靠土壤对桩体嵌固和稳定作用，承受一定拉力。它承载力比地锚小，但设置简便，省力省时，所以在配电线路施工中得到广泛使用。为增加承载力，可采用单桩加埋横木或用多根桩加单根横木连接在一起，如图 9-3-4 和图 9-3-5 所示。

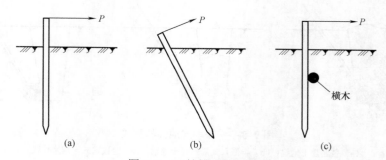

图 9-3-4 桩锚埋设的型式

（a）垂直打入；（b）斜向打入；（c）加横木

单桩与多根桩加横木的安全承载力分别见表 9-3-13～表 9-3-15，表中横木长 $l=100$cm，横木直径与桩直径 d 相等。

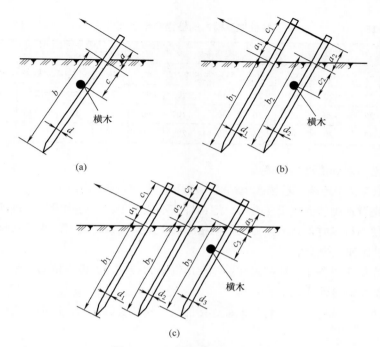

图 9-3-5　多桩锚埋设的型式
（a）单桩加横木；（b）双联桩加单横木；（c）三联桩加单横木

表 9-3-13　　　　　　　　　　单桩加横木的桩锚安全承载力

安全承载力（kN）	如图 9-3-5（a）中所示尺寸（cm）			
	a	b	c	d
9.8	30	150	40	18
14.7	30	120	40	20
19.6	30	120	40	22
29.4	30	120	40	26

表 9-3-14　　　　　　　　　　双联桩加单横木的桩锚安全承载力

安全承载力（kN）	如图 9-3-5（b）中所示尺寸（cm）							
	a_1	b_1	c_1	d_1	a_2	b_2	c_2	d_2
29	30	120	90	22	30	120	40	20
39	30	120	90	25	30	120	40	22
49	30	120	90	26	30	120	40	24

表 9-3-15　　　　　　　　　三联桩加单横木的桩锚安全承载力

安全承载力（kN）	如图 9-3-5（c）中所示尺寸（cm）										
	a_1	b_1	c_1	d_1	a_2	b_2	c_2	d_2	a_3	b_3	c_3	d_3
59	30	120	90	28	30	120	90	22	30	120	40	20
78	30	120	90	30	30	120	90	25	30	120	40	22
98	30	120	90	33	30	120	90	26	30	120	40	24

3. 地锚的基本使用注意事项

线路施工使用地锚、桩锚或地钻时，应注意以下安全事项：

（1）埋置地锚的回填土应夯实，地锚埋深不应低于施工方案设计的埋深。

（2）使用桩锚时，其上拔力应根据相应的土质条件，在使用前通过试验的方式进行确定，以保证上拔安全。

（3）在施工过程中，应随时注意观察地锚受力状况，如发生位移现象，应及时停止工作，妥善处理后再继续工作。

（4）拆除地锚时，应先将与地锚连接的受力拉线等拆除后，在不受力情况下将地锚挖出。

五、绞磨的选择和使用

绞磨（也称绞盘）是依靠人力或汽油泵等原动力以驱动磨轴旋转，磨轴上的磨芯缠绕牵引钢丝绳，当磨芯与钢丝绳之间的摩擦力足够时，便能牵引和提升重物。

图 9-3-6 所示是依靠人力驱动的手推绞磨，它是由卷绕钢丝绳的磨芯、磨轴、磨杠以及支承磨轴的磨架四大元件组成的。将磨绳如图 9-3-6（c）所示在磨芯上绕 5～6 圈，然后人推磨杠使磨轴和磨芯转动，利用磨杠与磨芯两者的旋转半径差以使磨芯圆周上产生较大的牵引力。配电线路施工中，应根据电杆的重量大小用 4～8 人推动绞磨进行牵引。推磨杠人员用力要均匀，防止用力不均磨杠出现反弹伤人。

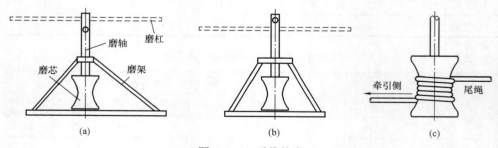

图 9-3-6 手推绞磨

（a）正面图；（b）侧面图；（c）磨绳在磨芯上的缠绕

由于手推绞磨的结构简单，搬运使用方便，因而仍是目前线路施工立杆紧线时普遍采用的牵引工具。

1. 绞磨的选择要求

一般情况下，进行人推绞磨的使用选择主要是根据绞磨本身的强度要求，结合实际工作的需要确定绞磨的牵引力，同时对磨芯及磨杠强度的使用安全进行校核。

绞磨牵引力的验算是根据磨芯上的输出负荷扭矩与作用在磨杠上的驱动扭矩相平衡的原理进行的。当略去尾绳端拉力的作用时，人推绞磨所产生的牵引力为

$$Q = 2\eta n \phi F R_L / D_0 \qquad (9-3-7)$$

式中　Q——绞磨的牵引力，N 或 kN；

　　　η——绞磨的效率，磨轴装在滑动轴承上时取 0.8，磨轴装在滚动轴承上时取 0.9；

　　　n——推磨杠的人数；

　　　ϕ——考虑所有推磨杠人员的作用力不能同时利用及工作力臂不能同时最大利用的系数，2 个人推磨杠时取 0.8，4 个人推磨杠时取 0.7，6 个人推磨杠时取 0.65，8 个人推磨杠时取 0.6；

　　　F——每个推磨杠人员施于磨杠上的稳定力，取 $F=100N$，N；

　　　R_L——磨杠的力臂长度，取 $R_L=(0.35\sim0.4)L$，cm；

　　　L——磨杠的全长，cm；

　　　D_0——钢绳卷绕在磨芯上的卷绕直径，牵引时只绕一层钢绳，故 $D_0=D+d$，cm；

　　　D——磨芯直径，cm；

　　　d——牵引钢绳直径，cm。

【例 9-3-5】有一绞磨的磨杠全长为 3m，磨芯直径为 12cm，滑动轴承，用 12.5mm 的钢丝绳牵引。求 8 个人推动时的绞磨牵引力。

解　已知绞磨为滑动轴承，取 $\eta=0.8$；8 个人推磨杠时，取 $\phi=0.6$；取 $R_L=0.4L$。根据式（9-3-7）可知绞磨牵引力为

$$Q = \frac{2\eta n\varphi F R_L}{D+d} = \frac{2\times0.8\times8\times0.6\times100\times0.4\times300}{12+1.25} = 6955 \text{（N）}$$

故当 8 个人推动绞磨时的牵引力为 6955N。

由此可见，在配电线路施工中，若使用人推绞磨进行电杆起立的牵引时，由于配电线路电杆相对较小，一般只需根据实际现场的具体情况安排推磨的人数，可不考虑磨芯及磨杠的强度。

2. 使用人推绞磨的安全注意事项

（1）磨绳的受力端应在磨芯的下方绕入、上方退出，以免卡绳。磨绳缠绕磨芯的圈数不宜少于 5 圈，拉磨尾绳不少于两人，并距绞磨不小于 2.5m，且不得站在尾绳圈

的中间。

（2）当绞磨受力后，不得采用放松尾绳的方法进行松磨。

（3）使用前应检查绞磨的棘轮停止器是否灵活有效。在牵引过程中应随时注意棘轮停止器的动作情况，以便随时能够制动。

（4）中途需停止工作时，应用棘轮停止器将绞磨制动，并用铁棍别住磨杠，并将尾绳缠在木桩或地锚上，但手不能离开磨杠。

（5）牵引钢绳宜水平进入磨芯。必要时可在磨架前 10m 左右安装转向滑轮。

（6）在牵引过程中如发生卡绳现象，应立即停止转动。

（7）绞磨的磨轴磨损严重、焊缝裂纹、磨杠有损伤者，不得使用。

另外，用于线路电杆起立施工中的绞磨还有机动绞磨、手摇绞磨（也称手摇绞车）等，关于这类绞磨的使用与维护应参照生产厂家的产品说明书进行，在此不赘述。

六、卸扣的选择使用

卸扣也称卡环，是线路施工中常用的连接工具。卸扣主要用于钢丝绳（或钢丝绳套，也称千斤）与其他工具如绞磨、地锚、滑轮等进行连接。

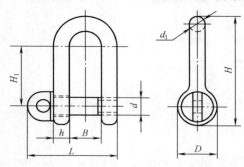

图 9-3-7 卸扣结构示意图

1. 卸扣的选择

卸扣的结构如图 9-3-7 所示。通常进行卸扣的选择时，首先根据连接处卸扣的受力并结合钢丝绳直径的大小，本着就大不就小的原则，既考虑与钢绳的配合，也要保证使用的安全。常见卸扣的主要尺寸及强度可参考表 9-3-16 进行选择。

表 9-3-16　　　　　　　　　卸扣主要尺寸及容许荷载

卸扣号码	容许荷载（kN）	钢绳最大的直径（mm）	D（mm）	H（mm）	H_1（mm）	L（mm）	B（mm）	d（mm）	d_1（mm）	h（mm）
0.2	1.96	4.7	15	49	35	35	12	M8	6	3
0.3	3.234	6.5	19	63	45	44	16	M10	8	3
0.5	4.90	8.5	23	72	50	55	20	M12	10	3
0.9	9.114	9.5	29	87	60	65	24	M16	12	4
1.4	14.21	13	38	115	80	86	32	M20	16	4
2.1	20.58	15	46	133	90	101	36	M24	20	5

续表

卸扣号码	容许荷载（kN）	钢绳最大的直径（mm）	D（mm）	H（mm）	H₁（mm）	L（mm）	B（mm）	d（mm）	d₁（mm）	h（mm）
2.7	26.46	17.5	48	146	100	111	40	M27	22	5
3.3	32.34	19.5	58	163	110	123	45	M30	24	8
4.1	40.18	22	66	180	120	137	50	M33	27	8
4.9	48.02	26	72	196	130	153	58	M36	30	10

2. 卸扣使用的安全注意事项

（1）当卸扣的 U 形环变形或销子螺纹损坏后不得使用。

（2）不得将卸扣横向受力使用。

（3）卸扣销子不得扣在能活动的索具内。

（4）卸扣不得处于吊件的转角处，避免出现脱扣。

（5）卸扣应按标记规定的负荷使用，禁止超负荷。

【思考与练习】

1. 进行电杆起立施工的常用工具主要有哪些？各有什么作用？

2. 白棕绳和钢丝绳的安全承载力与哪些因素有关？

3. 白棕绳和钢丝绳在使用中有哪些安全要求？

4. 钢丝绳为什么要与滑轮直径配合？怎样配合？

5. 地锚和桩锚的承载力与哪些因素有关？

6. 抱杆、人推绞磨在使用过程中应注意哪些事项？

▲ 模块4　起立电杆操作方法（Z33F2004Ⅱ）

【模块描述】本模块包含三脚架法、单抱杆起立法、人字抱杆起立法及吊车起立法等内容。通过概念描述、流程介绍、图解说明、要点归纳，掌握电杆起立过程的基本技术要求和安全注意事项。

【正文】

根据线路施工的基本要求，进行配电线路的电杆起立时，应根据现场地形条件及电杆的大小采取不同的方法进行。对 10kV 及以下配电线路电杆起立的方法主要有：三脚架法、单抱杆起立法、倒落式人字抱杆起立法及吊车起立法几种。

一、三脚架法立杆

（一）作业方法

三脚架立杆是一种工具少、操作人员少、操作工序简单的立杆方法，如图 9-4-1 所示。

图 9-4-1 三脚架法起立电杆

如图 9-4-2 所示，根据三脚架法立杆所采用的三脚架结构不同，其立杆的形式也有所不同。当采用专用三脚架抱杆时，其牵引须采用配套的专用手摇绞车（也称手摇绞磨）。其中，三根支腿一长两短，绞车固定在长脚上，如图 9-4-2（a）所示。

当采用一般起重用三脚架（三根支腿等长）时，如图 9-4-2（b）所示，可采用一般起重用手拉链条葫芦（也称倒链）作为牵引设备。由于图 9-4-2（b）中所用工器具取材相对容易，因此，本模块主要以图 9-4-2（b）所示方法为例，介绍三脚架法立杆过程的技术要求和安全事项。

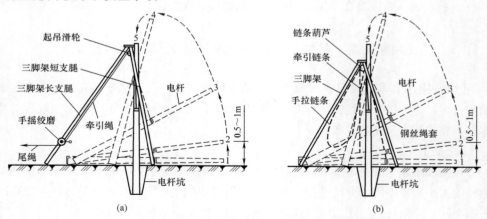

图 9-4-2 三脚架法起立电杆过程分解示意图
（a）三脚架抱杆起立电杆；（b）起重三脚架起立电杆

（二）危险点分析及控制措施

1. 三脚架法立杆的危险点

三脚架法立杆主要危险点为倒杆伤人。

2. 控制措施

（1）所有工作人员应服从现场负责人的统一指挥。

（2）严格控制电杆起立过程中的三脚架平衡受力，始终保持电杆平稳地起立且速度均匀，避免大的冲击而出现电杆受力失控的现象。

（3）确保三脚架等所有工具的合格使用，并严格控制各支腿的受力平衡。

（4）除指挥人及指定杆根、三脚架支腿控制操作人员外，其他人员必须远离杆高的 1.2 倍以外的距离。

（5）电杆没有完成回填稳定前，不允许上杆作业。

3. 其他安全事项

（1）工作人员要明确分工、密切配合。在居民区和交通道路上施工时，应有专人看守。

（2）立杆过程中，禁止工作人员在杆下穿越、逗留，杆坑内严禁有人工作。

（3）由于三角抱杆的受力将随重物的提升而导致整体起吊重心上升，抱杆稳定性下降，因此，三角抱杆立杆只适用于 10m 以下电杆的起立。

（三）作业前准备

1. 人员安排分工

采用三脚架立杆法应设现场指挥员 1 人、杆下操作人员 2 人、三脚监控人员 3 人、安全监护人员 1 人及辅助人员 3～4 人。

2. 工器具

使用三脚架立杆法所需的主要工器具包括：① 起重工具：三脚架一副、手拉链条葫芦（或其他牵引设备）一套、铁钎两根、钢丝绳套、白棕绳；② 防护用具：安全绳（或安全遮栏）、安全帽和个人工具等。

3. 起立现场布置

三脚架起立电杆的现场布置如图 9-4-3 所示，具体布置要求如下：

（1）将三脚架抱杆杆顶置于杆坑附近，以保证电杆起立后的落位能直接进入杆坑。

（2）三脚架抱杆的有效起吊高度应高于电杆重心 1～1.5m。电杆的起吊捆绑点应高于电杆的重心点。为防止电杆起立撞击抱杆，在电杆的顶部设一临时控制绳。

（3）在各支腿的座脚点处适当采取措施，以防止抱杆根部在电杆起立过程中出现下沉、侧滑。

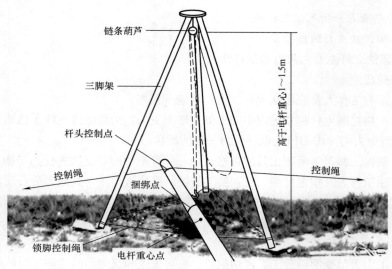

图 9-4-3 三脚架起立电杆现场布置示意图

（4）四周操作控制点应设置在距杆中心 1.2 倍杆高以外，并以此距离设置安全警戒区，防止其他人员的误入。

（四）操作步骤、质量标准

1. 步骤一：起吊受力检查

现场指挥员完成场地检查后，下达起吊命令，杆下工作人员拉动手链开始电杆的起吊。

当电杆抬头 0.5m 时应停止牵引，由各工位工作人员对所在点的各部位受力进行全面检查。对可能出现的不正常现象，应查明原因并及时处理，只有在确认所有受力正常后，方可继续起吊，如图 9-4-2 中位置 1 所示。

2. 步骤二：电杆起吊

（1）重新进入起吊后，在图 9-4-2 中位置 2～3 的过程中，杆下操作人员应均匀地拉动葫芦手链，杆根工作人员用钢钎拨动杆根，保持电杆向杆坑位处缓慢平稳地前移。

（2）在图 9-4-2 中 3～4 起立过程中，随着电杆起吊角度的不断增大，杆下及四周控制操作人员应随时注意电杆重心的变化，随时调整电杆重心的位置及起立方向，以确保起立过程的安全。

（3）如图 9-4-2 中 4～5 过程所示，当电杆起立超过 75° 以上时，应适当放慢牵引速度，同时四周控制绳应适当调整力度，避免电杆起立过程的不必要摆动，以保证三脚架在电杆重心上移时的工作稳定性。

3. 步骤三：电杆定位

（1）当电杆进入杆洞后，杆下工作人员应慢慢将电杆下落并在下落过程中避免电杆与洞壁间发生接触而阻碍电杆的下落，如图9-4-4所示。

图9-4-4　三脚架法起立电杆过程分解示意图

（2）电杆落位后，调整葫芦及四周控制临时拉线的力度将电杆校正，并在电杆垂直度校正后及时地按规定进行杆坑的回填土。

根据线路施工的要求，回填时，应每填入200mm厚度夯实一次，直到满足设计及验收规程的要求为止。

（3）检查电杆垂直度符合设计要求，清理现场工具，立杆施工结束。

二、单抱杆起立法立杆

（一）作业方法

1. 作业方法及主要特点

单抱杆起立电杆是架空电力线路杆塔组立施工中常见的电杆起立方法。采用单抱杆组立杆塔的方法有多种，根据抱杆结构、材质及强度大小的不同，单抱杆组立杆塔的方式也不相同。本模块仅介绍小型落地式单抱杆起立中、低压配电线路电杆的基本操作方法。其方法的主要特点如下：

（1）立杆的过程简单，操作方便，其安全性、稳定性相对人力叉杆要高。

（2）电杆起立方法灵活，立杆时，可根据电杆的大小和地形条件的不同选择适当的抱杆和电杆起立的方向。

（3）起重量大，一般小型木质单抱杆可起立8～15m各种类型的电杆。

2. 工作原理

单抱杆立杆的方法原理如图 9-4-5 所示。单抱杆由 4 根临时拉线分别在四周固定杆头，抱杆根部锁在地面的角铁桩上，牵引钢绳的绳头通过起吊滑轮直接绑扎在电杆的吊点处，同时绳尾利用落地转向滑轮与牵引设备相连。立杆时，起动牵引设备从地面吊起电杆，当电杆直立吊起后，将电杆直接插入坑底，完成电杆的起立。

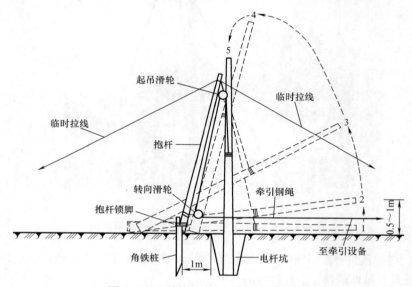

图 9-4-5 单抱杆立杆方法原理示意图

（二）危险点分析及控制措施

1. 危险点

（1）抱杆强度不够或支撑方式不合理，将导致抱杆折断。

（2）抱杆控制不合理或操作过程中失去稳定性，可能直接造成倒杆事故。

2. 防止措施

（1）严格对抱杆的外观质量进行检查，确保抱杆的质量合格。

（2）合理调整抱杆四周拉线的受力，确保抱杆的工作稳定性。

（3）匀速起吊，杆下工作人员应随时注意起吊过程中电杆的运动，避免由于其他障碍物而影响电杆的起吊平稳。

（4）电杆直立后，应立即制动电杆四周临时拉线。

3. 其他安全事项

（1）在保证抱杆强度（安全系数不低于 4）足够的前提下，抱杆的有效高度（吊点滑轮到地面的垂直高度）至少应高于电杆重心高 1~1.5m，以确保起立过程有足够的起吊空间。

（2）白棕绳的外观质量应符合有关规定的要求，应无霉变、断股、散股等现象。

（3）钢丝绳及钢丝绳套（千斤套）的外观质量应符合有关规定的要求（钢丝绳的安全系数应不低于 4.5，千斤套的安全系数应不低于 10），当出现明显磨损、毛刺、断股、电弧或火烧伤时，不允许使用。

（4）在满足滑轮有足够的机械强度条件下，滑轮的转动应灵活且无明显的外观损伤。

（三）作业前准备

1. 人员安排分工

进行单抱杆立杆应设：现场施工负责人 1 人，负责现场统一指挥、协调工作；现场专职安全负责人（监护人）1 人，负责施工现场的安全监护；杆下操作人员 2 人，负责进行电杆在坑口处的调整控制；四周临时拉线控制人员各 1 人，共 4 人，负责电杆四周临时拉线的调整、控制；其他辅助工作人员若干。

2. 工器具

用于单抱杆立杆的主要工器具有：

（1）抱杆。小木抱杆或小型金属抱杆 1 根，有效高度应大于电杆吊点高度 1～1.5m，安全系数应不低于 2。

（2）主牵引绳。钢丝绳 1 根，长度满足施工场地布置要求，安全系数应不低于 4.5。

（3）抱杆临时拉线。白棕绳 4 根，长度不小于抱杆长度的 2 倍，安全系数应不低于 3.5。

（4）电杆控制绳。白棕绳 4 根，长度不小于电杆长度的 2 倍，安全系数应不低于 3.5。

（5）滑轮。不少于 2 只，吊点 1 只，落地转向 1 只，强度不得低于可能出现的最大受力。

（6）角铁桩。6 根，其中，临时拉线固定用 4 根，抱杆座脚和牵引设备处各用 1 根。

另外，用于立杆的辅助工具还有撬杠（钢钎）、千斤套、垫木等。

3. 场地布置

（1）单抱杆座脚应距杆坑口保持约 1m 的距离；抱杆的倾角应小于 15°；抱杆吊点应垂直于电杆中心；杆顶拉线交叉 90° 分布在四周；拉线固定位置距杆中心 1.2 倍杆高以外。

（2）电杆的布置方向应与抱杆的倾斜方向一致；电杆吊点位置应高于电杆重心点的高度，且吊点处的捆绑应牢固。

（3）单抱杆座脚处设一角铁桩，角桩的埋深应不小于桩身长度的 2/3，用白棕绳将抱杆与角铁桩捆绑稳固。

（4）牵引钢绳的牵引方向应与电杆起立方向平行；牵引绳应避开电杆坑口；牵引设备的位置应不小于电杆高度的 1.5 倍，且牵引地锚的设置应稳定、可靠。

（四）操作步骤、质量标准

单抱杆立杆的分解过程如图 9-4-5 所示，具体过程如下。

1. 起吊受力检查

现场施工负责人宣布开工，起动牵引设备，电杆抬头 0.5m 左右（如图 9-4-5 所示位置 2）时停止牵引，安全负责人督促现场工作人员对各部位受力进行检查。

2. 电杆起立

确认各部位受力正常后，继续起立。

当电杆起立到 30° 左右（如图 9-4-5 所示位置 3）时，操作人员应通过电杆顶部的临时控制绳调整电杆在空间的位置。同时，杆根处的操作人员应控制电杆根的位置，避免电杆与抱杆及抱杆的拉线碰撞。

3. 电杆落位

当电杆起立接近图 9-4-5 所示位置 4 即将离地时，应放慢牵引速度。同时，杆根下工作人员应注意控制电杆根部，使其缓慢进入杆坑，避免抱杆受到冲击。

4. 电杆调整固定

电杆进入杆坑（如图 9-4-5 所示位置 5）后，现场负责人应注意指挥工作人员调整电杆控制绳，并严格控制慢放牵引绳使电杆垂直下落至坑底。

5. 回填土

调整电杆四周控制绳使电杆中心位置及垂直度达到设计和规范的要求后，制动四周控制绳，杆坑回填土。回填土的要求与人力叉杆方法的回填土的要求一致。

检查、验收电杆各部件安装质量符合设计和规范的要求，现场负责人宣布清理现场，电杆的起立完成。

三、倒落式人字抱杆起立法立杆

（一）作业方法

倒落式人字抱杆是利用两根结构相同、强度一致、材料相同的抱杆，采用一定方式将杆顶进行连接，形成人字形支撑，使两抱杆共同受力。同时，利用两抱杆组成的平面，以两抱杆根部为支点旋转，并通过旋转带动杆塔旋转，从而达到将地面杆塔立起的目的。其主要特点如下：

（1）起重量大，稳定性好。适用于 15m 及以上的较大电杆的组立。根据所用抱杆的大小，在场地条件合适时，倒落式人字抱杆组立的方法适用于所有中小型杆塔的组立。

（2）场地要求高。倒落式人字抱杆组立要求有足够布置所有工器具的场地，作业面较大。

（3）技术要求较高。控制好整个过程的稳定性是保证作业安全的关键。

倒落式人字抱杆组立的方法在架空电力线路杆塔组立施工中被广泛使用。本模块将介绍倒落式人字抱杆配电线路工程中组立常规电杆的基本要求。

（二）危险点分析及控制措施

1. 危险点

倒落式人字抱杆组立电杆的危险点主要是倒杆伤人。

2. 控制措施

（1）确保所有工器具的合格及使用正常。

（2）除指定杆下工作人员外，其他工作人员禁止进行杆下作业。

（3）严格控制整个起立过程的受力平衡，避免出现电杆摇摆和抱杆的倾斜。

（4）禁止在电杆未完全固定前上杆作业。

3. 其他安全事项

（1）施工现场必须统一指挥并有专职安全员现场监督。

（2）四周操作控制点距杆中心的距离应大于 1.2 倍的杆塔全高。

（3）在完成杆塔校正、拉线制作且电杆定位稳定后方可上杆作业。

（三）作业前准备

1. 人员安排分工

进行倒落式人字抱杆组立施工作业现场主要工作人员及分工为：现场负责人 1 人，负责现场全面统一指挥并兼纵向（起立方向上）控制指挥；现场安全负责人 1 人并兼起立横向控制指挥；杆下作业人员 2～4 人，负责基础坑处电杆的落位及抱杆座脚的调整、控制；杆上作业人员 1 人，负责登杆及杆上的操作；牵引设备操作人员 1 人，负责牵引设备的控制（如是机动牵引设备，则应由专门的专业人员进行操作）；牵引绞磨辅助操作人员 1 人，负责绞磨尾绳的控制；四周临时拉线控制人员 4 人，负责临时拉线的调整、控制；其他辅助人员若干。

2. 工器具

倒落式人字抱杆起立单根电杆所必需的主要工器具有：

（1）人字抱杆。1 副，抱杆的有效高应不低于电杆重心高的 0.8 倍，安全系数不低于 2.5。

（2）总牵引钢丝绳。1 根，安全系数不低于 4。

（3）固定钢丝绳。1 根，安全系数不低于 6。

（4）锁脚制动钢丝绳。2根，安全系数不低于6。

（5）牵引滑轮组。1套，其中牵引钢丝绳的安全系数应不低于4.5。

（6）总牵引地锚。1副（含配件），安全系数不低于2.5。

（7）其他控制地锚。5副（含配件），安全系数不低于2。

（8）四周临时拉线。白棕绳4根，安全系数不低于4。

另外，用于立杆的辅助工具还有撬杠（钢钎）、千斤套、垫木等。

3. 场地布置

以单杆双吊点整体起立为例，倒落式人字抱杆组立电杆的现场布置如图9-4-6所示。主要工器具的具体布置要求如下：

（1）抱杆的初始角应为60°左右（在55°～65°内为宜）。

（2）固定钢丝绳在电杆上的合力点应高于电杆的重心点。

（3）总牵引地锚距电杆中心距离应大于1.5倍电杆高度。

（4）牵引方向应与电杆的起立方向一致（若是双杆，则应与线路中心线的方向一致）。

（5）抱杆根部的座脚距电杆中心2m左右（电杆长度不超过18m时）。

（6）总牵引地锚中心点、电杆重心点、抱杆座脚中心点、锁脚绳合力点4点的位置在平面上应处在同一直线上（起立方向中心线上）。

（7）四周控制点（包括临时控制拉线、锁脚控等）距电杆中心的距离应不小于1.2倍的电杆高度。

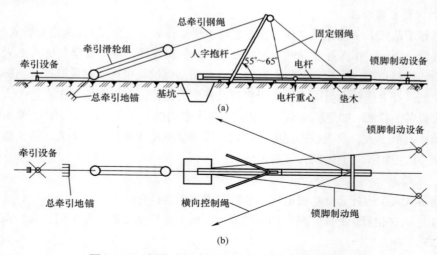

图 9-4-6　倒落式人字抱杆组立法现场布置示意图

（a）布置断面示意图；（b）布置平面图

（四）操作步骤、质量标准

倒落式人字抱杆组立电杆的过程分解如图9–4–7所示，具体起吊过程如下。

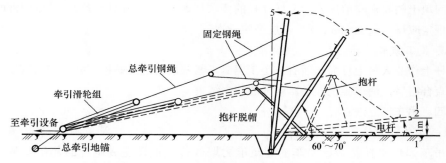

图9–4–7　倒落式人字抱杆组立电杆过程分解示意图

1. 起吊受力检查

现场准备工作完毕后，经现场工作负责人和安全负责人检查确认无误，由现场工作负责人下令开始起立。当电杆抬头0.5～1m（如图9–4–7中所示位置2）时，应停止牵引，由现场安全负责人督促各工位进行整体各部位的受力检查；确认所有受力正常后，安全负责人向工作负责人报告，工作负责人再次下令起动牵引设备，继续起立电杆。

2. 电杆起立

如图9–4–7中位置2～3所示，进入正常起立工作后，在保证牵引设备正常工作的同时，工作负责人观察并指挥调整电杆起立过程各部位的平衡；四周控制人员与杆下工作人员配合，在保证电杆平稳起立的前提下，锁脚控制绳慢慢松出，使电杆在起立至45°左右时，能够顺利将杆根落位，然后匀速起立。

3. 抱杆脱帽

当电杆起立到60°～70°（如图9–4–7所示位置3）时，抱杆脱帽（失效——抱杆不再受力），杆下工作人员应迅速将抱杆撤离系统，并放至地面；若这阶段抱杆不能正常脱帽，则杆下工作人员应采取措施，强行使抱杆脱帽撤离，以确保后续起立能正常进行。

4. 电杆调整固定

抱杆脱帽后，适当放慢牵引速度继续起立，当电杆起立至如图9–4–7中所示位置4（最多不超过85°）时，工作负责人下令停止牵引，由横向控制（安全负责人）人员协助，分别通过纵、横两个方向指挥，通过调整四周临时拉线将电杆调正（包括电杆的垂直度和横担方向）到图9–4–7所示位置5。

电杆调正后，由工作负责人下令四周辅助工作人员完成电杆的永久拉线制作。

5. 回填土

回填土的要求与前述人力叉杆立杆的要求基本一致；当电杆较大、基础较深时，则按规定应每填入 200mm 厚度土层夯实一次。

6. 施工结束

杆上作业人员上杆撤出所有杆上工器具，紧固所有连接螺栓，并完成所有安装部件检查合格后，清理施工现场，电杆的起立结束。

四、吊车起立法立杆

（一）作业方法

吊车起立电杆是借助吊车的起重能力取代传统抱杆完成电杆的起吊安装的一种立杆工艺。吊车立杆适合于交通条件便利的道路两侧及能够通行到位且土质相对较好的田间地头。吊车立杆具有立杆速度快，相对所需人员、工具少，操作方便、灵活等特点。

由于吊车司机属于特殊工种的操作人员，专业上被称为特种作业人员；按规定，进行吊车起吊的操作人员应是经专业培训合格，并取得相应的合格证的专业人员。

（二）危险点分析及控制措施

1. 危险点

吊车立杆的主要危险点为高空落物伤人。

2. 控制措施

（1）进行电杆捆绑时，捆绑一定要牢固、稳定，不允许有滑动的可能性。

（2）吊车起吊及旋转的过程中，禁止有人在吊物下方行走、逗留及工作。

（3）吊车旋转时动作应均匀，速度适当慢一点，避免吊臂旋转过程中电杆出现过大的摆动。

（4）严格控制吊车在旋转或吊臂伸缩的同时进行重物的提升操作。

（5）电杆未填实稳固前，禁止吊车进行撤钩操作。

3. 其他安全事项

（1）合理安排起吊路线，严禁吊车的吊件从人身或驾驶室上越过。

（2）在吊车工作期间，吊车吊臂上及构件上严禁有人或浮置物。

（3）为保证施工现场的安全和作业秩序，在过往人员较多或相对人员集中的地方立杆时应设安全围栏，防止行人误入作业区。

（三）作业前准备

1. 人员安排分工

现场工作（指挥）负责人 1 人，吊点捆绑扎人员 1 人，杆下作业人员 2 人，其他辅助作业人员若干。

2. 工器具

（1）吊车。1台。

（2）电杆运输车。1台。

（3）吊点千斤绳。1根，安全系数不低于10。

（4）其他辅助工具（如采用旗语指挥用的红、绿小旗等）及挖掘、夯实工具等。

3. 吊车定位

吊车的定位应根据吊车的具体机械性能确定。进行吊车立杆时，首先应保证吊车落位处的地形应基本平整，且地基稳固；同时应根据现场的具体情况合理地安排吊车与杆坑中心及电杆运输车间的距离（即吊车的回转半径），既要让吊车有安全稳定的工作环境和足够的运转空间，同时又要严格控制作业范围。

由于吊车起重量的大小取决于吊车吨位的大小，而吊车的吨位是以吊车受力时力矩（即吊车吊起的重量与吊车吊臂的有效水平长度的乘积）的大小来表达的，因此，在吊车定位时，合理地控制吊车吊臂的伸长和吊臂对地的倾角，直接关系到吊车起重量的大小，同时，也直接影响吊车及作业现场的安全。具体使用吊车的工作状态，应以吊车司机为主，不能勉强吊车司机进行可能超越吊车承受能力的操作。

（四）操作步骤、质量标准

吊车立杆的操作过程如图9-4-8所示，具体操作步骤如下。

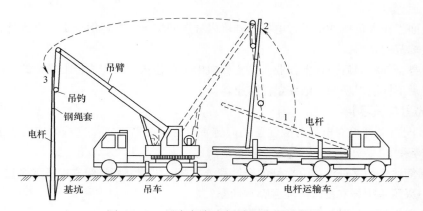

图9-4-8　吊车起立电杆过程分解示意图

1. 捆绑电杆吊点

采用吊车立杆时，对电杆吊点位置的选择，首先应保证高于电杆重心，以确保电杆起吊后杆头向上；其次还应考虑电杆的弯矩承受能力，以确保电杆起立后，杆身质量不受到影响。因此，一般情况下，吊点的位置应选择在略高于电杆重心且不超过1m的位置为宜。

采用钢丝绳套进行吊点捆绑时，钢丝绳应在电杆上至少缠绕2圈且外圈应压住内圈，然后用卸扣锁好后直接挂在吊车的吊钩上。

2. 起吊电杆

当捆绑人员完成挂钩离开电杆后，现场工作负责人下令起吊，由吊车司机起动机器缓慢提升电杆；当杆头起立后到如图9-4-8中所示位置1时，吊车应停机进行系统的受力检查，确认各部位受力正常、电杆无异常反应时，继续垂直提起电杆（禁止横向拖拉电杆），直到电杆全部腾空，如图9-4-8中位置2所示。

3. 电杆落位

吊车司机在现场工作负责人的指挥下，缓慢地转动吊车，将电杆由运输车上方转向电杆基础坑的上方，并在负责人的指挥和地面杆下作业人员的配合下，将电杆缓慢地放入基坑内，直到杆根全部落地，如图9-4-8中位置3所示。

4. 电杆调整固定

杆下作业人员在电杆落稳并调整好电杆的位置，向坑内填土（最多不宜超过坑深的 1/3）并将杆根部分夯实后，现场指挥人员分别在纵、横向指挥吊车司机操作吊臂，将电杆的垂直度调整达到设计和验收规程的要求，然后，吊车停机，但仍保持受力状态。

5. 回填土

地面工作人员按规定进行电杆基础坑内分层回填土，并逐层夯实，直到达到设计和验收规范的要求。

杆身全部稳固后，杆上作业人员上杆撤出吊车挂钩，并完成杆上横担的安装；检查无误后下杆清理现场，结束立杆作业。

【思考与练习】

1. 人力叉杆组立电杆时应注意的问题主要有哪些？三脚架立杆时应注意的主要问题有哪些？

2. 简述人力叉杆法组立电杆的全过程，简述三脚架立杆法组立电杆的全过程。

3. 采用单抱杆立杆时应注意哪些问题？

4. 单抱杆立杆时，对现场工器具的基本要求有哪些？

5. 倒落式人字抱杆的稳定性控制主要体现在哪些方面？

6. 采用汽车吊进行电杆组立时应注意的问题有哪些？

◢ 模块 5　杆塔组立施工方案的编写（Z33F2005Ⅲ）

【模块描述】本模块包含杆塔组立施工方案编制基本原则和施工的组织、技术及安全措施的编写要求等内容。通过概念描述、要点归纳，掌握编写杆塔组立施工方案的方法。

【正文】

一、杆塔组立施工方案编制基本原则

1. 杆塔组立施工的特点

杆塔组立施工在架空线路工程中属于高处作业和起重作业的综合工程，具有危险性大、安全要求高、技术性强的特点，因此，进行施工方案编写的过程中，应重点从施工组织、技术及安全要求的角度，强调方案的严谨及相互间的保证。

2. 杆塔组立施工措施的主要内容

杆塔组立施工措施或施工方案应包括：施工具体实施的组织内容，组立杆塔的主要技术要求和安全注意事项（习惯称之为"三措"，即组织措施、技术措施、安全措施）；明确组织、技术、安全三者间的相互关系，通常组织是技术的前提，技术是安全的保证，安全的最终目的是体现组织工作的正确性。

进行施工措施编写的过程中尽可能做到：语言简练、专业化强，用语规范、准确，结合需要进行图解说明，所有的规范、标准等必须是具有法律性、指导性的文件。

二、杆塔组立组织措施的主要内容

1. 现场描述及方法的选择

杆塔组立的方法很多，方法的选择，将直接影响工程的进度、技术指标的实现及安全生产的保证。因此，进行施工组织措施的编写，必须做到以下几点：

（1）认真进行现场勘察，对作业现场的地形、地物、地貌及周边的环境、土质情况，农作物等可能影响施工作业的一切因素，均应做好详细的记录。

（2）根据现场的具体情况，结合实际工作对象的要求，考虑安全及现有人力物力的基本情况，本着经济的原则，选择几套切实可行的作业方法。

因此，在制定组织措施的时候，应从施工组织的角度出发，对现场的实际情况进行详细的描述，并结合现场的具体情况，对选定的方法进行比较、说明。

2. 制定组立施工方案及基本作业流程

将上述选定的结果取长补短，综合性地提出切实可行的组立方案，并进行肯定；围绕选定的方法进行组织设计，制定作业进程，对较长工期的工程还应进行分段目标划定。

进行基本作业流程设计时，应充分考虑一切可能因素的影响，同时应符合规程及安全的要求。

3. 人员安排

施工组织人员安排的基本原则是：充分发挥和调动现场工作人员的积极性，同时又要考虑技术的安全的需要；所有人员的安排及分工职责，必须符合《国家电网公司电力安全工作规程》的要求，如现场监护人必须是具有相当实践经验、工作态度认真负责的专业人员，但规程规定监护人在监护工作期间不允许参入其他工作，因此必须得进行综合考虑。

进行组织措施设计时，对人员的分工、安排应十分明确。

4. 工器具的组织准备

工器具的组织准备通常是建立在具体的杆塔组立方案基础上的，根据选定的杆塔组立方法，确定进行实际操作所需的基本工器具的种类，同时，结合实际操作中各种工具的具体受力分析，进行工具规格的选择和配套，其原则是确保工器具在实际使用过程中的安全。

工器具的选择、配套，在施工方案中通常是以配套表表格形式进行表达，因此，在进行工器具配套表制定时应明确相应工具的名称、规格、数量、对应安全系数的要求等。

5. 材料运输要求

材料运输是整个施工组织过程中不容易表述清楚的，现场的工作环境、交通气候条件都可能对材料的运输造成影响，因此在措施编制时应明确材料的品种、数量、运输起止点、现场存放要求及时间要求，包括消耗性材料的超用量等。

三、杆塔组立的主要技术要求

1. 场地布置的主要技术要求

杆塔组立的方法不同，对场地的布置要求也不同；同样的方法，在不同的环境、地理条件下，布置的要求也不一样。因此，从杆塔组立技术角度的要求，应通过技术措施提供一个具有指导性的布置方案。如对电杆临时拉线的布置，原则上以"对地夹角不大于 45°为宜，在受地形影响的条件下，最大不超过 60°"，这样就便于实际工作中的具体实施。

施工方案的场地布置通常应以平面结合断面图形进行描述，因此，要求在场地布置图编制时，必须使用规定的符号或大家共同明确的术语，且同一个工具在图中不同的位置上所用的符号必须一致，必要时结合文字加以说明。

场地布置图中各工器具的位置、相互间的距离，不一定要统一比例地缩放，相互间可以通过文字、数值等进行表述，使工作人员能够准确地识读。

2. 起立过程关键点主要工器具的受力分析

施工方案应从技术的角度出发，对实际操作过程中的关键点、主要工器具的受力进行准确地分析，以便于施工人员在使用中能够准确地把握。

工器具的受力分析，在方案中可以不将其推导的公式及计算过程全部写出，但具体的受力大小及出现在什么阶段、可能导致的后果等必须交待清楚。

3. 主要工器具的配置要求

对主要工器具的配置要求应以操作规程的规定及技术要求为基准，并强调其组合的安全系数、实际应用时可能受到的影响等，同时还应结合实际情况进行补充说明。

进行杆塔组立施工的主要工器具包括抱杆、牵引钢丝绳、地锚、承力滑轮、临时拉线等。这类工器具配置的合理，可以直接给操作人员一种安全感。

4. 杆塔组立的主要技术指标

杆塔组立的主要技术指标包括：主要材料的外观、结构的完整及几何尺寸、螺栓的穿向、构件连接的紧密程度等，如金属构件表面无锌皮脱落、横担无扭曲变形，横担水平误差等。

四、杆塔组立安全措施的主要内容

安全措施的所有规定、限制性的要求应以相应的安全操作规程为依据，进行安全措施的编制时，其语言的表达应准确、规范且符合规程的要求。

1. 杆塔组立施工的主要安全注意事项

杆塔组立施工重点强调高处作业人员的规范行为、现场工作人员相互配合要求。主要内容包括：杆上作业人员的站位、安全带及个人保安线的正确使用，上杆、下杆应进行的检查，杆下工作人员的工作范围，杆上和杆下人员的配合要求，相关工器具的正确使用等。

2. 主要工器具的使用安全

主要工器具的使用安全，重点是强调其使用过程中的安全系数，如钢丝绳的安全系数 4～4.5，地锚的安全系数不小于 2 等。

其次是强调工器具的使用方式。如允许使用拉力为 11（N）的钢丝绳，在定滑轮的工作方式下最多只允许起吊 1t 重的重物，如果与动滑轮配合，则可吊起加一倍的重量。

因此，在安全措施中对主要工器具的安全要求必须明确使用条件及场合。

3. 关键点的安全控制

杆塔组立或立杆作业的主要危险点是高空落物及高空坠落伤人，因此在进行关键点安全控制时，应重点强调高处作业的基本要求。

【思考与练习】

1. 简述工程项目施工措施的主要内容。
2. 简要说明进行施工措施编制的基本要求。
3. 试述杆塔组立的主要技术要求。

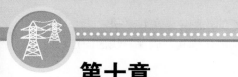

第十章

10kV 及以下配电线路施工

▲ 模块 1　10kV 及以下配电线路导线架设（Z33F3001Ⅱ）

【模块描述】本模块包含 10kV 及以下配电线路导线的展放、紧线及导线的固定等内容。通过概念描述、流程介绍、图表说明、要点归纳，掌握 10kV 及以下配电线路导线架设的基本操作流程、质量标准和安全技术要求。

【正文】

一、配电线路导线架设操作的主要工作内容

配电线路导线架设施工的主要工作内容包括：导线的展放，紧线及弧垂观测、导线的固定。其中，放线工作可以采用人力拖拉展放和小型机械牵引展放，中、低压裸导线的展放以人力展放为主；紧线操作的方法有杆上收线车紧线、人力牵引紧线、汽车牵引紧线等；导线的固定包括针式绝缘子的顶扎法固定、颈扎法固定和蝶式绝缘子的耐张绑扎。

二、配电线路导线架设操作的危险点及防护措施

1. 危险点分析

导线架设操作过程的危险点主要有：

（1）导线展放过程中或跨越障碍物时可能受到损伤。

（2）杆上作业人员高空落物或高空坠落。

（3）收线过程牵引力过大，可能造成倒杆、断线。

（4）导线连接或固定绑扎不牢固，可能造成跑线。

2. 防护措施

（1）放线前应清除放线通道内的障碍物，在岩石等坚硬地面处，应采取防止导线损伤的措施。交通道口应设专人监护，防止车辆挂线伤人。

（2）沿线的关键点处设专人进行导线展放过程的监护，确保导线展放的安全。

（3）进行杆上高处作业时应有专人进行地面监护，严禁高空抛物。

（4）紧线过程中应随时注意导线是否被障碍物挂住，拉线和杆根是否牢固。

（5）按规定进行弧垂的调整和挂线时紧线力度的控制，避免过牵引。

（6）严格按规定的要求进行导线在绝缘子上的固定绑扎，确保导线的固定稳固。

三、导线架设的准备工作

1. 人员分工安排

进行导线架设施工的主要人员安排如下：

（1）现场施工负责人1人。全面负责导线架设施工的现场组织与指挥。

（2）沿线护线人员若干。其中，线轴出口处1人，每个跨越点1人，沿线其他可能对导线造成损伤的关键点处应分别安排人员护线。

（3）领线员1人。负责引领导线展放行径方向。

（4）拖线人员若干。根据导线的大小及拖线距离长短，按每人300～400N的牵引力进行安排。

（5）登杆作业人员若干。负责导线上杆及穿越放线滑轮。

（6）弧垂观测人员若干。负责紧线时进行导线的弧垂观测。

2. 材料及工器具的准备

进行导线架设施工的材料及主要工器具见表10-1-1。

表10-1-1 导线架设施工材料及主要工器具

序号	工器具名称	规　格	单位	数量	备　注
1	导线	按设计要求	m	若干	根据放线段的长度加适当的余量
2	线轴（或放线车）	立式	个	1～3	根据放线方式确定
3	放线滑轮	立式或悬式	组	若干	放线段直线杆上3个一组
4	地锚	角桩、圆木等	组	若干	
5	大锤	不小于12磅	个	若干	
6	断线钳	—	把	若干	至少应保证紧线场的使用
7	牵引绞磨	1kN	个	1	或采用人力、收线器紧线方式进行
8	登杆工具		套	若干	每个上杆作业人员必备
9	钢丝绳套	长短规格不等	根	若干	根据使用需要进行安排
10	临时拉线	钢绞线不小于50mm^2	组	若干	另附配套组件
11	弧垂板	—	组	若干	根据观测点的数量确定
12	吊绳	白棕绳	根	若干	导线过滑轮提线

续表

序号	工器具名称	规　格	单位	数量	备　注
13	对讲机（或红白旗）	—	部	若干	保持放线过程的通信畅通
14	个人工具	—	套	若干	
15	扎丝扎线	直径不小于 2mm	卷	若干	用于导线在绝缘子上的固定绑扎
16	安全标识	安全绳、牌等	组	若干	
17	运输车辆	工程车	辆	若干	用于现场工器具、材料运输

3. 场地布置准备

（1）设置临时拉线。由于配电线路的放线通常是以耐张段为放线单元，因此，在放线段的起始及终止的耐张杆上，均应安装临时拉线。临时拉线的对地夹角以 45° 为宜，地形条件受限制时，不得小于 30°。

（2）搭设放线跨越架。按规定在放线段跨越公路、铁路、通信线等处搭设越线架。

（3）放线通道清理。为保证放线工作的顺利进行，在放线前应对线路通道内的树障进行清理，同时应对线路通道内可能影响线路正常运行的其他障碍物进行清理。

（4）线轴架设。根据配电线路及人力放线的特点，一般情况下，放线线轴可以直接架设在地面，也可架设在相应的运输车辆上，如图 10-1-1 所示。

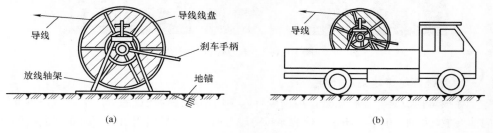

(a)　　　　　　　　　　　　　　　　(b)

图 10-1-1　线轴布置示意图

（a）线轴在地面的布置示意图；（b）线轴在车辆上的布置示意图

四、导线架设的操作过程

（一）放线

1. 拖线

10kV 及以下配电线路的导线放线通常采用人力拖线展放，导线拖放过程中应重点注意以下几个方面的问题：

（1）拖线时应根据放线距离的长短及导线的大小并结合地形条件，合理地安排拖线的人力。人力拖线展放导线应在领线员的带领下进行，如图 10-1-2 所示。领线员应由熟悉地形、熟悉线路走向的人员承担。

（2）拖线时应保持拖线的方向及行经路线的直行，避免 S 形路径行走，以降低拖线的阻力。

（3）拖线的牵引速度应均匀，并始终保持与放线场及沿线各护线点的通信畅通，尽可能地降低导线可能受到的磨损。

（4）拖线时，应保持各相导线平行的展放，导线在拖行的途中不得交叉。

（5）为防止导线拖放过程中在坚硬物上摩擦，应设专人沿线进行护线。沿线护线员应随时注意观察导线展放的质量，并在可能对导线造成损伤的部位，采取必要的渡线保护措施。当发现导线受损情况时，及时报告现场工作负责人，并对导线受损部位进行标记，以便在紧线前进行及时处理。

图 10-1-2　人力拖放导线

2. 导线翻越跨越架及杆塔

导线每拖放到一基杆塔处，应由登杆人员用吊绳将导线提起放入滑轮后，再继续向前展放，如图 10-1-3 所示。导线穿越跨越架时，应将导线用引绳由跨越架的一侧牵引到另一侧后，再继续拖放。导线穿越滑轮、跨越架时应注意以下问题：

（1）导线上杆穿越放线滑轮及跨越架时，应采用引绳提吊的方法进行。

（2）导线吊上电杆后，应立即嵌入放线滑轮内，不能搁在横担上。

（3）导线放入放线滑轮后，应注意检查滑轮开口是否关闭锁好，导线是否出现扭曲，确保导线在放线滑轮中顺畅无阻。

（4）导线过滑轮时地面牵引人员在导线对地夹角较大时，应注意放慢牵引速度，避免导线在放线滑轮上由于包角过大而导致弯曲过程中造成损伤。

（5）导线在跨越架上翻越时，地面控制人员应注意调整导线的位置，避免导线在跨越架上与可能露出的金属发生接触而导致导线受损，同时应注意三相导线在跨越架上的位置，避免出现相间的交叉。

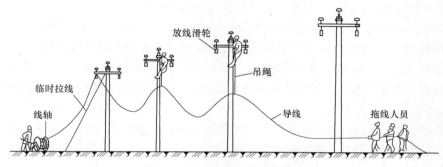

图 10-1-3　导线穿越放线滑轮

3. 收余线

根据导线架设施工的质量要求，收线前应对放线过程中发现的导线断股、严重损伤等重要缺陷，及时通知有关人员进行重新接续处理。对导线一般轻微损伤缺陷，应根据有关规定在导线升空前进行绑扎、修补处理。

为保证展放导线及线路下方被跨越设施的安全，在导线放通并完成对损伤导线的处理后应立即进行余线回收工作（简称收余线），使导线升空离开地面及跨越架。余线的回收牵引方式有两种：

（1）在导线截面较小或展放距离较短时，可直接利用人力牵引的方法，将导线直接拖离地面，如图 10-1-4 所示。

图 10-1-4　人力牵引收余线

（2）当导线截面较大或展放距离较长时，应采用人力绞磨或机械绞磨牵引收余线。

收余线开始前，现场工作负责人应询问有关沿线护线人员，了解沿线导线落地情况，确认导线可以保证升空质量后，开始指挥余线回收操作。

余线回收过程中，牵引侧工作人员应注意牵引力量和牵引速度的控制，并保持通信畅通。沿线各控制点的护线人员应密切注意导线离地瞬间的情况，当发现导线升空受阻时，应及时通知现场指挥员停止牵引，直到故障排除后，再通知现场工作负责人继续牵引，直到导线全部离开地面并与线路下方被跨越物有足够的安全距离。

完成放线的余线回收导线升空后，若不能及时地进行紧线、弧垂观测，应将线头临时绕在终端杆的杆根上或拴在事先设置好的锚线器上，并采取相应的防护措施，确保导线的安全。

（二）紧线及弧垂观测

在条件、时间允许的前提下，在完成导线余线回收的过程后，便可直接开始紧线施工，并同时进行事先选择的弧垂观测挡进行弧垂的调整、观测。

1. 紧线操作的步骤

架空电力线路施工中，导线的紧线施工与弧垂观测是同时进行的，紧线的过程实际上也是弧垂调整的过程，弧垂观测的结果也是紧线施工的最终结果。

紧线施工与收余线的方法基本相同，只是紧线时的张力较大。因此，当放线段距离相对较长时，尽可能地采取人力绞磨或机械绞磨进行牵引。10kV 及以下的配电线路紧线施工通常采用人力牵引或收线车紧线的方式进行，本模块以地面人力绞磨的紧线方式介绍紧线的操作步骤。

（1）紧线端工作人员用紧线器将导线卡好，并用 U 形环与牵引钢丝绳连接，钢丝绳穿过地面转向滑轮与人力绞磨连接。

（2）绞磨操作人员推动绞磨使导线受力时停止牵引，检查各部位的受力是否正常；同时，紧线场工作负责人（一般由现场工作负责人兼任）与沿线各弧垂观测点及护线点联系，确认所有紧线准备工作无误后，开始紧线操作。

（3）根据事先制定好的紧线施工方案，紧线工作人员配合现场弧垂观测人员进行弧垂观测的同时完成全部紧线操作。

（4）每相紧线完成后，应立即进行耐张杆处导线的划印，同时将导线在杆上或地面锚好，杆上锚线可用收线车或双钩紧线器进行，地面可将导线锚在锚线器或桩锚上。所有导线的紧线全部完成后，紧线操作结束。

2. 弧垂观测

为保证架空电力线路的运行安全及线路下方被跨越设施的安全，根据架空线路施工的要求，在导线紧线的同时，应对展放的导线进行弧垂观测。具体观测方法及步骤如下：

（1）在选好的观测挡中，根据实际地形确定观测方向后，在观测者对方的电杆上，由放线滑轮的顶端向下量取计算弧垂观测距离并绑好弛度板。弛度板应面向观测者，横杆对准弧垂测量高度。如图 10-1-5 所示，其弧垂的调整应按下列顺序进行。

1）在有多个观测挡进行弧垂调整的前提下，为保证弧垂的观测精度，应由远离紧线端的一挡开始，逐挡向紧线端顺序调整。

为保证弧垂调整过程的平衡及电杆横担的稳定性，通常在上一挡调整完成稳定后再进行下一挡的调整。

2）三相三角形排列导线弧垂的调整时，应先对称调整两个边相，然后进行中相的调整。

（2）当导线弧垂与观测者视线接近时，应通知紧线场停止牵引。

（3）当导线停止牵引并静置 1min 左右仍无变化时，方可通知紧线端杆上作业人员进行划印。

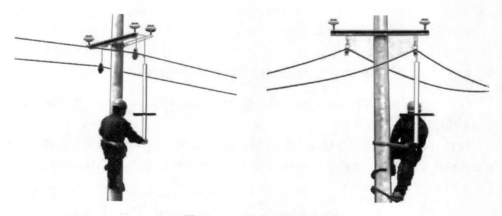

图 10-1-5　现场弧垂观测

3. 弧垂观测的质量标准

按规定，10kV 及以下电力线路的导线弧垂的误差不应超过设计弧垂的±5%。同挡内各相导线弧垂宜一致，水平排列的导线弧垂相间误差应不大于 50mm。

（三）挂线及导线在绝缘子上的固定

1. 导线挂线及固定的操作

（1）当线路采用螺栓式耐张线夹固定的挂线操作时，可如图 10-1-6 所示进行。

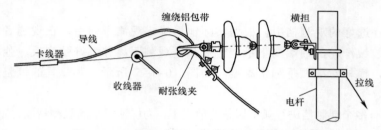

图 10-1-6 螺栓式耐张线夹挂线的原理示意图

（2）当线路采用蝶式绝缘子固定的挂线操作时，可如图 10-1-7 所示进行。

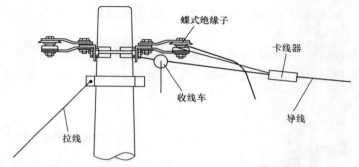

图 10-1-7 导线在耐张绝缘子上的固定示意图

（3）当线路完成导线弧垂观测、调整稳定后，如图 10-1-7 所示，用收线车将导线用卡线器固定。

（4）杆上作业人员将导线的尾线穿过挂板铁，按图 10-1-7 所示的方法将导线折回套在蝶式绝缘子上；然后参照图 10-1-8 所示的终端绑扎方法完成导线的固定操作。

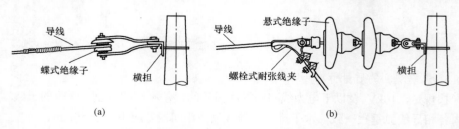

(a)   (b)

图 10-1-8 导线在耐张横担上的固定方法示意图

（5）导线在直线及转角杆针式绝缘上的固定操作参照图 10-1-9 所示，按直线杆绑扎法和转角杆绑扎法的操作进行。

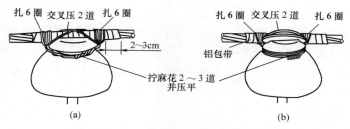

图 10-1-9　导线在绝缘子上的固定方法

（6）检查绑扎质量，确认无误，导线固定的操作完成。

2. 导线在绝缘子上固定的基本要求

（1）导线在绝缘子上绑扎用扎线应与导线材料相同，扎线的直径应不小于 2mm。

（2）钢芯铝绞线绑扎前应在导线上按图 10-1-10 所示方法缠绕铝包带，以实现对导线的保护，铝包带的缠绕应与导线外层线股绞制方向一致，缠绕长度应超出与绝缘子接触部分 20～30mm。

（3）扎线的缠绕应紧密、平整。

（4）完成绑扎后，扎线首尾线头应拧紧，并将其压平紧贴在绝缘子上。

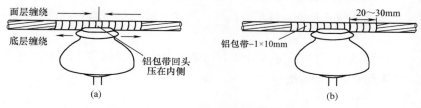

图 10-1-10　导线铝包带缠绕示意图
（a）缠绕方向；（b）缠绕长度要求

（四）结束操作

当完成全部电杆上的导线固定后，杆上工作人员清理杆上作业工具下杆，杆上工作人员与地面工作人员配合，清理现场，导线架设操作完成。

【思考与练习】

1. 导线展放过程中应重点注意哪些问题？

2. 导线翻越电杆及跨越架时应注意哪些问题？

3. 简述紧线及弧垂调整的注意事项。

4. 简单说明导线在绝缘子上固定的基本要求主要有哪些。

▲ 模块 2 10kV 及以下绝缘配电线路导线架设（Z33F3002Ⅱ）

【模块描述】本模块包含 10kV 及以下架空绝缘配电线路导线的放线、紧线及导线在杆上的固定安装等内容。通过概念描述、流程介绍、图表说明、要点归纳，掌握 10kV 及以下绝缘配电线路导线架设的基本操作流程、质量标准和安全技术要求。

【正文】

一、作业内容

1. 架空绝缘导线架设的主要工作内容

绝缘导线架设的主要工作包括放线、紧线及观测弧垂和导线在杆上的固定安装等内容。由于导线的形式不同，因而在实施过程中与一般架空配电线路架设施工的操作方法及技术要求上有所不同。

2. 绝缘导线放线的一般技术规定

根据 DL/T 602—1996《架空绝缘配电线路施工及验收规程》的要求，绝缘导线放线的一般技术规定如下：

（1）架设绝缘线宜在干燥天气进行，气温应符合绝缘线制造厂的规定。一般情况下，架空绝缘线敷设时的温度应不低于 −10℃；

（2）架设绝缘线的放线滑轮应采用塑料或套有橡胶护套的铝滑轮；

（3）绝缘线不得在地面、杆塔、横担、绝缘子或其他物体上拖拉，以防损伤绝缘层；

（4）绝缘导线放线若采用机械牵引时，牵引绳与导线间宜采用网套连接牵引。

二、危险点分析与控制措施

1. 危险点分析

绝缘导线架设的危险点除了 10kV 配电线路导线架设（第十章模块 1）所提及的内容外，主要有放线操作不当或收紧线的牵引力过大可能导致绝缘导线绝缘层的损伤。

2. 控制措施

（1）严格注意加强对放线过程中导线绝缘层的保护，沿线危险点处设专人进行导线的监护。

（2）严格控制绝缘导线弧垂和挂线时的紧线力度。

3. 其他控制措施

参照 10kV 配电线路导线架设中控制措施的要求执行。

三、作业前准备

绝缘导线架设前的主要准备工作可参考 10kV 配电线路导线架设进行。除此之外，还应根据绝缘导线的特点，重点做好下列作业前的准备。

（1）施工前应认真勘查现场，根据现场地形地貌、环境特点与条件等，编制与实际现场相适应的施工方案。

（2）施工前应对线路使用的绝缘线、金具等材料进行外观检查，确保绝缘线及金具等材料的外观质量符合设计和验收规范的要求。

（3）绝缘导线放线工具的配置要求。

1）绝缘导线放线滑轮直径不应小于绝缘线外径的 12 倍，槽深应不小于绝缘线外径的 1.25 倍，槽底部半径不小于 0.75 倍绝缘线外径，轮槽倾角为 15°。

2）绝缘线的卡线器应使用网套或面接触的卡线器。

四、操作步骤、质量标准

（一）导线展放

绝缘导线的展放过程与一般导线的放线过程相同，主要有拖线、穿越放线滑轮和跨越架、收余线三个阶段，具体放线步骤及质量要求如下。

1. 拖线

由于低压架空绝缘导线截面一般较小，因此，绝缘导线的拖线一般情况下仍以人力拖放为主；拖线在专门的领线员的带领下行进。具体拖放的要求如下：

（1）如图 10-2-1 所示，拖线时应合理安排拖线人员的间距，避免导线在拖放的过程中与地面发生接触而导致绝缘的损伤；

（2）拖线过程中应注意对导线的检查，发现导线的损伤应立即做上标记，以便在紧线前进行处理。

图 10-2-1　绝缘导线人力拖放

2. 导线穿越放线滑轮及跨越架

导线穿越放线滑轮的操作如图 10-2-2 所示。绝缘导线在穿越放线滑轮时，为避免可能造成导线的过大弯曲变形，对于小截面绝缘导线而言，应按图 10-2-2（a）所示的方法直接用白棕绳牵引导线过滑轮；当绝缘导线截面较大时，可按图 10-2-2（b）所示的方法，用白棕绳在杆下将导线提升后穿入放线滑轮。

导线穿越放线跨越架时，其操作可参照图 10-2-2（a）所示的方法，用白棕绳牵引导线从跨越架的一侧向另一侧进行穿越。穿越时应注意避开导线与跨越架上金属构件的接触，以避免导线绝缘的受损。

3. 收余线

按放线操作程序的要求，收余线前应将导线的损伤部分处理后再行升空。因此，在收余线前必须完成对展放过程中所发现的绝缘导线损伤进行处理。具体处理的规定如下：

（1）对绝缘导线线芯损伤的处理。

1）绝缘导线线芯截面损伤不超过导电部分截面的 17%时，可敷线修补，敷线长度应超过损伤部分，每端缠绕长度超过损伤部分不小于 100mm。

2）线芯截面损伤在导电部分截面的 6%以内，损伤深度在单股线直径的 1/3 之内，应用同金属的单股线在损伤部分缠绕，缠绕长度应超出损伤部分两端各 30mm。

3）线芯在同一截面内，损伤面积超过线芯导电部分截面的 17%或钢芯断一股时，应锯断重接。

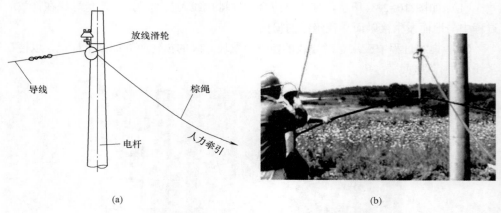

(a) (b)

图 10-2-2 绝缘导线过放线滑轮的操作

（a）直接牵引过滑轮示意图；（b）提升导线过滑轮

（2）对绝缘导线绝缘层损伤的处理。规定：绝缘层损伤深度在绝缘层厚度的 10%及以上时应进行绝缘修补。具体修补方法如下：

1）用绝缘自黏带缠绕，每圈绝缘自黏带间搭压带宽的 1/2，补修后绝缘自黏带的厚度应大于绝缘层损伤深度，且不少于两层。

2）用绝缘护罩将绝缘层损伤部位罩好，并将开口部位用绝缘自黏带缠绕封住。

（3）收余线。绝缘导线收余线的操作，可参照 10kV 配电线路导线架设（Z33F3001Ⅱ）的操作方法进行，具体操作时应针对绝缘导线的特点重点注意以下几方面的操作：

1）收线时的牵引速度以慢速为宜，并保持速度的均匀，避免导线绝缘可能因冲击力而造成的损伤；

2）加强沿线各控制点的观察，以免导线绝缘与沿线障碍物接触而可能造成的损伤；

3）发现导线有缠绕和金钩等损坏导线质量现象时，应立即停止牵引，排除故障后再行牵引。

（二）紧线及弧垂观测

1. 紧线

绝缘导线紧线操作可参照 10kV 配电线路导线架设的操作过程进行，具体紧线操作的技术、质量要求如下：

（1）绝缘导线的紧线方式。

1）绝缘导线紧线宜采用松弛的方式进行紧线。

2）绝缘导线紧线的卡线器应使用网套或面接触的卡线器，并在绝缘线上缠绕塑料或橡胶包带，防止卡伤绝缘层。

（2）绝缘导线紧线张力的控制。

1）绝缘导线的紧线张力应严格按规程和设计的要求进行控制，避免过牵引。

2）集束线紧线时，应将整个线束夹住，不得只叼住其中一部分导线。

3）用钢绞线支撑的集束线，在挂线施工中应先将钢绞线紧好，然后用能在钢绞线上滑走的托架将线托起进行挂线施工，挂线可由紧线段的中间向两侧进行。为施工方便，可在两端将绝缘线紧起，但牵引力不得超过导线破坏力的 1/5。

2. 弧垂观测

绝缘导线的弧垂观测仍以等长法弧垂观测为主，具体操作参考 10kV 配电线路导线架设的观测操作过程。绝缘导线完成弧垂观测后应满足下列要求：

（1）绝缘导线的弧垂误差。绝缘线的安装弛度按设计给定值确定，绝缘线紧好后，同挡内各相导线的弛度应力求一致，施工误差不超过 ±50mm。

（2）绝缘导线对地距离。绝缘线在最大弧垂时，对地面及线路下方跨越物的最小垂直距离应符合表 10–2–1 的要求。

（3）绝缘线路边线与永久建筑物之间的距离。在最大风偏的情况下，中压线路不应小于 0.75m（人不能接近时可为 0.4m），低压线路不应小于 0.2m。

表 10-2-1 绝缘线在最大弧垂时对地面及线路下方跨越物的最小垂直距离   m

线路经过地区	线路电压		线路经过地区	线路电压	
	中压	低压		中压	低压
繁华市区	6.5	6.0	至电车行车线	3.0	3.0
一般城区	5.5	5.0	至河流最高水位（通航）	6.0	6.0
交通困难地区	4.5	4.0	至河流最高水位（不通航）	3.0	3.0
至铁路轨顶	7.5	7.5	与索道距离	2.0	1.5
城市道路	7.0	6.0	人行过街桥	4.0	3.0

（三）绝缘导线的固定

根据操作规程的规定，导线完成紧线及弧垂调整后，应以最快的速度将导线在绝缘子上进行固定安装。一般情况下，绝缘导线在针式和蝶式绝缘子上的固定方法如图 10-2-3 所示。

（1）绝缘导线在针式绝缘子上的固定安装。若导线水平排列，直线杆采用低压针式绝缘子的固定如图 10-2-3（a）所示；线路转角杆采用低压针式绝缘子的固定如图 10-2-3（b）所示进行。

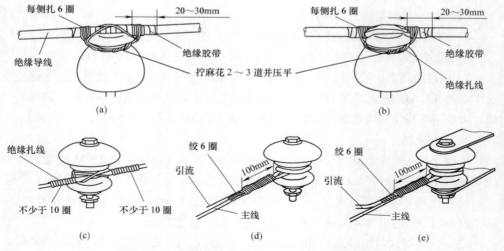

图 10-2-3 绝缘导线在绝缘子上固定方法示意图

（a）直线针式绝缘子顶扎固定；（b）转角针式绝缘子颈扎固定；（c）直线蝶式绝缘子固定；

（d）耐张蝶式绝缘子固定；（e）耐张蝶式绝缘子固定

（2）绝缘导线在蝶式绝缘子上的固定安装。若低压绝缘导线垂直排列，采用蝶式绝缘子在直线杆或转角度 5°以内的转角杆上的固定安装，可按图 10-2-3（c）所示方法进行。直线杆上按工程统一的方向侧安装，转角杆一律安装在转角的外角方向侧。具体的绑扎操作步骤如下：

1）把导线紧贴在绝缘子颈部嵌线槽内，把绑线短头一端留出足够在嵌线槽中绕一圈和在导线上绕 10 圈的长度，将绑线压在导线上，并与导线成 X 状相交，如图 10-2-4（a）所示；

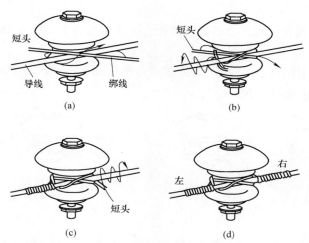

图 10-2-4　低压绝缘导线在直线杆蝶式绝缘子上的固定操作过程分解图
（a）～（d）步骤 1）～4）

2）把绑线从导线右下侧绕嵌线槽背后至导线左边下侧，按逆时针方向绕正面嵌线槽，与前圈绑线交叉从导线右边上侧绕出，如图 10-2-4（b）所示；

3）接着将扎线贴紧并围绕绝缘子嵌线槽背后至导线左边下侧，在贴近绝缘子处开始，将扎线在导线上紧缠 10 圈（或不少于 10 圈）后，剪除余端，如图 10-2-4（c）所示；

4）把扎线的另一端围绕嵌线槽背后至导线右边下侧，也在贴近绝缘子处开始，将轧线在导线上紧缠 10 圈（不少于 10 圈）后，剪除余端，完成绑扎后的效果如图 10-2-4（d）所示。

（3）在线路起始、终端杆上及下户、接户线的终端支持点，若绝缘导线截面较小，且采用蝶形绝缘子上固定，可按图 10-2-3（d）、（e）所示方法进行安装。具体绑扎操作过程及方法如下：

1）把收紧后的导线末端先在绝缘子嵌线槽内缠绕 1 圈，如图 10-2-5（a）所示；

2）接着把导线的端线压第 1 圈已缠绕的导线，再围绕第 2 圈后，将两导线（主线和端线）合并在绝缘子的中间，如图 10-2-5（b）所示；

3）把扎线短的一端由下向上在两导线间隙中穿入，并将扎线端头嵌入两导线末端并合处的凹缝中，扎线按图 10-2-5（c）中箭头指向把两导线上紧密地缠绕在一起；

4）当扎线在两导线上紧缠不少于 100mm 长度后，将扎线与扎线端头用钢丝钳紧绞 5～6 圈，剪去余端，把绞线端头紧贴在两导线的夹缝中，绑扎完成，效果如图 10-2-5（d）所示。

（4）绝缘导线在绝缘子上的固定绑扎，应使用直径不小于 2.5mm 的单股塑料铜线。

（5）绝缘线与绝缘子接触部分应用绝缘自黏带缠绕，缠绕长度应超出绑扎部位或与绝缘子接触部位两侧各 30mm。

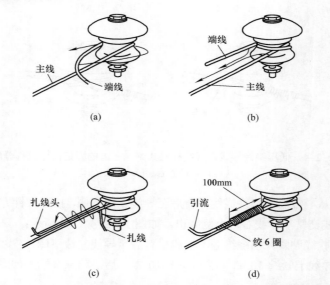

图 10-2-5　低压绝缘导线在终端杆蝶形绝缘子上固定绑扎过程分解图
（a）～（d）步骤 1）～4）

（四）结束操作

完成上述导线固定安装后，现场工作负责人组织相应的技术、质量管理人员进行现场验收，确认安装质量达到设计的规程要求后，工作人员清理现场工器具，导线架设工作结束。

五、注意事项

绝缘导线架设施工过程中主要应注意的事项如下：

（1）加强放线过程中对绝缘导线绝缘层的保护，且施工前应对绝缘导线、金具等材料进行外观检查，确保所用材料符合设计和规程的要求。

（2）对绝缘层损伤的恢复处理，应采用绝缘自黏带进行补修。补修后绝缘自黏带的厚度应大于绝缘层损伤深度，且不少于两层。必要时，应在底层采用防水专用绝缘胶带进行防水处理。

（3）用绝缘护罩将绝缘层损伤部位罩好，并将开口部位用绝缘自黏带缠绕封住。

（4）绝缘导线应采用松弛的方式进行紧线，紧线的卡线器应使用网套或面接触的卡线器，并在绝缘线上缠绕塑料或橡胶包带，防止卡伤绝缘层。

（5）绝缘导线架设的最大弧垂条件下，导线对地面及跨越物的最小垂直距离应符合有关规定的要求。

【思考与练习】

1. 简述绝缘导线架设施工与普通导线架设的主要区别。
2. 绝缘导线的放、紧线操作的主要技术要求有哪些？
3. 简要说明绝缘导线损伤及绝缘处理的主要要求。
4. 绝缘导线的固定安装方法主要有哪些？各有什么要求？

▲ 模块 3　10kV 及以下配电线路导线拆除（Z33F3003Ⅱ）

【模块描述】 本模块包含 10kV 及以下配电线路导线拆除施工的准备、拆除过程及拆除的操作流程和安全技术要求。通过概念描述、流程介绍、图解说明、要点归纳，掌握 10kV 及以下配电线路导线拆除的基本操作流程、质量标准和安全技术要求。

【正文】

10kV 配电线路导线拆除操作是配电线路改造中一项经常性的工作，同时，导线拆除操作又是一项技术性较强的综合性作业。因此，施工的技术设计及作业过程的操作安全措施的制定将直接影响整个施工过程的顺利进行。

一、工作内容

1. 工作内容

10kV 配电线路导线拆除工作采用停电作业方式进行，其主要工作内容包括：

（1）将所需检修或改造线路的导线全部或局部整段拆除。

（2）根据操作规程的要求将拆除的导线进行回收。

本模块主要通过对配电线路局部整段导线的拆除及回收施工的过程，介绍导线拆

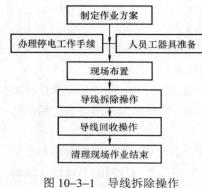

图 10-3-1 导线拆除操作
基本工艺流程

除施工的主要技术要求及安全注意事项。

2. 基本操作工艺流程

配电线路导线拆除操作的基本工艺流程如图 10-3-1 所示。

二、危险点分析与控制措施

1. 危险点

进行导线拆除操作的危险点主要有跑线、高空落物、高空坠落伤人。

2. 控制措施

（1）高处作业人员应严格地遵守高处作业的操作规程。

（2）使用合格的锚线设备，并严格地按照事先制定的作业方案进行松、收线操作。

（3）杆下工作人员应密切配合杆上人员进行操作，并不得在松弛的导线下方进行工作。

（4）杆上、杆下人员传递工具应用传递绳进行，禁止高空抛接物件。

（5）导线拆除过程中，除两端耐张杆上松线操作人员外，其他直线杆上禁止上杆作业。

3. 其他安全注意事项

（1）撤线和收线工作均应设专人统一指挥、统一信号，应检查紧线工具及设备，确保良好。

（2）所撤线段导线为与线路、铁路、公路、河流等交叉跨越的线路时，应先取得有关部门的同意，采取安全措施，如搭设可靠的跨越架、在路口设专人持信号旗看守等。

（3）撤线、收线前应先检查拉线、拉桩及杆根。如有不牢固时，应加设临时拉绳加固。

（4）严禁采用突然剪断导线的作法撤线。

三、作业前准备

1. 制定作业方案

根据电力安全工作制度的要求，作业前应组织相关人员进行现场勘察，并根据作业内容及场地条件制定相应的工作计划和进行施工作业方案的制定。作业方案所包括的主要内容如下：

（1）作业时间、地点（现场环境）、工作内容、范围简介。

（2）人员组织、安排、分工。

（3）工器具准备及配套。

（4）工作目的及相应采取的作业方法及技术、安全措施。

（5）作业验收的相关技术质量要求。

2．人员组织安排

进行导线拆除工作所需工作人员如下：

（1）松线场工作负责人 1 人。松线场工作负责人即为整个拆线工作的总负责人，全面负责整个拆线的施工组织和松线场的拆线工作。

（2）收线场工作负责人 1 人。全面负责收线场的施工组织，并协调、配合松线场的全面拆线工作。

（3）现场安全监护人每个工作点 1 人。负责监护各工作点操作人员的安全。

（4）杆上作业人员若干。负责杆上导线拆除工作。

（5）杆下工作人员若干。负责协助杆上作业人员进行导线的拆除工作。

（6）其他辅助工作人员若干。负责拆除导线的回收、清理等辅助工作。

3．工器具的准备

进行导线拆除工作所需的工器具主要有牵引钢绳、牵引设备、锚线设备、导线夹头、放线滑轮、通信设备、收线器等。

4．现场的布置

导线拆除现场如图 10-3-2 所示。具体拆线作业的场地布置要求如下：

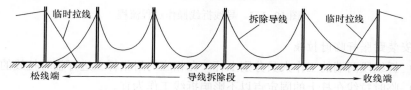

图 10-3-2　导线拆除现场示意图

（1）松线操作现场主要以松线布置为主，收线操作现场主要以收线布置为主，两端应分别设置牵引装置；其中牵引地锚的位置应保证牵引绳对地夹角尽可能小一点较为合适，受地形条件限制时不宜大于 45°。

（2）牵引操作控制点应距松线杆 1.2 倍的杆高距离以外。

（3）设置临时拉线。按规定，导线拆除工作应在导线拆除线段两端的耐张杆设置临时拉线。考虑到操作的安全和尽可能缩短线路的停电时间，临时拉线的安装待完成停电后进行，临时拉线的地锚应在停电前完成。临时拉线设置的具体要求如下：

1）临时拉线的方向应设在两相邻线段的直线延长线的方向上；

2）临时拉线对地夹角应不大于 45°，若受地形条件影响最小不得小于 30°；

3）独立埋设临时拉线地锚，临时拉线地锚不允许与牵引设备共用地锚，且地锚的设计强度应能保证拆线时导线承受可能出现的最大导线过牵引力。

四、操作步骤、质量标准

根据导线拆除的基本操作工艺流程的要求，办理停电工作手续并完成整个工作开工前的现场布置后，各工位作业人员按规定的要求进入作业现场指定的工位待命。

接停电通知完成相关杆位的验电、挂接地线的操作后，如图 10-3-3 所示，现场工作总负责人命令开始作业。其操作过程及相应的技术要求如下：

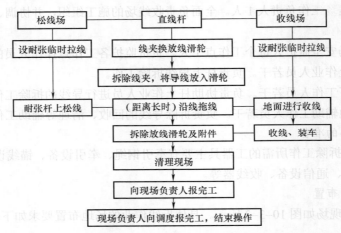

图 10-3-3　导线拆线操作过程流程

1. 安装耐张杆临时拉线

（1）拆线段两端的工作人员分别上杆，在相应的耐张杆上进行临时拉线的安装。

（2）临时拉线在杆上的固定点以不影响拆线工作为宜。

（3）临时拉线收紧的力度以保证其相邻线路的弧垂在导线拆除后不发生变化为宜。

（4）拆线后的耐张杆临时拉线应按终端杆永久性拉线要求进行制作、安装。

2. 直线杆上安装放线滑轮

（1）当拆线段距离（挡数较多）较长时，为保证导线拆除工作的顺利进行，还应分别对每基电杆上设置放线滑轮。

（2）放线滑轮在电杆上的位置应保证导线拆除时线路始终处在直线状态，避免导线在电杆上转角而可能造成导线在滑轮上跳槽、卡线等现象的出现。

3. 导线拆除的锚线操作及主要技术要求

为保证导线拆除操作的安全、顺利进行，完成上述必需的准备工作后，应在导线拆除段的线路两端进行锚线。其锚线的主要技术要求如下：

（1）选择规格与所拆除导线规格配套的导线夹头（俗称紧线器或卡线器）进行卡线。

（2）松、收线场应分别设置一长一短两套卡线装置。其中：短的卡线装置用收线车控制，用于开始张力较大时的松线作业；长的卡线装置用于导线失去张力后的导线放下操作。

（3）锚线装置应安全、稳定、工作可靠。

（4）锚线设施应灵活且操作方便。

4. 松线、收线操作及主要技术要求

架空配电线路导线的拆除工作是一项综合性很强的操作，在两端导线锚好且沿线直线杆上的放线滑轮更换完毕，经检查准备无误后，由现场工作负责人统一指挥。

（1）首先将导线用卡线器和收线车收紧后，拆除导线的耐张线夹，并将尾端放入放线滑轮中用另一套长锚线绳将尾线卡住。

（2）长锚线绳通过地面牵引设备受力后，拆除杆上短锚线绳，杆上作业人员下杆。

（3）地面工作人员可在导线完全失去张力后，用人工拖拉的方式进行收线。

（4）收线的过程中应保持均匀的收线速度，确保收线过程的安全。

（5）收线场地面其他辅助工作人员将收回的导线盘好，并绑扎装车。

【思考与练习】

1. 简述导线拆除工作的基本工作流程。

2. 进行导线拆除工作应注意的主要安全问题有哪些？

3. 导线拆除工作中的危险点有哪些？

▲ 模块4 10kV 及以下配电线路施工方案的编写（Z33F3004Ⅲ）

【模块描述】本模块包含10kV 及以下配电线路施工方案编制基本原则和施工的组织、技术及安全措施的编写要求等内容。通过概念描述、要点归纳，掌握编写 10kV 及以下配电线路施工方案的方法。

【正文】

一、配电线路施工方案的主要内容

进行配电线路整体工程施工方案的编写时，相当于整体工程的工作计划，需要全面综合地进行整体考虑。配电线路工程施工方案编写的主要内容有：工程整体概、预算；工程进度及组织措施；施工的技术措施及安全措施。

二、工程概、预算

进行工程的概、预算，首先应进行工程的整体概况简述，围绕着工程项目的具体内容，对工程进行概算，以明确工程可能（或所需）发生的所有费用，同时，围绕着工程项目的展开，提出相应的工程预算。

从组织的角度出发，工程项目的管理人员通过对工程概况的了解，更加明确了工程的具体内容及工程的下一步展开形式，有利于进行工程管理，有利于对工程的精细化。

工程的概、预算，应按工程的设计要求和国家的有关规定进行，同时，也要求进行施工方案编写的同时也对整个工程进行系统的规划。

三、工程的进度设计及施工组织

工程的进度设计及施工组织包括工程项目的分段实施计划及各阶段工程的施工组织。

1. 工程的分段实施计划

进行工程分段划分的目的是便于更好地对各个阶段的工程进行组织实施，分段通常是以工程项目的具体内容进行划分。配电线路工程通常可分为基础工程、杆塔工程和架线工程三个阶段。制定工程分段组织实施计划应符合工程项目的组织管理。

2. 基础工程的施工组织

基础工程组织的具体内容包括配电线路通道的开发、沿线基本情况的了解及具体基础工程的施工等环节。

另外，对基础工程施工人员的组织、工期目标的确定及围绕基础工程开展以质量为中心的生产活动内容，都是基础工程组织实施所需考虑的内容。

3. 杆塔工程的施工组织

杆塔工程多以高处作业为重点项目，其施工的组织措施中应重点地突出以安全为核心的主题活动内容。杆塔工程组织措施的详细内容可参考模块 Z33F2005Ⅲ。

4. 架线工程的施工组织

架线工程的特点是施工要求高、流动性大、作业人员分散，因此，在架线工程的施工组织措施中应重点强调工程的质量（导线架设的质量是线路工程的外观体现）及协同作业精神。

四、配电线路施工的技术要求

1. 各分项工程的主要技术指标

基础工程的主要技术指标包括：坑深、混凝土质量、多腿基础的根开、对角线、电杆的埋深等。

杆塔工程的主要技术指标有：杆塔的结构及外观指标、电杆的倾斜度、横担水平度、电杆的外观质量、螺栓的穿向规定等。

架线工程的主要技术指标包括：导线弧垂的误差及平衡、交叉跨越的安全距离、导线的外观质量、导线连接的要求、接头的位置等。

2. 工程实施过程应采取的技术措施

围绕上述各分段工程的主要技术指标内容，制定相应的技术措施时应以实现指标的要求为目的，结合具体工程项目的实施，提出达到规定技术指标而采取的技术手段。

五、配电线路施工的安全措施

对整个配电线路工程安全措施的制定同样应分段进行，就配电线路工程而言，其安全应重点地放在立杆、立塔及架线分段工程中。

安全措施的所有规定、限制性的要求应以相应的安全操作规程为依据，进行安全措施的编制时，其语言的表达应准确、规范且符合规程的要求。

1. 基础工程的主要安全事项

基础工程的主要安全事项为土石塌方可能对人体造成的伤害；其次是，若基础采用爆破施工时，应强调爆破作业的安全注意事项。

2. 杆塔组立主要安全措施

杆塔组立施工在线路施工中的性质属于起重作业，因此杆塔组立措施应通过对施工过程中主要工器具的使用安全要求，使用方式及使用条件、场合的强调，同时对杆上作业人员的站位、安全带及个人保安线的正确使用，上杆、下杆的安全事项，杆下工作人员的工作范围及杆上、杆下人员的配合要求等，重点强调起重作业现场的安全。

3. 架线工程的主要安全措施

架线工程同样存在大量的杆上、线上的高处作业安全要求，因此，围绕架线工程的操作安全措施编制时重点强调杆、线上高处作业安全的同时，还应重点突出地强调收、紧线过程中各种工器具的使用安全。既要强调工器具使用过程中的安全系数，同时还要强调工器具的使用方式。

【思考与练习】

1. 简要说明进行配电线路整体工程施工方案编写的基本要求。

2. 简述配电线路工程的组织措施在各分段工程中如何突出重点。

3. 简述配电线路工程的技术措施及安全措施在各分段工程中如何突出重点。

◢ 模块 5　10kV 及以下配电线路竣工验收（Z33F3005Ⅲ）

【模块描述】 本模块包含 10kV 及以下配电线路竣工验收的基本流程、验收的方法及标准。通过概念描述、流程介绍、图解说明、要点归纳，掌握 10kV 及以下配电线路竣工验收方法。

【正文】

一、配电线路竣工验收的主要内容

1. 工程项目的验收

配电线路竣工验收的主要项目包括：

（1）导线型号、规格应符合设计要求。

（2）电杆组合的各项误差应符合规定。

（3）电器设备外观完整无缺损，线路设备标志齐全。

（4）拉线的制作和安装应符合规定。

（5）导线的弧垂、相间距离、对地距离及交叉跨越距离符合规定。

（6）导线上无异物。

（7）配套的金具、卡具应符合规定的要求。

2. 工程资料的交接

线路工程结束后，需要移交的工程资料主要有：

（1）施工中的有关协议及文件。

（2）设计变更通知单及在原图上修改的变更设计部分的实际施工图、竣工图。

（3）施工记录图。

（4）安装技术记录。

（5）接地记录，记录中应有接地电阻值、测试时间、测验人姓名。

（6）导线弧垂施工记录，记录中应明确施工线段、弧垂、观测人姓名、观测日期、气候条件。

（7）交叉跨越记录，记录中应明确跨越物设施、跨越距离、工作质量负责人。

（8）施工中所使用器材的试验合格证明。

（9）交接试验记录。

（10）隐蔽工程记录。

二、配电线路施工竣工验收的基本流程

配电线路施工竣工验收的基本操作流程如图 10-5-1 所示。

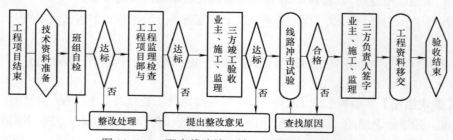

图 10-5-1　配电线路施工竣工验收基本操作流程

三、配电线路施工竣工验收的方法

1. 隐蔽工程的验收

架空电力线路隐蔽工程的项目有基础工程、接地工程、导线连接。

隐蔽工程的特点在于工程项目的施工结束便进入隐蔽状态，其施工过程的部分技术指标将无法直接进行检查验收，即便发现问题也无法纠正或纠正过程的难度极大。因此，根据线路工程验收规范的规定，对隐蔽工程的验收应与工程项目的进行过程同步进行，以便及时发现问题及时纠正，做到工程项目结束，验收结束。

（1）基础工程检查验收的主要方法。

1）原材料的检查验收。重点检查水泥、砂、石、钢筋的材质是否达到工程设计要求，且符合验收规范的要求。

2）内部结构的检查验收。重点检查基础的坑深、内部配筋的数量、规格，混凝土的配比、和易性及混凝土的搅拌、捣固等浇制过程中的技术指标是否达到设计和验收规程的要求。

3）外观质量的检查验收。重点检查基础的外部结构尺寸、基础坑中心的偏移、根开对角线，检查混凝土的保养过程及拆模后的外观质量是否符合设计和验收规范的要求。

（2）接地工程的检查验收要点。

1）检查接地体的材料及接地体的加工制作质量是否达到设计和验收规范的要求。

2）检查接地槽（沟）的深度是否达到施工规定的要求。

3）检查接地体的埋设结构是否符合设计和验收规范的要求。

（3）导线连接检查验收的关键环节。

1）检查接头处导线、接续管的清洗是否符合规定的要求，是否按要求对接头处导线及接续管表层涂了导电脂。

2）检查导线连接的操作过程（如：缠绕绑扎的紧密程度、压接压模后的停留时间等）是否符合操作规程的要求。

3）检查导线连接后的外观尺寸、接头表面的外观质量是否达到设计和验收规范的要求。

2. 杆塔结构的验收

杆塔工程的验收，通常主要在外观结构上，主要内容有：

（1）有无材料缺陷、缺件。

（2）各主要部件是否有受力不合理而导致的结构变形。

（3）构件外观有无损伤、锌皮脱落等现象。

（4）连接螺栓的穿向是否符合规定的要求，螺栓的紧固力度是否达到设计和规范的要求。

（5）杆塔的垂直度、横担的水平、拉线的安装是否达到设计和规范的要求。

3. 导线架设质量的检查验收

根据线路验收规范的要求，对配电线路导线架设的检查验收，重点是导线架设质量的检查、验收。

主要内容有：

（1）导线的质量是否达到工程及验收规范的要求。

（2）导线外观损伤处理是否符合规范的要求。

（3）导线的连接使用、接头的连接强度及位置是否符合规定的要求。

（4）导线与杆塔构件及周边环境的电气距离是否达到运行规定的要求。

（5）导线架设后的弧垂及导线对线路下方跨越物的安全距离是否达到设计和验收规程的要求。

四、配电线路的交接试验

1. 线路绝缘测试

线路绝缘测试是通过测量绝缘电阻进行检查的，主要内容及要求如下：

（1）中压架空绝缘配电线路使用 2500V 绝缘电阻表测量，电阻值不低于 1000MΩ。

（2）低压架空绝缘配电线路使用 500V 绝缘电阻表测量，电阻值不低于 0.5MΩ。

（3）测量线路绝缘电阻时，应将断路器或负荷开关、隔离开关断开。

2. 相位检查

通过外观及相位测试仪检查相位正确。

3. 冲击合闸试验

线路工程验收的最后环节是对线路进行冲击合闸试验。

按规定，进行冲击合闸试验应在额定电压下对空载线路冲击合闸 3 次，以合闸过程中线路绝缘无损坏为合格。

五、配电线路竣工验收的注意事项

进行配电线路竣工验收，应严格按照国家有关工程验收的技术标准、规范进行，验收过程中应注意以下几点：

（1）线路工程竣工验收应由本工程的主要技术、项目负责人与工程监理及业主三方共同进行。

（2）参与验收的人员必须是专业人员。

（3）应实事求是地进行验收。

（4）验收的主要依据是国家相应的验收规范、设计原始技术资料及工程施工记录、设计更改通知书等具备法律效果的文件。

【思考与练习】

1. 配电线路工程验收的主要项目有哪些？
2. 简述进行竣工验收的基本流程。
3. 简要说明对具体工程项目验收的主要内容。

▲ 模块 6　配电室、配电箱、箱式变电站电气接线（Z33F3006Ⅲ）

【模块描述】 本模块包含配电室、配电箱、箱式变电站进出线及各电气设备间的连接安装等内容。通过概念描述、流程介绍、图解说明、要点归纳，掌握主要配电设备的电气接线方法和基本技术要求。

【正文】

一、作业内容

配电室、配电箱、箱式变电站的电气安装接线以停电操作方式进行，其主要作业内容包括配电室、配电箱、箱式变电站进出线及各电气设备间的连接安装。安装接线施工在完成相应设备的定位和固定安装后开始，其接线操作的基本工艺流程如图 10-6-1 所示。

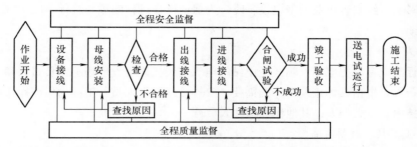

图 10-6-1　配电室、配电箱、箱式变电站的电气安装接线操作基本工艺流程

二、危险点分析与控制措施

1. 危险点分析

（1）停电措施不力或操作步骤不当可能造成操作人员触电事故。

（2）接线错误可能导致设备的损坏。

2. 控制措施

（1）严格按停电操作和电气接线的操作程序进行操作，现场设专门的安全监护人。

（2）室内有带电设备时，应加装防护设置，操作人员应始终保持对带电体的足够安全距离。

(3) 严格按照设计图纸的要求进行接线。

(4) 加强导线接头的质量检查，确保各连接点的连接质量达到验收规范的要求。

3. 其他安全措施

(1) 使用梯子登高作业时，应有专人扶梯。临近带电体的作业，应使用绝缘硬梯作业。

(2) 接线操作前应检查柜、箱等是否固定牢固，以防柜、箱倒落伤人。

(3) 正确、规范地使用剥线、断线工器具，避免由于工器具使用不当而造成人体的伤害。

(4) 通电合闸试验时，应安排专业人员对相关的设备进行监察，发现问题立即报告现场工作负责人，并停止操作；待查明原因并处理后，继续试验。

三、作业前准备

进行配电室、配电箱、箱式变电站的电气安装接线操作前的准备工作主要有：

1. 制定作业方案

根据作业对象所处的工作环境、地理条件和设计的要求，制定相应的作业方案，并按照设计和操作规程的要求采取相应的技术措施和安全措施；在扩建或改建及设备周边有影响接线安装作业的带电设备时，为保证操作过程的顺利进行，应按规定办理停电手续。

2. 人员分工

进行配电室、配电箱、箱式变电站的电气安装接线应设现场工作负责人和安全监护人各一人；根据具体接线操作的需要，安排接线操作人员若干；为保证操作质量应设现场技术负责人一人；其他作业辅助人员若干。

3. 工器具、材料准备

装接线操作前，应根据设计要求准备好相应的作业工具及必备的安装材料。配电室、配电箱、箱式变电站的电气安装接线的主要工器具及材料参见表 10-6-1。

表 10-6-1　配电室、配电箱、箱式变电站的电气安装
接线的主要工器具及材料（参考）

序号	名　称	规　格	单位	数量	备　注
1	平口起子	中号	把	若干	
2	梅花起子	中号	把	若干	
3	扳手	8～12in	把	若干	
4	断线钳、剪、锯		把	若干	用于开端导线或接线排等

续表

序号	名　称	规　格	单位	数量	备　注
5	剥线器、钳		把	若干	用于剥离导线绝缘
6	绝缘架梯		副	若干	
7	绝缘操作杆	3m	根	1	选配
8	接地线		组	2	在规定试验周期内试验合格
9	接地棒		副	2	在规定试验周期内试验合格
10	接地电阻测试仪	ZC–8	块	1	性能良好且检验合格
11	高压验电器、低压验电笔	10kV，500V	只	各1支	在规定试验周期内试验合格
12	万用表		块	1	性能良好且检验合格
13	绝缘电阻表（2500V）	2500MΩ	块	1	在规定试验周期内试验合格
14	照明灯具或应急灯		盏	若干	电量充足
15	电缆头		套	若干	作电缆进出及过渡连接
16	液化气罐、喷枪		套	1	无泄漏，制作电缆头用
17	导线	按设计要求	m	若干	按规定要求分色使用
18	母线铜排	按设计要求	m	若干	按规定要求分色使用
19	铜铝过渡接线端子	设计要求各种规格	个	若干	按设计要求使用
20	绝缘带	10kV 自黏绝缘带	卷	若干	按规定要求分色使用
21	防水带		卷	若干	
22	保护带		卷	若干	

注　上述工器具应根据具体的作业对象进行配置。

4. 作业现场准备

根据作业内容的要求，进入安装接线作业现场时，作业现场应完成设备的固定、设备外壳的接地及相应带电体的防护设置等必需的准备工作，因此，要求作业前应做好下列准备：

（1）检查各设备的固定安装是否牢固，且与设计的要求是否相符，对未达到安装要求的设备应在接线前重新安装；

（2）检查设备的接地电阻是否符合设计和规定的要求（以设计规定为主）；

（3）对周边可能影响接线安装作业的带电设备或带电体装设防护措施，并对相应的危险点进行标识；

（4）检查设备上各接线端子是否与设计相符；各连接端子与设备内部的连接是否可靠。

四、操作步骤、质量标准

根据工艺流程图 10-6-1 所示，完成上述作业前的准备工作后，按计划安排进入作业现场，即可开始进行配电室、配电箱、箱式变电站的电气安装接线。

（一）设备连接

配电室、配电箱、箱式变电站内通常由多种电气设备组合而成。因此，首先应根据设计图纸的要求进行设备间的连接安装接线。当设备间用导线连接时，具体操作步骤如下：

1. 配线

接线前应根据设计图纸的要求进行配线，一般情况下，配电箱内的配线电流回路应采用额定电压不低于 500V 的铜芯绝缘导线，其截面积不应小于 2.5mm²，其他回路截面积不应小于 1.5mm²对电子元件回路、弱电回路采用锡焊连接时，在满足载流量和电压降及有足够机械强度的情况下，可采用不小于 0.5mm²截面积的绝缘导线。

按上述要求，在接线前应将所需配电箱、柜内各设备连接的导线按表 10-6-2 的规定，按相（或极）分色进行配齐。

表 10-6-2 电气设备连线导线颜色的规定

交、直流	交 流					直 流	
颜色	黄色	绿色	红色	黑色	黄绿交替色	褐色	蓝色
线别	A 相	B 相	C 相	PE	PEN	正极	负极

2. 裁线

按设备间的距离和设备连接安装的要求分组进行裁线，其导线裁割的长度应保证横平竖直的接线要求；同时，对用于连接门上的电器、控制台板等可动部位的导线应选择采用多股软导线，敷设长度应有适当裕度。

3. 接线

接线时应根据设备接线图的要求分组由某设备的一端向另一设备的一端进行，应在保证每个端子接头电气性能的条件下，接头要牢固可靠。具体技术要求如下：

（1）连接门上的电器、控制台板等可动部位的导线接线时，应对线束加装外套塑料管等加强绝缘层，与电器连接的端部应绞紧，并应加终端附件或搪锡，且不得松散、断股；在可动部位两端应用卡子固定。

（2）在如图 10-6-2 所示端子排上接头时，导线与接线端子的连接绝缘层剥削的长度应保证两个紧固螺栓能够正常压紧。

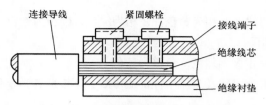

图 10-6-2　导线与接地端子的连接

（3）设备间截面较大的电气主接线接线时，应在完成绝缘层剥削并将导体连接部分用汽油清洗干净后，在导体表面涂上电力脂，以确保接头连接的电气性能符合设计的要求。

（二）母线安装

1. 母线相序及排列方式

按规定，配电室、配电箱、箱式变电站的交流母线相序及直流母线极性的排列方式，应严格地按照设计的要求进行安装。当设计无规定时，交、直流母线的排列方式应按表 10-6-3 和表 10-6-4 的规定进行安装。

表 10-6-3　　　　　　　　配电室母线相序排列方式的规定

相　　别	垂直排列	水平排列	前后排列	排列参考方向
U	上	左	远	配电室内面向配电屏
V	中	中	中	
W	下	右	近	
N，PEN	最下	最右	最近	

注　1. 在特殊情况下，如果按此相序排列会造成母线配置困难，可不按本表规定。
　　2. N 线或 PEN 线如果不在相线附近并行安装，其位置可不按本表规定。

表 10-6-4　　　　　　　　低压配电箱母线相序排列方式的规定

母线排列方式	交流母线			直流母线		排列方式参考方向
	A 相	B 相	C 相	正极	负极	
从左到右排列	左侧	中间	右侧	左	右	面对柜（盘）
从上到下排列	上侧	中间	下侧	上	下	面对柜（盘）
从远到近排列	远端	中间	近端	后	前	由柜（盘）后向柜（盘）面

2. 母线的色标规定

为保证可靠及运行、维护过程中检修的方便，母线或配电箱汇流排安装完成时，应按规定的要求涂刷油漆进行涂色标识，其各相（极）的颜色应符合下列规定：

（1）三相交流母线。A 相为黄色，B 相为绿色，C 相为红色，其中单相交流母线应与引出相的颜色相同。

（2）直流母线。正极为赭色，负极为蓝色。

（3）直流均衡汇流母线及交流中性汇流母线。不接地者为紫色，接地者为紫色带黑色条纹。

（4）封闭母线。其母线的外表面及外壳内表面涂无光泽黑漆，外壳外表面涂浅色漆。

3. 配电室、配电箱、箱式变电站的母线与母线、母线与电器端子连接安装

配电室及箱式变电站用母线宜采用矩形硬裸铝母线或铜母线，其截面在满足允许载流量、热稳定和动稳定要求的同时，支持母线的金属构件、螺栓等均应镀锌，母线安装时接触面应保持洁净，螺栓紧固后接触面紧密，各螺栓受力均匀。

配电室、配电箱、箱式变电站的母线与母线、母线与电器端子连接安装应按以下规定操作：

（1）铜与铜连接时，室外高温且潮湿或对母线有腐蚀性气体的室内，必须搪锡，在干燥的室内可直接连接。

（2）铝与铝连接时，可采用搭接的方式，搭接时应洁净表面并涂以导电膏。

（3）铜与铝连接时，在干燥的室内铜导体应搪锡；室外或较潮湿的室内应使用铜铝过渡板，铜端应搪锡。

（4）相同布置的主母线、分支母线、引下线及设备连接线应一致，横平竖直，整齐美观。

（5）条矩形母线采用螺栓固定搭接时，连接处距支柱绝缘子的支持夹板边缘不应小于 50mm；上片母线端头与下片母线平弯开始处的距离不应小于 50mm，如图 10-6-3（a）所示。

（6）条形母线扭转 90° 时，其扭转部分的长度应为母线宽度的 2.5～5 倍，如图 10-6-3（b）所示。

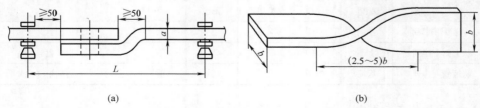

(a)   (b)

图 10-6-3　母线搭接及旋转示意图

(a) 矩形母线搭接；(b) 母线旋转 90°

a—母线厚度；b—母线宽度；L—母线两支持点之间的距离

（7）矩形母线应减少直角弯曲，需要弯曲时应按图 10-6-4 的方式进行加工，其弯曲处不得有裂纹及显著的折皱，

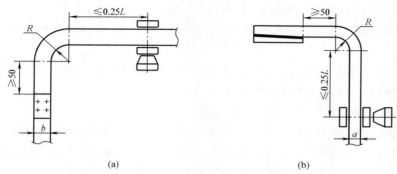

图 10-6-4　硬质矩形母线弯曲加工示意图

（a）立弯母线；（b）平弯母线

a—母线厚度；b—母线宽度；L—母线两支持点之间的距离；R—弯曲半径

母线的最小弯曲半径应符合表 10-6-5 的规定，多片母线的弯曲度应一致。

表 10-6-5　　　　　　　　矩形母线最小弯曲半径（R）值

母线种类	弯曲方式	母线断面尺寸（mm×mm）	最小弯曲半径 R（mm）		
			铜	铝	钢
矩形母线	平弯	50×5 及其以下	$2a$	$2a$	$2a$
		125×10 及其以下	$2a$	$2.5a$	$2a$
	立弯	50×5 及其以下	b	$1.5b$	$0.5b$
		125×10 及其以下	$1.5b$	$2b$	b

（8）条形母线接头螺孔的直径宜大于螺栓直径 1mm；钻孔应垂直、不歪斜，螺孔间中心距离的误差应为±0.5mm。

（9）条形母线的接触面加工必须平整、无氧化膜。经加工后其截面减少值：铜母线不应超过原截面积的 3%；铝母线不应超过原截面积的 5%。

（三）室（箱）内接线检查

完成上述配电室、配电箱、箱式变电站室（箱）内电气接线安装后，应根据设计图纸的要求进行接线检查，其主要内容如下：

（1）检查设备间的连接是否与设计图纸一致，导线的相序和颜色是否符合规定的要求。

（2）检查导线接头安装及紧固是否满足设计和规范的要求。

（3）检查连接导线的外观是否横平竖直，导线的弯曲是否符合规定的要求。

（4）用万用表测试连接导线是否有断开现象。

（5）检查裸母线间的相互间隔是否符合设计的要求，母线的支持及连接是否紧固、稳定。

对检查中发现的问题应找出其原因后立即纠正，确保设备间的连接符合设计的要求，以避免通电后可能造成的设备损坏。

（四）配电室、配电箱、箱式变电站进出线的安装

一般情况下，配电室、配电箱、箱式变电站进出引线可架空明敷或暗敷。明敷设宜采用耐气候型电缆或聚氯乙烯绝缘电线，暗敷设宜采用电缆或直埋塑料绝缘护套电线。箱式变电站的进出引线则多采用电缆。具体的安装应按下列要求进行。

（1）采用架空明敷安装时，应选用耐气候型的绝缘线作为主接线，安装在40mm×40mm×4mm 以上规格的角钢支架上。穿墙时，绝缘电线应加套保护管。出线的室外应做滴水弯，滴水弯最低点距离地面不应小于 2.5m。

（2）采用直埋塑料绝缘塑料护套电线时，应在冻土层以下且不小于 0.8m 处敷设，引上线在地面以上和地面以下 0.8m 的部位应装设保护套管。

（3）采用低压电缆作进出线时，应符合低压电力电缆的下列规定：

1）敷设电缆时，应防止电缆扭伤和过分弯曲。电缆弯曲半径与电缆外径比值：聚氯乙烯护套多芯电力电缆不应小于 10 倍，交联聚乙烯护套多芯电力电缆不应小于15 倍。

2）低压塑料绝缘电力电缆室内终端头可采用自黏性绝缘带包扎或采用预制式绝缘护套；室外终端头宜采用热缩终端头加绝缘带包扎或预制式绝缘护套加绝缘带包扎的方式。

3）农村低压三相四线制系统的电力电缆应选用四芯电缆。不应采用三芯电缆另加单芯电缆作零线，严禁利用电缆外皮作零线。

（4）电缆头的制作应符合规定的要求，且电缆头的制作应由专业人员进行；具体制作要求参考 10kV 及以下电力电缆头的制作方法和工艺要求（Z33F6003Ⅲ）。

（5）配电箱的进出引线，应采用具有绝缘护套的绝缘电线或电缆，穿越箱壳时加套管保护。

（6）配电室、配电箱、箱式变电站进出线的导体截面应按允许载流量选择。主进回路按变压器低压侧额定电流的 1～3 倍计算，引出线按该回路的计算负荷选择。

（五）结束操作

完成进出线的安装后，应由现场技术负责人对照设计要求进行全面的检查，并完

成通电前的所有测试，确认所有接线符合设计和规范的要求，报现场施工负责人向调度申请合闸试验；合闸试验成功后，清理工作现场，拆除现场临时电源、接地及其他作业工器具，接线操作结束。

五、注意事项

（1）进行配电室、配电箱、箱式变电站接线安装的施工人员必须是熟练的专业人员。

（2）接线施工人员在作业前应熟悉设计图纸及相应的规程规范。

（3）所有接线必须严格按照图纸的要求进行，接头的安装应符合验收规范的要求。

（4）接线操作过程中，每完成一个单元操作并检查无误后，才允许进行下一单元的操作，以确保每道工序达到设计和规范的要求。

【思考与练习】

1. 配电室、配电箱及箱式变电站接线的基本要求主要有哪些？

2. 配电室母线相序的排列有什么规定？

3. 配电室母线与母线、母线与电器端子连接的规定主要有哪些？

4. 配电箱进出线的排列相序（极性）有什么规定？

5. 配电室、配电箱主要电器的基本接线要求主要有哪些？

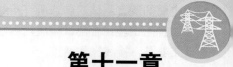

第十一章

10kV 配电线路运行维护及事故处理

◢ 模块 1　配电线路巡视检查（Z33F4001 Ⅰ）

【**模块描述**】本模块包含架空电力线路的运行标准、10kV 及以下配电线路巡视目的、巡视种类、巡视内容及质量要求。通过概念描述、流程介绍、列表说明、要点归纳，掌握配电线路巡视检查方法。

【**正文**】

一、架空电力线路的运行标准

（1）杆塔位移与倾斜的允许范围。杆塔横向偏离线路中心线的距离不应大于 0.1m；电杆倾斜度（包括挠度），直线杆、转角杆不应大于 15/1000，转角杆不应向内侧倾斜，终端杆不应向导线侧倾斜，向拉线侧倾斜应小于 200mm；50m 以下铁塔倾斜度不应大于 10/1000，50m 及以上铁塔倾斜度不应大于 5/1000。

（2）混凝土杆不应有严重裂纹、流铁锈水等现象，保护层不应脱落、酥松、钢筋外露，不宜有纵向裂纹，横向裂纹不宜超过 1/3 周长，且裂纹宽度不宜大于 0.5mm；预应力钢筋混凝土杆不允许有裂纹。铁塔不应严重锈蚀，主材弯曲度不得超过 5/1000，各部位螺栓应紧固，混凝土基础不应有裂纹、酥松、钢筋外露。

（3）横担与金具应无锈蚀、变形、腐朽。铁横担、金具锈蚀不应起皮和出现严重麻点，锈蚀表面积不宜超过 1/2。

（4）横担上下倾斜、左右偏歪不应大于横担长度的 2%。

（5）导线通过的最大负荷电流不应超过其允许电流。

（6）导（地）线接头无变色和严重腐蚀，连接线夹螺栓应紧固。导（地）线应无断股；7 股线的其任一股导线损伤深度不得超过该股导线直径的 1/2；19 股以上的其某一处的损伤不得超过 3 股。

（7）导线过引线、引下线对电杆构件、拉线、电杆间的净空距离，对于 1～10kV 不应小于 0.2m；1kV 以下不应小于 0.1m。每相导线过引线、引下线对相邻导体、过引线的净空距离，对于 1～10kV 不应小于 0.3m；1kV 以下不应小于 0.15m。1～10kV 引下线与低压线间的距离不应小于 0.2m。

（8）三相导线的弧垂应力求一致，误差不得超过设计值的−5%～+10%；档距内各相导线弧垂相差不应超过 50mm。

（9）绝缘子应根据地区污秽等级和规定的泄漏比距选择其型号，验算表面尺寸。绝缘子、瓷横担应无裂纹，釉面剥落面积不应大于 $100mm^2$，瓷横担线槽外端头釉面剥落面积不应大于 $200mm^2$，铁脚无弯曲，铁件无严重锈蚀。

（10）拉线应无断股、松弛和严重锈蚀。水平拉线对通车路面中心的垂直距离应不小于 6m。拉线棒应无严重锈蚀、变形、损伤及上拔等现象。拉线基础应牢固，周围土壤无突起、沉陷、缺土等现象。

（11）接户线的绝缘层应完整，无剥落、开裂等现象，导线不应松弛，每根导线接头不应多于一个，且须用同一型号导线相连接。接户线的支持构架应牢固，无严重锈蚀、腐朽。导线接户线的限距及交叉跨越距离应符合规程规定。

二、配电线路巡视的一般规定

下面内容主要介绍配电线路巡视的目的、方法和要求、周期分类。

1. 配电线路巡视的目的

（1）及时发现缺陷和威胁线路安全的隐患。

（2）掌握线路运行状况和沿线的环境状况。

（3）通过巡视，为线路检修和消缺提供依据。

2. 配电线路巡视的方法和要求

（1）巡视工作应由有电力线路工作经验的人员担任，单独巡线人员应经考试合格并经工区（公司、所）主管生产领导批准。电缆隧道、偏僻山区和夜间巡线应由两人进行。在暑天或大雪等恶劣天气下，必要时由两人进行。单人巡线时，禁止攀登电杆和铁塔。

（2）雷雨、大风天气下或事故巡线，巡视人员应穿绝缘鞋或绝缘靴；暑天山区巡线应配备必要的防护工具和药品；夜间巡线应携带足够的照明工具。

（3）夜间巡线应沿线路外侧进行，大风巡线应沿线路上风侧前进，以免触及断落的导线；特殊巡视应注意选择路线，防止洪水、塌方、恶劣天气等对人的伤害。

（4）事故巡线应始终认为线路带电。即使明知该线路已停电，也应认为线路随时有恢复送电的可能。

（5）巡线人员发现导线、电缆断落地面或悬吊空中，应设法防止行人靠近断线地点 8m 以内，以免跨步电压伤人，并迅速报告调度和上级，等候处理。

3. 配电线路巡视的周期

（1）定期巡视。市区中压线路每月一次，郊区及农村中压线路每季至少一次，低压线路每季至少一次。

（2）特殊巡视。根据本单位情况制订，一般在大风、冰雹、大雪等自然天气变化较大的情况下进行。

（3）夜间巡视。一般安排在每年高峰负荷时进行，1～10kV 每年至少一次，对于新线路投运初期应进行一次。

（4）故障巡视。在发生跳闸或接地故障后，按调度或主管生产领导指令进行。

（5）监察性巡视。根据本单位情况制订，对重要线路和事故多发线路，每年至少一次。

4. 配电线路巡视的分类

巡视的种类一般有定期巡视、特殊巡视、夜间巡视、故障巡视、监察性巡视。

（1）定期巡视。定期巡视也叫正常巡视，由专职巡线员按规定的巡视周期巡视线路，主要是检查线路各元件运行情况，有无异常损坏现象，掌握线路及沿线的情况，并向群众做好宣传工作。

（2）特殊巡视。特殊巡视主要是在节日、天气突变（如导线覆冰，大雾、大风、大雪、暴风雨等特殊天气情况以及河水泛滥、山洪暴发、地震、森林起火等自然灾害）、线路过负荷以及特殊情况发生时进行。特殊巡视不一定要对全线路进行检查，只是对特殊线路的特殊地段进行检查，以便发现异常现象采取相应措施。

（3）夜间巡视。夜间巡视是利用夜间对电火花观察特别敏感的特点，有针对性地检查导线接点及各部件节点有无发热、绝缘子因污秽或裂纹而放电的现象。

（4）故障巡视。故障巡视主要是为了查明线路故障原因，找出故障点，便于及时处理并恢复送电。

（5）监察性巡视。监察性巡视由各单位负责人及技术员进行，目的是除了解线路的沿线情况外，还可以对专职巡线员的工作进行检查和督导。监察性巡视可以全线检查，也可对部分线路抽查。

三、配电线路巡视的流程

（1）核对巡视线路的技术资料，做到心中有数。

（2）根据巡视线路的自然状况，准备巡视所需的工器具。

（3）召开班前会，交代巡视范围、巡视内容，落实责任分工。

（4）做好危险点分析，采取周密全控制措施。

（5）学习标准化作业指导卡后，到巡视地段后核对线路名称和巡视范围，进行巡视。

（6）巡视结束后记录巡视手册。

四、配电线路巡视项目及要求

线路巡视的内容包括杆塔、导线、电缆、横担、拉线、金具、绝缘子及沿线情况。

1. 杆塔

（1）杆塔是否倾斜，根部是否有腐蚀，基础是否缺土，有无冻鼓现象，杆塔有无被车撞、被水淹的可能性。

（2）混凝土杆是否有裂纹、水泥脱落及钢筋外露等情况，铁塔构件是否弯曲、变形、锈蚀、丢失。

（3）木杆有无腐朽、烧焦、开裂。绑桩有无松动，木楔是否变形或脱出。

（4）各部件螺栓是否松动，焊接处是否开焊或焊接不完整、锈蚀。

（5）杆号牌或警示牌是否齐全、明显。

（6）杆塔周围有无杂草及攀附物，有无鸟巢等。

2. 导线

（1）各相导线弧垂是否平衡，有无过松或过紧，对地距离是否符合规程规定。

（2）导线有无断股、锈蚀、烧伤等，接头有无过热、氧化现象。

（3）跳线或引线有无断股、锈蚀、过热、氧化现象，固定是否规范。

（4）绑线有无松动、断开现象。

（5）绝缘导线外皮是否鼓包变形、受损、龟裂。

（6）导线邻近、平行、交叉跨越距离是否符合规程规定。

（7）导线上是否有杂物悬挂。

3. 横担

（1）铁横担是否锈蚀、变形、松动或严重歪斜。

（2）木横担是否腐朽、烧损、变形、松动或严重歪斜。

（3）瓷横担有无污秽、损伤、裂纹、闪络、松动或严重歪斜。

4. 拉线

（1）拉线有无松弛、破股、锈蚀现象。

（2）拉线金具是否齐全，有无锈蚀、变形，连接是否可靠。

（3）水平拉线对地距离是否符合规程规定，有无妨碍交通或易被车撞等危险。

（4）拉线有无护套。

（5）拉线棒及拉线盘埋深是否符合规程规定，有无上拔，基础是否缺土。

5. 金具及绝缘子

（1）金具是否锈蚀、变形，固定是否可靠。

（2）开口销有无锈蚀、断裂、脱落，垫片是否齐全，螺栓是否坚固。

（3）绝缘子有无污秽、损伤、裂纹或闪络现象。

（4）绝缘子有无歪斜现象，铁脚有无锈蚀、松动、变形。

6. 标志

（1）杆塔编号悬挂或刷写是否规范，是否符合规程规定。

（2）警示标志是否齐全、规范，是否符合规程规定。

（3）设备标志、调度编号是否齐全、规范，是否符合规程规定。

（4）标志固定是否可靠。

7. 沿线情况

（1）防护区内有无堆放的柴草、木料、易燃易爆物及其他杂物。

（2）防护区内有无危及线路安全运行的天线、井架、脚手架、机械施工设备等。

（3）防护区内有无土建施工、开渠挖沟、植树造林、种植农作物、堆放建筑材料等危害线路的运行。

（4）防护区内有无爆破、土石开方损伤导线的可能。

（5）线路附近的树木、建筑物与导线的间隔距离是否符合规程规定。

（6）邻近的电力。通信、索道、管道及电缆架设是否影响线路安全运行。

（7）河流、沟渠边线的杆塔有无被水冲刷、斜倒的危险。

（8）沿线是否有污染源。

（9）线路巡视和检修通道是否畅通。

五、危险点分析及安全控制措施

危险点分析及安全控制措施见表 11-1-1。

表 11-1-1　　　　　　　　　　　危险点分析及安全控制措施

危 险 点	控 制 措 施
狗咬、蜂蛰、交通意外溺水、摔伤	巡线路过村屯等可能有狗的地方先吆喝，备用棍棒，防止被狗咬
	发现蜂窝时不要触碰，带治疗蜂蛰、蛇咬药及防中暑的药品
	横过公路、铁路时，要注意观望，遵守交通法规，以免发生交通意外事故
	过河时，不得趟不明深浅的水域，不得踩薄或疏松的冰，过没有护栏的桥时，要小心防止落水
	巡线时应穿工作鞋，路滑或过沟、崖、墙时防止摔伤，沿线路前进，不要为了图方便而走险路
触电伤害	单人巡视时，禁止攀登杆塔，夜间巡视应沿线路外侧行走，大风巡线应沿线路上风侧前进
	发现导线断落地面或悬吊空中，应设法防止行人靠近断线地点 8m 以内
	登杆塔检查时与带电体保持足够的安全距离，带电体上有异物时严禁用手直接取下

六、案例

（1）巡视任务：某低洼地段 10kV 线路 1～10 号特殊巡视。

（2）巡视人：两人同时进行巡视。

（3）工器具准备：绝缘靴 2 双、绝缘手套 2 双、绝缘棒 1 组、干木棒 1 根、绝缘绳 1 条。

（4）危险点及安全措施：2 号与 3 号间跨越小河流。手挂干木棒试探泥水深度。

（5）巡视过程。大雨过后，两人核对某低洼地段 10kV 线路技术资料，准备好工器具，对危险点进行准确分析，穿好绝缘靴，戴好绝缘手套，拿绝缘棒和干木棒对线路进行巡视。步行到达巡视地段，按巡视指导卡程序对线路进行巡视。经巡视，线路杆根无泥土流失，电杆没有倾斜，拉线底盘没有上拔现象，导线、金具、绝缘子等无雷击放电现象。巡视结束后记录到巡视手册中。

【思考与练习】

1. 配电线路巡视的目的是什么？

2. 配电线路巡视的项目有哪些？

3. 配电线路巡视的分类有哪些？

▲ 模块 2　配电线路运行维护及故障处理（Z33F4002Ⅱ）

【模块描述】本模块包含 10kV 及以下配电线路运行标准、维护标准及故障处理原则、分类、处理方法及步骤等内容。通过概念描述、流程介绍、列表说明、案例分析、要点归纳，掌握配电线路运行标准及故障处理方法。

【正文】

一、配电线路运行维护标准

1. 配电线路运行标准

（1）杆塔偏离线路中心线不应大于 0.1m。

（2）木杆与混凝土杆倾斜度（包括挠度）：转角杆、直线杆不应大于 15/1000，转角杆不应向内角侧倾斜，终端杆不应向导线侧倾斜，终端杆向拉线侧倾斜应小于 200mm。

（3）铁塔倾斜度：50m 以下倾斜度应不大于 10/1000，50m 及以上倾斜度应不大于 5/1000。

（4）混凝土杆不应有严重裂纹、流铁锈水等现象，保护层不应脱落、酥松、钢筋外露，不宜有纵向裂纹，横向裂纹不宜超过周长的 1/3，且裂纹宽度不宜大于 0.5mm；木杆不应严重腐朽；铁塔不应严重锈蚀，主材弯曲不得超过 5/1000，各部螺栓应坚固，混凝土基础不应有裂纹、酥松、钢筋外露现象。

（5）线路的每基杆塔应统一标志牌，靠道路附近的电杆应统一挂在朝道侧，一条线路上的标志牌基本在一侧。

（6）横担与金具应无严重锈蚀、变形、腐朽。铁横担、金具锈蚀不应起皮和出现严重麻点，锈蚀表面积不宜超过1/2。木横担腐朽深度不应超过横担宽度的1/3。

（7）横担上下倾斜、左右偏歪不应大于横担长度的2%。

（8）导线通过的最大负荷电流不应超过其允许电流。

（9）导（地）线接头无变色和严重腐蚀现象，连接线夹螺栓应坚固。

（10）导（地）线应无断股；7股导（地）线中的任一股导线损伤深度不得超过该股导线直径的1/2；19股及以上导（地）线，某一处的损伤不得超过3股。

（11）导线过引线、引下线对电杆构件、拉线、电杆间的净空距离：1～10kV不小于0.2m，1kV以下不小于0.1m。每相导线过引线、引下线对邻相导体、过引线、引下线的净空距离：1～10kV不小于0.3m，1kV以下不小于0.15m。高压（1～10kV）引下线与低压（1kV以下）线间的距离应不小于0.2m。

（12）三相导线弧垂应力求一致，弧垂误差应在设计值的-5%～+10%之内；一般档距导线弧垂相差不应超过50mm。

（13）绝缘子、瓷横担应无裂纹。釉面剥落面积不应大于100mm²，瓷横担线槽外端头釉面剥落面积不应大于200mm²，铁脚无弯曲，铁件无严重锈蚀。

（14）绝缘子应根据地区污秽等级和规定的泄漏比距来选择其型号，验算表面尺寸。

（15）拉线应无断股、松弛和严重锈蚀。

（16）水平拉线对通车路面中心升起的距离不应小于6m。

（17）拉线棒应无严重锈蚀、变形、损伤及上拔等现象。

（18）拉线基础应牢固、周围土壤无凸起、淤陷、缺土等现象。

（19）接户线的绝缘层应完整，无剥落、开裂等现象；导线不应松弛；每根导线接头不应多于1个，且应用同一型号导线相连接。

（20）接户线的支架应牢固，无严重锈蚀、腐朽。

（21）导线的限距及交叉跨越距离应符合表11-2-1～表11-2-4的规定。

（22）配电线路通过林区（树木）的安全距离。1～10配电线路通过林区应砍伐出通道，通道净宽度为导线边线向外侧延伸5m，当采用绝缘导线时不应小于1m。配电线路通过公园、绿化区和防护林带，导线与树木的净空距离在最大风偏情况下不应小于3m。配电线路通过果林、经济作物以及城市灌木林，不应砍伐通道，但导线与树木的距离不应小于1.5m。

配电线路的导线与街道行道之间的最小距离应符合表11-2-5的规定。

表 11-2-1　　　　　导线最大计算弧垂情况下与地面最小距离　　　　　　　　m

线路经过地区	线路标称电压（kV）	
	1～10	1 以下
居民区	6.5	6
非居民区	5.5	5
不能通航也不能浮运的河、湖（至冬季冰面）	5	5
不能通航也不能浮运的河、湖（至 50 年一遇洪水位）	3	3
交通困难地区	4.5（3）	4（3）
步行可到达的山坡	4.5	3.0
步行不能到达的山坡、峭壁和岩石	1.5	1.0

表 11-2-2　　导线最大计算弧垂情况下对永久建筑物之间最小垂直距离　　　　m

接近物	接近条件	对应线路电压等级（kV）		
		1～10	1 以下	备 注
永久建筑	线路导线与永久建筑物之间的垂直距离在最大计算弧垂情况下（相邻建筑物无门窗或实墙）	3（2.5）	2.5（2）	1～10kV 配电线路不应跨越屋顶为易燃材料做成的建筑物

表 11-2-3　　导线最大计算弧垂情况下对永久建筑物之间最小水平距离　　　　m

接近物	接近条件	对应线路电压等级（kV）		
		1～10	1 以下	备 注
永久建筑	线路导线与永久建筑物之间的水平距离在最大风偏情况下（相邻建筑物无门窗或实墙）	1.5（0.75）	1（0.2）	相邻建筑物无门窗或实墙

表 11-2-4　　架空配电线路与铁路、道路、河流、管道、索道及各种架空线路交叉的基本要求（最小垂直距离）　　　　m

项　目			线路电压（kV）		备　注
			1～10	1 以下	
铁路	标准轨距	至轨顶	7.5	7.5	
	窄轨		6.0	6.0	
	电气化铁路	接触线或承力索	平原地区配电线路入地		山区入地困难时，应协商，并签订协议
公路	高速公路，一级公路	至路面	7.0	6.0	
	二、三、四级公路				

续表

项　目			线路电压（kV）		备　注
			1～10	1 以下	
河流	通航	至当年最高水位	6.0	6.0	最高洪水位时有抗洪抢险船只航行的河流，垂直距离应协商确定
		至最高航行水位的最高船樯顶	1.5	1.0	
	不通航	至最高洪水位	3.0	3.0	
		冬季至冰面	5.0	5.0	
弱电线路	一、二级	至被跨越物	2.0	1.0	
	三级				
电力线路（kV）	1 以下	至导线	2.0	1.0	
	1～10		2.0	2.0	
	35～110		3.0	3.0	
	154～220		4.0	4.0	
	330		5.0	5.0	
	500		8.5	8.5	
特殊管道	电力线在下面	电力线在下面	3.0	2.0	
一般管道索道	电力线在下面	电力线在下面至电力线上的保护设施	1.5	1.5	
人行天桥			5（4）	4（3）	

注　括号内为绝缘导线数值。

表 11-2-5　　　　　配电线路的导线与街道行道之间树之间的最小距离　　　　　　　　m

最大弧垂情况下的垂直距离		最大风偏情况下的水平距离	
1～10kV	1kV 以下	1～10kV	1kV 以下
1.5（0.8）	1.0（0.2）	2.0（1.0）	1.0（0.5）

注　括号内为绝缘导线数值。

（23）配电线路与其他物体的安全距离。配电线路与甲类类厂房、库房，易燃材料堆场，甲、乙类液体储罐、液化石油储罐，可燃、助燃气体储罐最近水平距离不应小于杆塔高度的 1.5 倍，丙类液体储罐不应小于 1.2 倍（甲、乙、丙分类按 GB 50016—2006《建筑设计防火规范》规定）。

（24）跨越道路的拉线对地距离。跨越道路的水平拉线，对路边缘的垂直距离不应小于 6m。拉线柱的倾斜角宜采用 10°～20°。

（25）接户线的限距应符合表 11–2–6 和表 11–2–7 的规定。

表 11–2–6　　　　　　　接户线受电端的对地面垂直距离　　　　　　　　　　　m

1～10kV	1kV 以下
4.0	2.5

表 11–2–7　　　跨越街道的 1kV 以下接户线至路面中心的垂直距离　　　　m

最大情况下的垂直距离		最大情况下的垂直距离	
1kV 以下	具体条件	1kV 以下	具体条件
6.0	有汽车通过的街道	3.0	胡同（里、弄、巷）
3.5	有汽车通过困难的街道、人行道	2.5	沿墙敷设

2. 配电线路维护标准

为了保证配电线路安全、可靠、经济运行，采取正确的维护方法来管理非常重要。首先，要加强配电线路的巡视，掌握配电线路运行状态及相关缺陷，根据缺陷情况制订相应的消缺计划；其次，要采取正确的处理方法，对各种缺陷或隐患进行整改处理，达到运行标准；最后做好技术统计，分析并掌握线路运行情况。

（1）电杆移位。电杆移位可采用机械（吊车或紧线器等）和人工两种方法。无论是哪一种，首先对电杆加装 4 个相对方向的拉线进行固定保护，然后拉动绳索将杆根校正垂直，基础填土、夯实，恢复并紧固导线。

（2）电杆扶正。电杆移位可采用机械（吊车或紧线器等）和人工两种方法。无论是哪一种，都要在正杆侧杆根处垂直挖深 1m 左右，避免杆身因受力过大而折断。

直线杆顺线路方向倾斜时，要松开导线进行整杆，垂直线路方向倾斜时可在不停电的情况下进行。转角杆、终端杆与直线杆基本相同，要注意调整拉线受力和导线弧垂。

（3）拉线调整。由于电杆倾斜扶正后的拉线要先整杆，再进行调整或重做，由于拉线断股或锈蚀严重更换拉线时要先做好临时拉线，地锚上拔时要用 UT 线夹进行调整，螺母紧固在 UT 线夹螺纹中心为宜，并加双帽固定。

（4）导线接头过热处理。普通导线连接接头可打开去除氧化面，然后涂上电力脂重新连接，使用线夹连接的导线接头要打开重做。

（5）砍树。在线路带电情况下，砍剪靠近线路树木时，工作负责人应在工作开始前，向全体人员说明"电力线路有电，人员、树木、绳索应与导线保持 1m 的安全距离"。

砍剪树木时，应防止马蜂等昆虫或动物伤人。上树时，不应攀抓脆弱和枯死的树枝，并使用安全带。安全带不得系在待砍剪树枝的断口附近或以上。不应攀登已经锯过或砍过的未断树枝。

砍剪树木应有专人监护。待砍剪树木下面和倒树范围内不得有人逗留，防止砸伤行人。为防止树木（树枝）倒落在导线上，应设法用绳索将其拉向导线相反的方向。绳索应有足够的长度，以免拉绳的人员被倒落的树木砸伤。砍剪山坡树木应做好防止树木向下弹跳接近导线的措施。

树枝接触或接近高压带电导线时，严禁人体直接接触树木。应将高压线路停电或用绝缘工具将树枝远离带电导线至安全距离。

大风天气时，禁止砍剪高出或接近导线的树木。

使用油锯或电锯的作业，应由熟悉机械性能和操作方法的人员操作。使用时，应先检查所能锯到范围内有无铁钉等金属物件，以防金属物体飞出伤人。

二、配电线路故障处理

（一）故障处理原则

配电线路故障处理本着"缩短停电时间，缩小停电面积，迅速排除故障，尽快恢复供电"原则。

（二）配电线路故障的分类

配电线路故障分为短路和断线两种。

1. 短路

短路分为接地和相间短路。接地又分为永久性接地和瞬间接地，主要是由倒断杆、接点过热、绝缘子击穿、雷击、树碰线或外力破坏等因素导致。相间短路分为两相短路、两相接地短路和三相短路，主要也是由上述原因引起的。

2. 断线

由于倒断杆、接点过热、雷击或外力破坏等因素使导线断开，但未形成短路，影响正常供电。

（三）配电线路故障处理和步骤

1. 倒杆故障处理

由于电杆基础未夯实、埋深不够、积水或冲刷、外力碰撞、线路受力不均造成电杆倾斜混凝土杆水泥脱落露筋等都容易引起倒杆事故，要及时进行处理。

（1）发生倒杆事故后，立即派人巡线，在出事地点看守，应认为线路带电，防止行人靠近。

（2）立即向上级领导汇报事故现场情况及事故原因，如自然现象造成的事故应在上级领导批准下通知保险公司等有关部门，以便索赔。

（3）拉开事故线路上级控制开关或接到领导通知确认线路停电，做好工作地段两端的安全措施后，方可开始抢修。

（4）组织人员，准备工具、材料，更换不能使用的金具及绝缘子，扶正或更换电杆，夯实基础。

（5）电杆组立或扶正要注意埋深，底盘卡盘要牢固可靠。

2. 断线故障处理

受天气影响或绝缘子闪络、大风摇摆及外力破坏，都有可能发生断线事故，断线点大都发生在绝缘子与导线的结合部位。

（1）发生断线事故后，立即派人巡线，在出事地点看守断落到地面的导线，应防止行人靠近接地点 8m 以内。

（2）立即向上级领导汇报事故现场情况及事故原因，如自然现象造成的事故应在上级领导批准下通知保险公司等有关部门，以便索赔。

（3）拉开事故线路上级控制开关或接到领导通知确认线路停电，做好工作地段两端的安全措施后，方可开始抢修。

（4）组织人员，准备工具、材料，更换不能使用的金具及绝缘子，进行导线连接处理。

（5）导线断线，应将断线点在超过 1m 以外剪断重接，并用同型号导线连接或压接。

（6）将连接好的导线放在横担上方，用两套紧线器在横担两侧分别紧线，调匀弧垂后进行立瓶绑扎。

（7）避免在一个档距内有两个接头。

（8）搭接或压接的导线接点应距固定点 0.5m。

（9）断股损伤截面不超过铝股总截面积的 7%，可缠绕处理，缠绕长度应超过损伤部位两端 100mm。

（10）断股损伤截面积超过铝股总面积的 7% 而小于 25%，可用补修管或加备线处理，补修管长度超出损伤部分两端各 30mm。

（11）断股损伤截面积超过铝股总面积的 25%，或损伤长度超过补修管长度，或导线出现永久性变形，应剪断重接。

3. 绝缘子故障处理

受雷击、污闪、电晕、自然老化因素等影响，易使绝缘子的绝缘能力下降，从而引起线路故障。

（1）绝缘子因脏污造成绝缘水平下降，应定期进行巡视、清扫和测量，发现不合格的及时更换。

（2）在污染严重地区可在绝缘子表面涂防污涂料，也可使用防污绝缘子。

（3）由于绝缘子的老化造成的绝缘下降，应及时更换。

（4）在高电压作用下，因导线周围电场强度超过空气击穿强度，会对绝缘子造成电晕伤害，应采用加大导线半径的方法来处理。

三、案例

以断杆处理为例，介绍事故的处理。

1. 事故原因

该线路处于交通事故多发地段，电杆被车撞坏，导致导线相间短路，是事故发生的主要原因。

2. 事故现象

某 10kV 线路出线开关跳闸，重合闸未成，经故障巡视发现，10kV 线路电杆被汽车撞断，导线相间短路，是造成事故的主要原因。

3. 事故处理

（1）切除事故线路，保护现场，向领导汇报，组织人力、物力，起动事故抢修预案。

（2）抢修步骤：

1）巡视人员在现场看守，防止行人进入导线落地点 8m 以内，并立即向所长汇报。

2）所长向调度汇报事故情况后，起动事故应急预案。

3）立即组织人员填写事故应急抢修单，准备抢修材料和工具。

4）做好故障线路两端的安全措施后，进行抢修。

5）抢修结束后，完全拆除安全措施，所有人员撤离现场，恢复送电。

4. 危险点分析及控制措施

危险点分析及控制措施见表 11-2-8。

表 11-2-8 　　　　　　　　　　　危险点分析及控制措施

危 险 点	安 全 控 制 措 施
倒杆	立撤杆工作要设专人统一指挥，开工前讲明施工方法，在居民区和交通道路附近进行施工时应设专人看守
	要使用合格的起重设备，严禁超载使用
	电杆起离地面后，应对各吃力点做一次全面检查。确无问题后继续起立，起立 60° 后应减缓速度，注意各侧拉绳，特别要控制好后侧头部拉绳，防止过牵引
	吊车起吊钢丝绳扣子应调绑在杆的适当位置，防止电杆突然倾倒

续表

危　险　点	安　全　控　制　措　施
高处落物及物体打击伤人	攀登杆塔前检查脚钉是否牢固可靠
	杆塔上转移作业位置时，不得失去安全带保护。杆塔上有人工作时，不得调整或拆除拉线
	现场人员必须戴好安全帽，杆塔上作业人员要防止掉东西，使用工器具、材料等应装在工具袋里，工器具的传递要使用传递绳，杆塔下方禁止造价逗留
砸伤	吊车吊臂下严禁有人逗留，立杆过程坑内严禁有人，除指挥人及指定人员外，其他人员应在电杆 1.2 倍杆高的距离以外
	修坑时，应有防止杆身滚动、倾斜的措施
	利用钢钎做地锚时，应随时检查钢钎受力情况，防止过牵引将钢钎拔出
	已经立起的电杆只有在杆基回填土全部夯实，并填起 30cm 高的防沉台后方可撤去叉杆和拉绳

5. 事故分析及防范措施

电杆组立在路旁，缺少提醒标志，行车较多，对电杆安全造成隐患。应采取以下防范措施：

（1）在电杆下部刷上红白相间的荧光粉条，以便提醒汽车司机注意路旁的电线杆。

（2）与交通管理部门联系，在道路旁安置交通安全提示牌，提醒汽车司机注意交通安全。

（3）探讨电杆迁移的可能性。

（4）对电杆加护桩或砌墩。

【思考与练习】

1. 配电线路对地、对树木、对公路的安全距离是多少？

2. 简述配电线路故障的分类。

3. 简述配电线路事故抢修步骤。

▲ 模块 3　配电线路缺陷管理（Z33F4003Ⅱ）

【模块描述】本模块包含 10kV 及以下配电线路缺陷分类、缺陷标准及缺陷管理等内容。通过概念描述、流程介绍、案例分析、要点归纳，掌握配电线路缺陷管理方法。

【正文】

一、配电线路缺陷分类及缺陷标准

运行中的配电设施，凡不符合运行标准者，都称为设备缺陷。

（一）缺陷分类

按缺陷的紧急程度可分为紧急缺陷、重大缺陷和一般缺陷。

（1）紧急缺陷。是指严重程度已使设备不能继续安全运行，随时可能导致发生事故和危及人身安全的缺陷。必须立即消除，或采取必要的安全措施，尽快消除。

（2）重大缺陷。是指设备有明显损伤、变形，或有潜在的危险，缺陷比较严重，但可以在短期内继续运行的缺陷。可在短期内消除，消除前要加强巡视。

（3）一般缺陷。是指设备状况不符合规程要求，但对近期安全运行影响不大的缺陷。可列入年、季、月检修计划或日常维护工作中消除。

（二）缺陷标准

1. 导线

（1）紧急缺陷：

1）单一金属导线断股或截面积损伤超过总面积的 25%。

2）钢芯铝线的铝线断股或损伤超过铝截面积的 50%。

3）钢芯线的钢芯，独股钢芯有损伤或多股钢芯有断股。

4）受张力的直线接头有抽筸或滑动现象。

5）接头烧伤严重、明显变色，有温升现象。

（2）重大缺陷：

1）单一金属导线断股或截面积损伤超过总面积的 17%。

2）钢芯铝线的铝线断股或损伤面超过总截面积的 50%。

3）导线上悬挂杂物。

4）交叉跨越处导线间距离小于规定值的 50%。

（3）一般缺陷：

1）单一金属导线断股或截面损伤为总面积的 17%。

2）钢芯铝线的铝线断股或损伤为铝截面积的 25% 以下。

3）导线有松股。

4）不同金属、不同规格、不同结构的导线在一个耐张段内。

5）导线接头接点有轻微烧伤并有发展的可能。

6）导线接头长度小于规定值。

7）导线在耐张线夹或荼台处有抽筸现象。

8）固定绑线有损伤、松动、断股。

9）导线间及导线对各部距离不足。

10）导线弧垂不合格、不平衡。

11）金属导线过引接触无过渡措施。

12）铝线或钢芯铝线在立瓶、耐张线夹处无铝包带。

13）引下线、母线、跳接引线松弛。

14）绝缘线老化破皮。

2. 杆塔

（1）紧急缺陷：

1）水泥杆倾斜度超过 15°。

2）水泥杆杆根断裂。

3）水泥杆受外力作用产生错位变形露筋超过 1/3 周长。

4）铁塔主材弯曲严重，随时有倒塔危险。

（2）重大缺陷：

1）水泥杆倾斜度超过 10°。

2）木杆杆根截面缩减至 50% 及以下。

3）水泥杆受外力作用露筋超过 1/4 周长或面积超过 $10mm^2$。

4）水泥杆严重腐蚀、酥松。

（3）一般缺陷：

1）杆塔基础缺土或因上拔及冻鼓使杆塔埋深小于标准埋深的 5%。

2）水泥杆倾斜度超过 5°。

3）水泥杆露筋、流铁水，保护层脱落、酥松，法兰盘锈蚀。

4）水泥杆纵向裂纹长度超过 1.5m、宽度超过 2mm，横向裂纹超过 2/3 周长、宽度超过 1mm。

5）木杆腐朽、水泥杆脚钉松动。

6）铁塔保护帽酥松、塔材缺少、锈蚀。

7）无标志牌、相位牌、警告牌。

3. 拉线

（1）紧急缺陷：受外力作用，拉线松脱对人身和设备安全构成严重威胁。

（2）重大缺陷：张力拉线松弛或地把抽出。

（3）一般缺陷：

1）拉线或拉线棒锈蚀截面达到 20% 以上。

2）拉线或拉线棒小于实际承受能力。

3）拉线松弛。

4）拉线对各部分距离不足。

5）UT 型绒线夹装反、缺件。

6）穿越导线的拉线无绝缘装置。

7）拉线地锚坑严重缺土。

4. 绝缘子

（1）紧急缺陷：

1）绝缘子击穿接地。

2）悬式绝缘子销针脱落。

（2）重大缺陷：

1）绝缘电阻为零。

2）瓷裙破损面积达 1/4 及以上。

3）有裂纹。

（3）一般缺陷：

1）瓷裙缺口，瓷釉烧坏，破损表面超过 $1cm^2$。

2）铁件弯曲，螺帽松脱。

3）绝缘子 电压等级不符合要求。

5. 横担、金具及变台

（1）重大缺陷：

1）横担变形导致相间短路。

2）木横担腐朽断面积超过 1/2。

3）落地式变台无围栏。

（2）一般缺陷：

1）铁横担歪度超过 15/1000，木横担超过 1/50。

2）木横担腐朽断面超过 1/3。

3）横担变形，金具、横担严重锈蚀深度达到 1/3。

4）横担缺件。

6. 线路防护

（1）重大缺陷：导线对地（公路、铁路、河流等）距离不符合规程要求，与建筑物的水平距离小于 0.5m，垂直距离小于 1m。导线距树很近，使树木烧焦。

（2）一般缺陷：

1）导线与建筑物、树木等水平距离或垂直距离不足。

2）在线路防护区内存在堆放、修筑、开挖、架线等威胁线路安全的现象。

二、配电线路缺陷管理

配电线路缺陷是指运行中的设施发生异常情况，不能满足运行标准，产生不良后果的缺陷。配电线路缺陷管理应做到以下几方面：

（1）缺陷管理机制。成立缺陷管理小组，明确责任分工、消缺时间和保证措施等。

（2）缺陷规定消除时间。紧急缺陷必须尽快消除（一般不超过 24h）或采取必要的安全技术措施临时处理；重大缺陷应在短期（1 个月）内消除，消除前要加强巡视；一般缺陷列入年、季、月工作计划消除。重大及以上缺陷消除率为 100%，一般缺陷年消除率不能低于 95%。

（3）缺陷处理程序。

1）巡视人员发现缺陷后登记在缺陷记录上，并上报运行管理单位技术负责人。

2）技术员审核后交运行单位主管人员决定处理意见。重大及以上缺陷应上报县级农电公司主管领导，共同研究处理意见。

3）巡视人员发现紧急缺陷时应立即向有关领导汇报，管理人员组织作业人员迅速处理，消缺后登记在缺陷记录上。

4）缺陷处理完毕后，由技术员现场验收并签字，不合格时将此缺陷重新按缺陷处理程序办理。

5）缺陷处理完毕后，应登记在检修记录中，相关处理人员和验收人员签字存档。

6）春、秋检中发现并已处理的缺陷不再执行缺陷处理程序，但应统计在当月的总统计中，发现未处理的缺陷应执行缺陷处理程序。

7）登记的缺陷应分为高压、低压、设备等部分。消除缺陷必须保证质量，确保在一年内不能再出现问题。

三、案例

某日张某发现某 10kV 线路 1 号杆倾斜不到 10°，随后登记在巡线手册中，并标明属一般缺陷。上报供电所技术员，经技术员审核后签字，安排在春检工作中消除。随后，所长同技术员安排张某为工作负责人的 5 人作业组进行扶杆工作，工作结束后，技术员验收合格，登记在检修记录中，工作负责人、技术员签字存档，消缺工作完成。

【思考与练习】

1. 配电线路缺陷分类是怎样规定的？
2. 配电线路缺陷消除时间是怎样规定的？
3. 导线的紧急缺陷有哪些？

◢ 模块 4 配电线路事故抢修（Z33F4004Ⅲ）

【模块描述】本模块包含 10kV 及以下配电线路事故抢修流程、事故抢修要点、故障点的查找等内容。通过概念描述、流程介绍、框图示意、要点归纳，掌握配电线路事故抢修方法。

【正文】

一、配电线路事故抢修流程

正确的事故抢修流程是事故抢修质量的保证，是正确指挥的理论依据。应以"时间短、动作快、抢修准、质量高"为原则，按照"接收事故信息，查找事故点，起动抢修预案，事故处理，恢复送电，总结分析"的流程进行。

（1）接到故障通知后，立即通知运行管理单位人员进行巡线，查找故障点。

（2）在故障现场看守，防止行人误入带电区域而造成人员伤亡，已造成人员伤亡的要及时向领导汇报，并联系相关救护人员。

（3）进行现场勘查，做好抢修计划，并向领导汇报。

（4）起动事故抢修预案，做好人员分工以及工器具、材料的准备，填写事故应急抢修单。

（5）确认线路已停电，在故障线路两端做好安全措施后，开始抢修作业。

（6）抢修作业结束后，技术人员对现场进行验收，与作业人员一起在事故应急抢修单上签字确认，并带回单位保存。

（7）召开事故分析会，总结事故教训。

配电线路事故抢修流程如图 11-4-1 所示。

二、配电线路事故抢修要求

配电线路事故报修要制订事故抢修预案，建立健全抢修机制，明确起动条件，明确人员分工，做好事故抢修准备工作，保证抢修质量和时间，做好现场危险点分析和安全控制措施，抢修结束后做好事故分析。

抢修预案内容应包括：

（1）成立事故抢修领导小组，明确抢修小组总指挥，明确相关抢修人员的职责。

（2）明确事故抢修原则，保证尽快消除事故，减少停电时间。

（3）明确事故抢修标准，达到安全可靠运行。

（4）明确事故抢修保证措施，如人员组织要得力，车辆安排要充足，使用合格的工器具和材料。

（5）建立健全抢修相关人员与政府、医疗、保险等部门的联络机制，保证沟通顺畅，便于解决因事故带来的其他影响。

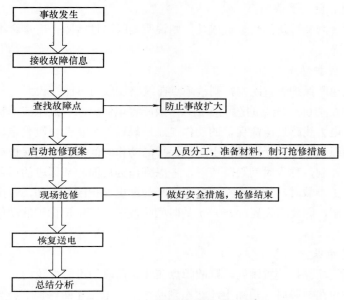

图 11-4-1　配电线路事故抢修流程

（6）明确事故抢修起动条件，避免盲目进行事故抢修，造成人员或设施受损及材料的浪费。

三、配电线路故障点的查找

正确分析和判断故障点是故障抢修的关键，及时准确查找故障点是故障抢修的保障。

（1）通过报修电话或停电通知，对停电线路进行确认。

（2）对于发生接地的线路要从变电站出线开始巡视查找故障点，采取分级测试的方法查找。

（3）人工巡视时要向群众搜集故障信息，并按线路巡视要求进行。

（4）查到故障点后，应保护好现场，防止故障扩大，做好故障处理的前期工作。

（5）当故障点没有找到时，可采用分段排除法判断。停分支线，送主干线，逐级试送，判断故障线路，缩小故障面积，然后查找故障点。

（6）可以通过线路安装的故障指示仪来判断故障线路，查找故障点。

（7）断路故障点查找重点要考虑导线接点是否断开、外力破坏等因素。

（8）短路故障点查找重点要考虑导线引流、树害及外力破坏等因素。

（9）接地故障点查找重点要考虑避雷器或绝缘子是否击穿，导线是否与树接触，过引线是否与横担相接等因素。

四、中压线路保护装置动作类型的故障判定

1. 自动重合闸装置跳闸

若自动重合闸装置跳闸后重合成功，则说明是瞬时性故障；若重合不成功，则说明是永久性故障。

2. 过电流保护动作

如果电流速断保护装置跳闸，则故障点在线路后段的可能性较大。

电力用户 6～10kV 线路的继电保护，一般配置电流速断各过电流保护或加限时电流速断保护。电力线路过电流保护的动作电流按躲过最大负荷电流整定，动作时间的整定采取阶梯原则，即位于电源的上一级保护的动作时间要比下级保护动作时间长。这个时间上的差别，称为时间限阶段差，考虑到作为后面相邻区段的后备保护，当后面相邻区段发生事故时，如果该相邻区段本身的继电保护因故拒动，才由本区段过电流保护动作跳闸，因此需设置 $\Delta t=0.5s$ 的时间阶段差。过电流保护的动作时间一般在 1.0～1.2s。

3. 电流速断保护动作

如果电流速断保护装置跳闸，则故障点在线路前段的可能性较大。

附近发生短路故障时，短路电流达不到动作值，电流速断保护不会起动。在本线路上电流速断保护保护不到的区域称为死区。在电流速断保护死区内发生短路故障时，一般由过电流保护动作跳闸，因此过电流保护是电流速断保护的后备保护。

4. 限时电流速断保护

如果限时电流速断装置跳闸，故障点在线路中段的可能性较大。

由于电流速断保护具有可靠的选择性和速动性，因此多用作线路或电气设备的主要保护，电流速断保护的缺点是具有末端死区，不能保护全线路。过电流保护能保护全线路，但得不到速动性的要求，这时可以加一套限时电流速断保护。对于高压电力线路，限时电流速断保护的动作时间一般取 0.5s。动作电流按下式整定：

$$I_{DZ}=K_K I_{DZ} \tag{11-4-1}$$

式中 I_{DZ} ——限时电流速断保护动作电流；

K_K ——可靠系数，取 1.1～1.15；

I_{DZ} ——相邻线路的电流速断保护动作电流。

5. 绝缘接地监视装置发出接地报警，则线路发生单相接地

6. 三段式电流保护

电流速断、限时电流速断和定时间过电流保护都是反映电流增大而动作的保护装置。电流速断保护能快速切除线路首端故障，但不能保护本线路全长，限时电流

速断保护不能保护到下线路的末端，过电流保护能保护本线路及以下线路全长，但动作时间较长，为保证快速而有选择地切除故障，把这三种保护组合构成三段式电流保护。也可采用电流速断和过电流保护，或限时电流速断和定时限过电流保护构成两段式电流保护。电流速断称为第Ⅰ段，限时电流速断称为第Ⅱ段，过电流称为第Ⅲ段。

三段式电流保护的原理图如图 11-4-2 所示，图中各元件均以完整的图形符号表示，有直流和交流回路，图中所示的接线是广泛应用于中性点不接地或非直接接地系统电力线路的两相不完全星形接线。接于 A 相的阶段式电流速断保护由继电器 1KA、KM、1KS 组成Ⅰ段，3KA、1KT、2KS 组成Ⅱ段，5KA、2KT、3KS 组成Ⅲ段。接于 C 相的阶段式电流保护由继电器 2KA、KM、1KS 组成Ⅰ段，4KA、1KT、2KS 组成Ⅱ段，6KA、2KT、3KS 组成Ⅲ段。为使保护接线简单，节省继电器，A 相与 C 相共用其中的中间继电器、信号继电器及时间继电器。

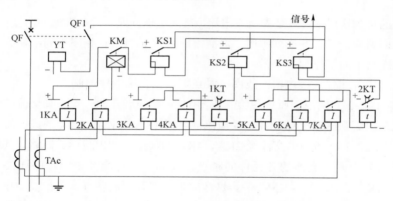

图 11-4-2　三段式电流保护原理图

归总式原理图的主要优点是便于阅读，能表示动作原理，有整体概念；但原理图不便于现场查线及调试，接线复杂的保护原理图绘制、阅读比较困难。同时，原理图只能画出继电器各元件的连线，但元件内部接线、引出端子、回路标号等细节不能表示出来，所以还要有展开式原理图和安装图。

展开式原理图：以电器回路为基础，将继电器和各元件的线圈、触点按保护动作顺序，自左而右、自上而下绘制的接线图，简称展开图，如图 11-4-3 所示。

展开图的特点是分别绘制保护的交流电流电路、交流电压回路、直流回路及信号回路。各继电器的线圈和触点也分开，分别画在它们各自所属的回路中，并且属于同一个继电器或元件的所有部件都注明同样的符号。所有继电器元件的图形符号按国家标准统一编制。绘制展开图时应遵守下列规则：

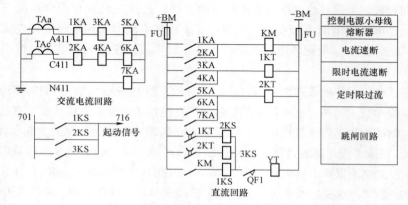

图 11-4-3 展开式原理图

回路的排列次序，一般是先交流电流、交流电压回路，后是直流回路及信号回路。

每个回路内，各行的排列顺序，对交流回路按 a、b、c 相序排列，直流回路按保护动作顺序自上而下排列。

每一行中各元件（继电器的线圈、触点等）按实际顺序绘制。

以图 11-4-2 为例说明原理图绘制成图 11-4-3 的展开图。首先画交流电流回路，交流电流从电流互感器 TAa 出来，经电流继电器 1KA、3KA、5KA 的线圈流到中线形成回路，同理，TAc 流出的交流经 2KA、4KA、6KA 流到中线形成回路。其次，画直流回路，将属于同一回路的各元件的触点、线圈等按直流经过的顺序连接起来，如"+KM"—1KA—KM—"-KM"等。这样应形成展开图的各行，各行按动作先后顺序由上而下垂直排列，形成直流回路展开图，为便于阅读，在展开图各回路的右侧还常加上一个文字说明表，以说明各行的性质和作用，如"电流速断"、"跳闸回路"等，最后绘制信号回路，过程同上。

阅读展开图时，先交流后直流再信号，自上而下，从左到右，层次分明。展开图对于现场安装、调试、查线都很方便，在生产中应用广泛。

7. 低电压保护和电流方向保护

除了限时电流速断保护外，35kV 及以上的电力线路有时还设置低电压保护。因为电力线路发生短路故障时，母线电压不正常，会下降，三相电压可能会不平衡，通过低电压继电器来反映现象，以达到快速跳闸的目的。

对于两侧都有电源，而且能同时供电的电力线路，例如两侧都有电源的环网线路，通常都设置有方向继电器，用以判别电源方向使事故停电范围限制在最小区域内。这类保护称为方向保护，例如方向过电流保护，或方向速断电流保护等。

五、案例

下面介绍短路跳闸事故的处理案例。

1. 故障类型及危害

夏季，某日雷雨过后，某 10kV 线路速断跳闸，全镇 2 万户居民生活用电全部中断。

2. 故障原因

接到故障巡视通知后，检修人员对变电所出线进行故障巡视。通过对各分支线路逐一排查，确定线路末级分支线路 2 号杆受雷击，三相导线断落地面是造成本次事故的直接原因。

3. 故障处理步骤

（1）切除事故线路，保护现场，向领导汇报，组织人力、物力，起动抢修预案。

（2）抢修步骤：

1）巡视人员在现场看守，防止行人进入导线落地点 8m 以内，并立即向所长汇报。

2）所长向调度汇报事故情况后起动抢修预案。

3）立即组织人员填写事故应急抢修单，准备抢修材料和工具。

4）做好故障线路两端的安全措施后，进行抢修，达到运行标准。

5）抢修工作结束后，完全拆除安全措施，所有人员撤离现场，恢复送电。

4. 危险点分析及控制措施

危险点分析及控制措施见表 11-4-1。

表 11-4-1　　　　　　　　　　　危险点分析及控制措施

危 险 点	控 制 措 施
高空坠落物体打击伤人	上杆前检查登杆工具及脚钉是否完好
	作业人员必须戴安全帽，杆上作业必须使用安全带、工具袋，工具材料用小绳传递，地面应设围栏
	使用扳手应合适使用，防止伤人
感电伤人	线路作业前，必须对线路做好安全技术措施
	对一经操作即可送电的分段开关、联络开关，应设专人看守

5. 事故分析

通过班后会总结，本次事故的主要原因是雷击导线所致。今后在工作中采取安装线路防雷针式绝缘子的方法，可以减轻雷击被害，对空旷线路要重点巡视。

【思考与练习】

1. 配电线路事故抢修的流程是什么？
2. 配电线路事故抢修的要求是什么？
3. 配电线路故障点的查找内容有哪些？

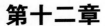

第十二章

配电线路中常用的测量操作

模块 1　经纬仪的使用（Z33F5001Ⅱ）

【模块描述】本模块包含介绍经纬仪的基本结构、性能特点、基本操作方法及使用维护等内容。通过概念描述、结构剖析、图解说明、要点归纳，掌握经纬仪的操作方法。

【正文】

一、经纬仪的概述

经纬仪是线路施工、运行中测量的主要仪器之一，线路施工测量分设计测量与施工测量。线路施工中除一部分要复核设计测量外，极大部分是施工所需要的测量，线路运行阶段，需对杆塔、导线等变形观测和维修养护测量，以监视运行情况，确保线路安全运行。无论哪一种测量都必须把每个数据测得正确无误。测量成果直接影响到线路的质量和施工、运行的安全。常用它来测量线路的转角、高差、高度、弧垂、限距、距离等。它不仅可以精确地测量水平角度和垂直角度，而且也可以较准确地用视距法测量距离。

经纬仪有光学经纬仪和电子经纬仪两类，目前线路测量用仪器还有先进的电子全站仪、测距仪及测高仪等。图 12-1-1 为光学 DJ6 型经纬仪的外形图；图 12-1-2 为光学 DJ2 型经纬仪外形图；图 12-1-3 为光学电子全站仪外形图。

国产光学经纬仪最常用的是 DJ2 和 DJ6 两种类型，"D" 和 "J" 分别为 "大地测量" 和 "经纬仪" 的汉语拼音第一字母，"2" 和 "6" 分别表示用该类型仪器测量水平方向标准偏差为 ±2″、±6″。由于 DJ6 测量精度相对较低，目前在线路工程施工安装及运行与维护工作中的具体使用相对较低，因此，下面主要以国产 DJ2 型普通光学经纬仪为例，介绍普通光学经纬仪的基本结构、基本操作要求及使用注意事项。

二、经纬仪的基本结构及各部件的主要作用

1. 普通光学经纬仪的基本结构

普通光学经纬仪的种类很多，构造大致相同，较为典型的结构见图 12-1-2 给出的

苏州光学仪器厂生产的 DJ2 型经纬仪。

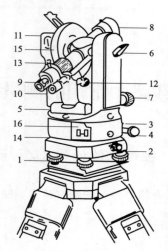

图 12-1-1 光学 DJ6 型经纬仪的外形图

1—底脚螺旋，调平仪器用；2—基座固定螺旋，连接照准部位与底座；3—水平制动扳钮；4—水平微动螺旋；5—照准部水准管，管水准器；6—望远镜制动扳钮；7—望远镜微动螺旋；8—望远镜物镜；9—望远镜目镜；10—读数目镜，读水平、垂直角显微镜；11—垂直度盘水准管；12—垂直度盘水准管微动螺旋；13—调焦螺旋，调目标清晰用；14—水平度盘外罩；15—垂直度盘外罩；16—水平度盘开关

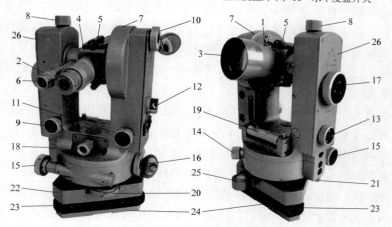

图 12-1-2 光学 DJ2 型经纬仪的外形图

1—望远镜；2—目镜；3—物镜；4—物镜调节螺旋；5—瞄准器；6—显微镜；7—竖直度盘；8—竖盘制动螺旋；9—竖直度盘微调螺旋；10—竖盘进光镜；11—竖盘水准微调；12—竖盘水准显示窗；13—水平、竖；14—水平制动螺旋；15—水平微调螺旋；16—水平度盘进光镜；17—测微器调节手轮；18—光学对中器；19—水准管；20—水平度盘变换手轮；21—基座中心轴固定螺旋；22—底座；23—脚螺旋；24—钮座连接板；25—水准盒；26—仪器支架

2. 光学经纬仪的部件及其主要作用

普通光学经纬仪的结构大致可分为基座、度盘、照准部三大部分，如图 12-1-4 所示。

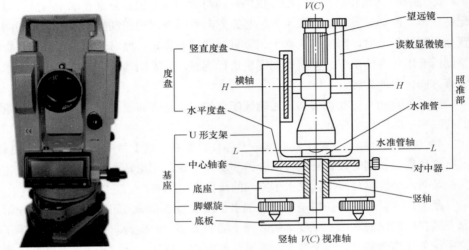

图 12-1-3　光学电子全站仪外形图　　　　图 12-1-4　经纬仪的结构图

（1）基座。基座主要指由仪器的底座连接板、脚螺旋及底座共同组成的部分结构，基座通过中心轴套与上端部件连接组成经纬仪的整体。基座的主要作用有：

1）通过底座连接板与三脚架连接，使经纬仪得到支撑。

2）通过中心轴套与仪器主体结构连接并调整底板在三脚架面的位置，使得光学对中器通过中心轴套完成经纬仪竖轴地面点的光学对中。

3）通过三个脚螺旋配合水准管在不同位置上的调整，使经纬仪的水准管轴分别处于水平，从而建立经纬仪测量的基准水平面。

（2）度盘。度盘部分包括度盘（水平和竖直各一块）、度盘离合或换位装置、制动与微动调节装置等。其中，光学经纬仪的度盘是一个由光学玻璃制成的内置于仪器内部的圆形度盘，在度盘上顺时针 0°～360° 分度光刻分划注记。与度盘相关联主要部件的作用如下：

1）水平度盘。水平度盘固定在竖轴的中心外轴空心轴套上，通过相关连接部件坚固在中心轴套上与望远镜同步绕竖轴在水平方向旋转。水平度盘利用度盘位置上的分划刻度线对测量过程中望远镜相应观测目标点在水平面上相互位置的角度变化关系进行度量分划。

2）竖直度盘。竖直度盘垂直内置于横轴望远镜的一侧，通过相关连接部件与望远镜固定在横轴的空心轴套上与望远镜同步绕横轴在竖直方向旋转。竖直度盘利用度盘位置上的分划刻度线对测量过程中望远镜相应观测目标点在垂直平面上相互位置的角度变化关系进行度量分划。

3）制动与微动调节装置。经纬仪的制动与微动调节装置分别在水平与竖直方向各配备一组。制动装置主要用在水平、竖直方向对照准部的控制操作，当相应的制动装置处于制动状态时，照准部在水平、竖直方向处于锁定，此时若需进行瞄准目标的调整则需要用相应的水平、垂直微调螺旋进行调整，解除制动时，照准部可以在水平、竖直方向自由地旋转。

经纬仪制动与微动调节装置正确地配合使用，是经纬仪在测量过程中对测量目标的初瞄和细瞄操作的保证。

4）度盘离合器、变位手轮。部分经纬仪设置有度盘变位手轮但没有度盘离合器，另有部分经纬仪同时设置有度盘离合器和变位手轮。无论是离合器还是变位手轮，都只能是对水平度盘与照准部在水平方向的操作产生影响。

度盘离合器的主要作用是用于控制水平度盘与照准部之间的离合关系，通常离合器安装在经纬仪的底部水平度盘的外壳上随照准部一同旋转。扳动离合器扳手压下变位手轮关闭离合器时，水平度盘与照准部联锁同步旋转，此时从读数显微镜中看到的无论照准部在任何位置上水平度盘的刻度指示是不变的；压下扳手弹起变位手轮开启离合器时，水平度盘与照准部分离，即水平度盘处于固定位置不再随照准部同步旋转。

变位手轮的作用主要在于调整测量过程中度盘的起始位置（如调节起始度盘数为整数，以方便测量过程中对测量数据的处理）。压下变位手轮并旋转便可改变此刻的水平度盘位置。

（3）照准部。照准部主要指经纬仪基座上部能绕着竖轴旋转的部分构件，通常由望远镜、读数显微镜、光学对中器、水准管及相应光学系统和与之配合的调节螺旋等共同组成，以实现仪器的目标观测瞄准及度盘的读数读取，其各部件的主要作用如下：

1）望远镜。经纬仪望远镜利用物镜、目镜的调节十字丝与物像目标的照准，实现经纬仪对远处目标的瞄准。其中十字丝（见图 12-1-5）中丝和竖丝的交点与望远镜的光心重合组成望远镜的视准轴（C—C 轴）；物镜调节螺旋主要对物像的焦距进行调整，目镜螺旋主要调节十字丝的成像。另外，为方便目标的快速捕捉，在望远镜的上下还分别装设的光学瞄准器主要用于对观测目标

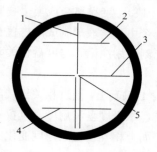

图 12-1-5　十字丝

1—竖丝；2—上丝；3—中丝；4—下丝；5—光心

的初瞄。

2）读数显微镜。读数显微镜由一套较为复杂的光学系统组成。DJ2 光学经纬仪通过水平、竖直度盘换像轮和相应的进光镜，分别将水平度盘和竖直度盘上的刻度分划指标及测微尺上的分划指标，通过一系列棱镜反射、折射到读数显微镜放大成像，从而实现测量所需数据的读取。

3）光学对中器。光学对中器是光学经纬仪实现竖轴与地面目标点对正的主要部件（见图 12-1-6），它通过设置在仪器竖轴中心的棱镜将地面目标点的成像垂直反射到对中镜，以便观测者能够直接从对中镜中找到地面的目标点，从而实现仪器与地面目标点的对中。

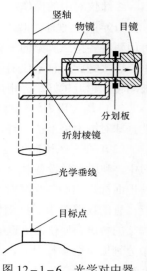

4）水准管。经纬仪利用水准管建立的水准轴（L—L 轴）为经纬仪提供水平基准。由于水准管轴与仪器的横轴（H—H 轴）在仪器位置上处于平行，因此，当仪器在水准管轴处于水平状态进行旋转时，也就保证了仪器竖轴在垂直状态下，仪器工作在水平状态，从而保证了仪器能够在水平面上完成相应的测量工作。

图 12-1-6 光学对中器

另外，照准部还包括测微器、竖盘补偿器（部分经纬仪不带补偿器，但有望远镜水准管）等与读数相配合的部分零部件，有关此构件的功能作用将在经纬的使用中加以详述。

三、经纬仪的基本操作

采用光学经纬仪进行工程测量，首先必须熟练、规范地使用经纬仪，并掌握经纬仪的基本操作要领。经纬仪在开始测量前，有五个基本操作步骤：架设、对中、整平、瞄准对光、精平及读数，这五个步骤关系到测量的准确性，是经纬仪使用的基本功。具体使用操作如下：

1. 经纬仪的架设

经纬仪架设的操作步骤及方法如下：

根据测量的有关规定，通常将测量操作过程中仪器架设处的地面目标点称为测站，仪器观测瞄准的目标点称为测点。每架设一次仪器，只能建立一个测站，但可以完成对若干测点的测量。架设主要指三脚架在测站点的安置，目的是使经纬仪中心和标桩中心在同一铅垂线上。架设前，先把三脚架的三条腿拉出张开，三脚架的高度和测量者的下巴高度相等比较适宜。三脚架架头尽量保持水平，将三脚架在标桩上按测量要求立好，注意留足测量者站立位置，三脚架架头中心基本铅垂对着标桩，然后将三脚架的三条腿尖轻轻踩入土中，将经纬仪放在三脚架上，用三脚架与经纬仪的连接螺旋固定。

2. 经纬仪的对中

经纬仪对中的操作步骤及方法：

（1）挂上垂球，观测垂球尖端是否对准测站点，若垂球尖与观测点相距较大时，可用两手各持三脚架的一脚，使仪器进退或左右移动；如果稍有偏差时，可轻轻松开中心连接螺旋，移动仪器使垂尖对准测站点，然后再旋紧中心连接螺旋，垂球尖距离被测目标越近越好。静止后的垂球尖应基本对准观测点，并保持水平度盘水平。

（2）均匀用力将三脚架踩入土中。若垂球此时与观测点较小，可松动中心螺旋，使垂球对准木桩上的小钉，拧紧中心螺旋。

（3）在有风情况下，若对中困难，则可不用垂球对中，直接采用光学对中器进行对中。利用光学设备对中时，先将仪器整平，使光学垂线成铅垂位置，然后移动仪器，使地面标志中心与光学对中器的分划板圆圈大致对准，旋转光圈对中器目镜的对光螺旋（有的仪器对中器目镜是拉动的）使地面标志点影像清晰，平移仪器，两手各持三脚架的一脚，使仪器进退或左右移动（前后正进退、左右反移动），使标志点的像与对中分划板重合实行对中，此时整平又受到影响，因此应使对中和整平反复进行，直到两项均达到指标为止。

3. 经纬仪的整平

经纬仪整平的目的是使经纬仪保持在水平位置上，整平的步骤如下：

（1）用底脚调整螺丝将下盘下部圆水准器的水泡调至居中；

（2）精调调整使横向水准管的水泡居中。精调的方法是用两手同时向内或向外慢慢旋转和水准管平行的两个底脚调整螺旋，然后再把仪器旋转90度。向内或向外慢慢旋转与水准管平行的两个底脚螺旋，使水准管水泡对中，以上步骤反复进行，直至圆水准管和横向水准管的水泡全部居中即为整平。

4. 对光瞄准

（1）对光。经纬仪整平后，测量时应先进行对光。

目镜对光，将望远镜对天空或某一明亮的物体，转动目镜使十字丝最清晰；物镜对光，将望远镜照准目标，转动调焦螺旋使目标的像落在十字丝平面上，从目镜中就可同时清晰看到十字丝和目标。

消除视差，目标物像与十字丝平面不重合的现象称为视差，为了检查是否存在视差，可使眼睛在目镜后稍晃动，观察物镜与十字丝是否有相对移动，如果十字丝交点始终对着目标同一位置，表示无视差，如发现物像随着眼睛的晃动而移动则说明有视差，经纬仪对光图如图12-1-7所示。

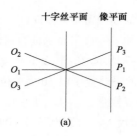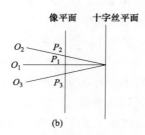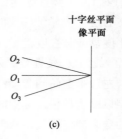

图 12-1-7　经纬仪对光图

（a）、（b）有视差；（c）无视差

图 12-1-7 中 O_1、O_2、O_3 表示眼睛位置，P_1、P_2、P_3 表示物像上不同点，视差的消除方法是重新仔细地进行物镜对光，如仍不能消除，则表示目镜对光还不十分正确，应重新对目镜进行对光，如此反复进行，直到完全消除视差。

（2）瞄准。用望远镜的十字丝交点瞄准视测目标称为瞄准，观测时先用望远镜上的缺口及准星大致对准目标，然后进行目镜、物镜对光，旋紧水平度盘和望远镜的制动螺旋，再调水平度盘和望远镜的微动螺旋，使十字丝交点准确地瞄准目标。

测量时。将标杆直立于观测点上作为瞄准目标，当瞄准时，最好是使十字丝交点对准标杆下部铁尖，如看不见铁尖，应使十字竖丝平分标杆全部。

测量中的联络与信号，测量过程中，尤其是野外测量时，观测人员与前、后方人员的联络或指挥最好采用无线电对讲机，它使用方便，指挥准确，不受地形限制，但如果没有对讲机时也可采用旗语联络指挥，一般的旗语可自己规定。

5. 精平及读数

读数前必须保证仪器处于精平状态，即保证水平度盘水准管气泡在观测各个方向都居中，这时才能读得正确的水平度盘读数。竖直盘读数时，竖直盘指标水准管气泡也需居中。

（1）DJ6 型光学经纬仪的读数。瞄准目标后，调节反光镜的位置，使读数显微镜读数窗亮度适当，旋转显微镜的目镜调焦螺旋，使度盘分微尺的刻划线清晰，读取落在分微尺上的度盘刻划线所示的度数，然后读出分微尺上 0 刻划线到这条度盘刻划线之间的分数，最后估读至 1′ 的 0.1 位（如图 12-1-8 所示，水平度盘

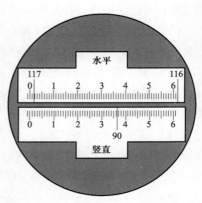

图 12-1-8　DJ6 型光学经纬仪的读数

读数为 117° 1.9′，竖直盘读数为 90° 36.2′）。

（2）DJ2 型光学经纬仪的读数。由于共用一个读数窗，故读数窗中同一时间只能显示水平度盘或竖直度盘影像中的一个，近年来，生产了一种采用数字显示读数窗的 DJ2 型光学经纬仪，使读数更为方便，其读数窗如 Z33F5001 Ⅱ–7 所示，在图 12–1–9（a）、（b）中，左边小窗是测微尺，右下窗为双像重合窗，右上窗的下凸数字以 10′为单位。上面数字以度为单位。读数时先转动测微轮，使右下窗口的双像重合，从右上窗中央或偏左的数字读出度数，从下凸的数字读出 10′数，再从测微尺上左边读出不足 10′的分数，右边读出秒的十位数及以小格计数秒的个位数。如图 12–1–9（a）所示的水平度盘读数为 150° 01′54″，图 12–1–9（b）所显示的竖直盘读数为 74° 47′16″。

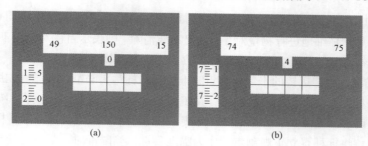

图 12–1–9　DJ2 型光学经纬仪的读数

四、经纬仪使用注意事项与维护

光学经纬仪是贵重而精密的仪器，要注意爱惜和保护，应遵循正确的使用方法，以免仪器遭受意外的损伤，因此，使用经纬仪应做到以下几点：

（1）使用前应仔细阅读仪器的使用说明书，熟悉仪器各部件结构，各个螺旋的作用及操作方法。操作及转动螺旋时有松动感。

（2）取仪器时，应记好仪器在箱中的放置形式。取仪器时一手握照准部支架，另一只手握基座。装箱与取出的方法相同。

（3）架仪器时，应轻轻地将仪器放在三脚架上，并立即用脚架上的中心螺旋固定好仪器。平坦短距离移动观测点时，应将各制动螺丝松开，双手抱脚架并贴肩，使仪器竖直，平稳前进。

（4）仪器不用时放在箱内，并有适量的干燥剂，放于通风处、干燥的房间内保管，以防受潮。

（5）观测时，应避免阳光直接曝晒，尤其是水准管，以免影响测量精度。

（6）望远镜的物镜和目镜有灰尘时，可用小毛刷轻刷，水汽或油污可用绒布或镜纸轻轻地擦净，切不可用硬物抹擦。

（7）在观测中仪器被雨水淋湿时，应将仪器擦干，并检查仪器内部有无水汽。若有水汽，则应待水汽排除后再放入箱内，以免光学仪器零件发霉和脱膜。

（8）仪器在搬运途中，应采取良好的防振施。

【思考与练习】

1. 经纬仪对中的目的是什么？

2. 简述经纬仪整平的操作步骤。

3. 简述 DJ6、DJ2 经纬仪水平度盘和垂直度盘读数方法。

◢ 模块 2　测高仪、测距仪、配变测负仪、红外测温、分贝噪声测试仪及经纬仪在配电线路测量中的应用（Z33F5002Ⅱ）

【模块描述】本模块包含配电线路工程测量的基本知识基本测量方法、基本测量内容、线路交叉跨越测量及光电测距仪的基本测距原理。通过概念描述、术语说明、公式解析、图解示意、计算举例、要点归纳，了解使用光电测距仪进行测量的基本方法及注意事项，掌握经纬仪在配电线路测量中的应用。

【正文】

一、配电线路工程测量的基本知识

1. 测量的三要素

在测量学中将水平距离的测量、水平角的测量、高程或高差的测量这三项基本的测量操作称为测量工作的三要素。

地面上两点间连线的长度在水平面上的投影长度称为水平距离。利用测量的方法对水平面投影长度测量的过程在专业上叫水平距离的测量。

地面上某两目标点相对一固定参考点连线在水平面上投影的夹角叫水平角，对地面目标点间的水平角度量的过程专业上叫水平角的测量。

测量工作的实质就是确定地面上点的位置，只要通过测量的方法确定这个地面点所具备的高程或与参考点的高差及该点相对某一参考点相应的方向、水平距离，该点在地面上的位置便是唯一的了。

2. 测量的基本原则

（1）从整体出发。遵循"先整体后局部，先控制后碎部，由高精度到低精度"的原则。

要保证工程质量满足设计及规范的要求，首先必须控制好线路工程的整体结构，只有在保证较高精度的整体结构的前提下，进一步做好每个局部环节的工作才会显得有意义。

（2）以设计为依据。在满足设计要求的前提下，尽可能地提高测量精度。

所有的测量过程必须以设计要求为依据，以工程验收规范为准则，为保证工程质量，应在满足设计要求的前提下，在条件允许的情况下，尽可能地提高测量精度以达到提高施工精度的目的。

（3）测量过程中必须"重检查，重复核"，确保测量质量。

在线路测量的过程中，只有认真做到对每个项目的测量结果勤检查，才能及时发现并纠正测量工作中可能出现的错误，只有对施工作业的过程常复核才能对工程的技术指标及时调整、准确控制，避免不必要的工程质量事故出现。

二、配电线路工程测量的基本测量方法

1. 角度测量

（1）水平角测量。

用经纬仪进行水平角度测量是校验或进行线路复测的重要测量方式之一，也是线路转角测量必不可少的工序。

1）水平角的概念。

大地表面是起伏不平的，设 A、B、C 是地面的任意三点，其高程不等，如图 12-2-1 所示。

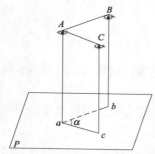

图 12-2-1 水平角观测

将这三点沿铅垂线方向，投影到同一平面 P 上，得 a、b、c 三点。在 P 平面上 a 和 b 及 a 和 c 连线的夹角 α，称为水平角，由图 12-2-1 可知。ab、ac 分别是 AB 和 AC 在平面上的投影，因此，水平角就是地面上的一点到另两点的方向线之间的夹角，也就是通过这两条方向线 AB、AC 所作的两竖直面之间的两面角，由于望远镜绕仪器竖轴旋转，其竖丝可以瞄准任何水平方向。因此，只要将经纬仪安置在两竖直面交线上的任意位置，都能够测出两竖直面的方向，由读数显微镜中读出水平角（即两面角）。

2）水平角测量方法。

a. 测回法。

如图 12-2-2 所示，欲测出水平角 β，先将经纬仪安置于测点 O 上，进行对中，整平，并在 A、B 两点上竖立标杆，其观测方法和步骤如下：

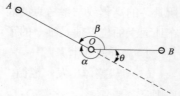

图 12-2-2 测水平角度示意图

① 正镜（竖盘在望远镜左边）观测，用正镜照准 A 点标杆，读得水平度盘读数、az，作好记录，然后顺时针旋转照准部，照准 B 点标杆，读得水平度盘读数 bz，以上观测为上半测回，所测角值为

$$\beta_Z = bz - az \qquad (12-2-1)$$

② 倒镜（竖盘在望远镜右边）观测，旋转望远镜以倒镜照准 B 点，读得水平度盘读数 bD，然后逆时针转动照准部，照准 A 点，读得水平度盘读数 aD，以上观测为下半测回，所测角值为

$$\beta_D = bD - aD \qquad (12-2-2)$$

上下两半测回合在一起称为一测回，若两半测回角值之差不大于仪器游标最小读数 1.5 倍，则取其平均一测回的角值，即

$$\beta = (\beta_Z + \beta_D)/2 \qquad (12-2-3)$$

用盘左和盘右两个位置观测可以消除视准轴误差和横轴倾斜误差对测角的影响，在观测半测回角值时，最好将度盘约转 90°，后再行观测，这样不但可减少度盘刻划不均匀的影响，而且还容易发现错误。

b. 复测法。

复测法的要点是将一个角值的若干倍在盘上累积反映出来，而后取其平均值，这样可以减少仪器读数误差的影响，从而提高测角精度，它必须在有度盘离合器（复测扳手）仪器上使用。

测角时和测回法一样，先用度盘在左测得角的数值 $\beta_1 = bz - az$，此角也称为校核角，用于检查观测中有无错误产生，然后松开水平度盘，逆时针转动使望远镜第二次照准 A 点，并拧紧水平度盘，不必读数，再顺时针转动望远镜第二次照准 B 点，这时盘左已将该角复测了两次，度盘中已增加了 β 值，重复松度盘照准 A，紧度盘后不读数，再照准 B，直到所需要的复测次数 n，读出最后一次瞄准 B 时读数 bn。

$$\beta_D = (\beta_Z + \beta_D)/n \qquad (12-2-4)$$

复测过程中，可能累计值已超过 360° 若干倍，可以从校核角中推算出来，这样计算盘左平均角值 β_Z 时，就加上一个或数个 360°。

同测回法一样，为了消除视准轴误差和横轴倾斜误差的影响，须再用倒镜测后半测回。用相似办法，盘右复测后的平均值为

$$\beta_D = (b1n - a1d)/n \qquad (12-2-5)$$

盘左和盘右复测后平均角值为

$$\beta = (\beta_Z - \beta_D)/2 = [bn - az + (b1n - a1d)]/2n \qquad (12-2-6)$$

3）水平角测量步骤。

测水平角度，如图 12-2-2 所示。测量线路水平角时（线路转角度数）在线路转角桩 O 点安置经纬仪，调平对中后对准后视点 A 点，旋紧仪器水平制动螺旋，并将仪器水平度盘调整为零（便于读数），然后松开水平制动螺旋，顺时针方向转动仪器对准 B

点，读水平度盘得到水平角 β 的度数，则线路转角 $\theta=a-180°$ 。

4）线路水平角测量。

线路测角一般一测回就能满足要求，要求更高测角精度，可对同一角度观测几个测回，各个测回水平度盘起始读数应按 $180°/n$ 递增，n 为测回数。表 12-2-1 为观测两个测回的记录，观测时应当场记录和计算，必须待算出的结果符合规定之后，才能搬走仪器，表中计算半测回角值时，均用右边目标读数减去左边目标读数，当不够减时，则应先加 $360°$ ，然后进行计算，如只作一测回，则角值为 $79°17'09''$ 。

表 12-2-1 测回法水平角观测记录

测回数	测站	测点	正倒镜	水平盘读数	半测回角值	一测回平均角度值	各测回平均角度值
1	O	A	正	0°00′02″	79°17′06″	79°17′09″	79°17′12″
		B		79°17′08″			
		A	负	180°00′12″	79°17′12″		
		B		259°17′24″			
		A	正	90°00′01″	79°17′18″	79°17′15″	
		B		169°17′19″			
		A	负	270°00′12″	79°17′12″		
		B		349°17′24″			

5）线路水平角测量的注意事项。

用经纬仪测角时，往往由于疏忽大意而产生错误，如仪器对中不正确，望远镜瞄准目标不准确，读错度盘读数（包括数值读错，竖直盘、水平盘读数读混）记录记错或扳错复测扳钮等，因此，在观测时必须注意以下几点：

a. 仪器高度要合适，脚架要踩稳，仪器要安牢，在观测时还要手扶三脚架，转动照准部和使用各种螺旋时用力要轻。

b. 对中要准确，这与测量精度、边长有关，测量精度越高，边长越短，对中要求要严格。

c. 如观测的目标高低相差较大，更需整平仪器。

d. 尽量用十字丝交点瞄准标杆底部或桩顶小钉。

e. 在用正、倒镜观测同一角度时，由于先以正镜观测左目标 A，再观测右目标 B，倒镜时先观测右目标 B，再观测左目标 A，所以记录时，在正镜位置先记录 A 的读数，后记录目标 B 的读数，而在倒镜位置时，则先记目标 B 的读数，后记目标 A 的读数。

f. 记录清楚, 如发现错误, 应立即重测。

g. 在水平角观测过程中, 不得再调整水平盘水准管, 如果气泡超过 1 小格时只能重新整平仪器, 再进行观测。

h. 施工测量应注意的问题: 对在测量中的原始数据需要随时记录清楚, 并对所测量数据的正确性应能及时判断, 如有疑问, 应尽可能通过再次复测解决, 这就要求测量人员在测量前对于所测的内容要明确, 并要估计可能出现的问题; 对点瞄准和读数的偏差是造成测量误差的主要原因。要清除上述误差, 就必须要求测量人员对所对的目标及读数细致观测和重复测量; 在瞄准时, 需要耐心地反复校对。目标对准在桩们的下部, 如果用提高花杆为目标, 往往误差很大, 因此必须保持垂直。

(2) 垂直角测量。

1) 垂直角的概念。

垂直角测量是测量测点与地面上下间的角度或进行线路断面图测量的重要环节之一。

在同一竖直面内, 视准轴与水平线的夹角称为垂直角 (也称为竖直角)。在水平面上面的夹角称为仰角, 角值为正。用符号"+"表示, 在水平线下面的夹角称为俯角, 角值为负, 用符号"–"表示。如图 12–2–3 所示, A、B 和 C 点同为一个竖直面上的点, CD 为水平线, CA 是上倾斜线, 则∠ACD′为仰角, 符号为 (+); CB 是下倾斜线, 则∠BCD′为俯角, 符号为负 (–)。

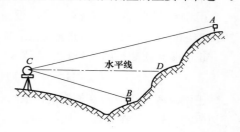

图 12–2–3 观测竖直角

2) 垂直角测量步骤及要求。

竖直盘是用来观测垂直角的, 垂直角分划注记数字有多种形式, 一般常用的有两种: 一种是全圆式, 如图 12–2–4 (a) 所示, 由 0°～360°注记数字按逆时针方向递增; 另一种是天顶距式, 由 0°～360°注记数字按顺时针方向递增, 如图 12–2–4 (b) 所示, 一般仪器为天顶距式, 以下说明垂直角的计算方法。

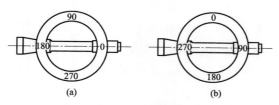

图 12–2–4 垂直角划分
(a) 全圆式; (b) 天顶距式

a. 天顶距式测角。

度盘读数在 0°～180° 之间（90°附近）

$$\theta = 90° - 读数 \qquad (12-2-7)$$

度盘读数在 180°～360° 之间（90°附近）

$$\theta = 读数 - 270° \qquad (12-2-8)$$

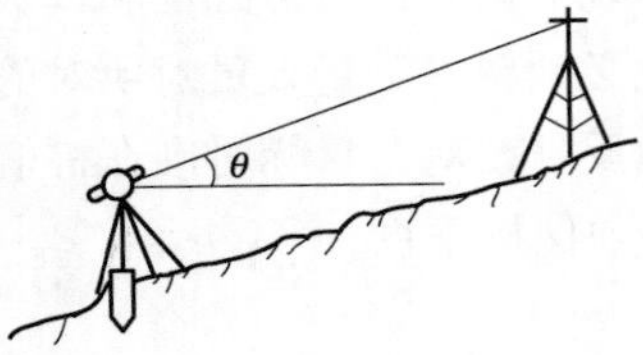

b. 垂直角的观测方法。

垂直角观测方法如图 12-2-5 所示，在 O 点架设经纬仪，用望远镜正镜位置十字丝交点照准 A 点，调整游标水准管微动螺旋，使水准管气泡居中，读出游标竖盘计数，以天顶距式竖盘为例，设游标读数为 68°35′20″，记入垂直观测记录簿，实测垂直角应记为 90°－68°35′20″＝21°24′40″。

图 12-2-5 观测垂直角

用倒镜照准 B 点再测一次，设游标读数为 291°24′30″，实测垂直角度应是 291°24′30″－270°＝21°24′30″记入记录簿，如表 12-2-2 所示。

正倒镜两次测得的 θ 角的平均值为

$$\theta = (21°24′40″ + 21°24′30″)/2 = 21°24′35″$$

正倒镜两次测得的 θ 角之差为 10″，如果经纬仪最小分划值是 20″，该值小于最小分划值的 1.5 倍，在允许范围之内。

测量俯角时方法与此相同。

表 12-2-2 垂 直 角 观 测 记 录

测站号	目标	正倒镜	竖盘读数			竖直角			平均竖直角		
			(°)	(′)	(″)	(°)	(′)	(″)	(°)	(′)	(″)
O	A	正	68	35	30	21	24	40	21	24	35
		倒	291	24	30	21	24	30			

c. 竖直角观测步骤。

① 如图 12-2-4 所示，在测点 O 安置经纬仪，对中、整平后，经正镜照准目标 A，调节竖盘指标水准管微动螺旋，使指标水准管气泡居中，若仪器有竖盘指标自动归零装置，应将其旋到工作位置，然后读竖盘读数 L，记入竖直角观察记录（见表 12-2-2）。

② 为了校核并提高测量精度，依上法倒镜照准 A 点再测一次，读得竖盘读数 R。

③ 根据所用经纬仪竖盘注记方式，用相应公式计算平均竖直角。

3）垂直角测量注意事项。

a. 仪器应正确使用，应轻拿轻放，一手握扶轴座，一手握住三角基座，切勿握扶望远镜。

b. 对中、整平符合要求。

c. 测量读数时，注意仰角和俯角。

d. 计算数据应准确。

2. 直线测量

直线测量是指建立在同一水平投影直线方向上的直接定点、定线和测量。

（1）重转法直线定线测量。

1）测量过程。

a. 如图12-2-6所示，首先校核 A、B 两点确定为线路中心线上的点，然后将仪器安置在 B 点进行精确对中、整平。

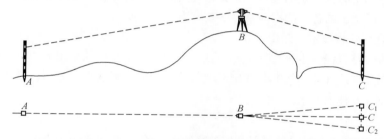

图 12-2-6　重转法直线定线测量原理示意图

b. 用仪器正镜（盘左）照准 A 点，调整水平制动螺旋制动水平度盘，调转望远镜回头按设计的距离要求定一点 C_1。

c. 松开水平制动螺旋，将仪器水平旋转 180°，仪器倒镜（盘右）重复 b 的过程定一点 C_2。

2）测量结果处理。

a. 若 C_1 与 C_2 重合，则 $C_1=C_2=C$，C_1 与 C_2 都是线路直线段 AB 延长线上的点。

b. 若 C_1 与 C_2 不重合，则取 C_1 与 C_2 连线的中点定一点 C，C 就是 AB 延长线上的点。

（2）前视法直线定线测量。

1）测量过程。

a. 如图12-2-7所示，按规定校核 A、B 两点确定为线路中心线上的点，然后将仪器安置在 A 点进行精确对中、整平、前视照准 B 点后制动水平度盘。

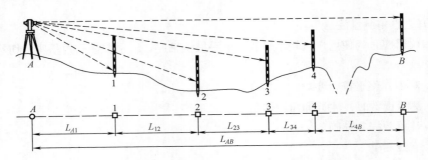

图 12-2-7　前视法直线定线测量原理示意图

b. 根据设计对各点间的水平距离要求，分别测定各点间距离，依次投测确定 1、2、3…点的具体位置。

2）测量结果。此方法只要在 A 点仪器对准 B 点的测量横向误差不超过规定的要求，由此所测定的其他点的位置，如果相互间的水平距离满足设计要求，不存在人为操作误差，所定出的各点的横向偏移误差应满足设计要求。

（3）几何法直线定线测量。

通常将线路直线在水平方向上不通视的条件下采用对称几何图形的方法进行定线测量，称为几何法（或间接）直线定线测量。下面以矩形法直线为例，简单介绍几何法测量的原理及技术要求。

1）测量过程。

a. 如图 12-2-8 所示，通过已测定的直线段上的点 A、B 在 B 点架仪器，并进行精确对中、整平，后视 A 点，分别正、倒镜取中并量取（或用仪器测出）LBE 的长度在接近障碍物附近的地方前视确定一点 E。

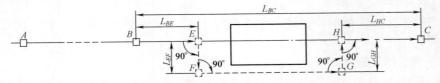

图 12-2-8　几何法直线定线测量原理示意图

b. 在 E 点精确地安置仪器并将仪器照准 B、A，校核仪器位置确定在 AC 线上，按测回法的要求后视 B 点，分别正、倒镜测定 90° 直角取中，并用钢卷尺量取 L_{EF} 长度前视定 F 点。

c. 同理依次在 F、G、H 点安置仪器，后视前一点，分别正、倒镜测定 90° 直角取中，并相应地量取 L_{FG}、L_{GH}、L_{HC} 的距离前视测定下一个目标点 G、H、最后回到直线上定出 C 点。

2）测量结果。

经过上述测量，如果满足下列要求且没有其他意外和人为误差，所定出的直线点 C 即可确定为线路中心线上的点。

测量过程中横向水平距离的取值 $L_{EF}=L_{GH}$ 的误差不超过测量规程的规定值。

3）设置线上点到点 C 间的水平距离为 L'_{BC}，则

$$L'_{BC}=L_{BE}+L_{FG}+L_{HC}=L_{BC} \qquad (12-2-9)$$

式中　L_{BC}——设计水平距离。

C 点的位置与设计图纸（线路平、断面图）的标记一致。

（4）直线测量的注意事项。

1）要保证直线定线测量的准确，首先应严格校核所选定的参考基准点位置的正确性，同时，仪器在测站点的位置必须稳定。

2）仪器安置的质量标准应保证对中误差不大于 3mm，水平气泡偏移不大于 1 格。

（5）直线的间接定线可采用钢尺量距的矩形法、等腰三角形法（或光电测距的支导线法）等方法，其测距的基本技术要求如下：

1）对各点的水平距离的测量误差应有效地控制在误差允许的范围内。

2）完成所有点的定位后，应对所有的定点进行一次复核（测量原则为"重检查、重复核"），以确保所定点的准确无误。

3）采用直接直线定位测量时，为保证测量定点的有效、可靠，对一般光学经纬仪而言，两点间的距离必须是在仪器的有效测程（一次测程不宜超过 500m）以内，如果用全站仪代替光学经纬仪进行测量，效果将更好，也更迅速。

4）采用几何法定线测量时，角度的位置测定应采取正倒镜两次测量、点位取中的方法定点，且角度的读数应按规定读到仪器的最小刻度数，同时两次测回的差值应满足要求（对 J6 不大于 0.5′，对 J2 不大于 15″）。

3. 线路复测

在设计交桩后，为了防止设计勘测中有失误，或受外界影响使设计勘测时所订立的杆塔位中心桩发生偏移或丢失等情况，而造成施工错误，因此，必须在施工开始前，要根据设计图纸对设计勘测订立的杆塔位中心桩的位置、直线方向、转角角度、档距和高差，以及重要交叉跨越物的高度和危险点等进行一次全面复测。若复测结果与设计数据的误差值不超过表 12-2-3 的规定，就认为合格。若超过时，则应查明，作好记录，上报技术部门会同设计单位予以纠正。当杆塔中心桩丢失时，应根据线路杆塔明细表或线路平断面图上所设计的档距值进行补测订桩。

表 12-2-3　　　　　　　　　复测值对设计值的允许误差

复测项目	使用仪器	观测方法	允许误差
直线杆塔位中心桩横线路方向偏移值	DJ2	分中法或前视法	50mm
转角杆塔桩角度		测回法或方向法	1′30″
档距		视距法	1%
高差			0.5m

在线路复测中，所复测项目的测量方法、步骤和技术要求同定位测量的相应部分。此外，还应注意下列事项：

（1）复测所用工具必须经过检验和校正，不合格者严禁使用。

（2）在雨雾、大风、大雪等恶劣天气不能进行复测工作。

（3）各种桩上标记的文字或符号模糊不清或遗留时，必须重新标记清楚，并拔掉废置无用的桩，以防误认为杆塔位中心桩。

（4）复测前要先检查杆塔位中心桩是否稳固，如有松动现象，应先订稳固后再复测。

（5）为保证复测准确，标尺应扶直，其倾斜度应小于 1°。

（6）为保证线路连续正确，在每个施工区段复测时，必须将测量范围延长到相邻施工区段内相邻的两基杆塔位中心桩。

（7）复测时，若发现某杆塔位中心桩处不宜做杆塔位，应报技术部门与设计单位研究，重新确定合理的杆塔位。

（8）补订的杆塔位中心桩要牢固，必要时采取一定的保护措施。特别在城镇或交通拥挤地区，应在杆塔位中心桩周围订保护桩，或与当地群众订护桩合同，以防碰动或丢失。

（9）复测时应作好记录，以便修改图纸出竣工图及日后查阅。

4. 线路交叉跨越测量

架空电力线路交叉跨越是指电力线路与其他设施在空间出现的相互交叉跨越现象。交叉跨越测量主要是利用测量的方法测定线路与其他设施在跨越点处的空间间隔距离，测量的目的是验算电力线路与其他跨越设施相互间是否安全。交叉跨越测量实质上是距离、角度测量的综合应用。

（1）交叉跨越的测量。

1）测量过程。如图 12-2-9 所示，一条高压电力线路与另一条低压电力线路在 Q 点处发生交叉跨越，要测定两条电力线路在跨越点处是否具有足够的安全距离，具体测量方法如下。

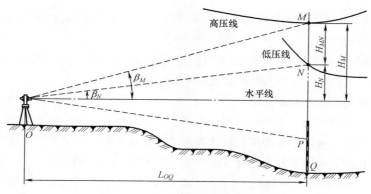

图 12-2-9 交叉跨越测量原理图

a. 由一辅助测量工作人员利用目测的方法在线路下方确定两条电力线路交叉点 Q，并在 Q 点处立一标志杆。

b. 另一测量人员在两线路侧面选出一点 O，且 OQ 间的距离不要太远（以保证对高压线路的测量距离竖直角不大于 45° 为宜），并在 O 点完成仪器的安置（应着重将仪器整平）。

c. 用仪器瞄准 Q 点标志杆（精确测量时应立视距尺），然后确定水平高度，测定 OQ 间的水平距离 L_{OQ}。

d. 将仪器镜头依次向上测定低压线的上线和高压线的下线，并同时准确测定竖直角 β_N 和 β_M。

2）测量数据整理计算。设测定后的 OQ 间的水平距离为 L_{OQ}，如图 12-2-8 所示，若低压（上）导线的相对高度为 H_N，高压地（下）导线的相对高度为 H_M，则有

$$H_N = L_{OQ} \tan \beta_N \qquad (12\text{-}2\text{-}10)$$

$$H_M = L_{OQ} \tan \beta_M \qquad (12\text{-}2\text{-}11)$$

$$H_{MN} = H_M - H_N = L_{OQ}(\tan \beta_M - \tan \beta_N) \qquad (12\text{-}2\text{-}12)$$

最后将测量计算的结果与相应电压等级所必须保证的最小安全距离比较，以确定是否安全。若 H_{MN} 不小于高压线的最小允许安全距离，交叉跨越安全合格。

（2）交叉跨越测量的基本注意事项。

1）交叉跨越点的位置应准确，仪器架设的位置应保证能够准确地观测所观测的对象。

2）地面水平距离的测量精度应满足规定的要求（精确到厘米级）。

3）跨越距离应以两跨越物间的最小距离为测量标准。

4）在裸导线的下方进行跨越距离测量时，禁止使用金属标志杆或金属视距尺，以确保测量人员的安全。

5）若测量时并非当地环境的最高气温时，交叉跨越距离的计算值应按当地最高气温进行修正，其修正值可作为验算安全距离的依据。

三、光电测距仪的基本知识

光电测距是现代最先进的一种测距方法，具有测程远、精度和效率高等优点。以光波作为载波的光电测距仪和用磁波作为载波的微波测距仪，统称为电磁波测距仪，电磁波测距仪按其测程可分为短程（几公里）、中程（几公里到十公里）和远程（十公里以上）。短程测距仪一般以红外光作为载波，故称为短程红外光电测距仪（简称红外测距仪）。目前，随着电子计算机和集成电路的飞跃发展，已使得测距仪逐步向轻便化、自动化和多用途的方向发展。下面简要介绍光电测距原理、红外测距仪及其使用。

1. 光电测距原理

光电测距的基本原理是：直接测定光波在待测距离上往返传播的时间 t，再根据时间和光波在大气中的传播速度 c（$c=3\times10^{-8}$m/s）计算待测距离。如图 12-2-10（a）所示，由安置在 A 点的测距仪发出光波，经待测距离 S 至 B 点的反光镜，再由反光镜回至测距仪，则 A、B 两点间的距离为：

$$S = \frac{1}{2}ct \qquad\qquad (12\text{-}2\text{-}13)$$

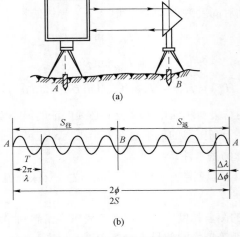

图 12-2-10　光波往返于待测距离上的情况

由上式可以看出，距离的精度主要取决于时间，若要求测距误差 $\Delta S \leq 10$mm，则要求时间误差 $\Delta t \leq (2/3) \times 10^{-10}$s。时间的测定要达到这样高的精度是很困难的，即使用脉冲计数直接测定时间，也只能达到 10^{-8}s 的精度。因此，在精密测距中，时间是通过测距仪发出的调制光（即采用高频振荡对光进行调制）在待测距离上往返传播所产生的相位变化来间接测定的。图 12-2-10（b）为调制光的光波往返于待测距离上的情况，调制光的周期为 T，一个周期（或一个波长 λP）的相位变化为 2π，其频率为 f，调制光波在待测距离上往返一次所产生的总相位变化为 Φ，相应的传播时间为

$$t = \frac{\phi}{2\Pi f} = \frac{2\Pi \cdot n_p + 2\Pi \cdot \Delta n_p}{2\Pi f} = \frac{n_p + \Delta n_p}{f} \qquad (12-2-14)$$

则
$$S = \frac{1}{2}ct = \frac{c}{2} \cdot \frac{n_p + \Delta n_p}{f} = \frac{\lambda_p}{2}(n_p + \Delta n_p) \qquad (12-2-15)$$

式中　n_p——待测距离间调制光的整波数；

　　　Δn_p——不足一整波的余数。

与钢尺量距相比较，上式中调制光的半波长可认为是测量单程距离的光尺，令 $\frac{\lambda_p}{2} = L_c$ 则上式变为

$$S = L_c(n_p + \Delta n_p) \qquad (12-2-16)$$

在国产 HGC—1 型红外测距仪上，Δn_p 和 n_p 是用两个调制频率分别测定的，而后直接显示待测距离。以频率为 15MHz 的调制光半波长（L_C=10m）作为精测尺，用来测出 10m 以下的距离。以频率为 150kHz 的调制光半波长（L_C=1000m）作为粗测尺，用来测出 1000m 以内的距离。例如，测距仪显示的距离为 272.38m，则粗测给出 270m，精测给出 2.38m。若实测距离超过 1000m，可根据显示距离加 1000m 求出，这需要根据实际情况判定。

2. 红外测距仪

图 12-2-11 是国产 HGC—1 型红外测距仪，它采用自动数学测相法，直接显示所测距离，其光源为砷化镓（GaAs）半导体发光二极管，测程为 2000m，精度为 ±1.5cm。红外测距仪的主要部件有照准头、控制箱、电池盒、反射镜经纬仪。

（1）照准头。

内装光的发射调制与接收电路、发射和接收光学系统、瞄准光学系统、内外光路转换机构。为调节接收物镜后的光栏孔径以接收信号强度，所以在照准头后面板上装一光栏旋钮。照准头上的把柄和锁杆用以将照准头与经纬仪望远镜相连接。

（2）控制箱。

操作面板（见图 12-2-12）内装电子电路系统，上有控制开关、按钮和距离显示

窗，距离显示窗上显示五位数字，末位数厘米，在厘米位的右下角的小数点"亮"表示 5mm，否则，毫米位为零。有三根电缆和照准头连接，馈送发射信号，接收信号和光电转换信号。

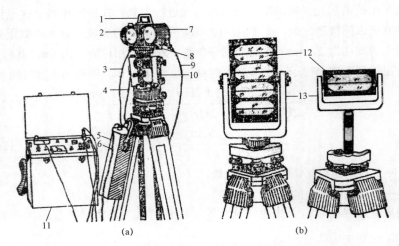

图 12－2－11　国产 HGC—1 型红外测距仪

（a）HGC—1 型短程红外光电测距仪；（b）红外光电测距仪反射镜

1—照准头；2—发射物镜；3—发射电缆；4—光路转换电缆；5—蓄电池；6—电池电缆；7—接收物镜；
8—照准头固定扳手；9—接收电缆；10—经纬仪；11—控制箱；12—反射棱镜；13—托架

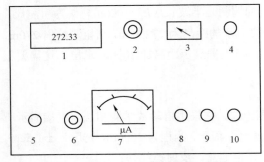

图 12－2－12　红外测距仪控制箱面板

1—距离显示窗；2—逻辑起动；3—电压表；4—电池
插座；5—接收电缆座；6—内光路按钮；7—信号指示
电表；8—电源开关；9—光路电缆座；10—发射电缆座

（3）电池盒。

内装 12V6AH 镍镉蓄电池，挂在三脚架上，用电源电缆与控制箱连接。

（4）反射镜。

其作用是使测距仪发射系统发射出来的调制光通过反射镜后又回到测距仪的接收系统。按测程的远近，可分别用单块、四块、十二块三种，单块可测 600m，四块可测 1200m，十二块能测 2000m。

此外，还有经纬仪、三脚架、充电器、空盒气压计和干湿温度计等附件。

四、红外测距仪的使用

先在待测距离的一端点（测站）安置经纬仪，再将照准头固定在经纬仪连接座上。

连接好发射、接收光路转换及电源、电缆等装置，然后按如下步骤操作。

（一）测距仪状态检查

（1）先不打开电源开关，观察电源电压，其值不应低于 11.5V。

（2）打开电源开关，按下内光路按钮（亦称光电路检验按钮），检查电子线路系统的工作是否正常，若信号指示电表上显示的光强信号在 20～100 之间，则表明模拟部分工作正常。

（3）继续按住内光路按钮，同时按下逻辑起动按钮，逻辑部分供电，数码显示部分动作，约 7s 后显示仪器常数，若该值变化不超过±1cm，表明逻辑部分工作正常。

（二）距离测量

（1）在待测距离的另一端点（镜站）安置反射镜，对中、整平后，用反射镜的照准器瞄准照准头。

（2）在测站上将经纬仪对中、整平后，用经纬仪的望远镜照准反射镜的下方的标志，此称为对光照准。

（3）打开电源开关，转动经纬仪的水平微动螺旋和望远镜的微动螺旋，直至信号强度指示电表的指针偏转最大（即信号最强）时，说明已精确照准，此称为电照准。然后再调节光栏旋钮，让最大信号时的指针位置在 20～100 之间，以使内、外光路的光强接近。

（4）按下逻辑起动的按钮，仪器内的指令系统受到触发，使其按照预先编制的程序开始自动时行距离测量，约 7s 后，便在距离显示窗上显示出所测的倾斜距离值 S'。为取得可靠成果，第一次显示的数据一般不作记录。其后每按一次逻辑起动按钮，则显示一次斜距值，依次记录，最后取其平均值作为斜距观测值，并切断电源。

（5）利用温度计和气压计，在测站和镜站分别测出温度和气压，以便计算应加的气象改正数。仪器设计时应用的气象条件为温度+15℃，气压为 760mmHg 柱。改正时，以温度每升高 10℃，或海拔每增高 300m，测距结果加 1cm/km。反之，减去。

（6）读取竖盘读数，计算竖直角，在按下式将倾斜距离 S' 换算成水平距离 S：

$$S = S' \cdot \cos\alpha \tag{12-2-17}$$

（三）使用红外测距仪的注意事项

（1）各种电缆要按对插稳。

（2）测距仪应在大气比较稳定、成像清晰和通视良好的条件下使用。

（3）在同一测线内只允许安置一个反射镜，在测线两侧和测站后面应避免有其他光源、白墙以及玻璃等反射物体。测线应避免在烟筒、树木近旁和电焊光中通过，且应避免逆光观测。

（4）严禁照准头对准太阳之类的强光源，以免损坏。在阳光下照射作业，必须撑伞遮光。

测距仪在保管和运输时，应注意防震、防潮、防高温、防磁以及防止电池排出电液或有害气体腐蚀仪器。

【思考与练习】

1. 测量的基本要素主要有哪几点？如何根据已知的条件确定地面上某一未知点的位置？

2. 简要说明 J2 型经纬仪测量竖直角的基本要求和操作要领。

3. 交叉跨越测量的主要工作目的及测量的要求主要有哪些？

4. 光电测距的基本原理是什么？

5. 红外测距仪的主要部件有哪些？

6. 简述使用红外测距仪的注意事项。

▲ 模块 3 杆塔基础坑位测量（Z33F5003Ⅱ）

【模块描述】本模块介绍经纬仪在线路基础施工中施工基面下降和铁塔基础分坑测量的基本方法。通过图像介绍和要点归纳，了解和掌握使用经纬仪进行测量的基本方法及注意事项。熟悉配电线路工程测量的基本知识，通过门型杆、正方形腿、矩形腿的分坑介绍，熟练掌握线路施工中的分坑测量技术。掌握基础施工的基本知识和要领。

【正文】

一、施工基面值下降测量

根据设计要求，须作施工基面值下降的杆塔位，应先将杆塔位中心桩移出，并作好移桩记录，待施工基面值按设计数据下降后再恢复原杆塔位中心桩。其施工测量步骤如下：

1. 测订辅助桩

如图 12-3-1 所示，将经纬仪安置于杆塔位中心桩 O 上，后视或前视相邻杆塔位中心桩，沿线路中线方向用前视法订 *A*、*B* 辅助桩，然后将望远镜水平旋转 90°，在垂直于线路的方向上订 *C*、*D* 辅助桩，若遇特殊地形不能在杆塔中心桩两侧订辅助桩时，也可在一侧订两个辅助桩，如图 12-3-1 中的 *C'* 桩。

各辅助桩至杆塔位中心桩的水平距离一般为 20～30m 或更远些，且必须用钢尺往返丈量，再次

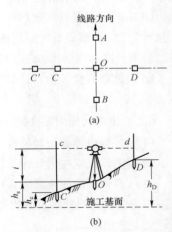

图 12-3-1 施工基面值下降测量

丈量相对误差不应超过 1/1000。

2. 测辅助桩与施工基准面的高差

如图 12-3-1（b）所示，量出仪器高度 i，旋平望远镜，测得尺上读数分别为 c、d，则 C、D 辅助桩与施工基准面的高差分别为：

$$h_c=i+hs-c \qquad (12-3-1)$$
$$h_D=i+hs-d \qquad (12-3-2)$$

依同法测出 A、B 辅助桩与施工基准面的高差，并写出开挖的范围。

3. 恢复杆塔位中心桩

按设计要求将施工基面下降后，即可用前视法恢复杆塔位中心桩的位置。其测定方法如图 12-3-1（a）所示，先在辅助桩 A 上安置经纬仪，照准辅助桩 B，沿视线方向量出 A 桩至原杆塔位中心桩的水平距离，订立新杆塔位中心桩，并在其顶面上画一条与 AB 视线重合的直线。然后将仪器移至 C 辅助线上，照准辅助桩 D，在新杆塔位中心桩顶面上再画一条与 CD 视线重合的直线，这两条直线的交点即为新杆塔位中心桩的中心位置，并在该中心位置上钉一小钉，最后再将仪器移至新杆塔位中心桩上，前视 A 桩，后视 B 桩，以检查 A、B 是否在一条直线上，然后将望远镜水平旋转 $90°$，分别照准 C、D 桩，再检查 C、D 是否在一条直线上，如无偏差，则说明新杆塔位中心桩的位置是正确的；如有偏差，则应仔细校核，直到正确为止。

二、杆塔基础分坑测量

杆塔基础分坑测量，就是根据设计的杆塔基础平面布置图，把各杆塔基础坑的位置正确地测设到线路指定的杆塔位置上，并钉桩作为挖坑的依据。由于杆塔基础有多种类型，它们各自的分坑方法也不同，但其分坑步骤一般分为三步，即分坑数据计算、基础就位测定和基础坑检查。下面分别介绍几种常用杆塔基础分坑的方法。

1. 直线双杆基础分坑测量

（1）分坑数据计算。

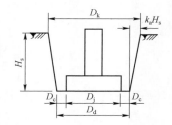

图 12-3-2　坑口、坑底宽

分坑数据是根据设计的杆塔基础施工图中所示的基础根开、基础底座宽、坑深及安全坡度（根据土壤安息角所决定的坡度）等数据来计算的，其内容有：

1）坑口、坑底宽。

如图 12-3-2 所示，D_j 为基础底座宽，H_s 为设计坑深，D_c 为坑下操作所留的空地，一般为 0.2～0.3m，则

坑口宽为：　　　　　　　　$D_k=D_d+2k_aH_s$ 　　　　　　　（12-3-3）
坑底宽为：　　　　　　　　$D_d=D_j+2D_c$ 　　　　　　　（12-3-4）

2）坑位距离。

图 12-3-6 是直线双杆基础分坑示意图，其坑口内侧、坑底内侧、坑底外侧和坑口内侧至杆位中心桩水平距离分别为：

$$S_n = 1/2 \ (K - D_k) \tag{12-3-5}$$

$$S'_n = 1/2 \ (K - D_d) \tag{12-3-6}$$

$$S'_w = 1/2 \ (K + D_d) \tag{12-3-7}$$

$$S_w = 1/2 \ (K + D_k) \tag{12-3-8}$$

式中的 S'_n、S'_w 为检查坑底时所用数据。

（2）基础坑位测定。

1）如图 12-3-3 所示，在坑位中心桩上安置。好经纬仪后，前视或后视相邻杆塔位中心桩，沿线路方向钉 A、B 辅助桩，然后将望远镜水平旋转 90°，在垂直于线路方向上钉 C、D 辅助桩，以供底盘找正及校正杆塔之用。

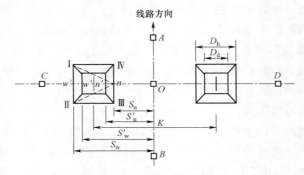

图 12-3-3　直线双杆基础分坑

2）用望远镜照准 C 桩，沿视线方向用皮尺或钢尺自 O 桩量出水平距离 S'_n 与 S'_w，分别得 n、w 两点。

3）在尺上取 $wI + In = \dfrac{1}{2} D_k + \dfrac{\sqrt{5}}{2} D_k$ 长度，使其零端置于 w 点，另一端放在 n 点，然后在 $\dfrac{1}{2} D_k$ 尺长处将尺拉紧，即测定了坑位桩 I，再折向 nw 另一侧得坑位桩 II。再找出尺上 $\dfrac{\sqrt{5}}{2} D_k$ 处，依同法测定坑为桩 III、IV。最后画出四个坊位桩的连线即得坑口位置。

4）按以上方法测定另一坑口位置。基础坑位测定之后，应复查一次，以免坑位出错造成返工。

这里需要说明的是，每一种类型的杆塔基础，其坑位测定的方法有很多种，我们应根据实际地形来选择测定坑位的最佳方法。

2. 直线四腿铁塔基础分坑测量

直线四腿铁塔基础分坑有三种类型，即正方形基础、矩形基础和不等高塔腿基础。

（1）正方形基础分坑测量。

设 X 为基础根开，a 为基础坑口边长，由图 12-3-4 中所示的关系先求出：E_1、E_2、E_3 数值。

$$E_1 = \frac{\frac{1}{2}(X+a)}{\sin 45} = \frac{\sqrt{2}}{2}(X+a) \tag{12-3-9}$$

$$E_2 = \frac{\frac{1}{2}X}{\sin 45} = \frac{\sqrt{2}}{2}X \tag{12-3-10}$$

$$E_3 = \frac{\frac{1}{2}(X-a)}{\sin 45} = \frac{\sqrt{2}}{2}(X-a) \tag{12-3-11}$$

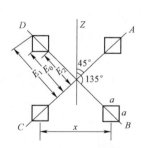

图 12-3-4　方形塔的基础分坑

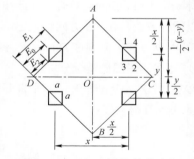

图 12-3-5　矩形塔的基础分坑

正方形分坑方法：

仪器安置在 O 点，前视线路中心桩，转 45° 角，在此方向线上定出点 A，倒镜定出点 C，转 135° 在此方向线上定出点 B，倒镜定出点 D。

在 OA 方向线上从 O 点起量水平距离 E_1 与 E_2 得 1、2 两点，取 $2a$ 线长，使其两端分别与 1、2 两点重合，在其中间把线拉紧得点 3，折向 OA 的另一侧得点 4。

依同样方法可定出另外三个坑口的四个角顶。

（2）矩形塔的基础分坑测量。

设 X 为横向基础根开，Y 为线路纵向基础根开，a 为基础坑口边长，分别以 C、D

点为零点，至坑远角点为 E_1，中心点为 E_2，角近点为 E_3，由图 12-3-5 中所示的关系可计算得数值：

$$E_2 = \frac{\frac{1}{2}y}{\sin 45} = \frac{\sqrt{2}}{2}y \qquad (12\text{-}3\text{-}12)$$

$$E_1 = \frac{\frac{1}{2}(y+a)}{\sin 45} = \frac{\sqrt{2}}{2}(y+a) \qquad (12\text{-}3\text{-}13)$$

$$F_2 = \frac{\frac{1}{2}(X-b)}{\sin 45} = \frac{\sqrt{2}}{2}(X-b) \qquad (12\text{-}3\text{-}14)$$

矩形塔的基础分坑方法及步骤：

分坑时，仪器放在塔位中心桩 O 点上，前后视线路中心桩，沿此方向量取水平距离 1/2 $(x+y)$，分别得 A、B 两点，在垂直线路中心线的方向以同样的距离，分别定出 C、D 两点。

从 C 点起，在 CA 方向线上量水平距离 $E3$ 与 $E1$，分别得 1、2 两点，取 $2a$ 线长，使其两端分别与 1、2 两点重合，在此线的中间把线拉紧得点 3，折向 AC 的另一侧得点 4。以同样方法，在 CB 方向线上定出另一塔脚坑口的四个角顶。

同理从 D 点起，分别在 DA、DB 方向线上以同样方法定出另外两个塔脚坑口桩。

（3）不等高塔腿的基础分坑。

设 X、Y、Z 为基础根开，三个根开之间的关系是：$Z>Y>X$，由图 12-3-6 中所示的关系可计算得数值：

$$E_0 = \frac{\frac{1}{2}Z}{\sin 45} = \frac{\sqrt{2}}{2}Z \qquad (12\text{-}3\text{-}15)$$

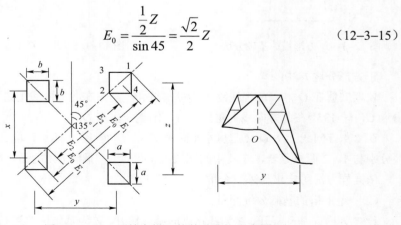

图 12-3-6　不等高塔腿的基础分坑示意图

$$E_1 = \frac{\frac{1}{2}(Z+a)}{\sin 45} = \frac{\sqrt{2}}{2}(Z+a) \qquad (12\text{-}3\text{-}16)$$

$$E_2 = \frac{\frac{1}{2}(Z-a)}{\sin 45} = \frac{\sqrt{2}}{2}(Z-a) \qquad (12\text{-}3\text{-}17)$$

$$F_0 = \frac{\frac{1}{2}X}{\sin 45} = \frac{\sqrt{2}}{2}X \qquad (12\text{-}3\text{-}18)$$

$$F_1 = \frac{\frac{1}{2}(X+b)}{\sin 45} = \frac{\sqrt{2}}{2}(X+b) \qquad (12\text{-}3\text{-}19)$$

$$F_2 = \frac{\frac{1}{2}(X-b)}{\sin 45} = \frac{\sqrt{2}}{2}(X-b) \qquad (12\text{-}3\text{-}20)$$

不等高塔腿的基础分坑方法：

将仪器安置在 O 点，前视线路中心桩，转 45° 角，在此方向线上定出点 A，倒镜定出点 C，转 135° 在此方向线上定出点 B，倒镜定出点 D。

在 OA 方向线上从 O 点起量水平距离 $E1$ 与 $E2$ 得 1、2 两点，取 $2a$ 线长，使其两端分别与 1、2 两点重合，在其中间把线拉紧得点 3，折向 OA 的另一侧得点 4。

在 OC 方向线上从 O 点起量水平距离 $F1$ 与 $F2$ 得 1、2 两点，取 $2a$ 线长，使其两端分别与 1、2 两点重合，在其中间把线拉紧得点 3，折向 OA 的另一侧得点 4。

在 OB、OD 方向线上，分别按照同样的方法写出此两方向线上塔脚坑口的位置。

【思考与练习】

1. 简述线路复测中应注意的事项。

2. 基础分坑有哪几种类型？

3. 简述矩形铁塔基础分坑的操作步骤。

第十三章

电　力　电　缆

▲ 模块 1　电力电缆基本知识（Z33F6001 Ⅰ）

【模块描述】本模块包含电力电缆的基本结构、型号和种类。通过概念描述、术语说明、图表示意、要点归纳，掌握电力电缆的基本知识。

【正文】

一、电力电缆基本知识

随着电能的应用和发展，为了适应输送和分配大功率电能的需要，在 110 年前世界上首次出现了电力电缆。随着新材料、新技术的开发和应用，电力电缆制造工艺逐渐简化，质量不断提高，造价逐渐降低，施工趋于简便，电力电缆的应用将日益扩大。

1. 电力电缆额定电压 U_0/U 及其划分

（1）U_0/U 的概念。U_0 是指设计时采用的电缆任一导体与金属护套之间的额定工频电压。U 是指设计时采用的电缆任两个导体之间的额定工频电压。

为了完整地表达在同一电压等级下不同类别的电缆，现采用 U_0/U 表示电缆的额定电压。

（2）我国对电缆额定电压 U_0/U 的划分。电缆 U_0/U 的划分与类型的选择，实际是根据电网的运行情况、中性点接地方式和故障切除时间等因素来选择电缆绝缘的厚度。将 U_0 分为两类数值，见表 13-1-1。

表 13-1-1　　　　　　　　　我国电力电缆额定电压 U、U_0

U (kV)	U_0 (kV)		U (kV)	U_0 (kV)	
	Ⅰ	Ⅱ		Ⅰ	Ⅱ
3	1.8	3	20	12	18
6	3.6	6	35	21	26
10	6	8.7	110	64	—
15	8.7	12	220	127	—

2. 电力电缆型号的编制原则

为了便于按电力电缆的特点和用途统一称呼，使设计、订货、缆盘标记更为简易以及防止出现差错，专业单位用型号表示不同门类的产品，使其系列化、规范化、标准化、统一化。我国电力电缆产品型号的编制原则如下：

（1）一般由有关汉字的汉语拼音字母的第一个大写字母表明电力电缆的类别特征、绝缘种类、导体材料、内护层材料及其他特征，见表13-1-2。

表 13-1-2 电力电缆的类别特征、材料

类别特征	绝缘种类	导体材料	内护层材料	其他特征
K—控制 C—船用 P—信号 B—绝缘电线 ZR—阻燃 NH—耐火	Z—纸 X—橡胶 V—聚氯乙烯（PVC） Y—聚乙烯（PE） YJ—交联聚氯乙烯 （XLPE）	T—铜芯（省略） L—铝芯	Q—铅包 L—铝包 Y—聚乙烯护套（PE） V—聚氯乙烯护套（PVC）	D—不滴漏 F—分相金属套 P—屏蔽 CY—充油 Z—直流

（2）对外护层的铠装类型和外护层类型则在汉语拼音字母之后用两个阿拉伯数字表示，第一位数字表示铠装层，第二位数字表示外护层，见表13-1-3。

表 13-1-3 电 力 电 缆 护 层 代 号

代号	加强层	铠装层	外被层或外护套
0	—	无	—
1	径向铜带	联锁钢带	纤维外被
2	径向不锈钢带	双钢带	聚氯乙烯外护套
3	径、纵向铜带	细圆钢丝	聚乙烯外护套
4	径、纵向不锈钢带	粗圆钢丝	—

（3）部分特点由一个典型汉字的第一个拼音字母或英文缩写来表示，如橡胶聚乙烯绝缘用橡（XIANG）的第一个字母 X 表示，铅（QIAN）包用 Q 表示等。为了减少型号字母的个数，最常见的代号可以省略，如导体材料在型号中只用 L 表明铝芯，铜芯 T 字省略，电力电缆符号省略。

（4）电缆型号由电缆结构各部分代号组成，代号的排列一般依照下列次序：

绝缘种类—导线材料—内护层—其他特点—外护层；电缆产品用型号和规格表示。其方法是在型号后再加上说明额定电压、芯数和截面的阿拉伯数字。

各种型号电缆在选型时既要保证电缆安全运行，能适应周围环境、运行安装条件，

又要经济、合理。

例：YJV22-10-3×95

YJ 表示交联聚乙烯绝缘，V 表示聚氯乙烯内护层，22 分别表示双钢带铠装，聚氯乙烯外护套。电压等级为 10kV，3 芯电缆，线芯截面积为 95mm²。

VLV32-6-3×120

V 表示聚氯乙烯绝缘，L 表示铝芯，V 表示聚氯乙烯内护套，32 分别表示细钢丝铠装，聚氯乙烯外护套。电压等级为 6kV，3 芯，线芯面积 120mm²。

二、电力电缆的基本结构和种类

1. 电力电缆的基本结构

电力电缆是指外包绝缘的绞合导线，有的还包有金属外皮并加以接地。因为是三相交流输电，所以必须保证三相送电导体相互间及对地间的绝缘，因而必须有绝缘层。为了保护绝缘和防止高电场对外产生辐射干扰通信等，又必须有金属屏蔽护层。另外，为防止外力损坏还必须有铠装和护套等。因此电力电缆的基本结构必须有线芯（又称导体）、绝缘层、屏蔽层和保护层四部分，这四部分结构上的差异就形成了不同的电缆种类，它们的作用和要求阐述如下：

（1）线芯。它是电缆的导电部分，用来输送电能。应采用导电性能好、机械性能良好、资源丰富的材料，以适宜制造和大量应用。

（2）绝缘层。它将线芯与大地以及不同相的线芯间在电气上彼此隔离，从而保证电能输送，因此绝缘层也是电缆结构中不可缺少的组成部分。

（3）屏蔽层。6kV 及以上的电缆一般都有导体屏蔽层和绝缘屏蔽层。导体屏蔽层的作用是消除导体表面的不光滑（多股导线绞合会产生的尖端）所引起导体表面电场强度的增加，使绝缘层和电缆导体有较好的接触。同样，为了使绝缘层和金属护套有较好接触，一般在绝缘层外表面均包有外屏蔽层。

（4）保护层。保护层的作用是起保护密封作用，保护电缆免受外界杂质和水分的侵入，以及防止外力直接损坏电缆，保持绝缘性能。因此其质量对电缆的使用寿命有很大影响。保护层一般由内护套、外护层（内衬层、铠装层和外护层或外护套）等部分组合而成。

2. 电力电缆的种类

（1）按电压等级可分为：1、3、6、10、20、35、60、110、220、330、500kV等。其中，1kV 电压等级电力电缆使用最多，一般厂矿企业及城市新建新村配电线路都使用。

从施工技术要求、电缆接头、电缆终端头结构特征及运行维护等方面考虑，也可以依据电压这样分类：

低压电力电缆（1kV）；

中压电力电缆（6～35kV）；

高压电力电缆（110～500kV）。

（2）按电缆芯数可分成：单芯（用于传输直流电及特殊场合，如高压电机引出线）、两芯（用于传输单相交流电或直流电）、三芯（用于三相交流电网中）、四芯（用于低压配电线路或中性点接地的三相四线制电网中）、五芯以上（TN-S系统）。

（3）按导电线芯截面积分类：电力电缆的导电线芯一般简称为导线，它是按一定等级的标称截面积制造的，这样既便于制造，也便于施工。

我国电力电缆标称截面系列为：1.5、2.5、4、6、10、16、25、35、50、70、95、120、150、185、240、300、400、500、630、800、1000、1200、1400、1600、1800、2000、3000mm² 等。

（4）按电缆结构和绝缘材料种类的不同分为：

1）自容式充油纸绝缘型电缆，结构如图 13-1-1 所示。

单芯自容式充油电缆结构与普通的油纸电缆相比有以下特点：

a. 图 13-1-1 中线芯中心由螺旋管支撑形成中心油道，油道和端部的供油装置（压力箱）连通，消除了内部温度变化而产生的气隙，因此其允许工作场强提高了。

b. 为了使电缆内部的油在油道中流畅及提高浸渍补充速度，使用的油是低黏度的。为了提高电缆的绝缘水平，采用的油是绝缘强度高、介质损耗低、纯净和经真空处理的低黏度的绝缘油，如十二烷基苯合成油等。

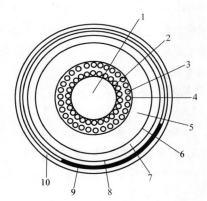

图 13-1-1　单芯自容式充油电力电缆结构
1—油道；2—螺纹管；3—线芯；4—线芯屏蔽；
5—绝缘层；6—绝缘屏蔽；7—铅护套；
8—内衬垫；9—加强铜带；10—外护套

c. 充油电缆是在高于大气压的油压条件下工作的，因而电缆内部的气隙大大减少，油压越高则电缆内部的气隙越少，绝缘所适用的电压等级可以更高。由于电缆内部始终有压力存在，为了加强内护层的机械强度，在外护层中多了一层加强层的结构，这是一层比内护层机械强度高很多的材料，一般用钢带或不锈钢带包绕在内护层外，从而使内护层的机械强度增强。

2）挤包绝缘电缆，交联聚乙烯电缆结构如图 13-1-2 所示。

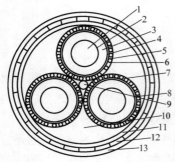

图 13-1-2 交联聚乙烯电缆结构图

1—线芯；2—线芯屏蔽；3—交联聚乙烯绝缘；

4—绝缘屏蔽；5—保护带；6—铜丝屏蔽；

7—螺旋铜带；8—塑料带；9—中心填芯；

10—填料；11—内护套；12—铠装层；13—外护层

挤包绝缘电力电缆包括聚氯乙烯绝缘电力电缆、交联聚乙烯绝缘电力电缆、聚乙烯绝缘电力电缆、橡胶绝缘电力电缆、阻燃电力电缆、耐火电力电缆、架空绝缘电缆。挤包绝缘电力电缆制造简单，重量轻，终端头和中间接头制作容易，弯曲半径小，敷设简单，维护方便，并具有耐化学腐蚀和一定耐水性能，适用于高落差和垂直敷设。聚氯乙烯绝缘电缆，聚乙烯绝缘电缆一般用于 10kV 及以下的电缆线路中；交联聚乙烯电缆多用于 6kV 及以上乃至 110~220kV 的电缆线路中；在 6kV 及以下的电缆线路中大量应用橡胶绝缘电缆。阻燃电缆是往聚氯乙烯绝缘中加阻燃剂，即使在明火烧烤下，其绝缘也不会燃烧。

【思考与练习】

1. 解释 U_0、U 的含义。

2. 简述电缆型号的编制原则。

3. 解释下列电缆型号含义：

（1）VV22；

（2）YJV22。

4. 电缆的基本结构有哪几部分？

5. 试标出交联聚乙烯电缆结构图（见图 13-1-3）中的相应名称：

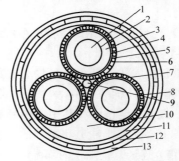

图 13-1-3 交联聚乙烯电缆结构图

1—（   ）；2—（   ）；3—（   ）；4—（   ）；
5—（   ）；6—（   ）；7—（   ）；
8—（   ）；9—（   ）；10—（   ）；
11—（   ）；12—（   ）；13—（   ）。

▲ 模块 2 电力电缆的敷设施工（Z33F6002Ⅱ）

【模块描述】本模块包括电力电缆敷设施工的一般知识，施工安装程序及注意事项。通过概念描述、流程介绍、列表说明、要点归纳，掌握直埋电缆敷设、室内及沟道内电缆敷设操作程序及电缆敷设的质量标准。

【正文】

目前电缆敷设仍然是用较多的人力进行敷设。机械化敷设电缆也正在一些工程中应用，方法是采用电动滚盘机和多架电动牵引机，分别推送和曳引电缆。这样敷设时人数大为减少，但准备工作较多，机械维修工作量大。电力电缆线路究竟采用哪一种方式敷设，取决于城市规模、交通管线状况、电压等级、线路长度、经济能力等诸多因素，经综合分析权衡协调比较后才能决定。为了使电力电缆线路敷设施工符合规程规定，满足技术和质量要求，就必须由具有电力电缆线路敷设知识，掌握敷设技能且富有一定经验的专业人员才能完成。对于电力电缆敷设施工安装操作，本模块重点介绍直埋电缆敷设、室内及沟道内电缆敷设安装操作程序及电缆敷设的质量标准。

一、危险点分析与控制措施

（1）挖掘电缆沟前应了解地下设施埋设情况，并应采取措施防止损坏地下设施或发生触电事故。

（2）敷设电缆前，应将电缆盘架设稳固，并将电缆盘上突出的钉子等拔掉，以防转动时损伤人员。

（3）人力施放电缆时，每人所承担的质量不得超过 35kg。所有人员均应站在电缆的同一侧，在拐弯处应站在其外侧。往地下放电缆时，应按先后顺序轻轻放下，不得乱放。

（4）施放电缆时，不得在易坍塌的沟边 0.5m 以内行走。在墙洞、沟口、管口及隔层等处施放电缆时，人员应距洞口处 1m 以上。

（5）剥除电缆麻皮、铠装时应戴手套、口罩，防止沥青中毒。

（6）在腐蚀环境中敷设电缆时，电缆不宜做中间接头。

二、作业前的准备

1. 电缆敷设施工前期相关图纸资料的掌握

（1）熟悉电缆施工图并根据图纸编制施工预算。

（2）了解电缆线路设计图，一般包括：了解该工程的设计方案，所需要各种材料、工作量、工作范围；简要掌握施工前后的电气系统变化及新线路的名称；明确电缆起始点至终点的具体位置。

2. 电缆线路的路径选择

电缆线路在正常条件情况下，其寿命在 30 年以上。其投资费用为架空线路的 5 倍以上，且线路不易变动，因此必须慎重选择合适的电缆线路路径。当施工中发现有异常情况不利电缆线路今后安全运行时，施工人员应向有关部门提出更改设计，使电缆线路的路径更加合理，其原则如下：

（1）安全运行。尽可能避免各种外来损坏，提高电缆线路的供电可靠性。为保证电缆线路的安全运行，电缆的路径选择应符合下列规定：

1）避免电缆遭受机械性外力、过热、腐蚀等危害。

2）要尽量减少与其他建筑设施的交叉、跨越和接近（特别是热力管道及电车轨道），必要时应保持规定的距离，或采取防护措施。

3）便于敷设、维护。

4）应选择不受机械振动和不受外力破坏、较为平坦的路径，避开将要挖掘施工的地方。

5）满足安全要求条件下使电缆较短。

（2）经济合理。从投资最省的方面考虑。

（3）施工方面。电缆线路的路径必须便于施工和投运后的维修。

3. 电缆保护管的加工及埋设

电缆从沟道至设备这一段常常是穿管敷设的，为的是保护电缆不受机械损伤和避免过多地砌筑分支沟道。由于电缆保护管要在土建施工时配合土建进行预埋，这就要求施工人员不仅要熟悉电缆施工图纸，还要了解电气设备的布置情况和设备的接线位置，才能将位置预埋准确。

4. 电缆支架配制和安装

除直埋于地下的电缆外，电缆都要敷设于支架上。电缆支架现有角钢架、装配式支架及电缆托架等。其中角钢支架历史最长，因其强度高，能适用各种场合，制作也方便，所以仍广泛应用。装配式支架的立柱和翼板是工厂制造的，现场安装比较方便，对于加快施工进度、节约钢材，有显著的效果，在生产厂房中已大量使用。电缆托架即是连续刚性电缆托架的简称，现在国内已开始生产和大量应用。

5. 电缆的搬运、保管、检查和封端

（1）电缆的搬运。电缆应缠在盘上运输，人力推动时应顺电缆圈匝缠紧的方向或盘上标明的箭头方向滚动，否则会造成电缆松散、缠绞，以后放线困难。用车辆运输时，应将电缆盘立放于车上并临时固定，卸车时不许将盘抛下，要顺跳板滚下来或吊下来。大电缆盘滚动较吃力，特别是道路不好时更费劲，最好用铲车搬运。短电缆可以按规定的最小弯曲半径卷成圈，四点捆紧后搬运。

（2）电缆的保管。电缆应集中保管、分类存放，盘上应标明型号、电压、芯数、截面及长度等，并有制造厂的合格证。存放地点要干燥、地基坚实、易于排水，电缆盘排列整齐，盘之间应有通道，便于随时领取，电缆盘应立放，禁止平放。电缆盘如果损坏，要进行修理，不能置之不理，否则以后倒盘都有困难。

（3）电缆检查。对于新到现场的电缆都应进行一次外观检查，除检查电缆盘的完整与否以外，还应检查电缆端头封头情况。规格型号不清的电缆，要剥开查明后，重新标志于盘上。在保管期间应每 3 个月全面检查一次，平时发现缺陷也要及时处理。

（4）电缆封端。塑料电缆和橡皮电缆也应封端防水分进入，水分浸入后铠装易锈蚀，还会促进绝缘老化。封端方法可以用塑料封头套，也可以用黏性塑料带包缠，用黑胶布包缠质量稍差。

6. 电缆施工工具准备

电缆施工中除去一般常用工具必须备齐以外，还应备齐有关专用工具，工程开始前应对专用工具进行清理检查维修，使之处于完好状态。

（1）电缆敷设的专用工具。电缆敷设目前仍是人工敷设，专用工具有电缆放线架、滚筒、厚壁钢管等。机械敷设专用工具有卷扬机、电缆输送机、防捻器等。

（2）电缆牌。放电缆前，一定要将电缆牌准备好，电缆牌上应有以下内容：电缆编号、电缆型号规格、起点、终点等。

（3）电缆接头的专用工具。主要有电缆剥、切、削专用工具，机械压力钳，喷灯或燃气喷枪，电工工具，电烙铁及相关材料等，皆应配备齐全。

冬季施工，电缆存放地点在敷设前 24h 内的平均温度以及敷设现场的温度如果低于表 13-2-1 中规定的数值，要采取加热电缆的措施，否则不能敷设。

表 13-2-1　　　　　　　　　　　　　电缆最低允许敷设温度

电缆类型	电缆结构	最低允许敷设温度（℃）
控制电缆	耐寒护套、橡皮绝缘聚氯乙烯护套、全塑电缆	20、15、10
塑料绝缘电力电缆	高低压电缆	0
油浸纸绝缘电力电缆	充油或一般油纸	10 或 0
橡皮绝缘电力电缆	橡皮或聚氯乙烯护套、铅护套钢代铠装	15、7

三、电缆敷设的质量标准、技术要求及步骤

1. 电缆敷设的一般工艺质量标准

（1）敷设电缆的方法可用人工或卷扬机牵引，也可两者兼用。在沟中每隔 2m 放置一个滚轮，将电缆端头从电缆盘上引出放在滚轮上，然后用绳子扣住电缆向前牵引，如果电缆较长较重，除了在电缆端头牵引外，还需要一部分人员在电缆中部帮助拖拉，并监护电缆在滚轮上的滚动情况。当电缆线中全部牵引完后，可将电缆逐段提起移去滚轮，慢慢将它放入沟底。电缆敷设应做到横看成线，纵看成行，引出方向一致，裕度一致，相互间距离一致，避免交叉压叠，做到整齐美观。

（2）在下列地点，电缆应穿入保护管内：

1）电缆引入及引出建筑物、隧道、沟道处。

2）电缆穿过楼板及墙壁处。

3）引至电杆上或沿墙敷设的电缆离地面 2m 高的一段。

4）室内电缆可能受到机械操作的地方，室外电缆穿越道路时以及室内人容易接近

的电缆距地面 2m 高的一段。

　　5) 装在室外容易被碰撞处的电缆应加装保护管,保护管的埋入深度为 0.2~0.3m。

　　6) 电缆穿越变配电所层面,均要用防火堵料封堵。电缆穿入变配电所的孔或洞均经封堵密封,有效防水。

　　(3) 当电缆有中间接头时,应将其放在电缆井坑中,在中间接头的周围应有防止因发生事故而引起火灾的设施。在下列地点电缆应挂标志牌:电缆两端,改变电缆方向的转角处,电缆竖井口,电缆的中间接头处。

　　(4) 电缆在下列各点用夹头固定:水平敷设直线段的两端,垂直敷设的所有支持点,电缆转角处弯头的两侧,电缆端头颈部,中间接头两侧支持点。

　　(5) 单芯电缆的固定支架不应形成磁回路,如夹头应采用铜、铝或其他非磁性的材料。单芯电缆穿入的导管同样需要采用非磁性材料。

　　(6) 电缆的弯曲半径与电缆外径的比值应符合表 13-2-2 的规定。

表 13-2-2　　　　　　　电缆最小允许弯曲半径与电缆外径的比值

电缆种类	电缆护层结构	单芯	多芯
油浸纸绝缘电力电缆	铠装或无铠装	20	15
橡塑绝缘电力电缆	有金属屏蔽层	10	8
	无金属屏蔽层	8	6
	铠装		12
控制电缆	铠装		10
	非铠装		6

　　(7) 控制电缆(尤其是用于电流回路)不允许有中间接头,只有敷设长度超过制造长度时才允许有接头。

　　(8) 多根电力电缆并列敷设时,电缆接头不要并排装接,应前后错开。接头盒用托板托置,并用耐电弧隔板隔开,托板及隔板两端要伸出接头盒 0.6m 以上。也可采用套一段钢管来保护。

　　(9) 敷设电缆时,电缆应从电缆盘上端引出,用滚筒架起防止在地面摩擦,不要使电缆过度弯曲。注意检查电缆,电缆上不能有未消除的机械损伤(如压扁、拧绞、铅包折裂及铠装严重锈蚀断裂等)。

　　(10) 铠装电缆在锯切前,应在锯口两侧各 50mm 处用铁丝绑牢。塑料绝缘电缆做防水封端。

　　(11) 机械牵引敷设电缆时,牵引强度不要大于表 13-2-3 所列数值。装牵引头敷设时，线芯承受拉力一般以线芯导线抗拉强度的 25% 为允许拉力。

表 13-2-3　　　　　　　　　　电缆最大允许牵引强度

牵引方式	允许牵引强度（kgf/cm²）			
	铜芯	铝芯	铅包	铝包
牵引头	7	4		
钢丝网套			1	4

注　1kgf/cm²=0.098MPa。

（12）用机械牵引电缆时，线头必须装牵引头。短电缆可以用钢丝网套牵引，卷扬机的牵引速率一般为 6～7m/min。

（13）敷设电缆时，应专人指挥，以鸣哨和扬旗为行动指令。路线较长时应分段指挥，全线听从指挥，统一行动。如人员不足，可分段敷设，但速度较慢。敷设中遇转弯或穿管来不及时，可将电缆甩出一定长度的大弯作为过渡，以后再往前拉。

（14）电缆进入沟道、隧道、竖井、建筑物、屏柜内以及穿入管子时，出入口应封闭，防止小动物、防水及防火等灾害。封闭方法可根据情况选择，如用玻璃丝棉、保温材料、铁板、沥青等。

（15）电缆敷设时常以铁丝临时绑扎固定，待敷设完毕后，应及时整理电缆，将电缆按设计位置排列放置，电缆理直，并按前述要求用卡子固定、补挂电缆牌等，在上屏的地方应留有适量的弯头裕度。

（16）电缆敷设后，在填土前，必须及时通知资料人员进行电缆和接头位置等的丈量登录和绘图。

2. 直埋电缆敷设操作步骤

室外电缆在无沟道相通的情况下，常用直接埋于地下的方式敷设。电缆必须埋于冻土层以下，沟底要求是良好的软土层，没有石块和其他硬质杂物，否则应铺上不小于 100mm 厚的沙或软土层。电缆上面也要覆盖一层不小于 100mm 厚的软土或沙层。覆盖层上面用混凝土板或砖块覆盖，宽度超过电缆两侧各 50mm，防止电缆受机械损伤。板上面再将原土回填好。

优点：直埋敷设不需要大量的土建工程施工，土石方量少，工期短，技术含量低，投资省。

缺点：直埋的电缆线路较容易受到机械性外力损伤，也容易受到周围土壤的化学或电化学腐蚀，更换电缆比较困难。

直埋敷设适用于电缆线路不大密集的城镇地下走廊和农村的山区，不易挖掘的地方。直埋电缆要求有一定的机械强度，又要能抗腐蚀，因此要选用带麻被外护层的铠装电缆或有塑料外护层的铠装塑料电缆。敷设路线上有腐蚀性土壤时，应按设计规定处理，否则不能直埋，还应考虑有无其他危害。

电缆直埋敷设应有一定的波浪形摆放，以防地层不均匀沉陷损坏电缆。电缆中间接头盒应置于面积较大的混凝土板上，接头盒排列位置应互相错开，接头两端电缆要有一定的裕度。电缆及接头盒位置应设立标志桩，通常用混凝土制作方形或三角形标志桩。还应绘制电缆敷设位置图以便移交运行单位。现在的电缆直埋敷设都要求电缆在管内敷设，也就是电缆沟挖好后先在沟底敷设波纹管或 PVC 管，再将电缆穿入管内。

3. 室内、沟道及隧道内电缆敷设操作步骤

（1）沟道、隧道、室内电缆敷设除应按一般工艺要求进行。将电力电缆线路敷设于已建成的电缆隧道中的安装方式称为电力电缆隧道敷设。电缆隧道是能够容纳较多电缆的地下土建设施，在隧道中有高 1.9～2.0m 的人行通道，有照明、通风和自动排水装置。隧道中可随时进行电缆安装和维修作业。

电缆敷设于隧道中，消除了外力损坏的可能性，对电缆安全运行十分有利。但隧道的建设投资较大。建设周期较长，是否选用隧道作为电缆通道，要进行综合经济比较。电缆隧道适用的场合有：

1）大型电厂或变电所，进出线电缆在 20 根以上的区段；

2）电缆并列敷设在 20 根以上的城市道路；

3）有多回路高压电缆从同一地段跨越内河时。

（2）电缆沟内敷设安装电缆的方法和技术要求。将电缆敷设在预先建成的电缆沟中的安装方式称为电缆沟敷设。电缆沟敷设适用于发电厂及变电所内，工厂厂区或城市人行道，并列安装多根电缆的场所，根据敷设电缆的数量多少，可在沟的双侧或单侧装置支架，电缆敷设后应固定在支架上，在支架之间或支架与沟壁之间，留有一定宽度的通道。电缆沟中敷设的电缆应满足防火要求，例如具有不延燃的外护层或裸钢带铠装，重要的线路应选用具有阻燃外护套的电缆。电缆沟敷设的缺点是，沟内容易积水、积污，而且清除不方便。由于电缆沟一般离地较近，空气散热条件差，因而其电缆允许载流量比直埋敷设低。

1）电缆沟内的电缆敷设安装方法。一般电缆施工部门不自行建造电缆沟，故在电缆线路路径确定以后，需委托土建单位施工。电缆沟内敷设电缆的方法与直埋电缆的敷设方法相仿，一般可将滚轮放在沟内，施放完毕后，将电缆放于沟底或支架上，并在电缆上绑扎记载线路名称的铭牌。敷设后，同样需按要求清理现场，及时、正确、清楚填好敷设安装的质量报表，交有关管理部门。

2）电缆沟的电缆敷设安装规范要求。

a. 敷设在不填黄沙的电缆沟（包括户内）内的电缆，为防火需要，应采用裸铠装或阻燃（或耐火）性外护层的电缆。

b. 电缆线路上如有接头，为防止接头故障时殃及邻近电缆，可将接头用防火保护盒保护或采取其他防火措施。电缆沟中的防火措施和隧道相仿。电缆接头需有防火槽盒封闭。

c. 电缆沟的沟底可直接放置电缆，同时沟内也可装置支架，以增加敷设电缆的数量。

d. 电缆固定于支架上，水平装置时，外径不大于 50mm 的电力电缆及控制电缆，每隔 0.6m 一个支撑；外径大于 50mm 的电力电缆，每隔 1.0m 一个支撑。排成正三角形的单芯电缆，应每隔 1.0m 用绑带扎牢。垂直装置时，每隔 1.0～1.5m 应加以固定。

e. 电力电缆和控制电缆应分别安装在沟的两边支架上，若不能，则应将电力电缆安置在控制电缆之上的支架上。电缆敷设于公用桥人行道板下，需加垫橡胶块，以减少桥梁震动对电缆的影响。在桥墩处，电缆应有松弛余度，以补偿电缆由于热胀冷缩或者沉降而产生的长度变化。

f. 电缆沟内全长应装设有连续的接地线装置，接地线的规格应符合规范要求。其金属支架、电缆的金属护套和铝装层（除有绝缘要求的例外）应全部与接地装置连接，这是为了避免电缆外皮与金属支架间产生电位差，从而发生交流电蚀或单位差过高危及人身安全。

g. 电缆沟内的金属结构物均需采取镀锌或涂防锈漆的防腐措施。

4. 管道内电缆的敷设操作步骤

电缆穿管敷设时，应先疏通管道，可用压缩空气吹净，或用粗铁丝绑上一点棉纱、破布之类通入管内清除污脏。管路不长时，可直接将电缆穿送入。当管线长或有两个直角弯时，可先将一根 8～10 号铁丝穿入管内，一端扎紧于电缆上，以后一头曳引、一头穿送，如有疑问，应用管道内窥镜检查。排管中，不允许存在有可能损伤电缆外护套的残留物。为了加强润滑，还可在管口及电缆上抹上滑石粉或工业凡士林，以降低电缆大排管中的摩擦系数。

（1）电缆穿入单管时，应符合下列规定：

1）铠装电缆与其他电缆不得穿入同一管内。

2）一根电缆管只允许穿一根电力电缆。

3）敷设于混凝土管、陶土管、石棉水泥管内的电缆，宜用塑料护套电缆，以防腐蚀。

（2）排管内电缆的敷设安装和技术要求。在一些无条件建造电线隧道和电缆沟，而路面又不允许经常开挖的地方，建造电缆排管也是一种简易有效的方法。排管是将预先造好的管子按需要的孔数排成一定的形式，有必要时再用水泥浇铸成一个整体。管子应用对电缆金属护层不起化学作用的材料制成，例如陶瓷管、石棉水泥管、波纹塑料管和红泥塑料管等。

1）排管的建设。根据市政道路的建设规划和城市电网的发展规划，制订排管设计方案，经有关部门批准后，由土建工程队伍实施。一般应在每隔 150～200m 处及排管转弯处和分支处，建筑一个工作井。工作井的实际尺寸需要考虑电缆接头安装、维护、检修的方便。排管通向工作井应有不小于 0.1% 的倾斜度，以便管内的水流向工作井。

2）敷设前的准备工作。一般敷设在排管中的电缆应无机械销装保护，因此敷设时要特别小心，防止机械损伤。准备工作如下：详细检查管子内部是否通畅，管内壁是否光滑，任何不平和有尖刺的地方都会造成电缆外护套的损坏。检查和疏通排管可用两端带刃的铁制心轴，其直径比排管内径略小些。用绳子扣住心轴的两端，然后将其穿入排管来回拖动，可消除积污并刨光不平的地方。用直径比排管内径略小的钢丝刷刷光排管内壁。排管口及工作井口应套以光滑的喇叭口管以达到平滑过渡的目的。

3）排管内电缆的敷设。排管内的电缆敷设基本方法和直埋电缆敷设相似。

a. 将电缆盘放在工作井底面较高一侧的工作井外边，然后用预先穿入排管内部表面无毛刺的钢丝绳与电缆牵引头相连，把电缆放入排管并牵引到另一个井底面较低的工作井。

b. 在工作井入口处应用波纹聚乙烯（PE）管保护电缆，排管口要用喇叭口保护。较长电缆敷设，可在线路中间的工井内安装输送机，并与卷扬采用同步联动控制。排管敷设前后，应用 1000V 绝缘电阻表测试电缆外护套绝缘，并作好记录，以监视电缆外护套是否受到损伤。如果排管中间有弯曲部分，则电缆盘应放在靠近排管弯曲一端的工作井口，这样可减少电缆所受的拉力。

c. 牵引力的大小与排管对电缆的摩擦系数有关，一般约为电线质量的 50%～70%。

d. 为了便于施放电缆，减少电缆和管壁间的摩擦力，电缆入排管前，可在其表面涂上与其护层不起化学反应的润滑脂。

4）排管内的电缆敷设安装规范要求。

a. 一般敷设在排管内的电缆采用无铠装裸电缆或塑料外护套电缆。

b. 管内径不应小于电缆外径的 1.5 倍，且不得小于 100mm，以便于敷设电缆。管子内壁要求光滑，保证敷设时不损伤电缆外护套。

c. 敷设时的牵引力不得超过电缆最大的允许拉力。

d. 有接头的工作井内的电缆应有重叠，重叠长度一般不超过 1.5m。

e. 工作井应有良好的接地装置，在井壁应有预埋的拉环以方便敷设时牵引。

5）电缆敷设后。

工井内电缆要用夹具固定在支架上，并以塑料护套作衬垫，从排管口到支架间的电缆，必须安排适当的回弯，以有效地吸收由于温度变化引起电缆的伸缩。排管口要用不锈钢封堵件封堵，工井内电缆应包绕防火带，电缆排管敷设应选用无铠装、有塑料外护套电缆。

【思考与练习】

1. 简述电缆沟内敷设的安装规范要求。

2. 简述电缆直埋敷设的工艺要求。

3. 简述管道内电缆的敷设操作步骤。

▲ 模块 3　10kV 电力电缆头制作（Z33F6003Ⅲ）

【模块描述】本模块包括 10kV 及以下电力电缆头的制作步骤、工艺要求及质量标准等内容。通过概念描述、流程介绍、要点归纳，掌握 10kV 及以下电力电缆头的制作。

【正文】

一、工作内容

在这里着重介绍 10kV 交联聚乙烯绝缘电缆终端头的热缩和冷缩安装操作工艺、10kV 交联聚乙烯绝缘电缆中间接头的热缩和冷缩安装操作工艺及其注意事项。

二、危险点分析与控制措施

1. 触电伤害

（1）停、送电按操作规程进行，明确操作人、监护人。核对线路名称、色标，核对设备的控制范围，防止错、漏停电源及反送电。

（2）验电工作应由两人进行，一人验电，一人监护。验电要使用合格且电压等级相同的验电器，验电前，应先在有电设备上进行试验，确证验电器良好；无法在有电设备上进行试验时可用高压发生器等确证验电器良好。验电人员应戴绝缘手套。

（3）装设接地线工作，先接接地端、后接导线端，拆时与此相反。挂拆接地线时人体不得触及导线和接地线。电缆头装设接地线必须逐相放电后再进行。保证工作人员必须在接地线保护范围内工作。

（4）作业完毕后，拆除全部接地线并核对接地线数量。

2. 试验过程中造成触电伤害

（1）试验现场应装设遮栏，并向外悬挂"止步，高压危险！"的标示牌，试验时电缆另一端应派专人看护。

（2）变更试验接线时，应首先断开试验电源，将被试电缆逐相多次放电，并将升压设备的高压部分短路接地。

（3）试验没有结束前，禁止攀登试验电缆头所在杆塔。

（4）测电缆绝缘电阻时，测完一相后，应将该相放电后方可进行另一相测量工作。

3. 人员绊伤、摔伤

（1）吊装、拆接电缆时，梯子应有人扶持或绑牢。梯子应坚固完整，梯子的支柱应能承受作业人员及所携带的工具、材料攀登时的总重量，硬质梯子的横木应嵌在支柱上，梯阶的距离不应大于 40cm，并在距梯顶 1m 处设限高标志。

测完一相后，应将该相放电后方可进行另一相测量工作。登杆作业前，应先检查杆根、登高工具是否良好，安全带应系在牢固的构件上，应使用有后备绳或速差自锁器的双控背式安全带。

（2）电缆穿入保护管时，施工人员的手臂与管口应保持一定距离。

（3）动用锹、镐挖掘地面时作业人员与挖掘者保持一定的安全距离。

（4）作业人员应注意防止被地下障碍物绊倒。

（5）根据作业环境，必要时装设安全围栏。

4. 防火及烧伤

使用喷枪（灯）制作电缆头工作设专人负责，符合相关要求。使用喷枪（灯）时，喷嘴不准对着人体及设备。

5. 交通事故

车辆行驶符合交通安全管理要求，严禁人货混装。

6. 物体打击伤害

所有工作人员必须正确佩戴安全帽，防止上端掉落材料、工器具，砸伤下方工作人员，杆上作业应使用工具袋，应使用传递绳上下传递工具、材料。

三、作业前准备

1. 作业工具、材料配备

（1）安装所需工器具。绝缘拉杆、验电器、绝缘手套、高压接地线、安全围栏、警示牌、绝缘电阻表、钢锯、锉刀、断线钳、压接钳、套筒扳手、电工工具、喷枪（灯）等。

（2）所需材料。热收缩式电缆附件、高压绝缘带、电缆支架、电缆保护管、螺栓。

2. 作业条件

室外安装应在良好天气下进行，如遇雷、雨、雪、雾就不得进行作业，室内安装应具备照明通风条件。

四、操作步骤、质量标准

1. 10kV 交联聚乙烯绝缘电缆热收缩型终端制作工艺

（1）剥切电缆的外护层，锯钢铠、内衬层、铜带屏蔽、半导电屏蔽层和导体端部绝缘。

首先校直电缆，按图 13-3-1 给出的尺寸进行剥切。户外终端自电缆末端量取 700mm，户内终端自电缆末端量取 500mm（K 值依据接线端子孔深尺寸确定）。在外护套上刻一环形刀痕，向电缆末端切开并剥除电缆外护层。在钢销切断处内侧用绑线绑扎钢铠装层，锯切钢带，锯口要整齐。对于无销装的电缆，则绑扎电缆线芯。钢带断口外保留 10mm 内衬层，其余切除。除去填充物，分开绝缘线芯。

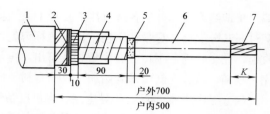

图 13-3-1　10kV 交联聚乙烯绝缘电缆
热收缩型终端剥切尺寸（单位：mm）
1—外护套；2—钢带铠装；3—内衬层；4—铜带屏蔽；
5—半导电层；6—电缆绝缘；7—导体

（2）焊接地线。将编织接地铜线一端拆开均分为三份。将每一份重新编织后分别绕包在三相屏蔽层上并绑扎牢固，锡焊在各相铜带屏蔽上。对于铠装电缆需用镀锡铜线将接地线绑在钢铠上并用焊锡焊牢再行引下。对于无铠装电缆可直接将接地线引下。

在密封段内，用焊锡熔填一段 15～20mm 长编织接地线的缝隙，用做防潮段，如图 13-3-2 所示。

（3）安装分支套。用自黏带或填充胶填充三芯分支处及铠装周围，使外形整齐呈苹果形状，如图 13-3-3 所示。清洁密封段电缆外护套。在密封段下段做出标记，在

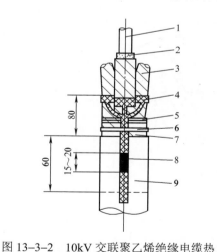

图 13-3-2　10kV 交联聚乙烯绝缘电缆热
收缩型终端接地线和防潮段（单位：mm）
1—绝缘线芯；2—半导电层；3—铜带屏蔽；
4—接地线及焊点；5—钢铠绑孔；6—接地线绑孔；
7—钢带铠装；8—防潮段；9—密封段

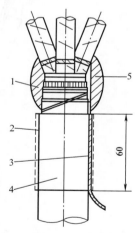

图 13-3-3　10kV 交联聚乙烯绝缘电缆热
收缩型终端填充三芯分支处（单位：mm）
1—自黏带或填充胶；2—密封胶；3—防潮段；
4—密封段；5—接地线

编织接地线内层和外层各绕包热熔胶带 1~2 层，长度约 60mm，将接地线包在当中。套进三芯分支套，尽量往下使下口到达标记处。先从分支套指根部向下缓慢环绕加热收缩，完全收缩后下口应有少量胶液挤出，再从分支套指根部向上缓慢环绕加热直至完全收缩。从分支套中部开始加热收缩有利于排出套内的气体。

（4）剥切铜带屏蔽、半导电层、绕包自黏带。从分支套手指端部向上量 40mm 为铜带屏蔽切断处，先用铜线将铜带屏蔽绑扎再进行切割，切断口要整齐。保留半导电层 20mm，其余剥除。剥除要干净，不要伤损主绝缘。对于残留在主绝缘外表的半导电层，可用细砂布打磨干净。用溶剂清洁主绝缘，用半导电带填充半导电层与主绝缘的间隙 20mm，以半叠绕方式绕包一层，与半导电层和主绝缘各搭接 10mm，形成平滑过渡，如图 13-3-4 所示。从半导电层中间开始向上以半叠绕方式绕包自减带 1~2 层，绕包长度 110mm。绕包半导电带和自新带时，都要先将其拉伸至其原来宽度的二分之一，再进行统包。

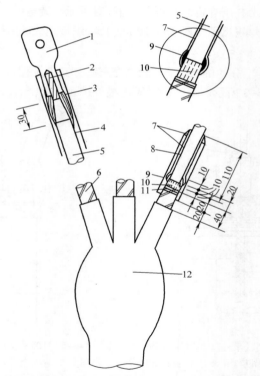

图 13-3-4　10kV 交联聚乙烯绝缘电缆热收缩型终端剥切铜带屏蔽（单位：mm）

1—接线端子；2—导线；3—自黏带填充；4—热收缩管；5—电缆绝缘线芯；6—铜带屏蔽；

7—自黏带；8—应力控制管；9—半导电带；10—半导电层；11—绑线；12—分支套

（5）压接接线端子。电缆绝缘线芯末端的绝缘剥切长度 K 为接线端子孔深加 5mm，绝缘线芯端部绝缘削成铅笔头形状，长度为 30mm。用压钳和模具进行接线端子压接，压后用锋刀或锉刀修整棱角毛刺。清洁端子表面，用自黏带填充压坑及不平之处，并填充线芯绝缘末端与接线端子之间。自黏带与主绝缘及接线端子各搭接 5mm，形成平滑过渡。

（6）安装应力控制管。清洁半导电层和铜带屏蔽表面，清洁线芯绝缘表面，确保绝缘表面没有炭迹。套入应力控制管，应力控制管下端与分支套手指上端相距 20mm。用微弱火焰给应力控制管自下而上环绕加热，使其收缩。在应力控制管上端包绕自黏带，使其平滑过渡，如图 13-3-4 所示。

（7）套装热收缩管。清洁线芯绝缘表面、应力控制管及分支套表面。在分支套手指部和接线端子根部，包绕热熔胶带（有的配套供货的热收缩管内侧已涂胶，则不必再包热熔胶带）。套入热收缩管，热收缩管下部与分支套手指部搭接 20mm，用弱火焰自下往上环绕加热收缩。完全收缩后管口应有少量胶液挤出。

在热收缩管与接线端子搭接处及分支套根部，用自黏带拉伸至原来宽度的二分之一，以半叠绕方式绕包 2～3 层，包绕长度为 30～40mm，与热收缩管和接线端子分别搭接，确保密封。

（8）安装雨裙。户外终端必须安装雨裙。清洁热收缩管表面，套入三孔雨裙，下落到分支套手指根部，自下而上加热收缩。再在每相上套入两个单孔雨裙，找正后自下而上加热收缩。

2. 10kV 交联聚乙烯绝缘电缆热收缩型中间接头制作工艺

下面将以 10kV 交联聚乙烯绝缘电缆热收缩型中间接头为例，具体叙述 10kV 交联聚乙烯绝缘电缆热收缩型中间接头的安装操作工艺。

10kV 交联聚乙烯绝缘电缆中间接头制作除了参考 10kV 交联聚乙烯绝缘电缆终端制作的有关要求外，还要注意到中间接头。由于中间接头处电缆铜带屏蔽已断开，故要包铜丝网并与两根电缆的铜带屏蔽绑扎用锡焊牢；压接连接管时，先压两端后压中间；接头施工完毕要待完全冷却后才可移动，否则容易损坏接头的绝缘和密封。

（1）剥切电缆。按图 13-3-5 所示尺寸，将 2 根待接电缆两端 2m 内校直、锯齐；两端分别剥去 500mm 和 1000mm 外护套，清理外护套表面，并将剥切口以下 100～200mm 外护套打磨粗糙；外护套向上留 30mm 钢带，其余剥去，锉光表面；钢带向上留 60mm 内护套，其余剥去，把余下的内护套表面打磨粗糙；三相分开，剥去的内衬物保留备用；按图 13-3-5 所示尺寸切除铜屏蔽、半导电层、绝缘层（E=1/2 连接管长+3mm）；用 PVC 带分别包扎线芯端头。剥切电缆时，锯钢带不应损伤内护套，剥切过程中要求断面整齐,剥内护套不应损伤屏蔽层。

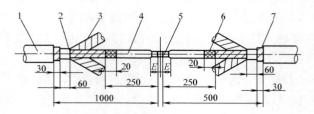

图 13-3-5 护套和钢带剥除示意图

1—外护套;2—内护套;3—铜屏蔽;4—主绝缘;5—线芯;6—半导电层;7—铠装

(2)安装应力管。按图 13-3-6 所示尺寸,将半导电层末端倒角,使半导电层与绝缘层平滑过渡;用细砂纸打磨绝缘层表面,以除去残留的半导电颗粒和刀痕;绝缘端部倒角 2×45°;用清洗巾清洁绝缘层和半导电层表面,在绝缘与半导电层上均匀地抹上一层硅脂;在中心两侧的各相上套入应力管,加热收缩应力管(要求应力管覆盖绝缘层的长度为 70mm);在应力管端部绕少量密封胶,使应力管与绝缘之间无明显台阶。注意清洗时必须由绝缘层擦向半导电层,切勿反向,而且每片清洗巾每面只能擦一次,切勿多次重复使用;加热收缩温度应控制恰当(110~120℃),避免过火烧伤热收缩材料。

(3)套入各种管材。按图 13-3-7 所示尺寸,在剥切较长的 A 端套入护套管、内外绝缘管和外半导电管,在 B 端套入内半导电管和铜网。

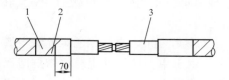

图 13-3-6 应力管安装示意图

1—应力管;2—半导电层;3—绝缘层

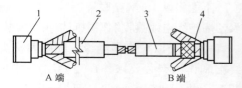

图 13-3-7 管材安装示意图

1—护套管;2—热缩管;3—内半导电管;4—铜网

(4)安装连接管。将 2 根电缆线芯根据相色分别插入连接管,按照压接标准用压钳压紧;锉平连接管上的棱角、毛刺,清除金属尘粒;连接管上绕包半导电带至线芯根部,使连接管与线芯上无明显凹陷处。

(5)安装内半导电管。按图 13-3-8 所示尺寸,将内半导电管放置中间部位,加热收缩;两端绕密封胶均匀过渡。

(6)安装内、外绝缘管。按图 13-3-9 所示尺寸,内绝缘管搭接一端铜屏蔽 30mm

左右，加热收缩；清洁内绝缘管表面，把外绝缘管置中，加热收缩。两端绕填充带均匀过渡。

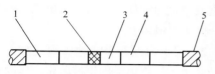

图 13-3-8　内半导电管安装示意图
1—应力管；2—半导电带；3—内半导电管；
4—绝缘层；5—铜屏蔽

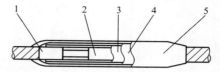

图 13-3-9　内、外绝缘管安装示意图
1—应力管；2—内半导电管；3—内绝缘管；
4—外绝缘管；5—外半导电管

（7）安装外半导电管（参见图 13-3-9）。将一根外半导电管套至绝缘管外，一端与铜带搭接 30mm 左右，从搭接处向接头中心加热收缩；用半导电带绕包末端的台阶；将另一根外半导电管套至绝缘管外，与另一端铜带搭接 30mm，从搭接处向接头中心加热收缩；两端用半导电带绕包至铜屏蔽搭接 20mm。

（8）安装接地线。拉开铜网，每相各加一根接地铜编织线，地线两端用铜扎线扎紧并与铜网一起在铜屏蔽上焊牢；恢复内衬物，用 PVC 带将三相线芯绑紧。

（9）安装内外护套（参见图 13-3-10）。在两端内护套上绕密封胶，收缩内护套管，两护套管搭接处绕密封胶；用接地铜编织线连接两端的钢铠，用铜扎线扎紧焊牢；在外护套两端绕密封胶，缩外护套管，两护套管搭接处绕密封胶，要求相互搭接 60mm，安装完毕。

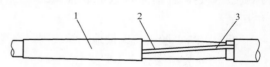

图 13-3-10　内外护套安装示意图
1—外护套管；2—内护套管；3—接地铜编织线

3. 10kV 交联聚乙烯绝缘电缆冷缩终端头制作

本节讲述 10kV 三芯电缆户外冷收缩型终端的制作工艺。三芯电缆户内型冷收缩型终端的制作工艺与户外型工艺基本类同，只是户内型冷收缩型绝缘件不带有雨裙。

（1）电缆的准备（见图 13-3-11）。

1）把电缆置于预定位置，按制造厂提供的安装说明书规定的尺寸剥去外护套，铠装及衬垫层；铠装带剥切长度 A 主要由线芯允许弯曲半径和规定的相间距离来确定。但需要考虑与制造厂所提供的套在线芯上的冷收缩护套管长度相适配。通常这一尺寸制造厂会在安装说明书中给定；开剥长度等于 A 加按线端子的深度，留内护层 10mm，留铠装带 25mm。

2）将电缆端部约 50mm 长的一段外护层擦洗干净。

3）在护套口往下 25mm 处绕包两层防水胶带。

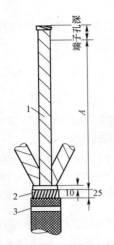

图 13－3－11   电缆的准备（单位：mm）

1—铜带屏蔽；2—钢铠；3—防水胶带（第1层）

4）在顶部包PVC胶带将铜屏蔽带固定。

（2）安装接地线。

1）在护套上口 90mm 处的铜屏蔽带上，分别安装接地铜环，并将三相电缆的铜屏蔽带一同搭在铠装上。

2）用恒力弹簧将接地编织线与上述搭在铠装上的三相电缆的铜屏蔽带一同固定在铠装上。

（3）防水处理。

1）在三个接地铜环上分别绕包PVC带。

2）在铠装及恒力弹簧上绕包几层 PVC带并将衬垫层全部覆盖住。

3）在第一层防水胶带的外部再绕包第二层防水胶带，把接地线夹在中间，以防止水或潮气沿接地线空隙渗入。

（4）安装分支套。

1）安装冷收缩型分支套。将分支手套放到三相电缆分叉处，先抽掉下端内部塑料螺旋条，（逆时针抽掉），然后再抽掉三个指管内部塑料螺旋条。在三相电缆分叉处收缩压紧。

2）用 PVC 胶带将铜接地编织线固定电缆在护套上。

（5）安装绝缘套管（见图 13-3-12）。

1）将三根冷收缩绝缘套管分别套在三相电缆芯上，下部覆盖分支套指管 15mm，抽出绝缘套管内部塑料螺旋条（逆时针抽掉），使绝缘套管收缩在三相电缆芯上。

2）如果需要接长绝缘套管，可以用同样方法收缩第二根冷收缩绝缘套管，第二根绝缘套管的下端与第一根套管搭接 15mm。绝缘套管顶端到线芯末端的长度应等于安装说明书中规定的尺寸。

（6）安装接线端子准备（见图 13-3-13）。

1）从冷收缩绝缘套管口向上留一段铜屏蔽（户外终端留 45mm，户内终端留 30mm），其余剥去。

2）铜屏蔽带口往上留 5mm 半导电层，其余全部剥去。

3）按接线端子孔深加上 10mm 剥去缆芯末端绝缘。

（7）安装冷收缩绝缘件准备（见图 13-3-14）。

半重叠绕包半导电带，从铜屏蔽末端 5mm 处开始绕包至主绝缘上 5mm 的位置，然后返回到开始处。要求半导电带与绝缘交界处平滑过渡，无明显台阶。

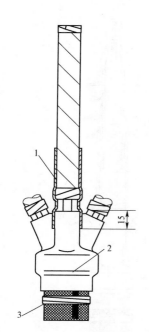

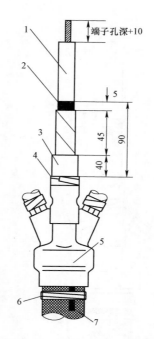

图 13-3-12　安装绝缘套管图

1—冷收缩套管；2—分支套，导电胶带；
3—固定胶带套管

图 13-3-13　安装接线端子准备

1—电缆主绝缘；2—半导电；3—冷收缩导电胶带；
4—标识带；5—套管；6—固定胶带，分支套；7—接地编织线

（8）安装接线端子。

套入接线端子，对称压接，并锉平打光，仔细清洁接线端子。

（9）安装冷收缩绝缘件（见图 13-3-15）。

1）用清洗剂将主绝缘擦拭干净。

2）在绝缘表面均匀涂抹适量硅脂。

3）套入冷收缩绝缘件，安装到说明书指定位置。抽出冷收缩绝缘件内的塑料螺旋条（逆时针抽掉），使绝缘件收缩压紧在电缆绝缘上。

（10）绕包绝缘带。用绝缘橡胶带包绕接线端子与线芯绝缘之间的空隙，外面再绕包耐高温、抗电弧的绝缘胶带。

（11）包绕相色标志带。

在三相电缆芯分支套指管外包绕相色标志带。（注：如接线端子平板宽度大于冷收缩绝缘件内径时，则应先安装冷收缩绝缘件，然后再压接接线端子。）

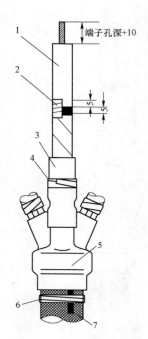

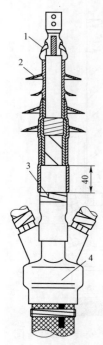

图 13-3-14　安装冷收缩绝缘件准备

1—电缆主绝缘；2—半导电；3—冷收缩胶带；4—标志带；

5—绝缘件；6—固定胶带；7—接地编织线

图 13-3-15　安装冷收缩绝缘件

1—耐电弧保护；2—冷收缩；

3—标志带；4—分支套

4. 10kV 交联电缆冷收缩型中间接头的制作

冷收缩型中间接头的安装工艺与预制型中间接头类似，但应注意下列不同之处：

1）将冷收缩接头主体套在剥切较长的一端电缆线芯上时，塑料螺旋条的抽头应朝向定线分叉处。

2）有关部件全都套在电缆线芯上后，两端电缆导体与压接管不必像预制型中间接头那样分两次压接。

3）将冷收缩接头主体移向接头中间前，在半导电层与绝缘交界处及绝缘表面均匀涂抹制造厂提供的专用混合剂。

4）安装铜屏蔽铜网过桥线及铜带跨接线，通常采用恒力弹簧固定。

5）冷收缩型中间接头采用半搭盖绕包一层防水带，两端覆盖电缆外护层各 60mm，再用铠装带绕包整个接头表面。这种铠装带固化后有良好的机械保护作用，它是一种真空包装的预浸渍可固化的黑色聚氨酯玻璃纤维编织带。使用前先打开包装，灌水后

15s 将水倒出即可使用；当然，也可采用其他合适的保护层或保护盒。

在此以 10kV 三芯交联电缆冷收缩型中间接头为例说明冷收缩型中间接头的制作工艺。

（1）电缆准备（见图 13-3-16）。

1）将电缆置于最终位置，分别擦洗两端 1m 范围内电缆护套，把灰尘、油污及其他污垢拭去。

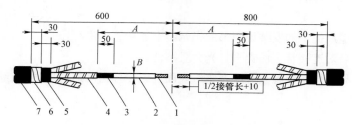

图 13-3-16 电缆准备（单位：mm）

1—导体；2—主绝缘；3—半导电屏蔽；4—铜屏蔽带；

5—衬垫层；6—钢带铠装；7—电缆护套

2）按如图 13-3-16 所示尺寸将电缆切剥处理。尺寸 A 和 B 按产品说明书取量。

注：切除钢带铠装层铠装时，先用钢丝将钢带铠装绑扎住，切除后再用 PVC 胶带把端口锐边包覆住。

（2）清洗主绝缘（见图 13-3-17）。

1）半重叠来回绕包半导电带，从铜屏蔽带上 40mm 处开始绕包至 10mm 的外半导电层上，绕包端口应十分平整。

2）按常规方法清洗电缆主绝缘，注意：

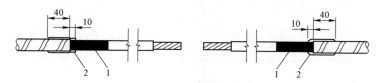

图 13-3-17 绕包半导电带和清洗主绝缘（单位：mm）

1—半导电屏蔽；2—半导电胶带

a）切勿使溶剂碰到半导体屏蔽层上。

b）如果必须要用砂纸磨掉主绝缘上残留半导体，只能用不导电的氧化铝砂纸（最大粒度 120），同时，还必须注意不能使打磨后的主绝缘的外径小于接头选用范围。

c）清洗后：在进行下道工序前，应检查主绝缘表面，必须保持干燥，如有必要，用干净的不起毛的布进行擦拭。

（3）安装冷收缩接头主体（见图13-3-18）。

1）从开剥长度较长的一端电缆装入收缩接头主体，较短的一端套入铜屏蔽编织网套。

注：冷收缩接头必须安置于开剥较长的一端电缆，塑料螺旋条的抽头方向应如图13-3-18（a）所指示。

2）按制造厂提供的安装说明书的指示装上连接管，进行压接。

3）压接后对连接管表面锉平打光并且清洗。

4）在半导电层与绝缘交界处及绝缘表面均匀涂抹由制造厂提供的专用混合剂，见图13-3-18（b）。

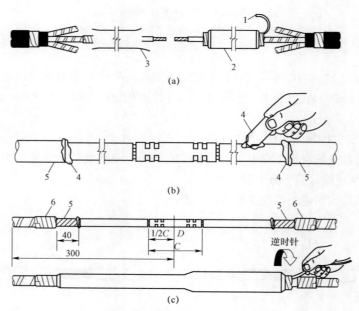

图 13-3-18　安装冷收缩接头主体（单位：mm）

1—冷收缩接头主体的螺旋塑料条抽头；2—冷收缩接头主体；3—铜屏蔽网套；
4—绝缘混合剂；5—半导电屏蔽；6—半导电胶带

5）将接头主体定位在安装说明书所指定的位置上。

6）逆时针抽掉塑料螺旋条，使冷收缩接头主体收缩；安装时注意对准标记尺寸，如图 13-3-18（c）所示。注意：必须确保定位准确，使接头主体的中心恰好定位在导体压接管的中心位置。

7）照此步骤制作第二、三相的接头。

（4）恢复金属屏蔽（见图 13-3-19）。

1）在装好的接头主体外部套上铜编织网套［见图 13-3-19（a）］。

2）用 PVC 胶带把铜编织网套绑扎在接头主体上。

3）用两只恒力弹簧将铜网套固定在电缆铜屏蔽带上。

4）将铜网套的两端修齐整，在恒力弹簧前各保留 10mm。

5）半重叠绕包两层自黏性橡胶绝缘带，将弹簧包覆住［见图 13-3-19（b）］。

6）按同样的方法完成另两相的安装。

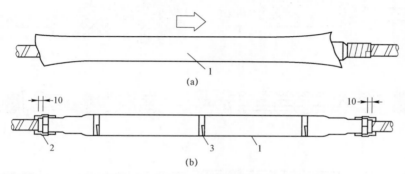

图 13-3-19 恢复金属屏蔽（单位：mm）
1—铜屏蔽网套；2—自黏性橡胶绝缘带；3—PVC 胶带

（5）恢复铠装（见图 13-3-20）。

1）用 PVC 带将三芯电缆绑扎在一起。

2）绕包一层防水胶带，涂胶粘剂一面朝外将电缆衬垫层包覆住［见图 13-3-20（a）］。

3）安装铠装接地接续编织线：

a）在编织线两端 80mm 的范围将编织线展开［见图 13-3-20（b）］。

b）将编织线展开的部分贴附在防水胶带和钢铠装上并与电缆外护套搭接 20mm［见图 13-3-20（c）］。

c）用恒力弹簧将编织线的一端固定在钢铠装上，搭接在外护套上的部分反折回来一起固定在钢铠上［见图 13-3-20（c）］。

d）同样，编织线的另一端也照此步骤安装。

e）半重叠绕包两层自粘性橡胶绝缘带，将弹簧连同铠装一起包覆住，但不要包在防水胶带上［见图 13-3-20（d）］。

f）用防水胶带从一端（A）护套上距离为 60mm 开始，半重叠绕包至另一端（B）护套上 60mm 处，作为接头的防潮密封层［见图 13-3-20（e）］。

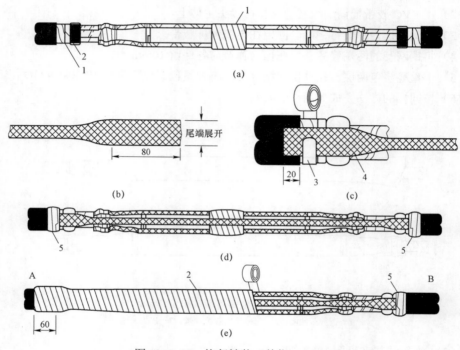

图 13-3-20　恢复铠装（单位：mm）

1—PVC 胶带；2—防水胶带；3—恒力弹簧；4—接地编织线；
5—自黏性橡胶绝缘带 A、B—铠装带起始点

（6）恢复外护套，安装铠装带（见图 13-3-21）。

1）为得到一个比较圆整的外形，可先用防水胶带填平两端的凹陷处［见图 13-3-21（a）］。

2）在整个接头外绕包铠装带，从一端电缆（A）的防水胶带外部边缘开始，半重叠绕包铠装带至对面另一端电缆（B）的防水带上［见图 13-3-21（b）］。

（7）为得到最佳效果，接头制作完成后，30min 内不要移动电缆。

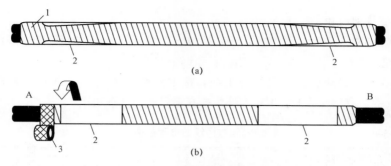

图 13-3-21 安装铠装带

1—防水胶带；2—用防水胶带填充；3—铠装带；A、B—铠装带起始点（防水胶带外缘）

五、注意事项

安装热收缩型、冷收缩型终端和中间接头时应注意以下事项。

1. 安装工具

（1）加热工具。推荐采用丙烷气体喷灯作为热收缩部件的收缩加热工具。在条件不具备的情况下，也允许采用丁烷、液化气或汽油喷灯作为收缩加热工具。

（2）导体连接工具。当导体连接采用压接方式时，建议采用六角或半圆形围压（又称环压）模具，模具尺寸应符合 GB 14315 的规定。如果采用点压（又称坑压）模具，则要求有更严格的填充和密封措施。

（3）绝缘剥切工具。剥切挤包绝缘电缆的绝缘时，建议采用专用剥切工具，以确保不伤及导体。

（4）安装电缆终端和中间接头所需要的常用工具如手锯、电工用刀、钢丝钳等，必须齐全、清洁。

2. 剥切电缆、压接接线端子

（1）剥切电缆。电缆末端剥切按产品安装说明书规定的顺序进行。剥除电缆的每一道工序都必须保证不损伤内层需要保留的部分。

剥除挤包电缆绝缘外半导电层时应特别注意，在裸露的绝缘表面上不可留有刀痕或半导电层残迹。如果电缆为不可剥离的半导电层，允许在剥除过程中削去部分绝缘（厚度不大于 0.5mm），但绝缘表面应尽量处理得当，光滑、圆整。剥除后，半导电层端面应与电缆轴线垂直、平整。特别注意，该处绝缘不得损伤。如果不采用喷涂或刷涂半导电漆工艺，则电缆外半导电层端面必须削成光滑且与电缆轴线夹角不大于 30°的圆锥体面。

（2）压接导体接线端子或导体连接管。三芯电缆压接导体接线端子时，必须注意三个端子的平面部分方向应便于安装连接。压接后，必须除去飞边、毛刺，清除金属粉末。

3. 安装接地线和过桥线

钢带铠装的三芯挤包绝缘电缆，钢带接地应采用 6～10mm 的绝缘软铜线焊接后引出。对纸绝缘电缆，接地线应焊在铅护套和钢带上。

以铜带作为屏蔽层的挤包绝缘电缆，接地线或过桥线应按电缆导体截面积从表 13-3-1 中选取相应截面的编织铜线焊接在铜带上，然后引出。

表 13-3-1 接地线和过桥线的推荐截面积

电缆线芯截面积（mm²）		接电线或过桥线推荐截面积（mm²）
铜	铝	
35 及以下	50 及以下	10
50～120	70～150	16
150～400	185～400	25

三芯电缆每相屏蔽层都应缠绕接地线并焊接，仍以一根接地线引出。若以铜丝作为屏蔽层的挤包绝缘电缆，则可将铜丝翻下，扭绞后引出。10kV 及以下纸绝缘电缆接地线焊在铅护套及钢带上。

对于中间接头，建议用电缆附件专用铜丝网套作为接头屏蔽层。将铜丝网套套在中间接头的外半导电层上，并与两端电缆的铜屏蔽层绑扎、焊接，构成接头屏蔽层。

4. 加密封填充胶

电缆绝缘末端与导体接线端子之间及接线端子压接变形处必须包以密封填充胶带，要求密实、平整。纸绝缘电缆应采用能耐受一定油压的耐油密封填充胶带。

10kV 及以下的三芯纸绝缘电缆，在三芯分叉处应绕包能耐受一定油压的耐油密封填充胶带。其操作要求按产品安装说明书的规定。

5. 安装热收缩管、分支套、雨裙

若热收缩管长度大于产品安装说明书规定的尺寸，可以按规定尺寸切去多余部分。切口应平整、无凹口。注意，应力管不可切除。

热收缩管和热收缩分支套的收缩覆盖物表面应预先清洗干净，不得有油污、杂物。纸绝缘电缆的绝缘表面按产品安装说明书的规定处理，当环境温度在 10℃以下时，应对被覆盖物预热。

按照产品安装说明书规定的部位开始，沿着圆周方向均匀加热。火焰方向与热收缩管轴线夹角以 45°为宜，缓慢向前推进，加热时必须不断地移动火焰位置，不可对准一个位置加热时间过长。要求收缩后的热收缩管表面无烫伤痕迹，光滑、平整，内部不应夹有气泡。

纸绝缘电缆终端或中间接头若采用半导电分支套和应力管，则应使半导电分支套与铅包和应力管之间保持良好接触，以满足电性能的要求。

6. 相序标志管

电缆终端的相色管，如安装在接线端子下端，则要求该管有良好的抗漏痕和抗电蚀性能，否则应靠下部安装。

【思考与练习】

1. 简述热收缩管、分支套、雨裙的安装工艺要求。
2. 简述 10kV 交联聚乙烯绝缘电缆热收缩型终端制作工艺步骤。
3. 简述 10kV 交联聚乙烯绝缘电缆冷收缩型终端制作工艺步骤。
4. 半导电屏蔽层及铜屏蔽带的作用是什么？

▲ 模块 4 电力电缆线路运行维护（Z33F6004Ⅲ）

【模块描述】本模块包括电力电缆线路运行与维护的基本概念、电力电缆线路常见故障分析及排除、电力电缆一般试验项目及标准等内容。通过概念描述、要点归纳，掌握电力电缆线路运行与维护方法，掌握电力电缆线路绝缘电阻的测量方法。

【正文】

一、电力电缆线路的运行维护要求

据统计，很大部分的电缆线路故障是因外来机械损伤产生的，因此为了减少外力损坏、消除设备缺陷保证可靠供电，就必须对电缆线路作好巡视监护工作，以确保电缆安全运行。

电缆线路的巡视监护工作由专人负责，配备专业人员进行巡视和监护，并根据具体情况制订设备巡查的项目和周期。下面介绍 35kV 及以下电压等级的电缆线路巡视监测工作的一般方法。

1. 巡视周期

（1）根据《电力法》及有关电力设施保护条例，宣传保护电缆线路的重要性。一般电缆线路每 3 个月至少巡视一次。根据季节和城市基建工程的特点应相应增加巡视的次数。

（2）竖井内的电缆每半年至少巡视一次。电缆终端每 3 个月至少巡视一次。

（3）在电缆线路和保护区附近施工，应对施工所涉及范围内的电缆线路进行现场交底。

（4）在电力电缆线路上，应设立警告标志牌。特殊情况下，如暴雨、发洪水等，应进行专门的巡视。

（5）对于已暴露在外的电缆，应及时处理，并加强巡视。凡因施工必须挖掘而暴露的电缆，应由护线人员在场监护配合，并应告知施工人员有关施工注意事项和保护措施。应定期对护线工作进行总结、分析，制定电缆线路反外破事故的措施。

（6）水底电缆线路，根据情况决定巡视周期。如敷设在河床上的可每半年一次，在潜水条件许可时应派潜水员检查，当潜水条件不允许时可采用测量河床变化情况的方法代替。

2. 电缆线路的检查、测量和试验工作

（1）电缆线路检查的项目。

1）对敷设在地下的电缆线路应查看路面是否有未知的挖掘痕迹，电缆线路的标桩是否完整无缺。电缆线路上不可堆物。

2）对于通过桥梁的电缆，应检查是否有因沉降而产生的电缆被拖拉过紧的现象，是否有由于振动而产生金属疲劳导致金属护套龟裂的现象，保护管或槽有否脱开或锈蚀。

3）不定期检查电缆及接头支架腐蚀情况，户外电缆的保护管是否良好，有锈蚀及碰撞损坏则应及时处理。检查避雷器在线检测计是否在正常位置。

4）检查电缆线路各个接点、终端头部位、电缆表面及其附属设施。电缆终端是否洁净无损，有无漏胶、漏油、渗油、龟裂，终端套管有无放电痕迹，检查接地极、接地线、接地点接触是否良好。观察示温蜡片或用远红外测温仪确定引线连接点是否有过热现象。

5）多根电缆并列运行时，要检查电流分配和电缆外皮温度情况，发现各根电缆的电流和温度相差较大时，应及时汇报处理，以防止负荷分配不均引起烧坏电缆。

6）隧道巡视要检查电缆的位置是否正常，接头有无变形和漏油，温度是否正常，防火设施是否完善，通风和排水照明设备是否完好。

7）电缆隧道内不应积水、积污物，其内部的支架必须牢固，无松动和锈烂现象。

8）发现违反电力设施保护的规定而擅自施工的单位，应立即阻止其施工，对按规定施工的单位，应做好电缆地下的分布情况现场交底工作，并加强监视和配合施工单位处理好施工中发生的与电缆线路有关的问题。

（2）电缆线路的测量。

1）季节性地测量电缆线路各个接点、终端头部位及电缆表面温度。

2）季节性地测量电缆线路的接地电阻。

3）按规定带电测量避雷器的阻性电流。

4）对单芯电缆接地线进行不定期的接地电流测量。

5）交叉互联系统的测量。

（3）电缆线路的试验工作。

对停电超过一个星期但不满一个月的电缆线路应测量导体对地绝缘电阻。

对停电超过一个月但不满一年的电缆线路，须做 50%规定的试验电压值，时间为一分钟。

对停电超过一年的电缆线路必须做常规的耐压试验。

对电缆线路常规的耐压试验按照省公司状态检修要求及标准执行。

3. 电力电缆设备缺陷管理

缺陷是指电力电缆设备任何部件的损伤、绝缘不良或处于非正常的运行状态。

（1）缺陷管理的意义。

电力电缆线路在投入系统运行过程中，技术状况在不断地变化，不可避免地会出现这样或那样的设备缺陷。如果不能及时发现和处理，任其发展势必形成重大隐患，后果难以预料。所以设备管理人员必须关心设备的技术状况，及时的发现和掌握设备缺陷，尽快地消除设备缺陷，提高设备的健康水平，确保设备安全、经济、可靠地运行。

（2）缺陷的分类。缺陷可分为三类：

1）一类缺陷——威胁人身及设备安全，严重影响设备正常供电。

2）二类缺陷——对人身和设备有一定影响但尚可出力。

3）三类缺陷——对人身和设备安全无威胁，对设备出力和经济运行无影响。

（3）缺陷管理的要求。

设备缺陷管理流程应结合本单位实际情况，力求简明、合理、适用，使缺陷管理科学化、标准化。

1）主管设备的部门应设立设备缺陷记录簿，对发现缺陷和消除缺陷的时间、内容、缺陷类别等情况应详细登记。

2）发现缺陷必须对缺陷部位、缺陷内容、危害程度、当时设备运行情况和环境条件等情况要核实准确，并采取必要的措施，防止缺陷发展扩大。

3）发现缺陷要及时汇报，一类缺陷须及时处理消除。

4）按月度或季度清理、核对设备缺陷，分析缺陷，做到情况明了。

5）缺陷管理工作主要通过对供电设备的缺陷管理及时消除设备存在的隐患，提高运行质量，保持设备处于完好状态。缺陷工作必须做到闭环管理。

二、电缆线路常见故障分析、排除

电缆故障是指电缆在预防性试验时发生绝缘击穿或在运行中因绝缘击穿、导线烧断等而迫使电缆线路停止供电的故障。本模块主要介绍电缆运行管理的内容，将全面叙述电缆线路的常见故障的类型、现象、危害、原因、处理。

1. 电缆线路故障的类型

（1）按故障部位划分，电缆线路故障可分为：

1）电缆本体故障；

2）电缆附件故障；

3）充油电缆信号系统故障。

（2）按故障现象划分，电缆线路故障可分为：

1）电缆导体烧断、拉断而引起电缆线路故障；

2）电缆绝缘被击穿而引起电缆线路故障。

（3）按故障性质划分，电缆线路故障可以分为：

1）接地故障；

2）短路故障；

3）断线故障；

4）闪络性故障和混合故障。

2. 电缆线路故障的原因

在电缆线路的运行管理中，分析电缆故障发生的原因是非常重要的，从而达到减少电缆故障的目的。下面根据故障现象对不同部位的电缆线路故障进行详细分析。

（1）电缆本体常见故障原因。

1）电缆本体导体烧断或拉断。电缆本体的导体断裂现象在电缆制造过程中一般不存在，它一般发生在电缆的安装、运行过程中。

2）电缆本体绝缘被击穿。电缆绝缘被击穿的故障比较普遍，其原因主要有：

a. 绝缘质量不符合要求。绝缘质量受设计、制造、施工等方面因素的影响。

b. 绝缘受潮。绝缘受潮会导致绝缘老化而被击穿。

c. 绝缘老化变质。电缆绝缘长期在电和热的双重作用下运行，其物理性能将发生变化，导致绝缘强度降低或介质损耗增大，最终引起绝缘损坏发生故障。

d. 外护层绝缘损坏。对于超高压单芯电缆来讲，电缆的外护层也必须有很好的绝缘，否则将大大影响电缆的输送容量或造成绝缘过热而使电缆损坏。

（2）电缆附件常见故障原因。这里所说的电缆附件指电缆线路的户外终端、户内终端及接头。电缆附件故障在电缆事故中居很大比例，且大部分发生在 10kV 及以下的电缆线路上，主要有以下原因：

1）绝缘击穿；

2）导体断裂。

3. 电缆线路常见故障缺陷的处理方法

电缆线路发生故障后，必须立即进行修理工作，以免水分大量侵入，扩大故障范围。消除故障必须做到彻底、干净，否则虽经修复可用，日久仍会引起故障，造成重复修理，损失更大。故障的修复需要掌握两项重要原则：① 电缆受潮部分应予锯除；② 绝缘材料或绝缘介质有炭化现象应予更换。

运行管理中的电缆线路故障可分为运行故障和试验故障。

（1）运行故障。运行故障是指电缆在运行中，因绝缘击穿或导体损而引起保护器动作突然停止供电的事故，或因绝缘击穿引发单相接地，虽未造成突然停止供电但又需要退出运行的故障。运行中发生故障多半造成电缆严重烧伤，需消除故障重新接复，但单相接地不跳闸的故障尚可局部修理。

1）电缆线路单相接地（未跳闸）。此类故障一般电缆导体的损伤只是局部的。如果是属于机械损伤，而故障点附近的土壤又较干燥时，一般可进行局部修理，加添一只假接头，即不将电缆芯锯断，仅将故障点绝缘加强后密即可。20～35kV 分相铅包电缆，修理单相或两相的则更多。

2）电缆线路其他接地或短路故障。发生除单相接地（未跳闸）以外的其他故障时，电缆导体和绝缘的损伤一般较大，已不能局部修理。这时必须将故障点和已受潮的电缆全部锯除，换上同规格的电缆，安装新的电缆接头或终端。

3）电缆终端故障。电缆终端一般留有余线，因此发生故障后一般进行彻底修复，为了去除潮气，将电缆去除一段后重新制作终端。

（2）试验故障。试验故障是指在预防性试验中绝缘击穿或绝缘不良而必须进行检修才能恢复供电的故障。

1）定期清扫。一般在停电做电气试验时擦净即可。不停电时，应拿装在绝缘棒上的油漆刷子，在人体和带电部分保持安全距离的情况下，将绝缘套管表面的污秽扫去，如果是电缆漏出的油等油性污秽，则可在刷子上沾些丙酮擦除。

2）定期带电水冲。在人体和带电部分保持安全距离的情况下，用绝缘水管通过水泵用水冲洗绝缘套管，将污秽冲去。

（3）电缆的白蚁危害。白蚁的食物主要是木材、草根和纤维制品等，电缆的内、外护层并非是白蚁的食料，但在它们寻找食物的过程中会破坏电缆的外护层。白蚁能把电缆护层咬穿，使电缆绝缘受潮而损坏。因此电缆线路上还必须对白蚁的危害加以防治，其方法有：

1）在发现有白蚁的地区采用防咬护层的电缆。

2）当敷设前或敷设后对电缆线路还未造成损坏时，可采用毒杀的方法防止白蚁的危害。

（4）电缆线路的机械外力损伤的预防。电缆线路的机械外力损伤占电缆线路故障原因的很大部分，而非电缆施工人员引起的电缆机械外力损伤故障占了绝大部分，这严重威胁了电缆线路的运行，因此必须做好预防机械外力损伤的工作，防止不必要的损坏。

三、电力电缆一般试验项目及标准

电力电缆根据施工安装、运行维护等不同要求，电缆终端和中间接头制作完毕后，以检验电缆施工质量。要进行预防性试验和交接试验。按照 GB 50150 的规定，应进行的试验项目如下：

（1）测量绝缘电阻。

（2）交流耐压试验及泄漏电流测量。

（3）检查电缆线路的相位。

（4）充油电缆的绝缘油试验。充油电缆还应进行护层试验、油流试验及浸渍系数试验等。

1. 预防性试验

预防性试验的目的是检测电缆在运行中产生的绝缘隐患，防止在运行中发生绝缘击穿，按照预防性试验规程进行的试验。它是判断能否继续投入运行和预防电缆在运行中发生故障的重要措施。

电缆预防性试验的项目如下。

（1）绝缘电阻测量：绝缘电阻测量是测量电缆线路每相线芯绝缘电阻值。是检查电缆线路绝缘状况最简单、最基本的方法。测量绝缘电阻一般使用绝缘电阻表。测量过程中，应读取电压 15s 和 60s 时的绝缘电阻值 R_{15} 和 R_{60}，而 R_{60}/R_{15} 的比值称为吸收比。在同样测试条件下，电缆绝缘越好，吸收比的值越大。

电缆的绝缘电阻值一般不作具体规定，判断电缆绝缘情况应与原始记录进行比较，一般三相不平衡系数不应大于 2.5。由于温度对电缆绝缘电阻值有影响，在做电缆绝缘测试时，应将温度、湿度等天气情况做好记录，以备比较时参考。

1kV 以下电压等级的电缆用 500～1000V 绝缘电阻表；1kV 以上电压等级的电缆用 1000～2500V 绝缘电阻表。

（2）直流耐压试验：是以高于电缆额定电压数倍的直流电压对电缆进行耐压试验，目的是发现敷设电缆时由于施工不当给电缆造成的机械和绝缘的损伤，以及在制作电缆接头或电缆终端头时由于安装工艺或材料等问题造成的质量不合格的现象。耐压试验常以相间电压 2.5～6 倍的直流电压逐相试验 5～15min。

2. 交接性试验

电缆线路交接试验是电缆线路施工安装完毕后，施工单位为了向运行单位验证线路的电气性能是否达到设计要求和是否符合安全运行的需要而做的电气试验。其目的是为了发现敷设电缆线路和制作电缆接头、电缆终端头时所造成的缺陷。其主要项目有：

（1）耐压试验和泄漏电流测量。

（2）核相试验。

交流电压试验结合局部放电测量被证明效果良好。现场的局部放电试验主要是检查电缆附件及接头。因为电缆本身已进行出厂检验，现场还做了外护套试验，是不会有问题的。局部放电试验正广泛应用于现场试验。目前主要是利用超高频和超声波进行现场局部放电探测，测量点主要是接头和终端。

核相试验是核对电缆线路一端的相序和另一端的是否一致，防止在并入配电网运行时发生相间短路或相序错误。核相方法很多，比较简单的方法是在电缆的一端任意两个导体接入一个用 2～4 节干电池串联的低压直流电源，假定接正极的导体为 A 相，接负极的导体为 B 相，在电缆的另一端用直流电压表或万用表的 10V 电压档测量任意两根导体。也可用核相仪带电进行测量。

四、测量电力电缆绝缘电阻的步骤及注意事项

电缆绝缘电阻的测量就是指电缆线芯之间及电缆线芯对外表皮间的绝缘电阻测量。它可初步判断电缆绝缘是否受潮、老化，通过耐压前后绝缘数值的比较，还可判别电缆在耐压时所暴露出来的绝缘缺陷。

测量时，额定电压为 1kV 及以上的电缆应使用 2500V 绝缘电阻表，额定电压为 1kV 以下的电缆应使用 1000V 绝缘电阻表。

1. 测量前的准备

（1）测量前必须切断电缆线路的电源，拆除一切对外连接线，并将被试物充分放电并接地，方法是将电缆导体及电缆金属护套接地。

（2）将电缆端头擦净，然后将非被试相电缆线芯与外铅皮和铅装层一同接地。

（3）对使用的绝缘电阻表进行一次检查，校验绝缘电阻表是否指零或无穷大，检查仪表是否完好。

2. 测量接线

（1）一般绝缘电阻表的"L"接线端子，接在电缆线芯上，使用绝缘电阻较高的连接线，并且不应放在地上或与其他物件触及。

（2）绝缘电阻表的"E"接线端子，接在电缆的外皮和地；绝缘电阻表的"G"接线端子，接在电缆线芯端部绝缘上的屏蔽环上，以消除表面泄漏电流的影响。

（3）根据被试电缆线芯数量和内、外屏蔽层的结构特点来确定试验接线方式，如图 13-4-1 所示。

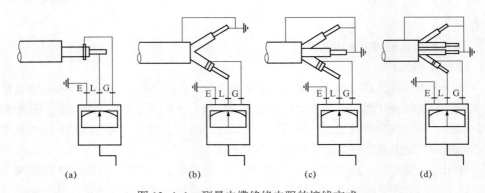

图 13-4-1 测量电缆绝缘电阻的接线方式
（a）单芯接线；（b）二芯接线；（c）三芯接线；（d）四芯接线

3. 绝缘电阻的测量

（1） 在测定绝缘电阻兼测定吸收比时,应先把绝缘电阻表摇到额定速度 120r/min,再把火线 "L" 端接通,并从接通时开始计算时间,分别读取 15s 和 60s 的绝缘电阻数值,在同样温度和试验条件下,吸收比（R60/R15）越大,电缆绝缘越好;反之,电缆绝缘越差。根据吸收比的大小来初步判断绝缘的质量。

（2） 绝缘电阻表应保持在 120r/min 的旋转速度下进行测量。电压的变动允许在 ±20%的范围内,不应忽高忽低,否则会引起较大的误差,使反映出的绝缘电阻数值不正确。

（3） 在测量时,应擦干净电缆测量端和另一端表面的水气、杂质。为了减小表面泄漏可这样接线:用电缆另一导体作为屏蔽回路,将该导体两端用金属软线连接到被测试的套管或绝缘上并缠绕几圈,再引接到绝缘电阻表的屏蔽端子上。

（4） 电缆绝缘电阻测量完毕或需要重复测量时,须将电缆放电、接地,电缆线路越长、绝缘状况越好,则接地时间越长,一般不少于 1min。

（5） 由于电缆绝缘电阻值受到很多外界条件的影响,所以在试验报表上,应该把所有可能影响绝缘电阻数值的条件（如温度、相对湿度、绝缘电阻表电压等）都记录下来。

4. 注意事项

测量较长电缆的绝缘电阻时,由于充电电流很大,因而绝缘电阻表开始指示数很小,但这并不表示被试设备绝缘不良,必须经过较长时间,才能得到正确结果,并要防止被试设备对绝缘电阻表反充电,损坏绝缘电阻表。

如所测绝缘电阻过低,应进行分解试验,找出绝缘电阻最低的部分。

在阴雨潮湿的天气及环境湿度太大时,不应进行测量。一般应在干燥、晴天、环境温度大于 5℃时进行测量。

测量绝缘电阻的吸收比时,应尽量避免记录时间带来的误差并准确或自动记录 15s 和 60s 的时间。

绝缘电阻表的 L 和 E 端子接线不能对调。用绝缘电阻表测量电气设备绝缘电阻时,其正确接线方法是 L 端子接被试品与大地绝缘的导电部分,E 端子接被试品的接地端。

绝缘电阻表与被试品间的连线不能绞接或拖地。绝缘电阻表与被试品间的连线应采用厂家为绝缘电阻表配备的专用线,线路端子上引出的软线处于高压状态,不可拖放在地上,应悬空。摇测方法是"先摇后搭,先撤后停"。否则,会产生测量误差。

电力电缆测量绝缘电阻是检查电缆绝缘最简单的方法,其目的是检查电缆绝缘是否老化、受潮,以及耐压试验中暴露出来的绝缘缺陷。

5. 试验结果的分析与判断

(1) 各种电缆绝缘电阻在长度为 1000m,温度为 20℃时,不应小于表 13-4-1 所示数值。

(2) 与出厂、交接及历年试验结果比较。良好的绝缘、历次测量的绝缘电阻值应相近,当绝缘电阻随电压上升而持续下降就应特别注意。首先应检查是否受电缆表面泄漏的影响,否则可初步判定绝缘已受潮或存在某些缺陷。

表 13-4-1 各种电缆绝缘电阻规定值

电缆名称	电压等级(kV)	规定数值(MΩ)
粘性浸渍纸绝缘电缆	0.1~1	100
	6 及以上	200
干绝缘电缆	3 及以下	100
	6~10	200
不滴流电缆	6~10	200
聚氯乙烯电缆	0.5	30
	1	40
	3	50
	6	60
交联聚乙烯电缆	6~10	1000
	35	2500

(3) 应对同一电缆的三相绝缘电阻进行比较。正常情况下,三相绝缘电阻值基本相同,一般规定各相绝缘电阻值之比不应大于 2。如果某相数值很低或三相绝缘电阻

平衡系数大于规定值，则说明电缆绝缘已受潮，应引起注意。

（4）若大修前、后，耐压前、后的绝缘电阻值，有明显差别，也表明绝缘存在问题。

（5）由于绝缘电阻受线芯温度、周围环境、电缆运行时载流量和停电时间长短、电缆表面泄漏电流等影响较大，以及在判断上要进行相互比较来分析，因此只能作为电缆绝缘性能变化情况和电缆好坏的参考数据，而不能作为鉴定及淘汰电缆的依据。

【思考与练习】

1. 简述电缆线路巡视周期。

2. 电缆线路维护工作的内容是什么？

3. 按故障性质划分电缆线路故障有几种类型？

4. 电缆故障修复需要掌握的重要原则是什么？

5. 什么是电力电缆的吸收比？如何判断其绝缘性能？

第三部分

农网运行维护与检修系统应用

第十四章

农网运行维护与检修信息系统应用

▲ 模块1 农电营销管理信息系统、PMS 系统及用电信息采集系统基本知识（Z33D7001 II）

【模块描述】本模块包含农电营销信息系统、PMS 系统及用电信息采集系统的定义和作用等基本知识。通过概念描述、术语说明、要点归纳，掌握农电营销信息系统、PMS 系统及用电信息采集系统的基本知识。

【正文】

一、农电营销管理信息系统

1. SG186 工程

2006 年 4 月 29 日，国家电网公司提出了在全系统实施"SG186 工程"的规划。根据规划，"SG186 工程"将实现四大目标：一是建成"纵向贯通、横向集成"的一体化企业级信息集成平台，实现公司上下信息畅通和数据共享；二是建成适应公司管理需求的八大业务应用，提高公司各项业务的管理能力；三是建立健全规范有效的六个信息化保障体系，推动信息化健康、快速、可持续发展；四是力争到"十一五"末，公司的信息化水平达到国内领先、国际先进，初步建成数字化电网、信息化企业。

SG 是国家电网英文的简拼。

"SG186 工程"中的"1"，指的是一体化企业级信息集成平台。

"SG186 工程"中的"8"，就是按照国家电网企业级信息系统建设思路，依托公司企业信息集成平台，在公司总部和公司系统，建设财务（资金）管理、营销管理、安全生产管理、协同办公管理、人力资源管理、物资管理、项目管理、综合管理等八大业务应用。

"SG186 工程"中的"6"，是建立健全六个信息化保障体系，分别是：信息化安全防护体系、标准规范体系、管理调控体系、评价考核体系、技术研究体系和人才队伍体系。

2. 农电营销管理信息系统定义

（1）信息

信息是用语言、文字、数字、符号、图像、声音、情景、表情、状态等方式传递的内容。在信息系统中，"信息"是指经过加工后的数据。

（2）系统

系统是由相互联系、相互作用的若干要素按一定的法则组成并具有一定功能的整体，也可以说是为了达到某种目的的相互联系的事物的集合。

系统有两个以上要素，各要素和整体之间、整体和环境之间存在一定的有机联系。系统由输入、处理、输出、反馈、控制五个基本要素组成。

（3）信息系统

一个系统，输入的是数据，经过处理，输出的是信息，这个系统就是信息系统。

（4）管理信息系统

从信息学的角度看，管理过程就是信息的获取、加工和利用信息进行决策的过程。管理工作的成败取决于能否做出有效的决策，而决策的正确与否在很大程度上取决于信息的质量。

管理信息是由信息的采集、传递、储存、加工、维护和使用六个方面组成的，任何地方只要有管理就必然有信息，如果形成系统就形成管理信息系统。

（5）农电营销管理信息系统

农电营销管理信息系统是建立在计算机网络基础上覆盖农电管理全过程的计算机信息处理系统。供电所不仅可以在本地局域网上使用农电营销管理信息系统完成农电管理业务，而且其各级主管部门可以远程监督、管理各下级业务单位农电管理业务情况，了解业务进度，为供电企业营业业务提供一个计算机信息化管理工具，为管理人员提供供电营业信息和各类查询、统计分析数据。

3. 农电营销管理信息系统的作用

农村供电所是直接面向农业、农民、农村供用电服务的窗口，成年累月地处理着业扩报装、电量电费、电能计量、用电检查、配电网线损、配电生产、客户服务等方面的业务，所涉及的业务事项相对琐碎繁杂，服务的范围点多、面广，记录台账多、基础数据量大，且处理过程复杂。由于这些业务具有数据量大、加工处理过程复杂工作负担重等特点，采用手工处理方式，光靠台账记录，靠人查找、统计、汇总分析，不但要耗费大量的人力，而且速度慢，容易出错，很难做到准确、完整、及时，无法满足管理好配用电业务工作的需要。同时，由于信息通信和传输手段的落后，造成信息不统一，使得各个部门之间缺乏有效协调，重复劳动，从而带来的资源浪费也是非常严重。业务数据零散不全，各专业统计口径不统一、差错漏洞多、信息不能共享等诸多弊端，都是过去一直困扰着基层供电部门的难题。

农电营销管理信息系统投入运用以后，通过加强管理，能发挥以下作用：

（1）提升农电管理水平。农电营销管理信息系统可将农村供电所的日常工作全面纳入计算机管理，实现农电管理规范化、科学化、现代化，提高工作效率；加快资金回收，加强管理，堵住漏洞。

（2）提供新的营销服务平台。可使农电管理流程规范统一、信息传递快捷通畅；系统还可以设立网上营业厅，通过互联网，用电客户可以便捷地了解安全用电常识、电力法规、电量电费、收费标准和缴纳电费。

（3）提供强大的管理手段。各种实时报表显示各项工作的进度，如电费回收进度，线损报表显示哪些线路、哪些台区线损偏高，有的放矢抓管理。

4. 营销管理信息系统的发展方向

农电营销管理的信息化是规范农电工作管理、提高工作效率、提升管理水平、降低电力企业成本、更好地为广大客户服务的基础，是实现国家电网公司农电发展战略目标的一个重要手段。随着业务数据的不断暴增，未来智能电网在信息接入、海量存储、实施监测与智能分析方面将会有新的高要求。在信息接入方面安全变得越来越重要，需要支撑各类系统的安全性，要建设多渠道用户的入口，提升信息双向交互的安全防护能力。而智能分析方面，对数据进行决策分析和数据挖掘的能力也需增强。为此，国家电网在 SG186 的基础上，推出了"SG-ERP"工程，旨在建立覆盖面更广，集成度更高，智能化更高，安全性更强，可视化更优的新型 IT 构架，其区别于 SG186 之处在于，纳入了电力应用的全过程，加强了数据分析和辅助决策功能。

如今 SG-ERP 工程经历了近 3 年的发展，虽已取得一系列成果，但相关完善工作将会继续，其电网信息系统将在平台集中、业务融合、决策智能、安全适用等方面，进一步由 186 向 ERP 过渡。在此过渡的过程中，主要内容和主题架构都不变，而内容较之以前会更为全面。"SG-ERP"中的 ERP 即继承、完善、发展，是 SG186 工程的继承、完善和进一步发展。

二、PMS 系统

1. PMS 系统的目的和意义

生产管理系统（以下简称 PMS）是电力信息集成八大业务应用中最为复杂的应用之一。建立纵向贯通、横向集成、覆盖电网生产全过程的标准化生产管理系统对实现省网生产集约化、精细化、标准化管理，提高电网资产管理水平具有十分重要的意义。

2. PMS 系统的作用

配电生产管理信息系统以图库一体化的信息化管理为基础，逐步建立以可靠性为中心的工作管理模式，以满足不断增加的配电管理资讯需求。一方面根据业务变化需要，完善与营销系统的数据交换；另一方面对配电 MIS、GIS 系统、配网自动化系统功能进行重新定位和分工，建立一套满足配电运行管理实际需求的管理系统。它是电网企业实现管理创新、提高管理水平、保证配网安全运行、适应客户需求、提高工作效率的主要手段和技术支撑。

3. PMS 系统的特点

（1）统一设备类型定义，规范全省设备管理。

（2）建立电力统一设备标准属性库、统一图元、统一图形标准、统一电力服务商管理，为本地的设备统计、汇总、分析奠定了基础，保障了统计数据的规范性。

（3）实现设备的中压至低压的管理，低压部分实现至表箱、低压用户的管理。

（4）实现图纸、台账的流程管理，规范系统数据流转，保证业务数据的正确性。

（5）实现图纸的多版本管理，可以比较各版本图纸之间的差异，实时浏览图纸变化信息，能够掌握线路的整个变迁情况。

（6）方便的同杆管理，通过台账关联确立同杆的相对位置，图形自动生成同杆标注线。

（7）方便的设备统计、汇总，实现按线路、变电站、单位进行统计、分析设备信息。

（8）方便的 Web 查询，系统支持单线图 Web 发布功能，可以在 Web 进行单线图、设备台账浏览、查询，无需安装任何客户端。

（9）清晰的权限管理，在设备维护中坚持"设备是谁的、谁进行维护"，设备与管理班组、设备主人、的关系体现在每条线路、每个主设备上，同时限定设备数据的维护只能由一线班组来完成。

（10）系统图形操作快捷、方便，图形编辑功能强大，符合 windows 操作规范，具备正常的复制、粘贴、撤销、重做等 windows 系统基本功能。

（11）系统采用多层设计，客户端不需要安装任何中间产品。

（12）系统突出设备管理为中心的理念，提供方便的设备管理功能，对于一个设备可以在台账界面直接关联至其巡视信息、缺陷信息、操作票、测试信息、图档信息等，并且可以在系统配置中对台账字段进行扩充。

（13）系统实现真正的流程自定义功能，对于流程的节点、流向实现图形化定制。

三、用电信息采集系统

1. 用电信息采集系统的目的和意义

建设"电力用户用电信息采集系统"，实现计量装置在线监测和用户负荷、电量、电压等重要信息的实时采集，及时、完整、准确地为"SG186"信息系统提供基础数据；实现电费收缴的全面预控，为智能电费结算等营销业务策略的实施提供技术基础，为推进双向互动营销、实施更具竞争力的市场营销策略、优化完善营销业务奠定基础。从而为企业经营管理各环节的分析、决策提供支撑，提升快速响应市场变化、快速反应客户需求的互动能力。

采集系统建设是公司的重大战略部署，是推进"两个转变"、实施"三集五大"的必然选择，是统一坚强智能电网建设的重要内容，是支撑阶梯电价执行的基础条件，是加强精益化管理、提高优质服务水平的必要手段，是延伸电力市场、创新交易平台的重要依托。

2. 用电信息采集系统的作用

多年来相关的负荷管理系统和低压集中抄表系统建设和运行积累了一定经验，显现了一定效果。但是，总体覆盖用户分散、覆盖率低，技术标准差异大，功能相对简单，满足不了"三集五大"和统一坚强智能电网的特征要求，满足不了"SG186"系统深化应用的需求，难以支撑新能源使用、阶梯电价执行及互动式服务的开展。

加快采集系统建设，实现公司发展方式和电网发展方式转变的必然要求。

3. 用电信息采集系统的特点

电力用户用电信息采集系统是"SG186"营销技术支持系统的重要组成部分，既可通过中间库、Webservice 方式为"SG186"营销业务应用提供数据支撑，同时也可独立运行，完成采集点设置、数据采集管理、预付费管理、线损分析等功能。

电力用户用电信息采集系统从功能上完全覆盖"SG186"营销业务应用中电能信息采集业务中所有相关功能，包括基本应用、高级应用、运行管理、统计查询、系统管理，为"SG186"营销业务应用中的其他业务提供用电信息数据源和用电控制手段。同时还可以提供"SG186"营销业务应用之外的综合应用分析功能，如配电业务管理、电量统计、决策分析、增值服务等功能，并为其他专业系统如"SG186"生产管理系统、GIS 系统、配电自动化系统等提供基础数据。

【思考与练习】

1. 运用农电营销管理信息系统能实现哪些功能？
2. 农电营销管理信息系统由哪些基本要素组成？
3. 生产管理系统的使用意义？
4. 生产管理系统的作用？
5. 生产管理系统具有哪些特点？
6. 用电信息采集系统的使用意义？
7. 用电信息采集系统的作用？
8. 用电信息采集系统具有哪些特点？
9. SG186 工程的含义是什么？

▲ 模块 2 农电营销管理信息系统、PMS 系统及用电信息采集系统各子系统介绍（Z33D7002Ⅱ）

【模块描述】本模块包含农电营销管理信息系统、PMS 系统及用电信息采集系统各子系统的功能介绍，包括营销基础资料管理、抄核收业务、电费账务管理、计量管理、业扩与变更、线损管理等功能模块。通过概念描述、术语说明、要点归纳，掌握农电营销信息系统、PMS 系统及用电信息采集系统各子系统功能。

【正文】

一、农电营销管理信息系统

按照供电所的业务范围和岗位责任，电力营销管理信息系统主要包括营销基础资料管理、抄核收业务、电费账务管理、计量管理、业扩与变更、线损管理等功能模块，能适应营销发展方式和管理方式的转变，进一步提升营销服务能力和水平，进一步规范营销管理及业务流程，满足"SG186"工程建设原则和要求，确保"统一领导、统一规划、统一标准、统一组织实施"，实现资源集约与共享。

（一）营销基础资料管理

1. 客户档案管理

保存和管理与客户有关的所有供电业务信息，具有客户信息新增、查询、删除、修改功能。

2. 供用电合同管理

根据客户及供电方案信息、合同模板或原有合同，生成合同文本内容，并能对合同文本进行编辑、打印输出，记录纸质合同文档存放位置及变更记录，具有供用电合同新签、变更、续签、补签、终止功能。

3. 台区和线路资料管理

对线路和台区基础数据维护和保存，这是电量电费和线损计算、统计必需的基础数据，具有线路、台区参数新增、查询、删除、修改等维护功能。

（二）抄核收业务

1. 抄表

抄表业务主要包括以下工作环节：

（1）抄表派工。抄表派工主要是将抄表工作分派给抄表人员，包括客户表计抄录、供电台区表计抄录以及企业用户计量数据抄录等。抄表派工又分为纸质抄表派工单抄表和抄表机抄表。前者是将客户的名单（列表）打印在纸质工单上，抄表过程中将客户抄码记录在工单上；后者则将用户数据从营销系统中导入抄表机，抄表过程中只需将抄码输入抄表机即可，这种抄表方式能较好地控制抄表质量，随时发现营销过程的问题，提高抄表准确率，并能在抄表时给客户提供相关的电量电费情况。

（2）抄码录入。抄码录入是将抄表派工的工作结果录入营销管理信息系统的过程，针对上述两种抄表派工类别，抄码录入也分为两种情况：对于纸质工单抄表派工，须将用户本月抄码依次手工录入营销管理系统；对于抄表机抄表，只需将抄表机与计算机连接，把数据上传即可。上传时间短，确保基础数据的准确。

2. 电费计算复核

电费计算复核业务包括以下工作环节：

（1）电费计算、复核。电费计算、复核是在系统中按相应设定的电费计算规则和电价种类，分公用变压器和专用变压器计算出每个用电客户的本月电量、电费，复核员再对计算出来的电费进行审核的过程。

电费计算环节中，营销系统应提供多种模板以适应不同计算的需要，如按比例分摊电量、固定电能等；另外，根据专用变压器客户，也可提供相应的电费计算模板。

（2）复核客户电费。对客户电费的复核，是营销业务至关重要的一环，系统提供多种数据筛选和统计功能，筛选出电费数据变化较大的客户，帮助复核员快速审核数据，例如：

1）通过本月数据与上月数据比较，过滤出波动率大于 $n\%$ 的客户，n 值由复核员设定。

2）列出本月抄码低于上月抄码的客户，确认电能表是否翻度或换表。

3）按设定电量值将客户分组，并统计客户数和用电量、电费。

4）筛选出零用电客户。

（3）电费修改。对于已经审核发行的电费，如有特殊情况需要修改，需专人负责提供相应的抄码修改情况、电量冲减、电费追补的具体材料，并由主管部门负责审批。

（4）违约金管理。对于逾期不缴费的客户，系统自动计算违约金，通过履行相关的手续后，系统提供电费违约金减免功能。

3. 收费

营销管理信息系统提供多种收费方式，针对不同客户及供电区域的情况给出不同的缴费方式：如十分偏远且交通不便利的山区，采取电费走收的方式；对于客户相对较为集中的地区，可以采取坐收的方式；为方便客户及减少资源浪费，可以采取代收、代扣、托收的收费方式；对于电费回收风险较大的客户，可以采取预购电等方式。

对所有电费发票和收据进行统一的规范化管理，记录所有进出单位的各类票据票号及票据使用情况，具有登记领用、打印记录、查询统计功能。

（三）电费账务管理

传统的账务管理上，营销与财务在电费管理上时有脱节，营销人员缺乏相关的财务专业知识，财务部门不能准确得到营销数据，造成营销与财务电费账务不一致。营销管理信息系统较好地解决了这一问题。

1. 生成报表

系统对收费员的每一笔电费自动归类，实时生成报表，月末关账后固定数据，自动生成本月电费、预存电费、陈欠电费相关数据，同时系统自动辅助复核，确保各类数据的准确无误，并根据财务对电费统计报表的要求，系统每月实收电费及欠费能按照基本电费、电度电费等方式分类。

2. 收费管理

系统按收费员、按时间段提供收费查询，对"日清日结"制度提供良好的技术平台。另外，可以按月份分台区、线路、供电所、县公司、市公司逐级统计客户电费回收率报表，可以按回收率对供电所和台区排名，可以按回收率对台区进行筛选，具备欠费统计、查询、催缴及欠费停电功能等。

（四）计量管理

1. 计量流程管理

流程管理即对从计量资产校验入库，然后配送到各单位，再装配给用户的过程进行管理，确保计量资产数据库数据完整，包括计量资产入库、县公司分配、供电所领用及计量资产退回等工作流程。

2. 计量资产管理

计量资产管理是对供电所使用的所有计量器具（包括电能表、电流互感器、电压互感器、封印钳、封签）进行管理，系统提供各种查询方式，方便查询各计量资产设备的信息，并能根据各种条件统计计量资产的数据。另外，根据计量装置的有效期，自动提示轮换周期等信息。

（五）业务扩充与变更用电

1. 业务扩充

业务扩充是指根据用户的用电申请制定可行的供电方案，组织工程验收，装表接电，与客户签订供用电合同，建立起客户与供电企业的供用电关系。

业务扩充主要包括以下工作流程：用电申请、受理申请、现场查勘、提出并确定供电方案、装表接电、签订供用电合同及有关协议、资料建档。

2. 变更用电

在不增加用电容量和供电回路的情况下，客户由于自身经营、生产、建设、生活等变化而向供电企业申请，要求改变由供用电双方签订的《供用电合同》中约定的有关用电事宜的行为。

低压业务变更用电主要有以下业务：故障表计轮换、周期换表、容量变更换表、更名或过户、迁址、销户等。

（六）线损管理

营销管理信息系统具有线损计算、分析、统计等功能。

1. 线损计算

计算出当月和本年累计的低压、高压、综合线损，为线损统计和线损分析提供有力的数据支持。

2. 线损指标设置

给每个单位设置线损相关的数据指标，用实际线损率与指标比较，反映出线损管理水平上升或下降幅度，找出差距和不足，是考核线损的主要依据。

3. 线损分析

线损分析是指根据线损计算的结果，以及线损指标数据，对各级单位的线损情况进行分析，找到线损管理中的不足，为下一阶段节能降损工作指明重点和方向。

4. 线损统计

按月，分市、县、所、线路、台区统计低压、高压、综合损失电量，低压、高压、综合损失率，以及本月与本年指标、与上月线损率、与去年同期线损率的比较，累计与本年指标、与上年同期的比较。

根据线损率对县总站、供电所、线路、台区排名，根据指定线损率范围筛选台区、线路、所，统计数量。

二、PMS 系统

PMS 系统功能模块分为作业层、管理层。作业层分为设备管理、运行维护管理，管理层对作业层维护的数据进行统计、分析。

（一）设备管理

设备管理是对配电网设备进行管理，包含设备的台账、图形信息，通过单线图管理配电网设备拓扑关系。设备管理为运行维护管理提供设备台账、图纸资料，同时设备管理中可触发、查询设备的运行维护信息。

1. 设备台账管理

对新购买的设备进行登记造册，对投运设备的数量、型号、坐标进行维护管理，对备品备件进行登记造册、试验、分类和修理记录。

2. 设备变更管理

设备变更指设备的位置、状态等参数已不能满足需要，对设备进行更换、退役或报废。设备变更包括设备异动、设备退役和设备报废三种。

3. 设备异动是指设备的位置发生变动，从一处移动到另外一处。在做设备异动之前要填写设备异动申请单。

设备退役是指设备从运行的位置拆除下来，放在指定地点。

4. 退役设备管理

备品备件是指设备采购后，不直接投入运行，放在指定地点等待使用的设备；或设备退役后，经过试验或修理仍可使用的设备，但不需要立即使用，也放在指定地点等待使用的设备。购入设备，入库，对备用设备进行试验、修理，并产生试验、修理记录。

（二）运行维护管理

运行维护管理是在设备投运后产生运行维护，实现各类设备的巡视、缺陷、抢修等管理。

1. 运行管理

运行管理主要是将日常进行的线路维护工作全过程的记录下来，可以在一定条件下对记录进行查询，检索出想要的记录，以便于对线路及设备的运行情况进行分析研究。主要包括以下几类：

（1）巡视记录。巡视记录是将日常所进行的线路巡视过程记录下来，可以在一定条件下对巡视记录进行查询，检索出想要的记录。

（2）交叉跨越测量记录。交叉跨越测量记录对线路与线路、弱电线路、公路、铁路、河流、建筑物等的水平及垂直距离进行测量并记录。可以对测量结果进行分析比较，以判断该处交叉跨越距离是否满足规范要求。

（3）接地电阻测量记录。指对杆塔、杆上配电变压器、电缆等设备进行接地电阻测量。

（4）设备测温记录。指对开关设备、线路连接点、配电变压器桩头等易出现高温进而影响线路设备正常运行的部位进行温度测量。

（5）设备测试记录。指对设备进行检测试验工作。

（6）设备测负记录。指在负荷较高时对线路设备进行负荷测量，以保证线路设备不发生超负荷运行烧毁事故。

2. 缺陷管理

缺陷管理是指对线路设备的缺陷来源、原因、内容、等级、地点、处理方案、发现日期等进行记录，并对处理过程及结果进行记录。

3. “两票”管理

“两票”管理是对日常工作过程中的工作票和任务票的管理。

4. 任务计划管理

任务计划管理分为任务管理和计划管理两类，任务管理是对检修试验任务、运行任务、工单分派等进行管理，计划管理是对停电计划和综合计划进行管理。

停电计划管理分为年度停电计划、月度停电计划、周停电计划、停电申请、停电事件记录等，综合计划管理又分为年工作计划、月工作计划和周工作计划。

5. 检修试验管理

检修试验管理是对检修试验工作从项目立项、作业过程方案编制、作业现场管控及最终出具修试报告的整个流程进行全过程管理。

6. 图形管理

图形管理是通过单线图管理配电网设备拓扑关系，对配电网设备进行管理，为运行维护管理提供设备台账、图形信息、图纸资料，同时可触发、查询设备的运行维护信息。

7. 专项管理

用于管理工器具信息及班组概况、规章制度、各人员岗位的相关信息。

（三）统计分析

以设备台账、图形、运行维护信息为支撑数据，实现设备统计分析、运行维护统计分析。能够分输变电设备和配电设备进行统计，又能够以高压设备、低压设备区分进行统计。主要统计线路、变压器、杆塔、开关、导线等。

三、用电信息采集系统

用电信息采集系统架构如图 14-2-1 所示。

用电信息采集系统从物理上可根据部署位置分为主站、通信信道、采集设备三部分，其中系统主站部分单独组网，与其他应用系统以及公网信道采用防火墙进行安全隔离，保证系统的信息安全。用电信息采集系统集成在营销业务应用系统中，数据交互由营销业务应用系统统一与其他业务应用系统（如生产管理系统等）进行交互。

（一）主站

主站网络的物理结构主要由营销系统服务器（包括数据库服务器、磁盘阵列、应用服务器）、前置采集服务器（包括前置服务器、工作站、GPS 时钟、防火墙设备）以及相关的网络设备组成。密码机用于在主站与终端通信的过程中对通信的报文数据进行加密，以确保数据的安全传输。

（二）通信信道

通信信道是主站和采集设备的纽带，提供了对各种可用的有线和无线通信信道的支持，为主站和终端的信息交互提供链路基础。主站支持所有主要的通信信道，包括 230MHz 无线专网、GPRS 无线公网和光纤专网等。

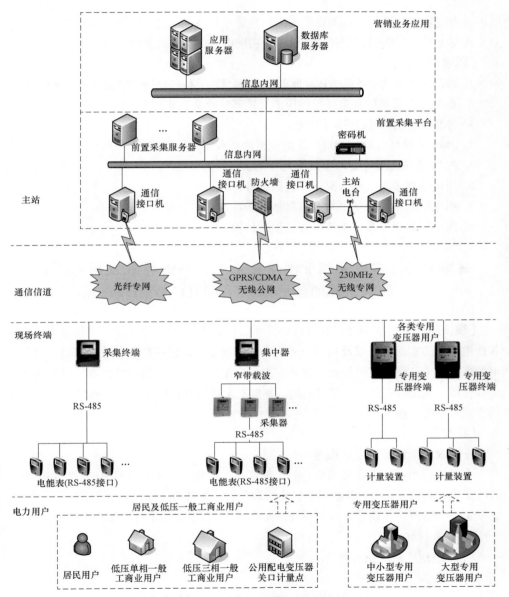

图 14-2-1 用电信息采集系统架构

（三）采集设备

采集设备是用电信息采集系统的信息底层，负责收集和提供整个系统的原始用电信息，包括各类专用变压器用户的终端、具备远传功能的多功能电表、集中器、采集器以及电能表计等设备。各类终端采集用户计量设备的信息，处理和冻结相关数据，并实现与上层主站的信息交互；计量设备实现电能计量和数据输出等功能。

【思考与练习】

1. 按照供电所的业务范围和岗位责任，电力营销管理信息系统主要包括哪些功能？

2. 电力营销管理信息系统一般应能提供哪些收费方式？

3. PMS 系统主要包括哪些功能？

4. PMS 系统运行维护管理工作的主要内容有哪些？

5. PMS 系统的运行管理中共有几种记录内容？

6. 用电信息采集系统构架主要包括哪些？

7. 用电信息采集系统主站网络包括哪些设备？

8. 用电信息采集系统采集设备包括哪些设备？

▲ 模块 3 农电营销管理信息系统、PMS 系统及用电信息采集系统的操作应用（Z33D7003 Ⅱ）

【模块描述】 本模块包含农电营销管理信息系统、PMS 系统及用电信息采集系统各营销业务的实现过程以及相关业务的办理情况介绍，包括抄表、数据审核、收费、电费账务管理、计量资产管理、业务扩充与变更用电、线损管理等内容。概念描述、流程介绍、系统截图示意、要点归纳，掌握农电营销管理信息系统、PMS 系统及用电信息采集系统的操作应用。

【正文】

一、农电营销管理信息系统

本模块说明系统中各营销业务的实现过程以及相关业务的办理情况，达到了解、熟练操作的目的。营销管理信息系统中模块较多，涉及的操作也较多，不能一一介绍，选取常用的低压居民新装来介绍系统的操作方法。每个省的系统操作有可能存在不同。

1. 登录系统

（1）在地址栏内输入网址。

（2）输入工号及密码，点击"登录"。

2. 建立低压居民用户路径

（1）在一级菜单中，选择"新装增容及变更用电"。

95598业务处理　　系统支撑功能　　新装增容及变更用

（2）在二级菜单中，选择"业务受理"。

业务受理　　业扩查询　　辅助管理

（3）在三级菜单中，选择"功能""业务受理"。

3. 业务受理

（1）填写用电申请信息。

1）在　用电申请信息　客户自然信息　申请证件　联系信息　银行帐号　用电资料　用电设备　用户标识

中，选择"用电申请信息"。

2）在"业务类型"选择相应的业务类型，如"低压居民新装"。

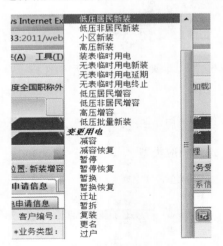

3）填写"业务子类"，选择"低压居民新装"。

*业务子类： 低压居民新装 ▾

4）输入用户名称：如"张志明"。

*用户名称： 张志明

5）点击"⬚"显示"用电地址分解信息—网页对话框"填写"省、市、区县"，点击"确认"。

用电地址分解信息 -- 网页对话框

http://10.165.0.33:2011/web/be/accept/elecAddrSelect.do?action=init&opType=05&pr

用电地址分解信息

*省：	吉林省 ▾	*市：	吉林市 ▾
居委会（村）：		道路：	
小区：			
门牌号：			

*区县： 龙潭区 ▾   街道（乡镇）：

地址预览： 吉林省吉林市龙潭区

确认   返回

6）在"证件类型"选择相应的证件，如"营业执照"。

*证件类型：	营业执照 ▾
*联系类型：	居民身份证
联系地址：	军人证
	护照
*申请容量：	营业执照	kW
*行业分类：	户口本
	代码证
*转供标志：	产权证
	房卡证
费结算方式：	台胞证
	购房合同
*缴费方式：	税务登记证
	低保证

7）填写"证件号码"。注：如要在"证件类型"选择"身份证"，就必须如实填写"证件号码"，其他填写上即可。

*证件号码： 2658

8）在"联系类型"选择相应类型。

*联系类型：	帐务联系人 ▾
联系地址：	电气联系人
*申请容量：	帐务联系人	kV
*行业分类：	停送电联系人
	法人联系人
*转供标志：	委托代理联系人

9）在"联系人"填写用户名称。

*联系人：张志明

10）在"申请容量"填写用户设备容量或变压器容量。注：总容量。

*申请容量： 5 kW/k

11）点击  显示"供电单位选择—网页对话框"选择供电单位，点击"确认"。

12）点击  显示"用电类别选择—网页对话框"选择用电类别，点击"确认"。

13）在"行业分类"选择相应的行业。

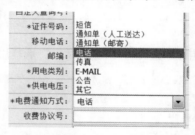

14）在"用户分类"选择用户类别，如"低压居民"。

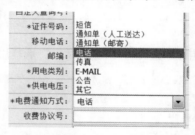

15）在"供电电压"选择相应负荷。

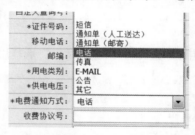

16）在"转供标志"选择是否是转供用户。

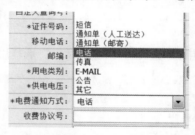

17）在"电费通知方式"选择相应通知方式，如"电话通知"。

18）在"电费结算方式"选择结算方式，如"抄表结算"。

19）在"电费票据类型"选择发票类型，如用户为二次用户选择"农电二次发票"、一次用户选择"农电一次发票"。

20）在"缴费方式"选择相应的交费方式。

21）在"申请方式"选择相应申请方式。

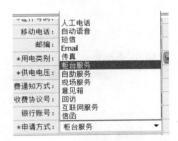

22）以上信息均填写完毕，再单击  "保存"。

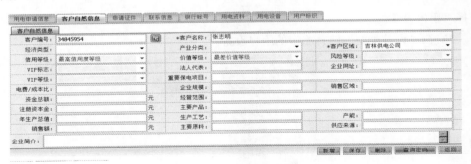显示点击"确定"。

（2）填写客户自然信息、申请证件、联系信息、银行账号客户自然信息、申请证件、联系信息、银行账号都是在"用电申请信息"中提取来的，一般不用填写，单击"保存"。

（3）填写用电资料。

1）在 用电申请信息 客户自然信息 申请证件 联系信息 银行帐号 **用电资料** 用电设备 用户标识 中，选择"用电资料"。

2）填写"资料名称"。

3）在"资料类别"中选择相应类别。

4）填写"份数"。

5）在"资料是否合格"中选择"是"或"否"。

6）填写"报送人"。

7）点击 显示 选择"报送时间" *报送时间：2011-04-20 。

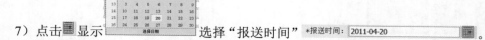

8）在 过滤 查看 批量新增 新增 保存 删除 打印 返回 中，选择"保存"。

（4）填写用电设备。

1）在 用电申请信息 客户自然信息 申请证件 联系信息 银行帐号 用电资料 **用电设备** 用户标识 中，选择"用电设备"。

2）在"设备类型"选择相应的用户设备。

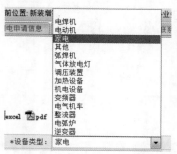

3）在"相线"选择用户的相线类别。

4）在"电压"选择电压负荷。

5）在"容量"填写用电设备容量。注：此容量指的是一台设备容量。

*容量：　　　　　　　　　　5 kW/VA

6）在"台数"填写用电设备的台数。注：台数*容量="用电申请信息"中的"申请容量"。

*台数：　　　　　　　　　　1

7）点击 显示"选择用户—网页对话框"选择用户，点击"确认"。

8）在 新增 保存 删除 返回 中，单击"保存"。

（5）填写用户标识。

1）在 用电申请信息 客户自然信息 申请证件 联系信息 银行帐号 用电资料 用电设备 **用户标识** 中，单

击"用户标识"显示

2）在"用户分类"选择用户的用户类型，如用户为二次用户选择"农电二次发票"、一次用户选择"农电一次发票"。

3）在 保存 返回 ，单击"保存"。

（6）以上信息均填写完毕后，回到"用电申请信息"，在 打印 查询 保存 发送 返回 ，

单击"发送"，显示 。注：要将申请编号记下来，便于进程查询。

（7）进程查询。

1）单击"工作任务"中的"待办工作单—查询"。

显示

2）在"主单"中"申请编号"输入之前记下的申请编号，单击"查询"显示

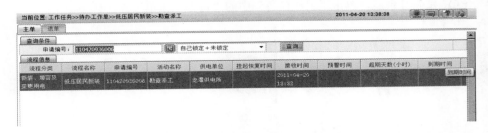

3）在 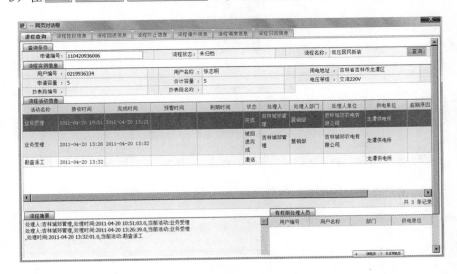 ，单击"进程查询"，显示"网页对话框"。

4）单击"激活"状态的活动名称，显示

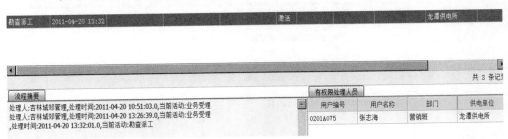

5）按照"有权限处理人员"的"用户编号"如"0201a075"重新登录后，到勘查派工环节。

4. 勘查派工

（1）重新登录后，单击"工作任务"中的"待办工作单"。

显示

（2）双击需要派工的用户，显示

（3）在 _____ ，选择"接收人员"。

（4）在 | 发送 | 返回 | 单击"发送"显示 _____ 单击"确定"。

（5）按上述进程查询查找下一环节的工号，按此工号重新登录。

5. 现场勘查

（1）选择要处理的工单。

1）重新登录后，单击"工作任务"中"待办工作单"选择"主单"。

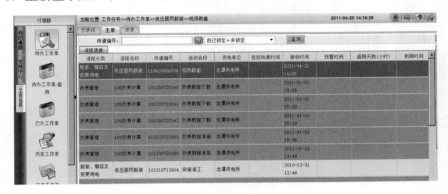

2）在输入"申请编号"后，单击"查询"。

3）在"申请编号"处双击。

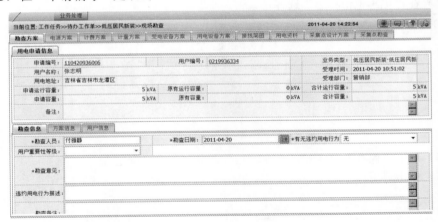

（2）填写勘查信息。

1）在 ————————————————— 选择是或否。

2）在"勘查意见"填写意见，如"同意"。

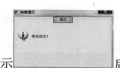

3）单击"保存"显示 后，单击"确定"。

（3）填写方案信息。

1）单击"方案信息"。

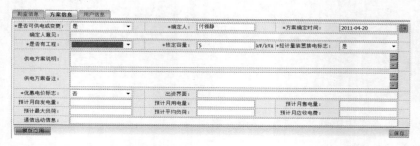

2）在"是否有工程"选择有无工程。

3）在"优惠电价标志"选择是或否。

4）单击"保存"显示 单击"确定"。

5）单击"用户信息"。

6）选择"行业分类"单击，显示"行业类别选择—网页对话框"选择所填的行业类别，单击"确定"。注：一定要选择到最底层。

7）在"生产班次"选择班次。

8）在"负荷性质"选择相应类别。

9）单击"保存"显示单击"确定"。

（4）填写电源方案。

1）单击"电源方案"中的"受电点方案"单击"保存"。

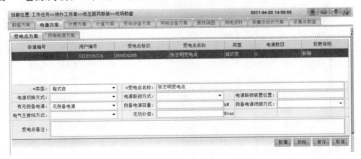

2）单击"供电电源方案"。

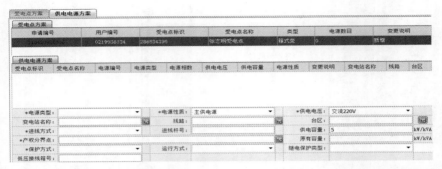

3）在"电源类型"选择台变类型。公变：与用户或台区共用一台变压器，自己无台变；专变：自己有台变的。

4）在"电源性质"选择电源性质。

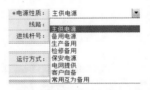

5）填写 台区： ⬛ 单击⬛显示"选择台区—网页对话框"输入查询条件，点击"查询"选择所属台区，单击"确定"。

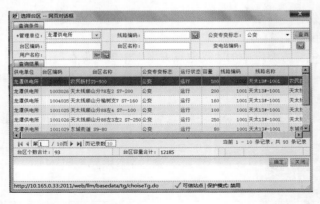

6）在"进线方式"选择相应的方式。

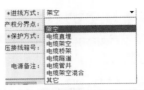

7）在"进线杆号"输入杆号。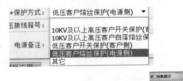进线杆号：02

8）选择"产权分界点"*产权分界点：

单击 显示"录入信息—网页对话框"选择相应分界点，单击"确认"。

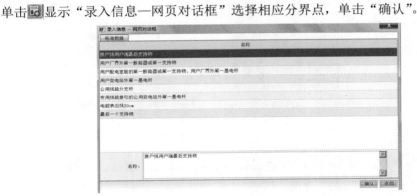

9）选择"保护方式"。

10）在 新增 拆除 保存 取消 上，单击"保存"显示 单击"确定"。

（5）填写计费方案。

1）单击"计费方案"。

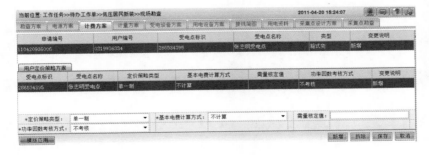

2）选择"定价策略类型"。

3）选择"基本电费计算方式"。

4）选择"功率因数考核方式"。

5）在 新增 拆除 保存 取消 ，单击"保存"显示 ，单击"确定"。

6）打开"用户电价方案"界面。

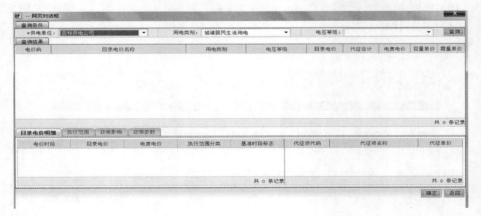

7）选择"执行电价"。 *执行电价： 单击 显示。

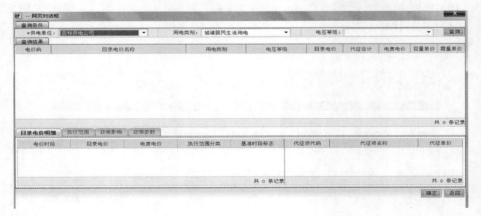

输入"用电类别"和"电压等级"点击"查询"选择相应电价，点击"确定"。

8）选择"是否执行峰谷标志"是或否。

9）选择"功率因数标准"。

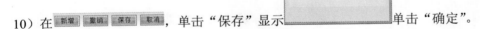

10）在 新增 撤销 保存 取消 ，单击"保存"显示 单击"确定"。

（6）填写计量方案。

1）单击"计量方案"。

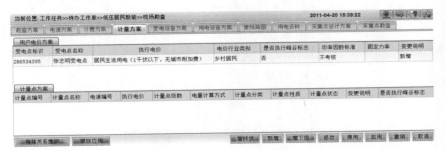

点击"新增"显示"计量点方案—网页对话框"。

2）选择"计量方式"。

3）选择"接线方式"。

4）选择"是否安装终端"。

5）选择"是否具备装表条件"。

6）选择"电能计量装置分类"。

7）选择"计量点所属侧"。

8）填写"计量点计费信息"。

9）选择"电量计算方式"。

10）选择"定比扣减标志"。

11）选择"变损分摊标志"。

12）选择"变损计费标志"。

13）选择"线损分摊标志"。

14）选择"线损计算方式"。

15）选择"线损计费标志"。

16）在"电价名称"选择电价。

*电价名称：居民生活用电（1千伏以下，无城市附加费）

17）单击 显示"相关计量点关系方案—网页对话框"电价都已在上步提取，单击"确认"即可。

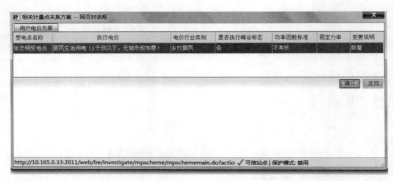

18）填写电能表方案。

19）单击"电能表方案"点击"新增"显示"电能表方案—网页对话框"。

20）选择"电压"。

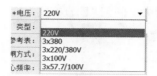

21）选择"电流"。

22）选择"类别"。

23）选择"接线方式"。

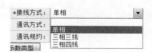

24）选择"是否参考表"。

25）点击"保存"显示 单击"确定"。

（7）填写受电设备方案和用电设备方案低压用户不填写"受电设备方案","用电设备方案"都是在以上信息提取过来的，直接单击保存即可。

（8）以上信息都填写完毕后，回到"勘查方案"在 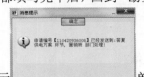 点

击"发送"后，显示

 单击"确定"到下一环节。

（9）按上述的"进程查询"查询下一环节待办人的工号重新登录答复供电方案环节。

6. 答复供电方案

（1）选择要处理的工单。

1）重新登录后，单击"工作任务"中"待办工作单"选择"主单"。

2）在输入"申请编号"后，单击"查询"。

3）在"申请编号"处双击。

（2）填写答复供电方案。

1）在"答复"栏，选择"答复方式"单击"保存"。

2）在"客户回复"栏，选择"客户回复方式"。

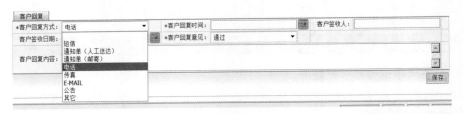

3）选择"客户回复时间"  单击▦显示

选择客户答复时间。

4）选择"客户回复意见"点击"保存"。

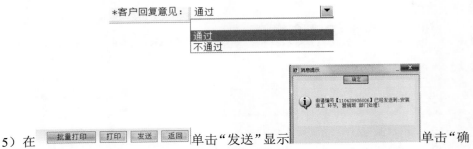

5）在 批量打印 打印 发送 返回 单击"发送"显示 单击"确定"到下一环节。

（3）按上述的"进程查询"查询下一环节待办人的工号重新登录安装派工环节。

7. 安装派工

（1）选择要处理的工单。

1）重新登录后，单击"工作任务"中"待办工作单"选择"主单"。

2）在输入"申请编号"后，单击"查询"。

3）在"申请编号"处双击。

（2）开始派工。

1）在"工作单列表"中选择要派工的用户。

2）在"派工信息"中选择装拆人员。

3）在"派工信息"中选择"负责人"。

4）在"派工信息"中选择"装拆日期"。

单击▦出现【以 星期六 为每周的第一天】选择装拆日期。

5）在【派工　批量打印　发送　特别发送　返回】点击"派工"，显示【数据保存成功！】点击"确定"。

6）【派工　批量打印　发送　特别发送　返回】点击"发送"。

点击"确定"到下一环节。

（3）按上述的"进程查询"查询下一环节待办人的工号，重新登录开始配表（备表）环节。

8. 配表（备表）

（1）选择要处理的工单。

1）重新登录后，单击"工作任务"中"待办工作单"选择"主单"。

2）在输入"申请编号"后，单击"查询"。

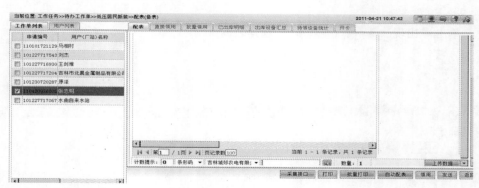

3）在"申请编号"处双击。

（2）开始配表（备表）。

1）在"工作单列表"选择要配表的用户。

2）点击"配表"中的。

3）显示"配表（备表）—网页对话框"选择对应的条形码，点击"确定"。

4）在  点击"领用"显示"配表（备表）—网页对话框"。

5）点击 ，显示"网页对话框"选择"领用人员"点击"确认"。

6) 点击 ▦ 显示  选择"信用日期"点击"确定",显示

点击"确定"。

7) 在 采集接口 打印 批量打印 自动配表 领用 发送 返回 点击"发送"显示

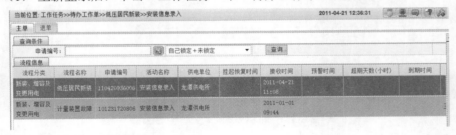

点击"确定"到下一环节。

(3) 按上述的"进程查询"查询下一环节待办人的工号,重新登录开始安装信息录入环节。

9. 安装信息录入

(1) 重新登录后,单击"工作任务"中"待办工作单",选择"主单"。

(2) 双击要处理的工单。

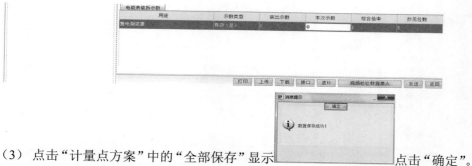

（3）点击"计量点方案"中的"全部保存"显示  点击"确定"。

（4）在"电能表装拆示数"中"本次示数"输入表数。

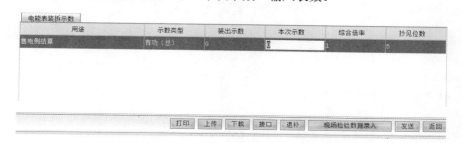

（5）在 ［打印］［上传］［下载］［接口］［退补］［现场检验数据录入］［发送］［返回］ 点击"发送"后

点击"确定"到下一环节。

（6）按上述的"进程查询"查询下一环节待办人的工号，重新登录开始信息归档环节。

10. 信息归档

（1）重新登录后，单击"工作任务"中"待办工作单"，选择"主单"。

（2）双击要处理的工单。

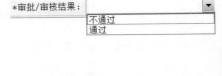

（3）选择"审批/审核结果"。

（4）在 [保存] [信息归档] [打印] [启动用户回访] [发送] [返回] 点击"保存"，[消息提示] 点击"确定"。

（5）在 [保存] [信息归档] [打印] [启动用户回访] [发送] [返回] 点击"信息归档"。

点击"返回"。

（6）在 [保存] [信息归档] [打印] [启动用户回访] [发送] [返回] 点击"发送"

点击"确定"到下一环节。

（7）按上述的"进程查询"查询下一环节待办人的工号，重新登录开始资料归档环节。

11. 资料归档

（1）重新登录后，单击"工作任务"中"待办工作单"，选择"主单"。

（2）双击要处理的工单。

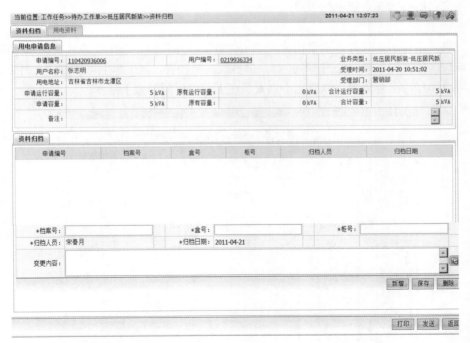

（3）填写档案号、盒号、柜号。

| *档案号: 2 | *盒号: 3 | *柜号: 1 |

（4）填写归档人员及归档日期。

*归档人员:	宋春月		*归档日期:	2011-04-21

（5）在 新增 保存 删除 点击"保存"。

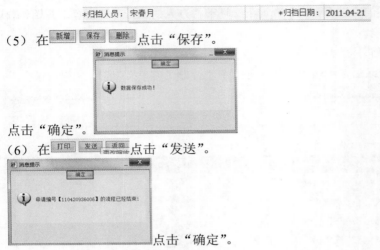

点击"确定"。

（6）在 打印 发送 返回 点击"发送"。

点击"确定"。

（7）低压居民新装的流程全部结束。

二、抄核收在系统中的应用

1. 抄表

进入系统后，选择抄表员岗位，点击"抄表派工"后，选中线路和台区后可以打印该台区抄表派工单（见图14-3-1），供抄表人员抄表，派工单上可以打印上月表码，也可以不打印上月表码，以防止个别人员在上月表码的基数上估抄。

图 14-3-1　打印抄表派工单

将抄表机连接到计算机，进入农电营销系统，点击"抄表机"后，选择抄表员，选择所要抄表的台区，可以选择一个或多个台区，然后生成抄表数据，下载至抄表机后进行抄表。抄表后，再将抄表机与计算机相连，点击"数据上传"，将数据上传到系统，如图 14-3-2 所示。

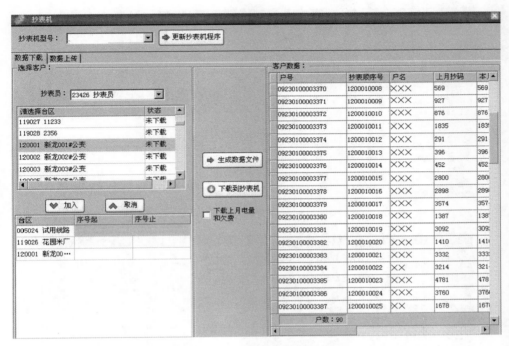

图 14-3-2 抄表机数据下载

电费明细计算：计算客户本月电量电费、累计欠费等，然后再进行下一步操作。

2. 数据审核

先进行台区电费计算，如图 14-3-3 所示。

点击"数据审核"后，选中线路和待审核的台区：

（1）通过本月数据与上月数据比较，过滤出波动率大于 n% 的客户，n 值由复核员设定。

（2）列出本月抄码低于上月抄码客户，确认是否翻度、换表或错抄。

（3）按设定电量值将客户分组，并统计客户数和用电量、电费。

（4）筛选出零用电客户和动力客户。

无问题后点击"审核合格"，如图 14-3-4 所示。

图 14-3-3 台区电费明细计算

图 14-3-4 数据审核

3. 收费

以电费坐收为例，点击"电费坐收"后，可以按姓名、户号、抄表顺序号、电话号码、电能表表号等多种查询方式查找客户，查到客户以后，显示出客户的姓名、户号、地址、电量、电价、电费、欠费（有预存电费则欠费为负）、缴费记录等信息。收费员与客户核对相关信息后，输入客户缴费金额，收取电费，打印发票，将发票联交客户，存根保留备查，如图 14-3-5 所示。

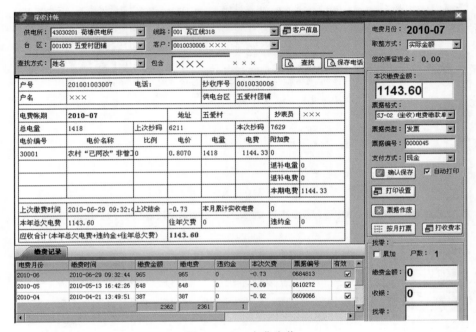

图 14-3-5　电费坐收

对于预购电用户，选择相应的电能表厂家，插入购电卡时即可读出相应的客户数据，如图 14-3-6 所示。

4. 电费账务管理

系统对收费员的每一笔电费自动归类，实时生成报表，月末关账后固定数据，自动生成本月电费、预存电费、陈欠电费相关数据，同时系统自动辅助复核，使各类数据准确，如图 14-3-7 所示。

也可以根据"日清日结"制度要求，提供相关的数据，如图 14-3-8 所示。

系统可以实时提供收费情况查询，如图 14-3-9 所示。

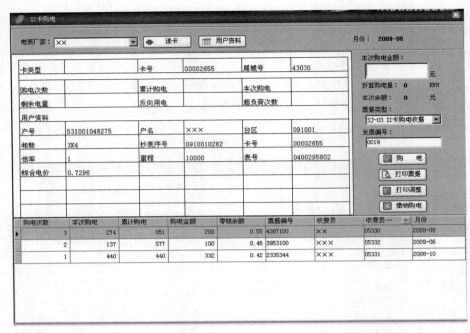

图 14-3-6　读卡售电

单位编号	单位名称	应收		月初			本月实收					
		本月	累计	月初预缴	月初欠费	预缴划扣	缴本月	缴往月	缴往年	预缴	实收合计	实收本月
序号		1	2	3	4	5	6	7	8	9	10	11
43030543	石龙供电所	288855.82	4081575.50	160291.08	47607.53	66977.17	99883.05	4007.35	4.08	39210.84	143105.32	170,867.57
039	罗镇线	87789.87	1078580.65	43124.61	31133.85	18937.62	27326.18	1253.94	4.08	10325.73	38909.93	47,517.74
039001	石龙镇街一麦	19353.91	257645.78	2540.37	23934.86	1432.32	1703.06	428.81	0	270.41	2402.30	3,564.21
039002	石龙镇街二麦	12165.18	164481.62	1106.06	3241.12	709.62	1546.35	0	0	492.55	2038.90	2,255.97
039003	珠山一麦	8363.32	80153.96	5788.77	293.87	3049.72	3293.43	216.26	0	865.86	4375.55	6,559.42
039004	珠山二麦	3438.40	35898.55	2507.92	390.62	948.02	1709.20	20.21	0	656.49	2385.90	2,677.43
039005	将军一麦	5142.78	57266.29	5835.70	232.05	2427.66	1827.25	87.30	0	1157.97	3072.52	4,342.21
039006	裕军二麦	7028.46	79431.88	5271.45	308.45	2346.58	2175.94	39.33	4.08	1234.95	3454.30	4,561.85
039007	兴旺一麦	3548.97	34588.23	3243.45	316.48	1459.39	1629.33	140.05	0	973.42	2742.80	3,226.77
039008	兴旺二麦	4575.49	48552.74	5278.75	125.74	2156.08	1713.93	95.19	0	1630.68	3439.80	3,985.20
039009	安乐一麦	3686.85	41863.42	3907.69	295.65	1580.95	1459.91	41.94	0	1085.67	2587.52	3,082.80
039010	石龙镇街三麦	16489.05	231875.75	1792.97	1684.39	859.02	9081.78	66.87	0	632.19	9780.64	10,007.67
039011	安乐三麦	2701.31	30303.91	3992.90	129.31	1403.54	684.73	117.98	0	868.89	1671.40	2,206.25
039012	安乐二麦	1275.95	14598.32	1858.58	181.48	584.71	501.25	0	0	456.85	958.10	1,065.98
040	罗歌线	110906.43	1311896.94	91523.48	5634.21	35888.69	33653.38	1533.02	0	21618.42	56804.82	70,853.09
040001	栗红村	5776.38	52581.64	3159.94	400.75	1230.46	967.59	157.20	0	996.21	2121	2,355.25
040002	欧冲一麦	3822.06	39548.38	4072.41	142.99	1597.43	1607.56	67.29	0	1111.85	2786.70	3,272.28
040003	欧冲二麦	2651.27	30506.55	2393.49	132.20	1092.16	845.83	82.12	0	499.05	1407	2,000.11

图 14-3-7　电费回收报表

图 14-3-8 收费员坐收电费日报表

图 14-3-9 收费查询

三、PMS 系统

(一) 设备管理在系统中的应用

1. 设备台账

对备品备件信息的新增、修改、删除操作见图 14-3-10。点击新增功能按钮。

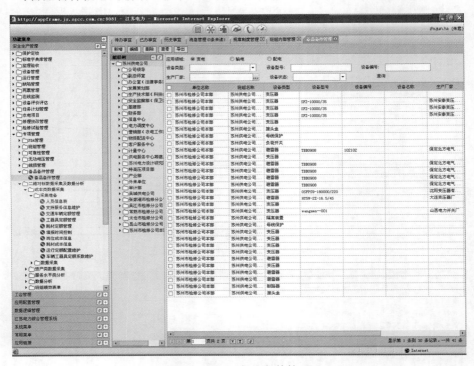

图 14-3-10 备品备件管理

弹出新增详细画面，输入一些基本信息，点击保存功能按钮，即新增成功，见图 14-3-11；选中备品备件记录可进行编辑、删除、查看此备品备件记录。

2. 设备变更

设备异动申请，从设备树【设备管理】→【设备变更管理】→【配电】→【设备异动申请单】上进入设备异动申请单，界面见图 14-3-12。

3. 退役设备

检索配电设备台账退役的设备，对退役的设备进行试验。若试验合格，则设备进入备品库；若试验不合格，可以报废或修理。选择报废的设备将直接废弃，不再使用；对选择修理的设备进行修理，若修理结果为不合格则报废，若修理合格则设备进入备品库。

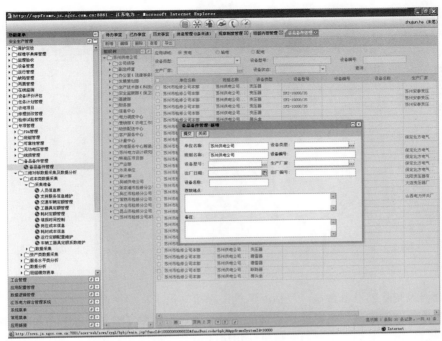

图 14-3-11 新增备品备件

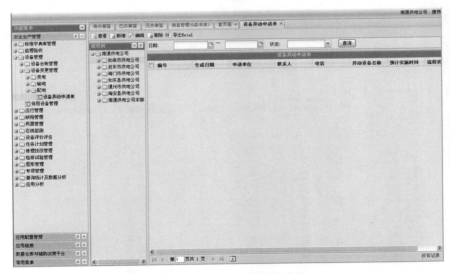

图 14-3-12 设备异动申请单

点击【检索退役设备】节点，系统打开检索退役设备标签页（见图 14-3-13）。

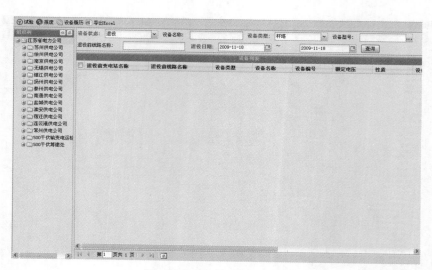

图 14-3-13 检索退役设备

查询被删除的设备台账，包括：退役、修试、报废。

在界面左侧的组织树上选择查询的县组织节点，根据【设备状态】下拉框选择不同的选项，可以分别查询退役、修试、报废的设备。设置其他条件，点击【查询】按钮，查询结果在画面右下方显示（见图 14-3-14）。设备状态选择修试、报废时退役日期检索项不显示，不作为查询条件。

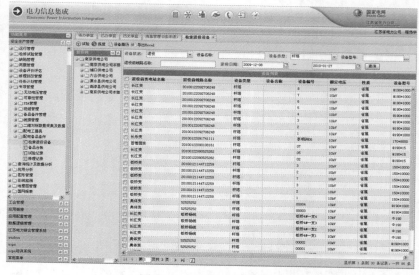

图 14-3-14 检索退役设备

试验退役设备，选择一条退役设备记录，对该设备进行试验，并根据试验结果判断该设备是进入备品库还是报废。

试验产生试验记录。在检索退役设备画面上，选择一条已经查询到的退役设备记录，点击左上方的【试验】按钮，弹出设备试验画面（见图 14-3-15）。

（二）运行维护管理在系统中的应用

1. 运行管理

（1）巡视记录。

当想给设备新增巡视记录时可以使用该功能进行操作。在设备树下，选择一个杆上配变，在该节点的右键菜单中点击【新增巡视记录】项（见图 14-3-16）。

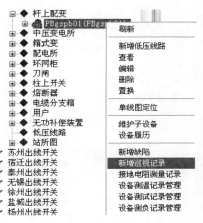

图 14-3-15　设备试验　　　　　　　图 14-3-16　新增巡视记录

（2）接地电阻测量记录。

当想给设备新增接地电阻测量记录时，可以使用该功能进行操作。在设备树下，选择一个杆上配变，在该节点的右键菜单中点击【接地电阻测量记录】项（见图 14-3-17）。

（3）设备测温记录。

当想给设备新增测温记录时可以使用该功能进行操作。在设备树下，选择一个杆上配变，在该节点的右键菜单中点击【设备测温记录管理】项（见图 14-3-18）。

（4）设备测试记录。

当想给设备新增测试记录时可以使用该功能进行操作。在设备树下，选择一个杆上配变，在该节点的右键菜单中点击【设备测试记录管理】项（见图 14-3-19）。

图 14-3-17　接地电阻测量记录

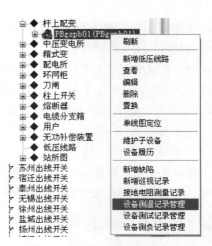

图 14-3-18　设备油温记录

（5）设备测负记录。

当想给设备新增测负记录时可以使用该功能进行操作。在设备树下，选择一个杆上配变，在该节点的右键菜单中点击【设备测负记录管理】项（见图 14-3-20）。

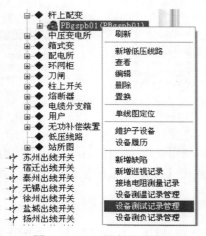

图 14-3-19　设备测试记录

图 14-3-20　设备测负记录

2. 缺陷管理

缺陷可以在缺陷管理页面，【运行管理】→【配电】→【巡视记录】等页面，以及一次图编辑页面新增。缺陷管理画面新增时，可以选择多个设备，保存后每一个设备生成一条缺陷，但设备必须是所选线路下的同一设备类型的设备（见图 14-3-21）。

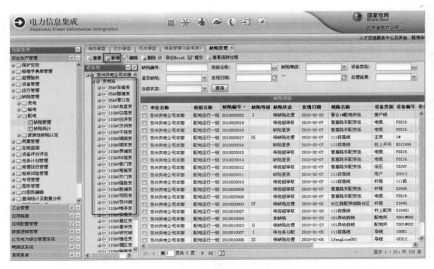

图 14-3-21 缺陷管理

在左侧设备树选择需要新增缺陷的设备或其他节点，点击【新增】功能按钮系统自动打开缺陷管理-新增页面。当选中具体设备时，设备的基本信息被带入填写到新增画面的相应区域（见图 14-3-22），否则设备信息部分都为空白（见图 14-3-23）。

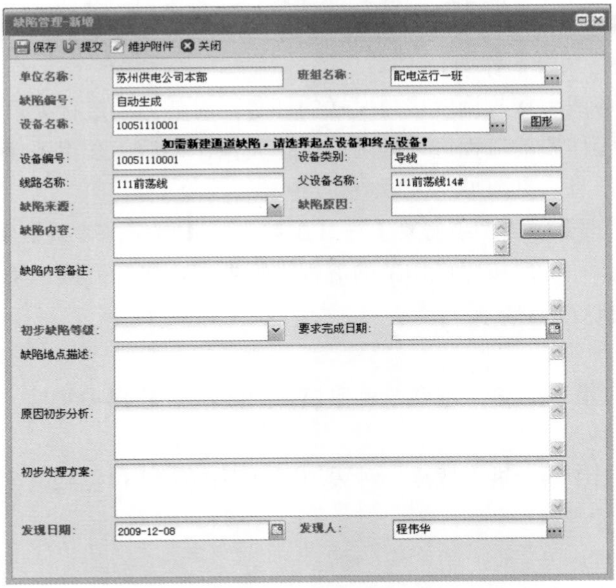

图 14-3-22 缺陷管理-新增

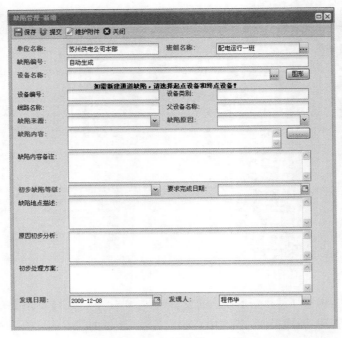

图 14-3-23 缺陷管理-新增

3. "两票"管理

（1）配电任务票及操作票。

新增一个任务或者接收调度接口发送的任务，对任务票进行处理，提交后填写操作票，然后按照操作票的流程进行处理，执行完操作票后，在相关任务票和操作票查看该任务的执行信息，见图 14-3-24。

【安全生产管理】→【两票管理】→【配电】→【倒闸操作票】新增一个操作票，填写后提交操作票，然后按照操作票的流程进行处理，执行完操作票后，在相关操作票查看该操作的执行信息。

（2）线路一种票。

开线路一种工作票，进入线路一种票填写画面，见图 14-3-25。

（3）线路二种票。

开线路二种工作票，进入线路二种票填写画面，见图 14-3-26。

4. 任务计划管理

（1）任务管理。

根据菜单从【安全生产管理】→【任务计划管理】→【任务管理】→【配电】→

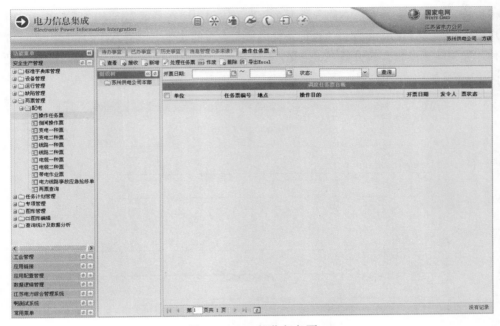

图 14-3-24 操作任务票

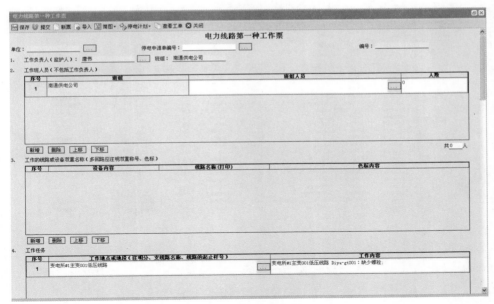

图 14-3-25 电力线路第一种工作票

【检修试验任务】进入，右侧一览画面会显示该用户所在县或本部下的所有工单。用户可以根据"管辖班组/部门"查询条件选择要查看的具体工单信息。在界面上有设备列，如果该工单包含的设备不止一个，则会在设备名称后面增加"等设备"字段，见图 14-3-27。

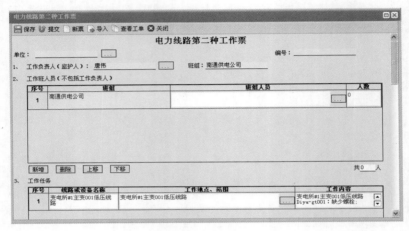

图 14-3-26　电力线路第二种工作票

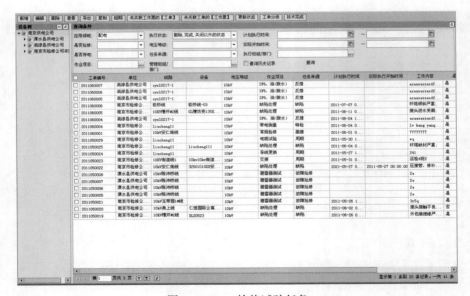

图 14-3-27　检修试验任务

新增检修试验任务后进入，见图 14-3-28。

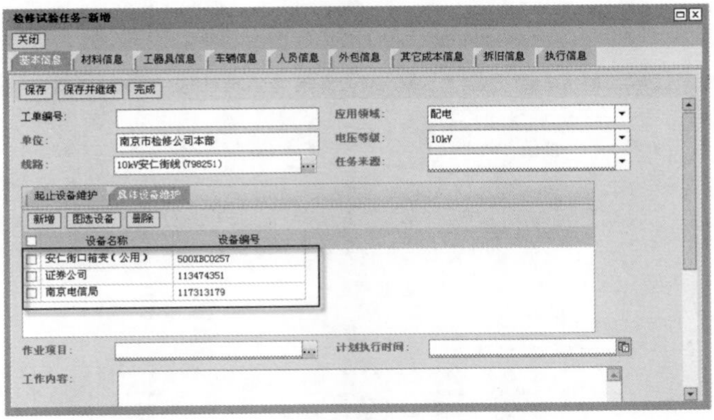

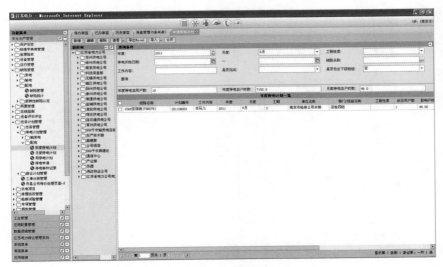

图 14-3-28　检修试验任务-新增

（2）停电计划管理。

1）年度停电计划一般是由各地市配电计划专职或者配电停电专职在一年即将结束，新的一年又将来临之时，根据下一年的工作计划，制定的年度停电计划。但是配电管理涉及范围广，突发事件多，很难在年前制定出一个完美的计划，所以该计划一般只做方向性的说明，而不制定具体停电计划，见图 14-3-29。

图 14-3-29　年度停电计划

2）为了供电可靠性，一般在一个月中旬的时候，配电计划专职或配电停电专职就要根据月工作计划制定下一个月的停电计划，且制定的停电计划一般都需要有工单。

月停电计划应尽量详细，使之可以指导周停电计划的制定和实施，见图 14-3-30。

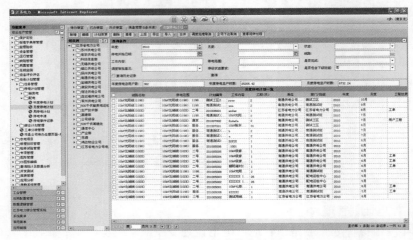

图 14-3-30 月度停电计划

3）在一周开始之前，配电计划专职或配电停电专职应预先制定下一周的停电计划，该停电计划可以由周工作计划、月停电计划，也可以直接新增。根据周停电计划可以直接开票指导实际工作，所以应制定的尽量详细，见图 14-3-31。

图 14-3-31 周停电计划

（3）综合计划管理。

在功能树上选择【安全生产管理】→【任务计划管理】→【综合计划管理】→【配电】→【周工作计划】进入周工作计划画面（见图 14-3-32）。

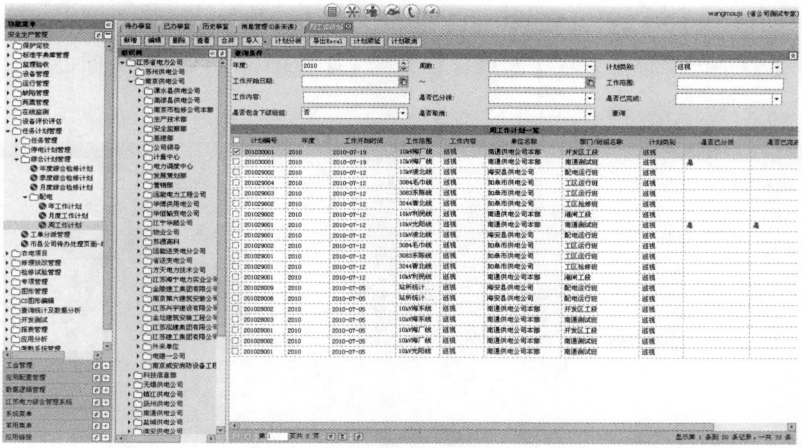

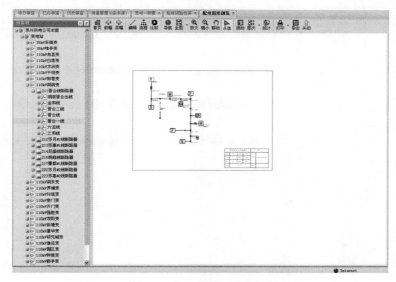

图 14-3-32　周工作计划计划

5. 图形管理

（1）图形应用。

当想查看图形的相关信息或者编辑图形的信息时，进入【安全生产管理】→【图形管理】→【图形应用】→【配电图形浏览】进入配电图形浏览画面，从画面的左边设备树选择具体的线路，可以打开该线路的图形（见图 14-3-33）。如果选择的线路没有稳定的归档图形则会弹出无法打开的提示框。

图 14-3-33　配电图形浏览

（2）图形编辑。

选择【安全生产管理】→【图形管理】→【图形编辑】→【配点图形编辑】打开，编辑图形，见图 14-3-34。

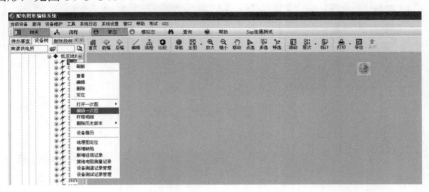

图 14-3-34 配电图形编辑

6. 专项管理

（1）班组管理。对班组概况进行编辑保存管理。可输入画面项，点击保存功能按钮，画面输入项就能保存成功，见图 14-3-35。

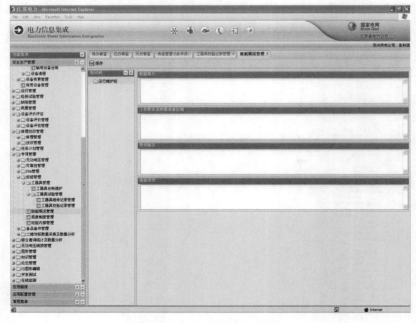

图 14-3-35 班组概况管理

（2）无功电压管理。

无功电压模块用于管理电压相关基础信息、电网无功配置信息及无功相关报表的统计、查询。

1）电压监测点计划管理界面见图 14-3-36。

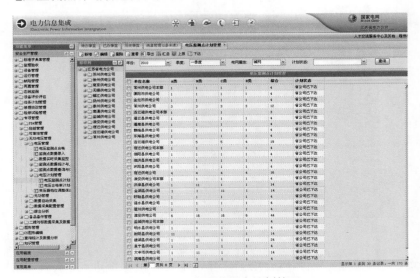

图 14-3-36　电压监测点计划管理

2）电压合格率计划管理界面，见图 14-3-37。

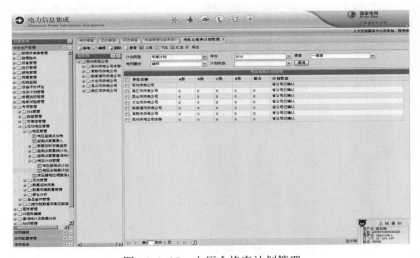

图 14-3-37　电压合格率计划管理

3) 运行分析界面, 见图 14-3-38。

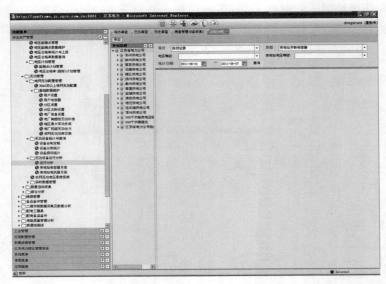

图 14-3-38 运行分析

查询: 选择类型、项目等查询条件, 单击【查询】, 系统进入相关查询结果页面。

（三）统计分析在系统中的应用

1. 配电月报配置（见图 14-3-39）

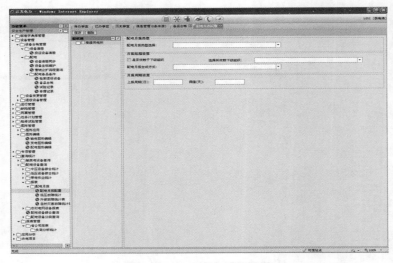

图 14-3-39 配电月报配置

2. 配电设备综合统计查询（见图 14-3-40）

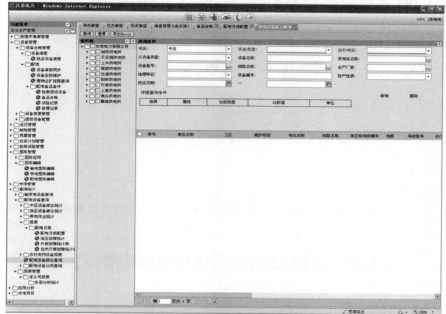

图 14-3-40　配电设备综合统计查询

四、用电信息采集系统

用电信息采集系统主要包括安装调试、日常运行和业务应用三大内容。

（一）安装调试

1. 主站建档、调试及投运

点击功能菜单【基本应用】→【终端调试】→【集抄终端调试】。

（1）手工建档（新建）。

1）Ⅱ型集中器建档见图 14-3-41。

点击【新建】，选择对应的条件，输入终端资产号及终端安装位置。

2）Ⅰ型集中器及 GPS 表建档。

Ⅰ型集中器建档：点击【新建】，选择对应的条件，输入终端资产号及终端安装位置，采集端口选系统默认。自带局编号根据实际情况是否填写，见图 14-3-42。

GPRS 表建档：见图 14-3-43，点击【新建】，选择对应的条件，输入终端资产号及终端安装位置，自带局编号根据实际表计局编号填写。

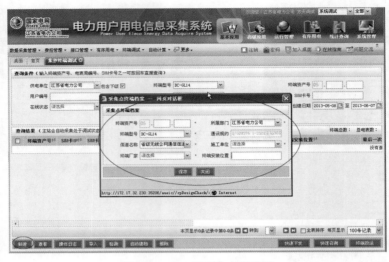

图 14-3-41 Ⅱ型集中器建档

图 14-3-42 Ⅰ型集中器建档

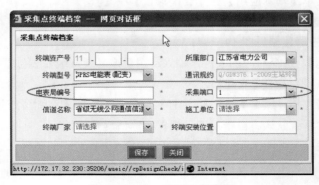

图 14-3-43 GPRS 表建档

（2）批量建档（导入）见图 14-3-44。

点击【导入】，勾选相应的选择条件，选择做安装档案表格（EXCEL）导入，根据系统提示对报错进行处理（主要为表已挂接，电表局编号错误等）。

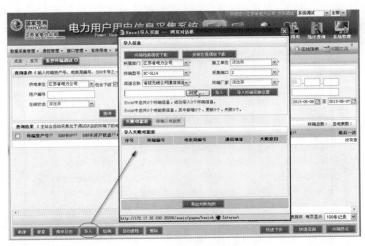

图 14-3-44　批量建档（导入）

（3）终端检测见图 14-3-45。

选择需要检测的终端，点击【检测】按钮，召测该终端的版本信息及信号强度，以确认该终端通信正常。

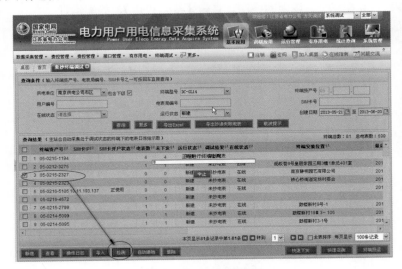

图 14-3-45　终端检测

（4）数据召测验证见图 14-3-46。

点击【数据召测】，根据召回的数据，判断终端抄表是否成功（示数、抄表时间、数据、抄表状态等）。

Ⅱ型集中器及 GPRS 表可抄实时数据（一般"立即抄表"几分钟后）；

Ⅰ型集中器需抄日冻结数据（需隔日抄读）。

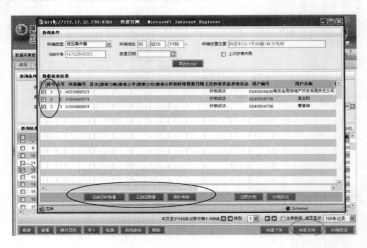

图 14-3-46　数据召测验证

（5）终端投运见图 14-3-47。

对抄表成功率 95% 以上的终端，点击【终端投运】，终端运行。

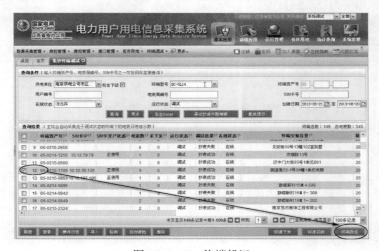

图 14-3-47　终端投运

2. 档案变更

（1）业务功能。

主要功能：

1）更换、拆除终端：更换指定终端，拆除停运终端。

2）更换、拆除电表：查询非运行电表，更换现场已换装的电能表，删除已拆除的电能表。

3）更换自带表计的终端：根据换表记录，更换 GPRS 电表和载波集中器。

辅助功能：

1）终端测量点参数下发：下发已更换对象的测量点参数，查询历史下发失败参数不下发。

2）更换或拆除的终端自动退库。

3）查看终端、电表更换历史记录。

（2）操作说明。

1）拆换终端见图 14-3-48。

点击功能菜单【基本应用】→【终端调试】→【档案变更】，单选终端，点击【更换终端】（注：停运终端不可更换）。

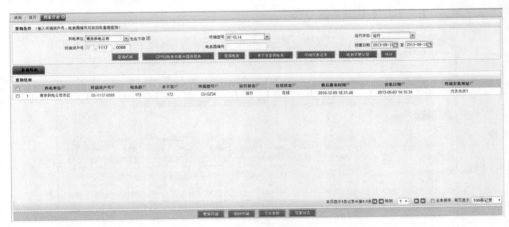

图 14-3-48　拆换终端

2）更换、拆除自带表计的终端见图 14-3-49。

点击【GPRS 电表和集中器自带表】，根据供电单位（地市、市县、供电所）、终端型号、终端状态，查询"非运行状态"且是 gprs 电表载波集中器自带的表对应的所有终端。

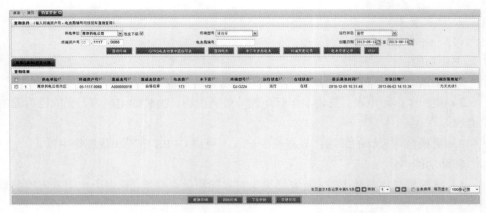

图 14-3-49 更换、拆除自带表计的终端

（二）日常运行

1. 采集失败分析见图 14-3-50。

为提高抄表失败问题解决效率，提高采集成功率，采集系统提供按故障对象，故障现象，故障原因等维度分类分析抄表失败原因的功能。

点击功能菜单【基本应用】→【数据采集管理】→【数据质量检查】→【采集成功率（集抄）】，点击【采集失败分析】。

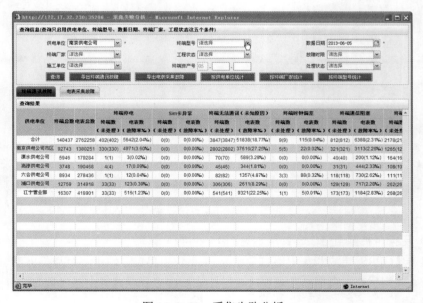

图 14-3-50 采集失败分析

（1）终端通讯故障。

1）终端停电：终端上报停电事件，当前在线状态为停电（不通讯）。

处理方法：可能为终端故障、终端断电或被拆除，需现场处理。

2）SIM 卡异常：通过 SIM 卡状态判断，非"正常使用"状态。

处理方法：需现场更换 SIM 卡。

3）终端时钟偏差：终端时钟快 15 分钟或者慢 1 个小时，表现为终端数据冻结不成功，采集失败。

处理方法：终端对时，对于无法对时的终端需更换。

4）终端无法通讯（未知）：表现为当前在线状态为故障或停电，并且最近一次通讯时间超过 24h。

处理方法：可能为电源、终端故障、SIM 卡坏等问题，需要现场确认并处理。

5）终端通信堵塞：终端登录、事件上报频繁，数据采集不稳定或不齐全（昨日登录次数超过 6 次，或事件上报次数超过 30 次，或昨日终端通讯流量大于 500K）。

处理方法：此类现象的主要原因为终端的软件处理机制及参数配置问题，需终端厂家处理。移动信号差也可能对此类现场有影响。

6）终端信号不稳定：终端信号弱且电表部分失败或数据不齐全（偶尔失败与数据不齐全电表之和占总表数比例大于 20%）。

处理方法：需现场判断可能为现场信号弱，终端安装位置信号弱（应改变安装位置），天线、馈线或连接有问题及终端自身通讯模块存在问题。

（2）电表采集故障。

1）非运行电表：现场被拆除或更换的电表。

处理方法：现场被拆除或更换的电表，应及时在营销系统进行归档、在采集系统修改终端电表档案、下发参数。

2）电表档案不正确：电表档案，参数配置不正确或者参数未下发，表现为不采集或者采集失败。

参数未下发：电表测量点参数下发状态为未下发。

参数配置不正确：电表局编号与电表地址不匹配，或电表类别与规约不匹配，或电表类别与波特率不匹配，或者终端型号与端口号不匹配；电表局编号录入错误：电表归属部门与同一终端下的其他采集成功电表归属部门不一致。

处理方法：主站重新下发正确的电表参数。

3）非正常用电：包括季节性用电用户、临时用电用户，表现为不用电时采集失败。

4）卡表用户：

处理方法：对于无法通讯的卡表，可加快费控业务的应用，将其更换。或者置为暂停抄表。

5）电表时钟偏差：采集失败的智能表中，电表时钟偏差超过 15min。

处理方法：对于偏差较小的智能表主站校时，对偏差较大的智能表，需现场更换。

6）未知原因：主站无法判断需现场核实。全部电表失败原因分析：原因可能为前置档案错误（采集点前置档案）、485 总线故障、终端通讯口故障、485 线接错或者断开。部分电表失败原因分析：原因可能为用户自己停电、Ⅱ型采集器故障、载波通讯路径故障、485 局部线故障、电表 485 端口故障。

处理方法：除前置档案错误外，其余需现场确认处理，详见现场采集失败处理。再现场确认；无问题后，请主站协助判断是否为前置档案错误并处理。

2. 计量在线监测

计量在线监测是采集系统根据计量装置相关状态，采集设备终端相关状态以及已经采集入库的各类数据进行综合分析，对不正常现象生成事件记录，待人工对事件做进一步处理，实现对现场运行的电能表及计量回路状态进行在线监测，及时发现计量装置故障，减少计量差错。

计量在线监测相关异常可通过主站判别和终端上报两种途径生成，从业务上可分为：计量设备异常、用户用电异常、终端运行异常、电网运行异常等，见图 14-3-51。

（1）计量设备异常。

计量设备异常情况有设备故障、接线错误和计量回路故障三种，其中设备故障又分数据无效、示数下降、电表时钟偏差，接线错误又分反接线和功率反向，计量回路故障又分失压、欠压、断相、欠流、CT 开路、三相负载不平衡、零线电流超限。

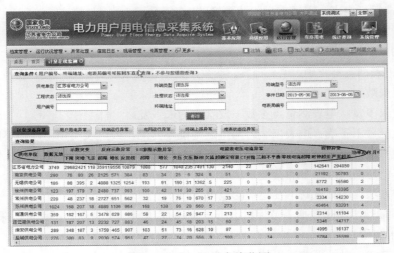

图 14-3-51　计量在线监测

（2）用户用电异常。

用户用电异常有电量异常、超容或欠容异常、功率异常三种，其中电量异常又有日电量突增、连续用电量为零、月电量突增、月电量为零、停电用户有电量，超容、欠容异常又有超额定容量、超运行容量、欠运行容量、功率因素超低限、无功过补偿，功率异常即营业报停用户有负荷，已暂停用电专变用户的实际负荷超过最低限制负荷，需现场分析排查用户用电行为来解决问题。

（3）终端运行异常。

1）采集失败。

对连续采集失败的电表需生成异常告警，采集失败由多方面原因引起，主站、终端、电表各层级问题都可能导致采集失败，需进一步通过主站功能或现场分析排障。

2）抄表时刻异常。

部分厂家终端针对非智能表实现日末冻结示数的逻辑不准确，已发现部分厂商将凌晨 1 点左右的数据作为当日日末（24 点）数据，影响到抄表工作，需相关终端厂家解决抄表数据冻结问题。

3）采集不齐全。

采集回的示数会存在正向示数全空、空值、零值，连续采集到不齐全的数据，可能由终端、电表故障造成，需现场分析排障。

4）通信故障。

对于长期不上线终端需生成异常告警，可能由终端停电、sim 卡故障、网络信号故障、设备故障等原因造成，需进一步通过主站功能或现场分析排障。

5）登录异常、上报异常、通信流量超限、不正常。

终端忙于频繁登录或事件上报，与主站的通信经常会被中断，造成通信过程不稳定，影响数据采集，需现场分析排障。

6）终端时钟偏差异常。

终端时钟偏差将导致终端冻结数据不成功，最终导致采集失败，需通过主站终端对时功能或现场分析解决问题。

（4）电网运行异常。

1）最大负载率超限、三相不平衡度超限、台区线损超标。

最大负载率超限会影响变压器使用寿命，严重时会导致变压器烧毁，需考虑增容变压器或调整互变关系解决问题，三相不平衡度超限会影响变压器使用寿命或引起台区线损超标，连续一周台区线损率低于 80%，需要考虑是否存在窃电行为，需现场核实。

2）电压合格率低、配电线路失电、台区失电。

电压合格率低影响供电质量，严重时会影响电网安全，台区、线路失电会影响供电质量。

（三）业务应用

1. 抄表发布

（1）抄表成功率。

为保证电量数据发布，主站运行人员应监控所有费控用户抄表成功率和 5 日内要发行的抄表计划抄表成功率。当抄表成功率未达到 100%时，应起动分析机制，见图 14—3—52。

点击功能菜单【基本应用】→【数据采集管理】→【采集质量检查】→【抄表成功率】

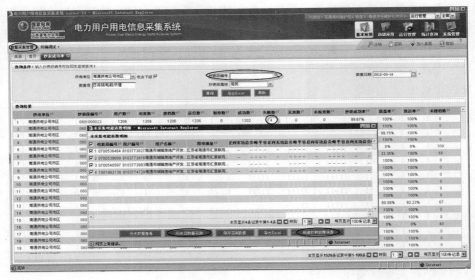

图 14—3—52　抄表成功率

（2）数据发布管理。

采集系统每天自动同步营销抄表计划，依据营销抄表计划自动将校核合格的数据发布到营销系统供抄表结算使用。用户可通过此功能页面查看营销抄表计划信息，并提供实时同步当日抄表计划功能，方便用户及时查看抄表计划发布、接收情况，并能及时做出处理，提高工作效率。

点击功能菜单【基本应用】→【数据采集管理】→【数据发布管理】，见图 14—3—53。

（3）抄表数据比对。

对市或县公司所属用户的人工抄表数据和采集系统自动抄表数据的差异性的比对，并能够进行手工比对，见图 14—3—54。

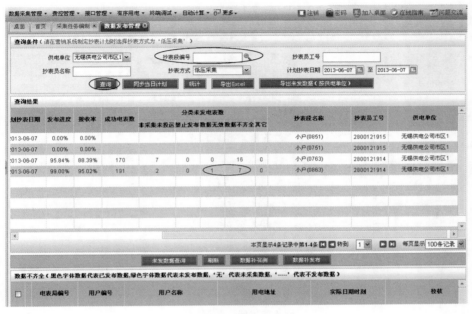

图 14-3-53　数据发布管理

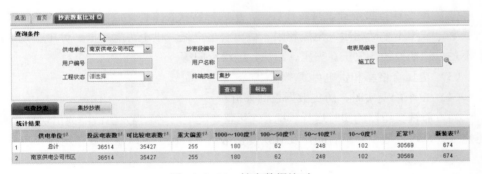

图 14-3-54　抄表数据比对

（4）数据校核。

主要用于查询校验不合格的电表数据，并可进行查看历史数据进行人工校核，见图 14-3-55。

2. 配变监测

利用配变关口表的采集信息，实现配变运行监测的各项功能，包括：

（1）配变电压、电流、功率、最大极值、电流极值等实时量的采集和曲线数据采集。

图 14-3-55 数据校核

（2）配变运行日统计、月统计数据，形成异常状态事件，监测的项目包括：最大负载率、三相不平衡超限、电流超限、供电合格率低、供电可靠率低、停电、功率因素不足、长期掉线、欠压、失压、断流、电流反向等。

（3）电压合格率和供电可靠率统计。

（4）单个配变实时、历史数据查询分析。

通过监视变压器的实时运行状况，优化整个配电网络。当发生故障或出现异常时，迅速报警，可以减少停电时间，及时恢复正常供电，保证变压器的安全运行。

3. 台区线损分析

分台区线损统计分析管理是线损管理的重要组成部分，降低台区管理线损，提高企业效益。同时为清理台区户变关系、营配集成工作提供辅助分析手段。

点击功能菜单【高级应用】→【线损分析】→【台区线损分析】。

（1）基础考核单元生成。

有归属单位的公变运行台区，定义生成基础考核单元，可在考核单元管理页面查询。

（2）线损可考核条件分析。

满足以下条件的考核单元可参与线损计算（可计算台区全部纳入考核）：

1）至少有1只考核表计。

2）至少有 1 只用户表计。

3）所有考核表倍率设置正确。

4）考核表采集安装率 100%。

5）用户表采集安装率≥98%。

线损计算状态选择"可计算（考核）"，进行查询，可查询到可计算台区记录见图 14-3-56。

图 14-3-56 考核单元管理（可计算）

可计算考核单元满足以下条件当日才可计算出线损值：

考核表前后两日示数的采集率 100%；

用户表前后两日示数的采集率≥95%；

未采集：用户表采集安装率低于 10%。

线损计算状态选择"未采集"，进行查询，可查询到未采集台区记录见图 14-3-57。

满足以下条件之一的考核单元置为"空台区"：

应采考核表和应采用户表都为 0；

台区状态为非运行。

线损计算状态选择"空台区"，进行查询见图 14-3-58，可查询到空台区记录。

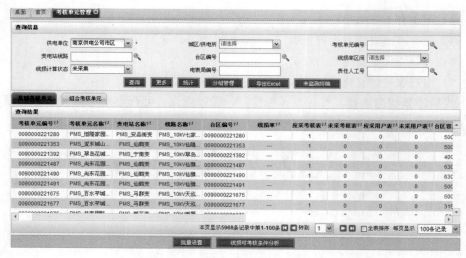

图 14-3-57 考核单元管理（未采集）

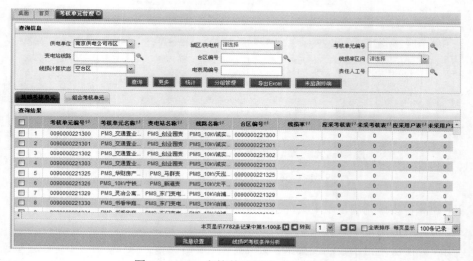

图 14-3-58 考核单元管理（空台区）

满足以下条件之一纳入不合理台区：

考核表较多（大于 3 只）；

用户表较少（小于 10 只）；

用户表较多（大于 512×考核表数）。

线损计算状态选择"不合理"，进行查询见图 14-3-59，可查询到不合理台区记录。

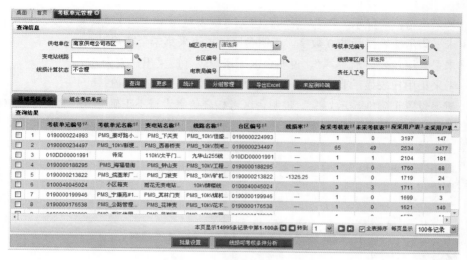

图 14-3-59　考核单元管理（不合理）

若需要对某个台区进行单独分析，可单选台区记录，点击【线损可考核条件分析】，或直接点击【线损可考核条件分析】按钮，进入分析页面，见图 14-3-60，输入台区编号，点击【分析】。

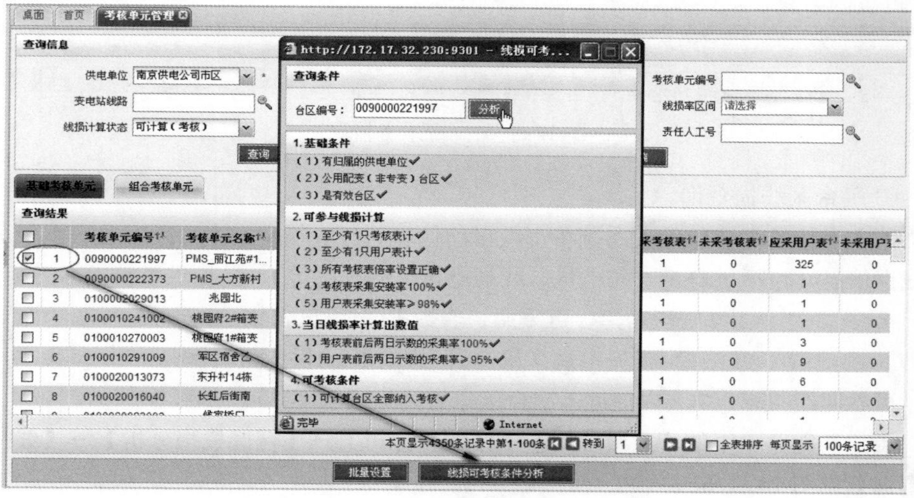

图 14-3-60　线损可考核条件分析

对于不可计算台区，系统对其不可计算原因进行初步分析，线损计算状态选择"不可计算"进行查询。

未采集考核表显示"✗"，说明台区无考核表见图 14-3-61（应采考核表为 0）；

未采集考核表显示非 0 数字，说明台区考核表采集未全覆盖；

未采集用户表显示"✗"，说明台区无用户表（应采用户表为 0）；

未采集用户表显示非 0 数字，说明台区用户表采集未全覆盖；

倍率设置正确性显示"✗"，说明台区考核表倍率设置不正确（额定电流为 1.5（6）A 的电表，其综合倍率应大于 1，可点击"应采考核表"链接查看电表额定电流、综合倍率信息）。

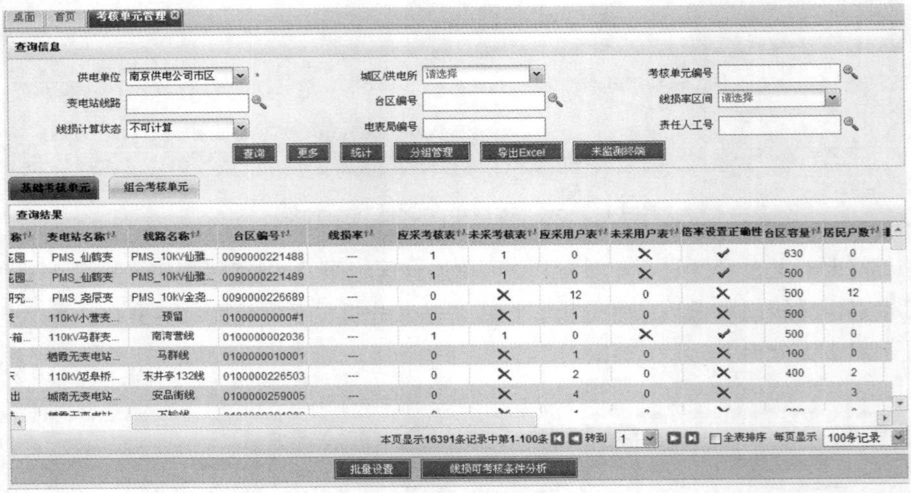

图 14-3-61 应采考核表

（3）台区线损查询。

纳入考核的考核单元，系统将每天自动计算其日线损率。本功能主要用于查询台区线损信息（包括供电量、售电量、线损电量、线损率等），并提供考核指标的统计。

用户表参与率=可采用户表数/应采用户表数×100%

线损率=损失电量（供电量−售电量）/供电量×100%

可参照线损率：7 天内最近一次台区电表采集成功率 100%的线损率

点击功能菜单中的【高级应用】→【线损分析】→【台区线损分析】→【线损统计查询】见图 14-3-62。

4. 远程停、复电

全面推行智能电表的费控操作，包括低压用户预付费和智能电表停复电，逐步淘汰预付费卡表和人工拆表停电。为实现费控功能实用化的目标，采集系统提供远程停复电、停复电效果监测等应用功能。

图 14-3-62　线损统计查询

首次停电操作需要在"【运行管理】→【现场管理】→【停复电调试工单】"中"新建调试工单"进行终端停/复电调试见图 14-3-63。

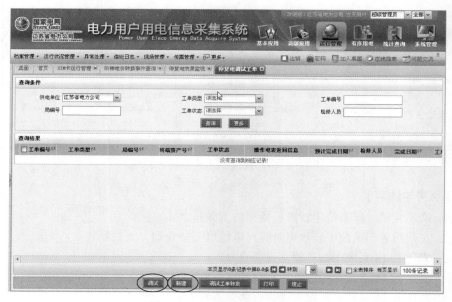

图 14-3-63　停复电调试工单

5. 线路线损

实现与变电站电能量采集系统集成，获取配网线路关口电能量数据，对营销系统内线路关口对应关系清理，实现供售电信息全覆盖，为线损自动计算提供数据支持，支撑线损分区、分压、分线、分台区实时采集、监测与分析，实现线损由结果管理向过程管控转变。

本功能主要用于创建考核单元、查询已建考核单元信息以及展示维护考核单元信息，考核单元与供电电源、受电电源关系。线路线损考核单元管理功能主要是对电压等级为 10kV/20kV/35kV 的运行配网线路生成相应的考核单元并按其线路中的供电计量点、用电计量点计算其线损率，考核单元的生成分为两类：① 线路考核单元（系统自动将满足条件的线路按线路名称生成考核单元）；② 区域考核单元（需用户手动新建其考核单元），考核单元管理页面主要可操作的功能见图 14-3-64，分别：查询、统计、线路关口配置、EXCEL 导出、批量设置及线路可考核条件分析。

图 14-3-64　线路/区域考核单元管理

【思考与练习】

1. 简述营销管理系统中抄表机数据的下载和上传过程。
2. 在营销管理系统中坐收电费时可以通过哪些查询方式找到客户？
3. 简述 PMS 系统中如何建立设备台账？
4. 简述 PMS 系统中退役设备有几种去向？
5. 简述 PMS 系统有几种方法进行缺陷维护？
6. 简述用电信息系统如何建立主站建档？
7. 用电信息系统计量在线监测有几种异常？
8. 简述用电信息系统如何进行抄表？

第四部分

农网运行维护与检修相关法律法规

第十五章

电力技术相关规程

▲ 模块 1　架空绝缘配电线路施工及验收规程（Z33B6001Ⅰ）

【模块描述】本模块包含架空绝缘配电线路器材检验、施工技术要求、工程验收规则；通过分类介绍，掌握新建和改建的额定电压 6～10kV（中压）和额定电压 1kV 及以下（低压）架空绝缘配电线路的施工及验收标准。

【正文】

一、规程的引用及相关内容

（1）引用 DL/T 602—1996《架空绝缘配电线路施工及验收规程》。

（2）引用规程相关内容：器材检验；电杆基坑；拉线的安装要求；导线架设；电气设备安装的一般规定；对地距离及交叉跨越；接户线；工程交接验收。

本规程规定了架空绝缘配电线路器材检验、施工技术要求、工程验收规则。适用于新建和改建的额定电压 6～10kV（中压）和额定电压 1kV 及以下（低压）架空绝缘配电线路的施工及验收。

二、施工前对器材的检验

1. 架空绝缘导线的外观检查

中压架空绝缘线必须符合 GB/T 14049—2008《额定电压 10kV 架空绝缘电缆》的规定，低压架空绝缘线必须符合 GB/T 12527—2008《额定电压 1kV 及以下架空绝缘电缆》的规定。安装导线前，应先进行外观检查，且符合下列要求：

（1）导体紧压，无腐蚀；

（2）绝缘线端部应有密封措施；

（3）绝缘层紧密挤包，表面平整圆滑，色泽均匀，无尖角、颗粒，无烧焦痕迹。

2. 金具及绝缘部件的外观检查

低压金具及绝缘部件应符合 DL/T 765.3—2004《额定电压 10kV 及以下架空绝缘导线及金具》的规定。安装金具前，应进行外观检查，且符合下列要求：

（1）表面光洁，无裂纹、毛刺、飞边、砂眼、气泡等缺陷；

（2）线夹转动灵活，与导线接触的表面光洁，螺杆与螺母配合紧密适当；

（3）镀锌良好，无剥落、锈蚀。

绝缘管、绝缘包带应表面平整，色泽均匀。绝缘支架，绝缘护罩应色泽均匀，平整光滑，无裂纹，无毛刺、锐边，关合紧密。

3. 绝缘子的外观检查

绝缘子应符合 GB 772—2005《高压绝缘子瓷件　技术条件》的规定。安装绝缘子前应进行外观检查，且符合下列要求：

（1）瓷绝缘子与铁绝缘子结合紧密；

（2）铁绝缘子镀锌良好，螺杆与螺母配合紧密；

（3）瓷绝缘子轴光滑，无裂纹、缺釉、斑点、烧痕和气泡等缺陷。

4. 钢筋混凝土电杆的外观检查

普通钢筋混凝土电杆应符合 GB 396 的规定，预应力钢筋混凝土电杆应符合 GB 4623 的规定。安装钢筋混凝土电杆前应进行外观检查，且符合下列要求：

（1）表面光洁平整，壁厚均匀，无偏心、露筋、跑浆、蜂窝等现象；

（2）预应力混凝土电杆及构件不得有纵向、横向裂缝；

（3）普通钢筋混凝土电杆及细长预制构件不得有纵向裂缝，横向裂缝宽度不应超过 0.1mm，长度不超过 1/3 周长；

（4）杆身弯曲不超过 2/1000。

5. 电气设备的外观检查

电气设备必须符合相应的产品标准规定及产品使用要求。安装电气设备前应进行外观检查，且符合下列要求：

（1）外表整齐，内外清洁无杂物；

（2）操作机构灵活无卡位；

（3）通、断动作应快速、准确、可靠；

（4）辅助触点通断准确、可靠；

（5）仪表与互感器变比及接线、极性正确；

（6）紧固螺母拧紧，元件安装正确、牢固可靠；

（7）母线、电路连接紧固良好，并且套有绝缘管；

（8）保护元件整定正确；

（9）随机元件及附件齐全。

三、电杆基坑

1. 基坑施工前的定位要求

基坑施工前的定位应符合下列规定：

（1）直线杆：顺线路方向位移不应超过设计档距的 5%，垂直线路方向不应超过 50mm；

（2）转角杆：位移不应超过 50mm。

2．电杆埋设深度的要求

在设计未作规定时电杆埋设深度应符合表 15-1-1。

表 15-1-1 电 杆 埋 设 深 度 表 m

杆长	8.0	9.0	10.0	11.0	12.0	13.0	15.0	18.0
埋深	1.5	1.6	1.7	1.8	1.9	2.0	2.3	2.6~3.0

遇有土松软、流沙、地下水位较高等情况时，应做特殊处理。变压器台的电杆在设计未作规定时，其埋设深度不应小于 2.0m。

3．电杆基础采用卡盘时的要求

电杆基础采用卡盘时，应符合下列规定：

（1）卡盘上口距地面不应小于 0.5m；

（2）直线杆：卡盘应与线路平行并应在线路电杆左、右侧交替埋设；

（3）承力杆：卡盘埋设在承力侧。

4．基坑回填土的要求

电杆组立后，回填土时应将土块打碎，每回填 500mm 应夯实一次。回填土后的电杆坑应有防沉土台，其埋设高度应超出地面 300mm。沥青路面或砌有水泥花砖的路面不留防沉土台。采用抱杆立杆，电杆坑留有滑坡时，滑坡长度不应小于坑深，滑坡回填土时必须夯实，并留有防沉土台。

5．现场浇筑基础混凝土的养护规定

现场浇筑基础混凝土的养护应符合下列规定。

（1）浇筑后应在 12h 内开始浇水养护，当天气炎热、干燥有风时，应在 3h 内进行浇水养护，养护时应在基础模板外加遮盖物，浇水次数应能保持混凝土表面始终湿润。

（2）混凝土浇水养护日期，对普通硅酸盐和矿渣硅酸盐水泥拌制的混凝土不得少于 5d，当使用其他品种水泥时，其养护日期应符合有关国家标准的规定。

（3）基础拆模经表面检查合格后应立即回填土，并应对基础外露部分加遮盖物，按规定期限继续浇水养护，养护时应使遮盖物及基础周围的土始终保持湿润。

（4）采用养护剂养护时，应在拆模并经表面检查合格后立即涂刷，涂刷后不再浇水。

（5）日平均气温低于 5℃时不得浇水养护。

四、杆塔组装

1. 铁塔的组立

（1）铁塔基础符合下列规定时方可组立铁塔：

1）经中间检查验收合格。

2）混凝土的强度符合下列规定：分解组塔时为设计强度的 70%；整体立塔时为设计强度的 100%，遇特殊情况，当立塔操作采取有效防止影响混凝土强度的措施时，可在混凝土强度不低于设计强度 70%时整体立塔。

（2）自立式转角塔、终端塔应组立在倾斜平面的基础上，向受力反方向产生预倾斜，倾斜值应视塔的刚度及受力大小由设计确定。架线挠曲后，塔顶端仍不应超过铅垂线而偏向受力侧。当架线后塔的挠曲超过设计规定时，应会同设计单位处理。

（3）拉线转角杆、终端杆、导线不对称布置的拉线直线单杆，在架线后拉线点处不应向受力侧挠倾。向反受力侧（轻载侧）的偏斜不应超过拉线点高的 3%。

塔材的弯曲度应符合 GB 2694—2003《输电线路铁塔制造技术条件》的规定。对运至桩位的个别角钢当弯曲度超过长度的 2‰时，可采用冷矫正，但不得出现裂纹。铁塔组立后，各相邻节点间主材弯曲不得超过 1/750。铁塔组立后，塔脚板应与基础面接触良好，有空隙时应垫铁片，并应灌筑水泥砂浆。直线型塔经检查合格后可随即浇筑保护帽。耐张型塔应在架线后浇筑保护帽。保护帽的混凝土应与塔脚板上部铁板接合严密，且不得有裂缝。

2. 电杆立好后位置偏差的要求

电杆立好后，应符合下列规定：直线杆的横向位移不应大于 50mm；电杆的倾斜不应使杆梢的位移大于杆梢直径的 1/2；转角杆应向外角预偏，紧线后不应向内角倾斜，向外角的倾斜不应使杆梢位移大于杆梢直径；终端杆应向拉线侧预偏，紧线后不应向拉线反方向倾斜，拉线侧倾斜不应使杆梢位移大于杆梢直径。

3. 线路横担的安装要求

（1）线路横担的安装：直线杆单横担应装于受电侧；90°转角杆及终端杆当采用单横担时，应装于拉线侧。

（2）横担安装应平整，安装偏差不应超过下列规定数值：

1）横担端部上下歪斜：20mm；

2）横担端部左右扭斜：20mm。

（3）导线为水平排列时，上层横担距杆顶距离不宜小于 200mm。

同杆架设的多回路线路，横担间的最小垂直距离见表 15–1–2。

表 15−1−2　　　　　　同杆架设多回路线路横担间的最小垂直距离　　　　　　　　　m

架 设 方 式	直 线 杆	分支或转角杆
中压与中压	0.5	0.2/0.3
中压与低压	1.0	—
低压与低压	0.3	0.2（不包括集束线）

4. 绝缘子的安装要求

绝缘子安装应符合下列规定。

（1）安装牢固，连接可靠。

（2）安装时应清除表面灰垢、泥沙等附着物及不应有的涂料。

（3）悬式绝缘子安装，尚应遵守下列规定：安装后防止积水；开口销应开口至 $60°\sim 90°$，开口后的销子不应有折断、裂痕等现象，不应用线材或其他材料代替开口销子；金具上所使用的闭口销的直径必须与孔径配合，且弹力适度；与电杆、导线金属连接处，不应有卡压现象。

五、拉线的安装要求

1. 拉线的安装规定

拉线安装应符合下列规定：

（1）拉线与电杆的夹角不宜小于 45°，当受地形限制时，不应小于 30°；

（2）终端杆的拉线及耐张杆承力拉线应与线路方向对正，分角拉线应与线路分角线方向对正，防风拉线应与线路方向垂直；

（3）拉线穿过公路时，对路面中心的距离不应小于 6m，且对路面的最小距离不应小于 4.5m；

（4）当一基电杆装设多条拉线时，拉线不应有过松、过紧、受力不均匀等现象。

2. 采用 UT 型线夹及楔形线夹固定的拉线安装要求

采用 UT 型线夹及楔形线夹固定的拉线安装时：

（1）安装前丝扣上应涂润滑剂；

（2）线夹舌板与拉线接触应紧密，受力后无滑动现象，线夹凸肚应在尾线侧，安装时不应损伤线股；

（3）拉线弯曲部分不应明显松脱，拉线断头处与拉线应有可靠固定。拉线处露出的尾线长度不宜超过 0.4m；

（4）同一组拉线使用双线夹时，其尾线端的方向应统一；

（5）UT 型线夹的螺杆应露扣，并应有不小于 1/2 螺杆丝扣长度可供调紧。调整后，

UT 型线夹的双螺母应并紧。

3. 采用拉线杆拉线的安装要求

拉桩杆的安装应符合设计要求。设计无要求，应满足以下几点：

（1）采用坠线的，不应小于杆长的 1/6；

（2）无坠线的，应按其受力情况确定，且不应小于 1.5m；

（3）拉桩杆应向受力反方向倾斜 10°～20°；

（4）拉桩坠线与拉桩杆夹角不应小于 30°；

（5）拉桩坠线上端固定点的位置距拉桩杆顶应为 0.25m。

六、导线架设

1. 放线要求

架设绝缘线宜在干燥天气进行，气温应符合绝缘线制造厂的规定。放紧线过程中，应将绝缘线放在塑料滑轮或套有橡胶护套的铝滑轮内。滑轮直径不应小于绝缘线外径的 12 倍，槽深不小于绝缘线外径的 1.25 倍，槽底部半径不小于 0.75 倍绝缘线外径，轮槽倾角为 15°。放线时，绝缘线不得在地面、杆塔、横担、瓷瓶或其他物体上拖拉，以防损伤绝缘层。宜采用网套牵引绝缘线。

2. 绝缘线损伤的处理

（1）线芯损伤的处理：

1）线芯截面损伤不超过导电部分截面的 17%时，可敷线修补，敷线长度应超过损伤部分，每端缠绕长度超过损伤部分不小于 100mm。

2）线芯截面损伤在导电部分截面的 6%以内，损伤深度在单股线直径的 1/3 之内，应用同金属的单股线在损伤部分缠绕，缠绕长度应超出损伤部分两端各 30mm。

3）线芯损伤有下列情况之一时，应锯断重接：在同一截面内，损伤面积超过线芯导电部分截面的 17%；钢芯断一股。

（2）绝缘层的损伤处理：

1）绝缘层损伤深度在绝缘层厚度的 10%及以上时应进行绝缘修补。可用绝缘自粘带缠绕，每圈绝缘粘带间搭压带宽的 1/2，补修后绝缘自粘带的厚度应大于绝缘层损伤深度，且不少于两层。也可用绝缘护罩将绝缘层损伤部位罩好，并将开口部位用绝缘自粘带缠绕封住。

2）一个档距内，单根绝缘线绝缘层的损伤修补不宜超过三处。

3. 绝缘线的连接和绝缘处理

（1）绝缘线连接的一般要求：

1）绝缘线的连接不允许缠绕，应采用专用的线夹、接续管连接。

2）不同金属、不同规格、不同绞向的绝缘线，无承力线的集束线严禁在档内做承力连接。

3）在一个档距内，分相架设的绝缘线每根只允许有一个承力接头，接头距导线固定点的距离不应小于 0.5m，低压集束绝缘线非承力接头应相互错开，各接头端距不小于 0.2m。

4）铜芯绝缘线与铝芯或铝合金芯绝缘线连接时，应采取铜铝过渡连接。

5）剥离绝缘层、半导体层应使用专用切削工具，不得损伤导线，切口处绝缘层与线芯宜有 45° 倒角。

6）绝缘线连接后必须进行绝缘处理。绝缘线的全部端头、接头都要进行绝缘护封，不得有导线、接头裸露，防止进水。

7）中压绝缘线接头必须进行屏蔽处理。

（2）绝缘线接头应符合下列规定：线夹、接续管的型号与导线规格相匹配；压缩连接接头的电阻不应大于等长导线的电阻的 1.2 倍，机械连接接头的电阻不应大于等长导线的电阻的 2.5 倍，档距内压缩接头的机械强度不应小于导体计算拉断力的 90%；导线接头应紧密、牢靠、造型美观，不应有重叠、弯曲、裂纹及凹凸现象。

（3）承力接头的连接和绝缘处理：承力接头的连接采用钳压法、液压法施工，在接头处安装辐射交联热收缩管护套或预扩张冷缩绝缘套管（统称绝缘护套），其绝缘处理见图 15-1-1、图 15-1-2、图 15-1-3。

绝缘护套管径一般应为被处理部位接续管的 1.5～2.0 倍。中压绝缘线使用内外两层绝缘护套进行绝缘处理，低压绝缘线使用一层绝缘护套进行绝缘处理。有导体屏蔽层的绝缘线的承力接头，应在接续管外面先缠绕一层半导体自粘带和绝缘线的半导体层连接后再进行绝缘处理。每圈半导体自粘带间搭压带宽的 1/2。截面积为 240mm² 及以上铝线芯绝缘线承力接头宜采用液压法施工。

承力接头钳压连接绝缘处理见图 15-1-1。

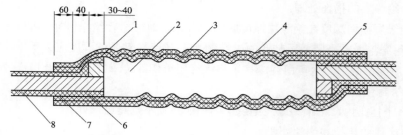

图 15-1-1　承力接头钳压连接绝缘处理示意图
1—绝缘粘带；2—钳压管；3—内层绝缘护套；4—外层绝缘护套；
5—导线；6—绝缘层倒角；7—热熔胶；8—绝缘层

承力接头铝绞线液压连接绝缘处理见图 15-1-2。

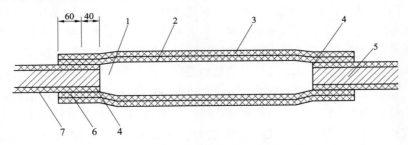

图 15-1-2 承力接头铝绞线液压连接绝缘处理示意图
1—液压管；2—内层绝缘护套；3—外层绝缘护套；4—绝缘层倒角，绝缘粘带；
5—导线；6—热熔胶；7—绝缘层

承力接头钢芯铝绞线液压连接绝缘处理见图 15-1-3。

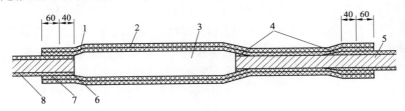

图 15-1-3 承力接头钢芯铝绞线液压连接绝缘处理示意图
1—内层绝缘护套；2—外层绝缘护套；3—液压管；4—绝缘粘带；5—导线；
6—绝缘层倒角，绝缘粘带；7—热熔胶；8—绝缘层

（4）非承力接头的连接和绝缘处理。

1）非承力接头包括跳线、T 接时的接续线夹（含穿刺型接续线夹）和导线与设备连接的接线端子；

2）接头的裸露部分须进行绝缘处理，安装专用绝缘护罩；

3）绝缘罩不得磨损、划伤，安装位置不得颠倒，有引出线的要一律向下，需紧固的部位应牢固、严密，两端口需绑扎的必须用自粘性橡胶绝缘带绑扎两层以上。

4. 紧线要求

紧线时，绝缘线不宜过牵引。紧线时，应使用网套或面接触的卡线器，并在绝缘线上缠绕塑料或橡皮包带，防止卡伤绝缘层。绝缘线的安装弛度按设计给定值确定，可用弛度板或其他器件进行观测。绝缘线紧好后，同档内各相导线的弛度应力求一致，施工误差不超过 ±50mm。绝缘线紧好后，线上不应有任何杂物。

5. 绝缘线的固定

（1）采用绝缘子（常规型）架设方式时绝缘线的固定：中压绝缘线直线杆采用针式绝缘子或棒式绝缘子，耐张杆采用两片悬式绝缘子和耐张线夹或一片悬式绝缘子和一个中压蝶式绝缘子；低压绝缘线垂直排列时，直线杆采用低压蝶式绝缘子；水平排列时，直线杆采用低压针式绝缘子；沿墙敷设时，可用预埋件或膨胀螺栓及低压蝶式绝缘子，预埋件或膨胀螺栓的间距以 6m 为宜。低压绝缘线耐张杆或沿墙敷设的终端采用有绝缘衬垫的耐张线夹，不需剥离绝缘层，也可采用一片悬式绝缘子与耐张线夹或低压蝶式绝缘子；针式或棒式绝缘子的绑扎，直线杆采用顶槽绑扎法；直线角度杆采用边槽绑扎法，绑扎在线路外角侧的边槽上。蝶式绝缘子采用边槽绑扎法。使用直径不小于2.5mm的单股塑料铜线绑扎；绝缘线与绝缘子接触部分应用绝缘自粘带缠绕，缠绕长度应超出绑扎部位或与绝缘子接触部位两侧各 30mm；没有绝缘衬垫的耐张线夹内的绝缘线宜剥去绝缘层，其长度和线夹等长，误差不大于 5mm。将裸露的铝线芯缠绕铝包带，耐张线夹和悬式绝缘子的球头应安装专用绝缘护罩好。

（2）中压绝缘线采用绝缘支架架设时绝缘线的固定：按设计要求设置绝缘支架，绝缘线固定处缠绕绝缘自粘带。带承力钢绞线时，绝缘支架固定在钢绞线上。终端杆用耐张线夹和绝缘拉棒固定绝缘线，耐张线夹应装设绝缘护罩。240mm^2 及以下绝缘线采用钢绞线的截面不得小于 50mm^2。钢绞线两端用耐张线夹和拉线包箍固定在耐张杆上，直线杆用悬挂线夹吊装。

（3）集束绝缘线的固定：中压集束绝缘线直线杆采用悬式绝缘子和悬挂线夹，耐张杆采用耐张线夹。低压集束绝缘线直线杆采用有绝缘衬垫的悬挂线夹，耐张杆采用有绝缘衬垫的耐张线夹。

（4）中压绝缘线路每相过引线、引下线与邻相的过引线、引下线及低压绝缘线之间的净空距离不应小于 200mm；中压绝缘线与拉线、电杆或构架间的净空距离不应小于 200mm。

（5）低压绝缘线每相过引线、引下线与邻相的过引线、引下线之间的净空距离不应小于 100mm；低压绝缘线与拉线、电杆或构架间的净空距离不应小于 50mm。

七、电气设备安装的一般规定

1. 杆上变压器及变压器台的安装

杆上变压器及变压器台的安装应符合下列规定：安装牢固，水平倾斜不应大于台架根开的 1/100。一、二次引线应排列整齐、绑扎牢固。变压器安装后，套管表面应光洁，不应有裂纹、破损等现象；油枕油位正常，外壳干净。变压器外壳应可靠接地；接地电阻应符合规定。

2. 跌落式熔断器的安装

跌落式熔断器的安装应符合下列规定：各部分零件完整、安装牢固。转轴光滑灵活、铸件不应有裂纹、砂眼。绝缘子良好，熔丝管不应有吸潮膨胀或弯曲现象。熔断器安装牢固、排列整齐、高低一致，熔管轴线与地面的垂线夹角为 15°～30°。动作灵活可靠，接触紧密。

3. 低压隔离开关、隔离开关、熔断器的安装

低压隔离开关、隔离开关、熔断器的安装应符合下列规定：安装牢固、接触紧密。开关机构灵活、正确，熔断器不应有弯曲、压偏、伤痕等现象。二次侧有断路设备时，熔断器应安装于断路设备与低压针式绝缘子之间。二次侧无断路设备时，熔断器应安装于低压针式绝缘子外侧。不应以线材代替熔断器。

4. 杆上避雷器的安装

杆上避雷器的安装应符合下列规定：绝缘子良好，瓷套与固定抱箍之间应加垫层。安装牢固，排列整齐，高低一致。引下线应短而直，连接紧密，采用铜芯绝缘线，其截面应不小于：上引线 16mm²；下引线 25mm²。与电气部分连接，不应使避雷器产生外加应力。引下线应可靠接地、接地电阻值应符合规定。

5. 杆上中压开关的安装

杆上中压开关的安装应符合下列规定：安装牢固可靠，水平倾斜不大于托架长度的 1/100。引线的连接处应留有防水弯。绝缘子良好、外壳干净，不应有渗漏现象。分合动作正确可靠，指示清晰。外壳应可靠接地。

6. 杆上隔离开关安装

杆上隔离开关安装应符合下列规定：绝缘子良好、安装牢固。操作机构动作灵活。合闸时应接触紧密，分闸时应有足够的空气间隙，且静触头带电。与引线的连接应紧密可靠。

7. 杆上电容器的安装

杆上电容器的安装应符合下列规定：安装牢固可靠，接线正确，接触紧密。

8. 箱式变电所的施工

箱式变电所的施工应符合下列规定：箱式变电所基础应符合设计规定，平整、坚实、不积水，留有一定通道。箱式变电所应有足够的操作距离及平台，周围留有巡视走廊。电缆沟布置合理。外壳应可靠接地。

八、对地距离及交叉跨越

1. 绝缘导线对地最小距离

对地距离：绝缘线在最大弧垂时，对地面及跨越物的最小垂直距离见表 15-1-3。绝缘配电线路应尽量不跨越建筑物，如需跨越，导线与建筑物的垂直距离在最大

计算弧垂情况下，不应小于下列数据：中压：2.5m；低压：2.0m。

线路边线与永久建筑物之间的距离在最大风偏的情况下，不应小于下列数值：中压：0.75m（人不能接近时可为0.4m）；低压：0.2m。

表 15-1-3　　　　　绝缘线在最大弧垂时，对地面及跨越物的最小垂直距离　　　　　　m

线路经过地区	线路电压		线路经过地区	线路电压	
	中压	低压		中压	低压
繁华市区	6.5	6.0	至电车行车线	3.0	3.0
一般城区	5.5	5.0	至河流最高水位（通航）	6.0	6.0
交通困难地区	4.5	4.0	至河流最高水位（不通航）	3.0	3.0
至铁路轨顶	7.5	7.5	与索道距离	2.0	1.5
城市道路	7.0	6.0	人行过街桥	4.0	3.0

配电线路通过公园、绿化区和防护林带，导线与树木的净空距离在风偏情况下不应小于1m。

配电线路的导线与街道行道树之间的最小距离见表15-1-4。

表 15-1-4　　　　　　　　导线与街道行道树之间的最小距离　　　　　　　　m

最大弧垂情况下的垂直距离		最大风偏情况下的水平距离	
中压	低压	中压	低压
0.8	0.2	1.0	0.5

校验导线与树木之间垂直距离，应考虑树木在修剪周期内生长的高度。

2. 绝缘导线最小交叉跨越距离

交叉跨越距离：

绝缘线对民用天线的距离在最大风偏时应不小于1m。

绝缘线与弱电线路的交叉应符合下列规定：强电在上，弱电在下；与一级弱电线路交叉时交叉角不小于45°，与二级弱电线路交叉时交叉角不小于30°。

绝缘线与弱电线路的最小距离见表15-1-5。

表 15-1-5　　　　　　　　绝缘线与弱电线路的最小距离　　　　　　　　m

类　别	中　压	低　压
垂直距离	2.0	1.0
水平距离	2.0	1.0

绝缘线与绝缘线之间交叉跨越的最小距离见表15-1-6。

表 15-1-6　　　　　　　绝缘线与绝缘线之间交叉跨越最小距离　　　　　　　　m

线 路 电 压	中 压	低 压
中　压	1.0	1.0
低　压	1.0	0.5

绝缘线与架空裸线间交叉跨越距离应符合裸线交叉跨越距离规定。

九、接户线

1. 接户线架设要求

接户线指架空绝缘线配电线路与用户建筑物外第一支持点之间的一段线路。

低压接户线档距不宜超过25m，中压接户线档距不宜大于30m。

绝缘接户线导线的截面不应小于下列数值：

中压：铜芯线，25mm²；铝及铝合金芯线，35mm²。低压：铜芯线，10mm²；铝及铝合金芯线，16mm²。

接户线不应从1~10kV引下线间穿过，接户线不应跨越铁路。不同规格不同金属的接户线不应在档距内连接，跨越通车道的接户线不应有接头。两个电源引入的接户线不宜同杆架设。接户线与导线如为铜铝连接必须采用铜铝过渡措施。接户线与主杆绝缘线连接应进行绝缘密封。接户线零线在进户处应有重复接地，接地可靠，接地电阻符合要求。

2. 接户线对地及交叉跨越距离

分相架设的低压绝缘接户线的线间最小距离见表15-1-7。

表 15-1-7　　　　　　分相架设的低压绝缘接户线的线间最小距离　　　　　　　m

架 设 方 式		档 距	线 间 距 离
自电杆上引下		25 及以下	0.15
沿墙敷设	水平排列	4 及以下	0.10
	垂直排列	6 及以下	0.15

绝缘接户线受电端的对地面距离，不应小于下列数值：中压，4m；低压，2.5m。

跨越街道的低压绝缘接户线，至路面中心的垂直距离，不应小于下列数值：通车街道，6m；通车困难的街道、人行道，3.5m；胡同（里、弄、巷），3m。

分相架设的低压绝缘接户线与建筑物有关部分的距离，不应小于下列数值：与接户线下方窗户的垂直距离，0.3m；与接户线上方阳台或窗户的垂直距离，0.8m；与阳台或窗户的水平距离，0.75m；与墙壁、构架的距离，0.05m。

低压绝缘接户线与弱电线路的交叉距离，不应小于下列数值：低压接户线在弱电线路的上方，0.6m；低压接户线在弱电线路的下方，0.3m。

如不能满足上述要求，应采取隔离措施。

3. 接户线的固定要求

在杆上应固定在绝缘子或线夹上，固定时接户线不得本身缠绕，应用单股塑料铜线绑扎。在用户墙上使用挂线钩、悬挂线夹、耐张线夹和绝缘子固定。挂线钩应固定牢固，可采用穿透墙的螺栓固定，内端应有垫铁，混凝土结构的墙壁可使用膨胀螺栓，禁止用木塞固定。

十、工程交接验收

1. 工程验收时应提交的资料

施工中的有关协议及文件。设计变更通知单及在原图上修改的变更设计部分的实际施工图、竣工图。安装技术记录。接地电阻测试记录，记录中应有接地电阻值、测试时间、测验人姓名。导线弧垂观测记录，记录中应明确施工线段、弧垂、观测人姓名、观测日期、气候条件。交叉跨越记录，记录中应明确跨越物设施、跨越距离、工作质量负责人。施工中所使用器材的试验合格证明。交接试验记录。

2. 工程验收时应进行的检查

绝缘线型号、规格应符合设计要求。电杆组合的各项误差应符合规定。电器设备外观完整无缺损，线路设备标志齐全。拉线的制作和安装应符合规定。绝缘线的弧垂、相间距离、对地距离及交叉跨越距离符合规定。绝缘线上无异物。配套的金具、卡具应符合规定。

3. 交接试验

（1）测量绝缘电阻。

1）中压架空绝缘配电线路使用 2500V 绝缘电阻表测量，电阻值不低于 1000MΩ；

2）低压架空绝缘配电线路使用 500V 绝缘电阻表测量，电阻值不低于 0.5MΩ；

3）测量线路绝缘电阻时，应将断路器或负荷开关、隔离开关断开。

（2）相位正确。

冲击合闸试验：在额定电压下对空载线路冲击合闸 3 次，合闸过程中线路绝缘不应有损坏。

【思考与练习】

1. 电杆立好后对位置偏差有何要求？

2. 绝缘导线的绝缘层损伤后如何处理？

3. 绝缘线连接的一般要求有哪些？

4. 工程验收时应进行哪些检查？

▲ 模块2 电能计量装置安装接线规则（Z33B6002 I）

【模块描述】本模块包含《电能计量装置安装接线规则》中规定的术语、技术要求、安装要求等内容。通过术语说明、条文解释、要点归纳，掌握国家电网公司对电能计量装置安装接线的要求。

【正文】

一、适用范围

DL/T 825—2002《电能计量装置安装接线规则》规定了电力系统中计费和非计费用交流电能计量装置的接线方式及安装规定，适用于各种电压等级的交流电能计量装置。电能计量装置中弱电输出部分尚无统一规范，暂不包括在内。

以下着重介绍农网配电、营业工作中重点应用的相关条款。

二、技术要求

1. 接线方式

（1）低压计量。低压供电方式为单相二线者，应安装单相有功电能表；低压供电方式为三相者，应安装三相四线有功电能表；有考核功率因数要求时，应安装三相无功电能表。

（2）高压计量。中性点非有效接地系统一般采用三相三线有功、无功电能表，但经消弧线圈等接地的计费用户且年平均中性点电流（至少每季测试一次）大于 $0.1\% I_N$（额定电流）时，也应采用三相四线有功、无功电能表。中性点有效接地系统应采用三相四线有功、无功电能表。

（3）电能表的实际配置按不同计量方式确定，有功电能表、无功电能表根据需要可换接为多费率电能表、多功能电能表。

2. 二次回路

（1）所有计费用电流互感器的二次接线应采用分相接线方式。非计费用电流互感器可以采用星形（或不完全星形）接线方式（简称为简化接线方式）。

（2）电压、电流回路 U、V、W 各相导线应分别采用黄、绿、红色线，中性线应采用黑色线或采用专用编号电缆。导线颜色参见相关规程。

（3）电压、电流回路导线均应加装与图纸相符的端子编号，导线排列顺序应按正相序（即黄、绿、红色线为自左向右或自上向下）排列。

（4）导线应采用单股绝缘铜质线；电压、电流互感器从输出端子直接接至试验接线盒，中间不得有任何辅助触点、接头或其他连接端子。35kV 及以上电压互感器可经端子箱接至试验接线盒。导线留有足够长的裕度。110kV 及以上电压互感器回路中必须加装快速熔断器。

（5）经电流互感器接入的低压三相四线电能表，其电压引入线应单独接入，不得与电流线共用，电压引入线的另一端应接在电流互感器一次电源侧，并在电源侧母线上另行引出，禁止在母线连接螺钉处引出。电压引入线与电流互感器一次电源应同时切合。

（6）电流互感器二次回路导线截面不得小于 4mm²。

（7）电压互感器二次回路导线截面应根据导线压降不超过允许值进行选择，但其最小截面不得小于 2.5mm²。Ⅰ、Ⅱ类电能计量装置二次导线压降的允许值为 0.2%U_{2N}，其他类电能计量装置二次导线压降的允许值为 0.5% U_{2N}。

（8）电压互感器及高压电流互感器二次回路均应只有一处可靠接地。高压电流互感器应将互感器二次 n2 端与外壳直接接地，星形接线电压互感器应在中性点处接地，V–V 接线电压互感器在 V 相接地。

（9）双回路供电，应分别安装电能计量装置，电压互感器不得切换。

3. 直接接入式电能表

（1）金属外壳的直接接入式电能表，如装在非金属盘上，外壳必须接地。

（2）直接接入式电能表的导线截面应根据额定的正常负荷电流按表 15–2–1 选择。所选导线截面必须小于端钮盒接线孔。

表 15–2–1　　　　　　　　　负荷电流与导线截面选择表

负荷电流	铜芯绝缘导线截面（mm²）	负荷电流	铜芯绝缘导线截面（mm²）
$I<20$	4.0	$60 \leqslant I < 80$	7×2.5
$20 \leqslant I < 40$	6.0	$80 \leqslant I < 100$	7×4.0
$40 \leqslant I < 60$	7×1.5		

注　按 DL/T 448—2000《电能计量装置技术管理规程》规定，负荷电流为 50A 以上时，宜采用经电流互感器接入式的接线方式。

4. 二次回路的绝缘测试

二次回路的绝缘测试是指测量绝缘电阻。绝缘配合见 GB/T 16935.1—2008《低压系统内设备的绝缘配合　第 1 部分：原理、要求和试验》。绝缘电阻采用 500V 绝缘电阻表进行测量，其绝缘电阻应不小于 5MΩ。试验部位为所有电流、电压回路对地，各相电压回路之间，电流回路与电压回路之间。

三、安装要求

1. 计量柜（屏、箱）

（1）10kV 及以下电力用户处的电能计量点应采用全国统一标准的电能计量柜（箱），低压计量柜应紧靠进线外，高压计量柜则可设置在主受电柜后面。

（2）居民用户的计费电能计量装置必须采用符合要求的计量箱。

2. 电能表

（1）电能表应安装在电能计量柜（屏）上，每一回路的有功和无功电能表应垂直排列或水平排列，无功电能表应在有功电能表下方或右方，电能表下端应加有回路名称的标签，两只三相电能表相距的最小距离为 80mm，单相电能表间的最小距离为 30mm，电能表与屏边的最小距离为 40mm。

（2）室内电能表宜装在 0.8～1.8m 的高度（表水平中心线距地面尺寸）。

（3）电能表安装必须垂直牢固，表中心线向各方向的倾斜不大于 1°。

（4）装于室外的电能表应采用户外式电能表。

3. 互感器

（1）为了减少三相三线电能计量装置的合成误差，安装互感器时，宜考虑互感器合理匹配问题，即尽量使接到电能表同一元件的电流、电压互感器比差符号相反、数值相近，角差符号相同、数值相近。当计量感性负荷时，宜把误差小的电流、电压互感器接到电能表的 W 相元件。

（2）同一组的电流（电压）互感器应采用制造厂、型号、额定电流（电压）变比、准确度等级、二次容量均相同的互感器。

（3）两只或三只电流（电压）互感器进线端极性符号应一致，以便确认该组电流（电压）互感器一次及二次回路电流（电压）的正方向。

（4）互感器二次回路应安装试验接线盒，便于带负荷校表和带电换表。

（5）低压穿芯式电流互感器应采用固定单一的变化，以防发生互感器倍率差错。

（6）低压电流互感器二次负荷容量不得小于 10VA。高压电流互感器二次负荷可根据实际安装情况计算确定。

4. 熔断器

低压计量电压回路在试验接线盒上不允许加装熔断器。

5. 电压监视装置

电力用户用于高压计量的电压互感器二次回路，应加装电压失压计时仪或其他电压监视装置。

6. 电能表端钮盒盖、试验接线盒盖及计量柜（屏、箱）门

施工结束后，电能表端钮盒盖、试验接线盒盖及计量柜（屏、箱）门等均应加封。

7. 基本施工工艺

基本要求是：按图施工，接线正确；电气连接可靠、接触良好；配线整齐美观；导线无损伤，绝缘良好。

（1）二次回路接线应注意电压、电流互感器的极性端符号。接线时可先接电流回路，分相接线的电流互感器二次回路宜按相色逐相接入，并核对无误后，再连接各相的接地线。简化接线方式的电流互感器二次回路可利用公共线，分相接入时，公共线只与该相另一端连接，其余步骤同上。电流回路接好后再按相接入电压回路。

（2）二次回路接好后，应进行接线正确性检查。

（3）电流互感器二次回路每只接线螺钉只允许接入两根导线。当导线接入的端子是接触螺钉，应根据螺钉的直径将导线的末端弯成一个环，其弯曲方向应与螺钉旋入方向相同，螺钉（或螺母）与导线间、导线与导线间应加垫圈。

（4）直接接入式电能表采用多股绝缘导线，应按表计容量选择。若遇到选择的导线过粗时，应采用断股后再接入电能表端钮盒的方式。

（5）当导线小于端子孔径较多时，应在接入导线上加扎线后再接入，再连接各相的接地线。简化接线方式的电流互感器二次回路可利用公共线，分相接入时，公共线只与该相另一端连接，其余步骤同上。电流回路接好后再按相接入电压回路。

【思考与练习】

1. 电能表的安装有哪些要求？

2. 电能计量装置基本施工工艺有哪些要求？

3. 二次回路的绝缘如何测试？

▲ 模块 3　架空配电线路及设备运行规程（Z33B6003 Ⅰ）

【模块描述】本模块介绍部颁标准 SD 292—1988《架空配电线路及设备运行规程》，涉及架空配电线路的运行、配电设备的运行、防雷与接地、事故处理、技术管理等内容。通过对本职业相关条文进行解释，掌握标准相关要求。

【正文】

一、规程的引用及相关内容

（1）引用 SD 292–1988《架空配电线路及设备运行规程》。

（2）引用标准主要包括以下内容：配电线路及设备的防护；架空配电线路的运行；配电设备的运行；防雷与接地；事故处理；技术管理。

二、配电线路及设备的防护

（1）配电线路及设备的防护应认真执行《电力设施保护条例》及其《实施细则》

的有关规定。

（2）运行单位要发动沿线有关部门和群众进行护线，做好护线宣传工作，防止外力破坏，及时发现和消除设备缺陷。

（3）配电线路对地距离及交叉跨越距离应符合《架空配电线路设计技术规程》的要求。修剪树木，应保证在修剪周期内树木与导线的距离符合上述规定的数值。

（4）当线路跨越通航江河时，应采取措施设立标志，防止船桅碰线。

（5）配电运行部门的工作人员对下列事项可先行处理，但事后应及时通知有关单位：

1）修剪超过规定界限的树木。

2）为处理电力线路事故，砍伐林区个别树木。

3）清除可能影响供电安全的收音机、电视机天线、铁烟囱或其他凸出物。

（6）运行单位对可能威胁线路安全运行的各种施工或活动，应劝阻或制止，必要时应向有关单位和个人提出防护通知书。对于造成事故或电力设施损坏者，应按情节与后果，予以处罚或提交公安、司法机关依法惩处。

三、架空配电线路的巡视与检查

为了掌握线路的运行状况，及时发现缺陷和沿线威胁线路安全运行的隐患，必须按期进行巡视与检查。

线路巡视有以下几种：① 定期巡视。由专职巡线员进行，掌握线路的运行状况，沿线环境变化情况，并做好护线宣传工作。② 特殊性巡视。在气候恶劣（如台风、暴雨、复冰等）、河水泛滥、火灾和其他特殊情况下，对线路的全部或部分进行巡视或检查。③ 夜间巡视。在线路高峰负荷或阴雾天气时进行，检查导线接点有无发热打火现象，绝缘表面有无闪络，检查木横担有无燃烧现象等。④ 故障性巡视。查明线路发生故障的地点和原因。⑤ 监察性巡视。由部门领导和线路专责技术人员进行，目的是了解线路及设备状况，并检查、指导巡线员的工作。

四、事故处理

（1）事故处理的主要任务：

1）尽快查出事故地点和原因，消除事故根源，防止扩大事故；

2）采取措施防止行人接近故障导线和设备，避免发生人身事故；

3）尽量缩小事故停电范围和减少事故损失；

4）对已停电的用户尽快恢复供电。

（2）配电系统发生下列情况时，必须迅速查明原因，并及时处理：

1）断路器掉闸（不论重合是否成功）或熔断器跌落（熔丝熔断）；

2）发生永久性接地或频发性接地；

3）变压器一次或二次熔丝熔断；

4）线路倒杆、断线；发生火灾、触电伤亡等意外事件；

5）用户报告无电或电压异常。

（3）为便于迅速、有效地处理事故，应建立事故抢修组织和有效的联系办法。

（4）高压配电线路发生故障或异常现象时，应迅速组织人员（包括用电监察人员）对该线路和其相连接的高压用户设备进行全面巡查，直至故障点查出为止。

（5）线路上的熔断器或柱上断路器掉闸时，不得盲目试送，必须详细检查线路和有关设备，确无问题后，方可恢复送电。

（6）中性点不接地系统发生永久性接地故障时，可用柱上开关或其他设备（如用负荷切断器操作隔离开关或跌落熔断器）分段选出故障段。

（7）变压器一、二次熔断按如下规定处理：

1）一次熔丝熔断时，必须详细检查高压设备及变压器，无问题后方可送电；

2）二次熔丝（片）熔断时，首先查明熔断器接触是否良好，然后检查低压线路，无问题后方可送电，送电后立即测量负荷电流，判明是否运行正常。

（8）变压器、油断路器发生事故，有冒油、冒烟或外壳过热现象时，应断开电源并待冷却后处理。

（9）事故巡查人员应将事故现场状况和经过做好记录（人身事故还应记录触电部位、原因、抢救情况等），并收集引起设备故障的一切部件，加以妥善保管，作为分析事故的依据。

（10）事故发生后，运行单位应及时组织有关人员进行调查、分析、制订防止事故的对策，并按有关规定提出事故报告。

（11）事故处理工作应遵守本规程和其他有关的部颁规程规定，紧急情况下，可在保障人身安全和设备安全运行的前提下，采取临时措施，但事后应及时处理。

（12）运行单位应备有一定数量的物资、器材、工具作为事故抢修用品。

五、技术管理

（一）技术资料

1. 运行部门应备的主要技术资料

（1）配电网络运行方式图板或图纸；

（2）配电线路平面图；

（3）线路杆位图（表）；

（4）低压台区图（包括电流、电压测量记录）；

（5）高压配电线路负荷记录；

（6）缺陷记录；

（7）配电线路、设备变动（更正）通知单；

（8）维护（产权）分界点协议书；

（9）巡视手册；

（10）防护通知书；

（11）交叉跨越记录；

（12）事故、障碍记录；

（13）变压器卡片；

（14）断路器、负荷开关卡片；

（15）配电变电站巡视记录；

（16）配电变电站运行方式结线图；

（17）配电变电站检修记录；

（18）配电变电站竣工资料和技术资料；

（19）接地装置布置图和试验记录；

（20）绝缘工具试验记录；

（21）工作日志。

2. 运行部门应备的规程

（1）电力工业管理法规；

（2）架空配电线路及其设备运行规程；

（3）电业安全工作规程（电力线路部分）；

（4）电力设施保护条例；

（5）架空配电线路设计技术规程；

（6）电力设备过电压保护设计技术规程；

（7）电力设备接地设计技术规程；

（8）电气装置安装工程施工及验收规范（10kV 及以下架空配电线路篇）；

（9）电业生产人员培训制度；

（10）电气设备预防性试验规程；

（11）电业生产事故调查规程；

（12）配电系统供电可靠性统计办法；

（13）变压器运行规程；

（14）并联电容装置设计技术规程。

（二）缺陷管理

（1）缺陷管理的目的是为了掌握运行设备存在的问题，以便按轻、重、缓、急消除缺陷，提高设备的健康水平，保障线路、设备的安全运行；另一方面对缺陷进行全面分析，总结变化规律，为大修、更新改造设备提供依据。

（2）缺陷按下列原则分类：

1）一般缺陷。是指对近期安全运行影响不大的缺陷，可列入年、季检修计划或日常维护工作中去消除。

2）重大缺陷。是指缺陷比较严重，但设备仍可短期继续安全运行。该缺陷应在短期内消除，消除前应加强监视。

3）紧急缺陷。是指严重程度已使设备不能继续安全运行，随时可能导致发生事故或危及人身安全的缺陷，必须尽快消除或采取必要的安全技术措施进行临时处理。

（3）运行人员应将发现的缺陷，详细记入缺陷记录内，并提出处理意见，紧急缺陷应立即向领导汇报，及时处理。

（三）设备标志

（1）配电线路及其设备应有明显的标志，主要标志内容如下：

1）配电线路名称和杆塔编号；

2）配变站的名称或编号；

3）相位标志；

4）开关的调度名称和编号。

（2）变电所配电线的出口和配变站的进、出线应有配电线名称、编号和相位标志。架空配出线的标志设在出线套管下方（或构架上）。电缆配出线的标志设在户外电缆头下方。

（3）每基杆塔和变压器台应有名称和编号标志，标志设在巡视易见一侧，同一条线路标志应设在一侧。

（4）导线的三相用黄、绿、红三色标志，下列杆塔应设有相色标志：

1）每条线的出口杆塔；

2）分支杆；

3）转角杆。

（5）配电站（包括箱式）和变压器应有警告牌。

（四）电压管理

（1）配电运行人员应掌握配电网络中高压线路和低压台区的电压质量情况，运行部门要采取技术措施，为提高供电电压质量而努力。

（2）供电公司供到用户受电端（产权分界点）的电压变动幅度应不超过受电设备（器具）额定电压的下列指标范围：20kV 及以下三相供电电压允许偏差为标称电压的±7%，220V 单相供电电压允许偏差为标称电压的+7%、−10%。

（3）配电线路的电压损失，高压不应超过 5%，低压不应超过 4%。

（4）低压网络每个台区的首、末端每年至少测量电压一次。

（5）有下列情况之一者，应测量电压：投入较大负荷；用户反映电压不正常；三相电压不平衡，烧坏用电设备（器具）；更换或新装变压器；调整变压器分接头。

（五）负荷管理

（1）配电变压器不应过负荷运行，应经济运行，最大负荷电流不宜低于额定电流的 60%，季节性用电的专用变压器，应在无负荷季节停止运行。

（2）变压器的三相负荷应力求平衡，不平衡度不应大于 15%，只带少量单相负荷的三相变压器，零线电流不应超过额定电流的 25%，不符合上述规定时，应将负荷进行调整。不平衡度的计算式如式（15-3-1）所示：

$$不平衡度（\%）=（最大电流-最小电流）/最大电流×100\% \quad （15-3-1）$$

（3）变压器熔丝选择，应按熔丝的安-秒特性曲线选定，如无特性曲线可按以下规定选用：

1）一次熔丝的额定电流按变压器额定电流的倍数选定，10～100kVA 变压器为 1～3 倍，100kVA 以上变压器为 1.5～2 倍；

2）多台变压器共用一组熔丝时，其熔丝额定电流按各变压器额定电流之和的 1.0～1.5 倍选用；

3）二次熔丝的额定电流按变压器二次额定电流选用；

4）单台电动机的专用变压器，考虑起动电流的影响，二次熔丝额定电流可按变压器额定电流的 1.3 倍选用；

5）熔丝的选定应考虑上下级保护的配合。

【思考与练习】

1. 配电运行部门的工作人员对哪些事项可先行处理，但事后应及时通知有关单位？

2. 变压器一、二次熔丝熔断应如何处理？

3. 缺陷分类的原则是什么？

◢ 模块 4 农村低压电力技术规程（Z33B6004Ⅰ）

【模块描述】本模块介绍电力行业标准 DL/T 499—2001《农村低压电力技术规程》，涉及低压电力网、配电装置、剩余电流保护、架空电力线路、地埋电力线路、低压电力电缆、接户与进户装置、无功补偿、接地与防雷、临时用电等内容。通过对本规程相关条文进行解释，掌握 380V 及以下农村电力网的设计、安装、运行及检修的基本技术要求。

【正文】

一、低压电力网

自配电变压器低压侧或直配发电机母线，经由监测、控制、保护、计量等电器至各用户受电设备的 380V 以下供用电系统组成低压电力网。

农村公用配电变压器应按"小容量、密布点、短半径"的原则进行建设与改造，应选用节能型低损耗变压器。其安装位置应靠近负荷中心，避开易爆、易燃、污秽严重及地势低洼地带，高压进线、低压出线方便，便于施工、运行维护。

低压电力网的布局应与农村发展规划相结合，一般采用放射形供电，供电半径一般不大于 500m，对电压有特殊要求的用户，供电电压的偏差值由供用电双方在合同中确定。

农村低压电力网一般采用 TT 系统，城镇内电力用户采用 TN—C 系统，对安全有特殊要求的可采用 IT 系统。同一低压电力网中不能采用两种保护接地方式。

变压器低压侧装设电能计量装置。变压器低压侧进线和出线应装设有明显断开点的开关，并应装设自动断路器或熔断器。

二、配电装置

1. 配电箱

配电变压器低压侧的配电箱防触电保护类别应为 I 类或 II 类。配电箱的进出引线，应采用具有绝缘护套的绝缘电线或电缆，穿越箱壳时加套管保护。

I 类电器：该类电器的防触电保护不仅依靠基本绝缘，而且还需要一个附加的安全预防措施。其方法是将电器外露可导电部分与已安装在固定线路中的保护接地导体连接起来。

II 类电器：该类电器的防触电方面不仅依靠基本绝缘，而且还有附加绝缘。在基本绝缘损害之后，依靠附加绝缘起保护作用。其方法是采用双重绝缘或加强绝缘结构，不需要接保护线或依赖安装条件的措施。

2. 配电室

配电室进出引线可架空明敷或暗敷；配电室进出引线的导体截面应按允许载流量选择。配电室内应留有维护通道。

3. 配电屏及母线

配电屏宜采用符合我国有关国家标准规定的产品，并应有生产许可证和产品合格证。产品出厂时应附一次系统图、仪表接线图、控制回路二次接线图及相对应的端子编号图，电器元件应注明生产厂家、型号规格。各电器、仪表、端子排等均应标明编号、名称、路别（或用途）及操作位置。

配电屏内二次回路的配线应采用电压不低于 500V，电流回路截面不小于 2.5mm²，其他回路不小于 1.5mm² 的铜芯绝缘导线。

母线应按 U 相为黄色，V 相为绿色，W 相为红色，中性线为淡蓝色，保护中性线为黄和绿双色规定涂漆。

4. 控制与保护

配电室（箱）进、出线的控制电器和保护电器的额定电压、频率应与系统电压、频率相符，并应满足使用环境的要求。

三、剩余电流保护

剩余电流动作保护是防止因低压电网剩余电流造成故障危害的有效技术措施，低压电网剩余电流保护一般采用剩余电流总保护（中级保护）和末级保护的多级保护方式。

采用 TT 系统方式运行的，应装设剩余电流总保护和剩余电流末级保护。对于供电范围较大或有重要用户的农村低压电网可增设剩余电流中级保护。

四、架空电力线路

同一供电区导线的排列相序应统一，通常采用水平排列，中性线或保护中性线不应高于相线，如线路附近有建筑物，中性线或保护中性线宜靠近建筑物侧。

架空绝缘电线线路挡距一般为 30～40m，最大不应超过 50m。铝绞线、钢芯铝绞线线路档距在集镇和村庄时为 40～50m，在田间时为 40～60m。低压线路与高压线路同杆架设时，横担间的垂直距离直线杆不应小于 1.2m；分支和转角杆不应小于 1.0m。

架空导线应采用与线路额定电压相适应的绝缘子固定，其规格根据导线截面大小选定。线路横担及其铁附件均应热镀锌或采用其他先进的防腐措施。

五、地埋电力线路

地埋线的型号选择，北方宜采用耐寒护套或聚乙烯护套型；南方采用普通护套型，严禁用无护套的普通塑料绝缘电线代替。地埋线应敷设在冰土层以下，其深度不宜小于 0.8m。

地埋线穿越铁路、公路时，应加钢管套保护，管的内径不应小于地埋线外径的 1.5 倍，管内不得有接头，保护管距公路路面、铁轨路基面，不应小于 1.0m。

地埋线路的分支、接户、终端及引出地面的接线处，应装设地面接线箱，其位置应选择在便于维护管理、不易碰撞的地方。

地埋线回填土前应核对相序，做好路径、接头与地下设施交叉的标志和保护。

六、低压电力电缆

农村低压电力电缆一般采用聚氯乙烯绝缘电缆或交联聚乙烯绝缘电缆。在有可能遭受损伤的场所，应采用有外护层的铠装电缆，在有可能发生位移的土壤中（沼泽地、流沙、回填土等）敷设电缆时，应采用钢丝铠装电缆。

电缆截面的选择，一般按电缆长期允许载流量和允许电压损耗确定，并考虑环境温度变化、土壤热阻率等影响，以满足最大工作电流作用下的缆芯温度不超过按电缆使用寿命确定的允许值。

敷设电缆时，应防止电缆扭伤和过分弯曲。电缆弯曲半径与电缆外径比值：聚氯乙烯护套多芯电力电缆不应小于 10 倍；交联聚乙烯护套多芯电力电缆不应小于 15 倍。电缆在支架上敷设时，水平敷设和垂直敷设支架间距离不应大于 0.8m 和 1.5m。

三相四线制系统中，不应采用三芯电缆另加单芯电缆作零线，严禁利用电缆外皮作零线。

七、接户与进户装置

用户计量装置在室内时，从低压电力线路到用户室外第一支持物的一段线路为接户线；从用户室外第一支持物至用户室内计量装置的一段线路为进户线。用户计量装置在室外时，从低压电力线路到用户室外计量装置的一段线路为接户线，从用户室外计量箱出线端至用户室内第一支持物或配电装置的一段线路为进户线。

接户线的相线和中性线或保护中性线应从同一基电杆引下，其档距不应大于 25m，超过 25m 时，应加装接户杆，但接户线的总长度（包括沿墙敷设部分）不宜超过 50m。当接户线与低压线为铜线与铝线连接时，需采取加装铜铝过渡接头的措施。接户线和室外进户线应采用耐气候型绝缘电线，电线截面按允许载流量选择。

农户生活用电应实行一户一表计量，其电能表箱宜安装于户外。电能表箱底部距地面高度宜为 1.8～2.0m，电能表箱应满足坚固、防雨、防锈蚀的要求，应有便于抄表和用电检查的观察窗。计量表后应装设有明显断开点的控制电器、过流保护装置。每户应装设末级剩余电流动作保护器。

八、无功补偿

低压电力网中的电感性无功负荷应用电力电容器予以就地充分补偿，一般在最大负荷月的月平均功率因数应满足：农村公用配电变压器不低于 0.85:100kVA 以上的电力用户不低于 0.90。

1. 低压电力网中的无功补偿原则

（1）固定安装年运行时间在 1500h 以上，且功率大于 4.0kW 的异步电动机，应实行就地补偿，与电动机同步投切。

（2）车间、工厂安装的异步电动机，如就地补偿有困难时可在动力配电室集中补偿。

（3）异步电动机群的集中补偿应采取防止功率因数角超前和产生自励过电压的措施。

2. 补偿容量

（1）单台电动机的补偿容量，应根据电动机的运行工况确定。

机械负荷惯性小的（切断电源后，电动机转速缓慢下降的），补偿容量可按 0.9 倍电动机空载无功功率配置

$$Q_{com}=0.9\sqrt{3}\,U_nI_0 \qquad (15-4-1)$$

式中　Q_{com}——电动机所需补偿容量，kvar

　　　U_n——电动机额定电压，kV；

　　　I_0——电动机空载电流，A。

　　＊　电动机的空载电流，可由厂家提供，如没有时，可参照式（15-4-2）确定

$$I_0=2I_N(1-\cos\phi) \qquad (15-4-2)$$

式中　I_0——电动机空载电流，A；

　　　I_N——电动机额定电流，A；

　　$\cos\phi$——电动机额定负荷时功率因数。

机械负荷惯性较大时（切断电源后，电动机转速迅速下降的），补偿容量见式（15-4-3）

$$Q_{com}=(1.3\sim1.5)Q_0 \qquad (15-4-3)$$

式中　Q_{com}——电动机所需补偿容量，kvar

　　　Q_0——电动机空载无功功率，kvar。

（2）车间、工厂集中补偿容量 Q_{com}，可按式（15-4-4）确定

$$Q_{com}=Pav(\tan\phi_1-\tan\phi_2) \qquad (15-4-4)$$

式中　Pav——用户最高负荷月平均有功功率，kW；

　　$\tan\phi_1$——补偿前功率因数角的正切值；

　　$\tan\phi_2$——补偿到规定的功率因数角正切值。

3. 电容器（组）的安装

电容器（组）的连接电线应用软导线，截面应根据允许的载流量选取。电线的载流量：单台电容器为其额定电流的 1.5 倍，集中补偿为总电容电流的 1.3 倍。

室内安装的电容器（组），应有良好的通风条件，使电容器由于热损耗产生的热量，能以对流和辐射散发出来。室外安装的电容器（组）应尽量减小受阳光照射的面积。

电容器的额定电压与低压电力网的额定电压相同时，应将电容器的外壳和支架接地。当电容器的额定电压低于电力网的额定电压时，应将每相电容器的支架绝缘。

九、接地与防雷

1. 工作接地、保护接地和接保护中性线（零）

电力系统中电气设备因正常运行或排除事故的需要而将电路中某一点接地，称为工作接地。如 TT、TN-C 系统配电变压器低压侧中性点直接接地，电流互感器二次绕

组（专供计量者除外）一端接地。

为保证人生和设备安全，电气装置正常运行时不带电的金属外壳、配电装置的构架和线路杆塔等与大地作可靠电气连接，称为保护接地。如在 TT 和 IT 系统中，除Ⅱ类和Ⅲ类电器外，所有受电设备（包括携带式和移动式电器）外露可导电部分，电力设备的传动装置、靠近带电部分的金属围栏、电力配线的金属管、配电盘的金属框架、金属配电箱以及配电变压器的外壳都应作保护接地。在Ⅱ系统中，装设的高压击穿熔断器应装设保护接地。在 TN—C 系统中，各出线回路的保护中性线，其首末端、分支点及接线处应装设保护接地。与高压线路同杆架设的 TN—C 系统中的保护中性线，在共敷段的首末端应装设保护接地。

在中性点直接接地系统中，将电气装置正常运行时不带电的金属外壳、配电装置的构架和线路杆塔与从接地中性点引出的中性线（零线）进行连接，称为保护接零。如在 TN—C 系统中，除Ⅱ类和Ⅲ类电器外，所有受电设备（包括携带式、移动式和临时用电电器）的外露可导电部分用保护线接保护中性线。在 TN—C 系统中，电力设备的传动装置、配电盘的金属框架、金属配电箱，用保护线接保护中性线。

保护线应采用绝缘电线，其截面选择应能保证短路时热稳定的要求。在 TN—C 系统中，保护中性线的接法应正确，即是从电源点保护中性线上分别连接中性线和保护线，其保护线与受电设备外露可导电部分相连，严禁与中性线串接。

2. 接地电阻及降低接地电阻的措施

配电变压器低压侧中性点的工作接地电阻，一般不应大于 4Ω，但当配电变压器容量不大于 100kVA 时，接地电阻可不大于 10Ω。

在 IT 系统中装设的高压击穿熔断器的保护接地电阻，不宜大于 4Ω。TN—C 系统中保护中性线的重复接地电阻，当变压器容量不大于 100kVA，且重复接地点不少于 3处时，允许接地电阻不大于 30Ω。

在高土壤电阻率的地带，为能降低接地电阻，可采用延伸水平接地体，扩大接地网面积；在接地坑内填充长效化学降阻剂；如近旁有低土壤电阻率区，可引外接地等措施。

3. 防雷保护

在多雷区（年平均雷电日大于 40 日的地区）和易受雷击地段的配电变压器低压侧各出线回路的首端，直接与架空电力线路相连的排灌站、车间和重要用户的接户线，架空线路与电缆或地埋线路的连接处，应装设低压避雷器。

在多雷区和易受雷击地段的接户线，在人员密集的教室、影剧院、礼堂等公共场所的接户线和电动机的引接线处应将绝缘子铁脚接地。

低压避雷器的接地电阻不宜大于 10Ω。绝缘子铁脚的接地电阻不宜大于 30Ω，但在 50m 内另有接地点时，铁脚可不接地。

十、临时用电

临时用电架空线路应采用耐气候型的绝缘电线，最小截面不小于 6mm²，电线对地距离不低于 3m，档距不超过 25m。电线固定在绝缘子上，线间距离不小于 200mm。

临时用电应装设配电箱，配电箱内应配装控制保护电器、剩余电流动作保护器和计量装置。配电箱外壳的防护等级应按周围环境确定，防触电类别可为Ⅰ类或Ⅱ类。如临时用电线路超过 50m 或有多处用电点时，应分别在电源处设置总配电箱，在用电点设置分配电箱，总、分配电箱内均应装设剩余电流动作保护器。配电箱对地高度宜为 1.3～1.5m。

临时线路不应跨越铁路、公路和一、二级通信线路。

【思考与练习】

1. 农村公用配电变压器应按什么原则进行建设与改造？
2. 农村低压电力电缆选用有何要求？
3. 低压电力网中的无功补偿原则是什么？

▲ 模块 5　10kV 及以下架空配电线路设计技术规程（Z33B6005Ⅱ）

【模块描述】本模块是线路设计技术规程，适用 10kV 及以下交流架空线路设计；通过规程的学习讲解，掌握 10kV 及以下交流架空线路的设计原则。

【正文】

一、规程的引用及相关内容

（1）引用 DL/T 5220—2005《10kV 及以下架空配电线路设计技术规程》。

（2）引用规程相关内容：术语和符号；路径；气象条件；导线；绝缘子和金具；导线排列；电杆、拉线和基础；变压器台和开关设备；防雷和接地；对地距离及交叉跨越；接户线。

本规程规定了 10kV 及以下交流架空配电线路（以下简称配电线路）的设计原则，适用于 10kV 及以下交流架空配电线路的设计。

二、术语和符号

1. 术语

（1）平均运行张力 everyday tension：导线在年平均气温计算情况下的弧垂最低点张力。

（2）钢筋混凝土杆 reinforced concrete pole：普通钢筋混凝土杆、部分预应力混凝土杆及预应力钢筋混凝土杆的统称。

（3）居民区 residential area：城镇、工业企业地区、港口、码头、车站等人口密集区。

（4）非居民区 non–residential area：上述居民区以外的地区。虽然时常有人、有车辆或农业机械到达，但未建房屋或房屋稀少。

（5）交通困难地区 difficult transport area：车辆、农业机械不能到达的地区。

（6）大档距 large distance：配电线路由于档距已超出正常范围，引起杆塔结构型式、导线型号均需特殊设计，且该档距中发生故障时，修复特别困难的耐张段（如线路跨越通航大河流、湖泊、山谷等）。

2. 符号

W_x——导线风荷载标准值，kN。

W_o——基准风压标准值，kN/m²。

μ_s——风荷载体型系数。

μ_z——风压高度变化系数。

β——风振系数。

α——风荷载档距系数。

L_w——水平档距，m。

三、气象条件

配电线路设计所采用的气象条件，应根据当地的气象资料和附近已有线路的运行经验确定。如当地气象资料与典型气象区接近，则宜采用典型气象区所列数值。

1. 最大设计风速值

（1）配电线路的最大设计风速值，应采用离地面 10m 高处，10 年一遇 10min 平均最大值。如无可靠资料，在空旷平坦地区不应小于 25m/s，在山区宜采用附近平坦地区风速的 1.1 倍且不应小于 25m/s。

（2）配电线路通过市区或森林等地区，如两侧屏蔽物的平均高度大于杆塔高度的 2/3，其最大设计风速宜比当地最大设计风速减少 20%。

（3）配电线路邻近城市高层建筑周围，其迎风地段风速值应较其他地段适当增加，如无可靠资料时，一般应按附近平地风速增加 20%。

2. 年平均气温

配电线路设计采用的年平均气温应按下列方法确定：

1）当地区的年平均气温在 3～17℃之间时，年平均气温应取与此数较邻近的 5 的倍数值。

2）当地区的年平均气温小于 3℃或大于 17℃时，应将年平均气温减少 3～5℃后，取与此数邻近的 5 的倍数值。

3. 覆冰厚度

配电线路设计采用导线的覆冰厚度，应根据附近已有线路运行经验确定，导线覆冰厚度宜取 5mm 的倍数。

四、导线

配电线路应采用多股绞合导线，其技术性能应符合 GB/T 1179《圆形同心绞架空导线》、GB 14049《额定电压 10kV 架空绝缘电缆》、GB 12527《额定电压 1kV 及以下架空绝缘电缆》等规定。

（一）导线的选择

（1）城镇配电线路，遇下列情况应采用架空绝缘导线：

1）线路走廊狭窄的地段。

2）高层建筑邻近地段。

3）繁华街道或人口密集地区。

4）游览区和绿化区。

5）空气严重污秽地段。

6）建筑施工现场。

（2）安全系数的确定。导线的设计安全系数，不应小于表 15-5-1 所列数值。

表 15-5-1　　　　　　　　　导线设计的最小安全系数

绝缘导线种类	一般地区	重要地区
铝绞线、钢芯铝绞线、铝合金线	2.5	3.0
铜绞线	2.0	2.5

（3）导线截面的要求。

配电线路导线截面的确定应符合下列规定：

1）结合地区配电网发展规划和对导线截面确定，每个地区的导线规格宜采用 3～4 种。无配电网规划地区不宜小于表 15-5-2 所列数值。

表 15-5-2　　　　　　　　　导　线　截　面　　　　　　　　　mm²

导线种类	1～10kV 配电线路			1kV 以下配电线路		
	主干线	分干线	分支线	主干线	分干线	分支线
铝绞线及铝合金线	120（125）	70（63）	50（40）	95（100）	70（63）	50（40）
钢芯铝绞线	120（125）	70（63）	50（40）	95（100）	70（63）	50（40）
铜绞线	—	—	16	50	35	16
绝缘铝绞线	150	95	50	95	70	50
绝缘铜绞线	—	—	—	70	50	35

注　（）为圆线同心绞线（见 GB/T 1179）。

2）采用允许电压降校核时：1～10kV 配电线路，自供电的变电所二次侧出口至线路末端变压器或末端受电变电所一次侧入口的允许电压降为供电变电所二次侧额定电压的 5%；1kV 以下配电线路，自配电变压器二次侧出口至线路末端（不包括接户线）的允许电压降为额定电压的 4%。

3）校验导线载流量时，裸导线与聚乙烯、聚氯乙烯绝缘导线的允许温度采用+70℃，交联聚乙烯绝缘导线的允许温度采用+90℃。

4）1kV 以下三相四线制的零线截面，应与相线截面相同。

（二）导线连接

（1）导线的连接，应符合下列规定：

1）不同金属、不同规格、不同绞向的导线，严禁在档距内连接。

2）在一个档距内，每根导线不应超过一个连接头。

3）档距内接头距导线的固定点的距离，不应小于 0.5m。

4）钢芯铝绞线，铝绞线在档距内的连接，宜采用钳压方法。

5）铜绞线在档距内的连接，宜采用插接或钳压方法。

6）铜绞线与铝绞线的跳线连接，宜采用铜铝过渡线夹、铜铝过渡线。

7）铜绞线、铝绞线的跳线连接，宜采用线夹、钳压连接方法。

（2）导线连接点的电阻，不应大于等长导线的电阻。档距内连接点的机械强度，不应小于导线计算拉断力的 95%。

（三）导线弧垂

导线的弧垂应根据计算确定。导线架设后塑性伸长对弧垂的影响，宜采用减小弧垂法补偿，弧垂减小的百分数为：

（1）铝绞线、铝芯绝缘线为 20%。

（2）钢芯铝绞线为 12%。

（3）铜绞线、铜芯绝缘线为 7%～8%。

五、绝缘子、金具

（1）配电线路绝缘子的性能，应符合现行国家标准各类杆型所采用的绝缘子，且应符合下列规定：

1）1～10kV 配电线路：直线杆采用针式绝缘子或瓷横担；耐张杆宜采用两个悬式绝缘子组成的绝缘子串或一个悬式绝缘子和一个蝴蝶式绝缘子组成的绝缘子串；结合地区运行经验采用有机复合绝缘子。

2）1kV 以下配电线路：直线杆宜采用低压针式绝缘子；耐张杆应采用一个悬式绝缘子或蝴蝶式绝缘子。

（2）绝缘子和金具的安装设计宜采用安全系数设计法。绝缘子及金具的机械强度安全系数,应符合表 15-5-3 的规定。

表 15-5-3　　　　　　　　　绝缘子及金具的机械强度安全系数

类　型	安全系数	
	运行工况	断线工况
悬式绝缘子	2.7	1.8
针式绝缘子	2.5	1.5
蝴蝶式绝缘子	2.5	1.5
瓷横担绝缘子	3	2
有机复合绝缘子	3	2
金具	2.5	1.5

六、导线排列

1. 排列要求

(1) 1～10kV 配电线路的导线应采用三角排列、水平排列、垂直排列。1kV 以下配电线路的导线宜采用水平排列。城镇的 1～10kV 配电线路和 1kV 以下配电线路宜同杆架设,且应是同一电源并应有明显的标志。

(2) 同一地区 1kV 以下配电线路的导线在电杆上的排列应统一。零线应靠近电杆或靠近建筑物侧。同一回路的零线,不应高于相线。

(3) 1kV 以下路灯线在电杆上的位置,不应高于其他相线和零线。

2. 距离要求

(1) 沿建(构)筑物架设的 1kV 以下配电线路应采用绝缘线,导线支持点之间的距离不宜大于 15m。

(2) 配电线路导线的线间距离,应结合地区运行经验确定。如无可靠资料,导线的线间距离不应小于表 15-5-4 所列数值。

表 15-5-4　　　　　　　　　配电线路导线最小线间距离　　　　　　　　　　m

档距 线路电压	40 及以下	50	60	70	80	90	100
1～10kV	0.6 (0.4)	0.65 (0.5)	0.7	0.75	0.85	0.9	1.0
1kV 以下	0.3 (0.3)	0.4 (0.4)	0.45	—	—	—	—

注　( ) 内为绝缘导线数值,1kV 以下配电线路靠近电杆两侧导线间水平距离不应小于 0.5m。

(3) 同电压等级同杆架设的双回线路或 1～10kV、1kV 以下同杆架设的线路、横担间的垂直距离不应小于表 15-5-5 所列数值。

表 15-5-5　　　　　　　　　　同杆架设线路横担之间的最小垂直距离　　　　　　　　　　　　m

电压类型 ＼ 杆型	直线杆	分支和转角杆
10kV 与 10kV	0.80	0.45/0.60（注）
10kV 与 1kV 以下	1.20	1.00
1kV 以下与 1kV 以下	0.60	0.30

注　转角或分支线如为单回线，则分支线横担距主干线横担为 0.6m；如为双回线，则分支线横担距上排主干线横担为 0.45m，距下排主干线横担为 0.6m。

（4）同电压等级同杆架设的双回绝缘线路或 1～10kV、1kV 以下同杆架设的绝缘线路、横担间的垂直距离不应小于表 15-5-6 所列数值。

表 15-5-6　　　　　　　　　　同杆架设绝缘线路横担之间的最小垂直距离　　　　　　　　　　　m

电压类型 ＼ 杆型	直线杆	分支和转角杆
10kV 与 10kV	0.5	0.5
10kV 与 1kV 以下	1.0	—
1kV 以下与 1kV 以下	0.3	0.3

（5）当 1～10kV 配电线路与 35kV 线路同杆架设时，两线路导线间的垂直距离不应小于 2.0m；1～10kV 配电线路与 66kV 线路同杆架设时，两线路导线间的垂直距离不宜小于 3.5m；当 1～10kV 配电线路采用绝缘导线时，垂直距离不应小于 3.0m。

（6）配电线路每相的过引线、引下线与邻相的过引线、引下线或导线之间的净空距离，不应小于下列数值：1～10kV 为 0.3m；1kV 以下为 0.15m；1～10kV 引下线与 1kV 以下的配电线路导线间距离不应小于 0.2m。

（7）配电线路的导线与拉线、电杆或构架间的净空距离，不应小于下列数值：1～10kV 为 0.2m；1kV 以下为 0.1m。

七、电杆、拉线和基础

（一）电杆的设计要求

（1）杆塔结构构件及其连接的承载力（强度和稳定）计算，应采用荷载设计值；变形、抗裂、裂缝、地基和基础稳定计算，均应采用荷载标准值。

（2）各型电杆应按下列荷载条件进行计算：

1）最大风速、无冰、未断线。

2）覆冰、相应风速、未断线。

3）最低气温、无冰、无风、未断线（适用于转角杆和终端杆）。

（3）各杆塔均应按以下 3 种风向计算杆身、导线的风荷载：

1）风向与线路方向相垂直（转角杆应按转角等分线方向）。

2）风向与线路方向的夹角成 60° 或 45°。

3）风向与线路方向相同。

风向与线路方向在各种角度情况下，杆塔、导线的风荷载，其垂直线路方向分量和顺线路方向分量，应符合 GB 50061《66kV 及以下架空电力线路设计规范》的规定。

（4）风荷载挡距系数，应按下列规定取值：

1）风速 20m/s 以下时，风荷载挡距系数=1.0。

2）风速（20～29）m/s 时，风荷载挡距系数=0.85。

3）风速（30～34）m/s 时，风荷载挡距系数=0.75。

4）风速 35m/s 及以上时，风荷载挡距系数=0.7。

（5）配电线路的钢筋混凝土电杆，应采用定型产品。电杆构造的要求应符合现行国家标准。

（二）拉线的设计要求

（1）拉线应根据电杆的受力情况装设。拉线与电杆的夹角宜采用 45°。当受地形限制时可适当减小，且不应小于 30°。

（2）跨越道路的水平拉线，对路边缘的垂直距离，不应小于 6m。拉线柱的倾斜角宜采用 10°～20°。跨越电车行车线的水平拉线，对路面的垂直距离不应小于 9m。

（3）拉线应采用镀锌钢绞线，其截面应按受力情况计算确定，且不应小于 25mm²。

（4）空旷地区配电线路连续直线杆超过 10 基时，宜装设防风拉线。

（5）钢筋混凝土电杆，当设置拉线绝缘子时，在断拉线情况下拉线绝缘子距地面处不应小于 2.5m，地面范围的拉线应设置保护套。

（6）拉线棒的直径应根据计算确定，且不应小于 16mm。拉线棒应热镀锌。腐蚀地区拉线棒直径应适当加大 2～4mm 或采取其他有效的防腐措施。

（三）基础的设计要求

（1）电杆基础应结合当地的运行经验、材料来源、地质情况等条件进行设计。

（2）电杆埋设深度应计算确定。单回路的配电线路电杆埋设深度宜采用表 15-5-7 所列数值。

表 15-5-7　　　　　　　　　单回路电杆埋设深度　　　　　　　　　　　　m

杆高	8.0	9.0	10.0	12.0	13.0	15.0
埋深	1.5	1.6	1.7	1.9	2.0	2.3

（3）多回路的配电线路验算电杆基础底面压应力、抗拔稳定、倾覆稳定时，应符合 GB 50061 的规定。

（4）现浇基础的混凝土强度不宜低于 C15 级，预制基础的混凝土强度等级不宜低于 C20 级。

（5）采用岩石制作的底盘、卡盘、拉线盘应选择结构完整、质地坚硬的石料（如花岗岩等），且应进行试验和鉴定。

（6）配电线路采用钢管杆时，应结合当地实际情况选定。钢管杆的基础型式、基础的倾覆稳定应符合 DL/T 5130 的规定。

八、变压器台和开关设备

（1）配电变压器台的设置，其位置应在负荷中心或附近便于更换和检修设备的地段。下列类型的电杆不宜装设变压器台：

1）转角、分支电杆。

2）设有接户线或电缆头的电杆。

3）设有线路开关设备的电杆。

4）交叉路口的电杆。

5）低压接户线较多的电杆。

6）人员易于触及或人员密集地段的电杆。

7）有严重污秽地段的电杆。

（2）400kVA 及以下的变压器，宜采用柱上式变压器台。柱上式变压器台底部距地面高度，不应小于 2.5m。其带电部分，应综合考虑周围环境等条件。400kVA 以上的变压器，宜采用室内装置。当采用箱式变压器或落地式变台时，应综合考虑使用性质、周围环境等条件。落地式变压器台应装设固定围栏，围栏与带电部分间的安全净距，应符合 GB 50060 的规定。

（3）变压器台的引下线、引上线和母线应采用多股铜芯绝缘线，其截面应按变压器额定电流选择，且不应小于 16mm²。变压器的一、二次侧应装设相适应的电气设备。一次侧熔断器装设的对地垂直距离不应小于 4.5m，二次侧熔断器或断路器装设的对地垂直距离不应小于 3.5m。各相熔断器水平距离：一次侧不应小于 0.5m，二次侧不应小于 0.3m。

（4）配电变压器应选用节能系列变压器，其性能应符合现行国家标准。

（5）一、二次侧熔断器或隔离开关、低压断路器，应优先选用少维护的符合国家标准的定型产品，并应与负荷电流、导线最大允许电流、运行电压等相配合。

（6）配电变压器熔丝的选择宜按下列要求进行：

1）容量在 100kVA 及以下者，高压侧熔丝按变压器额定电流的 2～3 倍选择。

2）容量在 100kVA 及以上者，高压侧熔丝按变压器额定电流的 1.5～2 倍选择。

3）变压器低压侧熔丝（片）或断路器长延时整定值按变压器额定电流选择。

4）繁华地段，居民密集区域宜设置单相接地保护。

（7）1～10kV 配电线路较长的主干线或分支线应装设分段或分支开关设备。环形供电网络应装设联络开关设备。1～10kV 配电线路在线路的管区分界处宜装设开关设备。

九、防雷和接地

（1）无避雷线的 1～10kV 配电线路，在居民区的钢筋混凝土电杆宜接地，金属管杆应接地，接地电阻均不宜超过 30Ω。

中性点直接接地的 1kV 以下配电线路和 10kV 及以下共杆的电力线路，其钢筋混凝土电杆的铁横担或金属杆，应与零线连接，钢筋混凝土电杆的钢筋宜与零线连接。

中性点非直接接地的 1kV 以下配电线路，其钢筋混凝土电杆宜接地，金属杆应接地，接地电阻不宜大于 50Ω。

沥青路面上的或有运行经验地区的钢筋混凝土电杆和金属杆，可不另设人工接地装置，钢筋混凝土电杆的钢筋、铁横担和金属杆也可不与零线连接。

（2）有避雷线的配电线路，其接地装置在雷雨季节干燥时间的工频接地电阻不宜大于表 15-5-8 所列的数值。

表 15-5-8　　　　　　　　电杆的接地电阻

土壤电阻率 （Ω·m）	工频接地电阻 （Ω）	土壤电阻率 （Ω·m）	工频接地电阻 （Ω）
100 及以下	10	1000 以上至 2000	25
100 以上至 500	15	2000 以上	30*
500 以上至 1000	20	—	—

* 如土壤电阻率较高，接地电阻很难降到 30Ω，可采用 6～8 根总长不超过 500m 的放射型接地体或连续伸长接地体，其接地电阻不限制。

（3）柱上断路器应设防雷装置。经常开路运行而又带电的柱上断路器或隔离开关的两侧，均应设防雷装置，其接地线与柱上断路器等金属外壳应连接并接地，且接地电阻不应大于 10Ω。

（4）配电变压器的防雷装置应结合地区运行经验确定。防雷装置位置，应尽量靠近变压器，其接地线应与变压器二次侧中性点以及金属外壳相连并接地。

（5）多雷区，为防止雷电波或低压侧雷电波击穿配电变压器高压侧的绝缘，宜在低压侧装设避雷器或击穿熔断器。如低压侧中性点不接地，应在低压侧中性点装设击穿熔断器。

（6）1～10kV 配电线路，当采用绝缘导线时宜有防雷措施，防雷措施应根据当地雷电活动情况和实际运行经验确定。

（7）为防止雷电波沿 1kV 以下配电线路侵入建筑物，接户线上的绝缘子铁脚宜接地，其接地电阻不宜大于 30Ω。

年平均雷暴日数不超过 30 日/年的地区和 1kV 以下配电线被建筑物屏蔽的地区以及接户线与 1kV 以下干线接地点的距离不大于 50m 的地方，绝缘子铁脚可不接地。

如 1kV 以下配电线路的钢筋混凝土电杆的自然接地电阻不大于 30Ω，可不另设接地装置。

（8）中性点直接接地的 1kV 以下配电线路中的零线，应在电源点接地。在干线和分干线终端处，应重复接地。

1kV 以下配电线路在引入大型建筑物处，如距接地点超过 50m，应将零线重复接地。

（9）总容量为 100kVA 以上的变压器，其接地装置的接地电阻不应大于 4Ω，每个重复接地装置的接地电阻不应大于 10Ω。

总容量为 100kVA 及以下的变压器，其接地装置的接地电阻不应大于 10Ω，每个重复接地装置的接地电阻不应大于 30Ω，且重复接地不应少于 3 处。

（10）悬挂架空绝缘导线的悬挂线两端应接地，其接地电阻不应大于 30Ω。

（11）配电线路通过耕地时，接地体应埋设在耕作深度以下，且不宜小于 0.6m。

十、对地距离及交叉跨越

（1）导线对地面、建筑物、树木、铁路、道路、河流、管道、索道及各种架空线路的距离，应根据最高气温情况或覆冰情况求得的最大弧垂和最大风速情况或覆冰情况求得的最大风偏计算。

计算上述距离，不应考虑由于电流、太阳辐射以及覆冰不均匀等引起的弧垂增大，但应计及导线架线后塑性伸长的影响和设计施工的误差。

（2）对地距离的设计要求。

1）导线与地面或水面的距离，不应小于表 15-5-9 所列数值。

表 15-5-9　　　　　　　　　导线与地面或水面的最小距离　　　　　　　　　　　m

线路经过地区	线路电压	
	1～10kV	1kV 以下
居民区	6.5	6
非居民区	5.5	5
不能通航也不能浮运的河、湖（至冬季冰面）	5	5
不能通航也不能浮运的河、湖（至 50 年一遇洪水位）	3	3
交通困难地区	4.5（3）	4（3）

注　括号内为绝缘线数值。

2）导线与山坡、峭壁、岩石地段之间的净空距离，在最大计算风偏情况下，不应小于表 15-5-10 所列数值。

表 15-5-10 导线与山坡、峭壁、岩石之间的最小距离 m

线路经过地区	线路电压	
	1～10kV	1kV 以下
步行可以到达的山坡	4.5	3.0
步行不能到达的山坡、峭壁和岩石	1.5	1.0

（3）交叉跨越的设计要求。

1）1～10kV 配电线路不应跨越屋顶为易燃材料做成的建筑物，对耐火屋顶的建筑物，应尽量不跨越，如需跨越，导线与建筑物的垂直距离在最大计算弧垂情况下，裸导线不应小于 3m，绝缘导线不应小于 2.5m。

1kV 以下配电线路跨越建筑物，导线与建筑物的垂直距离在最大计算弧垂情况下，裸导线不应小于 2.5m，绝缘导线不应小于 2m。

线路边线与永久建筑物之间的距离在最大风偏情况下，不应小于下列数值：

1～10kV：裸导线 1.5m，绝缘导线 0.75m（相邻建筑物无门窗或实墙）。

1kV 以下：裸导线 1m，绝缘导线 0.2m（相邻建筑物无门窗或实墙）。

在无风情况下，导线与不在规划范围内城市建筑物之间的水平距离，不应小于上述数值的一半。

注：导线与城市多层建筑物或规划建筑线间的距离，指水平距离；导线与不在规划范围内的城市建筑物间的距离，指净空距离。

2）1～10kV 配电线路通过林区应砍伐出通道，通道净宽度为导线边线向外侧水平延伸 5m，绝缘线为 3m，当采用绝缘导线时不应小于 1m。

在下列情况下，如不妨碍架线施工，可不砍伐通道：树木自然生长高度不超过 2m；导线与树木（考虑自然生长高度）之间的垂直距离，不小于 3m。

配电线路通过公园、绿化区和防护林带，导线与树木的净空距离在最大风偏情况下不应小于 3m。

配电线路通过果林、经济作物以及城市灌木林，不应砍伐通道，但导线至树梢的距离不应小于 1.5m。

配电线路的导线与街道行道树之间的距离，不应小于表 15-5-11 所列数值。

表 15–5–11 导线与街道行道树之间的最小距离 m

最大弧垂情况的垂直距离		最大风偏情况的水平距离	
1～10kV	1kV 以下	1～10kV	1kV 以下
1.5（0.8）	1.0（0.2）	2.0（1.0）	1.0（0.5）

注 括号内为绝缘导线数值。

校验导线与树木之间的垂直距离，应考虑树木在修剪周期内生长的高度。

3）1～10kV 线路与特殊管道交叉时，应避开管道的检查井或检查孔，同时，交叉处管道上所有金属部件应接地。

4）配电线路与甲类厂房、库房，易燃材料堆场，甲、乙类液体贮罐，液化石油气贮罐，可燃、助燃气体贮罐最近水平距离，不应小于杆塔高度的 1.5 倍，丙类液体贮罐不应小于 1.2 倍。

5）配电线路与弱电线路交叉，应符合下列要求：交叉角应符合表 15–5–12 的要求。

表 15–5–12 配电线路与弱电线路的交叉角

弱电线路等级	一级	二级	三级
交叉角	≥45°	≥30°	不限制

配电线路一般架在弱电线路上方。配电线路的电杆，应尽量接近交叉点，但不宜小于 7m（城区的线路，不受 7m 的限制）。

十一、接户线

（1）接户线是指 10kV 及以下配电线路与用户建筑物外第一支持点之间的架空导线。1～10kV 接户线的档距不宜大于 40m。档距超过 40m 时，应按 1～10kV 配电线路设计。1kV 以下接户线的档距不宜大于 25m，超过 25m 时宜设接户杆。

（2）接户线应选用绝缘导线，1～10kV 接户线其截面不应小于下列数值：

1）铜芯绝缘导线为 25mm²；

2）铝芯绝缘导线为 35mm²。

3）1kV 以下接户线的导线截面应根据允许载流量选择，且不应小于下列数值：

4）铜芯绝缘导线为 10mm²；

5）铝芯绝缘导线为 16mm²。

（3）1～10kV 接户线，线间距离不应小于 0.40m。1kV 以下接户线的线间距离，不应小于表 15–5–13 所列数值。1kV 以下接户线的零线和相线交叉处，应保持一定的距离或采取加强绝缘措施。

表 15-5-13   1kV 以下接户线的最小线间距离   m

架设方式	档　距	线间距离
自电杆上引下	25 及以下 25 以上	0.15 0.20
沿墙敷设水平排列 或垂直排列	6 及以下	0.10
	6 以上	0.15

（4）接户线受电端的对地面垂直距离，不应小于下列数值：1～10kV 为 4m；1kV 以下为 2.5m。

（5）跨越街道的 1kV 以下接户线，至路面中心的垂直距离，不应小于下列数值：有汽车通过的街道为 6m；汽车通过困难的街道、人行道为 3.5m；胡同（里、弄、巷）为 3m；沿墙敷设对地面垂直距离为 2.5m。

（6）1kV 以下接户线与建筑物有关部分的距离，不应小于下列数值：与接户线下方窗户的垂直距离为 0.3m；与接户线上方阳台或窗户的垂直距离为 0.8m；与窗户或阳台的水平距离为 0.75m；与墙壁、构架的距离为 0.05m。

各栋门之前的接户线若采用沿墙敷设时，应有保护措施。

（7）1kV 以下接户线与弱电线路的交叉距离，不应小于下列数值：在弱电线路的上方为 0.6m；在弱电线路的下方为 0.3m；如不能满足上述要求，则应采取隔离措施。

（8）1kV 以下接户线不应从高压引下线间穿过，严禁跨越铁路。

（9）不同金属、不同规格的接户线，不应在档距内连接。跨越有汽车通过的街道的接户线，不应有接头。接户线与线路导线若为铜铝连接，则应有可靠的过渡措施。

【思考与练习】

1. 导线的连接应符合哪些规定？

2. 考虑导线架设后塑性伸长对弧垂的影响，应怎样确定设计弧垂？

3. 配电变压器的接地电阻值应符合哪些规定？

▲ 模块 6 电能计量装置技术管理规程（Z33B6006Ⅱ）

【模块描述】本模块包含《电能计量装置技术管理规程》的电能计量装置的分类及技术要求、投运前的管理，运行管理，计量检定与修调，电能计量信息管理，电能计量印、证管理，技术考核与统计等内容。通过对本规程重点条款的介绍，掌握电能计量装置技术管理的要求。

【正文】

电能计量装置包括各种类型电能表，计量用电压、电流互感器及其二次回路，电能计量柜（箱）等。电能计量装置管理是指包括计量方案的确定、计量器具的选用、订货验收、检定、检修、保管、安装竣工验收、运行维护、现场检验、周期检定（轮换）、抽检、故障处理、报废的全过程管理，以及与电能计量有关的电压失压计时器、电能量计费系统、远方集中抄表系统等相关内容的管理。电能计量装置管理以供电营业区划分范围，以供电企业、发电企业管理为基础，以分类、分工、监督、配合、统一归口管理为原则。

供电企业应有电能计量技术管理机构，负责本供电营业区内的电能计量装置业务归口管理，并设立电能计量专职（责）人，处理日常计量管理工作。供电企业应根据工作和管理需求设立电能计量技术机构。电能计量技术机构应具有用以进行各项工作的工作场所，应有专职（责）工程师负责处理疑难计量技术问题、管理维护标准装置和标准器、电能计量计算机信息系统和人员技术培训等。

一、电能计量装置的分类及技术要求

1. 电能计量装置分类

运行中的电能计量装置按其所计量电能量的多少和计量对象的重要程度分 5 类（Ⅰ、Ⅱ、Ⅲ、Ⅳ、Ⅴ）进行管理。

（1）Ⅰ类电能计量装置。月平均用电量 500 万 kWh 及以上或变压器容量为 10 000kVA 及以上的高压计费用户、200MW 及以上发电机、发电企业上网电量、电网经营企业之间的电量交换点、省级电网经营企业与供电企业的供电关口计量点的电能计量装置。

（2）Ⅱ类电能计量装置。月平均用电量 100 万 kWh 及以上或变压器容量为 2000kVA 及以上的高压计费用户、100MW 及以上发电机、供电企业之间的电量交换点的电能计量装置。

（3）Ⅲ类电能计量装置。月平均用电量 10 万 kWh 及以上或变压器容量为 315kVA 及以上的计费用户、100MW 以下发电机、发电企业厂（站）用电量、供电企业内部用于承包考核的计量点、考核有功电量平衡的 110kV 及以上的送电线路电能计量装置。

（4）Ⅳ类电能计量装置。负荷容量为 315kVA 以下的计费用户、发供电企业内部经济技术指标分析、考核用的电能计量装置。

（5）Ⅴ类电能计量装置。单相供电的电力用户计费用电能计量装置。

2. 电能计量装置的接线方式

（1）接入中性点绝缘系统的电能计量装置，应采用三相三线有功、无功电能表。接入非中性点绝缘系统的电能计量装置，应采用三相四线有功、无功电能表或 3 只感应式无止逆单相电能表。接入中性点绝缘系统的 3 台电压互感器，35kV 及以上的宜采用 Yy 方式接线；35kV 以下的宜采用 Vv 方式接线。接入非中性点绝缘系统的 3 台电压互感器，宜采用 YNd 方式接线。其一次侧接地方式和系统接地方式相一致。

（2）低压供电，负荷电流为 50A 及以下时，宜采用直接接入式电能表；负荷电流为 50A 以上时，宜采用经电流互感器接入式的电能表。对三相三线制接线的电能计量装置，其 2 台电流互感器二次绕组与电能表之间宜采用四线连接。对三相四线制连接的电能计量装置，其 3 台电流互感器二次绕组与电能表之间宜采用六线连接。

3. 电能计量装置准确度等级

各类电能计量装置应配置的电能表、互感器的准确度等级不应低于相关标准。

Ⅰ、Ⅱ类用于贸易结算的电能计量装置中电压互感器二次回路电压降应不大于其额定二次电压的 0.2%，其他电能计量装置中电压互感器二次回路电压降应不大于其额定二次电压的 0.5%。

4. 电能计量装置的配置原则

贸易结算用的电能计量装置原则上应设置在供用电设施产权分界处。Ⅰ、Ⅱ、Ⅲ类贸易结算用电能计量装置应按计量点配置计量专用电压、电流互感器或者专用二次绕组。电能计量专用电压、电流互感器或专用二次绕组及其二次回路不得接入与电能计量无关的设备。

互感器二次回路的连接导线应采用铜质单芯绝缘线。对电流二次回路，连接导线截面积应按电流互感器的额定二次负荷计算确定，应不小于 4mm²。对电压二次回路，连接导线截面积应按允许的电压降计算确定，应不小于 2.5mm²。互感器实际二次负荷应在 25%～100%额定二次负荷范围内；电流互感器额定二次负荷的功率因数应在 0.8～1.0；电压互感器额定二次功率因数应与实际二次负荷的功率因数接近。电流互感器额定一次电流的确定，应保证其在正常运行中的实际负荷电流达到额定值的 60%左右，至少应不小于 30%，否则应选用高动热稳定电流互感器以减小变比。

为提高低负荷计量的准确性，应选用过负荷 4 倍及以上的电能表。经电流互感器接入的电能表，其标定电流不宜超过电流互感器额定二次电流的 30%，其额定最大电流应为电流互感器额定二次电流的 120%左右。直接接入式电能表的标定电流应按正常运行负荷电流的 30%左右进行选择。

二、投运前的管理

1. 电能计量装置设计审查

电能计量装置设计审查的依据是 GBJ 63—1990《电力装置的电测量仪表装置设计规范》、DL/T 5137—2007《电测量及电能计量装置设计技术规程》、DL/T 448—2000《电能计量装置技术管理规程》及用电营业方面的有关管理规定。设计审查的内容包括计量点、计量方式（电能表与互感器的接线方式、电能表的类别、装设套数等）的确定，计量器具型号、规格、准确度等级、制造厂家、互感器二次回路及附件等的选择，电能计量柜（箱）的选用，安装条件的审查等。用电营业部门在与用户签订供用电合同、批复供电方案时，对电能计量点和计量方式的确定以及电能计量器具技术参数等的选择应有电能计量技术机构专职（责）工程师会签。

2. 电能计量器具的验收

验收的内容包括装箱单、出厂检验报告（合格证）、使用说明书、铭牌、外观结构、安装尺寸、辅助部件、功能和技术指标测试等，均应符合订货合同的要求。新购入的2.0 级电能表，应按 GB/T 3925—1983《2.0 级交流电度表的验收方法》和国家电力行业的有关规定进行验收；Ⅰ级和Ⅱ级直接接入静止式交流有功电能表应按 GB/T 17442—1998《1 级和 2 级直接接入静止式交流有功电度表验收检验》和国家电力行业的有关规定进行验收；其他新购入的电能表、互感器的验收参照 GB/T 3925—1983 或 GB/T 17442—1998 抽样方法抽样，其检验项目和技术指标参照相应产品的国际、国家或行业标准的验收检查项目或出厂检验项目进行。经验收的电能计量器具应出具验收报告，合格的由电能计量技术机构负责人签字接收，办理入库手续并建立计算机资产档案；验收不合格的，应由订货单位负责更换或退货。

3. 资产管理

供电企业应建立电能计量装置资产档案，制定电能计量资产管理制度，内容包括标准装置、标准器具、试验用仪器仪表、工作计量器具等的购置、入库、保管、领用、转借、调拨、报废、淘汰、封存和清查等。

供电企业电能计量技术机构应用计算机建立资产档案，由专人进行资产管理并实现与相关专业的信息共享。资产档案应有可靠的备份和用于长期保存的措施。保存地点应有防尘、防潮、防盐雾、防高温、防火和防盗等措施。

电能计量器具应区分不同状态（待验收、待检、待装、淘汰等），分区放置，并应有明确的分区线和标志。待装电能计量器具还应分类、分型号、分规格放置。待装电能表应放置在专用的架子或周转车上，不得叠放，应取用方便。电能表、互感器的库房应保持干燥、整洁，空气中不得含有腐蚀性的气味，库房内不得存放电能计量器具以外的其他任何物品。电能计量器具出、入库应及时进行计算机登记，做到库存电能计量器具与计算机档案相符。库房应有专人负责管理，应建立严格的库房管理制度。

应予淘汰或报废的电能计量器具包括：在现有技术条件下调整困难或不能修复到原有准确度水平的，或者修复后不能保证基本轮换周期（以统计资料为准）的器具；绝缘水平不能满足现行国家标准的计量器具和上级明文规定不准使用的产品；性能上不能满足当前管理要求的产品。经报废的电能计量器具应进行销毁，并在资产档案中及时销账（注明报废日期）。

4. 电能计量装置的安装及安装后的验收

电能计量装置的安装应严格按照通过审查的施工设计或用户业扩工程确定的供电方案进行。安装的电能计量器具必须经有关电力企业的电能计量技术机构检定合格。使用电能计量柜的用户或发、输、变电工程中电能计量装置的安装可由施工单位进行，其他贸易结算用电能计量装置均应由供电企业安装。电能计量装置安装完工应填写竣工单，整理有关的原始技术资料，做好验收交接准备工作。

电能计量装置投运前应进行全面的验收。验收的项目及内容包括技术资料、现场检查、试验及结果的处理。

验收的技术资料包括：电能计量装置计量方式原理接线图，一、二次接线图，施工设计图和施工变更资料；电压、电流互感器安装使用说明书、出厂检验报告、法定计量机构的检定证书；计量柜的出厂检验报告、说明书；二次回路导线或电缆的型号、规格及长度；电压互感器二次回路中的熔断器、接线端子的说明书等；高压电气设备的接地及绝缘试验报告；施工过程中需要说明的其他资料。

现场检查内容包括：计量器具型号、规格、计量法制标志、出厂编号应与计量检定证书和技术资料的内容相符；产品外观质量应无明显瑕疵和受损；安装工艺质量应符合相关标准要求；电能表、互感器及其二次回路接线情况应和竣工图一致。

验收试验包括：检查二次回路中间触点、熔断器、试验接线盒的接触情况；电流、电压互感器实际二次负载及电压互感器二次回路压降的测量；接线正确性检查；电流、电压互感器的现场检验。

经验收的电能计量装置应由验收人员及时实施封印。封印的位置为互感器二次回路的各接线端子、电能表接线端子、计量柜（箱）门等。实施铅封后应由运行人员或用户对铅封的完好签字认可。经验收的电能计量装置应由验收人员填写验收报告，注明"计量装置验收合格"或者"计量装置验收不合格"及整改意见，整改后再行验收。验收不合格的电能计量装置禁止投入使用。验收报告及验收资料应归档。

三、运行管理

电能计量技术机构应用计算机对投运的电能计量装置建立运行档案，实施对运行电能计量装置的管理并实现与相关专业的信息共享。运行档案应有可靠的备份和用于长期保存的措施，并能方便地进行分用户类别、分计量方式和按计量器具分类的查询统计。

电能计量装置运行档案的内容包括用户基本信息及其电能计量装置的原始资料等。主要有互感器的型号、规格、厂家、安装日期；二次回路连接导线或电缆的型号、规格、长度；电能表型号、规格、等级及套数；电能计量柜（箱）的型号、厂家、安装地点等；Ⅰ、Ⅱ类电能计量装置的原理接线图和工程竣工图、投运的时间及历次改造的内容、时间；安装、轮换的电能计量器具型号、规格等内容及轮换的时间；历次现场检验误差数据、故障情况记录等。

安装在供电企业生产运行场所的电能计量装置，运行人员应负责监护，保证其封印完好，不受人为损坏。安装在用户处的电能计量装置，由用户负责保护封印完好，装置本身不受损坏或丢失。当发现电能计量装置故障时，应及时通知电能计量技术机构进行处理。电能计量技术机构对发生的计量故障应及时处理，对造成的电量差错，应认真调查、认定，分清责任，提出防范措施，并根据有关规定进行差错电量的计算。

对于窃电行为造成的计量装置故障或电量差错，用电管理人员应注意对窃电事实的依法取证，应当场对窃电事实写出书面认定材料，由窃电方责任人签字认可。

对造成电能计量差错超过 10 万 kWh 及以上者，应及时上报省级电网经营企业用电管理部门。

1. 现场检验

现场检验电能表应采用标准电能表法，宜使用可测量电压、电流、相位和带有错接线判别功能的电能表现场检验仪。现场检验仪应有数据存储和通信功能。

现场检验时不允许打开电能表罩壳和现场调整电能表误差。若现场检验电能表误差超过电能表准确度等级值应在 3 个工作日内更换。

新投运或改造后的Ⅰ、Ⅱ、Ⅲ、Ⅳ类高压电能计量装置应在 1 个月内进行首次现场检验。Ⅰ类电能表至少每 3 个月现场检验一次，Ⅱ类电能表至少每 6 个月现场检验一次，Ⅲ类电能表至少每年现场检验一次。运行中的低压电流互感器宜在电能表轮换时进行变比、二次回路及其负载检查。

现场检验数据应及时存入计算机管理档案，并应用计算机对电能表历次现场检验数据进行分析，以考核其变化趋势。

2. 周期检定（轮换）与抽检

运行中的Ⅰ、Ⅱ、Ⅲ类电能表的轮换周期一般为 3～4 年。运行中的Ⅳ类电能表的轮换周期为 4～6 年。但对同一厂家、型号的静止式电能表，可按上述轮换周期，到周期抽检 10%，做修调前检验，若满足要求，则其他运行表计允许延长 1 年使用，待第二年再抽检，直到不满足要求时全部轮换。Ⅴ类双宝石电能表的轮换周期为 10 年。

对所有轮换拆回的Ⅰ～Ⅳ类电能表应抽取其总量的 5%～10%（不少于 50 只）进行修调前检验，且每年统计合格率。Ⅰ、Ⅱ类电能表的修调前检验合格率应为 100%，Ⅲ类电能表的修调前检验合格率应不低于 98%，Ⅳ类电能表的修调前检验合格率应不低于 95%。运行中的Ⅴ类电能表，从装出第 6 年起，每年应进行分批抽样，做修调前检验，以确定整批表是否继续运行。低压电流互感器从运行的第 20 年起，每年应抽取

10%进行轮换和检定，统计合格率应不低于 98%，否则应加倍抽取、检定、统计合格率，直至全部轮换。

3. 运输

待装电能表和现场检验用的计量标准器、试验用仪器仪表在运输中应有可靠有效的防振、防尘、防雨措施。经过剧烈振动或撞击后，应重新对其进行检定。

四、计量检定与修调

检定电能表时，其实际误差应控制在规程规定基本误差限的70%以内。经检定合格的电能表在库房中保存时间超过 6 个月应重新进行检定。电能表、互感器的检定原始记录至少保存 3 个检定周期。经检定合格的电能表应由检定人员实施封印。

电能计量技术机构受理用户提出有异议的电能计量装置的检验申请后，对低压和照明用户，一般应在 7 个工作日内将电能表和低压电流互感器检定完毕；对高压用户，应根据 SD 109—1983《电能计量装置检验规程》在 7 个工作日内先进行现场检验。现场检验时的负荷电流应为正常情况下的实际负荷。如测定的误差超差，则应再进行试验室检定。

照明用户的平均负荷难以确定时，可按下列方法确定电能表误差

$$误差 = \frac{I_{max}时的误差 + 3I_b时的误差 + 0.2I_b时的误差}{5}$$

式中　I_{max}——电能表的额定最大电流；

I_b——电能表的标定电流。

注：各种负荷电流时的误差，按负荷功率因数为 1.0 时的测定值计算。

临时检定电能表、互感器时不得拆启原铅封印。临时检定的电能表、互感器暂封存 1 个月，其结果应通知用户，备用户查询。电能计量装置现场检验结果应及时告知用户，必要时转有关部门处理。临时检定均应出具检定证书或检定结果通知书。

五、电能计量信息管理

电能计量管理部门应建立电能计量装置计算机管理信息系统并实现与用电营业及其他有关部门的联网。

六、电能计量印、证管理

电能计量印、证的种类包括检定证书、检定结果通知书、检定合格证、测试报告、封印（检定合格印、安装封印、现校封印、管理封印及抄表封印等）、注销印。各类证书和报告应执行国家统一的标准格式。计量印、证应定点监制，由电能计量技术机构负责统一制作和管理，所有计量印、证必须编号（计量钳印字头应有编号）并备案，编号方式应统一规定。制作计量印、证时应优先考虑选用防伪性能强的产品。

电能计量印、证的领用发放只限于电能计量技术机构内从事计量管理、检定、安

装、轮换、检修的人员，领取的计量印、证应与其所从事的工作相适应，其他人员严禁领用。计量印、证的领取必须经电能计量技术机构负责人审批，领取时印模必须和领取人签名一起备案。使用人工作变动时必须交回所领取的计量印、证。

从事检定工作的人员只限于使用检定合格印；从事安装和轮换的人员只限于使用安装封印；从事现场检验的人员只限于使用现校封印；电能计量技术机构的主管和专责工程师（技术员）有权使用管理封印。运行中计量装置的检定合格印和各类封印未经本单位电能计量技术机构主管或专责工程师（技术员）同意不允许启封（确因现场检验工作需要，现场检验人员可启封必要的安装封印）。抄表封印只适用于必须开启柜（箱）才能进行抄表的人员，且只允许对电能计量柜（箱）门和电能表的抄读装置进行加封。注销印适用于对淘汰电能计量器具的封印。

现场工作结束后应立即加封印，并应由用户或运行维护人员在工作票封印完好栏上签字。实施各类封印的人员应对自己的工作负责，日常运行维护人员应对检定合格印和各类封印的完好负责。

经检定的工作计量器具，合格的，检定人员加封检定合格印，出具检定合格证。对计量器具检定结论有特殊要求的，合格的，检定人员加封检定合格印，出具检定证书；不合格的，出具检定结果通知书。检定证书、检定结果通知书必须字迹清楚、数据无误、无涂改，且有检定、核验、主管人员签字，并加盖电能计量技术机构计量检定专用章。

安装封印只准对计量二次回路接线端子、计量柜（箱）及电能表表尾实施封印。

电能计量技术机构每年应对所有计量印、证以及其使用情况进行一次全面的检查核对。计量合格印和各类封印应清晰、完整，出现残缺、磨损时应立即停止使用并及时登记收回和作废、封存。需更换的应按规定重新制作更换，更换后应重新办理领取手续。

七、技术考核与统计

1. 电能计量装置管理情况的考核与统计指标

（1）计量标准器和标准装置的周期受检率与周检合格率。

$$周期受检率 = \frac{实际检定数}{按规定周期应检定数} \times 100\%$$

$$周检合格率 = \frac{实际检定合格数}{实际检定数} \times 100\%$$

周期受检率不小于 100%，周检合格率应不小于 98%。

（2）在用计量标准装置周期考核（复查）率。

$$周期考核率 = \frac{实际考核数}{到周期应考核数} \times 100\%$$

在用电能计量标准装置周期考核率应达 100%。

（3）运行电能计量装置的周期受检（轮换）率与周检合格率。

1）电能表。

$$周期轮换率 = \frac{实际轮换数}{按规定周期应轮换数} \times 100\%$$

$$修调前检验率 = \frac{修调前检验数}{实际轮换回的电能表数} \times 100\%$$

$$修调前检验合格率 = \frac{修调前检验合格数}{实际修调前检验数} \times 100\%$$

$$现场检验率 = \frac{实际现场检验数}{按规定周期应检验数} \times 100\%$$

$$现场检验合格率 = \frac{实际现场检验合格数}{实际现场检验数} \times 100\%$$

周期轮换率应达 100%，现场检验率应达 100%，Ⅰ、Ⅱ类电能表现场检验合格率应不小于 98%，Ⅲ类电能表现场检验合格率应不小于 95%。

2）电压互感器。

$$周期受检率 = \frac{实际检定数}{按规定周期应检定数} \times 100\%$$

电压互感器二次回路电压降周期受检率应达 100%。

（4）计量故障差错率。

$$计量故障差错率 = \frac{实际发生故障差错次数}{运行电能表和互感器总数} \times 100\%$$

计量故障差错率应不大于 1%。

2. 统计与报表

电能计量技术机构对评价电能计量装置管理情况的各项统计与考核、用户计量点和计量资产，至少每年全面统计一次，并上报主管部门。具体统计与上报期限，由电网经营企业规定。

【思考与练习】

1. 供电企业电能计量技术机构的职责有哪些？

2. 电能计量装置管理情况的考核与统计指标有哪些？

3. 5 类电能计量装置是如何划分的？

4. 电能计量装置的接线方式有哪些规定？

5. 电能计量装置准确度等级有哪些规定？

模块 7 电缆线路施工及验收规范（Z33B6007Ⅱ）

【模块描述】本模块包含电缆敷设的一般规定和电缆附件的安装知识。通过对电缆线路施工及验收规范有关内容的介绍，掌握电缆附件安装的操作技能。

【正文】

随着电缆工业的发展，新的施工工艺及施工方法不断采用，施工环境也各不相同。因此，对电缆施工工序、施工方法应遵守各种安全技术规程。掌握国家标准（GB 50168—2006）《电气装置安装工程电缆线路施工及验收规范》。

一、运输与保管

因各地、各部门运输工具、道路及施工经验不同，不强调用同一种运输方法。但不论用何种方法运输，均以"不应使电缆及电缆盘受到损伤"为目的。电缆本体、附件及有关材料的存放、保管，应符合下列要求：

（1）为方便电缆的使用，存放时应按电压等级、规格等分类存放，盘间留有通道以便人员或运输工具通过。为保证电缆在存放时的质量，存放场所应地基坚实且易于排水，电缆盘应完好而不腐烂。

（2）电缆终端瓷套，无论存于室内、室外，都易受外部机械损伤而使瓷件遭受破损，严重的致使报废，因此要求所有瓷件在存放时，尤其是大型瓷套，都应有防机械损伤的措施（放于原包装箱内或用泡沫塑料、草袋、本料等围遮包牢）。

（3）电缆终端和接头在出厂时，对其某些部件、材料都采用防潮包装，如充油电缆终端头和接头浸于油中部件、环氧树脂部件等，一般用塑料袋密封包装；电容饼、绕包的绝缘纸浸油用容器密封运输。因此它们到现场后，应检查其密封情况，并存放在干燥的室内保管，以防止贮运过程中密封破坏而受潮。

（4）防火涂料、包带、堵料等防火材料在施工经验尚不成熟时，其贮存保管一定要严格按厂家的产品技术性能要求（包装、温度、时间、环境等）保管、存放，否则会使材料失效、报废。

（5）电缆桥架暂时不能安装时，在保存场所一定要分类轻码轻放，不得摔打，以防变形和防腐层损坏，影响施工和桥架质量。在有腐蚀的环境，还应有防腐蚀的措施。一经发现有变形和防腐层损坏，应及时处理后再行存放。

二、电缆管的加工及敷设

目前使用的电缆管的种类有：钢管、铸铁管、硬质聚氯乙烯管、陶土管、混凝土管、石棉水泥管等。其中铸铁管、陶土管、混凝土管、石棉水泥管用作排管，有些供电部门也采用硬质聚氯乙烯管作为短距离的排管。

硬质聚氯乙烯管因质地较脆，在敷设时的温度不宜低于 0℃，在使用过程中不受碰撞的情况下，可不受此限制。最高使用温度不应超过 50～60℃。在易受机械碰撞的地方也不宜使用。

在敷设电缆管时应尽量减少弯头。在有些工程如发电厂厂房内，由于各种原因一根电缆管往往需要分几次来敷设，弯头增多造成穿设电缆困难；对于较大截面的电缆不允许有弯头。考虑到上述情况，所以弯头不应超过 3 个，直角弯不应超过 2 个，当实际施工中不能满足要求时，可采用内径较大的管子或在适当部位设置拉线盒，以便电缆的穿设。

硬质聚氯乙烯管的热膨胀系数约为 0.08mm/m·℃，比钢管大 5～7 倍，如一根 30m 长的管子，当其温度改变 40℃时，则其长度变化为：0.08×30×40=96mm。因此，沿建筑结构表面敷设时，要考虑温度变化引起的伸缩（当管路有弯曲部分时有一定的补偿作用）。

钢管的连接采用短管套接时，施工简单方便，采用管接头螺纹连接则较美观。无论采用哪一种方式都应保证牢固、密封。为了保证电缆管连接后的强度，要求短管和管接头的长度不小于电缆管外径的 2.2 倍。

金属电缆管直接对焊可能在接缝内部出现疤瘤，穿电缆时会损伤电缆，故不宜要求直接对焊。

硬质塑料管采用短管套接或插接时，在接触面上均需涂以胶合剂，以保证连接牢靠、密封良好。

为避免在电缆敷设后焊接地线时烧坏电缆，故要求先焊接地线。有丝扣的管接头处用跳线焊接是为了接地可靠。

三、电缆支架的配制与安装

电缆支架应牢固、整齐、美观。在现场批量制作普通角钢电缆支架时，可事先做出模具。许多地方电缆隧（沟）道内空气潮湿、积水，有时支架浸泡在水中，致使电缆支架腐蚀严重，强度降低。因此在制作普通钢制电缆支架时，应焊接牢固，并应作良好的防腐处理。

普通型电缆支架的固定一般直接焊接在预埋铁件上。

四、电缆的敷设

在敷设前应把电缆所经过的通道进行一次检查，防止影响电缆施工。当施工现场的温度不能满足要求时，应采取适当的措施，避免损伤电缆，如采取加热法或躲开寒冷期敷设等。

1. 生产厂房内及隧道、沟道内电缆的敷设

电力电缆与控制电缆应分开敷设。因为在发电厂或其他大型企业中，由于机组容

量和自动化程度的提高，电缆数量增多，控制电缆的抗干扰要求也日益严格，电力电缆与控制电缆敷设在一起，会产生对控制电缆的干扰，造成控制设备误动作。电力电缆发生火灾后波及控制电缆，使控制设备不能及时作出反应，事故进一步扩大，造成巨大损失，修复困难。

电缆在支架上的上下排列顺序，按电压等级的高低、电力电缆和控制电缆、强电和弱电电缆的顺序自上而下排列。但随着高电压和大截面电缆的增多，特别是城市供电系统中电缆外径一般均较大，当电缆从支架上引出或进入电气盘柜，有时弯曲困难，并难以满足电缆最小允许弯曲半径的要求时也允许将高压电缆放在下面。

考虑到电缆的散热和防火问题，位于锅炉看火孔和制粉系统防爆门前面的电缆，施工组织设计时应采取隔热保护措施。

考虑到电缆沟的积水问题，电缆沟应有良好的排水设施。

2. 管道内电缆的敷设

电缆保护管在垂直敷设时，其弯角应大于 90°，避免因保护管下部弯曲段内积水使电缆冻坏。

室外垂直敷设的电缆保护管，经常受到雨水浸蚀。据反映，这部分电缆和钢管腐蚀相当严重，电缆被锈在钢管里，拉都拉不出来。因此有的单位把保护管沿轴线割成两个半圆，或用 2~2.5mm 厚的铁板加工成两个半圆后用卡子固定，雨水顺着缝隙渗到外面使电缆不受影响，运行多年来，情况良好。这对于室外爬杆敷设的电缆，施工方便，电缆和管子均不易腐蚀。

为了确保电缆能顺利穿管并不损伤电缆护层，在电缆敷设前疏通管路并清除杂物是必要的。疏通时可用直径不小于 0.85 倍管孔直径、长度约 600mm 的钢管来回疏通，再用与管孔等直径的钢丝刷清除管内杂物。

3. 直埋电缆的敷设

在电缆线路通过的地段，有时不可避免地存在机械性损伤、化学作用、地下电流、振动、热影响、腐植物质、虫鼠等有损电缆的因素，只要采取一些相应措施，如穿管、铺砂、筑槽等处理方法，或采用适当的电缆，可使电缆免于损坏。

电缆穿越农田时，由于深翻土地、挖排水沟和拖拉机耕地等原因，有可能损伤电缆。因此敷设在农田中的电缆埋设深度不应小于 1m。

东北地区的冻土层厚达 2~3m，要求埋在冻土层以下有困难。施工时在电缆上下各铺以 100mm 厚的河砂；还有用混凝土或砖块在沟底砌一浅槽，电缆放于槽内，槽内填充河砂，上面再盖以混凝土板或砖块。这样可防止电缆在运行中受到损坏。电缆表面距地面的最小距离为 0.7m。

混凝土保护板对防止机械损伤效果较好，有条件者应首先采用。

在直埋电缆回填土前，应进行中间检查验收，如电缆上下是否铺砂或软土、盖板是否齐全等，以保证电缆敷设质量。

4. 水底电缆的敷设

水底电缆应按跨越长度订货。大长度水底电缆，当超出制造厂的制造能力时，由制造厂制作软接头。

水底电缆的敷设，要求平放在河床上，因为电缆悬离河床，长期受水流冲刷会磨损电缆。在码头港湾等经常停船处，船只抛锚和航道疏通都可能损坏电缆，为确保电缆安全运行，必须采取可靠的保护措施，有条件时尽可能深埋敷设。

水底电缆敷设要特别注意防止电缆打扭和打圈损伤电缆造成事故。敷设船的放线架保持适当的退扭高度是为消除电缆放出时因旋转而产生的剩余应力，避免电缆入水时打扭或打圈。

5. 桥梁上电缆的敷设

敷设于木桥上的电缆穿在铁管中，一方面加强电缆的机械保护，另一方面避免因电缆绝缘击穿，短路故障电弧损坏木桥或引起火灾。

对钢结构或钢筋混凝土结构的桥梁，放在人行道下或穿在耐火材料的管内，确保电缆和桥梁的安全。

敷设在桥梁上的电缆，应采取防振措施，防止电缆长期受振动，造成电缆护层疲劳龟裂、加速老化。

五、电缆终端和接头的制作

1. 电缆终端和接头的种类

电缆终端和接头的种类和型式较多，结构、材料不同，要求的操作技术也各有特点。

橡塑绝缘电缆常用的终端和接头型式有自粘带绕包型、热缩型、预制型、模塑型、弹性树脂浇注型等。

油浸纸绝缘电缆常用的终端和接头型式有壳体灌注型、环氧树脂型。

选择绝缘材料用于制作电缆终端和接头时，橡塑绝缘电缆的材料应选用弹性较大的材料，确保附加绝缘与电缆本体绝缘有良好接触，如自粘性橡胶带、热收缩制品和硅橡胶、乙丙橡胶制品等；油纸电缆终端和接头的材料常用的有黑玻璃丝带、聚氯乙烯带、聚四氟乙烯带、环氧浇铸剂等。

2. 制作要求

由于电缆及其附件种类繁多，具体施工方法和措施应遵循工艺导则。6kV 及以上电缆在屏蔽或金属护套端部电场集中，场强较高，必须采取有效措施减缓电场集中。常用方法有胀铅、制作应力锥、施加应力带、应力管等措施。

制作塑料绝缘电缆终端和接头必须除去部分半导电屏蔽层。

为了确保制作充油电缆终端和接头的施工质量，包绕附加绝缘时应保持一定油量不间断地从绝缘内部渗出，避免潮气侵入和减少包绕时的外来污染，因此不应完全关闭压力油箱。

三芯电力电缆接头两侧电缆的金属屏蔽层和铠装层不得中断，避免非正常运行时产生感应电热而发生放电的危险。

六、工程交接验收

在电缆线路工程验收时，应检查电缆本体、附件及其有关辅助设施质量。电缆规格一般按设计订货，但因供货不足或其他原因不能满足要求时，现场也有"以大代小"或用其他型式代替，此时一定要以设计的修改通知作为依据，否则不能验收。

充油电缆油系统是保证施工质量的关键，要求供油管路不应渗漏。其渗漏检测靠油压表计指示，因此油压表一定要完好并经校验合格。报警压力指示值要符合要求，压力接点动作可靠，报警系统宜经模拟试验符合设计。

为保证电缆线路的安全运行，要求其辅助设施，如电缆沟盖板齐全，沟道内无杂物障碍、积水，照明线路及灯具齐全完好，通风机运转良好、风道通畅。

防火措施包括阻燃电缆的选型，防火包带、涂料的类型、绕包及部位应符合设计及施工工艺要求。

【思考与练习】

1. 目前使用的电缆管的种类有哪几种？
2. 橡塑绝缘电缆常用的终端和接头型式有哪些？
3. 电缆终端和接头的制作有哪些要求？

◢ 模块 8 35kV 及以下架空电力线路施工及验收规范 （Z33B6008 Ⅱ）

【模块描述】本模块介绍国家标准 GB 50173—1992《35kV 及以下架空电力线路施工及验收规范》，涉及原材料及器材检验、电杆基坑及基础埋设、电杆组立与绝缘子安装、拉线安装、导线架设、10kV 及以下架空电力线路上的电气设备、接户线等内容。通过对本职业相关条文进行解释，掌握 GB 50173—1992《35kV 及以下架空电力线路施工及验收规范》相关要求。

【正文】

一、总则

（1）引用 GB 50173—1992《35kV 及以下架空电力线路施工及验收规范》。

（2）引用规范主要包括以下内容：原材料及器材检验；电杆基坑及基础埋设；电杆组立与绝缘子安装；拉线安装；导线安装；10kV及以下架空电力线路上电气设备；接户线；接地工程；工程交接验收。

二、原材料及器材检验

（1）架空电力线路工程所使用的原材料、器材，具有下列情况之一者，应重作检验：

1）超过规定保管期限者。

2）因保管、运输不良等原因而有变质损坏可能者。

3）对原始试验结果有怀疑或试样代表性不够者。

（2）架空电力线路使用的线材，架设前应进行外观检查，且应符合下列规定：

1）不应有松股、交叉、折叠、断裂及破损等缺陷。

2）不应有严重腐蚀现象。

3）钢绞线、镀锌铁线表面镀锌层应良好，无锈蚀。

4）绝缘线表面应平整、光滑、色泽均匀，绝缘层厚度应符合规定。绝缘线的绝缘层应挤包紧密，且易剥离，绝缘线端部应有密封措施。

（3）由黑色金属制造的附件和紧固件，除地脚螺栓外，应采用热浸镀锌制品。金属附件及螺栓表面不应有裂纹、砂眼、锌皮剥落及锈蚀等现象。

（4）各种连接螺栓宜有防松装置。防松装置弹力应适应，厚度应符合规定。

（5）金具组装配合应良好，安装前应进行外观检查，且应符合下列规定：

1）表面光洁，无裂纹、毛刺、飞边、砂眼、气泡等缺陷。

2）线夹转动灵活，与导线接触面符合要求。

3）镀锌良好，无锌皮剥落、锈蚀现象。

（6）绝缘子及瓷横担绝缘子安装前应进行外观检查，且应符合以下规定：

1）瓷件与铁件组合无歪斜现象，且结合紧密，铁件镀锌良好。

2）瓷釉光滑，无裂纹、缺釉、斑点、烧痕、气泡或瓷釉烧坏等缺陷。

3）弹簧销、弹簧垫的弹力适宜。

（7）环形钢筋混凝土电杆制造质量应符合现行GB/T 396—1994《环形钢筋混凝土电杆》的规定。

安装前应进行外观检查，且应符合下列规定：

1）表面光洁平整，壁厚均匀，无露筋、跑浆等现象。

2）放置地平面检查时，应无纵向裂缝，横向裂缝的宽度不应超过0.1mm。

3）杆身弯曲不应超过杆长的1/1000。

（8）预应力混凝土电杆制造质量应符合现行GB 4623—1994的规定。安装前应进行外观检查，且应符合下列规定：

1）表面光洁平整，壁厚均匀，无露筋、跑浆等现象。

2）应无纵、横向裂缝。

3）杆身变曲不应超过杆长的 1/1000。

三、电杆基坑及基础埋设

（1）基坑施工前的定位应符合下列规定：

1）直线杆顺线路方向位移，10kV 及以下架空电力线路不应超过设计档距的 3%。直线杆横线路方向位移不应超过 50mm。

2）转角杆、分支杆的横线路、顺线路方向的位移均不应超过 50mm。

（2）电杆基础坑深度。

电杆基础坑深度应符合设计规定。电杆基础深度的允许偏差应为+100mm、−50mm。同基基础坑在允许偏差范围内应按最深一坑操平。岩石基础坑的深度不应小于设计规定数值。

（3）电杆基础采用卡盘时应符合下列规定：

1）安装前应将其下部土壤分层回填夯实。

2）安装位置、方向、深度应符合设计要求。深度允许偏差为±50mm。当设计无要求时，上平面距地面不应小于 500mm。

3）与电杆连接应紧密。

（4）基坑回填土应符合下列规定：

1）土块应打碎。

2）35kV 架空电力线路基坑每回填 300mm 应夯实一次；10kV 及以下架空电力线路基坑每回填 500mm 应夯实一次。

3）松软土质的基坑，回填土时应增加夯实次数或采取加固措施。

4）回填土后的电杆基坑宜设置防沉土层。土层上部面积不宜小于坑口面积；培土高度应超过地面 300mm。

5）当采用抱杆立杆留有滑坡时，滑坡（马道）回填土应夯实，并留有防沉土层。

四、电杆组立与绝缘子安装

（1）单电杆立好后应正直，位置偏差应符合下列规定：

1）直线杆的横向位移不应大于 50mm。

2）直线杆的倾斜，35kV 架空电力线路不应大于杆长的 3‰；10kV 及以下架空电力线路杆梢的位移不应大于杆梢直径的 1/2。

3）转角杆的横向位移不应大于 50mm。

4）转角杆应向外角预偏、紧线后不应向内角倾斜，向外角的倾斜，其杆梢位移不应大于杆梢直径。

5）终端杆立好后，应向拉线侧预偏，其预偏值不应大于杆梢直径。紧线后不应向受力侧倾斜。

（2）双杆立好后应正直，位置偏差应符合下列规定：

1）直线杆塔结构中心与中心桩之间的横向位移，不应大于 50mm，转角杆结构中心与中心桩之间的横、顺向位移，不应大于 50mm。

2）迈步不应大于 30mm。

3）根开不应超过±30mm。

（3）以螺栓连接的构件应符合下列规定：

1）螺杆应与构件面垂直，螺头平面与构件间不应有间隙。

2）螺栓紧好后，螺杆丝扣露出的长度，单螺母不应少于两个螺距；双螺母可与螺母相平。

3）当必须加垫圈时，每端垫圈不应超过 2 个。

（4）螺栓穿入方向应符合下列规定：

1）对立体结构：水平方面由内向外、垂直方向由下向上。

2）对平面结构：顺线路方向，双面构件由内向外，单面构件由送电侧穿入或按统一方向；横线路方向，两侧由内向外，中间由左向右（面向受电侧）或按统一方向；垂直方向，由下向上。

（5）线路横担的安装：

1）线路单横担的安装，直线杆应装于受电侧；分支杆、90°转角杆（上、下）及终端杆应装于拉线侧。

2）横担安装应平正、安装偏差应符合下列规定：横担端部上下歪斜不应大于 20mm；横担端部左右扭斜不应大于 20mm；双杆的横担，横担与电杆连接处的高差不应大于连接距离的 5/1000；左右扭斜不应大于横担总长度的 1/100。

3）瓷横担绝缘子安装应符合下列规定：当直立安装时，顶端顺线路歪斜不应大于 10mm；当水平安装时，顶端宜上翘 5°～15°；顶端顺线路歪斜不应大于 20mm；当安装转角杆时，顶端竖直安装的瓷横担支架应安装转角的内角侧（瓷横担应装在支架的外角侧）；全瓷式瓷横担绝缘子的固定处应加软垫。

（6）绝缘子安装应符合下列规定：

1）安装应牢固，连接可靠，防止积水。

2）安装时应清除有面灰垢、附着物及不应有的涂料。

3）悬式绝缘子安装，尚应符合下列规定：与电杆、导线金具连接处，无卡压现象；耐张串上的弹簧销子、螺栓及穿钉应向由上下穿。当有特殊困难时可由内向上或由左向右穿入；悬垂串上的弹簧销子、螺栓及穿钉应向受电侧穿入两边线应由内向外，中线应由左向右穿入；绝缘子裙边与带电部位的间隙不应小于 50mm。

（7）采用的闭口销或开口销不应有折断、裂纹等现象，当采用开口销时应对称开口，开口角度应为 30°～60°。严禁用线材或其他材料代替闭口销、开口销。

五、拉线安装

（1）拉线安装应符合下列规定：

1）安装后对地平面夹角与设计值允许偏差，应符合下列规定：35kV 架空电力线路不应大于 1°；10kV 及以下架空电力线路不应大于 3°；特殊地段应符合设计要求。

2）承力拉线应与线路方向的中心线对正；分角拉线应与线路分角线方向对正，防风拉线应与线路方向垂直。

3）跨越道路的拉线，应满足设计要求，且对通车路面边缘的垂直距离不应小于 5m。

4）当采用 uT 型线夹及楔形线夹固定安装时，应符合下列规定：安装前丝扣上应涂润滑剂；线夹舌板与拉线接触应紧密，受力后无滑动现象，线夹凸肚在尾线侧，安装时不应损伤线股；拉线弯曲部分不应有明显松股，拉线断头处与拉线主线应固定可靠，线夹处露出的尾线长度为 300～500mm，尾线回头后与本线应扎牢；当同一组拉线使用双线夹并采用连板时，其尾线端的方向应统一；uT 型线夹或花篮螺栓的螺杆应露出扣，并应用不小于 1/2 螺杆比扣长度可供调紧，调整后，uT 型线夹的双螺母应并紧，花篮螺栓应封固。

5）当采用绑扎固定安装时，应符合下列规定：拉线两端应设置心形环；钢绞线拉线，应采用直径不大于 3.2 的镀锌铁线绑扎固定。绑扎应整齐、紧密，最小缠绕长度应符合表 15-8-1 的规定。

表 15-8-1 最 小 缠 绕 长 度

钢绞线截面（mm²）	最小缠绕长度（mm）				
	上段	中段有绝缘子的两端	与拉棒连接处		
			下端	花缠	上端
25	200	200	150	250	80
35	250	250	200	250	80
50	300	300	250	250	80

6）当一基电杆上装设多条拉线时，各条拉线的受力应一致。

7）混凝土电杆的拉线当装设绝缘子时，在断拉线情况下，拉线绝缘子距地面不应小于 2.5m。

（2）采用拉线柱拉线的安装，应符合下列规定：

1）拉线柱的埋设深度，当设计无要求时，应符合下列规定：采用坠线的，不应小于拉线柱长的 1/6；采用无坠线的，应按其受力情况确定。

2）拉线柱应向张力反方向倾斜 10°～20°。

3）坠线与拉线柱夹角不应小于 30°。

4）附线上端固定点的位置距拉线柱顶端的距离应为 250mm。

5）坠线采用镀锌铁线绑扎固定时，最小缠绕长度应符合表 15-8-1 的规定。

（3）顶（撑）杆的安装，应符合下列规定：

1）顶杆底部埋深不宜小于 0.5m，且设有防沉措施。

2）与主杆之间夹角应满足设计要求，允许偏差为 ±5°。

3）与主杆连接应紧密、牢固。

六、导线架设

（1）导线在展放过程中，对已展放的导线应进行外观检查，不应发生磨伤、断股、扭曲、金钩、断头等现象。

（2）当导线在同一处损伤需进行修补时，应符合下列规定。

1）损伤补修处理标准应符合表 15-8-2 的规定。

表 15-8-2　　　　　　　　　　导线损伤补修处理标准

导线类别	损　伤　情　况	处理方法
铝绞线	导线在同一处损伤程度已经超过第 6.0.2 条规定，但因损伤导致强度损失不超过总拉断力的 5% 时	以缠绕或修补预绞丝修理
铝合金绞线	导线在同一处损伤程度损失超过总拉断力的 5%，但不超过 17% 时	以补修管补修
钢芯铝绞线	导线在同一处损伤程度已经超过第 6.0.2 条规定，但因损伤导致强度损失不超过总拉断力的 5%，且截面积损伤又不超过导电部分总截面积的 7% 时	以缠绕或修补预绞丝修理
钢芯铝合金绞线	导线在同一处损伤的强度损失已超过总拉断力的 5% 但不足 17%，且截面积损伤也不超过导电部分总截面积的 25% 时	以补修管补修

2）当采用缠绕处理时，应符合下列规定：受损伤处的线股应处理平整；应选与导线同金属的单股线为缠绕材料，其直径不应小于 2mm；缠绕中心应位于损伤最严重处，缠绕应紧密，受损伤部分应全部覆盖，其长度不应小于 100mm。

3）当采用预绞丝补修时，应符合下列规定：受损伤处的线股应处理平整；补修预绞丝长度不应小于 3 个节距，或应符合相关国家标准的规定；补修预绞丝的中心应位于损伤最严重处，且与导线接触紧密，损伤处应全部覆盖。

4）当采用补修管补修时，应符合下列规定：损伤处的铝（铝合金）股线应先恢复其原绞制状态；补修管的中心应位于损伤最严重处，需补修导线范围应于管内各 20mm 处；当采用液压施工时应符合相关国家标准的规定。

（3）导线在同一处损伤有下列情况之一者，应将损伤部分全部割去，重新以直线接续管连接。

1）连续损伤其强度、截面积虽未超过补修管补修的规定，但损伤长度已超过补修管能补修的范围。

2）钢芯铝绞线的钢芯断一股。

3）导线出现灯笼的直径超过导线直径的 1.5 倍而又无法修复。

4）金钩、破股已形成无法修复的永久变形。

（4）不同金属、不同规格、不同绞制方向的导线严禁在档距内连接。

（5）10kV 及以下架空电力线路的导线紧好后，弧垂的误差不应超过设计弧垂的 ±5%。同档内各相导线弧垂宜一致，水平排列的导线弧垂相差不应大于 50mm。

（6）导线的固定应牢固、可靠，且应符合下列规定：

1）直线转角杆：对针式绝缘子，导线应固定在转角外侧的槽内；对瓷横担绝缘子导线应固定在第一裙内。

2）直线跨越杆：导线应双固定，导线本体不应在固定处出现角度。

3）裸铝导线在绝缘子或线夹上固定应缠绕铝包带，缠绕长度应超出接触部分 30mm。铝包带的缠绕方向应与外层线股的绞制方向一致。

（7）10kV 及以下架空电力线路的引流线（跨接线或弓子线）之间、引流线与主干线之间的连接应符合下列规定：

1）不同金属导线的连接应有可靠的过渡金具。

2）同金属导线，当采用绑扎连接时，绑扎长度应符合表 15-8-3 的规定。

表 15-8-3　　　　　　　绑 扎 长 度 值

导线截面（mm²）	绑扎长度（mm）
35 及以下	≥150
50	≥200
70	≥250

3）绑扎连接应接触紧密、均匀、无硬弯，引流线应呈均匀弧度。

4）当不同截面导线连接时，其绑扎长度应以小截面导线为准。

5）绑扎用的绑线，应选用与导线同金属的单股线，其直径不应小于 2.0mm。

（8）最小安全距离：

1）1～10kV 线路每相引流线、引下线与邻相的引流线、引下线或导线之间，安装后的净空距离不应小于 300mm；1kV 以下电力线路，不应小于 150mm。

2）线路的导线与拉线、电杆或构架之间安装后的净空距离，35kV 时，不应小于 600mm；1～10kV 时，不应小于 200mm；1kV 以下时，不应小于 100mm。

七、10kV 及以下架空电力线路上的电气设备

（1）电杆上电气设备的安装，应符合下列规定：

1）安装应牢固可靠。

2）电气连接应接触紧密，不同金属连接，应有过渡措施。

3）瓷件表面光洁，无裂缝、破损等现象。

（2）杆上变压器及变压器台的安装，尚应符合下列规定：

1）水平倾斜不大于台架根开的 1/100。

2）一、二次引线排列整齐、绑扎牢固。

3）油枕、油位正常，外壳干净。

4）接地可靠，接地电阻值符合规定。

5）套管压线螺栓等部件齐全。

6）呼吸孔道通畅。

（3）跌落式熔断器的安装，尚应符合下列规定：

1）各部分零件完整。

2）转轴光滑灵活，铸件不应有裂纹、砂眼、锈蚀。

3）瓷件良好，熔丝管不应有吸潮膨胀或弯曲现象。

4）熔断器安装牢固、排列整齐，熔管轴线与地面的垂线夹角为 15°～30°。熔断器水平相间距离不小于 500mm。

5）操作时灵活可靠、接触紧密。合熔丝管时上触头应有一定的压缩行程。

6）上、下引线压紧，与线路导线的连接紧密可靠。

八、接地工程

接地体规格、埋设深度应符合设计规定。接地装置的连接应可靠。连接前，应清除连接部位的铁锈及其附着物。

（1）接地体的连接采用搭接焊时，应符合下列规定：

1）扁钢的搭接长度应为其宽度的 2 倍，四面施焊。

2）圆钢的搭接长度应为其直径的 6 倍，双面施焊。

3）圆钢与扁钢连接时，其搭接长度应为圆钢直径的 6 倍。

4）扁钢与钢管、扁钢与角钢焊接时，除应在其接触部位两侧进行焊接外，并应焊以由钢带弯成的弧形（或直角形）与钢管（或角钢）焊接。

（2）接地体的敷设：

1）采用垂直接地体时，应垂直打入，并与土壤保持良好接触。

2）采用水平敷设的接地体，应符合下列规定：接地体应平直，无明显弯曲；地沟底面应平整，不应有石块或其他影响接地体与土壤紧密接触的杂物；倾斜地形沿等高线敷设。

3）接地沟的回填宜选取无石块及其他杂物的泥土，并应夯实。在回填后的沟面应设有防沉层，其高度宜为 100～300mm。

4）接地引下线与接地体连接，应便于解开测量接地电阻。接地引下线应紧靠杆身，每隔一定距离与杆身固定一次。

5）接地电阻值，应符合有关规定。

九、工程交接验收

（1）在验收时应按下列要求进行检查：

1）采用器材的型号、规格。

2）线路设备标志应齐全。

3）电杆组立的各项误差。

4）拉线的制作和安装。

5）导线的弧垂、相间距离、对地距离、交叉跨越距离及对建筑物接近距离。

6）电器设备外观应完整无缺损。

7）相位正确、接地装置符合规定。

8）沿线的障碍物、应砍伐的树及树枝等杂物应清除完毕。

（2）验收时应提交下列资料和文件：

1）竣工图。

2）变更设计的证明文件（包括施工内容明细表）。

3）安装技术记录（包括隐蔽工程记录）。

4）交叉跨越距离记录及有关协议文件。

5）调整试验记录。

6）接地电阻实测值记录。

7）有关的批准文件。

【思考与练习】

1. 架空电力线路使用的线材，架设前进行外观检查应符合哪些规定？
2. 单电杆立好后，位置偏差应符合哪些规定？
3. 导线的固定有哪些要求？
4. 跌落式熔断器的安装有哪些规定？

第十六章

电力营销相关法规

▲ 模块1 电力设施的规划与建设（Z33B7001 I）

【**模块描述**】本模块介绍了我国现行法律对电力设施保护的规定，包含了电力设施保护范围，危害电力设施的行为及法律责任。通过法规讲解、案例分析，熟悉电力设施保护基本法律知识，掌握处理破坏电力设施行为的各种法律手段。

【**正文**】

一、电力发展规划

1. 概念

电力发展规划又称电力规划，是关于电力建设的长远战略方针和部署，它属于电力开发建设前期工作程序，其规划的阶段时间一般较长。电力规划的主要内容包括提出规划地区在规划阶段内的用电需要、增长速度和地区分布；发展能源政策和开发利用的方案；各类电厂布局、规模和电网的范围、结构；必须完成的主要科研、勘测、设计任务以及提出需要研制的节省燃料、提高效率、节约人力物资、建设快、投资省、运行安全可靠的先进发、供电装备等。

2. 制定电力发展规划的根据

电力规划，要根据国民经济和社会发展水平来制定，使我国电力建设与国力相适应，统筹兼顾，全面安排、量力而行，做到电力生产和需要的平衡，处理好电力简单再生产和扩大再生产的关系以及电力发展同国民经济各部门和社会发展的比例关系。更重要的是要将电力发展规划纳入国民经济和社会发展计划。

3. 电力发展规划的原则

1）合理利用能源原则。应尽可能根据各地经济发展情况和资源分布状况，确定电力资源开发利用方式，如煤炭、石油资源丰富的地区，重点发展火电；缺油少煤而水力资源丰富的地区优先开发水力资源，等等。

2）电源与电网配套发展的原则。电力系统由电源和电网网架两部分组成。电源建设应与电网的输变电工程和调度、通信、运动、无功补偿等设施配套建设，这是由电力产、供、销（发电、输电、用电）同时完成的特点决定的。

3）提高经济效益和有利于环境保护原则。所谓经济效益，是指在社会生产和再生产中，劳动占用量和劳动消耗量同所取得的符合社会需要的劳动成果的比较。提高经济效益，就是要以最少的劳动消耗和物质消耗，生产出更多的符合社会需要的电力。另外一方面，电力建设项目的确定，必须充分注意环境保护。

4. 城市人民政府的职责

城市人民政府的电力主管部门应将已批准的电力设施新建、改建或扩建的规划通知城乡建设规划主管部门，对已建成的电力设施由电力主管部门依法划定保护区。城乡建设规划主管部门应将变电所、电力线路设施及其附属设施的新建、改建、扩建规划纳入城市建规划之中，同时还有及时将新建、改建或扩建电力设施规划通知城市建设主管部门的义务。一旦纳入城市建设规划，按照规划，安排变电设施用地、输电线路走廊和电缆通道。

二、电力设施的建设

（1）电力建设项目应符合电力发展规划，符合国家电力产业政策。

电力建设项目的提出，必须符合国民经济长期规划设计、电力发展规划以及地区发展规划的要求，还应当符合国家电力产业政策。由业务主管部门提出项目建议书。对国计民生有重大影响的合资建设的项目，还应当会同有关地区和部门联合提出项目建议书。

电力建议项目还应当符合国家电力产业政策。

（2）电力设施建设的"三同时"制度。

根据法律规定，输变电工程、调度通信自动化工程等电网配套工程和环境保护工程，应当与发电工程项目同时设计、同时施工、同地投入生产和使用。

1）输变电工程、调度通信自动化工程等电网配套工程应当与发电工程配套建设。

为了保证国民经济、社会发展和人民生活用电，不但要有充足的电力生产设施，而且要有坚强的输配电网网架结构和先进的保护、自动、通信等辅助系统设施。为了不致造成有电不能输送以致电源发电或电力输送受阻的局面，在工业发达的国家中，普遍是电网输电能力高于发电能力。我国电网发展的历史较短，电网网架等设施建设落后于电源建设。为了确保电力生产后能顺利输送、安全输送，电源建设与电网输变电工程和其他辅助设施配套建设是十分必要的。配套建设符合科学规律和安全准则的要求，可以避免一旦发生事故造成停电、限电、扩大事态范围，甚至造成电网瓦解的大面积停电事故。配套建设可以改变无功补偿、电压调整手段不足等缺陷，可以使调度、通信等设施满足发、输、用电安全运行的要求。配套建设可以保证经济、安全地向用户供电。

2）环境保护工程与电源工程的配套建设。

《环境保护法》第三十六条规定："建设项目中防治污染的设施，必须与主体工程同时设计、同时施工、同时投产使用。"《水土保持法》第十九条规定："建设项目中水土保持设施，必须与主体工程同时设计、同时施工、同时投产使用。"这里所谓的"建设项目"，包括电力建设工程。"三同时"制度是我国首创的。它是总结我国环境管理的实践经验并为我国法律所确认的一项重要的控制新污染的法律制度。

（3）电力建设项目用地。

1）电力建设项目征用土地的法律依据。

电力建设项目征用土地，应当依照有关法律法规的规定办理。电力建设项目征用土地需要依据的有关法律、行政法规主要有：

①《土地管理法》（1986 年 6 月 25 日第六届全国人大常委会第十六次会议通过，1988 年 12 月 29 日第一次修正，1998 年 8 月 29 日修订，2004 年 8 月 28 日第二次修正）。

②《土地管理法实施条例》（1998 年 12 月 24 日国务院第 12 次常务会议通过）。

③《水土保持法》（1991 年 6 月 29 日第七届全国人大常委会第二十次会议通过）。

④《水土保持法实施条例》（1993 年 8 月 1 日国务院发布）。

⑤《草原法》（1985 年 6 月 18 日第六届全国人大常委会第十一次会议通过，2002 年 12 月 28 日修订）。

⑥《城镇国有土地使用权出让和转让暂行条例》（1990 年 5 月 19 日国务院发布）。

2）电力建设征用土地的基本原则。

① 切实保护耕地的原则。切实保护耕地就是要防止耕地资源的浪费，防制水土流失和耕地沙化，防止耕地遭受破坏和污染，维护生态平衡，促进农业经济的健康发展。

② 节约利用土地的原则。《电力法》把节约用地规定为电力建设项目征用土地的又一基本原则。根据节约用地的原则，电力建设项目征用土地必须按法定的条件和程序征用土地，而不能长期荒废土地，征而不用，同时，电力建设用地要负责复垦，无法复垦的要征收复垦基金，征用多少就要复垦多少。而且，可以利用荒地的，就不得征用耕地；可以利用劣地的，就不得征用好地；凡是能利用坡地、薄地的，就不得征用平地、园地，否则，就要承担相应的法律责任。

3）电力建设项目征用土地的补偿标准。

电力建设项目征用土地是国家因进行电力开发和建设的需要，以补偿为条件，对集体所有的土地进行征用的法律行为。因此，电力建设项目征用土地必须依据《土地管理法》、《土地管理法实施条例》和国务院于 2006 年 7 月 7 日发布的《大中型水利水电工程建设征地补偿和移民安置条例》的有关规定予以合理的补偿。

征用的土地补偿应合理、合法。在补偿范围上，补偿费用包括原土地收益损失的补偿、原土地地上物损失的补偿，如果被征用的土地是菜地，还应缴纳新菜地开发建设基金。除此之外，被征地单位不得提出其他任何范围的补偿费用；在补偿金额上，必须严格依照法定标准予以支付，既不能损害国家利益，也不能影响劳动群众的集体利益。

（4）地方人民政府在电力建设中的责任。

电力事业依法使用土地和迁移居民与地方人民政府的关系十分密切。《电力法》规定，地方人民政府对电力事业应尽相应的责任和义务，在电力事业依法使用土地和迁移居民时，应当予以支持和协助。

【思考与练习】

1. 电力发展规划的原则是什么？
2. 电力设施建设的"三同时"制度是指什么？
3. 地方人民政府在电力建设中有哪些责任？

◢ 模块 2　电力的供应（Z33B7002Ⅰ）

【模块描述】本模块介绍了我国现行法律对电力供应的有关规定，包含了电力企业在供电质量、供电安全、受理用电申请等方面的权利和义务。通过法规讲解、案例分析，熟悉供电企业在电力供应中的法定权利和义务。

【正文】

一、业务受理

（一）用电申请的提出

任何单位或个人需新装用电或增加用电容量、变更用电应事先到供电企业用电营业场所提出申请，办理手续。

用户申请新装或增加用电时，应向供电企业提供用电工程项目批准的文件及有关的用电资料，包括用电地点、电力用途、用电性质、用电设备清单、用电负荷、保安电力、用电规划等，并依照供电企业规定的格式如实填写用电申请及办理所需手续。新建受电工程项目在立项阶段，用户应与供电企业联系，就工程供电的可能性、用电容量和供电条件等达成意向性协议，方可定址，确定项目。未按前款规定办理的，供电企业有权拒绝受理其用电申请。如因供电企业供电能力不足或政府规定限制的用电项目，供电企业可通知用户暂缓办理。

（二）供电方案的答复期限

供电企业办理用电业务的期限应当符合下列规定：

（1）向用户提供供电方案的期限，自受理用户用电申请之日起，居民用户不超过3个工作日，其他低压供电用户不超过8个工作日，高压单电源供电用户不超过20个工作日，高压双电源供电用户不超过45个工作日；

（2）对用户受电工程设计文件和有关资料审核的期限，自受理之日起，低压供电用户不超过8个工作日，高压供电用户不超过20个工作日；

（3）对用户受电工程起动中间检查的期限，自接到用户申请之日起，低压供电用户不超过3个工作日，高压供电用户不超过5个工作日；

（4）对用户受电工程起动竣工检验的期限，自接到用户受电装置竣工报告和检验申请之日起，低压供电用户不超过5个工作日，高压供电用户不超过7个工作日。

（三）供电方案的有效期

（1）概念。供电方案的有效期是指从供电方案正式通知书发出之日起至受电工程开工日为止。

（2）不同电压等级有效期。高压供电方案的有效期为一年，低压供电方案的有效期为三个月，逾期注销。用户遇有特殊情况，需延长供电方案有效期的，应在有效期到期前十天向供电企业提出申请，供电企业应视情况予以办理延长手续。

二、供电方式

（一）供电方式确定的原则

供电方式应当坚持安全、可靠、经济、合理和便于管理的原则。

（二）供电方式确定的依据

电力供应与使用双方根据国家有关规定以及电网规划、用电需求和当地供电条件等因素协商确定。

在公用供电设施未到达的地区，供电企业可以委托有供电能力的单位就近供电。非经供电企业委托，任何单位不得擅自向外供电。

（三）不同容量的供电方式

（1）用户单相用电设备总容量不足10kW的可采用低压220V供电。但有单台设备容量超过1kW的单相电焊机、换流设备时，用户必须采取有效的技术措施以消除对电能质量的影响，否则应改为其他方式供电。

（2）用户用电设备容量在100kW以下或需用变压器容量在50kVA及以下者，可采用低压三相四线制供电，特殊情况也可采用高压供电。用电负荷密度较高的地区，经过技术经济比较，采用低压供电的技术经济性明显优于高压供电时，低压供电的容量界限可适当提高。具体容量界限由省电网经营企业作出规定。

（四）用户的备用、保安电源

用户需要备用、保安电源时，供电企业应按其负荷重要性、用电容量和供电的可能性,与用户协商确定。用户重要负荷的保安电源,可由供电企业提供,也可由用户自备。遇有下列情况之一者,保安电源应由用户自备:

(1) 在电力系统瓦解或不可抗力造成供电中断时,仍需保证供电的。

(2) 用户自备电源比从电力系统供给更为经济合理的。

供电企业向有重要负荷的用户提供的保安电源,应符合独立电源的条件。有重要负荷的用户在取得供电企业供给的保安电源的同时,还应有非电性质的应急措施,以满足安全的需要。

(五) 非永久性用电

(1) 适用范围及期限。基建工地、农田水利、市政建设等非永久性用电,可供给临时电源。临时用电期限除经供电企业准许外,一般不得超过六个月,逾期不办理延期或永久性正式用电手续的,供电企业可终止供电。

(2) 使用非永久性电源的用户限制。用户不得向外转供电,也不得转让给其他用户,供电企业也不受理其变更用电事宜。如需改为正式用电,应按新装用电办理。

(六) 趸售供电

供电企业一般不采用趸售方式供电,以减少中间环节。特殊情况需开放趸售供电时,应由省级电网经营企业报国务院电价管理部门批准。趸购转售电单位应服从电网的统一调度,按国家规定的电价向用户售电,不得再向乡、村层层趸售。电网经营企业与趸购转售电单位就趸购转售事宜签订供用电合同,明确双方的权利和义务。

(七) 委托转供电

在公用供电设施尚未到达的地区,供电企业征得该地区有供电能力的直供用户同意,可采用委托方式向其附近的用户转供电力,但不得委托重要的国防军工用户转供电。委托转供电应遵守下列规定:

(1) 供电企业与委托转供户(以下简称转供户)应就转供范围、转供容量、转供期限、转供费用、转供用电指标、计量方式、电费计算、转供电设施建设、产权划分、运行维护、调度通信、违约责任等事项签订协议。

(2) 转供区域内的用户(以下简称被转供户),视同供电企业的直供户,与直供户享有同样的用电权利,其一切用电事宜按直接户的规定办理。

(3) 向被转供户供电的公用线路与变压器的损耗电量应由供电企业负担,不得摊入被转供户用电量中。

(4) 在计算转供户用电量、最大需量及功率因素调整电费时,应扣除被转供户、公用线路与变压器消耗的有功、无功电量、最大需量按下列规定折算:

1) 照明及一班制:每月用电量 180kWh,折合为 1kW。

2) 二班制:每月用电量 360kWh,折合为 1kW。

3）三班制：每月用电量 540kWh，折合为 1kW。

4）农业用电：每月用电量 270kWh，折合为 1kW。

5）委托的费用，按委托的业务项目的多少，由双方协商确定。

三、供电质量

（一）供电电压偏差

在电力系统正常状况下，供电企业供到用户受电端的供电电压允许偏差为：

（1）35kV 及以上电压供电的，电压正、负偏差的绝对值之和不超过额定值的 10%。

（2）10kV 及以下三相供电的，为额定值的 ±7%。

（3）220V 单相供电的，为额定值的 +7%，−10%。

在电力系统非正常状况下，用户受电端的电压最大允许偏差不应超过额定值的 ±10%。用户用电功率因数达不到《供电营业规则》第四十一条规定的，其受电端的电压偏差不受此限制。

（二）供电设备计划检修次数

供电企业应不断改善供电可靠性，减少设备检修和电力系统事故对用户的停电次数及每次停电持续时间。供用电设备计划检修应做到统一安排。供电设备计划检修时，对 35kV 及以上电压供电的用户的停电次数，每年不应超过一次；对 10kV 供电的用户，每年不应超过三次。

四、中止供电

（一）供电企业可以中止供电的法定情形和程序

1. 法定情形

（1）对危害供用电安全，扰乱供用电秩序，拒绝检查者。

（2）拖欠电费经通知催交仍不交者。

（3）受电装置经检验不合格，在指定期间未改善者。

（4）用户注入电网的谐波电流超过标准，以及冲击负荷、非对称负荷等对电能质量产生干扰与妨碍，在规定限期内不采取措施者。

（5）拒不在限期内拆除私增用电容量者。

（6）拒不在限期内交付违约用电引起的费用者。

（7）违反安全用电、计划用电有关规定，拒不改正者。

（8）私自向外转供电力者。

此外，还包括依据《合同法》第六十六条、第六十七条、第六十八条各类抗辩权的规定，予以中止供电的情形。

有下列情形之一者，不经批准即可中止供电，但事后应报告本单位负责人：

（1）不可抗力和紧急避险。

（2）确有窃电行为。

2. 停电程序

（1）应将停电的用户、原因、时间报本单位负责人批准。

（2）在停电前三天至七天内，将停电通知书送达用户，对重要用户的停电，应将停电通知书报送同级电力管理部门。

（3）在停电前 30min，将停电时间再通知用户一次，方可在通知规定时间实停电。

（二）供电设施故障中止供电通知程序

（1）因供电设施计划检修需要停电时，应提前七天通知用户或进行公告。

（2）因供电设施临时检修需要停止供电时，应当提前 24h 通知重要用户或进行公告。

（3）发供电系统发生故障需要停电、限电或者计划限、停电时，供电企业应按自定的限电序位进行停电或限电，但限电序位应事前公告用户。

依《供电营业规则》的规定，引起停电或限电的原因消除后，供电企业应在三日内恢复供电。不能在三日内恢复供电的，供电企业应向用户说明原因。实践中这一时间显然与"尽快恢复供电"的要求不符，应注意把握。

五、典型案例

[案情简介]

某供电公司为某制药公司供电，1998 年 6 月 29 日，供电公司向制药公司下达一份停电通知书，称"你单位欠 1998 年电费及滞纳金 2944 元，至今未缴，自 7 月 1 日起对你单位停止供电"之后，供电公司并未停电，仍旧连续向制药公司供电。事隔 4 个月之后，1998 年 11 月 4 日供电公司在未向制药公司下达任何书面通知的情况下，突然停止供电，事后于 11 月 6 日就其停电一事，向制药公司补送了一份欠费停电通知书，言明"你单位欠 1998 年、1997 年电费共计 24 301.47 元，至今未缴，自 11 月 4 日起对你单位停止供电"由于停电，致使制药公司赶制的一批药品不合格，造成损失为 134 679.40 元，制药公司因此提起诉讼，要求赔偿。

[审理情况]

经法院审理，判决供电公司赔偿制药公司经济损失 134 679.40 元，并承担诉讼费用。

[法理分析]

此案是一起因违反法定程序中止供电导致承担不利法律后果的典型案件，法院的判决是正确的和适当的。

对于用电人因拖欠电费经通知催交仍不交的，《电力供应与使用条例》第三十九条和《供电营业规则》第六十六条都作了明确规定，赋予供电企业中止供电的权利。但是同时为了保护用电人的合法权益，也规定了严格的审批程序和停电程序。供电企业在采取中止供电措施的时候要严格履行有关法律法规关于停电前的催交、通知等程序，并严格注意各种时间的要求，例如逾期交费超过 30 天，催交通知书所确定的补交欠费的合理期限等，只有这样才能保证依法维护企业的合法权益。

【思考与练习】

1. 不同类型用户供电方案的答复期限分别是多长？
2. 使用非永久性电源的用户有哪些限制？
3. 供电企业可以中止供电的法定情形和程序是什么？

◢ 模块 3　电力的使用（Z33B7003 I）

【模块描述】本模块介绍了我国现行法律对电力使用的有关规定，包含了用户在电力使用过程中的义务和法律责任。通过行为列举、案例分析，掌握用户违法违约用电的情形以及如何依法查处窃电行为。

【正文】

一、危害供用电安全和秩序的情形与法律责任

（一）违章用电行为的情形

（1）擅自改变用电类别。

（2）擅自超过合同约定的容量用电。

（3）擅自超过计划分配的用电指标的。

（4）擅自使用已经在供电企业办理暂停使用手续的电力设备，或者擅自启用已经被供电企业查封的电力设备。

（5）擅自迁移、更动或者擅自操作供电企业的用电计量装置、电力负荷控制装置、供电设施以及约定由供电企业调度的用户受电设备。

（6）未经供电企业许可，擅自引入、供出电源或者将自备电源擅自并网。

（二）法律责任

供电企业对查获的违章用电行为应及时予以制止。有下列违章用电行为者，应承担其相应的法律责任：

（1）在电价低的供电线路上，擅自接用电价高的用电设备或私自改变用电类别的，应按实际使用日期补交其差额电费，并承担二倍差额电费的违约使用电费。使用起讫日期难以确定的，实际使用时间按三个月计算。

（2）私自超过合同约定的容量用电的，除应拆除私增容设备外，属于两部制电价的用户，应补交私增设备容量使用月数的基本电费，并承担三倍私增容量基本电费的违约使用电费；其他用户应承担私增容量每千瓦（千伏安）50 元的违约使用电费。如用户要求继续使用者，按新装增容办理手续。

（3）擅自超过计划分配用电指标的，应承担高峰超用电力每次每千瓦 1 元和超用电量与现行电价电费五倍的违约使用电费。

（4）擅自使用已在供电企业办理暂停手续的电力设备或启用供电企业封存的电力设备的，应停用违约使用的设备。属于两部制电价的用户，应补交擅自使用或启用封存设备容量和使用月数的基本电费，并承担二倍补交基本电费的违约使用电费；其他用户应承担擅自使用或启用封存设备容量每次每千瓦（千伏安）30 元的违约使用电费。启用属于私增容被封存的设备的，违约使用者还应承担本条第 2 项规定的违约责任。

（5）私自迁移、更动和擅自操作供电企业的用电计量装置、电力负荷管理装置、供电设备以及约定由供电企业调度的用户受电设备者，属于居民用户的，应承担每次 500 元的违约使用电费；属于其他用户的，应承担每次 5000 元的违约使用电费。

（6）未经供电企业同意，擅自引入（供出）电源或将备用电源和其他电源私自并网的，除当即拆除接线外，应承担其引入（供出）或并网电源容量每千瓦（千伏安）500 元的违约使用电费。

二、窃电行为的认定与处理

（一）窃电的概念与构成要件

1. 概念

窃电是指在电力供应与使用中，用户采取秘密窃取的方式非法占用电能，以达到不交或少交电费用电的违法行为。

2. 窃电行为的构成要件

窃电是盗窃社会公共财产的非法行为，应具备四方面要件：

（1）主体要件——包括个人和单位。目前，单位窃电现象日趋严重，但由于立法尚未规定盗窃罪的单位犯罪，致使对单位窃电的非法行为打击不力。2002 年最高人民检察院颁布《关于单位有关人员组织实施盗窃行为如何适用法律问题的批复》，明确了"单位有关人员为谋取单位利益组织实施盗窃行为，情节严重，应当依照刑法第二百六十四条的规定以盗窃罪追究直接责任人员的刑事责任"，在实践操作中有了一定的依据。

（2）主观方面要件——故意。

（3）客体要件——供用电正常秩序，电在社会生产和生活中占据重要地位，窃电破坏正常的供用电秩序，对社会造成严重危害。

（4）客观方面要件——窃电行为，其特征是采用秘密窃取的方式。

（二）窃电行为的认定

（1）在供电企业的供电设施上，擅自接线用电。

（2）绕越供电企业的用电计量装置用电。

（3）伪造或者开启法定的或者授权的计量检定机构加封的用电计量装置封印用电。

（4）故意损坏供电企业用电计量装置。

（5）故意使供电企业的用电计量装置计量不准或者失效。

（6）采用其他方法窃电。

（三）窃电量的确定方法

（1）在供电企业的供电设施上，擅自接线用电的，所窃电量按私接设备额定容量（千伏安视同千瓦）乘以实际使用时间计算确定。

（2）以其他行为窃电的，所窃电量按计费电能表标定电流值（对装有限流器的，按限流器整定电流值）所指的容量（千伏安视同千瓦）乘以实际窃用的时间计算确定。窃电时间无法查明时，窃电日数至少以一百八十天计算，每日窃电时间：电力用户按12h计算；照明用户按6h计算。

（四）窃电行为的处理

（1）供电企业对查获的窃电者，应予制止，并可当场中止供电。

（2）窃电者应按所窃电量补交电费，并承担补交电费三倍的违约使用电费。

（3）拒绝承担窃电责任的，供电企业应报请电力管理部门依法处理。

（4）窃电数额较大或情节严重的，供电企业应提请司法机关依法追究刑事责任。

（5）因窃电造成供电企业的供电设施损坏的，责任者必须承担供电设施的修复费用或进行赔偿。

（6）因窃电导致他人财产、人身安全受到侵害的，受害人有权要求窃电者停止侵害，赔偿损失。供电企业应予协助。

（五）查处窃电过程中常见的法律问题

1. 窃电证据的问题

目前，窃电方法和手段日趋隐蔽，并向高科技化发展，给窃电证据的搜集带来一定的难度。随着供电企业反窃电工作经验的积累，用电检查和稽查人员的证据意识都有所增强，但反映出的一些问题就是由于在收集窃电证据时的某些做法不得法，或遗漏、破坏了重要、原始的证据或由于取证手段不合法、证明力不够等原因，导致收集的证据缺乏效力，在诉讼中处于被动的局面，甚至不得不放弃权利。因此，窃电证据已成为能否主张权利的关键。

（1）窃电证据的种类。在反窃电工作中，根据追究窃电者不同责任（民事责任、行政责任、刑事责任），涉及取证主体、证据种类、对证据形式的要求都有所不同。

这里，重点介绍民事证据和刑事证据。

1）民事证据是由民事诉讼主体来收集，根据《民事诉讼法》规定，有书证、物证、视听资料、证人证言、当事人的陈述、鉴定结论。

2）刑事证据必须由公检法机关收集，根据《刑事诉讼法》规定，分为书证，物证，证人证言，犯罪嫌疑人、被告人供述和辩解，被害人陈述，鉴定结论，检查、勘验笔录，视听资料。

（2）证据的效力。

1）民事证据效力及取证中应注意的问题。

根据《民事诉讼法》以及最高院关于民事诉讼证据的若干规定，对于民事诉讼中的举证责任分配原则是：谁主张谁举证。在发现窃电行为后，供电企业应当在诉讼中证明窃电人违约或侵权的事实。

在实践中，供电企业在收集和调查取证时，最大的难点在于取得能够证据对方实施了窃电行为的证据，并保证该证据合法有效，具备完善的证明力。因此，用电检查或稽查人员在查处窃电取证时要注意收集：对方当事人对检查情况签字确认存在窃电行为的记录表单（书证）、实窃电的工具（物证）、查处窃电过程的录音录像资料（视听资料）、窃电工具及表箱原始状况（查处时）的照片、录像资料、有关在场人员的证言（证人证言）、有权鉴定机关的鉴定（鉴定结论）等。

在提取证据的过程中应把握的原则是：① 宜细不宜粗、资料完整、不遗漏任何细微环节；② 保持证据的原始面貌，即客观性、真实性，尽量减少人为因素对证据的影响；③ 注意取证顺序。比如进行拍照录像时，应把握先概貌后局部、先整体后细节的原则。比如，供电企业人员到现场后往往直奔表箱，开始拍照、摄像，但这恰恰忽视了一个关键问题，即我们所查处的表箱的特定性没有反映出来，有可能最终反倒被窃电者反咬一口，抵赖照片、录像中的表箱并不是他的，因为毕竟表箱外表都差不多，不足以反映用户表箱的特殊性。因此，我们在查处时，应当遵循从现场周围环境、现场全貌、现场有特点的地方、再到表箱情况的顺序进行拍照、摄像，确保我们所取得的证据真实、全面客观。

除了以上对证据本身的要求外，还应该特别注意，要严格按照有关法律法规中的实体和程序的规定收集证据，切不可野蛮取证、采取非法手段取证，以确保证据的合法性和形式上的有效性。当自己无法取得证据的情况下，还可依据民事诉讼法的规定，依法向人民法院（或公证机关）申请证据保全。

2）刑事证据效力及取证中应注意的问题。

根据《刑事诉讼法》的规定，检察机关在刑事诉讼中对公诉案件承担证明责任，公安机关对其负责立案侦查的刑事案件，负有证明责任。窃电刑事案件属于公安机关负责立案侦查的公诉案件，所以合法的取证主体是公安机关和检察机关，其他任何单位和个人都无权收集和调取证据。

在处理窃电案件中，供电企业应该积极主动配合公安机关做好取证工作。主要体现在：一是提前协调，联合行动，配合取证，在发现窃电线索后，先向公安机关报告，协调一致后，公安人员与供电企业人员到达窃电现场，供电企业人员提供技术上的指导，由公安机关取证；二是及时报案，保全和固定证据，供电企业无法事先与公安机关协调好联合行动的，应在发现窃电行为后，立即向当地公安机关报案，并做好保全和固定证据的工作，以便公安机关到达现场后，能够及时取证，防止窃电行为人伪造、破坏现场、销毁证据。

3）窃电金额的计算要有理有据。

在窃电刑事案件中，对于窃电金额的计算必须有充足的证据和切实的法律依据。因此，对于查处的窃电案件，必须采取一切可能的措施，明确具体的窃电时间、窃电量以及应执行的电价标准，用以计算窃电金额。

2. 用电检查程序

用电检查人员在检查和处理窃电时，一定要确保程序合法，但绝大多数出现争议的案例表明，窃电行为人经常可以依据电力部门的规定找到和抓住用电检查工作程序上的一些漏洞，以程序不合法来达到否定违法行为的目的，否定大量的用电检查工作，甚至还有的要求企业赔偿损失。

供电企业在查处窃电时应严格按照《用电检查管理办法》和《供电营业规则》规定的程序办理。

（1）企业用电检查人员实施现场检查时，用电检查员的人数不得少于两人。

（2）在执行用电检查任务之前，用电检查人员应认真填写统一格式的《用电检查工作单》，并经主管领导批准后才能到用户处检查。

（3）用电检查人员在执行查电任务时，应主动向被检查的用户出示《用电检查证》，并要求用户有人随同检查。

（4）经过检查确认用户的设备状况、电工作业行为、运行管理等方面有不符合安全规定的，或者在电力使用上有明显违反国家有关规定的，用电检查人员应开具《用电检查结果通知书》或《违章用电、窃电通知书》一式两份，一份送达用户并由用户代表签收，一份存档备查。

（5）用电检查人员对违法用户应现场予以制止并可以当场中止供电。

（6）用电检查人员做好证据收集保全工作。

（7）依法追究违章用电或窃电的法律责任。

3. 积极配合公安机关追究窃电者法律责任

积极配合公安机关追究窃电者法律责任，既是供电企业的职责，也是保证自身合法权益得以实现的途径。

具体体现为：

（1）联合公安机关查处窃电时，一旦公安机关介入，应敦促公安机关尽快立案，确保进入司法程序。

（2）配合公安机关落实窃电行为人。追究窃电者刑事责任的关键是必须有明确的窃电行为人，这是不同于民事责任的。

（3）及时准确地提供相关数据。在追究窃电刑事责任时，窃电事实、窃电量、窃电时间的认定，由于涉及较多的专业技术知识，公安机关往往依靠供电企业的技术优势和专业特长，要求供电企业提供重要参考数据、信息或证明性材料，作为供电企业应当及时、客观、准确地提供各种数据，保证案件的顺利进行。

三、典型案例

[案情简介]

2001 年 9 月 25 日某市供电公司与公安机关共同查获一起非法冶炼地条钢窃电案。经现场勘察，发现电能计量装置接线被破坏，而以两金属线短接，造成计量装置失效。供电公司在公安机关配合下进行了现场摄像和拍照，提取了金属线、计量装置及现场剩余大量产成品地条钢及原材料。后经公安机关立案侦查，进一步查实，窃电犯罪嫌疑人秦某、陈某（个体）租用某单位厂房从事非法冶炼。但两犯罪嫌疑人自始至终拒不承认实施了窃电行为。供电公司与公安、检察部门紧密配合，获得了必要的可靠证据：① 窃电现场的摄像光盘、照片，两短接金属丝；② 地条钢的销售单据（产量），国家同类产品单耗，现场试验单耗，电炉生产厂家产品单耗证明；③ 市价格认证中心对涉案资产的价值认定书，某市计量测试所对两短接金属丝定性实验鉴定报告，某市经济贸易委员会对某市电力负荷监控系统的审查说明；④ 负荷监控中用电数据信息；⑤ 厂房租赁协议书；⑥ 用电检查人员的检查报告、冶炼生产人员及买货人员的证明材料；⑦ 冶炼期间及前后的电费月份清单。

[审理情况]

2003 年 9 月 4 日，某市中级人民法院，分别判处两窃电犯罪嫌疑人秦某、陈某有期徒刑 13 年、10 年，并分别处以 5000 元和 3000 元的罚金。

[法理分析]

这起窃电案，是供电企业在窃电犯罪分子"零口供"的情况下取得的胜利，胜诉的关键，就在于确凿、充分的证据。

在现场查获窃电后，如果窃电者拒不承认窃电时间，不能简单地适用《供电营业规则》第一百零三条的规定，推定窃电时间为 180 天。否则，往往会与窃电者发生纠纷，影响事件的处理。因为在对证据的要求比较严格的刑事案件中，法院是不会仅仅依据《供电营业规则》这一行政规章的推定对犯罪嫌疑人定罪量刑的。该案中，针对两窃电者拒不供述窃电时间这一问题，供电公司通过认真查找电力负荷控制管理系统数据库，逐日核对其被查获窃电前后的日用电负荷或电量异常变化，确定了具体的窃电时间，作为电力主管部门的市经贸委也对安装负荷装置的合法性和其所采集数据的准确性进行了证明，审判机关在考察供电公司的负控中心后，对于负控装置显示的窃电时间予以认定。

【思考与练习】

1. 窃电量应如何认定？

2. 窃电证据管理应注意什么问题？

3. 用电检查的程序是什么？

▲ 模块 4 电价与电费（Z33B7004 I）

【模块描述】本模块介绍了我国现行法律在电价与电费方面的有关规定，包含电价管理的原则、电价的分类以及用电计量装置的维护、电费收取、电费差异的计算等。通过法规讲解、案例分析，了解我国电价、电费特性，掌握运用法律手段依法催缴电费。

【正文】

一、电价

（一）概述

1. 基本概念和种类

（1）电价概念：电价是指电能商品价格的总称。

（2）电价的种类：包括电力生产企业的上网电价、电网间的互供电价、电网销售电价。

1）上网电价，指独立经营的电厂向电网输送电力商品的结算价格。其计量点通常在产权分界处或在发电厂的出口。因此，上网电价有时又被称为电网经营企业向独立生产经营企业的收购电价。

2）电网互供电价，指两个不同核算单位的电网间相互销售电力的价格。售电方与购电方均为电网经营企业。

3）电网销售电价，指供电企业通过电网向用户销售电力的价格。这里主要是指省级以上的电网。对用户而言，与电网发生的关系形式主要是供电企业，供电企业执行的电价为电网销售电价。

2. 电价的管理原则

（1）统一政策。指国家制定和管理电价的行为准则，是国家物价政策的组成部分。其目的是为了协调不同地区、不同利益集团的利益分配关系，随着社会主义市场经济的逐步建立和完善，同一地区、电网，同一类型的发电、供电，用电单位在电价政策上应当相对统一，从而有利于公平竞争，调动各方面的积极性。

（2）统一定价。指国家制定电价的基本原则，任何有权制定和核准电价的部门在确定电价时，所依据的原则应当是统一的，也即今后制定电价、管理电价应遵循有关法律法规的规定，在全国实行统一"定价原则"。

（3）分级管理。指我国对电价管理实行统一领导，分级管理。一般由国务院统一领导价格制定工作，制定价格的工作方针、政策。因电价关系到国民经济全局和人民生活的切身利益，电价仍以国家管理为主，企业协商定价只是一种国家确定电价的潜质条件，所以本条仍把分级管理作为一项法律制度，但《电力法》中所规定的分级管理是有限制的，并非任意，也并非常规的级别管理，此权限在《电力法》第三十八条、第三十九条、第四十条中作了具体规定。

3. 制定电价的原则

（1）合理补偿成本的原则。第一，电力成本是依据发供电成本核算的客观数值，它从货币上反映了电力生产必要的劳动耗费。所以，合理补偿成本制定电价，一方面是维持电力企业单位再生产，另一方面又排除电力企业任意定价。第二，电力成本应是电力生产经营过程的成本费用，因此，各个层次的电价水平不能低于其生产经营的成本水平。第三，电力生产经营中一部分固定资产的损耗能得到补偿，也就是指固定资产折旧费用应当能够补偿实际的耗费。

（2）合理确定收益的原则。电力企业在正常的营运过程中，必须向企业的所有者支付股息和利息，必须向国家缴纳税金，使国家有所收益。与此同时，电力企业也应有自我发展的能力。由于我国电力企业是公益性企业，不应在电价中含有超额利润，合理确立收益，有利于电力的继续发展和满足人民生活的需要。

（3）依法计入税金的原则。是指根据法律规定允许纳入电价的税种和税款。

（4）公平负担原则。是指定价时要考虑电力企业和用户，甚至电力投资者的收益，在不同的用电户取得不同的经济效益，产业类别要加以区别，要有不同的负担。基于电力是全民享有的公益事业，因此制定电价坚持公平负担原则是世界上许多国家的法律原则和惯例（包括我国在内），对于如何公平负担在《电力法》第四十一条中有明确规定。

（二）销售电价

1. 销售电价的概念

销售电价是指电网经营企业对终端用户销售电能的价格。

2. 制定销售电价的原则

坚持公平负担，有效调节电力需求，兼顾公共政策目标，并建立与上网电价联动的机制。

3. 销售电价的构成

销售电价由购电成本、输配电损耗、输配电价及政府性基金四部分构成。

购电成本指电网企业从发电企业或其他电网购入电能所支付的费用及依法缴纳的税金，包括所支付的容量电费、电度电费。

输配电损耗指电网企业从发电企业或其他电网购入电能后，在输配电过程中产生的正常损耗。输配电价指按照《输配电价管理暂行办法》制定的输配电价。

政府性基金指按照国家有关法律、行政法规规定或经国务院以及国务院授权部门批准，随售电量征收的基金及附加。

4. 销售电价的分类

按照发改委关于调整销售电价分类结构有关问题的通知（发改价格〔2013〕973号），根据用户承受能力逐步调整，先将非居民照明、非工业及普通工业、商业用电三大类合并为一类；合并后销售电价分为居民生活用电、大工业用电、农业生产用电、一般工商业及其他用电四大类，大工业用电分类中只保留中小化肥生产用电一个子类。在同一电压等级中，条件具备的地区按用电负荷特性的价格，用户可根据其用电特性自行选择。

5. 销售电价的计价方式

居民生活、农业生产用电，实行单一制电度电价。一般工商业及其他用电中，受电变压器容量（含不通过变压器接用的高压电动机容量）在 315kVA（kW）及以上的，可先行与大工业用电实行同价并执行两部制电价。具备条件的地区，可扩大到 100kVA（kW）以上用电。

两部制电价由电度电价和基本电价两部分构成，电度电价是指按用户用电度数计算的电价，基本电价是指按用户用电容量计算的电价。

二、电费管理

（一）用电计量装置

1. 用电计量装置的安装

（1）用电计量装置包括计费电能表（有功、无功电能表及最大需量表）和电压、电流互感器及二次连接线导线。计费电能表及附件的购置、安装、移动、更换、校验、拆除、加封、启封及表计接线等，均由供电企业负责办理，用户应提供工作上的方便。高压用户的成套设备中装有自备电能表及附件时，经供电企业检验合格、加封并移交供电企业维护管理的，可作为计费电能表。用户销户时，供电企业应将该设备交还用户。供电企业在新装、换装及现场校验后应对用电计量装置加封，并请用户在工作凭证上签章。

（2）供电企业应在用户每一个受电点内按不同电价类别，分别安装用电计量装置。每个受电点作为用户的一个计费单位。用户为满足内部核算的需要，可自行在其内部装设考核能耗用的电能表，但该表所示读数不得作为供电企业计费依据。

在用户受电点内难以按电价类别分别装设用电计量装置时，可装设总的用电计量装置，然后按其不同电价类别的用电设备容量的比例或定量进行分算，分别计价。供电企业每年至少对上述比例或定量核定一次，用户不得拒绝。

（3）对 10kV 及以下电压供电的用户，应配置专用的电能表计量柜（箱）；对 35kV 及以上电压供电的用户，应有专用的电流互感器二次线圈和专用的电压互感器二次连接线，并不得与保护、测量回路共用。电压互感器专用回路的电压降不得超过允许值。超过允许值时，应予以改造或采取必要的技术措施予以更正。

（4）用电计量装置原则上应装在供电设施的产权分界处。如产权分界处不适宜装表的，对专线供电的高压用户，可在供电变压器出口装表计量；对公用线路供电的高压用户，可在用户受电装置的低压侧计量。当用电计量装置不安装在产权分界处时，线路与变压器损耗的有功与无功电量均须由产权所有者负担。在计算用户基本电费（按最大需量计收时）、电度电费及功率因数调整电费时，应将上述损耗电量计算在内。

2. 用电计量装置的维护管理

（1）计费电能表装设后，用户应妥善保护，不应在表前堆放影响抄表或计量准确及安全的物品。如发生计费电能表丢失、损坏或过负荷烧坏等情况，用户应及时告知供电企业，以便供电企业采取措施。如因供电企业责任或不可抗力致使计费电能表出现或发生故障的，供电企业应负责换表，不收费用；其他原因引起的，用户应负担赔偿费或修理费。

（2）供电企业必须按规定的周期校验、轮换计费电能表，并对计费电能表进行不定期检查。发现计量失常时，应查明原因。

3. 计费电能表不准的处理

（1）用户认为供电企业装设的计费电能表不准时，有权向供电企业或县级以上人民政府计量行政部门提出校验申请。

（2）在用户交付验表费后，供电企业应在七天内检验，并将检验结果通知用户。如计费电能表的误差在允许范围内，验表费不退；如计费电能表的误差超出允许范围时，除退还验表费外，还应按规定退补电费。

（3）用户对检验结果有异议时，可向供电企业上级计量检定机构申请检定。用户在申请验表期间，其电费仍应按期交纳，验表结果确认后，再行退补电费。

4. 用电计量装置误差的电费处理

（1）由于计费计量的互感器、电能表的误差及其连接线电压降超出允许范围或其他非人为原因致使计量记录不准时，供电企业应按下列规定退补相应电量的电费：

1）互感器或电能表误差超出允许范围时，以"0"误差为基准，按验证后的误差值退补电量。退补时间从上次校验或换装后投入之日起至误差更正之日止的二分之一时间计算。

2）连接线的电压降超出允许范围时，以允许电压降为基准，按验证后实际值与允许值之差补收电量。补收时间从连接线投入或负荷增加之日起至电压降更正之日止。

3）其他非人为原因致使计量记录不准时，以用户正常月份的用电量为基准，退补电量，退补时间按抄表记录确定。退补期间，用户先按抄见电量如期交纳电费，误差确定后，再行退补。

（2）用电计量装置接线错误、保险熔断、倍率不符等原因，使电能计量或计算出现差错时，供电企业应按下列规定退补相应电量的电费：

1）计费计量装置接线错误的，以其实际记录的电量为基数，按正确与错误接线的差额率退补电量，退补时间从上次校验或换装投入之日起至接线错误更正之日止。

2）电压互感器保险熔断的，按规定计算方法计算值补收相应电量的电费；无法计算的，以用户正常月份用电量为基准，按正常月与故障月的差额补收相应电量的电费，补收时间按抄表记录或按失压自动记录仪记录确定。

3）计算电量的倍率或铭牌倍率与实际不符的，以实际倍率为基准，按正确与错误倍率的差值退补电量，退补时间以抄表记录为准确定。退补电量未正式确定前，用户先按正常月电量交付电费。

（二）电费的收取

1. 收取电费的主要法律依据

（1）《电力法》第三十三条规定：供电企业应当按照国家核准的电价和用电计量装置的记录，向用户计收电费。用户应当按照国家核准的电价和用电计量装置的记录，按时交纳电费；对供电企业查电人员和抄表收费人员依法履行职责，应当提供方便。

（2）《电力供应与使用条例》第二十七条、第三十四条作了补充规定，供电企业应当按照合同约定的数量、质量、时间、方式，合理调度和安全供电。用户应当按照国家批准的电价，以及规定的期限、方式或者合同约定的数量、条件用电，交付电费和国家规定的其他费用。

同时规定了违反第二十七条规定，逾期未交付电费的，供电企业可以从逾期之日起，每日按照电费总额的千分之一至千分之三加收违约金，具体比例由供用电双方在供用电合同中约定；自逾期之日起计算超过 30 日，经催交仍未交付电费的，供电企业可以按照国家规定的程序停止供电。

（3）《供电营业规则》第八十三条规定，供电企业应在规定的日期抄录计费电能表读数。由于用户的原因未能如期抄录计费电能表读数时，可通知用户待期补抄或暂按前次用电量计收电费，待下次抄表时一并结清。因用户原因连续六个月不能如期抄到计费电能表读数时，供电企业应通知该用户终止供电。

第九十八条规定了用户在供电企业规定的期限内未交清电费时，应承担电费滞纳的违约责任。电费违约金从逾期之日起计算至交纳日止。每日电费违约金按下列规定计算：

居民用户每日按欠费总额的千分之一计算；其他用户：当年欠费部分，每日按欠费总额的千分之二计算；跨年度欠费部分，每日按欠费总额的千分之三计算；电费违约金收取总额按日累加计收，总额不足1元者按1元收取。

2. 电费收取中的证据

（1）证据种类。根据《民事诉讼法》第六十三条规定，证据有下列几种："（一）书证；（二）物证；（三）视听资料；（四）证人证言；（五）当事人的陈述；（六）鉴定结论；（七）勘验笔录"共七种，按照这样的分类，电费收取中涉及的证据种类主要是书证，例如各类电费结算协议、抄表卡、日报单、电费划拨协议、电费通知单（小户）、同城特约委托收款凭证（四联）、大电力电费收费收据发票、催缴电费通知书、停限电审批单、停限电通知书等。

此外，还涉及少量的物证和证人证言、当事人陈述、鉴定结论等。

例如当用电人对用电计量装置的准确性产生异议而不按时交纳电费时，用电人可以按照规定向政府指定的电表计量部门申请鉴定，由该部门出具鉴定结论，以确定表计是否存在计量不准确的问题。

在某些采用诉讼方式追缴欠费的案件时，当供用电双方当事人对电费数额以及实际用电人存在异议时，还需要供电企业提供有关证人证言、书证等证据材料，来证明供电企业追缴电费对象的正确性。

（2）证据的收集。一般来说，主要涉及以下几个环节的证据收集：

1）抄表阶段的证据材料包括：抄表卡、抄表日报单、用电异常报告单等。

2）核算阶段的证据材料包括：应收发行日报单、电费计算清单等。

3）收费阶段的证据材料包括：电费通知单（小户）、同城特约委托收款凭证（四联）、大电力电费收费收据、催缴电费通知书等。

（3）证据的使用。

1）非诉讼方式：非诉讼方式一般包括现场绞线、现场封表、降负荷措施等。

经审议决定采取停限电措施等非诉讼方式追缴电费的，由电费抄表收费人员在具备应有的证据材料和停限电审批单、停限电通知书及回执、停限电工作票后方可具体实施。

停限电通知书应直接送交受送达人。受送达人是公民的，本人不在的，交给他的同住成年家属签收；受送达人是法人或者其他组织的，应当由法人的法定代表人、其他组织的主要负责人或者该法人、组织负责收件的人签收。

对采取非诉讼方式仍不能缴清电费的用户，经本单位领导审批后可采取诉讼方式进行追缴。

在采取停电催费时特别要注意停电的程序。

2）诉讼方式：诉讼方式一般包括三种方式，第一种为普通民事起诉，第二种为督促程序，第三种为抵销权方式。

应当注意的是，对采取诉讼方式追缴欠费的，除应具备证据管理办法要求的证据材料外，还应具备电费违约金计算依据的有关材料。

对超过两年的欠费用户，应在符合民事诉讼法规定的诉讼时效中断或者中止的情形再行起动诉讼程序。

3. 电费收取的几种主要法律手段

（1）停电催费。

1）实施停电催费行为的法律、法规依据。

《合同法》第一百八十二条规定，逾期不交付电费，经催告用电人在合理期限内仍不交付电费和违约金的，供电人可以按照国家规定的程序中止供电。

《电力供应与使用条例》第三十九条规定，对于逾期未交付电费的，自逾期之日起计算，超过 30 天，经催交仍未交付电费的，供电企业可以按照国家规定的程序停止供电。

《供电营业规则》第六十六条规定，拖欠电费经通知催交仍不交者，经批准可中止供电；第六十七条规定了中止供电的办理程序。

2）停电催费的程序。

用户拖欠电费后，经通知催交仍不交的，可由催费人员填写"欠费用户停（限）电审批单"，注明停限电的原因、时间及欠费用户的停限电范围，经领导审批同意后，填写"欠费用户停（限）电通知书"。

"欠费用户停（限）电通知书"应加盖供电分公司印章，在停限电前三至七天内，送达用户。

对重要用户及大用户要在停限电前 30min 再用电话通知一次，并做好电话录音，方可在通知规定时间实施停限电。

3）送达方式。

供电企业因用户欠费需要催费或需要采取中止供电的措施前，将有关通知告知用电人的一种方式。

在实际工作中，我们经常采用方式有以下几种：

第一种是直接送达，这是最常用的，也是最有效的方法。电力企业工作人员将需要通知的有关事项以书面形式通知用电人包括成年家属，被通知人在通知回执上签字盖章。

它的特点：一是直接、快；二是作为证据效力比较高。

第二种是留置方式。它主要是对被通知人拒绝接受或签收的情况适用的一种方式，在使用留置方式中，应当注意的是，邀请的证人，即可以是被通知人的单位人员也可以是居委会人员，由他们在回执单上签字或盖章。

第三种是邮寄方式。一般是对通知有困难的用户，通过邮局以挂号信的方式，将通知邮寄给被通知人，被通知人在回执上签字或盖章。对于采用邮寄的方式建议采用公证的方式，以保证通知内容的真实性、有效性。

第四种是公告方式，是指采用上述方法均无法传达时，将要通知的内容予以公告，公告经过一定期限即产生送达后果的一种送达方式。公告送达实际上是一种推定送达，即公告后受送达人有可能知道公告内容，也有可能不知道公告内容，但法律规定均视为送达。供电企业最常见的如停电预告。

第五种是公证送达，是指由公证处对送达全程进行公证，以达到证明送达的效果。此种方式需要支付公证费用。

（2）申请支付令。

1）支付令的基本概念。支付令是民事诉讼督促程序的标志。所谓督促程序，是指法院根据债权人的给付金钱和有价证券的申请，以支付令的形式催促债务人限期履行义务的程序。督促程序依债权人申请支付令的提出而开始。

2）申请支付令的法律依据。《民事诉讼法》第一百九十八条规定，债权人请求债务人给付金钱、有价证券符合下列条件的，可以向有管辖权的基层人民法院申请支付令：债权人与债务人没有其他债务纠纷的；支付令能够送达债务人的。

3）典型案例。

[案情简介]

某造纸厂 2000 年 1 月至 4 月共拖欠某供电公司电费 54.3 万元，供电公司多次催收，均未能如期交纳。供电公司于 2000 年 9 月向法院申请支付令。在法院主持下用户与供电公司达成还款协议，于 2000 年 10 月底前交纳全部欠费。

[法理分析]

本案权利义务关系明确，当事人对欠费本事无争议，而且在收到支付令后 15 日内没有向法院提出书面异议，而是主动清偿债务。支付令是一种诉前程序，简单易行、费用低（法院只按件收费，不按标的额），时间短，见效快。目前已在清理欠费中，被供电企业大量应用。

4）在供用电合同履行中申请支付令的条件。

第一，必须是请求给付金钱或汇票、支票以及股票、债券、可转让的存单等有价证券的。

第二，请求给付的金钱或有价证券已到期且数额确定，并写明了请求所根据的事实、证据的。

第三，债权人与债务人没有其他债务纠纷的，即债权人没有对待给付的义务。

第四，支付令能够送达债务人的。

第五，法院在受理供电企业申请后，15 日内向债务人发出支付令。

如债务人在收到支付令后 15 日内向法院提出书面异议，法院对债务人无须审查异议是否有理由，应当直接裁定支付令失效。但应对异议进行形式上的审查，提出的异议属下列情形之一，异议无效。

——债务人对债务本身无异议只是提出缺乏清偿能力的，不影响支付令效力。

——债务人在书面异议书中写明拒付的事实和理由。

——债务人收到支付令后，不在法定期间内提出书面异议，而向其他人民法院起诉的。

——债权人有多项独立的诉讼请求，债务人仅就其中某一项请求提出异议的，其异议对其他支付请求无效。

——债务人为多人时，其中一债务人提出异议，如果债务人是必要共同诉讼人，其异议经其他债务人同意承认，对其他债务人发生效力：如果债务人是普通共同诉讼人，债务人一人的异议对其他债务人不发生效力。

法院认定异议无效，支付令仍然有效。

第六，欠费用户在法定期限内既不提出书面异议，又不清偿债务的，供电企业应及时向法院申请强制执行。欠费用户是法人或者其他组织的，申请执行的期限为六个月；其他的为一年。

（3）适当适时行使不安抗辩权。

1）基本概念。是指按照合同约定或者依照法律规定应当先履行债务的一方当事人，如发现对方的财产状况明显恶化，债务履行能力明显降低等情况，以致可能危及债权的实现时，可主张要求对方提供充分的担保，在对方未提供担保也未对待给付之前，有权拒绝履行。

2）行使不安抗辩权的依据。《合同法》第六十八条规定："应当先履行债务的当事人，有确切证据证明对方有下列情形之一的，可以中止履行：经营状况严重恶化；转移财产、抽逃资金，以逃避债务；丧失商业信誉；有丧失或者可能丧失履行债务能力的其他情形。当事人没有确切证据中止履行的，应当承担违约责任。"

《合同法》第六十九条规定："当事人依照本法第 68 条规定中止履行的，应当及时通知对方。对方提供适当担保时，应当恢复履行。中止履行后，对方在合理期限未恢复履行能力并且未提供适当担保的，中止履行的一方可以解除合同。"

3）典型案例。

[案情简介]

某厂拖欠该市供电公司电费累计已达 150 多万元，经供电公司多方努力，双方达成了"每年偿还欠费 30 万元，5 年还清，供电公司保证对其正常供电"的还款协议。协议生效后半年，因一笔巨额连带保证合同纠纷，该厂作为保证人被银行起诉，涉案债权额高达 2000 万元，而该厂资产总值仅 2300 万元。该厂还有其他未清偿债务。市供电公司得知这些情况后，打算马上停电，中止还款协议的履行。

[法理分析]

该厂涉案债权额高达 2000 万元，而该厂资产总值总共不过 2300 万元，同时该厂还有其他要清偿债务。由于该厂可能丧失交纳电费的能力，属于履行债务能力下降，供电公司在证据充分的情况下可以暂时中止电，以保护电费债权。

4）供用电合同履行中行使不安抗辩权的条件及注意事项：

第一，不安抗辩权适用于双务合同。（供用电合同就是双务有偿合同）也就是说，双方当事人在同一合同中互负债务（供电人有义务供电，用电人有义务交费），存在先后履行债务的问题（一般是"先用电，后交费"）。不安抗辩权是先履行一方行使的权利，着重于保护履行义务在前一方的利益。

第二，后履行债务的一方当事人的债务没有到履行期限。也就是说，不能履行债务仅仅是一种可能性而不是一种现实。

第三，后履行债务的一方当事人履行能力明显降低，有不能履行债务的危险。

第四，后履行义务的一方未提供适当担保。如果后履行义务的一方当事人提供了适当的担保，则先履行义务的一方当事人不能行使不安抗辩权。

第五，及时通知对方的义务。不安抗辩权人在行使权利之前，应将中止履行的事实、理由以及恢复履行的条件及时告知对方。

第六，对方提供适当担保，应当恢复履行合同。适当担保，是指在主合同不能履行的情况下，担保人能够承担债务人履行债务的责任。

第七，不安抗辩权人有举证的义务。不安抗辩权人应提出对方履行能力明显降低，有不能履行债务危险的确切证据。如果举证不能，将承担由此而造成的损失。

（4）充分运用代位权，确保电费收缴。

1）代位权概念。因债务人怠于行使权利，而影响了债权人债权的实现；债权人为了保全自己的债权，以自己的名义向次债务人（债务人的债务人）行使债务人现有债权，这就是代位权。

2）法律依据。《合同法》第七十三条规定，因债务人怠于行使其到期债权，对债权人造成伤害的，债权人可以向人民法院请求以自己的名义代位行使债务人的债权，但该债权专属于债务人自身的除外。

代位权的行使范围以债权人的债权为限。债权人行使代位权的必要费用，由债务人承担。

3）典型案例。

[案情简介]

某钢厂欠某市供电公司电费 300 万元，久拖未还；某物资公司拖欠该钢厂货款 500 万元，已逾期一年，钢厂催讨未果。现供电公司得知物资公司刚刚收回一笔 400 万元的货款，而钢厂催讨仍旧没有结果，就打算转而向物资公司讨债。

[法理分析]

本案中债权债务关系清楚，不存在其他问题，根据司法解释只要债务人不以诉讼方式或者仲裁方式向次债务人主张其债权而影响其偿还债权人的债权，都视为"怠于行使其债权"。供电公司可以根据代位权的规定，以自己的名义起诉物资公司行使钢厂货款债权，要回后再向钢厂行使电费债权。

4）供电企业行使代位权的条件：

第一，供电人对用户的电费债权合法，而且已经构成逾期未交。

第二，欠费用户有对外债权且到期。

第三，债务人对次债务人享有的债权，不是专属于债务人自身的。例如自然人的财产继承权、人身损害赔偿请求权等专属性债权。欠费用户对次债务人的债权不能在此列。

第四，债务人不以诉讼方式或者仲裁方式向次债务人主张其债权而影响其偿还债权人的债权。

第五，债务人怠于行使自己债权的行为，已经对债权的给付造成损害。

5）供电企业行使代位权应注意的事项：

第一，必须向人民法院提出请求，而不能直接向第三人行使。

第二，代位权的行使范围以用户所欠电费及该用户对次债务人的债权为限。

第三，代位权诉讼只能由被告（债务人）住所地法院管辖。

第四，代位权诉讼中，供电企业胜诉的，诉讼费用由次债务人负担，从实现的债权中优先支付。

（5）充分发挥抵销权的作用。

1）抵销权概念。抵销权是指当事人互负债务，达到法定条件或约定条件后，可以将自己的债务与对方的债务抵销的权利。

抵销权分为法定抵销权和约定抵销权。

法定抵销权，是指当事人互负到期债务，该债务的标的物的种类、品质相同的任何一方均享有的可以将自己的债务与对方的债务抵销的权利。

约定抵销权，是指当事人互负债务，但两者的标的物的种类、性质不同，经双方协商一致而取得将自己的债务与对方债务相抵销的权利。

两者的区别：法定抵销权要求债务均已到期，而约定抵销权则不加限制；债的标的物的种类、性质是否相同。法定抵销权要求而约定抵销权则没有此限；法定抵销权是给予法律规定而享有，无须经过双方协商，而约定抵销权是基于双方的协商一致而享有。

2）法律依据。《合同法》第九十九条规定：当事人互负到期债务，该债务的标的物种类、品质相同的，任何一方可以将自己的债务与对方的债务抵销，但依照法律规定或者按照合同性质不得抵销的除外。当事人主张抵销的，应当通知对方。通知自到达对方时生效。抵销不得附条件或者附期限。第一百条规定：当事人互负债务，标的物种类、品质不相同的，经双方协商一致，也可以抵销。

3）典型案例。

[案情简介]

甲家具厂拖欠电费共 60 万元，因其严重亏损，收缴困难，而供电公司改善办公条件从甲家具厂购买办公家具的 60 万元货款，到期也未支付。后供电公司通知甲家具场抵销各自债务 60 万元。

[法理分析]

该案是典型的法定抵销权案例，当供电企业对用户负有到期债务时，如果用户不按时交付电费，两种债的标的物种类、品质相同的，供电企业可以不与用户协商，而直接通知用户抵销相当的债务。

4）运用抵销权应注意事项。

第一，对于法定抵销权，供电企业只需要通知欠费用户即可。自通知到达该用户时，双方债务即告抵销。约定抵销，需要双方协商一致，并实际履行后方可抵销。

第二，法定抵销不得附条件或期限。否则，不产生抵销债权的效力。

第三，对约定抵销，应注意尽量选择那些价值稳定、不易损毁的标的物。同时对约定的标的物应进行科学的评估。

第四，依照法律规定或按照合同性质不得抵销的，不得行使法定抵销权。

（6）运用撤销权，最大限度地降低风险。

1）基本概念。因债务人放弃到期债权或者无偿转让财产，或债务人以明显不合理的低价转让财产，对债权人造成损害的，并且受让人知道该情形的，债权人可以请求人民法院撤销债务人的这种行为，这就是撤销权。

2）法律依据。《合同法》第七十四条规定：因债务人放弃其到期债权或者无偿转让财产，对债权人造成损害的，债权人可以请求人民法院撤销债务人的行为。债务人以明显不合理的低价转让财产，对债权人造成损害，并且受让人知道该情形的，债权人也可以请求人民法院撤销债务人的行为。撤销权的行使范围以债权人的债权为限。债权人行使撤销权的必要费用，由债务人负担。《合同法》第七十五条规定：撤销权自债权人知道或者应当知道撤销事由之日起一年内行使。自债务人的行为发生之日起五年内没有行使撤销权的，该撤销权消灭。

3）典型案例。

[案情简介]

某服装有限公司 2000 年至 2001 年拖欠电费 20 万元，某供电公司经多次催告至今未还，2002 年初，被告将价值 60 万元的设备、价值 30 万元的一辆进口汽车分以 10 万元和 5 万元的价格，低价转让给其朋友张某。张某知道以上事实，现原告公司申请法院撤销某服装有限公司与张某买卖汽车的合同。

[法理分析]

法院支持了某供电公司的请求，依法撤销了买卖合同。本案中，某服装有限公司在欠供电公司电费 20 万元的情况下，不仅不予偿还，还故意将 30 万元的汽车以 10 万元的低价转让给朋友张某，而且张某是明知的，在这种情况下供电公司可以根据我国《合同法》的规定请求法院撤销其买卖合同行为。

4）行使撤销权的条件。

第一，债务人（欠费户）有放弃到期债权、无偿转让财产或以不合理的低价转让财产的行为。放弃、无偿好理解，对不合理的低价如何理解，它的标准应当是"普通人的标准"，在司法实践中，只有在"以明显不合理的低价转让财产"的行为必须已经成立，否则不能行使撤销权。

第二，客观上，对债权人的权利已经造成损害，使债务人履行债务不能或发生困难。

第三，受让人明知会损害债权，即主观上是故意的。

5）行使撤销权时应当注意的几个问题：

第一，法院起诉。注意：起诉的主体是债权人，以债权人的名义起诉。

第二，撤销权的行使以债权人的债权为限。

第三，撤销权自债权人知道或者应当知道撤销事由之日起一年内行使。自债务人的行为发生之日起五年内没有行使撤销权的，该撤销权消灭。

【思考与练习】

1. 我国制定电价的原则是什么？

2. 用户认为供电企业装设的计费电能表不准时如何处理？

3. 电费收取有哪几种主要的法律手段？

▲ 模块 5　用电检查（Z33B7005Ⅰ）

【**模块描述**】本模块介绍了我国现行法律对用电检查的有关规定，包含了用电检查的组织机构、人员资格、纪律，用电检查的内容和范围以及程序等。通过法规讲解、案例分析，了解用电检查人员资格、程序、范围和要求。

【**正文**】

一、概述

（一）组织机构及人员资格

1. 组织机构

用电检查实行按省电网统一组织实施，分级管理的原则，并接受电力管理部门的监督管理。

供电企业在用电管理部门配备合格的用电检查人员和必要的装备，依法开展用电检查工作。

2. 职责

（1）宣传贯彻国家有关电力供应与使用的法律、法规、方针、政策以及国家和电力行业标准、管理制度。

（2）负责并组织实施下列工作：

1）负责用户受（送）电装置工程电气图纸和有关资料的审查。

2）负责用户进网作业电工培训、考核并统一报送电力管理部门审核、发证等事宜。

3）负责对承装、承修、承试电力工程单位的资质考核，并统一报送电力管理部门审核、发证。

4）负责节约用电措施的推广应用。

5）负责安全用电知识宣传和普及教育工作。

6）参与对用户重大电气事故的调查。

7）组织并网电源的并网安全检查和并网许可工作。

（3）根据实际需要，定期或不定期地对用户的安全用电、节约用电、计划用电状况进行监督检查。

3. 人员资格

（1）用电检查资格。

用电检查资格分为一级用电检查资格、二级用电检查资格、三级用电检查资格三类。

（2）用电检查资格的条件。

1）申请一级用电检查资格者，应已取得电气专业高级工程师或工程师、高级技师资格；或者具有电气专业大专以上文化程度，并在用电岗位上连续工作五年以上；或者取得二级用电检查资格后，在用电检查岗位工作五年以上者。

2）申请二级用电检查资格者，应已取得电气专业工程师、助理工程师、技师资格；或者具有电气专业中专以上文化程度，并在用电岗位连续工作三年以上；或者取得三级用电检查资格后，在用电检查岗位工作三年以上者。

3）申请三级用电检查资格者，应已取得电气专业助理工程师、技术员资格；或者具有电气专业中专以上文化程度，并在用电岗位工作一年以上；或者已在用电检查岗位连续工作五年以上者。

用电检查资格由跨省电网经营企业或省级电网经营企业组织统一考试，合格后发给相应的《用电检查资格证书》。

（3）聘任为用电检查职务的人员应具备的条件。

1）作风正派，办事公道，廉洁奉公。

2）已取得相应的用电检查资格。聘为一级用电检查员者，应具有一级用电检查资格；聘为二级用电检查员者，应具有二级及以上用电检查资格；聘为三级用电检查员者，应具有三级及以上用电检查资格。

3）经过法律知识培训，熟悉与供用电业务有关的法律、法规、方针、政策、技术标准以及供电管理规章制度。

（二）用电检查的内容

供电企业应按照规定对本供电营业区内的用户进行用电检查，用户应当接受检查并为供电企业的用电检查提供方便。用电检查的内容是：

（1）用户执行国家有关电力供应与使用的法规、方针、政策、标准、规章制度情况。

（2）用户受（送）电装置工程施工质量检验。

（3）用户受（送）电装置中电气设备运行安全状况。

（4）用户保安电源和非电性质的保安措施。

（5）用户反事故措施。

（6）用户进网作业电工的资格、进网作业安全状况及作业安全保障措施。

（7）用户执行计划用电、节约用电情况。

（8）用电计量装置、电力负荷控制装置、继电保护和自动装置、调度通信等安全运行状况。

（9）供用电合同及有关协议履行的情况。

（10）受电端电能质量状况。

（11）违章用电和窃电行为。

（12）并网电源、自备电源并网安全状况。

（三）用电检查的范围

用电检查的主要范围是用户受电装置，但被检查的用户有下列情况之一者，检查的范围可延伸到相应目标所在处：

（1）有多类电价的。

（2）有自备电源设备（包括自各发电厂）的。

（3）有二次变压配电的。

（4）有违章现象需延伸检查的。

（5）有影响电能质量的用电设备的。

（6）发生影响电力系统事故需作调查的。

（7）用户要求帮助检查的。

（8）法律规定的其他用电检查。

二、用电检查程序

（一）检查程序

（1）供电企业用电检查人员实施现场检查时，用电检查员的人数不得少于两人。

（2）执行用电检查任务前，用电检查人员应按规定填写《用电检查工作单》，经审核批准后，方能赴用户执行查电任务。

（3）用电检查人员在执行查电任务时，应向被检查的用户出示《用电检查证》，用户不得拒绝检查，并应派员随同配合检查。

（4）查电工作终结后，用电检查人员应将《用电检查工作单》交回存档。

《用电检查工作单》内容应包括：用户单位名称、用电检查人员姓名、检查项目及内容、检查日期、检查结果，以及用户代表签字等栏目。

（二）检查问题的处理

（1）经现场检查确认用户的设备状况、电工作业行为、运行管理等方面有不符合安全规定的，或者在电力使用上有明显违反国家有关规定的，用电检查人员应开具《用电检查结果通知书》或《违章用电、窃电通知书》一式两份，一份送达用户并由用户代表签收，一份存档备查。

（2）现场检查确认有危害供用电安全或扰乱供用电秩序行为的，用电检查人员应按下列规定，在现场予以制止。拒绝接受供电企业按规定处理的，可按国家规定的程序停止供电，并请求电力管理部门依法处理，或向司法机关起诉。依法追究其法律责任。

1）在电价低的供电线路上，擅自接用电价高的用电设备或擅自改变用电类别用电的，应责成用户拆除擅自接用的用电设备或改正其用电类别，停止侵害，并按规定追收其差额电费和加收电费。

2）擅自超过注册或合同约定的容量用电的，应责成用户拆除或封存私增电力设备，停止侵害，并按规定追收基本电费和加收电费。

3）超过计划分配的电力、电量指标用电的，应责成其停止超用，按国家有关规定限制其所有电力并扣还其超用电量或按规定加收电费。

4）擅自使用已在供电企业办理暂停使用手续的电力设备或启用已被供电企业封存的电力设备的，应再次封存该电力设备，制止其使用，并按规定追收基本电费和加收电费。

5）擅自迁移、更动或操作供用电企业用电计量装置、电力负荷控制装置、供电设施以及合同（协议）约定由供电企业调度范围的用户受电设备的，应责成其改正，并按规定加收电费。

6）未经供电企业许可，擅自引入（或供出）电源或者将自备电源擅自并网的，应责成用户当即拆除接线，停止侵害，并按规定加收电费。

（3）现场检查确认有窃电行为的，用电检查人员应当场予以中止供电，制止其侵害，并按规定追补电费和加收电费。拒绝接受处理的，应报请电力管理部门依法给予行政处罚；情节严重，违反治安管理处罚规定的，由公安机关依法予以治安处罚；构成犯罪的，由司法机关依法追究刑事责任。

三、检查纪律

（1）用电检查人员应认真履行用电检查职责，赴用户执行用电检查任务时，应随身携带《用电检查证》，并按《用电检查工作单》规定项目和内容进行检查。

（2）用电检查人员在执行用电检查任务时，应遵守用户的保卫保密规定，不得在检查现场替代用户进行电工作业。

（3）用电检查人员必须遵纪守法，依法检查，廉洁奉公，不徇私舞弊，不以电谋私。违反规定者，依据有关规定给予经济的、行政的处分；构成犯罪的，依法追究其刑事责任。

四、典型案例

[案情简介]

自诉人张某诉称，罗某于 2000 年 10 月承包甲乡电力管理站，并张贴公告，全乡于农历 8 月 28 日正常通电，到农历 9 月 8 日下午，张某所在村仍未通电。自诉人张某将脱掉的变压器开关合上，得以正常照明。事隔三日后，被告人甲乡电力管理站任某、王某二人没有出示任何证件，于农历 9 月 10 日晚闯进张某家中房间内乱翻东西，并强迫其交纳 4000 元。张某认为二被告人构成非法侵入他人住宅罪，要求追究三被告人的刑事责任,并判令二被告人以及甲乡人民政府、电管站退赔 4000 元人民币及赔偿误工、利息等损失。

被告人任某辩称,张某擅自去合变压器开关造成电力损失,经检查张某家的电表不转动,是偷电,我们才进入张某家检查用电器。经过协商张某同意支付 4000 元电力损失费。我们是电力管理站的工作人员有权对用电户的电器进行检查,不构成犯罪,不同意退还和赔偿自诉人的 4000 元现金及其他损失。根据《用电检查管理办法》第四条"供电企业应按照规定对本供电营业区的用户进行用电检查,用电户应当接受检查并为供电企业用电检查提供方便"。第五条"用电检查的主要范围是用户受电装置。"第十一条"现场检查确认有窃电行为的,用电检查人员应当场予以中止供电,制止其侵害,并按规定追补电费和加收电费。"可见,被告人任某等人是依法履行职务,其行为不构成犯罪。张某的行为是窃电行为。

被告某乡政府和某乡电力管理站代表人辩称是电管站的人员是依法对电路进行检查,不同意退赔。

[审理情况]

经审理查明,2000 年农历 9 月 8 日下午,张某得知其他村已通电,便擅自将本村供电线路开关合上,得以照明。乡电管站工作人员任某、王某等人于 10 月 7 日晚到张某家中处理擅自合闸一事,同时检查线路,灯泡等受电装置,发现电表不转动,认为张某偷电,对其进行罚款,并出具了收据。

法院认为,张某指控被告人任某、王某非法侵入他人住宅罪的证据不足,法院不予采纳。被告人未向法院提供甲乡电力管理站的电力及线路受到损失的充分证据,张某家电表不转就认定是张某偷电的证据不足,张某在被告人的逼迫下交了 4000 元电力、线路损失费。因此,被告人追缴张某 4000 元电力损失费证据不足,其辩解不能成立,法院不予采纳,但应该指出张某擅自合闸的行为是不对的。依照《刑事诉讼法》第一百六十二条第(三)项,《民法通则》第五条、第一百三十条之规定,判决被告人任某、王某无罪。被告人任某、王某、甲乡电力管理站,甲乡人民政府退赔张某 4000 元人民币,各被告承担连带责任。驳回张某的其他诉讼请求。

[法理分析]

本案涉及的主要问题就是行使用电检查主体及程序问题。用电检查权是法律赋予供电企业的法定权利,并非供电企业的员工就当然具有主体资格,必须经培训考试合格方可取得用电检查资格,对外证明就是用电检查证。本案原告和法院都没有二被告是否具有用电检查资格进行主张和审查,可以说是一个遗憾。另外。实施用电检查必须遵守程序性要求,如二人以上,出示证件,同时用电检查的内容还要符合规定,本案二被告没有遵循这些要求,故法院判决原告胜诉是正确的。

【思考与练习】

1. 聘任为用电检查职务的人员应具备哪些条件？

2. 用电检查的内容是什么？

3. 现场检查确认有窃电行为的，用电检查人员应当如何处理？

▲ 模块 6 电力设施保护（Z33B7006Ⅰ）

【模块描述】 本模块介绍了我国现行法律对电力设施保护的规定，包含了电力设施保护范围，危害电力设施的行为及法律责任。通过法规讲解、案例分析，熟悉电力设施保护基本法律知识，掌握处理破坏电力设施行为的各种法律手段。

【正文】

一、概述

（一）电力设施概念

电力设施是指所有发电、变电、输电、配电和供电有关设备的总称，包括与之相关的附属、配套设施。既包括已经建成和投运的电力设施，也包括正在建设中的电力设施。

电力设施保护在法律的适用上涉及《电力法》《刑法》《森林法》《安全生产法》等；在法律责任上涉及民事责任、行政责任和刑事责任；在管理部门上，涉及各级政府电力管理部门、电力企业、林业、建设、土地、交通等部门。因此电力设施保护的法律关系非常广泛，主要包括：政府各管理部门之间因保护电力设施而发生的关系；各级人民政府之间因保护电力设施而发生的关系；各级人民政府、政府各管理部门、电力企业、其他企业、公民之间因保护电力设施而发生的关系。

1. 电力设施保护法律关系的特点

（1）主体的广泛性。由于电力设施保护几乎与一切单位和个人有联系，因此电力设施保护的法律关系主体必然涉及各方面。

（2）内容的复杂性。电力设施保护的法律关系既有民事的、行政的又有刑事的；既有电力管理部门同级之间、上下级之间的权利义务关系，又有电力管理部门与司法机关及其他行政管理部门之间的权利义务关系；既有电力管理部门与各个企事业单位、社会组织之间的权利义务关系，又有电力管理部门与公民之间的权利义务关系等。

2. 我国现行电力设施保护的法律体系

（1）受到民事法律的保护。电力设施作为不动产，在建设、运行和维护状态下，必然与相关各方发生联系。比如常见的在电力线路附近挖沙取土，最后使杆塔成为一座孤岛，随时有倒杆断线的危险。电力设施的所有人可以依据《民法通则》第八十三条的规定，请求法院判处侵权者停止侵害、排除妨碍，对沙坑进行回填。对造成倒杆等运行事故的，还可以要求对方赔偿损失。

（2）受到《电力法》的特别保护。《电力法》对电力设施的保护主要是以行政法律手段为主，辅助以民事、刑事法律手段。《电力法》对电力设施的特别保护不仅体现在对电力设施范围的扩大和延伸，更主要的是对尚未造成电力设施实际损害，但可能危及电力设施安全运行的行为作出了规定。

（3）受到《刑法》的保护。因为危害电力设施行为的后果实质上是危害了社会公共安全，有破坏电力设备罪、过失损坏电力设备罪等罪名。所以《刑法》对破坏电力设备的行为给予严厉惩处，最高可以判处死刑。

（4）受到《治安管理处罚法》的保护。对于大量的危害和危及电力设施安全但又不够追究刑事责任的行为，如对阻碍电力建设或电力设施抢修的行为，可按照该法的规定由公安机关进行处罚。

（5）受到其他行业部门法的保护。如《建筑法》《城市规划法》《公路法》《消防法》《森林法》中都有关于电力设施保护的规定。在处理电力设施与其他设施的关系时特别要注意与电力法规相冲突的规定。

（6）受到地方人大和政府颁布的地方性法规、政府规章的保护。

（7）受到最高人民法院和最高人民检察院司法解释的保护。如最高人民检察院《关于破坏电力设备罪几个问题的批复》，最高人民法院《关于审理触电人身损害赔偿案件若干问题的解释》、最高人民法院《关于审理破坏电力设备刑事案件具体应用法律若干问题的解释》等。

（二）电力管理部门保护电力设施的职责

（1）监督、检查相关条例、规章的贯彻执行。

（2）开展保护电力设施的宣传教育工作。

（3）会同有关部门及沿电力线路各单位，建立群众护线组织并健全责任制。

（4）会同当地公安部门，负责所辖地区电力设施的安全保卫工作。

二、电力设施保护的基本规定

（一）电力设施保护的范围和保护区

1. 发电设施、变电设施的保护范围

（1）发电厂、变电站、换流站、开关站等厂、站内的设施。

（2）发电厂、变电站外各种专用的管道（沟）、储灰场、水井、泵站、冷却水塔、油库、堤坝、铁路、道路、桥梁、码头、燃料装卸设施、避雷装置、消防设施及其有关辅助设施。

（3）水力发电厂使用的水库、大坝、取水口、引水隧洞（含支洞口）、引水渠道、调压井（塔）、露天高压管道、厂房、尾水渠、厂房与大坝间的通信设施及其有关辅助设施。

2. 电力线路设施的保护范围

（1）架空电力线路：杆塔、基础、拉线、接地装置、导线、避雷线、金具、绝缘子、登杆塔的爬梯和脚钉，导线跨越航道的保护设施，巡（保）线站，巡视检修专用道路、船舶和桥梁及其有关辅助设施。

（2）电力电缆线路：架空、地下、水底电力电缆和电缆联结装置，电缆管道、电缆隧道、电缆沟、电缆桥，电缆井、盖板、人孔、标石、水线标志牌及其有关辅助设施。

（3）电力线路上的变压器、电容器、电抗器、断路器、隔离开关、避雷器、互感器、熔断器、计量仪表装置、配电室、箱式变电站及其有关辅助设施。

（4）电力调度设施：电力调度场所、电力调度通信设施、电网调度自动化设施、电网运行控制设施。

3. 电力线路保护区

（1）架空电力线路保护区：导线边线向外侧水平延伸并垂直于地面所形成的两平行面内的区域，在一般地区各级电压导线的边线延伸距离如下：

l～10kV　5m

35～110kV　10m

154～330kV　15m

500kV　20m

在厂矿、城镇等人口密集地区，架空电力线路保护区的区域可略小于上述规定。但各级电压导线边线延伸的距离，不应小于导线边线在最大计算弧垂及最大计算风偏后的水平距离和风偏后距建筑物的安全距离之和。

（2）电力电缆线路保护区：地下电缆为电缆线路地面标桩两侧各 0.75m 所形成的两平行线内的区域；海底电缆一般为线路两侧各 2 海里（港内为两侧各 100m），江河电缆一般不小于线路两侧各 100m（中、小河流一般不小于各 50m）所形成的两平行线内的水域。

（二）电力设施的保护

（1）县级以上地方各级电力管理部门应采取以下措施，保护电力设施。

1）在必要的架空电力线路保护区的区界上，应设立标志，并标明保护区的宽度和保护规定。

2）在架空电力线路导线跨越重要公路和航道的区段，应设立标志，并标明导线距穿越物体之间的安全距离。

3）地下电缆铺设后，应设立永久性标志，并将地下电缆所在位置书面通知有关部门。

4）水底电缆敷设后，应设立永久性标志，并将水底电缆所在位置书面通知有关部门。

（2）任何单位或个人不得从事下列危害发电设施、变电设施的行为：

1）闯入发电厂、变电站内扰乱生产和工作秩序，移动、损害标志物。

2）危及输水、输油、供热、排灰等管道（沟）的安全运行。

3）影响专用铁路、公路、桥梁、码头的使用。

4）在用于水力发电的水库内，进入距水工建筑物300m区域内炸鱼、捕鱼、游泳、划船及其他可能危及水工建筑物安全的行为。

5）其他危害发电、变电设施的行为。

（3）任何单位或个人，不得从事下列危害电力线路设施的行为：

1）向电力线路设施射击。

2）向导线抛掷物体。

3）在架空电力线路导线两侧各300m的区域内放风筝。

4）擅自在导线上接用电器设备。

5）擅自攀登杆塔或在杆塔上架设电力线、通信线、广播线，安装广播喇叭。

6）利用杆塔、拉线作起重牵引地锚。

7）在杆塔、拉线上拴牲畜、悬挂物体、攀附农作物。

8）在杆塔、拉线基础的规定范围内取土、打桩、钻探、开挖或倾倒酸、碱、盐及其他有害化学物品。

9）在杆塔内（不含杆塔与杆塔之间）或杆塔与拉线之间修筑道路。

10）拆卸杆塔或拉线上的器材，移动、损坏永久性标志或标志牌。

11）其他危害电力线路设的行为。

（4）任何单位或个人在架空电力线路保护区内，必须遵守下列规定：

1）不得堆放谷物、草料、垃圾、矿渣、易燃物、易爆物及其他影响安全供电的物品。

2）不得烧窑、烧荒。

3）不得兴建建筑物、构筑物。

4）不得种植可能危及电力设施安全的植物。

（5）任何单位或个人在电力电缆线路保护区内，必须遵守下列规定：

1）不得在地下电缆保护区内堆放垃圾、矿渣、易燃物、易爆物，倾倒酸、碱、盐及其他有害化学物品，兴建建筑物、构筑物或种植树木、竹子。

2）不得在海底电缆保护区内抛锚、拖锚。

3）不得在江河电缆保护区内抛锚、拖锚、炸鱼、挖沙。

（6）任何单位或个人必须经县级以上地方电力管理部门批准，并采取安全措施后，方可进行下列作业或活动：

1）在架空电力线路保护区内进行农田水利基本建设工程及打桩、钻探、开挖等作业。

2）起重机械的任何部位进入架空电力线路保护区进行施工。

3）小于导线距穿越物体之间的安全距离，通过架空电力线路保护区。

4）在电力电缆线路保护区内进行作业。

（7）任何单位或个人不得从事下列危害电力设施建设的行为：

1）非法侵占电力设施建设项目依法征用的土地。

2）涂改、移动、损害拔除电力设施建设的测量标桩和标记。

3）破坏、封堵施工道路，截断施工水源或电源。

（三）对电力设施与其他设施互相妨碍的处理

（1）新建架空电力线路不得跨越储存易燃、易爆物品仓库的区域；一般不得跨越房屋，特殊情况需要跨越房屋时，电力建设企业应采取安全措施，并与有关单位达成协议。

（2）公用工程城市绿化和其他工程在新建、改建或扩建中妨碍电力设施时，或电力设施在新建、改建或扩建中妨碍公用工程城市绿化和其他工程时，双方有关单位必须按照国家有关规定协商，就迁移、采取必要的防护措施和补偿等问题达成协议后方可施工。

（3）电力管理部门应将经批准的电力设施新建、改建或扩建的规划和计划通知城乡建设规划主管部门，并划定保护区域。

城乡建设规划主管部门应将电力设施的新建、改建或扩建的规划和计划纳入城乡建设规划。

（4）新建、改建或扩建电力设施，需要损害农作物，砍伐树木、竹子，或拆迁建筑物及其他设施的，电力建设企业应按照国家有关规定给予一次性补偿。

在依法划定的电力设保护区内种植的或自然生长的可能危及电力设施安全的树木、竹子，电力企业应依法予以修剪或砍伐。

三、电力设施保护法律手段的运用

（一）民事手段

由于电力体制改革，政企分开后，供电企业成为市场经济平等的民事主体，在从事电力供应与使用过程中与用电人是平等的民事主体，由民事法律进行调整。因此，民事手段是电力设施保护中最常用的手段，对于绝大多数破坏电力设施的行为，都可以采用民事手段要求当事人限期改正、恢复原状、排除妨碍、赔偿损失，追究当事人的民事责任。

（1）对于在依法划定的电力设施保护区内，修建建筑物、构筑物或者种植植物、堆放物品的行为，电力企业可以依法制止行为人的违法行为，当行为人不听劝阻时，电力企业在收集各种证据的基础上，可向当地基层人民法院提起民事诉讼，要求行为人排除妨碍、恢复原状，如因行为人的行为给电力企业造成经济损失的，可同时要求行为人赔偿因此给电力企业造成的经济损失。

（2）对于单位或个人未经批准或未采取安全措施，在电力设施周围或在依法划定的电力设施保护区内进行爆破或其他作业，危及电力设施安全的，电力企业可以向当地基层人民法院提起民事诉讼，要求行为人排除妨碍、恢复原状，如因行为人的行为给电力企业造成经济损失的，可同时要求行为人赔偿因此给电力企业造成的经济损失。

（3）对于单位或个人私自闯入变电站内扰乱生产和工作秩序，移动、损害标志物的行为，电力企业可以向当地公安机关（110）报警，由公安机关给予其行政处罚，如因行为人的行为给电力企业造成经济损失的，可同时向当地人民法院提起民事诉讼，要求行为人赔偿因此给电力企业造成的经济损失。

（4）对于单位或个人从事危害电力设施的其他各种行为，如向电力线路设施射击、向导线抛掷物体、擅自在导线上接用电器设备、擅自攀登杆塔或在杆塔上架设电力线、通信线、广播线，影响安全供电等行为的，电力企业可以制止，同时可以向当地法院提起民事诉讼，依法保护自己的合法权益。

（二）行政手段

对于以下几类情形，电力企业更应该充分依靠当地政府、电力管理部门以及司法机关来追究当事人的行政责任，以维护企业合法权益。

（1）对于在依法划定的电力设施保护区内修建建筑物、构筑物或者种植植物、堆放物品，危及电力设施安全的，电力企业可以报请当地人民政府责令强制拆除、砍伐或清除。

（2）对于危害变电设施和电力线路设施的，电力企业可以申请由电力管理部门责令改正或罚款。

（3）对于因大规模市政基础建设中施工单位未履行批准手续在依法划定的电力设施保护区内进行可能危及或破坏电力设施安全的行为，电力企业可当场制止，要求其提供当地电力管理部门的批准手续，如其不能提供的，电力企业可依法提请当地电力管理部门解决，同时对因此给电力企业造成经济损失的，还可以同时要求其给予民事赔偿。

（4）对于非法占用变电设施用地、输电线路走廊或者电缆通道的，电力企业可以及时向当地人民政府汇报，由政府责令其限期改正，逾期不改正的可以强制清除障碍。

（5）对于阻碍电力建设或者电力设施抢修，致使电力建设或者电力设施抢修不能正常进行的，电力企业可以向当地公安机关报案，由公安机关依照《治安管理处罚法》的有关规定予以处罚。

（6）对于盗窃、哄抢库存或者已废弃停止使用或者尚未安装完毕或尚未交付使用单位验收的电力设施情节轻微，尚不构成犯罪的，电力企业可以请求当地公安机关依据《治安管理处罚法》予以行政处理。

（三）刑事手段

按照《刑法》的规定，涉及电力设施保护的犯罪主要有破坏电力设备罪、过失破坏电力设备罪、盗窃电力设施罪。电力设施保护人员在处理此类案件时，应注意在案发第一时间赶赴现场，按照公司外力破坏证据管理的有关规定，保护好现场，积极协助司法机关做好证据的收集工作。

（1）对于破坏电力设备，危害公共安全的，电力企业应当及时报告当地司法机关，由司法机关追究其刑事责任。

（2）对于盗窃公私财物，数额较大或者多次盗窃的，电力企业应当及时报告当地司法机关，由司法机关追究其刑事责任。

四、典型案例

[案情简介]

某甲村的 10kV 架空电力线路所有权为某供电公司所有，1980 年建成运行。1990 年许某在该架电力线路下和导线边线向外侧延伸 5m 范围之内种植橡胶、母生、荔枝等树，2000 年 3 月 16 日，某供电公司为清除该电线路障碍物，将许某种植在该电线路下超过 3m 的 9 株橡胶树砍掉，并将该电线路导线向外侧延伸 5m 范围内的 34 株橡胶树，1 株母生树和 2 株荔枝树砍掉部分树皮。许某为此向法院起诉要求某供电公司给予赔偿其经济损失 12 150 元。

[审理情况]

法院认为，该高压电线路的所有权属被告，所以被告负有对其进行保护的职责。依据《电力设施保护条例》第十条第一款、第十五条第五款、第二十七条以及参照某省人民政府办公厅《关于电力工程建设中青苗处理等问题的通知》第二条的规定，被告将原告种植在该电线路下超过 3m 以及导线边线向外侧延伸 5m 范围内的树砍掉，是属于合法行为。原告主张其树种在前，该电线路架在后没有证据证明，相反被告所提供证据足以证实是先架电线后才种树，所以原告请求被告赔偿其树木经济损失没有理由，法院不予支持。依照《民事诉讼法》第六十四条判决驳回原告的诉讼请求。

[法理分析]

本案许某在电力设施保护区内种植高大树木，可能危及电力设施安全，供电公司依据《电力设施保护条例》第二十四条规定，依法予以砍伐，是依法保护电力设施安全的合法行为，法院的判决是正确的。

【思考与练习】

1. 电力设施保护的法律关系特点是什么？
2. 对电力设施与其他设施互相妨碍的如何处理？
3. 电力设施保护有哪些法律手段？

▲ 模块 7　居民用户家用电器损坏处理办法（Z33B7007Ⅰ）

【模块描述】本模块包含居民用户家用电器损坏的处理办法。通过介绍，掌握居民用户家用电器损坏后供电企业应负责的范围，了解供用电双方的处理流程及理赔规定。

【正文】

为保护供用电双方的合法权益，规范因电力运行事故引起的居民用户家用电器损坏的理赔处理，公正、合理地调解纠纷，根据《电力法》、《电力供应与使用条例》和国家有关规定，制定本办法。

一、适应范围

适用于由供电企业以 220/380V 电压供电的居民用户，因发生电力运行事故导致电能质量劣化，引起居民用户家用电器损坏时的索赔处理。

所称的电力运行事故，是指在供电企业负责运行维护的 220/380V 供电线路或设备上因供电企业的责任发生的下列事件：

（1）在 220/380V 供电线路上，发生相线与零线接错或三相相序接反；

（2）220/380V 供电线路上，发生零线断线；

（3）220/380V 供电线路上，发生相线与零线互碰；

（4）同杆架设或交叉跨越时，供电企业的高电压线路导线掉落到 220/380V 线路上或供电企业高电压线路对 220/380V 线路放电。

二、赔偿规定

（1）由于第三条列举的原因出现若干户家用电器同时损坏时，居民用户应及时向当地供电企业投诉，并保持家用电器损坏原状。供电企业在接到居民用户家用电器损坏投诉后，应在 24h 内派员赴现场进行调查、核实。供电企业应会同居委会（村委会）或其他有关部门，共同对受害居民用户损坏的守信用电器名称、型号、数量、使用年月、损坏现象等进行登记和取证。登记笔录材料应由受害居民用户签字确认，作为理赔处理的依据。

（2）从家用电器损坏之日起七日内，受害居民用户未向供电企业投诉并提出索赔要求的，即视为受害者已自动放弃索赔权。超过七日的，供电企业不再负责其赔偿。

（3）对损坏家用电器的修复，供电企业承担被损坏元件的修复责任。修复时应尽可能以原型号、规格的新元件修复；无原型号规格的新元件可供修复时，可采用相同功能的新元件替代。

（4）对不可修复的家用电器，其购买时间在六个月及以内的，按原购货发票价，供电企业全额予以赔偿；购置时间在六个月以上的，按原购货发票价，并按电器规定的使用寿命折旧后的余额予以赔偿。使用年限已超过规定仍在使用的，或者折旧后的差额低于10%的，按原价的10%予以赔偿。使用时间以发货票开具的日期为准开始计算。

（5）供电企业如能提供证明，居民用户家用电器的损坏是不可抗力、第三人责任、受害者自身过错或产品质量事故等原因引起，并经县级以上电力管理部门核实无误，供电企业不承担赔偿责任。

（6）各类电器使用年限：

电子类：如电视、音响、录像机、充电器等，使用寿命为10年；

电机类：如电冰箱、空调器、洗衣机、电风扇、吸尘器等，使用寿命为12年；

电阻电热类：如电饭煲、电热水器、电茶壶、电炒锅等，使用寿命为5年；

电光源类：白炽灯、气体放电灯、调光灯等，使用寿命为2年。

（7）在理赔处理中，供电企业与受害居民用户因赔偿问题达不成协议，由县级以上电力管理部门调解，调解不成的，可向司法机关申请裁定。

【思考与练习】

1. 电力运行事故指的是哪些？

2. 当发生电力运行事故引起家用电器损坏时，如何进行赔偿？

3. 各类电器使用年限是多少？

参 考 文 献

[1] 夏国明，刘国亭. 供配电技术. 北京：中国电力出版社，2004.

[2] 关城，陈光华. 配电线路. 北京：中国电力出版社，2004.

[3] 隋振有，宋立新. 配电实用技术. 北京：中国电力出版社，2006.

[4] 中国电机工程学会城市供电专业委员会，杨香泽. 变电检修. 北京：中国电力出版社，2006.

[5] 上海久隆电力科技有限公司. 用电检查. 北京：中国电力出版社，2005.

[6] 刘健，倪建立. 配电自动化系统. 北京：中国电力出版社，2006.

[7] 赵全乐. 线损管理手册. 北京：中国电力出版社，2007.

[8] 刘清汉，丁毓山，等. 配电线路工. 3 版. 北京：中国水利水电出版社，2003.

[9] 国家电网公司农电工作部. 农村供电所人员上岗培训教材. 北京：中国电力出版社，2006.

[10] 国家电网公司.国家电网公司生产技能人员职业能力培训专用教材. 农网配电. 北京：中国电力出版社，2010.

[11] 李宗廷，王佩龙. 电力电缆施工手册. 北京：中国电力出版社，2006.